Roland Reich

Thermodynamik

VCH

Vertrieb:

VCH, Postfach 101161, D-6940 Weinheim (Bundesrepublik Deutschland)

Schweiz: VCH, Postfach, CH-4020 Basel (Schweiz)

United Kingdom und Irland: VCH (UK) Ltd., 8 Wellington Court,
Cambridge CB1 1HZ (England)

USA und Canada: VCH, 220 East 23rd Street, New York, NY 10010-4606 (USA)

ISBN 3-527-28266-1

Roland Reich

Thermodynamik

Grundlagen und Anwendungen in der allgemeinen Chemie

Zweite, verbesserte Auflage

VCH
Weinheim · New York · Basel · Cambridge

Prof. Dr. Roland Reich
Institut für Physikalische
und Theoretische Chemie
Freie Universität Berlin
Takustraße 3
D-1000 Berlin 33

Das vorliegende Werk wurde sorgfältig erarbeitet. Dennoch übernehmen Autor und Verlag für die Richtigkeit von Angaben, Hinweisen und Ratschlägen sowie für eventuelle Druckfehler keine Haftung.

Lektorat: Dr. Hans F. Ebel

Titelbild: Gedankenexperiment von Robert Wichard Pohl
zur reversiblen Expansion eines Gases. (Näheres S. 51 f und S. 96).
Nach: Robert Wichard Pohl, Mechanik, Akustik und Wärmelehre.
18. Auflage, Springer Verlag 1983. Mit freundlicher Genehmigung
von Robert Otto Pohl, Cornell University, USA und Springer Verlag.

Die Deutsche Bibliothek – CIP Einheitsaufnahme
Reich, Roland:
Thermodynamik : Grundlagen und Anwendungen in der
allgemeinen Chemie / Roland Reich. – 2., verb. Aufl. –
Weinheim ; New York ; Basel ; Cambridge : VCH, 1993
ISBN 3-527-28266-1

Gedruckt auf säurefreiem Papier.

Satz: U. Hellinger, D-6901 Heiligkreuzsteinach
Druck: Strauss Offsetdruck GmbH, D-6945 Hirschberg 2
Bindung: Industriebuchbinderei Heppenheim GmbH, D-6148 Heppenheim
Printed in the Federal Republic of Germany

Vorwort

Das Stichwort „allgemeine Chemie“ im Untertitel dieses Buches weist darauf hin, daß es ursprünglich aus einem Vorlesungskurs hervorgegangen war, der im Rahmen der Allgemeinen Chemie erstmals im Sommersemester 1973 an der Technischen Universität Berlin gehalten wurde. Das Buch war aber schon damals nicht nur als Leitfaden für die Allgemeine Chemie gedacht, sondern zugleich als eine erste Einführung in die Physikalische Chemie. Die Thermodynamik hatte nämlich in der zugrundeliegenden Vorlesung mehr Raum erhalten, als das sonst in der Allgemeinen Chemie üblich war. Man ging dabei von der Überlegung aus, daß der Student in der Thermodynamik eine Reihe von Begriffen und Gesetzmäßigkeiten gleichzeitig lernen muß, die sich gegenseitig erklären und verständlich machen. Nur so ist ein zusammenhängendes Verständnis zu erreichen. (Besonders der Begriff der Entropie hinterläßt bei zu oberflächlicher Behandlung großes Unbehagen gerade bei nachdenklichen Studenten, die nicht damit zufrieden sind, Formeln und deren Gebrauchsanweisung gläubig auswendig zu lernen.) Um Zeit für chemische Anwendungsbeispiele zu gewinnen, wurden aber die thermodynamischen Grundlagen auf das beschränkt, was zum Verständnis der wichtigsten Kernpunkte notwendig ist, wie es bis zum Vorexamen in Chemie ausreichen sollte. Diese Beschränkung macht das Buch auch für Lehramtskandidaten, Biochemiker und andere Studenten interessant, die Physikalische Chemie nur als Nebenfach benötigen. Für Studenten mit Physikalischer Chemie oder Technischer Chemie als Hauptfach muß die Thermodynamik später durch weiterführende Vorlesungen ergänzt werden.

Es ist das Ziel dieses Buches, den Leser nicht mit fertigem Faktenwissen zu überhäufen, sondern ihm ein praktisch anwendbares, lebendiges Grundwissen zu vermitteln, das ihn befähigt, durch eigene Überlegung Probleme zu lösen und auch solche Fragen zu beantworten, die in diesem Buch nicht explizit behandelt worden sind. Nur so ist es möglich, mit relativ kleinem Lernaufwand dennoch ein reiches Wissen verfügbar zu haben. Darin liegt der besondere Reiz der Physikalischen Chemie.

Es entspricht der modernen Schulerziehung, den Lernenden nicht mit einem fertigen wissenschaftlichen Gedankengebäude zu konfrontieren, sondern ihn nach Möglichkeit das Wichtigste vom Bau dieses Gebäudes nachvollziehen zu lassen. (Dieses kann ihn anregen, auch selbst als Forscher daran weiterzubauen.) Nach diesem didaktischen Prinzip sollte man theoretische Begriffe erst dann einführen, wenn sich aufgrund praktischer Fragestellungen das Bedürfnis hierzu ergibt. Die Einführung des Entropiebegriffs erscheint aber für den Chemiker erst dann praktisch notwendig, wenn er ein chemisches Gleichgewicht von einer Temperatur auf eine andere Temperatur umrechnen möchte. Dagegen läßt sich z.B. das Massenwirkungsgesetz auch ohne den Entropiebegriff herleiten (allein über den Begriff der Arbeit und des chemischen Potentials). Daher wird die Entropie hier (im Gegensatz zu bisherigen Lehrbüchern der Thermodynamik) erst *nach* dem chemischen Potential eingeführt.

Indem zwei verschiedene Aggregatzustände eines Stoffes in chemischen Gleichungen formal als zwei verschiedene „Stoffe“ aufgefaßt werden, lassen sich Phasengleichgewichte und chemische Gleichgewichte analog behandeln. Hierdurch reduziert sich nicht nur der Lernaufwand, sondern manche Gesetze und Begriffe werden auch anschaulicher und leichter verständlich. Das gilt z.B. für den Begriff des chemischen Potentials und für die (nicht zufällige) Ähnlichkeit zwischen der Clausius-Clapeyronschen Gleichung und der van't Hoffschen Gleichung.

Das Bestreben, möglichst frühzeitig chemische Anwendungsbeispiele zu behandeln, unterbricht notwendigerweise den in der Physikalischen Chemie sonst üblichen, systematischen Aufbau der Grundlagen. Wer dieses als Mangel empfindet, kann die Kapitel 9, 13, 15 und 16 zunächst überschlagen, die ausschließlich Anwendungsbeispielen aus der Allgemeinen Chemie gewidmet sind.

Die vorliegende Darstellung geht von anschaulichen Erfahrungen und Experimenten aus. Auf eine klare Formulierung der Definitionen und auf die molekulare Deutung thermodynamischer Zusammenhänge wurde besonderer Wert gelegt. Fragen im Text stellen grundsätzlich eine Aufforderung an den Leser dar, möglichst selbst eine Antwort zu formulieren, bevor er weiterliest! So hat er auch dann noch einen Gewinn, wenn ihm der Stoff nicht mehr ganz neu ist. Durch bloßes Hören und Lesen kann man das eigentlich Reizvolle an der Physikalischen Chemie nicht erleben. Das selbständige Fragen, Formulieren und Rechnen ist durch nichts zu ersetzen.

Um eine für den Anfänger leicht verständliche Darstellung zu erzielen, werden im Haupttext gelegentlich vereinfachte Modelle und Formulierungen gebraucht, die nicht in jeder Beziehung stichhaltig sind. Diese Punkte werden jedoch in Fußnoten oder in Einschüben in Kleinschrift so weit ergänzt, daß der Leser kein falsches Bild bekommt. Die Fußnoten mögen zum besseren Verständnis des Haupttextes beitragen und Fragen beantworten, die sich dem Leser vielleicht stellen.

Auf diese Weise wurde versucht, eine vereinfachte und anschauliche, aber trotzdem exakte und logisch richtige Darstellung der Thermodynamik zu geben, auf der eine weiterführende Vorlesung in Physikalischer Chemie aufbauen kann, ohne die Grundbegriffe neu darstellen zu müssen.

Die verwendeten Formelzeichen und Maßeinheiten für physikalisch-chemische Größen entsprechen den Empfehlungen der IUPAC (International Union of Pure and Applied Chemistry)* und den gesetzlichen Vorschriften (SI-Einheiten). Zur Vermeidung von Mißverständnissen wurde darauf geachtet, daß möglichst nicht ein und dasselbe Zeichen in zwei verschiedenen Bedeutungen auftritt. Zur Orientierung sind alphabetische Listen der hier verwendeten Formelzeichen sowie der gesetzlichen Einheitenzeichen auf den Seiten XV-XXII zusammengestellt. Zur Unterscheidung werden physikalische Größen grundsätzlich durch schräge, Maßeinheiten dagegen durch senkrechte Buchstaben symbolisiert.

Mein herzlicher Dank gilt an erster Stelle Herrn Prof. Dr. H. T. Witt (Berlin), der mich viele Jahre hindurch zur didaktischen Darstellung der Physikalischen Chemie ermutigt hat. Während meiner Assistentenzeit an der Technischen Universität Berlin hat er mir Gelegenheit gegeben, durch Vertretung in der Vorlesung und Leitung der Rechenübungen in Physikalischer Chemie und durch den Auftrag zur Ausarbeitung seines Vorlesungsskriptums wertvolle didaktische Erfahrungen zu sammeln, die mir bei dem hier dargestellten Vorlesungskurs sehr zugute gekommen sind. Auch allen, die durch Anregungen und Vorschläge zur didaktischen Verbesserung dieses Buches beigetragen haben, möchte ich an

* M. L. McGlashan: „Manual of Symbols and Terminology for Physicochemical Quantities and Units“, Pergamon Press 1979.

dieser Stelle herzlich danken. Wertvolle, konstruktive Kritik erhielt ich besonders von dem verstorbenen Herrn Professor Dr. Carl Wagner (Göttingen). Nützliche Hinweise lieferten Herr Prof. Dr. H. Reich (Braunschweig), Herr Prof. Dr. K. G. Weil (Darmstadt) und Herr Dr. P. Gräber (Berlin). Zahlreiche kritische Anmerkungen verdanke ich Herrn Prof. Dr. A. Höpfner (Heidelberg). Herr Dr. H. F. Ebel vom Verlag Chemie hat durch engagierte Fragen und sachkundige Beratung wesentlich zur endgültigen Formulierung des Buches beigetragen. Besonderer Dank gebührt meiner Frau für das liebevolle Zeichnen der Abbildungen und das Schreiben des Manuskripts.

Inzwischen sind seit dem Erscheinen der ersten Auflage dieses Buches 14 Jahre vergangen. Zahlreichen Kollegen und Studenten möchte ich für die überaus freundliche Aufnahme sowie für sehr positive Rezensionen danken! Die hier vorliegende Neuauflage war vor zwei Jahren zunächst nur als korrigierter und ergänzter Nachdruck des plötzlich vergriffenen Buches unter weitgehender Verwendung des alten Composer-Schriftsatzes konzipiert worden. Als der Verlag sich dann aber zum vollständigen Neusatz des Buches auf Computer entschloß (was zeitraubende neue Fehlerkorrekturen erforderte), habe ich die Gelegenheit genutzt, durch zusätzliche didaktische Verbesserungen und Ergänzungen das Buch noch mehr dem Inhalt der Grundvorlesung in Physikalischer Chemie anzupassen und einigen von mir beobachteten Verständnislücken von Examenskandidaten Rechnung zu tragen. (Eine Erweiterung auf das Gesamtgebiet der Grundvorlesung in Physikalischer Chemie muß allerdings der nächsten Auflage vorbehalten bleiben.)

Die realen Gase waren in der 1. Auflage übergangen worden, um möglichst schnell das für den Chemiker wichtigste Ziel der Thermodynamik zu erreichen (nämlich die Berechnung chemischer Gleichgewichtskonstanten). Da aber die van der Waalssche Gleichung zum Lehrplan der Physikalischen Chemie gehört und zum molekularen Verständnis stofflichen Verhaltens viel beiträgt, wurde jetzt ein kurzer Abschnitt über Abweichungen realer Gase vom idealen Verhalten eingefügt. Eine graphische Darstellung von Isothermen nach der van der Waalsschen Gleichung ermöglicht auch eine Diskussion der Kondensation eines Gases zur Flüssigkeit einschließlich des Kritischen Punktes.

Bei der Einführung des Chemischen Potentials (über die Triebkraft für den Transport eines Stoffes über eine beliebige Phasengrenze als Sonderfall einer „chemischen Reaktion" in den Abschnitten 11.1 bis 11.3) wurde eine übersichtlichere und anschaulichere Darstellung angestrebt.

Den verschiedenen möglichen Formulierungen des 2. Hauptsatzes wurde noch mehr Sorgfalt gewidmet. Als Hindernis für ein anschauliches Verständnis des 2. Hauptsatzes erweist sich die manchmal erhobene Forderung, daß man sich die Begriffe „Wärme" und „Arbeit" ausschließlich als Formen der Energie*übertragung*, aber nicht als *„vorhandene"* Energieformen vorstellen dürfe. Bei Beachtung gewisser Nebenbedingungen ist es aber möglich, von *„Wärmekapazitäten"*, von einem *„Wärmespeicher"* und einem *„Arbeitsspeicher"* sowie von einer *„Umwandlung"* von Arbeit in Wärme zu reden, ohne dabei die Größen ΔU, ΔH und ΔG zu verwechseln (vgl. Fußnote 13 S. 98). Die Formulierung, daß die Entropie im abgeschlossenen System nur zunehmen kann, wurde in § 12.5 aus der Unmöglichkeit eines Perpetuum mobile 2. Art und in § 12.6.1 rein theoretisch aus Wahrscheinlichkeitsbetrachtungen hergeleitet.

Als Krönung der Thermodynamik wurde im Anhang ohne großen mathematischen Aufwand ein einfacher Zugang zum Boltzmannschen e-Satz dargestellt. Dieser ermöglicht in besonderer Weise Verknüpfungen zwischen den verschiedensten Stellen des Buches und wurde darum nicht einem bestimmten Kapitel zugeordnet. Der Boltzmannsche e-Satz läßt sich aus verschiedenen Folgerungen des 2. Hauptsatzes herleiten, z.B. aus der Formel für das Membranpotential einer Glaselektrode, aus der Boltzmannschen Entropiedifferenzformel oder im Anschluß an das Massenwirkungsgesetz aus der Formel $\Delta G^0 = -RT \ln\{K\}$. Der Boltzmannsche e-Satz liefert auch den Schlüssel zum Verständnis und zur Herleitung weiterer fundamentaler Gesetze wie der Planck-Einstein-Formel, des Maxwellschen Geschwindigkeitsverteilungsgesetzes und des Gleichverteilungssatzes.

Berlin, im März 1992 Roland Reich

Inhaltsverzeichnis

Formelzeichen XV
Maßeinheiten XX

1. Einleitung 1
1.1. Bedeutung der Thermodynamik für die Chemie 1
1.2. Thermodynamik und Thermostatik 2
1.3. Das dynamische Gleichgewicht 4
1.4. Ziel des Buches 7

2. Temperatur und Wärme 9
2.1. Der Temperaturbegriff 9
2.2. Die Temperaturskala 10
2.3. Wärme 13

3. Ideale Gase 17
3.1. Der Satz von Avogadro 17
3.2. Das ideale Gasgesetz 20
3.3. Zur Definition des idealen Gases 23
2.3. Abweichungen realer Gase vom idealen Verhalten 24

4. Molekulare Deutung von Druck und Temperatur 29
4.1. Berechnung des Druckes aus den Stoßgesetzen der Mechanik 29
4.2. Der Gleichverteilungssatz 33
4.3. Herleitung der Gasgesetze aus der kinetischen Gastheorie 34

5. Der erste Hauptsatz 37
5.1. Der mechanische Energiesatz 37
5.2. Innere Energie und Wärme 39
5.3. Äquivalenz von Wärme und Arbeit 41
5.4. Formulierungen des ersten Hauptsatzes 43
5.5. Die Innere Energie als Zustandsgröße 45

6. Volumenarbeit idealer Gase 49
6.1. Volumenarbeit bei konstantem Druck 49
6.2. Volumenarbeit bei konstanter Temperatur 51
6.3. Volumenarbeit ohne Wärmeaustausch 52

7. Molwärme und molekulare Struktur 57
- 7.1. Freiheitsgrade der Rotation und Oszillation 57
- 7.2. Berechnung der Molwärme aus den Freiheitsgraden 59
- 7.3. Quantelung der Oszillationsenergie 61
- 7.4. Molwärme fester Stoffe 64

8. Thermochemie 67
- 8.1. Enthalpie 67
- 8.2. Reaktionswärme bei konstantem Volumen 69
- 8.3. Reaktionswärme bei konstantem Druck 70
- 8.4. Bildungsenthalpie 73
- 8.5. Der Heßsche Satz 75
- 8.6. Temperaturabhängigkeit der Reaktionsenthalpie 77

9. Bindungsstärke 81
- 9.1. Atomare Bildungsenthalpie 81
- 9.2. Bindungsenthalpien 83
- 9.3. Bindungsstärke und Molekülstruktur 85
- 9.4. Dissoziationsenthalpien 85
- 9.5. Delokalisierungsenergie 87

10. Der zweite Hauptsatz 91
- 10.1. Messung der Triebkraft chemischer Reaktionen 91
- 10.2. Spontane Prozesse und reversible Ersatzprozesse 95
- 10.3. Die Unmöglichkeit eines Perpetuum mobile 2. Art (Die Nichtäquivalenz von Wärme und Arbeit) 98
- 10.4. Helmholtz-Energie (Freie Energie) 102
- 10.5. Gibbs-Energie (Freie Enthalpie) 104

11. Das chemische Potential 109
- 11.1. Die Triebkraft der Verdampfung von Wasser 109
- 11.2. Die Triebkraft eines beliebigen Phasenübergangs 112
- 11.3. Das chemische Potential eines Stoffes in einer Phase 116
- 11.4. Das Massenwirkungsgesetz für Gase 119
- 11.5. Berechnung einer Gleichgewichtskonstante aus der Triebkraft 122
- 11.6. Die Abhängigkeit des Lösungsmitteldampfdrucks vom Molenbruch der Lösung 124
- 11.7. Osmose 127
- 11.8. Das Massenwirkungsgesetz auch für heterogene Systeme 131
  Anwendungsbeispiele:
  - 11.8.1. Dissoziation von Essigsäure 132
  - 11.8.2. Das Löslichkeitsprodukt von Silberchlorid 136
  - 11.8.3. Zersetzung von Ammoniumcarbamat 137
  - 11.8.4. Kalkbrennen 137

11.8.5. Verdampfung von Wasser 138
11.8.6. Kombination von Gleichgewichten 138
11.8.7. Fällung von Sulfiden 139
11.8.8. Bestimmung der Gleichgewichtskonstante einer Heterogenreaktion aus einer EMK 140

12. Entropie 143
12.1. Molekulare Ursachen der Triebkraft 143
Charakteristische Beispiele isothermer, spontaner Prozesse:
12.1.1. Entspannung einer Feder 143
12.1.2. Diffusion 144
12.1.3. Expansion ins Vakuum 144
12.1.4. Verdampfung und Kondensation 145
12.1.5. Reduktion von Kupferionen durch Zink 146
12.1.6. Mutarotation 146
12.1.7. Kristallisation und Auflösung 148
12.2. Die reversible Wärme 149
12.3. Der Carnotsche Kreisprozeß 151
12.4. Die Entropie als Zustandsgröße 157
12.5. Entropie und zweiter Hauptsatz 162
12.6. Molekulare Deutung der Entropie 167
12.6.1. Entropie und Wahrscheinlichkeit 167
12.6.2. Thermodynamische Wahrscheinlichkeit 170
12.6.3. Der dritte Hauptsatz 173

13. Bestimmung von Gleichgewichtskonstanten 179
13.1. Die zentrale Bedeutung von ΔG^{o} 179
13.2. Gleichgewichtsberechnung für beliebige Temperaturen 182
Beispiele:
13.2.1. Umwandlungstemperatur 184
13.2.2. Dampfdruck und Siedepunkt 184
13.2.3. Gleichgewichtspartialdruck und Zersetzungstemperatur 186
13.3. Gleichgewichte mit Kohlenmonoxid 187
13.3.1. Verwendung von CO 187
13.3.2. Erzeugung von CO. Das Boudouard-Gleichgewicht 188
13.3.3. Erzeugung von Wasserstoff. Das Wassergasgleichgewicht 192
13.4. Die Ammoniaksynthese 194
13.4.1. Herstellung des Ausgangsgemisches 194
13.4.2. Berechnung der Gleichgewichtskonstante 195
13.4.3. Der Gleichgewichtsmolenbruch an NH_3 196
13.4.4. Berechnung der Ausbeute 197

14. Verschiebung von Gleichgewichten 199
14.1. Formale Definition von G und A 199
14.2. Die Gibbs-Helmholtz-Gleichung 202
14.3. Die van't Hoffsche Gleichung 206
14.4. Das Prinzip vom kleinsten Zwang 210

15. Energetischer und entropischer Beitrag zur Triebkraft 215
15.1. Abschätzung der Standardtriebkraft einer Reaktion 215
15.1.1. Voraussagen aufgrund der stöchiometrischen Umsatzzahlen 216
15.1.2. Der Chelat-Effekt 218
15.1.3. Solvatationseffekte 221
15.2. Einfluß der Konzentrationen auf die Triebkraft 224
15.2.1. Vollständig ablaufende Reaktionen 225
15.2.2. Reaktionslenkung durch Wegfangen von Endprodukten 226
15.3. Einfluß der Temperatur auf die Triebkraft 230
15.4. Einfluß des Druckes auf die Triebkraft 233

16. Einfluß des Molekülbaus auf das chemische Gleichgewicht 235
16.1. *cis-trans*-Isomerie 235
16.2. Innere Rotation 240
16.3. Ringschlußreaktionen 242
16.3.1. Cycloalkane 242
16.3.2. Ringe mit Sauerstoff 246
16.4. Induktive Effekte 251
16.5. Mesomere Effekte 256
16.6. Die Hammett-Gleichung 260

17. Phasengleichgewichte 267
17.1. Die Clausius-Clapeyronsche Gleichung 267
17.2. Phasendiagramme von Einstoffsystemen 273
17.3. Siedepunktserhöhung und Gefrierpunktserniedrigung durch Zusatz von gelöstem Stoff 277
17.4. Änderung der Löslichkeit mit der Temperatur 279

18. Elektrochemische Gleichgewichte 283
18.1. Thermodynamische Eigenschaften gelöster Ionen 283
18.2. Molekulare Deutung der elektromotorischen Kraft 285
18.2.1. Physikalische Grundlagen 285
18.2.2. Der Potentialverlauf in einer galvanischen Kette 287
18.2.3. Die Glaselektrode 291
18.3. Das praktische Einzelpotential 295
18.4. Die elektrochemische Spannungsreihe 297
18.5. Die Nernstsche Gleichung 301
18.6. Praktische Folgerungen aus Spannungsreihe und Nernst-Gleichung 304
18.7. Anwendungen in der analytischen Chemie 311

Anhang 317

Der Boltzmannsche e-Satz 317

A.1. Problemstellung 317
A.2. Gleichgewichtsverteilung von Ionen im elektrischen Feld 318
A.3. Gleichgewichtsverteilung von Teilchen im Schwerefeld 319
A.4. Herleitung aus der Boltzmannschen Entropiedifferenzformel 320
A.5. Gleichgewichtsverteilung von Molekülen auf Energiezustände 322
A.6. Anwendung auf harmonische Oszillatoren 324
A.7. Das Maxwellsche Geschwindigkeitsverteilungsgesetz 326
(Herleitung aus der Konzentrationsverteilung im Schwerefeld)

Naturkonstanten und Umrechnungsfaktoren 333
Bildungsenthalpien und Normalentropien 334
Elektrochemische Spannungsreihe 336

Register 337

Formelzeichen

Eine *physikalische Größe* wird in Formeln grundsätzlich durch einen *kursiven* (d.h. schrägen), *einzelnen* Buchstaben symbolisiert, der nötigenfalls durch Indizes näher gekennzeichnet ist (einzige Ausnahmen: die Größen pH und pK). Zur Unterscheidung davon werden Maßeinheiten, mathematische Operatoren, Zahlen und chemische Elemente immer mit *senkrechten* Buchstaben bezeichnet. Vektorielle, d.h. räumlich gerichtete Größen wie die Kraft $\boldsymbol{F}$ und die Feldstärke $\boldsymbol{E}$ werden üblicherweise durch fettgedruckte Symbole bezeichnet. Auch in diesem Buch verwenden wir Fettdruck, um Verwechslungen mit anderen Größen zu vermeiden, obwohl hier mit $\boldsymbol{F}$ bzw. $\boldsymbol{E}$ kein Vektor im mathematischen Sinne, sondern nur die (positive oder negative) Größe des zu einer passenden Koordinatenachse parallelen Vektors gemeint ist (vgl. Fußnoten 2 in §4.1 und 2 in §18.2.).

Gemäß den Empfehlungen der IUPAC ist der für eine physikalische Größe verwendete Buchstabe fast immer der Anfangsbuchstabe des betreffenden englischen Wortes. Dieses wird daher als Gedächtnishilfe in dieser Liste jeweils in Klammern mit aufgeführt, sofern sein Anfangsbuchstabe von dem des deutschen Wortes abweicht.

a	Beschleunigung (acceleration), Geschwindigkeitsänderung pro Zeit [m/s^2]
a_i	Aktivität des Stoffes i. In idealen Systemen ist a_i nach Gl. (11.67) je nach dem Aggregatzustand von i durch die Konzentration, den Molenbruch oder den Partialdruck gegeben.
A	Helmholtz-Energie [J], bisher als „Freie Energie" mit dem Symbol F bezeichnet, definiert durch die Gln. (10.15) und (14.4)
A	Fläche (area), z.B. Querschnitt eines Kolbens
b	Federkonstante [N/m], elastische Kraft pro Längenänderung einer Feder
$\mathbf{c}$	Lichtgeschwindigkeit im Vakuum, $3 \cdot 10^8$ m/s
c	Konzentration (concentration), Stoffmenge pro Volumen [mol/l]
$c_\mathrm{A}, c_\mathrm{B}, c_\mathrm{i}, c_1, c_2$	Konzentrationen der Stoffe A, B, i, 1, 2 usw.
c_S	Sättigungskonzentration
$c_\mathrm{i}^* \equiv c_\mathrm{i} \cdot N_\mathrm{L}$	„molekulare Konzentration" des Stoffes i, Teilchenzahl pro Volumen
C_p	Wärmekapazität (heat capacity) bei konstantem Druck p, die einem Körper pro Temperaturänderung zuzuführende Wärmemenge [J/K]
$c_p(\mathrm{i})$	spezifische Wärme bei konstantem Druck [J/(g K)], Wärmekapazität pro Masse des Stoffes i
$C_{p\mathrm{m}}$	molare Wärmekapazität („*Molwärme*") bei konstantem Druck, [J/(mol K)]
$C_{p\mathrm{i}}$	Molwärme des Stoffes i bei konstantem Druck, [J/(mol K)]
C_V	Wärmekapazität bei konstantem Volumen V, [J/K]
$C_{V\mathrm{m}}$	Molwärme bei konstantem Volumen V, [J/(mol K)]
d	Abstand (distance) [m]
d	Differentialzeichen
∂	spezielles Differentialzeichen für partielle Differentialquotienten, vgl. Fußnote 16 in §5.5.
e	Zahl 2,71828..., Basis der natürlichen Logarithmen

e^- chemisches Symbol für das Elektron
e elektrische Ladung des Protons. (Die Ladung des Elektrons ist $-e$.)
E elektromotorische Kraft (EMK) einer galvanischen Kette
$\boldsymbol{E}$ elektrische Feldstärke
E_{kin} makroskopische kinetische Energie
E_{pot} makroskopische potentielle Energie
f_{trans}, f_{rot}, f_{os} Zahl der Freiheitsgrade der Translation, der Rotation oder der Oszillation eines Moleküls
F Faraday-Konstante, Ladung pro Mol einwertiger Kationen, 96 485 C/mol
$\boldsymbol{F}$ Kraft (force)
g Erdbeschleunigung, Beschleunigung eines Körpers im Schwerefeld der Erde bei Ausschaltung des Luftwiderstandes, 9,806 m/s^2
G Gibbs-Energie [J], bisher als „Freie Enthalpie" bezeichnet, definiert durch die Gln. (10.21) und (14.3)
$\underline{G}_i$ Gibbs-Energie pro Menge des reinen Stoffes i, [J/mol]
$\overline{G}_i$ $\equiv (\partial G/\partial n_i)_{p,T,n_{j\neq i}}$, „chemisches Potential", partielle molare Gibbs-Energie des Stoffes i in einer Mischung, Änderung der Gibbs-Energie pro zugeführter Menge des Stoffes i bei Konstanz von p, T und der Mengen der übrigen Stoffe j außer Stoff i. Besteht i aus *geladenen* Teilchen, wird $\overline{G}_i$ als „elektrochemisches Potential" bezeichnet, vgl. §18.2.2 und §18.2.3.
G_i^o chemisches Potential des Stoffes i im „Standardzustand", d.h. in dem Zustand, in dem die Aktivität a_i (gemessen im charakteristischen Konzentrationsmaß des jeweiligen Aggregatzustandes) den Zahlenwert 1 hat
G_i^B „Gibbs-Bildungsenergie" des Stoffes i, d.h. ΔG für die Reaktion der Bildung von i aus den Elementen, wenn alle Reaktionsteilnehmer unter Standardbedingungen vorliegen
ΔG $\equiv (\partial G/\partial \xi)_{p,T}$, Änderung der Gibbs-Energie pro molarem Formelumsatz bei konstanten Werten von p und T, „Reaktionsarbeit", [J/mol], vgl. Gl. (10.27)
$-\Delta G$ Triebkraft (Affinität) einer chemischen Reaktion
h Planck-Konstante, $6,626 \cdot 10^{-34}$ J s
h Höhe einer Masse im Schwerefeld der Erde
H Enthalpie [J]
H_i Enthalpie pro Menge des Stoffes i, [J/mol]
H_i^B „Bildungsenthalpie" des Stoffes i, ΔH für die Reaktion der Bildung des Stoffes i aus den reinen, stabilen Elementen unter Normalbedingungen (Standardbedingungen und 25 °C), [J/mol]
$H_i^{B\,at}$ „atomare Bildungsenthalpie" des Stoffes i, ΔH für die Reaktion der Bildung des gasförmigen Stoffes i aus den gasförmigen Atomen bei 25 °C, [J/mol]
ΔH Reaktionsenthalpie, analog ΔG definiert, [J/mol]
$\Delta H_{f\to fl}$, $\Delta H_{fl\to g}$, $\Delta H_{f\to g}$ Schmelzwärme bzw. Verdampfungswärme bzw. Sublimationswärme, [J/mol]
H_{C-C}, H_{C-H}, H_{C-O} usw. „Bindungsenthalpien", molare Enthalpieänderungen bei der Bindungsknüpfung aus den gasförmigen Atomen [J/mol]
i Laufzahl, Nummer eines Stoffes

i(aq), i(f), i(fl), i(g) Stoff i in wäßriger Lösung bzw. im festen, flüssigen oder gasförmigen Zustand
I elektrische Stromstärke (intensity of electric current) [A]
j Flußdichte [mol/(m^2 s)]
J Trägheitsmoment (moment of inertia) [kg m^2]
k Boltzmann-Konstante, $1,3805 \cdot 10^{-23}$ J/K
k Geschwindigkeitskonstante einer chemischen Reaktion
k_{hin}, $k_{rück}$ Geschwindigkeitskonstante der Hin- bzw. der Rückreaktion
K Gleichgewichtskonstante einer chemischen Reaktion, formuliert mit den Aktivitäten a_i der Reaktionsteilnehmer in ihren jeweiligen Aggregatzuständen, vgl. Gl. (11.67)
$\{K\}$ Zahlenwert von K, wenn als Maßeinheit für die Aktivität jedes einzelnen Reaktionsteilnehmers die Aktivität in seinem Standardzustand zugrundegelegt wird
K_c, K_p, K_x Gleichgewichtskonstante, formuliert mit den Konzentrationen (c), den Partialdrucken (p) oder den Molenbrüchen (x) der Reaktionsteilnehmer
m Masse [g]
m Molekülmasse [g]
M Molmasse, molare Masse [g/mol]
n natürliche Zahl (z.B. Zahl der Atome in einem Molekül)
n Stoffmenge [mol]
n_i Menge des Stoffes i, [mol]
N Zahl der Moleküle
N_L Loschmidt-Konstante (auch als „Avogadro-Konstante“ mit dem Symbol N_A bezeichnet), Zahl der Moleküle pro Mol, $6,022 \cdot 10^{23}$ /mol
p Druck (pressure) [N m^{-2}]
p^D Dampfdruck eines festen oder flüssigen Stoffes
p_i entweder Partialdruck des Stoffes i in der Gasphase oder Gleichgewichtspartialdruck von i über einer kondensierten Mischung
p_i^o Gleichgewichtspartialdruck (Dampfdruck) des reinen, kondensierten Stoffes i
p^o Standarddruck, 101325 N m^{-2}, bisher als 1 atm bezeichnet
pH $\equiv -\log \{a_{H^+}\}$, vgl. S. 133
pK $\equiv -\log \{K_{diss}\}$ (K_{diss} = Dissoziationskonstante einer Säure)
q elektrische Ladung [C]
Q Wärmemenge [J]
r Radius oder Abstand, [m]
R Gaskonstante, 8,314 J/(mol K)
R Ohmscher Widerstand (resistance)
S Entropie [J K^{-1}]
S_i, $\overline{S}_i$, S_i^o, ΔS analog wie bei G definiert
t Zeit (time) [s]
T absolute Temperatur [K]
T_E Erstarrungspunkt (Schmelzpunkt), Schmelztemperatur unter Standarddruck
T_S Siedepunkt (Siedetemperatur unter Standarddruck)
T_{Tr} Tripelpunkt (Schmelztemperatur unter dem eigenen Dampfdruck)
T_o Normaltemperatur (298,15 K, entsprechend 25 °C)

T_0	Schmelzpunkt von Eis (273,15 K, entsprechend 0 °C)
U	elektrische Spannung [V]
U	Innere Energie [J]
U_m	molare Innere Energie [J/mol]
U_i	molare Innere Energie des Stoffes i [J/mol]
U_{trans}	Energie der ungeordneten Translationsbewegung der Moleküle
v	Geschwindigkeit (velocity) [m/s]
$\overline{v}$	Mittelwert des Geschwindigkeitsbetrages
V	Volumen [m^3]
V_m	Molvolumen [m^3/mol]
V_i, $\overline{V_i}$, ΔV	analog wie bei G definiert
w	mathematische Wahrscheinlichkeit, Zahl zwischen 0 und 1
W	thermodynamische Wahrscheinlichkeit, „Realisierungszahl", Zahl der Mikrozustände, durch die ein Makrozustand realisiert werden kann.
W	Arbeit (work), Kraft mal Weg (skalares Produkt), [J]
x_i	$\equiv n_i/\sum n_i$, Molenbruch des Stoffes i
x	Koordinate, Länge, [m]
z	Zahl der (positiven) Ladungen eines Ions (für Anionen ist $z < 0$)
$\dot{z}_1$	mittlere Stoßfrequenz eines Einzelmoleküls [s^{-1}], Zahl der Moleküle, die im Mittel pro Zeiteinheit mit einem bestimmten Molekül zusammenstoßen.
Z	„Stoßzahl" [m^{-3} s^{-1}], Zahl der molekularen Zusammenstöße pro Volumen und Zeit
α	Dissoziationsgrad
δ	spezielles Differentialzeichen für übertragene Mengen, die nicht eindeutig der Änderung einer Systemeigenschaft entsprechen, vgl. Gl. (5.19)
$\triangle$	allgemeines Differenz-Zeichen
Δ	spezieller Operator, siehe bei ΔG, vgl. Gl. (10.27)
ϵ	praktisches Einzelpotential [V]
ϵ^{o}	Standardpotential. (Bei 25 °C: Normalpotential)
$\bar{\epsilon}_{trans}$	mittlere kinetische Energie eines Molekülschwerpunkts
$\bar{\epsilon}_{trans,x}$, $\bar{\epsilon}_{rot}$, $\bar{\epsilon}_{os}$	mittlere Energie eines Freiheitsgrades der Translation, Rotation oder Oszillation eines Moleküls
η	Wirkungsgrad
ϑ	Celsius-Temperatur [°C]
κ	Verhältnis C_p/C_V
μ	Dipolmoment [C m]
μ_i	chemisches Potential des Stoffes i. Auch für *geladene* Teilchen soll μ_i nur den *chemischen* Anteil des elektrochemischen Potentials $\overline{G_i}$ bezeichnen, vgl. S. 291 ff.
ν	Frequenz [s^{-1}]
ν_A, ν_B, ν_i	stöchiometrische Faktoren der Stoffe A, B, i in einer Reaktionsgleichung
ν_e	Zahl der übertragenen Elektronen bei einem molekularen Formelumsatz
ξ	Reaktionsstand [mol] (extent of reaction), früher als „Reaktionslaufzahl" bezeichnet.
$\dot{\xi}$	Reaktionsgeschwindigkeit [mol/s]

π	Zahl 3,142··· (= Verhältnis des Umfangs zum Durchmesser eines Kreises)
π	osmotischer Druck [N/m²]
Π	Zeichen für das Produkt einer Folge von Werten
$\Pi a_i^{\nu_i}$	stöchiometrisches Produkt, vgl. Gl. (11.33)
ρ	entweder Dichte (Masse pro Volumen) oder Faktor aus der Hammett-Gleichung (16.28), beschreibt die Empfindlichkeit einer reagierenden Gruppe R gegenüber Ladungsumverteilungen im Molekül.
σ	Faktor aus der Hammett-Gleichung, beschreibt den Einfluß eines Substituenten auf die Ladungsverteilung im Molekül.
σ	Symmetriezahl, Gl. (12.60)
$\sum$	Zeichen für die Summe einer Folge von Werten
$\sum \nu_i X_i$	stöchiometrische Summe, vgl. Gl. (8.9)
φ	elektrisches Potential [V]
$\Delta\varphi$	elektrische Potentialdifferenz, Spannung [V]
$\{X\}$	„Zahlenwert" der Größe X, d.h. Quotient aus X und einer vereinbarten Standard-Maßeinheit für X. Die Standardeinheit für den Druck p ist der Standarddruck $p^\circ \equiv 101325$ Pa ($\equiv 1$ atm).
$X(..)$	Ein Klammerausdruck hinter einer physikalischen Größe X dient i.a. nur zu deren näheren Kennzeichnung (gelesen als „X von . .") und soll nicht mit X multipliziert werden (sonst müßte ein Punkt vor der Klammer stehen).
$\equiv$	„identisch", d.h. durch Definition gleich; vgl. Fußnote 1 in §2.2

Maßeinheiten

Zeichen	Name	SI-Definition	physikal. Größe	Bemerkung
A	Ampere	vgl. S. 286	elektrische Stromstärke	SI-Basiseinheit
Å	Ångström[1]	10^{-10} m	Länge	≈ Durchmesser des H-Atoms
am	Attometer	10^{-18} m	Länge	Vorsatzzeichen a $= 10^{-18}$
at	technische Atmosphäre[1]	98066,5 Pa	Druck	$= 1$ kp/cm^2
atm	physikal. Atmosphäre[1]	101325 Pa	Druck	mittlerer Luftdruck in Meereshöhe, Standarddruck
bar	Bar	10^5 Pa	Druck	≈ Atmosphärendruck
C	Coulomb	A s	elektrische Ladung	SI-Einheit
°C	Grad Celsius	K	Celsius-Temperatur	besonderer Name für das Kelvin bei der Angabe von Celsius-Temperaturen
cal	Kalorie[1]	4,184 J	Energie	$= c_p(H_2O, 15\ °C) \cdot 1\ g \cdot 1\ K$
cd	Candela	(5/3) mm^2 schwarzer Strahler bei T_E(Pt)	Lichtstärke	SI-Basiseinheit
cm	Zentimeter	10^{-2} m	Länge	Vorsatzzeichen c $= 10^{-2}$
d	Tag	86400 s	Zeit	$= 24$ h
D	Debye	$\frac{10^{-29}\text{C m}}{2,997925}$	Dipolmoment	molekulare Maßeinheit ohne gesetzliche Verankerung
dm	Dezimeter	0,1 m	Länge	Vorsatzzeichen d $= 0,1$
dyn	Dyn[1]	10^{-5} N	Kraft	$= 1$ g cm/s^2
erg	Erg[1]	10^{-7} J	Energie	$= 1$ dyn cm
esE	elektrostat. Ladungseinh.	$\frac{10^{-9}\text{C}}{2,997925}$	elektrische Ladung	Maßeinheit der Quantenchemie ohne gesetzl. Verankerung

[1] Diese Einheiten sind seit 1.1.1978 für den geschäftlichen Verkehr gesetzlich abgeschafft. Man muß sie trotzdem kennen, um die bisherige Literatur lesen zu können.

Zeichen	Name	SI-Definition	physikal. Größe	Bemerkung
eV	Elektronvolt	$e \cdot 1\ V \approx 1{,}6021 \cdot 10^{-19}$ J	Energie	atomphysikalische gesetzl. Einheit
F	Farad	C/V	elektrische Kapazität	SI-Einheit $A^2\ s^4\ kg^{-1}\ m^{-2}$
fm	Femtometer	10^{-15} m	Länge	Vorsatzzeichen f $= 10^{-15}$
g	Gramm	10^{-3} kg	Masse	Masse von 1 cm^3 Wasser bei 4 °C
GHz	Gigahertz	10^9 Hz	Frequenz	Vorsatzzeichen G $= 10^9$
h	Stunde	3600 s	Zeit	= 60 min
H	Henry	Vs/A	Induktivität	SI-Einheit $kg\ m^2\ A^{-2}\ s^{-2}$
hl	Hektoliter	10^2 l	Volumen	Vorsatzzeichen h $= 10^2$
Hz	Hertz	s^{-1}	Frequenz	SI-Einheit
J	Joule	N m	Energie	SI-Einheit, $kg\ m^2\ s^{-2}$
K	Kelvin	$T_{Tr}(H_2O)/273{,}16$	Temperatur	SI-Basiseinheit
kg	Kilogramm	Internationaler Prototyp	Masse	SI-Basiseinheit; Vorsatzzeichen k $= 10^3$
l	Liter	$10^{-3}\ m^3$	Volumen	besonderer Name für die Einheit dm^3
m	Meter	spektroskopisch (Wellenlänge v. Kr)	Länge	SI-Basiseinheit; ursprünglich $2{,}5 \cdot 10^{-8}$ · Erdumfang
M	Mol pro Liter	1000 mol/m^3	Konzentration	
mg	Milligramm	10^{-3} g	Masse	Vorsatzzeichen m $= 10^{-3}$
MHz	Megahertz	10^6 g	Frequenz	Vorsatzzeichen M $= 10^6$
min	Minute	60 s	Zeit	
mmHg	Millimeter-Quecksilbersäule [2]	133,322 Pa	Druck	760 mmHg = 1 atm
mol	Mol	vgl. S. 19	Stoffmenge	SI-Basiseinheit
mWS	Meter-Wassersäule[2]	9806,65 Pa	Druck	10 mWS = 1 at
N	Newton	$kg\ m/s^2$	Kraft	SI-Einheit

[2] s. Fußnote [1] Seite XX

Zeichen	Name	SI-Definition	physikal. Größe	Bemerkung
nm	Nanometer	10^{-9} m	Länge	Vorsatzzeichen n $= 10^{-9}$
p	Pond[3]	$9{,}80665 \cdot 10^{-3}$ N	Kraft	Gewicht von 1 g
Pa	Pascal	N/m^2	Druck	SI-Einheit, kg m^{-1} s^{-2}
pm	Picometer	10^{-12} m	Länge	Vorsatzzeichen p $= 10^{-12}$
PS	Pferdestärke[3]	735,49875 W	Leistung	
rad	Radiant	Verhältnis von Bogenlänge : r = 1	Winkel	SI-Zusatzeinheit
s	Sekunde	aus Strahlungsfrequenz v. Cs	Zeit	SI-Basiseinheit
S	Siemens	A/V = 1/Ω	elektrischer Leitwert	SI-Einheit kg^{-1} m^{-2} s^3 A^2
sr	Steradiant	Verhältnis von Kugelflächenausschnitt : r^2 = 1	Raumwinkel	SI-Zusatzeinheit
t	Tonne	10^3 kg	Masse	besonderer Name für 1 Mg
T	Tesla	V s/m^2	magnetische Flußdichte	SI-Einheit, kg s^{-2} A^{-1}
THz	Terahertz	10^{12} Hz	Frequenz	Vorsatzzeichen T $= 10^{12}$
Torr	Torr[3]	$\frac{101325}{760}$ Pa	Druck	1 Torr = 1 mmHg
u	atomare Masseneinheit	$(1\ \text{g/mol})/N_L \approx 1{,}6605 \cdot 10^{-24}$ g	Masse	1/12 der Masse eines ^{12}C-Atoms; atomphysikal. gesetzl. Einheit
V	Volt	J/C	elektrische Spannung	SI-Einheit kg m^2 s^{-3} A^{-1}
W	Watt	J/s = V A	Leistung	SI-Einheit, kg m^2 s^{-3}
Wb	Weber	V s	magnetischer Fluß	SI-Einheit, kg m^2 s^{-2} A^{-1}
μm	Mikrometer	10^{-6} m	Länge	Vorsatzzeichen $\mu = 10^{-6}$
Ω	Ohm	V/A	elektrischer Widerstand	SI-Einheit kg m^2 s^{-3} A^{-2}

[3] s. Fußnote 1 S. XX

1 Einleitung

1.1 Bedeutung der Thermodynamik für die Chemie

Wenn man eine chemische Verbindung herstellen möchte, dann genügt es im allgemeinen nicht, daß man die darin enthaltenen Elemente miteinander vermischt; denn nicht jede chemische Reaktion, die man auf dem Papier in Form einer chemischen Gleichung formulieren könnte, läuft tatsächlich ab: Manche Reaktion läuft eher in der umgekehrten Richtung ab, d. h., die gewünschte Verbindung würde sich nicht bilden, sondern zersetzen. Oft läuft eine Reaktion zwar in der gewünschten Richtung ab, aber nur bis zur Erreichung eines bestimmten Konzentrationsverhältnisses von Endprodukten zu Ausgangsstoffen; man spricht von einem *„chemischen Gleichgewicht"*. Liegt das Konzentrationsverhältnis zu Beginn bereits jenseits dieses Gleichgewichtsverhältnisses, dann läuft die entgegengesetzte Reaktion ab. Eine tatsächlich ablaufende Reaktion in einem sich selbst überlassenen System ist also immer auf den Gleichgewichtszustand hin und niemals von ihm weg gerichtet. Zur Planung von Synthesen muß daher bekannt sein, bei welchem Konzentrationsverhältnis das Gleichgewicht liegt.

Nun läßt sich aber die Lage eines chemischen Gleichgewichts durch passende Veränderung der äußeren experimentellen Bedingungen (Druck, Temperatur, Konzentrationen) zugunsten der einen oder der anderen Seite einer Reaktionsgleichung *verschieben*. Die Abhängigkeit des chemischen Gleichgewichts von den äußeren Bedingungen ist das Thema der *Thermodynamik*, die in diesem Buch behandelt wird.

Wenn die Lage des Gleichgewichts für den Ablauf einer Reaktion günstig ist, dann kann man das auch so ausdrücken, daß man der Reaktion eine *„Triebkraft"* zuschreibt. Trotz dieser Triebkraft erfolgt aber die Einstellung des Gleichgewichts oft so langsam, daß sich praktisch überhaupt keine Änderung der Reaktionsmischung beobachten läßt. Es liegen also gewisse *„Reaktionshemmungen"* vor.[1] Die *Geschwindigkeit* chemischer Reaktionen ist das Thema der *Kinetik*. Die Geschwindigkeit der Gleichgewichtseinstellung kann z.B. durch Erhöhung der Temperatur gesteigert werden. Hierbei wird aber das Gleichgewicht oft in unerwünschter Weise verschoben, so daß ein Kompromiß zwischen den Forderungen der Thermodynamik und Kinetik gefunden werden muß.

---

1 Die Triebkraft ist mit dem Hangabtrieb eines Wagens an einem Berghang zu vergleichen, die Reaktionshemmung mit der angezogenen Bremse. Solche Hemmungen machen das Leben auf der Erde überhaupt erst möglich, da die biochemischen Verbindungen thermodynamisch nicht „stabil" sind: Bei Einstellung des Gleichgewichts mit dem Sauerstoff der Luft würden sie sich praktisch vollständig in die Verbrennungsprodukte umwandeln.

Für die meisten Stoffe lassen sich überhaupt keine konstanten äußeren Bedingungen (Druck, Temperatur, Konzentrationen) finden, unter denen ihre Bildung aus den in der Natur verfügbaren Ausgangsstoffen ohne weitere Eingriffe von außen thermodynamisch und kinetisch möglich ist. Zur Herstellung solcher Stoffe muß man aktiv eingreifen, und zwar entweder kontinuierlich (z.B. durch Zufuhr von elektrischer Energie, wie bei der Elektrolyse, oder von Lichtenergie, wie bei der Photosynthese in grünen Pflanzen[2]) oder diskontinuierlich, indem man sich zunächst passende *Zwischenprodukte* herstellt, die dann unter veränderten äußeren Bedingungen mit anderen Reaktionspartnern in gewünschter Weise weiterreagieren. Für jeden einzelnen Reaktionsschritt müssen aber die thermodynamischen und kinetischen Vorbedingungen erfüllt sein.

Oft ist es notwendig, die Zwischenprodukte aus dem Reaktionsgemisch in reiner Form zu isolieren. Die dabei angewendeten *Trennungsmethoden* (Destillation, Extraktion, Kristallisation, Adsorption, Chromatographie sowie chemische Umsetzungen) beruhen ebenfalls auf thermodynamischen Gesetzmäßigkeiten. Auch wichtige (besonders elektrochemische) Methoden der *analytischen* Chemie zur Bestimmung der Konzentration eines Stoffes in einer Mischung ergeben sich aus der Lehre vom chemischen Gleichgewicht, der Thermodynamik. Daher erscheint eine gründliche Behandlung dieses Gebietes im Rahmen der Allgemeinen Chemie zweckmäßig.

1.2 „Thermodynamik“ und „Thermostatik“

Das Wort „Thermodynamik“ ist aus griechischen Worten zusammengesetzt: „thermos“ heißt „warm“, „dynamis“ ist eine „bewegende Kraft“. Unter „Thermodynamik“ kann man also die Lehre von den Kräften verstehen, die mit der Wärmebewegung der Moleküle zusammenhängen.

Die Moleküle eines Stoffes sind nämlich normalerweise nicht in Ruhe, sondern in dauernder lebhafter Bewegung. Die Moleküle eines *Gases* fliegen völlig regellos und frei durch den Raum, wobei elastische Zusammenstöße der Moleküle miteinander und mit der Gefäßwand stattfinden. Der Aufprall der Moleküle auf die Gefäßwand verursacht eine Kraft, und die Kraft pro Fläche ist der gemessene Gasdruck. In *festen Körpern* sind die Atome dagegen an feste Gitterplätze gebunden; hier besteht die Wärmebewegung im wesentlichen nur in Schwingungen der Atome um ihre Ruhelage. In *Flüssigkeiten* bleiben die Moleküle zwar in dauernder gegenseitiger Berührung, sie sind aber leicht gegeneinander verschiebbar. Daher sind hier neben Schwingungen auch Translations- und Rotationsbewegungen möglich.

Diese Bewegungen der Atome und Moleküle sind um so schneller, je *wärmer* der betreffende Körper ist. Äußerlich betrachtet erscheint dabei der Körper völlig ruhig. Vom makroskopischen Standpunkt aus sieht man nichts von der Wärmebewegung, d.h. von der Dynamik des molekularen Geschehens.

---

2 Durch derartige Zufuhr von Energie kann man erreichen, daß ein System sich nicht auf den Gleichgewichtszustand zubewegt, der durch Druck, Temperatur und Anfangskonzentrationen vorbestimmt ist, sondern sich von ihm entfernt. Näheres in Kapitel 10.

Nun ist es natürlich möglich, das molekulare Geschehen bei der Beschreibung physikalischer und chemischer Gleichgewichte unberücksichtigt zu lassen, indem man nur makroskopische Beobachtungen und Erfahrungen logisch miteinander verknüpft. Diese makroskopische Betrachtungsweise wird in der theoretischen Physik schlechthin als „Thermodynamik“ bezeichnet. Man sollte dabei eigentlich eher von *„Thermostatik“* sprechen, weil ein System im Gleichgewicht vom makroskopischen Standpunkt aus „statisch“ (= ruhend) erscheint.

In der theoretischen Physik wird Wert darauf gelegt, die Thermodynamik von molekularen Vorstellungen freizuhalten, weil eine Theorie grundsätzlich um so allgemeingültiger ist, je weniger Voraussetzungen man zugrundegelegt hat. Die Voraussetzungen der Thermodynamik sind die sogenannten *„Hauptsätze“*, die als reine *Erfahrungssätze* an den Anfang gestellt werden. Die daraus abgeleiteten Gesetze müßten ihre Gültigkeit sogar dann behalten, wenn sich herausstellen würde, daß die Materie ein Kontinuum wäre, also nicht aus Atomen und Molekülen bestände.

Andererseits werden aber die thermodynamischen Gesetzmäßigkeiten durch die *molekulare Deutung* viel anschaulicher und leichter lernbar. Außerdem wird die Thermodynamik für den Chemiker gerade dadurch besonders fruchtbar, daß man Beziehungen zwischen den thermodynamischen Eigenschaften verschiedener Stoffe und ihrer molekularen Struktur herstellen kann. Darum wollen wir hier eine „Thermodynamik“ im anschaulichen Sinn des Wortes betreiben, indem wir das molekulare Geschehen in die Betrachtung mit einbeziehen. In der Thermodynamik im anschaulichen Sinn braucht man die Hauptsätze aber nicht als reine Erfahrungstatsachen hinzunehmen, sondern man kann sie aus dem molekularen Modell heraus anschaulich verstehen und auch mathematisch ableiten[3].

Woher weiß man von der Wärmebewegung der Moleküle? Es gibt ein sehr eindrucksvolles Phänomen, an dem man die Bewegung der Moleküle unmittelbar sehen kann: die *„Brownsche Molekularbewegung“*. Dieses ist eine eigentümlich zitternde Bewegung von im Mikroskop gerade noch sichtbaren Staubteilchen. Im Gasraum ist die Bewegung solcher Teilchen (Tabaksrauch) noch heftiger als in einer flüssigen Suspension. Die auftreffenden Gasmoleküle schütteln die Staubteilchen hin und her. Dabei ist die Geschwindigkeitsänderung des Teilchens bei einem Zusammenstoß um so kleiner, je größer seine Masse ist. Es kommt hinzu, daß mit zunehmender Größe der Teilchen auch entsprechend mehr Moleküle pro Sekunde von allen Seiten auf seine Oberfläche auftreffen, so daß ein Impuls in der einen Richtung in immer kürzeren Zeitabständen durch einen Impuls in entgegengesetzter Richtung nahezu kompensiert wird. Daher ist die Bewegung größerer Teilchen nicht mehr sichtbar. Wenn aber das Staubteilchen so klein ist, daß es pro Sekunde nur von wenigen Gasmolekülen getroffen wird, dann bedeuten ein paar stoßende Moleküle mehr oder weniger schon einen großen relativen Unterschied, d. h. eine große Druckschwankung, der das Staubteilchen durch die beobachtete Bewegung nachgibt. Der makroskopische Gasdruck stellt also nur einen *Mittelwert* dar, um den herum im molekularen Bereich große *Schwankungen* auftreten[4].

---

3 Näheres in den Kapiteln 4, 5 und 12.6.

4 Näheres in Abschnitt 4.1.

1.3 Das dynamische Gleichgewicht

Ebenso wie in einem ruhendem Gas die einzelnen Moleküle keineswegs in Ruhe sind, so bleiben auch in einem System, in dem Phasenumwandlungen oder chemische Reaktionen stattfinden, die einzelnen Moleküle nach Erreichen des Gleichgewichtszustandes keineswegs unverändert, auch wenn makroskopisch keine Umsetzung mehr nachweisbar ist.

Als Beispiel für eine *Phasenumwandlung* wollen wir die Verdampfung von Diethylether betrachten. Ein wenig Ether wird in eine Flasche eingefüllt. Der Gasraum über dem Ether besteht zunächst nur aus Luft. Bei gegebener Temperatur geht pro Zeit- und Oberflächeneinheit eine bestimmte Zahl von Ethermolekülen in den Gasraum über. Proportional der wachsenden Konzentration an Ethermolekülen im Gasraum wächst auch die Zahl der Ethermoleküle, die auf die Oberfläche auftreffen und wieder kondensieren. Schließlich wird ein Zustand erreicht, in dem die Flußdichte [mol $m^{-2}s^{-1}$] der kondensierenden Ethermoleküle genau so groß wie die Flußdichte der verdampfenden Ethermoleküle geworden ist. Dann befindet sich das System im *„dynamischen Gleichgewicht"*. Makroskopisch betrachtet findet keine Veränderung mehr statt. In Wirklichkeit ist aber die Flußdichte der verdampfenden Ethermoleküle genauso groß wie am Anfang.

Die in den Gasraum übergegangenen Ethermoleküle üben auf den Stöpsel in der Flasche neben den Molekülen der Luft einen zusätzlichen Druck aus, den *„Partialdruck"* des Ethers. Der im dynamischen Gleichgewicht erreichte Partialdruck heißt *„Dampfdruck"* des Ethers bei der betreffenden Temperatur. Bei 20 °C beträgt der Etherdampfdruck $6{,}1 \cdot 10^4$ Pa. Dieser Überdruck reicht aus, um den Stöpsel der Flasche herauszudrücken, wenn er nicht besonders befestigt ist. Man überzeuge sich hiervon, indem man die auf einen Stöpsel von 2 cm Durchmesser und 50 g Masse wirkende Kraft mit seinem Gewicht vergleicht! (Die nötigen Umrechnungsfaktoren findet man auf S. 333.)

Als Beispiel für ein *chemisch reagierendes* System wollen wir Iodwasserstoffgas betrachten. Bei genügend hoher Temperatur zersetzt sich dieses teilweise in Wasserstoff und Iod[5]:

$$2\,HI\,(g) \rightleftharpoons H_2\,(g) + I_2\,(g) \tag{1.1}$$

Das entstehende I_2-Gas ist violett gefärbt, und seine Konzentration[6] kann durch Messung seiner Lichtabsorption bestimmt werden. Die Konzentration an H_2 ist immer genauso groß ($c_{H_2} = c_{I_2}$), und die jeweilige Konzentration an HI kann aus der Anfangskonzentration c_0 errechnet werden, da für jedes Molekül I_2 zwei Moleküle HI verschwunden sind:

$$c_{HI} = c_0 - 2\,c_{I_2} \tag{1.2}$$

Auf diese Weise kann man c_{HI} in jedem Zeitpunkt der Reaktion bestimmen.

---

5 Unter diesen Bedingungen liegt I_2 ebenso wie H_2 und HI gasförmig vor, was in der Reaktionsgleichung durch das (g) angedeutet wird. Unter Normalbedingungen ist Iod dagegen fest.

6 Die Konzentration eines Stoffes ist ein Maß für die Zahl seiner Moleküle pro Volumen. Näheres in Kapitel 3.

Der Bruchteil c_{HI}/c_0 als Funktion der Zeit nach Messungen von Bodenstein[7] bei 448 °C ist in Abb. 1 dargestellt. Im Falle der oberen Kurve wurde von reinem Iodwasserstoff ausgegangen. Der Bruchteil an HI nimmt zunächst schnell, dann immer langsamer ab und erreicht schließlich einen konstanten Wert. Derselbe Endzustand wird (bei gleicher Temperatur) auch dann erreicht, wenn das System im Zeitpunkt $t = 0$ im Zustand der reinen Elemente H_2 und I_2 vorlag (untere Kurve in Abb. 1).

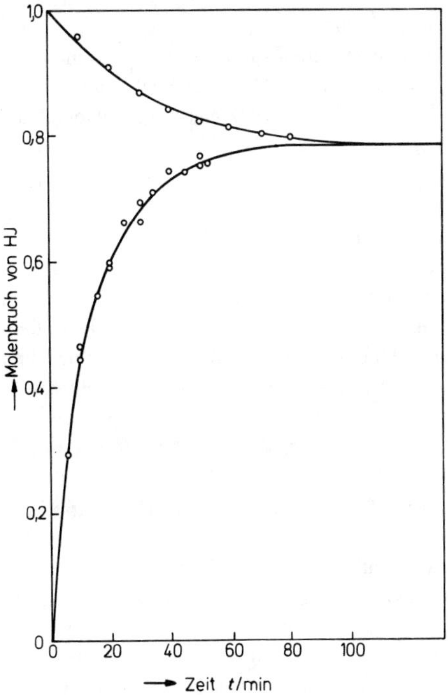

Abb. 1. Zersetzung und Bildung von Iodwasserstoff bei 448 °C nach Bodenstein.[7]

Der Gleichgewichtszustand kann also wie bei einer gedämpften Waage von beiden Seiten her erreicht werden.[8] Im Gegensatz zu einer Waage handelt es sich aber hier um ein *dynamisches* Gleichgewicht, d.h., die Zahl der pro Zeiteinheit zerfallenden HI-Moleküle wird im Gleichgewicht nicht etwa gleich null, sondern sie wird nur kompensiert durch die dann gleich große Zahl der pro Zeiteinheit gebildeten HI-Moleküle.

Als *„Reaktionsgeschwindigkeit"* (RG) definieren wir die zeitliche Abnahme der Menge[9] eines Ausgangsstoffes, dividiert durch den stöchiometrischen Zahlenfaktor, mit dem dieser Stoff in der Reaktionsgleichung verknüpft ist. Diese Abnahme ist gleich der zeitlichen Zu-

7 M. Bodenstein, Z. physikal. Chemie **13**, 56 (1894)

8 Vgl. Fußnote 3 in §10.1.

9 Eine bestimmte Stoffmenge n_i entspricht einer definierten Zahl von Molekülen des Stoffes i. Näheres in Abschnitt 3.1.

nahme der Menge eines Endproduktes, dividiert durch *dessen* stöchiometrischen Faktor. Im Beispiel der Reaktion (1.1) ist also[10]

$$\dot{\xi} = -\frac{1}{2}\frac{dn_{HI}}{dt} = \frac{dn_{H_2}}{dt} = \frac{dn_{I_2}}{dt} \tag{1.3}$$

Die RG ist proportional der jeweiligen Kurvensteigung in Abb. 1. Im Gleichgewicht wird

$$\dot{\xi} = 0 \tag{1.4}$$

Im molekularen Modell denkt man sich $\dot{\xi}$ aus zwei Anteilen zusammengesetzt, einem positiven Anteil $\dot{\xi}_{hin}$ für die „Hinreaktion" (entsprechend einem Ablauf der Reaktion (1.1) von links nach rechts) und einem negativen Anteil $-\dot{\xi}_{rück}$ für die „Rückreaktion" (entsprechend einem Reaktionsverlauf von rechts nach links):

$$\dot{\xi} = \dot{\xi}_{hin} - \dot{\xi}_{rück} \tag{1.5}$$

Man kann diese beiden Teilreaktionsgeschwindigkeiten als Funktion der Konzentrationen auch einzeln messen. Wenn man nämlich von reinem Iodwasserstoff ausgeht, ist im Zeitpunkt $t = 0$ noch kein Wasserstoff und kein Iod für eine mögliche Rückreaktion vorhanden; daher stellt die aus der Kurvensteigung bei $t = 0$ zu entnehmende RG allein die Hinreaktionsgeschwindigkeit dar. Führt man mehrere Versuchsreihen mit verschiedenen Anfangskonzentrationen durch, so findet man experimentell für die auf das Volumen V bezogene Hinreaktionsgeschwindigkeit:

$$\dot{\xi}_{hin}/V = k_{hin} \cdot c_{HI}^2 \tag{1.6}$$

Der Proportionalitätsfaktor k_{hin} wird als „Geschwindigkeitskonstante" der Hinreaktion bezeichnet.

Die in Gl. (1.6) zum Ausdruck kommende quadratische Abhängigkeit der Hinreaktionsgeschwindigkeit von der Konzentration an Iodwasserstoff beruht darauf, daß für einen molekularen Reaktionsablauf nach Gl. (1.1) zuerst ein Zusammenstoß zwischen zwei HI-Molekülen erforderlich ist. Bei gegebener Temperatur führt dann ein bestimmter Bruchteil der Zusammenstöße zur chemischen Umsetzung. Die Hinreaktionsgeschwindigkeit ist daher proportional der Zahl der Zusammenstöße pro Volumen und Zeit, Z. Diese aber ist proportional der Zahl der vorhandenen HI-Moleküle pro Volumen, c_{HI}^*, und proportional der Zahl der Zusammenstöße pro Zeit, $\dot{z}_1$, die jedes *einzelne* dieser HI-Moleküle im Mittel erleidet[11]:

$$Z \sim c_{HI}^* \cdot \dot{z}_1 \tag{1.7}$$

10 Das Symbol $\dot{\xi}$ für die RG bringt zum Ausdruck, daß es sich hierbei um die zeitliche Änderung einer Größe ξ handelt, die als *„Reaktionsstand"* bezeichnet wird. (Allgemein bezeichnet nämlich ein darüber gesetzter Punkt die differentielle Änderung der betreffenden Größe pro differentielle Zeitspanne dt). Näheres in Abschnitt 10.1.

11 Der Proportionalitätsfaktor beträgt 1/2, weil wir bei dieser Rechnung zunächst jeden Zusammenstoß doppelt zählen, indem wir einmal den einen und einmal den anderen der beiden Stoßpartner als *„einzelnes* HI-Molekül" betrachten. Für die Teilchenzahldichte c_{HI}^* [Zahl pro Volumeneinheit], die „molekulare Konzentration", verwenden wir hier das gleiche Grundsymbol c wie für eine (molare) Konzentration [mol pro Volumeneinheit], bringen den Unterschied aber durch den Stern * zum Ausdruck.

Die mittlere Frequenz $\dot{z}_1$ der Zusammenstöße eines einzelnen Moleküls ist aber proportional der molekularen Konzentration an Stoßpartnern, also wiederum proportional c^*_{HI}, so daß sich durch Einsetzen in Gl. (1.7) eine quadratische Beziehung zwischen Z und c^*_{HI} ergibt.

Geht man bei den Versuchen von Mischungen der reinen Elemente H_2 und I_2 aus, so kann man aus der Anfangssteigung der Kurve (Abb. 1 unten) die Rückreaktionsgeschwindigkeit für sich allein bestimmen und erhält empirisch:

$$\dot{\xi}_{\text{rück}}/V = k_{\text{rück}} \cdot c_{\mathrm{H_2}} \cdot c_{\mathrm{I_2}} \tag{1.8}$$

Für die Reaktionsgeschwindigkeit pro Volumen in einem beliebigen Zeitpunkt erhält man durch Einsetzen der Gln. (1.6) und (1.8) in (1.5):

$$\dot{\xi}/V = k_{\text{hin}} \cdot c_{\mathrm{HI}}^2 - k_{\text{rück}} \cdot c_{\mathrm{H_2}} \cdot c_{\mathrm{I_2}} \tag{1.9}$$

Diese Gleichung beschreibt die negative Steigung der oberen Kurve in Abb. 1. Mit der Zeit werden $c_{\mathrm{H_2}}$ und $c_{\mathrm{I_2}}$ immer größer und c_{HI} immer kleiner, so daß die Kurve immer flacher und im dynamischen Gleichgewicht schließlich horizontal wird. Dann wird aus Gl. (1.9) mit $\dot{\xi} = 0$:

$$\left(\frac{c_{\mathrm{H_2}} \cdot c_{\mathrm{I_2}}}{c_{\mathrm{HI}}^2}\right)_= = \frac{k_{\text{hin}}}{k_{\text{rück}}} = K_c \tag{1.10}$$

Das Verhältnis der Geschwindigkeitskonstanten ist wieder eine Konstante, die „Gleichgewichtskonstante“ K_c. Im dynamischen Gleichgewicht ist also das Konzentrationsverhältnis von Endprodukten zu Ausgangsstoffen konstant (***Massenwirkungsgesetz***, MWG). Stöchiometrische Faktoren werden dabei zu Exponenten der Konzentrationen. Das Gleichheitszeichen im Index in Gl. (1.10) deutet an, daß die Konzentrationen miteinander im Gleichgewicht sind.

Nach den Messungen von Bodenstein stimmt das Verhältnis der (aus den Anfangssteigungen der Kurven in Abb. 1 bestimmten) Geschwindigkeitskonstanten tatsächlich mit der direkt gemessenen Gleichgewichtskonstante K_c überein. Das ist eine Bestätigung für die Richtigkeit des molekularen Modells vom dynamischen Gleichgewicht.

1.4 Ziel des Buches

Die oben gegebene Herleitung des MWG macht von den einfachen Geschwindigkeitsgesetzen (1.6) und (1.8) Gebrauch. Oft ist der Reaktionsmechanismus und daher auch das Zeitgesetz chemischer Reaktionen komplizierter als im vorliegenden Beispiel. Trotzdem gilt auch dann das MWG, wie in Abschnitt 11.4. durch thermodynamische Überlegungen gezeigt wird. Die Gesetzmäßigkeiten der Thermodynamik sind einfacher und allgemeingültiger als die der Kinetik; deshalb wird die Thermodynamik vor der Kinetik behandelt, obwohl sie abstrakter ist und daher für den Anfänger mehr Verständnisschwierigkeiten bietet.

Die *Lage eines chemischen Gleichgewichts* wird zahlenmäßig durch die Gleichgewichtskonstante beschrieben. Deren Berechnung ist ein wesentliches Ziel der Thermodynamik. Wie später gezeigt wird, findet man die Lage des Gleichgewichts aus der Bedingung, daß dort die *Triebkraft* der Reaktion *gleich null* sein muß.[12]

Um derartige Berechnungen anstellen zu können, braucht man ein zahlenmäßig faßbares und durch eine praktische Meßvorschrift definiertes *Maß für die Triebkraft*. Bevor wir dafür eine brauchbare Definition aufstellen können, muß zunächst eine Reihe von Grundbegriffen definiert werden, nämlich die Begriffe Temperatur, Wärme, Arbeit, Energie, Enthalpie, Entropie, Helmholtz-Energie, Gibbs-Energie und chemisches Potential.

Die *Definitionen* dieser Begriffe bestehen grundsätzlich entweder in einer praktischen *Meßvorschrift* oder in einer Gleichung zur *Berechnung* aus anderen, praktisch meßbaren Größen. Eine Meßvorschrift muß im allgemeinen noch durch die Definition einer Maßeinheit ergänzt werden.

Eine Definition ist grundsätzlich nur eine von Menschen erdachte, willkürliche Namensgebung, die keine Aussagen über die Natur enthält. Die Definition einer neuen Größe setzt aber im allgemeinen gewisse experimentelle Erfahrungen (Hauptsätze) voraus, die die Aufstellung der neuen Definition überhaupt erst sinnvoll erscheinen lassen. Insofern wäre es unrichtig zu sagen, an einer Definition gäbe es nichts zu „verstehen“, man müsse sie einfach „hinnehmen“. Zum vollen wissenschaftlichen Verständnis gehört außerdem noch die *molekulare Deutung* der experimentellen Erfahrungen und der neu definierten Größen.

Der Leser wird am Ende dieses Buches in der Lage sein, nicht nur qualitativ vorauszusagen, wie man ein chemisches Gleichgewicht verschieben kann, sondern auch für eine beliebige Reaktion bei beliebiger Temperatur die Gleichgewichtskonstante aus Tabellenwerten der einzelnen Reaktionsteilnehmer vorauszuberechnen. Eine relativ kleine Anzahl von Tabellenwerten ermöglicht dabei Aussagen über eine große Anzahl chemischer Reaktionen. Diese Tabellenwerte der Stoffe sind meistens durch Messung von Wärmemengen bestimmt worden.

12 Auch die RG ist dann gleich null, da eine positive Triebkraft notwendige Bedingung für eine positive RG ist. Jedoch ist diese Bedingung allein noch nicht hinreichend, da die RG zusätzlich noch von gewissen Reaktionshemmungen abhängt. Mit anderen Worten: Es kann $\dot{\xi} = 0$ sein, auch wenn eine positive Triebkraft vorhanden ist. Insofern ist die Kinetik komplizierter als die Thermodynamik.

2 Temperatur und Wärme

2.1 Der Temperaturbegriff

Mit der Definition der Temperatur beginnt die eigentliche Thermodynamik. Was ist Temperatur? Die Temperatur ist ein *Maß* für die Eigenschaft eines Körpers, die wir subjektiv als *„warm“* oder *„kalt“* empfinden. Subjektive Empfindungen lassen sich aber nicht objektiv messen. „Objektiv messen“ heißt „auf einer Skala eine Zahl ablesen“, und das setzt eine optisch sichtbare Veränderung (Zeigerausschlag oder dgl.) voraus. Praktisch heißt die obige Frage: Durch welche *Meßvorschrift* ist die Temperatur definiert? Wie mißt man z.B. die Temperatur des Wassers in einem Becherglas? – Antwort: Man steckt ein Quecksilberthermometer hinein und wartet, bis sich die Höhe der Quecksilbersäule nicht mehr verändert. Die dann abgelesene Zahl gibt die Temperatur des Wassers an.

Ist diese Meßvorschrift nun nichts weiter als eine willkürliche Definition, oder sind darin bereits gewisse Erfahrungen bzw. gewisse Naturgesetze enthalten? – Antwort: Die Meßvorschrift (und besonders die Zahleneinteilung auf dem Thermometer) ist zwar eine Definition und insofern willkürlich; aber daß die so definierte Temperatur wirklich reproduzierbar ist und insofern eine Eigenschaft des gemessenen Wassers darstellt, beruht auf konkreten Erfahrungen, die nicht trivial sind:

1. Das *Volumen* des Quecksilbers im Thermometer *nimmt bei Erwärmung* ständig *zu.* Diese Erfahrung gilt nicht nur für Quecksilber, sondern (mit wenigen Ausnahmen) für alle Körper unter konstantem Druck.

2. *Bei Berührung nehmen zwei Körper allmählich die gleiche Temperatur an.*

Wie können wir diese Aussage prüfen? Wir können zwei beliebige, verschieden warme Körper miteinander in Berührung bringen und anschließend bei jedem Körper einzeln mit einem Thermometer die Temperatur messen: Tatsächlich sind dann beide Temperaturen gleich. Was aber für beliebige Körper gilt, muß auch gelten, wenn einer der beiden Körper das Thermometer selbst ist. Dieses nimmt also die gleiche Temperatur wie der gemessene Körper an. Die vom Thermometer angezeigte Temperatur ist somit nicht nur eine Eigenschaft des Thermometers, sondern zugleich eine Eigenschaft des Körpers. Hierdurch wird die obige „Definition“ der „Temperatur“ überhaupt erst sinnvoll (vgl. §1.4).

Wir haben hier die zugrundeliegenden Erfahrungen erst nachträglich besprochen, weil der Leser den Temperaturbegriff aus dem täglichen Leben bereits kennt. Aus systematischen Gründen sollte man aber die grundlegenden Erfahrungen zunächst ohne Verwendung des Temperaturbegriffs formulieren. Dann lauten sie:

1. Bringt man zwei verschieden warme Körper miteinander in Berührung, so finden zunächst physikalische Veränderungen der Körper (Volumenänderungen und dgl.) statt, die mit der Zeit aufhören. Auch eine Trennung und erneute Berührung bringt dann keine

Veränderung mehr. Eine solche Beziehung zwischen den beiden Körpern nennen wir ***thermisches Gleichgewicht***.

2. *Sind zwei Körper A und B mit einem dritten Körper C* (z.B. einen Thermometer) *im thermischen Gleichgewicht, so sind sie auch miteinander im thermischen Gleichgewicht.* Der letzte Satz wird als ***nullter Hauptsatz der Thermodynamik*** bezeichnet.

Daß der nullte Hauptsatz eine Erfahrung darstellt, die nicht trivial ist, erkennt man z.B. daran, daß die Aussage über das *thermische* Gleichgewicht *nicht* auf *chemische* Gleichgewichte übertragbar ist: Wenn z.B. Natrium und Wasser bei Berührung *mit Glas* keinerlei Reaktion zeigen, schließt das nicht aus, daß sie bei Berührung *miteinander* sehr heftig reagieren.

2.2 Die Temperaturskala

Die Temperaturskala von Celsius ist dadurch definiert, daß bei normalem Luftdruck die Temperatur von schmelzendem Eis gleich 0 °C und die Temperatur von siedendem Wasser gleich 100 °C gesetzt wird. Die Differenz der entsprechenden Volumina V_0 und V_{100} der Thermometersubstanz wird in 100 gleiche Teile eingeteilt, d.h., man definiert die Celsiustemperatur ϑ als eine lineare Funktion des Volumens V der Thermometersubstanz[1]:

$$\vartheta \equiv \frac{V - V_0}{V_{100} - V_0} \cdot 100\,^{\circ}\mathrm{C} \tag{2.1}$$

Wenn man dabei als Thermometersubstanz anstelle von Quecksilber andere Flüssigkeiten (z.B. Alkohol) verwendet, dann stellt man fest, daß verschiedene Thermometer im thermischen Gleichgewicht verschiedene Temperaturen anzeigen (z.B. 50 °C und 49,5 °C), auch wenn sie bei 0 °C und 100 °C entsprechend der Definition übereinstimmten. Wenn man dagegen stark verdünnte („ideale") Gase als Thermometersubstanzen verwendet, dann stimmen die mit verschiedenen Gasthermometern gemessenen Temperaturen immer überein[2].

Daher definiert man die Celsiustemperatur ϑ jetzt nach Gl. (2.1), indem man unter V das *Volumen eines idealen Gases* unter konstantem Druck versteht. Dieses kann man im Prinzip dadurch messen, daß man das Gas in einem einseitig geschlossenen Glasrohr von konstantem Querschnitt durch einen Quecksilbertropfen gegen die Atmosphäre abschließt (Abb. 2.1).

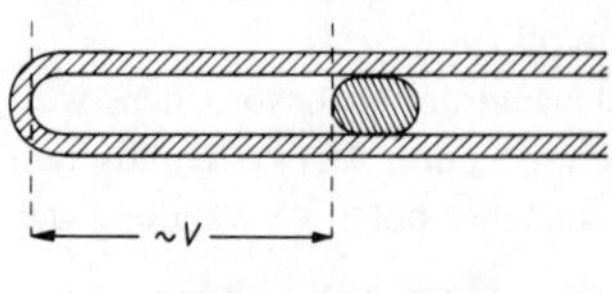

Abb. 2.1. Einfachste Form eines Gasthermometers.

1 Um Definitionen von Naturgesetzen und von abgeleiteten Gleichungen zu unterscheiden, verwenden wir hierbei anstelle des Gleichheitszeichens das Identitätszeichen $\equiv$.

2 Näheres zur Definition des idealen Gases im nächsten Kapitel.

Praktisch wird zur Messung von ϑ zwar meistens weiterhin ein Quecksilberthermometer verwendet, aber dessen Skala ist nicht genau linear, sondern sie ist nach einem Gasthermometer geeicht worden.

Stellt man das Volumen eines idealen Gases als Funktion von ϑ graphisch dar, so muß sich nach der Definitionsgleichung (2.1) eine Gerade ergeben. Deren Extrapolation schneidet die ϑ-Achse bei −273,15 °C (Abb. 2.2). Daß dieser Schnittpunkt für *alle* idealen Gase beim *gleichen* Wert von −273,15 °C liegt, ist mehr als nur eine Definition, nämlich ein sehr merkwürdiger empirischer Befund. (Für Flüssigkeiten würden die extrapolierten Kurven dagegen lauter verschiedene Schnittpunkte mit der ϑ-Achse liefern.) Bei dieser Temperatur wäre das Volumen eines idealen Gases unter konstantem Druck theoretisch gleich null.[3]

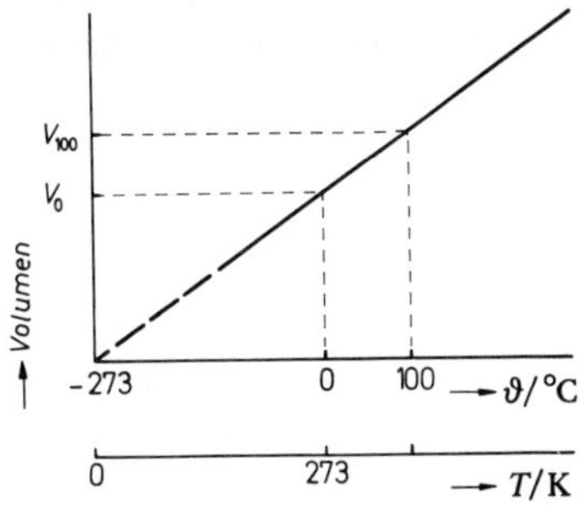

Abb. 2.2. Volumen eines idealen Gases bei konstantem Druck als Funktion der Celsiustemperatur ϑ und der absoluten Temperatur T. – Wenn man anstelle des Volumens bei konstantem Druck den Druck des idealen Gases bei konstantem Volumen in Abhängigkeit von ϑ mißt, so findet man ebenfalls eine Gerade, die die ϑ-Achse bei −273,15 °C schneidet. Näheres in §3.2 und §4.2.

Da es prinzipiell keine negativen Volumina gibt, kann es nach (2.1) auch keine Temperaturen unter −273,15 °C geben. Da es sich hierbei um eine (willkürliche) Definition handelt, ist es sinnlos zu fragen: „Warum gibt es nicht noch tiefere Temperaturen?“ Man kann lediglich fragen: „Inwiefern ist eine Definition *zweckmäßig*, die Temperaturen unter −273,15 °C von vornherein verbietet?“ Es wäre doch denkbar, daß gewisse andere physikalische Eigenschaften als das Gasvolumen (z.B. die Spannung eines Thermoelements) sich auch über die Temperatur von −273,15 °C hinaus noch linear weiterverändern, wenn man eine geeignete experimentelle Methode zur Erzeugung tiefer Temperaturen immer weiter anwendet. Das ist aber nicht der Fall. Der Grund hierfür ergibt sich im übernächsten Kapitel aus der molekularen Deutung der Temperatur.

Da es keine Temperaturen unterhalb −273,15 °C gibt, ist es zweckmäßig, eine neue Temperaturskala einzuführen, deren Nullpunkt man auf diese tiefste Temperatur festlegt (Abb. 2.2, unten). Auf diese Weise vermeidet man nämlich negative Temperaturen. Für die Einheit dieser *„absoluten“* oder *„thermodynamischen“ Temperatur* wird ein neuer Name mit einem neuen Symbol eingeführt, nämlich Kelvin [K], obgleich diese Einheit genauso groß

3 Praktisch bleibt ein Stoff bei Abkühlung unter konstantem Druck nicht bis zu beliebig tiefen Temperaturen gasförmig, so daß er dann als Thermometersubstanz nicht mehr geeignet ist. Er bleibt aber um so länger gasförmig, je kleiner man den konstanten Druck wählt. Darum ist es zur Messung tiefer Temperaturen günstiger, nicht das Volumen bei konstantem Druck, sondern den Druck bei konstantem Volumen als Maß für die Temperatur zu wählen (Näheres S. 22 und 34). So bleibt das Gasthermometer bis etwa −270 °C anwendbar.

gewählt ist wie die Einheit der Celsius-Skala[4], vgl. Abb. 2.2. Die absolute Temperatur T ist also gegeben durch

$$T/\mathrm{K} = 273{,}15 + \vartheta/{}^\circ\mathrm{C} \tag{2.2}$$

Wie man unmittelbar aus Abb. 2.2 erkennt, ist die absolute Temperatur direkt proportional dem Volumen V eines idealen Gases; sie läßt sich also durch die Gleichung

$$T \equiv \frac{T_0}{V_0} \cdot V \tag{2.3}$$

definieren. Für die zu V_0 gehörende absolute Temperatur muß man dabei nach Abb. 2.2 den empirischen Wert $T_0 = 273{,}15$ K einsetzen. Für die Temperaturabhängigkeit des Volumens eines idealen Gases erhält man dann aus Gl. (2.3)

$$V = \frac{V_0}{273{,}15\ \mathrm{K}} \cdot T \tag{2.4}$$

oder durch Einsetzen in Gl. (2.2)

$$V = V_0 \cdot \left(1 + \frac{\vartheta}{273{,}15\,{}^\circ\mathrm{C}}\right) \tag{2.5}$$

Diese Gleichung wird als *„erstes Gay-Lussacsches Gesetz"* bezeichnet.

Man kann Gl. (2.5) auch direkt aus der Definitionsgleichung (2.1) durch Auflösen nach V erhalten, wenn man für $V_0/(V_{100} - V_0)$ den aus Abb. 2.2 ablesbaren Zahlenwert 2,7315 einsetzt. Daß dieser Zahlenwert für alle idealen Gase der gleiche ist, macht allein den empirischen Inhalt des „ersten Gay-Lussacschen Gesetzes" aus. Ohne diese Aussage würde es sich nicht um ein Naturgesetz, sondern nur um eine Definition handeln.

4 Eigentlich könnte man mit einem einzigen Einheitensymbol für beide Temperaturskalen auskommen, wenn man für die beiden **unterschiedlichen Größen** Celsiustemperatur und absolute Temperatur konsequent unterschiedliche Worte wählen würde. Irreführenderweise bezeichnet man oft beide Größen als „Temperatur" und unterscheidet sie an Hand der verschiedenen Einheitennamen. Tatsächlich kann man ohne weitere Umrechnung eine in K und eine in °C angegebene Temperaturspanne addieren, sowie auch beide Einheiten gegeneinander kürzen. Das entspricht der gesetzlichen Definition 1 °C ≡ 1 K. Wenn man bei dieser Formulierung Verwechselungen befürchtet, dann kann man auch die reinen Zahlenwerte miteinander in Beziehung setzen, indem man jede der beiden Temperaturen durch die zugehörige Maßeinheit dividiert. Das ist in Gl. (2.2) geschehen. Darin sind, wie üblich, Einheitenzeichen durch Verwendung von gerader Schrift von den in schräger Schrift gesetzten Symbolen für physikalische Größen unterscheidbar.

2.3 Wärme[5]

Der Begriff der Wärme ist mit dem der Temperatur untrennbar verknüpft. Wir wollen die Temperatur eines Körpers mit der Höhe des Wasserspiegels in einem Gefäß vergleichen. Wenn wir zwei Gefäße von verschiedener Wasserhöhe durch einen Heber miteinander verbinden, dann gleicht sich die Wasserhöhe aus, indem eine bestimmte Menge Wasser vom höheren zum tieferen Niveau fließt (Abb. 2.3).

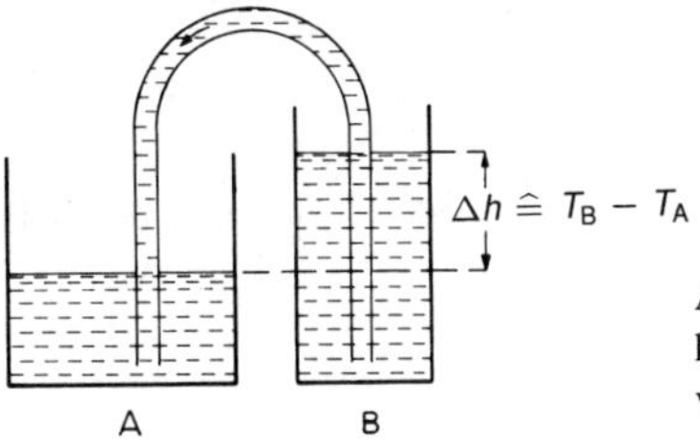

Abb. 2.3. Analogie zwischen dem Fließen von Wasser vom höheren zum tieferen Niveau und dem Fließen von Wärme vom heißeren zum kälteren Körper.

Nun stellen wir versuchsweise die Hypothese[6] auf, daß analog dazu auch der Temperaturausgleich zwischen zwei sich berührenden Körpern dadurch hervorgerufen wird, daß eine bestimmte Menge eines „Etwas" vom heißeren zum kälteren Körper fließt. Dieses „Etwas" nennen wir „Wärme". Die übertragene Wärme ist nach dieser Definition die Folge einer Temperaturdifferenz und zugleich die Ursache für den Abbau dieser Temperaturdifferenz[7].

Die Hypothese, die wir bei dieser Definition vorausgesetzt haben, besteht darin, daß beim Temperaturausgleich zwischen zwei Körpern A und B der Körper B genau so viel Wärme abgibt, wie A aufnimmt (vorausgesetzt, daß keine weiteren Körper am Wärmeaustausch beteiligt sind). In mathematischer Formelsprache heißt das:

$$Q_A = -Q_B \tag{2.6}$$

Nach Konvention bezeichnet Q_A bzw. Q_B immer eine von A bzw. B *aufgenommene* Wärmemenge. Eine negative aufgenommene Wärmemenge ist gleichbedeutend mit einer *abgegebenen* Wärmemenge. Da im vorliegenden Beispiel der Körper B Wärme abgibt, so ist $Q_B < 0$, d.h., $-Q_B$ ist eine positive Größe.

---

5 In diesem Abschnitt wird der Wärmebegriff vorläufig auf ähnliche Weise eingeführt, wie er sich aus der Anschauung des täglichen Lebens ergibt, was zugleich der historischen Entwicklung entspricht. Eine abstraktere endgültige Definition kann erst in Abschnitt 5.5. gegeben werden. Die vorher gemachten Aussagen behalten aber ihre Gültigkeit.

6 Eine Hypothese ist – im Gegensatz zu einer reinen Definition – eine *Aussage*. Von dieser weiß man noch nicht, ob sie richtig oder falsch ist; sie läßt sich aber im Prinzip nachprüfen.

7 Es ist interessant, daß man diese Definition (einschließlich quantitativer Meßvorschriften) aufstellen kann, ohne den ersten Hauptsatz zu kennen und ohne etwas über die molekulare Natur der Wärme zu wissen. Später werden wir sehen, daß es sich beim Fließen von Wärme um die Übertragung von kinetischer Energie der Atome und Moleküle durch ungeordnete molekulare Zusammenstöße handelt.

In Abb. 2.3 ist die Wasserspiegelerhöhung des linken Gefäßes kleiner als die Wasserspiegelerniedrigung des rechten Gefäßes (warum?). Analog dazu ist auch die Temperaturerhöhung des Körpers A im allgemeinen verschieden von der Temperaturerniedrigung des Körpers B:

$$\triangle T_A \neq -\triangle T_B$$

Man bezeichnet die einem Körper pro Temperaturänderung zuzuführende Wärmemenge als seine *„Wärmekapazität"*:

$$C \equiv \frac{Q}{\triangle T}$$

Da die Wärmekapazität bei verschiedenen Temperaturen verschieden sein kann, definiert man sie genauer durch den Differentialquotienten:

$$C \equiv \frac{\mathrm{d}Q}{\mathrm{d}T} \tag{2.7}$$

Worin besteht in Abb. 2.3 das Analogon zur Wärmekapazität des Körpers A, wenn man als Maß für die geflossene Wassermenge deren Volumen ansieht?[8]

Mit Gl. (2.7) können wir die oben genannte Hypothese auch so formulieren [vgl. Gl. (2.6)]:

$$C_A \cdot \mathrm{d}T_A = -C_B \cdot \mathrm{d}T_B \tag{2.8}$$

Um diese Gleichung zu prüfen, müssen wir die beiden Wärmemengen $C_A \cdot \mathrm{d}T_A$ und $C_B \cdot \mathrm{d}T_B$ unabhängig voneinander messen und vergleichen. Dazu brauchen wir einen Maßstab, d.h. eine Einheit für die Wärme.

Als Einheit definierte man früher diejenige Wärmemenge, die einem Gramm Wasser zugeführt werden muß, um es von 14,5 °C auf 15,5 °C zu erwärmen. Diese Wärmemenge bezeichnete man als eine Kalorie [cal]. Ein Gramm Wasser von 15 °C besitzt nach dieser Definition eine Wärmekapazität von 1 cal/K.

Eine solche Definition beinhaltet im Prinzip zugleich eine Meßvorschrift für die Wärmekapazität eines beliebigen Körpers bei einer beliebigen Temperatur: „Man bestimme für den Wärmeübergang zwischen dem Körper A und 1 g Wasser von 15 °C den Differentialquotient $\mathrm{d}T_{H_2O}/\mathrm{d}T_A$". Die Wärmekapazität C_A ergibt sich dann aus Gl. (2.8), indem man dort für den Körper B speziell 1 g Wasser einsetzt, d.h. $C_B \equiv 1$ cal/K. In diesem speziellen Fall erhält Gl. (2.8) also den Charakter einer Definition, nämlich einer Definition der Wärmeeinheit und damit zugleich einer Meßvorschrift für C_A.

Nachdem man auf diese Weise verschiedene Wärmekapazitäten gemessen hat, kann man Wärme auch zwischen beliebigen Körpern A und B fließen lassen und die Aussage der Gl. (2.8) nachprüfen. Man findet sie tatsächlich unter bestimmten Voraussetzungen immer

8 Antwort: Im Querschnitt des linken Gefäßes in Höhe des Wasserspiegels. (Der Querschnitt braucht nicht in jeder Höhe gleich groß zu sein. Entsprechendes gilt für die Wärmekapazität bei verschiedenen Temperaturen.)

bestätigt. Die von einem Körper abgegebene Wärme geht also nicht „unterwegs“ verloren, sondern wird in gleicher Menge von dem anderen Körper aufgenommen. Allerdings gilt diese Aussage nur für reine Wärmeübertragung als Folge eines Temperaturgefälles. Die beiden Körper dürfen sich also lediglich statisch berühren, unter Ausschluß von Reibung, gegenseitiger Verformung, Übertragung elektrischer Ladungen, Vermischung, chemischen Reaktionen und dgl.. Anderenfalls ist eine Ergänzung dieser Aussage notwendig. Darum darf man grundsätzlich nicht sagen, daß die von einem Körper aufgenommene Wärme als solche in ihm „enthalten“ ist. Näheres in Kapitel 5.

Besteht ein Körper aus einem reinen Stoff, ist seine Wärmekapazität der Masse proportional. Die Wärmekapazität pro Masse heißt *„spezifische Wärme“* c_p des betreffenden Stoffes[9]. Nach der obigen Definition ist $c_p(H_2O, 15\,^\circ C) \equiv 1$ cal/g K. Zufälligerweise ist die spezifische Wärme des Wassers zwischen 0 °C und 100 °C fast konstant[10], was die praktische Messung von Wärmemengen sehr erleichtert.

Übungsaufgabe: 200 g Quecksilber von 100 °C werden in ein Kalorimeter gegeben, das 80 g Wasser von 20 °C enthält. Die Wärmekapazität des Kalorimeters beträgt 20 cal/K. Die spezifischen Wärmen von Wasser und Quecksilber werden als konstant betrachtet, letztere beträgt $c_p(\mathrm{Hg}) = 0{,}034$ cal g^{-1} K^{-1}.
Welche Temperatur erhält man bei Einstellung des thermischen Gleichgewichts, und wieviel Wärme hat dann das Quecksilber abgegeben?

9 Der Index p deutet an, daß bei der Erwärmung der Druck p konstant gehalten wird. Besonders für Gase hängt die spezifische Wärme wesentlich davon ab, ob p oder V konstant bleibt.

10 $c_p(H_2O, 100\,^\circ C)$ ist nur etwa um 1 % größer als $c_p(H_2O, 15\,^\circ C)$.

3 Ideale Gase

Ideale Gase sind für die Thermodynamik von grundlegender Bedeutung, wie bereits aus der Definition der Temperaturskala hervorgeht. Das *„thermische Verhalten"* eines idealen Gases wird durch die Abhängigkeit seines Volumens von der Stoffmenge, vom Druck und von der Temperatur charakterisiert.

3.1 Der Satz von Avogadro

Die Frage nach der Abhängigkeit des Volumens von der Stoffmenge eines idealen Gases erscheint trivial: Natürlich ist das Volumen der Stoffmenge einfach proportional, wenn Druck und Temperatur gegeben sind. Die Frage ist aber, wie der Begriff „Stoffmenge" überhaupt definiert werden soll, d.h., welche Eigenschaft der Materie für die Definition einer Maßeinheit der Stoffmenge benutzt werden soll. Der naive Mensch benutzt zunächst das Volumen: Wenn er eine bestimmte Menge Milch kaufen will, mißt er diese in Liter (s.S. XXII). Hiernach wären Volumen und Stoffmenge identisch. – In der makroskopischen Mechanik benutzt man die Masse als Maß für die Stoffmenge. Wenn wir nämlich danach fragen, welche Beschleunigung z.B. eine bestimmte Kraft an einer bestimmten Masse hervorruft, ist es gleichgültig, ob es sich bei dieser Masse um 1 g Schwefel oder um 1 g Eisen handelt.

Daß gleiche Massen verschiedener Stoffe in der Chemie keine äquivalenten Substanzmengen darstellen, geht aus den bekannten Gesetzen von den konstanten und multiplen Proportionen[1] hervor, zu deren Deutung Dalton 1807 die Atomhypothese herangezogen hat: Nach Dalton besteht ein Element aus lauter gleichen *Atomen*[2], die in einfachsten Zahlenverhältnissen zu einer chemischen Verbindung zusammentreten.

Einfachere Beziehungen als für die Massenverhältnisse gelten speziell bei Reaktionen zwischen idealen Gasen von gleichem Druck und gleicher Temperatur für die Volumen-

---

1 *Gesetz von den konstanten Proportionen*: „Zwei Elemente verbinden sich immer in definierten Massenverhältnissen miteinander" (z.B. Wasserstoff und Sauerstoff im Massenverhältnis 1:7,95).

Gesetz von den multiplen Proportionen: „Wenn sich zwei Elemente in verschiedenen Massenverhältnissen miteinander verbinden können, dann verhalten sich diese Verhältnisse zueinander wie kleine ganze Zahlen." (Z.B. können sich Wasserstoff und Sauerstoff auch im Massenverhältnis 1:15,9 verbinden: Dabei ist (1:7,95):(1:15,9) = 2:1

2 Atom (griech.) = „Unteilbares"; kleinster Baustein der Materie.

verhältnisse: *Die Volumina reagierender Gase verhalten sich wie kleine ganze Zahlen* (Gesetz von Gay-Lussac und v. Humboldt).

Beispiele:

$$1\ \text{l Wasserstoff} + 1\ \text{l Chlor} \rightarrow 2\ \text{l Chlorwasserstoff} \quad (3.1)$$

$$2\ \text{l Wasserstoff} + 1\ \text{l Sauerstoff} \rightarrow 2\ \text{l Wasserdampf} \quad (3.2)$$

$$3\ \text{l Wasserstoff} + 1\ \text{l Stickstoff} \rightarrow 2\ \text{l Ammoniak} \quad (3.3)$$

Dalton versuchte, auch dieses Gesetz mit Hilfe seines Atombegriffs zu deuten, indem er postulierte, daß z.B. 1 Liter eines idealen Gases immer die gleiche Zahl von Atomen (im Fall eines Elements) bzw. von Molekülen (im Falle einer Verbindung) enthalten soll. Dieses Postulat reicht aber zu einer widerspruchsfreien Deutung des Gay-Lussac-Humboldtschen Gesetzes nicht aus: Dividiert man nämlich jede der nach Gl. (3.2) reagierenden Substanzmengen durch die postulierte Zahl der Teilchen in einem Liter, so würde folgen:

$$2\ \text{Atome Wasserstoff} + 1\ \text{Atom Sauerstoff} \rightarrow 2\ \text{Moleküle Wasserdampf} \quad (3.4)$$

In *einem* Wassermolekül wäre dann aber nur ein *halbes* Atom Sauerstoff enthalten, was dem Postulat von der Unteilbarkeit der Atome widersprechen würde.

Zur Lösung dieses Widerspruchs nahm Avogadro an, daß die Elemente ebenfalls als Moleküle vorliegen, die aus mehreren Atomen bestehen. Tatsächlich läßt sich der obige Widerspruch dadurch vermeiden, daß man in Gl. (3.4) anstelle von „1 Atom Sauerstoff" jetzt „1 Molekül Sauerstoff" einführt, wobei dieses aus zwei Atomen besteht. Daher stellte Avogadro den folgenden Satz auf:
Gleiche Volumina idealer Gase enthalten (bei gleichem Druck und gleicher Temperatur) ***die gleiche Anzahl von Molekülen.***

Dieser Satz war zu Avogadros Zeiten nur eine Hypothese, nämlich die einzige plausible Erklärung für das Gay-Lussac-Humboldtsche Gesetz. Heute ist der Satz von Avogadro als gesichertes Naturgesetz zu betrachten, da er durch verschiedene Methoden zur Bestimmung dieser Anzahl bestätigt worden ist.

Aus der Anwendung des Satzes von Avogadro auf die Gay-Lussac-Humboldtschen Beobachtungen ergeben sich Aussagen über die Zahlen der Atome in den verschiedenen Molekülen: Sei x die Zahl der H-Atome im Wasserstoffmolekül und y die Zahl der O-Atome im Sauerstoffmolekül, so wird aus der Reaktionsgleichung (3.2):

$$2\ H_x + 1\ O_y \rightarrow 2\ H_xO_{y/2} \quad (3.5)$$

Da ein Wassermolekül nur ganze Atome enthalten kann, muß y/2 eine ganze Zahl sein. Die einfachste Annahme ist $y/2 = 1$, also $y = 2$. Nun ist es ein Prinzip naturwissenschaftlicher Forschung, die jeweils einfachste Deutung so lange als richtig anzusehen, bis man durch widersprechende Beobachtungen zur Aufstellung komplizierterer Modelle gezwungen ist. Im vorliegenden Fall gibt es keine Beobachtung, aus der man schließen müßte, daß $y > 2$ wäre. Somit ist anzunehmen, daß ein Sauerstoffmolekül 2 Atome enthält.

Ist z die Anzahl der Cl-Atome im Chlormolekül, so folgt aus Gl. (3.1):

$$1\ H_x + 1\ Cl_z \rightarrow 2\ H_{x/2}Cl_{z/2} \quad (3.6)$$

Hieraus schließt man analog, daß auch die Moleküle von Wasserstoff und Chlor aus jeweils zwei Atomen bestehen. Damit ergibt sich aus Gl. (3.5) für Wasser die Formel H_2O.

Man kann den Satz von Avogadro auch umgekehrt formulieren:
„Gleich viele Moleküle verschiedener idealer Gase nehmen (bei gleichem Druck und gleicher Temperatur) *gleiche Volumina ein."*

Es ist daher zweckmäßig, als Maßeinheit für die Menge verschiedener Stoffe immer die gleiche Anzahl von Molekülen zu verwenden: Dann wird nämlich das Volumen in Abhängigkeit von Druck, Temperatur und Stoffmenge für alle idealen Gase durch die gleiche Formel beschrieben. Dementsprechend ist das ***Mol*** (Einheitenzeichen: mol) als ***diejenige Menge eines Stoffes*** definiert, ***die so viele Teilchen enthält, wie Atome in 12 g des Kohlenstoffisotops*** ^{12}C (ursprünglich: ... wie Atome in 1 g des natürlichen Isotopengemisches von Wasserstoff) ***enthalten sind***. Was dabei unter *„Teilchen"* zu verstehen ist, muß bei jeder Verwendung der Einheit mol von Fall zu Fall mit angegeben werden: Früher waren hierbei ausschließlich Moleküle gemeint; nach der heutigen Definition der Einheit mol kann es sich bei den „Teilchen" aber auch um Atome, Ionen, Elektronen, sowie um Vielfache oder Bruchteile bestimmter Ionengruppen handeln[3].

Die Zahl der Teilchen in einem Mol wird im allgemeinen als „**Avogadrosche Zahl**", im deutschen Sprachraum aber meistens als „**Loschmidtsche Zahl**" bezeichnet, da sie von Loschmidt zum ersten Mal bestimmt worden ist. Es gibt heute eine ganze Reihe voneinander unabhängiger Methoden zur Bestimmung der Loschmidtschen Zahl, die tatsächlich innerhalb der Meßfehler alle zum gleichen Wert führen. Diese Übereinstimmung ist der endgültige Beweis dafür, daß es wirklich zählbare Individuen gibt, die die Bezeichnung „Atome" bzw. „Moleküle" verdienen.

Man kann der Loschmidtschen Zahl auch die Dimension mol^{-1} zuordnen und bezeichnet sie dann als „Avogadro-Konstante" oder (im Deutschen) als ***Loschmidt-Konstante***. Sie beträgt

$$N_L = 6,022 \cdot 10^{23} mol^{-1} \tag{3.7}$$

Für die Stoffmenge (Symbol: n) sagte man früher „Molzahl" und faßte sie als reine Zahl auf. Man bezeichnet aber eine Länge auch nicht als „Meterzahl". Darum betrachtet man heute die Stoffmenge n als eine dimensionsbehaftete Größe mit der Einheit mol.

Bei den in einer ***physikalischen Gleichung*** auftretenden Größen handelt es sich immer um meßbare Eigenschaften physikalischer Objekte, nicht um die Objekte selbst. Folgerichtig werden auch die Mengen n_i der in einem System enthaltenen verschiedenen Stoffe i als Eigenschaften dieses Systems betrachtet. Daneben werden die Begriffe „Menge", „Masse" und „Volumen" aber auch verwendet, wenn das System selbst gemeint ist, also ein Stück Materie. Das ist z.B. der Fall, wenn wir schreiben: 1 l H_2O = 1 kg H_2O = 55,6 mol H_2O. Dieses sind 3 verschiedene Namen für ein und dasselbe materielle System. Es handelt sich hier nicht um eine „physikalische Gleichung". Man kann also nicht durch H_2O dividieren.

3 Durch diese Verallgemeinerung läßt sich die Einheit mol zugleich anstelle der früher üblichen Mengeneinheiten *„Grammatom"* [tom] und *„Grammäquivalent"* [val] verwenden. Auch im Zusammenhang mit Differenzen, die sich auf einen „molaren *Formelumsatz"* [FU] beziehen, verwendet man jetzt einfach das Zeichen mol, vgl. Abschnitt 8.2.

Die Frage nach der Abhängigkeit des Volumens von der Stoffmenge eines idealen Gases läßt sich jetzt so beantworten: Bei gegebenen Werten von Druck p und Temperatur T ist das Volumen V proportional der Stoffmenge n [mol], wobei der Proportionalitätsfaktor V/n unabhängig von der Art des idealen Gases ist. Man bezeichnet dieses Volumen pro Mol als *Molvolumen* V_m:

$$V_\mathrm{m} \equiv \frac{V}{n} = \text{const (unabhä. v. Art des id. Gases)}^4 \tag{3.8}$$

Auch diese Aussage ist nur eine andere Formulierung des Satzes von Avogadro.

Aus der Gleichheit der Molvolumina verschiedener idealer Gase bei jeder beliebigen Temperatur folgt, daß die durch *ein* ideales Gas nach Gl. (2.1) definierte Temperaturskala mit der jedes *anderen* idealen Gases übereinstimmen muß. Der Satz von Avogadro enthält also auch die empirische Aussage des Gay-Lussacschen Gesetzes (2.5).

3.2 Das ideale Gasgesetz

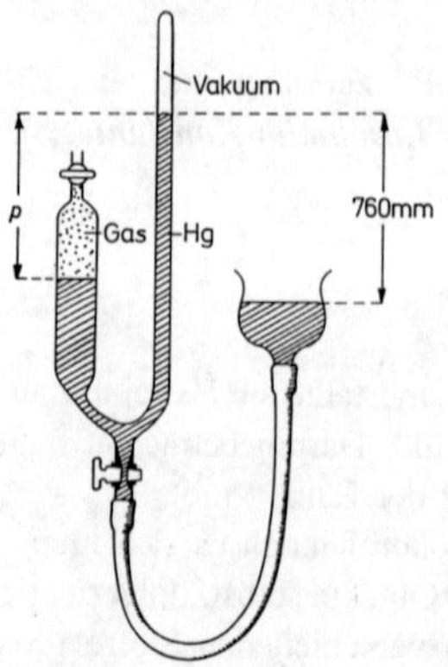

Abb. 3.1. Bürette zur Messung des Gasvolumens als Funktion des Druckes.

Abb. 3.1 zeigt eine Gasbürette, in der man den auf einem Gas lastenden Druck durch Heben und Senken des Quecksilberniveaugefäßes verändern und das sich einstellende Gasvolumen ablesen kann. Man findet so das Boyle-Mariottesche Gesetz: „Für ideale Gase ist bei konstanter Temperatur und konstanter Stoffmenge das Volumen umgekehrt proportional dem Druck“:

4 Auch „konstante“ Größen sind meistens von irgendwelchen anderen Größen abhängig (hier: von p und T). Die Aussage, eine Größe sei „konstant“, ist daher unvollständig, wenn man nicht den Parameter angibt, der ohne Einfluß auf die „Konstante“ verändert werden kann (hier: die Art des idealen Gases).

$$V_{T,n} = \frac{\text{const}}{p} \tag{3.9}$$

oder

$$p \cdot V_{T,n} = \text{const (unabhängig von } V) \tag{3.10}$$

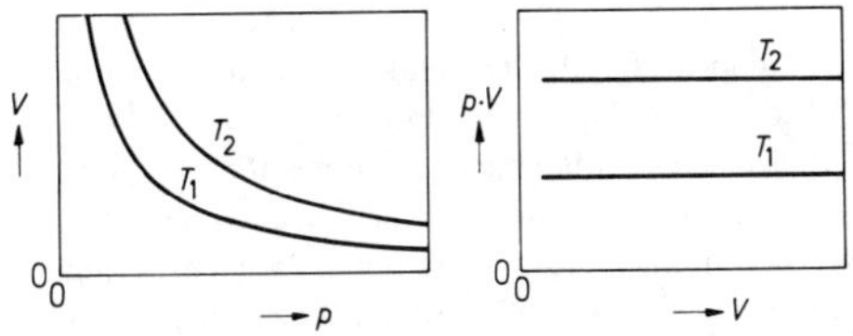

Abb. 3.2. Darstellungen des Boyle-Mariotteschen Gesetzes bei zwei verschiedenen Temperaturen T_1 und T_2. Links: Das Volumen V eines idealen Gases als Funktion des Druckes p. Rechts: Das Produkt $p \cdot V$ als Funktion von V.

Dabei ist das Produkt $p \cdot V$ von T abhängig: Bei einer höheren Temperatur ergibt sich auch ein höherer Wert für die Größe const, d.h., die Kurven in Abb. 3.2 werden bei Erwärmung nach oben verschoben. Um die Größe const in Gl. (3.10) von einer Temperatur auf eine andere Temperatur umzurechnen, halten wir p konstant. Dann ändert sich (nach Definition der Temperatur) V proportional mit T, und daher muß auch const proportional mit T zunehmen. Bezeichnen wir den entsprechenden Proportionalitätsfaktor mit const$'$, so wird aus Gl. (3.10):

$$p \cdot V = \text{const} = \text{const}' \cdot T \tag{3.11}$$

Da bei der neuen Temperatur auch wieder das Boyle-Mariottesche Gesetz gilt, ist die Gültigkeit dieser Gleichung nicht auf konstantes p beschränkt.

Jetzt halten wir p und T konstant und variieren die Stoffmenge n. Da bei konstantem p und T das Volumen nach Gl. (3.8) proportional n ist, muß auch const$'$ in Gl. (3.11) proportional n sein:

$$p \cdot V = \text{const}' \cdot T = \text{const}'' \cdot n \cdot T$$

Für const$''$ führen wir das Symbol R ein. Dann lautet das ***ideale Gasgesetz:***

$$\boxed{pV = nRT} \tag{3.12}$$

Die ***Gaskonstante*** R ist wegen Gl. (3.8) eine universelle Konstante, die für alle idealen Gase gültig ist. Sie läßt sich aus beliebigen zusammengehörigen Meßwerten von p, V, n und T nach Gl. (3.12) berechnen. Zum Beispiel mißt man für $n = 1$ mol bei $p = 101325$ Pa und $T = 273$ K für alle idealen Gase das Volumen $V = 22{,}4\ \text{l} = 22{,}4 \cdot 10^{-3}\ \text{m}^3$. Daraus erhält man nach Gl. (3.12) (nachrechnen!)[5]:

$$R = 8{,}314\ \text{J K}^{-1}\ \text{mol}^{-1}.$$

5 Der angegebene Druck von 101325 Pa wird als Standarddruck p° bezeichnet. Er ist gleich dem mittleren Luftdruck in Meereshöhe und entspricht der zum 1.1.1978 gesetzlich abgeschafften Einheit „Atmosphäre" (Einheitenzeichen: atm) oder einer Quecksilbersäule von 760 mm Höhe (Einheitenzeichen: mmHg oder Torr, gleichfalls abgeschafft). 1 Pascal (Einheitenzeichen: Pa) ist als 1 Newton pro Quadratmeter (N m^{-2}) definiert. Bei der Rechnung beachte man, daß 1 N m gerade der Definition für die Energieeinheit 1 Joule (Einheitenzeichen: J) entspricht.

Wir hatten die Temperatur T in Gl. (2.3) als proportional dem idealen Gasvolumen bei konstantem Druck definiert. Aufgrund des idealen Gasgesetzes (3.12) kann man T statt dessen auch als proportional dem idealen Gasdruck bei konstantem Molvolumen definieren:

$$T \equiv \frac{T_0}{p_0} \cdot p \qquad \text{(mit } V_\mathrm{m} = \text{const.)}$$

Diese Definition hätte den Vorteil, daß das Gas sein ideales Verhalten beim Abkühlen nicht verliert, weil bei konstantem Volumen der mittlere Molekülabstand nicht abnimmt, vgl. §3.3.

Das ideale Gasgesetz ist die Grundlage verschiedener Methoden zur Bestimmung der Molmasse M eines Stoffes. Besonders geeignet sind Stoffe, die unter normalen Bedingungen flüssig sind. Dabei wird zunächst die Masse m einer bestimmten Stoffmenge durch Wiegen bestimmt. Anschließend wird der Stoff verdampft, und im idealen Gaszustand werden die Größen p, V und T gemessen. Daraus kann man nach Gl. (3.12) die Stoffmenge n (die Molzahl) errechnen. Die Molmasse (molare Masse) ergibt sich daraus entsprechend ihrer Definition als Masse pro Stoffmenge:

$$M \equiv m/n \tag{3.13}$$

Der Zahlenwert der in der Einheit g/mol gemessenen Molmasse ist gleich der Summe der relativen Atommassen der in einem Molekül enthaltenen Atome. Wenn durch eine Elementaranalyse die prozentuale Zusammensetzung einer unbekannten Verbindung festgestellt worden ist, dann kann man aus der Molmasse auch deren Summenformel errechnen. Ferner kann man aus der Molmasse die Masse eines Moleküls errechnen, indem man durch die Loschmidt-Konstante N_L dividiert.

Zur Molmassebestimmung nach Hofmann benötigt man nur ein einseitig geschlossenes, langes Glasrohr von bekanntem Querschnitt, das mit Quecksilber gefüllt ist und in eine Schale mit Quecksilber eintaucht (Abb. 3.3). Die Höhe der Quecksilbersäule stellt sich dabei auf den äußeren Luftdruck ein, der ungefähr 760 mmHg entspricht. Der Raum über der Quecksilbersäule ist luftleer.

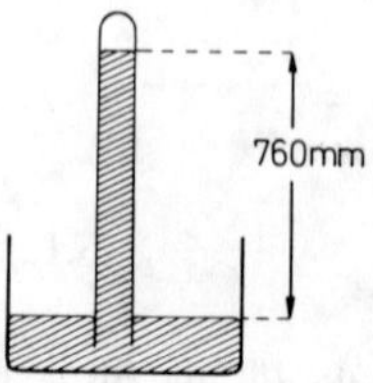

Abb. 3.3. Quecksilbergefülltes Rohr zur Bestimmung der Molmasse einer leichtflüchtigen Substanz.

Bringt man unter die Öffnung des Glasrohres eine kleine abgewogene Flüssigkeitsmenge in einer winzigen Glaskapsel, so steigt diese in den luftleeren Raum, und die Flüssigkeit verdampft dort vollständig (sofern die Menge klein genug war, daß der im Volumen entstehende Gasdruck kleiner als der Dampfdruck bleibt). Der Gasdruck p entspricht der Höhendifferenz, um die die Quecksilbersäule beim Verdampfen der Flüssigkeit absinkt. Das Volumen V läßt sich aus Querschnitt und Höhe des Raumes über der Quecksilbersäule leicht berechnen.

3.3 Zur Definition des idealen Gases[6]

Man kann ein „ideales Gas" als ein Gas definieren, das dem idealen Gasgesetz (3.12) gehorcht. Eigentlich müßte man aber dazu eine willkürliche Fehlergrenze angeben, bei deren Überschreitung man ein Gas nicht mehr als „ideal" ansehen will: Wenn man nämlich beliebig genau messen könnte, würde man immer Abweichungen vom idealen Gasgesetz feststellen. Genau genommen gibt es also gar kein ideales Gas. Wenn man aber z.B. Volumenabweichungen von 1 % in Kauf nimmt, dann verhalten sich die meisten Gase bis zu Drucken von 10 atm annähernd ideal.

Von einer Naturkonstante wie der Gaskonstante R verlangt man aber, daß sie im Prinzip so genau definiert ist, wie man überhaupt jemals messen kann. Diese Definition ist durch Extrapolation auf den Druck $p = 0$ gegeben, wobei n und T konstant gehalten werden:

$$R \equiv \lim_{p \to 0} \frac{pV}{nT} \tag{3.14}$$

Nur der auf $p = 0$ extrapolierte[7] Wert von pV/nT ist tatsächlich für alle Gase bei beliebiger Temperatur exakt gleich groß. Ebenso nimmt nur der auf $p = 0$ extrapolierte Wert von $V_0/(V_{100} - V_0)$ für jedes beliebige Gas den gleichen Zahlenwert 2,7315 an, der dem ersten Gay-Lussacschen Gesetz entspricht.

Man kann also sagen, daß *jedes* Gas dem durch Gl. (3.12) definierten idealen Gaszustand beliebig nahekommt, wenn man bei konstanter Temperatur den Druck genügend klein macht.

Verminderung des Druckes bei konstanter Temperatur läuft nach Gl. (3.12) auf eine Verminderung der Stoffkonzentration

$$c \equiv n/V \tag{3.15}$$

bzw. auf eine Verminderung der „Dichte" ($\equiv$ Masse pro Volumen) hinaus; man nennt das „Verdünnung". Ideale Gase sind also „hochverdünnte" Gase.

Vom *molekularen Modell* her bedeutet die Extrapolation auf $c = 0$, daß der mittlere Abstand zwischen zwei Gasmolekülen sehr groß wird. Das hat zwei Konsequenzen:
1. Die *Anziehungskräfte* zwischen den Molekülen werden vernachlässigbar klein (verglichen mit den Stoßkräften, die die Moleküle auf die Gefäßwand ausüben).
2. Das Gasvolumen pro Molekül wird so groß, daß das *Eigenvolumen* eines Moleküls daneben vernachlässigbar wird.

Daher könnte man ein ideales Gas auch als ein hypothetisches Gas mit folgenden Modelleigenschaften definieren:
Die Moleküle üben keine Anziehungskräfte aufeinander aus und besitzen kein Eigenvolumen.

6 Eigentlich sollte man einen Begriff immer sofort definieren, wenn man ihn zum ersten Mal gebraucht. Ausnahmsweise tun wir das hier erst nachträglich, weil wir die inzwischen gewonnenen Erkenntnisse dazu benötigen.

7 „Extrapolieren" heißt in diesem Fall praktisch, daß man $pV/(nT)$ bei konstantem T als Funktion von p graphisch darstellt und die Kurve bis nach $p = 0$ verlängert.

Je besser die Molekülstruktur diesem Ideal entspricht, um so geringer sind (bei einer bestimmten Molekülkonzentration) die Abweichungen vom idealen Gasgesetz. Am „idealsten“ verhalten sich die Edelgase, namentlich Helium. Auch Luft verhält sich bis zu relativ hohen Drucken noch ziemlich ideal, während für Moleküle mit weitreichenden Dipolkräften (H_2O, NH_3) größere Abweichungen vom idealen Verhalten zu erwarten sind. Auch für diese Gase werden aber die Abweichungen vom idealen Verhalten bei genügend kleinen Konzentrationen vernachlässigbar.

3.4 Abweichungen realer Gase vom idealen Verhalten

Die ***Anziehungskräfte*** zwischen den Molekülen haben zur Folge, daß die Moleküle bei ihrem Aufprall auf die Gefäßwand von den Molekülen im Inneren des Gases ein wenig zurückgehalten werden und daher weniger heftig aufprallen. Der reale Gasdruck p ist daher kleiner als der Idealdruck p_{ideal}, den die Moleküle ohne gegenseitige Anziehungskräfte auf die Gefäßwandfläche ausüben würden. Die Anziehungskraft pro Fläche, der „Binnendruck“ p_{binnen}, ist einerseits proportional der Konzentration der anziehenden Moleküle im Inneren, andererseits auch proportional der Konzentration der aufprallenden Moleküle an der Gefäßwand, also proportional dem Quadrat der Konzentration der Gasmoleküle: $p_{\text{binnen}} \propto c^2$. Bezeichnen wir den Proportionalitätsfaktor mit a, so ergibt sich daraus mit $c \equiv n/V = 1/V_{\text{m}}$ [vgl. die Gln. (3.15) und (3.8)] für den Binnendruck:

$$p_{\text{binnen}} = ac^2 = a/V_{\text{m}}^2 \tag{3.16}$$

Addieren wir zu dem (durch die Anziehungskräfte verminderten) realen Druck p den Binnendruck, so erhalten wir wieder den Idealdruck:

$$p_{\text{ideal}} = p + p_{\text{binnen}} = p + a/V_{\text{m}}^2 \tag{3.17}$$

Das ***Eigenvolumen*** der Moleküle hat zur Folge, daß das Gas bei gegebenem Druck ein größeres Molvolumen V_{m} beansprucht, als wenn die Moleküle punktförmig wären: $V_{\text{m}} > V_{\text{m}_{\text{ideal}}}$. Bezeichnen wir die Differenz als „Kovolumen“ b, so ist also

$$V_{\text{m}_{\text{ideal}}} = V_{\text{m}} - b \tag{3.18}$$

Einsetzen von (3.17) und (3.18) in das ideale Gasgesetz

$$p_{\text{ideal}} \cdot V_{\text{m}_{\text{ideal}}} = RT \tag{3.19}$$

ergibt die ***van der Waalssche Gleichung***

$$\boxed{(p + \frac{a}{V_{\text{m}}^2}) \cdot (V_{\text{m}} - b) = RT} \tag{3.20}$$

Das Kovolumen b ist nicht mit dem Eigenvolumen von N_L Molekülen identisch, sondern es entspricht dem Volumenanteil pro mol, den die Moleküle sich infolge ihres Eigenvolumens *bei ihren Zusammenstößen gegenseitig versperren.*

Betrachten wir die Moleküle im Modell als starre Kugeln vom Radius r, so kann der Mittelpunkt eines Moleküls nur bis auf den Abstand $2r$ an den Mittelpunkt eines anderen Moleküls herankommen. Es bleibt den beiden Stoßpartnern also ein Raum vom Volumen einer Kugel mit dem Radius $2r$ versperrt. Dieses Volumen beträgt

$$\frac{4\pi}{3} \cdot (2r)^3 = 8 \cdot \frac{4\pi}{3} r^3 = 4 \cdot (2 \cdot \frac{4\pi}{3} r^3).$$

Der versperrte Raum beträgt also das 4-fache des Eigenvolumens der beiden Kugeln vom Radius r. Das Kovolumen b entspricht dann dem 4-fachen des Eigenvolumens von N_L Molekülen:

$$b = 4 \cdot \frac{4\pi}{3} r^3 N_L \tag{3.21}$$

Komprimiert man ein reales Gas bei konstanter Temperatur, so erhält man nach der van der Waalsschen Gleichung (3.20) für den Druck p in Abhängigkeit vom Molvolumen V_m bei verschiedenen Temperaturen z. B. für CO_2 die in Abb. 3.4 gezeigten Isothermen.

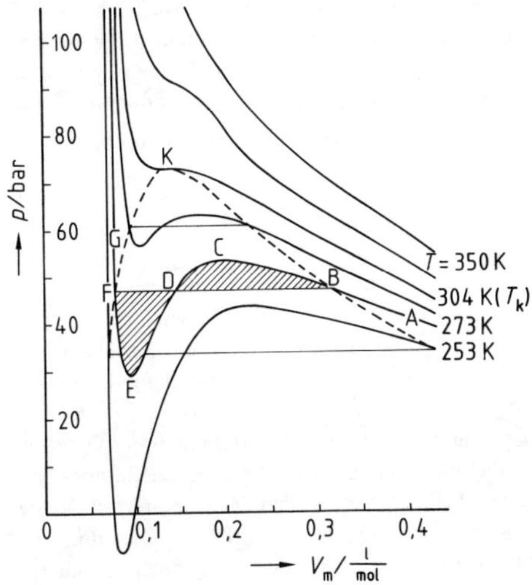

Abb. 3.4. Isothermen von Kohlendioxid, berechnet nach der van der Waalsschen Gleichung (3.20).

Die Kurve bei der höchsten Temperatur (350 K) unterscheidet sich kaum von dem hyperbolischen Verlauf nach dem idealen Gasgesetz. Bei etwas tieferen Temperaturen macht sich der Binnendruck bei der Kompression des Gases durch eine Ausbeulung der Kurven bemerkbar: Der Druck p steigt dann beim Zusammendrücken des Volumens weniger stark an als im Idealfall. Bei der sogenannten ***„kritischen Temperatur"*** T_k besitzt die entsprechende *„kritische Isotherme"* einen ***Wendepunkt mit horizontaler Tangente,*** den sogenannten ***„kritischen Punkt"*** K.

Bei noch tieferen Temperaturen besitzen die Isothermen nach Gl. (3.20) theoretisch einen mittleren Bereich mit positiver Steigung (Abb. 3.4). Hier würde also der Druck p beim Zusammendrücken des Gases nicht zunehmen sondern abnehmen. Ein solcher Zustand wäre aber instabil. Würde man nämlich ein van der Waalssches Modellgas im Gedankenexperiment durch gleichmäßige Verteilung der Moleküle im Raum in einen homogenen Zustand bringen, der dem Punkt D in Abb. 3.4 entspricht, so würden kleinste Konzentrationsschwankungen, die durch thermische Molekularbewegung von selbst entstehen, sich selbsttätig verstärken: Ein Bezirk mit etwas erhöhter Konzentration (d.h. kleinerem V_m) besäße nämlich dann einen kleineren Druck p als die umgebenden Bezirke und würde daher von diesen noch weiter zusammengedrückt. Dabei würde seine Konzentration örtlich *noch* weiter zunehmen und sein Druck infolge der Kohäsionskräfte noch weiter abnehmen. Gleichzeitig würden die umgebenden Bezirke sich ausdehnen und ihren Druck dabei noch erhöhen. Die Bildpunkte der Bezirke von unterschiedlicher Konzentration würden sich also auf der Kurve bei 273 K in Abb. 3.4 immer weiter vom Punkt D und voneinander entfernen, bis sie nach Durchlaufen der Extremwerte bei E und C in den Punkten F und B wieder miteinander ins Druckgleichgewicht kämen. Der *Mittelwert* von V_m würde hierbei im Punkte D stehenbleiben, wenn man das Gefäßvolumen konstant hält.

In Übereinstimmung mit dieser Theorie besteht ein System, dessen *mittleres* Molvolumen dem Punkte D entspricht, aus einer flüssigen und einer gasförmigen Phase, deren Molvolumina den Punkten F bzw. B entsprechen.

Komprimiert man das Gas isotherm vom Punkte A in Abb. 3.4 ausgehend, so beginnt im Gleichgewicht bereits im Punkte B die Abscheidung von Flüssigkeit an den Gefäßwänden.[8] Das System bewegt sich dann bei konstantem Druck $p = p^D$ (Dampfdruck der Flüssigkeit) auf der Parallele zur V_m-Achse von B bis F. In F ist die Gasphase ganz verschwunden. Bei weiterer Kompression zum Punkte G steigt der Druck sehr steil an, entsprechend der geringen Kompressibilität von Flüssigkeiten.

---

8 Die Zustände zwischen den Punkten B und C sowie zwischen F und E der van der Waalsschen Isotherme in Abb. 3.4 sind Nichtgleichgewichtszustände, die einem homogenen *übersättigten Dampf* bzw. einer homogenen *überhitzten Flüssigkeit* (Siedeverzug) entsprechen. Sie lassen sich als ***„metastabile Zustände“*** teilweise realisieren, solange keine Keime für die Bildung der zweiten Phase (d.h. für Tröpfen bzw. Bläschen) vorhanden sind.

Daß die Ausscheidung einer Flüssigkeit nicht immer sofort nach Überschreiten der Gleichgewichtslinie im Punkte B einsetzt, beruht darauf, daß die in einer reinen, homogenen Gasphase neu zu bildenden Flüssigkeitströpfchen zunächst extrem klein wären und daß der ***Dampfdruck kleiner Tröpfchen größer*** ist als der Dampfdruck über einer ebenen Flüssigkeitsoberfläche. Über einer konkaven Flüssigkeitsoberfläche (d.h. in kleinen Bläschen) ist umgekehrt der Dampfdruck vermindert. (Näheres unter dem Stichwort „Thomsonsche Formel“ in Lehrbüchern der Physikalischen Chemie.)

Bei tiefen Temperaturen (z.B. bei 253 K in Abb. 3.4) kann das Minimum einer Van-der-Waals-Isotherme auch bei ***negativen Drucken*** liegen. In diesem Fall kann man die Flüssigkeit unter Umständen sogar unter einen äußeren Zug versetzen, ohne daß sich Dampfblasen bilden, d.h. ohne daß der Flüssigkeitsfaden abreißt. Ein Beispiel bietet der Flüssigkeitsfaden in einem Quecksilberthermometer, wenn man dieses auf den Kopf stellt: Der Faden reißt nicht ab, obwohl sein Gewicht einen größeren Unterdruck erzeugt, als dem Dampfdruck des Quecksilbers im freien Raum darunter entspricht. (Auch in den Kapillaren hoher Baumwipfel kann der hydrostatische Druck negative Werte annehmen).

Nach dem in §10.3 zu besprechenden 2. Hauptsatz muß die Fläche unter der geraden Strecke BF gleich der Fläche unter dem van der Waalsschen Kurvenstück BCDEF sein.[9] Die beiden schraffierten Flächen in Abb. 3.4 sind darum ebenfalls gleich groß.

Die gestrichelte Kurve in Abb. 3.4 verbindet die Punkte des gesättigten Dampfes bzw. der siedenden Flüssigkeit mit dem kritischen Punkt K. Entspricht der mittlere Zustand des Gesamtsystems einem Punkt unterhalb dieser gestrichelten ***Grenzkurve***, so liegen Flüssigkeit und Dampf heterogen nebeneinander vor. Links von diesem ***Zweiphasengebiet*** ist das ganze System homogen *flüssig*, rechts davon *gasförmig*.

Oberhalb von der kritischen Isotherme in Abb. 3.4 tritt bei isothermer Kompression kein Zerfall in zwei Phasen ein. Auf dem Umweg über dieses „***hyperkritische Gebiet***“ kann man ein Gas in eine Flüssigkeit umwandeln, ohne daß zwischendurch eine Phasengrenze (d.h. eine Flüssigkeitsoberfläche) entsteht.

Da der kritische Punkt nach Definition ein Wendepunkt mit horizontaler Tangente im $p(V_\mathrm{m})$-Diagramm ist, so kann man seine drei Koordinaten V_mk, p_k und T_k aus der van der Waalsschen Gl. (3.20) zusammen mit den beiden Bedingungen berechnen, daß dort sowohl die erste Ableitung $(\partial p/\partial V_\mathrm{m})_T$ als auch die zweite Ableitung $(\partial^2 p/\partial V_\mathrm{m}^2)_T$ gleich null sein muß (3 Gleichungen mit 3 Unbekannten). Man erhält:

$$V_\mathrm{mk} = 3b, \tag{3.22}$$

$$p_\mathrm{k} = \frac{a}{27b^2} \tag{3.23}$$

und

$$T_\mathrm{k} = \frac{8}{27} \cdot \frac{a}{bR} \tag{3.24}$$

Durch Auflösen der beiden letzten Gleichungen nach a und b kann man diese „*van der Waalsschen Konstanten*“ eines Stoffes aus den leicht meßbaren kritischen Daten p_k und T_k berechnen.

Als **Übungsaufgabe** leite man die Gln. (3.22) bis (3.24) sowie die Gleichungen zur Berechnung von a und b aus Meßwerten von p_k und T_k selbst her.

9 Jede dieser Flächen entspricht nämlich einer im Gedankenexperiment reversibel zugeführten isothermen Arbeit, vgl. §10.3.

4 Molekulare Deutung von Druck und Temperatur

Die molekulare Deutung der Temperatur läuft auf eine Deutung des nullten Hauptsatzes sowie der (dem Gasthermometer zugrundeliegenden) Erfahrung hinaus, daß sich alle idealen Gase thermisch gleich verhalten (Satz von Avogadro). Die molekulare Deutung des Druckes – zunächst für ideale Gase – läuft auf eine Deutung des Boyle-Mariotteschen Gesetzes hinaus. Wie kann man diese Gesetze vom molekularen Modell her erklären und verstehen?

4.1 Berechnung des Druckes aus den Stoßgesetzen der Mechanik

Im molekularen Modell eines idealen Gases ist das Eigenvolumen der Moleküle vernachlässigbar klein, und die Moleküle üben (außer im Moment des Zusammenstoßes) keine Wechselwirkungskräfte aufeinander aus. Sie fliegen also unabhängig voneinander im Gefäß herum. Außerdem wollen wir annehmen, daß die Zusammenstöße untereinander und mit der Wand völlig elastisch sind, d.h., daß die Summe aus kinetischer und potentieller Energie sowie der Impuls dabei erhalten bleibt.

Wie kommt nun die Kraft zustande, mit der die Gasmoleküle auf die Wand drücken? Wenn ein völlig elastischer Gummiball senkrecht gegen eine Wand prallt, so wird er zunächst abgebremst und dabei verformt; anschließend geht die Verformung wieder zurück, wobei der Ball beschleunigt wird, bis er mit entgegengesetzt gleicher Geschwindigkeit wieder davonfliegt (Abb. 4.1). Die Wand übt also eine beschleunigende Kraft auf den Ball aus. Nach dem Prinzip „actio = – reactio" drückt dabei der Ball mit einer gleich großen, entgegengesetzten Kraft auf die Wand zurück, allerdings nur während einer sehr kurzen Zeitspanne.

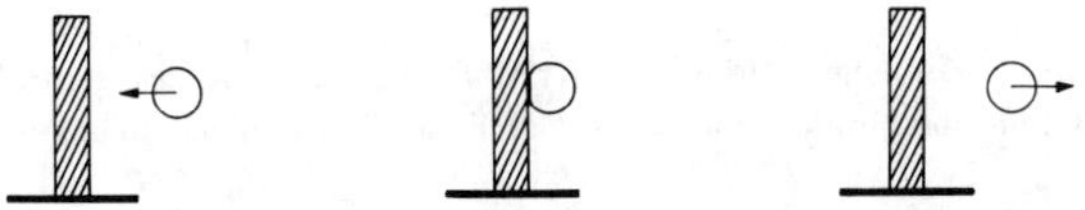

Abb. 4.1. Elastischer Aufprall eines Gummiballs auf eine Wand.

Wir betrachten jetzt einen mikroskopisch kleinen Wandflächenausschnitt von einem Gefäß. Die Kraft $\boldsymbol{F}$, die von den aufprallenden Gasmolekülen herrührt, wird dann als Funktion der Zeit t z.B. den in Abb. 4.2 gezeigten Verlauf haben.

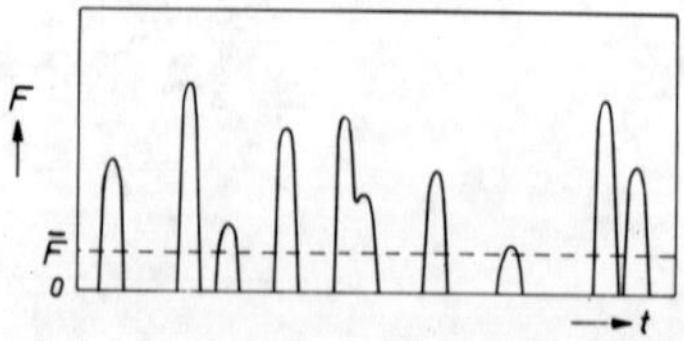

Abb. 4.2. Zeitlicher Verlauf der Kraft $\boldsymbol{F}$, die die aufprallenden Gasmoleküle auf einen sehr kleinen Wandflächenausschnitt ausüben.

Die Kraft unterliegt starken zeitlichen Schwankungen: Wenn gerade kein Molekül aufprallt, ist sie gleich null. Wenn gerade ein sehr schnell fliegendes Molekül aufprallt oder wenn mehrere Moleküle zugleich auftreffen, kann die Kraft momentan sehr groß werden.

Die Höhe der gestrichelten Linie in Abb. 4.2 entspricht dem zeitlichen Mittelwert der Kraft, $\overline{\boldsymbol{F}}$. Dieser ist dadurch definiert, daß die Fläche unter der gestrichelten Linie für eine sehr lange Beobachtungszeit gleich der Fläche unter der Kurve $\boldsymbol{F}(t)$ wird. Den mittleren Gasdruck erhält man, indem man den Mittelwert $\overline{\boldsymbol{F}}$ durch die Größe des betrachteten mikroskopischen Flächenausschnitts dividiert (Druck $\equiv$ Kraft pro Fläche). Dieser zeitliche Mittelwert des mikroskopischen Gasdrucks ist gleich dem makroskopisch meßbaren Gasdruck.

Wir betrachten jetzt einen quaderförmigen Gasbehälter, der in x-Richtung die Länge l besitzt und senkrecht zur x-Richtung die Fläche A (Abb. 4.3). In diesem Behälter möge sich zunächst nur ein einziges (einatomiges) Gasmolekül befinden, dessen Geschwindigkeitskomponente in x-Richtung gleich v_x sei. Diese Geschwindigkeitskomponente bleibt bei den elastischen Zusammenstößen des Moleküls mit den Gefäßwänden dem Betrage nach immer erhalten und wechselt nur periodisch ihr Vorzeichen. Auch die Kraft $\boldsymbol{F}$, die das Molekül auf die Fläche A ausübt, ist in diesem Modell eine periodische Funktion der Zeit (Abb. 4.4).

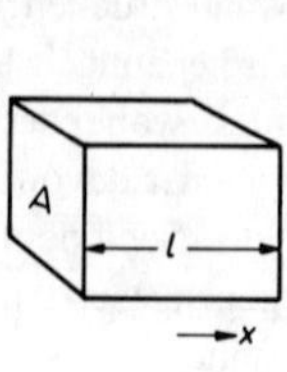

Abb. 4.3. Gasbehälter.

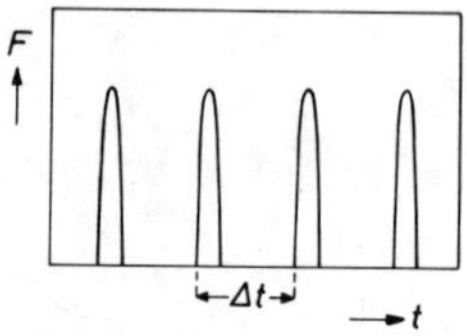

Abb. 4.4. Zeitlicher Verlauf der Kraft $\boldsymbol{F}$, die ein einzelnes, periodisch hin- und herfliegendes Gasmolekül auf die Gefäßwandfläche A ausübt.

Die Zeit $\triangle t$ zwischen zwei Stößen des Moleküls auf die Fläche A ist diejenige Zeit, die das Molekül braucht, um die Wegstrecke l hin- und zurückzufliegen[1]:

$$\triangle t = 2l/v_x \tag{4.1}$$

Die Kraft $\boldsymbol{F}$, die das Molekül auf die Fläche A ausübt, ist durch die Newtonsche Gleichung

$$|\boldsymbol{F}| = m \cdot a \tag{4.2}$$

gegeben.[2] Darin ist m die Masse des Moleküls und

$$a = \mathrm{d}v_x/\mathrm{d}t \tag{4.3}$$

seine Beschleunigung ($\equiv$ Geschwindigkeitsänderung pro Zeit) in x-Richtung, die es während eines Aufpralls von der Wand A erhält. Aus Gl. (4.2) kann man auch einen zeitlichen Mittelwert $\overline{a}$ für die Beschleunigung bilden, die die Wand dem Molekül erteilt:

$$|\overline{\boldsymbol{F}}| = m \cdot \overline{a} \tag{4.4}$$

Darin ist $\overline{a}$ gleich der Geschwindigkeitsänderung Δv_x bei einem Aufprall geteilt durch die gesamte Zeitspanne $\triangle t$. *Vor* einem Aufprall auf die Fläche ist die Geschwindigkeitskomponente gleich $-v_x$, *danach* gleich $+v_x$, die *Änderung* ist also $\triangle v_x = 2v_x$, und somit ist

$$\overline{a} = \triangle v_x/\triangle t = 2v_x/\triangle t \tag{4.5}$$

oder zusammen mit Gl. (4.1)

$$\overline{a} = v_x^2/l \tag{4.6}$$

Für den mittleren Druck $\overline{p_1}$ (Kraft pro Fläche), den ein einziges Gasmolekül auf die Fläche A ausübt, ergibt sich aus Gl. (4.4) durch Einsetzen von Gl. (4.6):

$$\overline{p_1} = |\overline{\boldsymbol{F}}|/A = mv_x^2/lA \tag{4.7}$$

oder, wenn wir das Volumen

---

1 Dabei spielt es gar keine Rolle, ob das Molekül etwa noch Geschwindigkeitskomponenten v_y und v_z parallel zu A besitzt und dementsprechend auch auf die zu A senkrechten Gefäßwände periodisch aufprallt. Die Zeit $\triangle t$ hängt in diesem Modell nur von v_x und von l ab.

2 Die Betragsstriche bei $\boldsymbol{F}$ sind deshalb nötig, weil wir hier mit $\boldsymbol{F}$ nicht – wie üblich – die beschleunigende „actio“, sondern die ihr entgegengesetzte „reactio“ meinen, die in negativer x-Richtung wirkt (vgl. Abb. 4.3). a hat dagegen positives Vorzeichen. $\boldsymbol{F}$, a und v_x sollen keine Vektoren, sondern nur (mit Vorzeichen behaftete) Vektorkoordinaten längs der x-Achse darstellen. Der Fettdruck von $\boldsymbol{F}$ dient nur zur Unterscheidung von der Faraday-Konstante F.

$$V = l \cdot A \tag{4.8}$$

des Gasbehälters einführen:

$$\overline{p_1} = \frac{1}{V} m v_x^2 \tag{4.9}$$

Wenn sich N gleiche Moleküle in dem Volumen V befinden, so müssen wir in (4.9) anstelle von v_x^2 den Mittelwert $\overline{v_x^2}$ über alle Moleküle einführen und die ganze Gleichung mit N multiplizieren, um den Gesamtdruck p zu erhalten:

$$p = \frac{N}{V} m \overline{v_x^2} \tag{4.10}$$

Darin kann man die Teilchenzahldichte N/V als eine Art „Konzentration" c^* auffassen, wenn man die Teilchenzahl als ein Maß für die Stoffmenge ansieht:

$$c^* \equiv N/V = N_\mathrm{L} \cdot n/V \equiv N_\mathrm{L} \cdot c$$

Wir wollen nun auch die zu v_x senkrechten Geschwindigkeitskomponenten betrachten. In Abb. (4.5) ist die Geschwindigkeit v eines Gasmoleküls dargestellt, die sich vektoriell aus den drei Komponenten v_x, v_y und v_z zusammensetzt. Durch zweimalige Anwendung des Lehrsatzes von Pythagoras ergibt sich aus dieser Abb.:

$$v^2 = v_x^2 + v_y^2 + v_z^2 \tag{4.11}$$

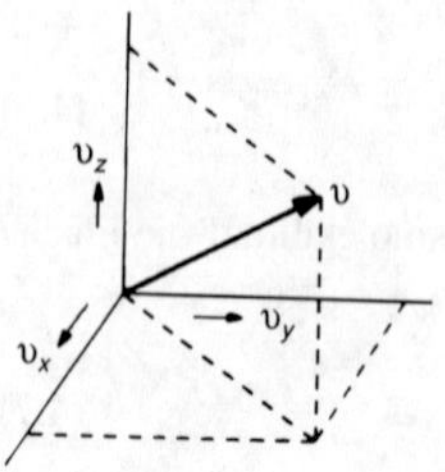

Abb. 4.5. Zusammensetzung der Geschwindigkeit v aus den drei Komponenten v_x, v_y und v_z.

Entsprechend ergibt sich auch für die Mittelwerte über alle Moleküle[3]

$$\overline{v^2} = \overline{v_x^2} + \overline{v_y^2} + \overline{v_z^2} \tag{4.12}$$

3 Der Mittelwert $\overline{v^2}$ ist definiert als die Summe aller Werte von v^2 (in einem bestimmten Zeitpunkt) dividiert durch die Anzahl N der Moleküle: $\overline{v^2} \equiv \Sigma v^2/N$. Mit den analogen Definitionen für $\overline{v_x^2}$ usw. wird der Übergang von (4.11) nach (4.12) evident.

Da alle drei Raumrichtungen gleichberechtigt sind, muß gelten

$$\overline{v_x^2} = \overline{v_y^2} = \overline{v_z^2} \qquad \text{und somit} \qquad \overline{v_x^2} = \frac{1}{3}\overline{v^2}. \tag{4.13}$$

Damit wird aus (4.10)

$$\boxed{p = \frac{1}{3}\frac{N}{V}m\overline{v^2}} \quad \textbf{\textit{(molekulare Deutung des Gasdrucks)}} \tag{4.14}$$

Diese Gleichung ermöglicht eine interessante Verknüpfung zwischen makroskopischen Größen eines idealen Gases und der mittleren kinetischen Energie der Translation[4] seiner Moleküle, die durch folgende Gleichung gegeben ist [vgl. Gl. (5.2)]:

$$\overline{\epsilon}_{\text{trans}} = m\overline{v^2}/2 \tag{4.15}$$

Damit wird aus Gl. (4.14)

$$p \cdot V = \frac{2}{3}N\overline{\epsilon}_{\text{trans}} \equiv \frac{2}{3}U_{\text{trans}} \tag{4.16}$$

Das Produkt $p \cdot V$ eines idealen Gases ist hiernach gleich $\frac{2}{3}$ der Energie der ungeordneten Translationsbewegung seiner Moleküle, U_{trans}.

4.2 Der Gleichverteilungssatz

Die Definition der Temperatur T ist enthalten im idealen Gasgesetz $pV = nRT$. Um zu einer molekularen Deutung von T zu gelangen, brauchen wir dieses nur für $p \cdot V$ in die molekulare Gl. (4.16) einzusetzen. Mit

$$N = n \cdot N_{\text{L}} \tag{4.17}$$

erhalten wir für die mittlere Translationsenergie pro Teilchen:

$$\overline{\epsilon}_{\text{trans}} = \frac{3}{2}\frac{nRT}{N} = \frac{3}{2}\frac{R}{N_{\text{L}}}T \tag{4.18}$$

Für die auf ein Molekül bezogene allgemeine Gaskonstante wird ein neues Symbol und ein neuer Name eingeführt:

$$R/N_{\text{L}} \equiv k \quad (\textbf{\textit{Boltzmann-Konstante}}) \tag{4.19}$$

4 „Translation“ ist geradlinig-gleichförmige Bewegung, im Unterschied zu „Rotation“ (Drehbewegung) und „Oszillation“ (Hin- und Her-Bewegung, Schwingung).

Diese ist, ebenso wir R, eine von der Art des idealen Gases unabhängige, universelle Konstante. Damit wird aus Gl. (4.18)

$$\boxed{\bar{\epsilon}_{\text{trans}} = \frac{3}{2}kT} \quad \textit{\textbf{(molekulare Deutung der Temperatur)}} \tag{4.20}$$

Da k eine universelle Konstante ist, so ist $\bar{\epsilon}_{\text{trans}}$ nach Gl. (4.20) für zwei verschiedene Gase von gleicher Temperatur gleich groß, auch wenn die Gasmoleküle sich in ihren Massen und sonstigen Eigenschaften unterscheiden. Die Aussage des ***nullten Hauptsatzes***, daß zwei Körper bei Berührung ihre Temperatur ausgleichen, lautet in der molekularen Sprache: *„In einem System von energieaustauschenden Massenpunkten besitzt im zeitlichen Mittel jeder Massenpunkt die gleiche kinetische Energie"* (nämlich $(3/2)kT$). Diese wichtige Aussage wird als ***Gleichverteilungssatz der kinetischen Energie*** bezeichnet. Formelmäßig wird er durch Gl. (4.20) beschrieben.

Wir verstehen jetzt die molekulare Bedeutung der Temperatur und des absoluten Nullpunkts: Die *absolute Temperatur* ist ein proportionales *Maß für die mittlere kinetische Energie* der Gasmoleküle. Am absoluten Nullpunkt wird $\bar{\epsilon}_{\text{trans}}$ und damit nach (4.15) das mittlere Geschwindigkeitsquadrat $\overline{v^2}$ der Moleküle gleich null. Da $\overline{v^2}$ prinzipiell nicht negativ werden kann (warum nicht?), kann es keine negativen absoluten Temperaturen geben. Der Mittelwert $\overline{v^2} = 0$ kann aber nur dadurch realisiert werden, daß die Geschwindigkeit jedes einzelnen Moleküls gleich null wird. Der *absolute Nullpunkt* ist also durch *völlige Ruhe der Moleküle* charakterisiert[5].

In diesem Zustand würde ein ideales Modellgas (ohne Eigenvolumen der Moleküle) bei konstantem Außendruck kein Volumen mehr beanspruchen ($V_p = 0$ bei $T = 0$). Umgekehrt würden die Gasmoleküle bei konstantem Gefäßvolumen am absoluten Nullpunkt auch keinen Druck mehr auf die Gefäßwände ausüben ($p_V = 0$ bei $T = 0$). Aufgrund der Gleichverteilung der kinetischen Energie muß das für alle idealen Gase bei der gleichen Temperatur der Fall sein. Damit ist der merkwürdige Befund erklärt, warum die Extrapolation der Geraden in Abb. 2.2 für alle idealen Gase zum gleichen Schnittpunkt bei $\vartheta = -273{,}15\,°\text{C}$ führt[6].

4.3 Herleitung der Gasgesetze aus der kinetischen Gastheorie

Wir haben den Gleichverteilungssatz Gl. (4.20) für ideale Gase abgeleitet, indem wir dabei das ideale Gasgesetz als empirisches Gesetz vorausgesetzt haben. Es ist jedoch auf

5 Diese Aussage gilt allerdings nicht für Oszillationen der Atome innerhalb eines Moleküls oder Kristalls.

6 Dasselbe Ergebnis erhält man, wenn man für die Definition der Temperatur anstelle des Volumens V_p nach Gl. (2.3) den Druck p_V eines idealen Gases nach der Gleichung $T \equiv \frac{T_0}{p_0} \cdot p$ verwendet.

Grund statistischer Überlegungen von Maxwell und Boltzmann auch möglich, den Gleichverteilungssatz ohne spezielle Voraussetzungen über Art und Reichweite der Wechselwirkungskräfte allein aus den Gesetzen der Mechanik abzuleiten[7]. Auf Grund der statistischen Ableitung gilt (4.20) auch für reale Gase und Flüssigkeiten, während die Gültigkeit von (4.16) auf ideale Gase beschränkt ist.

Wenn man den Gleichverteilungssatz auf Grund der statistischen Ableitung voraussetzt, dann kann man daraus auch umgekehrt mit Hilfe der theoretischen Gl. (4.16)

$$p \cdot V = \frac{2}{3} N \bar{\epsilon}_{\mathrm{trans}}$$

die empirischen Gesetze ableiten, die dem idealen Gasgesetz zugrundeliegen:

Betrachten wir zwei verschiedene ideale Gase, die miteinander im thermischen Gleichgewicht sind (d.h., die die gleiche Temperatur haben), so ist $\bar{\epsilon}_{\mathrm{trans}}$ nach dem Gleichverteilungssatz gleich groß. Sind außerdem p und V gleich groß, so muß nach (4.16) auch N gleich groß sein, d.h.: Bei gleicher Temperatur T und gleichem Druck p enthalten gleiche Volumina V gleiche Zahlen N von Molekülen. Das ist aber der *Satz von Avogadro*, den wir somit theoretisch abgeleitet haben. Mit dem Satz von Avogadro sind zugleich die darin enthaltenen empirischen Grundlagen des *Gay-Lussac*schen Gesetzes abgeleitet, vgl. S. 20.

Wenn gleiche Molekülzahlen N von ein und derselben Gassorte durch eine dünne Wand getrennt sind, über die ein Temperaturausgleich, aber kein Druckausgleich erfolgen kann, so muß nach (4.16) das Produkt $p \cdot V$ für beide Gase gleich sein. Diese Aussage ist aber das *Boyle-Mariottesche Gesetz.*

In einer Mischung verschiedener Gase muß sich der Druck auf die Gefäßwand nach den mechanischen Modellvorstellungen additiv aus den Kraftwirkungen der verschiedenen Gassorten zusammensetzen. Wenn wir voraussetzen, daß die Bewegungen der einzelnen Moleküle in der Gasmischung voneinander unabhängig sind (Modell des idealen Gases: keine Wechselwirkungskräfte und kein Eigenvolumen), dann ist der Beitrag einer Gassorte zum Gesamtdruck auf die Gefäßwand genauso groß, wie wenn die anderen Gassorten überhaupt nicht vorhanden wären. – Nach Dalton bezeichnet man den Druck, den eine Gassorte ausüben würde, wenn sie das Gesamtvolumen der Mischung allein ausfüllen würde, als „Partialdruck“ dieser Gassorte. Dann gilt für ideale Gasmischungen das *„Daltonsche Gesetz“: Der Gesamtdruck ist gleich der Summe der Partialdrucke.*

Aus dem Gleichverteilungssatz (4.20) lassen sich auch Rückschlüsse auf die Geschwindigkeit von Gasmolekülen ziehen:

$$\bar{\epsilon}_{\mathrm{trans}} \left(= \frac{m}{2} \cdot \overline{v^2}\right) = \frac{3}{2} kT,$$

$$\text{also} \quad \overline{v^2} = \frac{3kT}{m} = \frac{3RT}{M} \tag{4.21}$$

Dabei ist m die Masse eines Moleküls und

$$M = m N_{\mathrm{L}} \tag{4.22}$$

7 Für den Beweis muß der Student auf spätere Vorlesungen in Physikalischer Chemie oder auf Lehrbücher verwiesen werden.

die Molmasse [vgl. Gl. (4.19)]. Die Wurzel aus diesem mittleren Geschwindigkeitsquadrat stimmt nicht genau mit dem Mittelwert $\overline{v}$ des Geschwindigkeitsbetrages überein, da bei der quadratischen Mittelwertsbildung die größeren Geschwindigkeiten relativ stärker ins Gewicht fallen; jedoch stehen beide Mittelwerte in konstantem Zahlenverhältnis zueinander. Aus Rechnungen der statistischen Thermodynamik ergibt sich zusammen mit Gl. (4.21):

$$\overline{v} = \sqrt{\frac{8RT}{\pi M}} = 0{,}92\sqrt{\overline{v^2}} \tag{4.23}$$

Wir wollen daraus die mittlere Geschwindigkeit von Sauerstoffmolekülen bei Normaltemperatur ausrechnen. Für $\vartheta = 25\ ^\circ\mathrm{C}$ ist nach Gl. (2.2) $T = 298$ K. Die relative Atommasse von Sauerstoff ist 16,0, die Molmasse der O_2-Moleküle also $M = 32$ g/mol = $32 \cdot 10^{-3}$ kg mol^{-1}. Mit $R = 8{,}314$ J mol^{-1} K^{-1} und 1 J $\equiv$ 1 N m und 1 N $\equiv$ 1 kg m s^{-2} ergibt sich aus Gl. (4.23):

$$\overline{v} = \left(\frac{8 \cdot 8{,}314 \cdot 298}{\pi \cdot 32 \cdot 10^{-3}} \cdot \frac{\mathrm{kg\ m\ s^{-2}\ m\ mol^{-1}\ K^{-1}\ K}}{\mathrm{kg\ mol^{-1}}} \right)^{1/2} = 444\ \mathrm{m/s}$$

Vergleicht man die mittleren Molekulargeschwindigkeiten von zwei Gasen 1 und 2 verschiedener Molmasse, so ergibt sich aus Gl. (4.23) für das Verhältnis der Geschwindigkeiten bei gleicher Temperatur:

$$\overline{v_1}/\overline{v_2} = \sqrt{M_2/M_1} \quad \textit{(Grahamsches Gesetz)} \tag{4.24}$$

Die Geschwindigkeiten verhalten sich also umgekehrt wie die Wurzeln der Molmassen.

Man nutzt diese Beziehung experimentell aus, um zwei Gase verschiedener Molmasse voneinander zu trennen, indem man sie mehrfach durch poröse Platten diffundieren läßt. Ist der Raum auf der rechten Seite einer porösen Platte evakuiert, so unterscheidet sich das Mischungsverhältnis c_1/c_2 der dort ankommenden Teilchen von dem auf der linken Seite vorhandenen Mischungsverhältnis um den Faktor $\overline{v_1}/\overline{v_2}$.

Übungsaufgabe: Zur Abtrennung des Isotops ^{235}U von natürlichem Uran läßt man gasförmiges UF_6 durch kleine Löcher von ca. 10 nm Durchmesser in einer Scheidewand aus Metall in einen evakuierten Raum diffundieren. Wie groß ist der größte theoretisch erreichbare Anreicherungsfaktor, um den sich das Verhältnis von ^{235}U zu ^{238}U in einer einzigen Trennstufe vergrößern könnte? (Die relative Atommasse von Fluor ist 19,00). Ergebnis: 1,00429. Wieviele derartige Trennstufen würde man mindestens brauchen, um aus dem natürlichen Gemisch von 0,7 % ^{235}U und 99,3 % ^{238}U ein Gemisch von 90 % ^{235}U zu gewinnen? Ergebnis: 1671 Trennstufen.

5 Der erste Hauptsatz

Der erste Hauptsatz wird meistens als ein rein makroskopischer Erfahrungssatz eingeführt. Wer sich auf diese Betrachtungsweise beschränken möchte, kann gleich in Abschnitt 5.5 weiterlesen. Es ist aber auch möglich, die entsprechenden Erfahrungen auf Grund der Molekulartheorie vorauszusagen. Nachdem wir im letzten Kapitel bereits einige makroskopische Gesetze aus der molekularen Theorie abgeleitet haben, wäre es unbefriedigend, wenn wir uns jetzt wieder auf den systematischen Standpunkt zurückziehen würden, als wüßten wir noch nichts von der Bewegung der Moleküle. Schließlich ist auch die lebendige naturwissenschaftliche Forschung ein dauerndes Wechselspiel von induktiver und deduktiver Methode: Manchmal ist die experimentelle Aussage das Primäre, und die Theorie wird („induktiv") daraus entwickelt; manchmal dagegen wird eine rein theoretisch abgeleitete („deduktive") Voraussage erst nachträglich durch das Experiment bestätigt.

5.1 Der mechanische Energiesatz[1]

Die im letzten Kapitel eingeführte „kinetische Gastheorie" beruht auf der Anwendung der makroskopischen Gesetze der Mechanik auf molekulare Dimensionen. Eine wichtige zusätzliche Voraussetzung der kinetischen Gastheorie ist die, daß alle Zusammenstöße absolut elastisch verlaufen, d.h., daß das, was wir in der makroskopischen Mechanik als „plastische Verformung" und als „Reibung" kennen, im molekularen Bereich nicht existiert.

Für ein solches System ohne plastische Verformung und Reibung gilt der **mechanische Energiesatz**: *„In einem abgeschlossenen mechanischen System bleibt die Summe aus potentieller und kinetischer Energie konstant, solange die in jedem Augenblick wirksamen Kräfte durch die geometrische Lage aller Massenelemente eindeutig festgelegt sind* [2]*."* Dieser Satz läßt sich aus den Newtonschen Gleichungen actio = – reactio und

$$F = m\,a \qquad (5.1)$$

herleiten.

---

1 Dieser Abschnitt erinnert an einige Grundlagen, die in der Physikvorlesung ausführlicher dargestellt werden.

2 Die Kräfte müssen also unabhängig sein von der Vorgeschichte des Systems, der Geschwindigkeit der Massenelemente usw. Durch diese Einschränkung sind plastische Verformung und Reibung ausgeschlossen.

Als Beispiel betrachten wir eine Kugel der Masse m im Schwerefeld der Erde, die in der Höhe $h = 0$ eine senkrecht nach oben gerichtete Geschwindigkeit v_0 hat. Die Kugel ist imstande, bis zu einer Höhe h emporzusteigen, wo sie die Geschwindigkeit $v = 0$ besitzt. Das Anheben bis zur Höhe h entspricht aber einer Hubarbeit[3] $W = \boldsymbol{F}h$, wobei die Kraft $\boldsymbol{F}$ in diesem Falle entgegengesetzt gleich dem Gewicht mg der Kugel ist[4].

Da die Kugel die Höhe h allein aufgrund ihres Bewegungszustandes an der Stelle $h = 0$ erreichen kann, so besitzt sie in diesem Zustand also eine *Energie* (Arbeitsfähigkeit) der Bewegung, eine ***kinetische Energie***.

Wie groß ist nun diese kinetische Energie, wenn die Geschwindigkeit v_0 vorgegeben ist? Die Frage läuft darauf hinaus, die gewinnbare Hubarbeit $W = mgh$ und somit die Höhe h aus v_0 zu berechnen. Dazu muß man die Geschwindigkeit über den Zeitraum von $t = 0$ bis $t = \tau$ integrieren, wenn die Kugel nach der Zeit τ gerade die Geschwindigkeit $v = 0$ und die Höhe h erreicht:

$$h = \int_0^\tau v \, \mathrm{d}t$$

Da die Erdbeschleunigung g in diesem Fall die zeitliche *Abnahme* der nach oben gerichteten Geschwindigkeit v darstellt, so ist in einem beliebigen Zeitpunkt t

$$v = v_0 - gt \quad \text{und (wegen } t = \tau \text{ für } v = 0) \quad v_0 = g\tau .$$

Durch Einsetzen dieser Ausdrücke in das obige Integral erhält man für die Arbeitsfähigkeit der Bewegung (bitte nachrechnen!):

$$W = mgh = mv_0^2/2 \tag{5.2}$$

Die kinetische Energie einer Masse m mit der Geschwindigkeit v ist daher allgemein mit $mv^2/2$ zu identifizieren.

3 Die an einem Körper verrichtete Arbeit W ist allgemein als das Produkt aus der angreifenden Kraft $\boldsymbol{F}$ und der vom Körper unter der Krafteinwirkung zurückgelegten Wegkomponente x in Richtung der Kraft definiert. Wenn die Kraft längs des Weges nicht überall gleich groß ist, erscheint anstelle des einfachen Produktes ein Integral: $W \equiv \int \boldsymbol{F} \mathrm{d}x$. Darin ist $\boldsymbol{F}\mathrm{d}x$ als *skalares Produkt* aufzufassen, d.h., es ist das Produkt der *Beträge* von Kraft und Weg und dem cos des eingeschlossenen Winkels. Haben Kraft und Weg gleiche Richtung, so hat dieser Winkel den Wert 0 und sein cos den Wert 1.

4 Die „Erdfeldstärke" g ist der aus dem Gravitationsgesetz sich ergebende Proportionalitätsfaktor zwischen Gewicht (≡ Schwerkraft) und Masse m eines Körpers dicht über der Erdoberfläche. Der Proportionalitätsfaktor zwischen der auf einen Körper wirkenden Kraft $\boldsymbol{F}$ und seiner Masse m ist aber nach Gl. (5.1) durch die Beschleunigung a gegeben (Definition von m). Daher ist die Erdfeldstärke g zugleich die Beschleunigung (≡ Geschwindigkeitsänderung pro Zeit), die ein beliebiger Körper im Schwerefeld der Erde erfährt, wenn man ihn (unter Ausschaltung des Luftwiderstandes) frei fallen läßt. Diese „Erdbeschleunigung" beträgt in mittleren Breiten etwa $g = 9{,}81\ \mathrm{m/s^2}$. – Übrigens enthält die Gleichung $\boldsymbol{F} = m\,a$ zwar die Definition der Masse, sie ist aber selber *mehr* als eine Definition, nämlich ein *Naturgesetz*, welches besagt, daß für ein und denselben Körper Kraft und Beschleunigung einander proportional sind (zumindest im Meßbereich der klassischen Mechanik).

In der Höhe h ist die kinetische Energie gleich null, dagegen besitzt die Kugel jetzt eine Arbeitsfähigkeit auf Grund ihrer Lage, eine ***potentielle Energie***: Die Kugel könnte nämlich Arbeit leisten, indem sie z.B. über eine Rolle ein anderes Gewicht von gleicher Größe auf die Höhe h hebt und dabei selber zu Boden sinkt. Sie könnte aber auch ihre potentielle Energie dazu verwenden, um sich beschleunigen zu lassen, indem sie frei herunterfällt. Dann würde sie bei $h = 0$ wieder ihre ursprüngliche kinetische Energie besitzen.

Wenn die Kugel absolut elastisch ist und bei $h = 0$ auf eine elastische Unterlage trifft, dann führt die dabei auftretende Verformungsarbeit wiederum zu einer gleich großen potentiellen Energie: Die Verformung kann nämlich dazu verwendet werden, an der Kugel wieder eine Beschleunigungsarbeit zu leisten, so daß sie ihre alte kinetische Energie zurückerhält, die sich weiter in potentielle Energie im Schwerefeld verwandeln kann usw. Da die alte Hubarbeit immer wieder gewonnen werden kann, so bleibt also die Arbeitsfähigkeit, d.h. die Summe aus potentieller und kinetischer Energie, konstant, wie der mechanische Energiesatz aussagt.

Das gilt aber nur, wenn die rücktreibende Kraft davon unabhängig ist, ob die Verformung im Entstehen oder im Verschwinden begriffen ist, d.h., die Verformung muß mit gleicher Kraft wieder „zurückgehen", wie sie entstanden ist (***elastische Verformung***). Eine ***plastische*** (d.h. „nicht-zurückgehende") ***Verformung*** führt dagegen *nicht* zu einer potentiellen Energie, sondern nur zu einer Erwärmung der beteiligten Körper. Auch bei Vorhandensein von Luftreibung wäre die Voraussetzung des mechanischen Energiesatzes nicht erfüllt, da die **Reibungskraft** von der Größe und Richtung der Geschwindigkeit der Kugel abhängt. (Die Reibungskraft ist i.a. der Geschwindigkeit proportional und hat entgegengesetzte Richtung. Sie wirkt darum immer nur bremsend und nie beschleunigend.) Daher nimmt auch bei Reibung die mechanische Energie laufend ab, wobei zugleich eine Erwärmung auftritt.

Da sich Reibung nie restlos vermeiden läßt und auch Verformungen im allgemeinen nicht völlig elastisch verlaufen, ist der mechanische Energiesatz in der makroskopischen Mechanik nur auf idealisierte Grenzfälle anwendbar. Auch die auf eine Stahlplatte herabfallende Stahlkugel erreicht nicht wieder exakt die gleich Höhe. Dagegen hat die Annahme dieses Ideals für den molekularen Bereich im letzten Kapitel zu so großen Erfolgen geführt, daß wir den mechanischen Energiesatz hier offenbar als streng gültig ansehen können.

5.2 Innere Energie und Wärme

Wir wollen die Summe aller kinetischen und potentiellen Energien ϵ_{kin} und ϵ_{pot}, die die Moleküle eines Systems in sich und relativ zueinander besitzen, als die ***Innere Energie*** U dieses Systems bezeichnen[5]:

$$U \equiv \sum(\epsilon_{\text{kin}} + \epsilon_{\text{pot}}) \tag{5.3}$$

5 U enthält nicht die *„äußere"* potentielle und kinetische Energie, die der Schwerpunkt des Gesamtsystems z.B. gegenüber der Erde hat. Die äußere Energie bleibt nämlich bei chemischen Reaktionen meistens unverändert und ist dann für den Chemiker nicht von Interesse.

Für ein einatomiges ideales Gas besteht U allein aus der kinetischen Energie der ungeordneten Translationsbewegung seiner Atome. In diesem Fall ist U also nach dem Gleichverteilungssatz (4.20) der absoluten Temperatur proportional:

$$U \sim T, \quad \text{also auch} \quad \triangle U \sim \triangle T$$

Wenn man ein solches Gas bei konstantem Volumen erwärmt, dann stellt man empirisch fest, daß seine Temperaturerhöhung der zugeführten Wärme direkt proportional ist[6]:

$$\triangle T \sim Q_{W=0} \tag{5.4}$$

Somit muß für dieses spezielle Gas die zugeführte Wärme der Zunahme seiner Inneren Energie proportional sein:

$$Q_{W=0} \sim \triangle U \tag{5.5}$$

Wird das einatomige ideale Gas mit einem anderen System in thermischen Kontakt gebracht, so nimmt (unter den genannten, einschränkenden Bedingungen) dieses System genau so viel Wärme auf, wie das Gas abgibt, vgl. Gl. (2.6). Gleichzeitig erwartet man aber bei Anwendung des mechanischen Energiesatzes auf die Molekularbewegung, daß das System auch genau so viel *Energie* aufnimmt, wie das Gas abgibt. Daraus folgt, daß Gl. (5.5) nicht nur für ein einatomiges ideales Gas, sondern auch für beliebige andere Systeme gelten muß. Die unter Ausschluß von Arbeit auf ein beliebiges System übertragene Wärme ist somit proportional seiner Zunahme an Innerer Energie.

Den Proportionalitätsfaktor in der Beziehung (5.5) kann man auch zahlenmäßig angeben, indem man den theoretischen Wert für die Energiedifferenz eines einatomigen idealen Gases zwischen zwei Temperaturen durch den entsprechenden empirischen Wert der zuzuführenden Wärmemenge dividiert. Aus Gl. (4.18) erhält man theoretisch:

$$U = N\bar{\epsilon}_{\text{trans}} = \frac{3}{2}nRT \quad \text{und}$$

$$\triangle U = \frac{3}{2}nR\triangle T \tag{5.6}$$

Empirisch findet man

$$Q_{W=0} = C_V \triangle T$$

mit dem Zahlenwert $C_V/n = 2{,}9805$ cal K^{-1} mol^{-1}. Mit $R = 8{,}314$ J K^{-1} mol^{-1} folgt:

$$\triangle U/Q_{W=0} = 4{,}184 \text{ J/cal} \tag{5.7}$$

Die unter Ausschluß von Arbeit auf ein System übertragene Wärme kann damit als Maß für die Zunahme seiner Inneren Energie betrachtet werden. Die Übertragung von Wärme von einem heißeren auf einen kälteren Körper bedeutet also im molekularen Modell eine Übertragung von kinetischer und potentieller Energie der Moleküle durch ungeordnete Stöße.

6 Bei dieser empirischen Aussage ist als Meßvorschrift für die zugeführte Wärme zunächst noch einmal die in Abschnitt 2.3 eingeführte Definition der Kalorie zugrundegelegt. Als entscheidendes Merkmal der in Abschnitt 2.3 genannten einschränkenden Bedingungen für die „Erhaltung" der Wärme heben wir in Gl. (5.4) durch den Index $W = 0$ hervor, daß die Wärmeübertragung mit keinerlei Arbeitsleistung verbunden sein soll. Hierdurch sind z.B. Reibung und plastische Verformung sowie Volumenausdehnung ausgeschlossen.

5.3 Äquivalenz von Wärme und Arbeit

Welche experimentell nachprüfbaren Voraussagen lassen sich aus der Anwendung des mechanischen Energiesatzes und der molekularen Deutung der Wärme ableiten?

Wenn beim Wärmeübergang nichts weiter geschieht, als daß kinetische und potentielle Energie durch molekulare Stöße oder durch Strahlung übertragen wird, dann muß eine bestimmte Temperaturerhöhung statt durch Wärmezufuhr auch bei thermischer Isolierung des Systems erreicht werden können, indem man ihm mechanische Arbeit zuführt. Nach dem mechanischen Energiesatz könnte nämlich diese Arbeit dazu verwendet werden, die Moleküle durch Reibung in schnellere, ungeordnete Bewegung zu versetzen. Eine bestimmte Temperaturerhöhung eines Gases kann z.B. einmal durch Berührung mit heißem Wasser, ein andermal durch einen Propeller erzielt werden, der die Moleküle durcheinanderwirbelt. Der Unterschied zwischen diesen beiden Formen der Energieübertragung besteht darin, daß *Arbeit* durch eine zunächst *geordnete makroskopische Bewegung* (Propeller) übertragen wird, *Wärme* dagegen durch von vornherein *ungeordnete Molekularbewegung über ein Temperaturgefälle*.

Nach diesem Modell muß eine bestimmte Wärmemenge immer einer ganz bestimmten Menge an mechanischer Arbeit ***äquivalent*** sein (d.h. die gleiche Temperaturerhöhung bewirken), und der Proportionalitätsfaktor zwischen Wärme und Arbeit muß mit dem Proportionalitätsfaktor zwischen Wärme und Innerer Energie nach Gl. (5.7) übereinstimmen.

Diese Voraussage wird tatsächlich durch Versuche von **Joule** (1843) in vollem Umfang bestätigt: Joule verwendete mechanische oder elektrische Arbeit durch verschiedene Arten von Reibung oder plastischer Verformung zur Erwärmung von Wasser, aus dessen Temperaturänderung sich nach Definition eine bestimmte Wärmemenge ergibt. Er fand dabei immer den gleichen Proportionalitätsfaktor zwischen Wärme und Arbeit, das ***mechanische Wärmeäquivalent***. Dieses beträgt nach neueren, genaueren Messungen in Übereinstimmung mit Gl. (5.7):

$$W_{Q=0}/Q_{W=0} = 4{,}184\ \text{J/cal} \tag{5.8}$$

Die immer wieder bestätigte Konstanz des mechanischen Wärmeäquivalentes rechtfertigt es, die übertragene Wärme nicht nur proportional, sondern ***durch Definition gleich*** einer übertragenen Energiemenge zu setzen:

$$1\ \text{cal} \equiv 4{,}184\ \text{J}$$

Durch Einsetzen dieser Definition in die Gl. (5.8) erhält das mechanische Wärmeäquivalent den Wert 1, d.h., es wird ein reiner Umrechnungsfaktor zwischen zwei verschiedenen Maßeinheiten, der in theoretischen Gleichungen nicht mitgeschrieben zu werden braucht. Darüber hinaus wurde die Einheit cal zum Ende des Jahres 1977 gesetzlich abgeschafft, so daß auch Wärmemengen nur noch in der Einheit J angegeben werden.

Bei den Jouleschen Versuchen wurde immer äußere mechanische Energie in thermische Energie eines Wasserbades verwandelt. Auch eine Umwandlung von thermischer in mechanische Energie ist bis zu gewissem Grade möglich[7]. Wir betrachten dazu als Beispiel ein Gedankenexperiment, mit dessen Hilfe **Julius Robert Mayer** 1842 als erster das mechanische Wärmeäquivalent bestimmte.

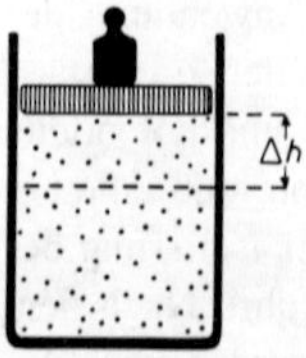

Abb. 5.1. Bei Erwärmung unter konstantem Druck dehnt ein Gas sich aus und verrichtet Arbeit, indem es z.B. ein Gewicht anhebt. Wenn über dem Kolben Vakuum herrscht, ist die vom Gas abgegebene Volumenarbeit gleich der Hubarbeit.

Ein ideales Gas sei in einem Zylinder mit beweglichem Kolben eingeschlossen (Abb. 5.1). Der Kolben vom Querschnitt A drückt mit einer Kraft $\boldsymbol{F}$ auf das Gas, so daß dieses unter einem konstanten Druck

$$p = \boldsymbol{F}/A \tag{5.9}$$

steht[8]. Das Gas wird nun durch Eintauchen des Zylinders in ein heißes Wasserbad um eine Temperaturdifferenz $\triangle T$ erwärmt. Dabei wird der Kolben um die Strecke $\triangle h$ verschoben, und das Gas verrichtet die Arbeit

$$-W = \boldsymbol{F} \cdot \triangle h = p \cdot A \cdot \triangle h = p \cdot \triangle V \tag{5.10}$$

Analog wie bei der Wärme bezeichnet $-W$ eine *abgegebene* Arbeit, vgl. Gl. (2.6). Da bei Zunahme des Volumens Arbeit abgegeben wird, haben W und $\triangle V$ immer entgegengesetzte Vorzeichen.

Von der bei konstantem Druck p zugeführten Wärme Q_p wird ein Teil zur Erhöhung der Inneren Energie um $\triangle U$ und ein anderer Teil zur Verrichtung der Volumenarbeit $p \cdot \triangle V$ verwendet:

$$Q_p = \triangle U + p \cdot \triangle V \tag{5.11}$$

Dabei hat $\triangle U$ den gleichen Wert, wenn man den Kolben festhält und so das Gas bei *konstantem Volumen* um die gleiche Temperaturdifferenz $\triangle T$ erwärmt; denn da die Moleküle eines idealen Gases keine Kräfte aufeinander ausüben und daher keine zwischenmolekularen potentiellen Energien auftreten, ist U bei gegebener Temperatur vom mittleren Molekülabstand und damit vom Volumen unabhängig. Somit ist $\triangle U$ gleich der bei konstantem Volumen

7 Die Umwandlung von thermischer in mechanische Energie unterliegt allerdings gewissen Einschränkungen, die durch den 2. Hauptsatz formuliert werden (Näheres in Abschnitt 10.3).

8 Wir verwenden als Symbol für die Kraft ein fettgedrucktes $\boldsymbol{F}$, obgleich hier immer nur die *Größe* des Kraftvektors gemeint ist. (In der Physik dient Fettdruck meistens zur Kennzeichnung von Vektoren, d.h. von räumlich gerichteten Größen. In handschriftlichen Texten kann man diese durch einen darübergesetzten Pfeil oder durch deutsche Buchstaben kennzeichnen.) Vgl. auch Fußnote 2 in §4.1.

zuzuführenden Wärmemenge Q_V, und die Differenz beider Wärmemengen ist gleich der Volumenarbeit:

$$Q_p - Q_V = p \cdot \triangle V \tag{5.12}$$

Man bezeichnet die Wärmekapazität pro Menge eines Stoffes als seine „Molwärme“ (bei konstantem Druck bzw. bei konstantem Volumen, C_{pm} bzw. C_{Vm}):

$$\frac{1}{n}\left(\frac{\mathrm{d}Q}{\mathrm{d}T}\right)_p \equiv \frac{1}{n}C_p \equiv C_{pm} \quad \text{und} \quad \frac{1}{n}\left(\frac{\mathrm{d}Q}{\mathrm{d}T}\right)_V \equiv \frac{1}{n}C_V \equiv C_{Vm} \tag{5.13}$$

Damit wird aus (5.12): $C_p \cdot \triangle T - C_V \cdot \triangle T = p \cdot \triangle V$ oder

$$C_{pm} - C_{Vm} = \frac{1}{n}\, p \cdot \frac{\triangle V}{\triangle T} \tag{5.14}$$

Für die Volumenausdehnung pro Temperaturerhöhung $\triangle V/\triangle T = (\partial V/\partial T)_p$ erhält man durch Differenzieren des idealen Gasgesetzes $V = nRT/p$ (vgl. Fußnote 16, S. 48):

$$\left(\frac{\partial V}{\partial T}\right)_p = \frac{nR}{p} \tag{5.15}$$

und somit $$\boxed{C_{pm} - C_{Vm} = R} \tag{5.16}$$

Für die Differenz der Molwärmen idealer Gase ergibt sich aus Meßdaten der Literatur

$$C_{pm} - C_{Vm} = 1{,}987\ \text{cal/(mol K)}.$$

Durch Einsetzen in Gl. (5.16) erhält man zusammen mit dem mechanischen Wert für die Gaskonstante R wiederum das durch Gl. (5.8) gegebene mechanische Wärmeäquivalent, das von J.R. Mayer auf diese Weise zum ersten Mal bestimmt wurde. Wenn man die Erfahrung des 1. Hauptsatzes in der Konstanz des mechanischen Wärmeäquivalents erblickt, kann man diesen Gedankengang zusammen mit dem in §5.2 als Teil einer „Herleitung“ des 1. Hauptsatzes aus dem molekularen Modell heraus betrachten.

5.4 Formulierungen des ersten Hauptsatzes

Daß man für das mechanische Wärmeäquivalent immer den gleichen Wert findet, ist eine Bestätigung für das theoretische Modell, wonach der mechanische Energiesatz im molekularen Bereich ohne Einschränkung gültig ist. Daß der mechanische Energiesatz im makroskopischen Bereich im Falle von Reibung und dgl. scheinbar nicht anwendbar ist, liegt nur daran, daß die vermehrte, ungeordnete Bewegung der Moleküle makroskopisch nicht direkt sichtbar ist. Die entsprechende Erhöhung der Inneren Energie gibt sich aber durch Veränderung der Temperatur und anderer makroskopisch meßbarer Eigenschaften zu erkennen. Vom makroskopischen Standpunkt aus erscheint daher die Innere Energie als eine neue Energieform[9] neben den vorher bekannten Formen der mechanischen potentiellen und kinetischen Energie. Wenn man diese neue Energieform in die Betrachtung mit einbezieht, kann man den mechanischen Energiesatz folgendermaßen erweitern:

1. ***Energie bleibt immer erhalten***, *d.h. sie kann weder erzeugt, noch vernichtet, sondern nur von einer Form in eine andere Form umgewandelt werden.*

2. *Ein* ***Perpetuum mobile***[10] ***erster Art ist unmöglich***. (Dieses wäre eine Maschine, die ohne Aufnahme von Arbeit, Wärme oder energiereichen Substanzen in beliebiger Menge Arbeit abgibt.)

3. *In einem abgeschlossenen System ist die Energie konstant.* (Ein System wird als *„abgeschlossen"* definiert, wenn ihm von außen keinerlei Arbeit, Wärme oder Materie zugeführt oder entnommen wird.)

4. Ist ein System nicht abgeschlossen, sondern nur *„geschlossen"* (in diesem Fall ist nur die Materiezufuhr oder -abfuhr unterbunden), so ist eine *Änderung seiner Gesamtenergie*, die sich auf die Änderung seiner Inneren Energie U und seiner äußeren potentiellen und kinetischen Energie E_{pot} und E_{kin} verteilt, durch die *Summe aus zugeführter Arbeit und zugeführter Wärme* gegeben:

$$\triangle U + \triangle E_{\text{pot}} + \triangle E_{\text{kin}} = W + Q \tag{5.17}$$

Jeder dieser vier Sätze, von denen sich zwanglos einer aus dem anderen ergibt, ist eine mögliche Formulierung für den **1. Hauptsatz der Thermodynamik**. Meistens setzt man allerdings in der Thermodynamik stillschweigend voraus, daß die einem System zugeführte Arbeit W ins *Innere* dieses Systems investiert und nicht zur Erhöhung seiner *äußeren* kinetischen oder potentiellen Energie im Schwerefeld der Erde oder dgl. verwendet wird. Dann vereinfacht sich Gl. (5.17) zu

$$\boxed{\triangle U = W + Q} \tag{5.18}$$

In Worten: ***Die Änderung der Inneren Energie ist gleich der Summe aus zugeführter Arbeit und zugeführter Wärme***.

In differentieller Schreibweise wird aus Gl. (5.18):

$$\mathrm{d}U = \delta W + \delta Q. \tag{5.19}$$

Das hierbei anstelle des Differentialzeichens d meistens verwendete Zeichen δ soll daran erinnern, daß man im Zusammenhang mit Arbeit und Wärme *nicht* von entsprechenden

9 Die ursprüngliche Definition von „Energie" als „Arbeitsfähigkeit" ist allerdings auf die Innere Energie bei Beschränkung auf den makroskopischen Standpunkt nicht ohne weiteres anwendbar. Näheres in §10.3.

10 Perpetuum mobile (lat.) = dauernd beweglich, d.h., die Maschine kommt von selbst niemals zum Stillstand, da sie zu ihrem Betrieb keinerlei Zufuhr an Energie oder Materie benötigen soll.

Änderungen einer Systemeigenschaft reden kann, sondern nur von übertragenen Mengen. Wärme und Arbeit sind nur als Formen der Energie*übertragung* einzeln meßbar und voneinander unterscheidbar. Es handelt sich nicht um statische Energieformen, die als solche im System *enthalten* sind, wie man das von der Inneren Energie sehr wohl behaupten kann. Darum sollte man auch ***nicht*** vom *„Wärmeinhalt"* eines Systems reden, wie das früher üblich war. Diese Ausdrucksweise kann nämlich zu Mißverständnissen führen, da bei Erwärmung eines Gases unter konstantem Druck die aufgenommene Wärme infolge der gleichzeitig abgegebenen Volumenarbeit nicht mit der Zunahme des *Energieinhalts* übereinstimmt. Der prinzipielle Unterschied zwischen der Systemeigenschaft U und den Prozeßgrößen W und Q wird auch in Gl. (5.18) durch das $\triangle$-Zeichen sichtbar.

5.5 Die Innere Energie als Zustandsgröße

Bei der mathematischen Formulierung des 1. Hauptsatzes durch Gl. (5.18) wurde zur Definition der Inneren Energie nach Gl. (5.3) das molekulare Modell zugrundegelegt. Das erscheint für das anschauliche Verständnis zunächst ausreichend. Wenn eine Gleichung eine *experimentell nachprüfbare* Aussage darstellen soll, muß man aber fordern, daß jede darin verwendete Größe durch eine unabhängige Meßvorschrift definiert ist. Wie kann man aber $\triangle U$ messen, ohne nach Gl. (5.18) von den Begriffen W und Q Gebrauch zu machen? Geht das nicht, ist Gl. (5.18) keine Aussage über die Natur, sondern nur eine Definition. Wenn der 1. Hauptsatz eine Aussage sein soll, müssen wir ihn anders formulieren! – Außerdem ist es unbefriedigend, daß zur Definition von Q in §2.3 eine Hypothese vorausgesetzt wurde, die nur unter einschränkenden Bedingungen bestätigt wird und die im Grunde schon einen Teil des 1. Hauptsatzes vorwegnimmt. Darum soll im folgenden versucht werden, U unabhängig von Q durch eine makroskopische Meßvorschrift zu definieren. Mit deren Hilfe kann man dann eine neue, experimentell quantitativ nachprüfbare Formulierung des 1. Hauptsatzes geben, die vom molekularen Modell unabhängig ist.

Für den Gedankengang brauchen wir neben dem makroskopisch definierten Begriff der Arbeit (vgl. die Fußnote 3 in §5.1) den Begriff des *„thermisch isolierten Systems"*. Dieses ist ein System, das von einer ***„adiabatischen"*** Wand[11] umgeben ist, d.h. von einer Wand, die den spontanen Temperaturausgleich zwischen zwei verschieden warmen Körpern verhindern kann[12]. Praktisch wird eine solche Wand näherungsweise durch eine Schicht aus Styropor oder besser (zur gleichzeitigen Unterbindung von Wärmestrahlung) durch die verspiegelte Wand eines Dewar-Gefäßes realisiert. Die im thermisch isolierten System ablaufenden Vorgänge werden ebenfalls als *„adiabatisch"* bezeichnet, und auch das System selbst wird *„adiabatisch"* genannt. Der Materieaustausch mit der Umgebung soll durch die Worte „thermisch isoliert" und „adiabatisch" ebenfalls ausgeschlossen sein. Übertragung von Arbeit ist dagegen erlaubt, z.B. durch Verschiebung der adiabatischen Wände.

11 adiabatisch (griech.) = undurchdringlich.

12 Bei dieser Formulierung haben wir das Wort „Wärme" vermieden. „Wärme" wird erst am Schluß dieses Kapitels neu definiert. Zu dem Wort „spontan" vgl. Fußnote 10 in §10.2

Betrachtet man ein adiabatisches System in zwei verschiedenen Zuständen (z.B. eine bestimmte Wassermenge bei zwei verschiedenen Temperaturen), dann ergibt sich aus den Experimenten von Joule (vgl. Abschnitt 5.3.), daß die Überführung des Systems aus einem der beiden Zustände in den anderen immer die Zufuhr einer genau definierten Menge an Arbeit erfordert.

Der ***„Zustand"*** eines Systems kann durch eine passende Auswahl meßbarer physikalischer Eigenschaften (***„Zustandsgrößen"***) vom makroskopischen Standpunkt aus eindeutig beschrieben werden. Solche „Zustandsgrößen" sind z.B. die Temperatur T, das Volumen V, die Mengen n_i der einzelnen Stoffe i in den verschiedenen Phasen[13] sowie evtl. die Größe der Grenzflächen des Systems. (Die äußeren Koordinaten des Systems im Schwerefeld der Erde gehören *nicht* zu den hier betrachteten Zustandsgrößen, d.h., mit dem Wort „Zustand" sind nur die Größe und die innere physikalisch-chemische Beschaffenheit des Systems gemeint.)

Da die Menge der zuzuführenden Arbeit im adiabatischen System allein von dessen Anfangszustand I und Endzustand II abhängt, so kann man diese Arbeit als Differenz einer Größe U auffassen, die für jeden der beiden Zustände einen genau definierten Wert besitzt und die man daher ebenfalls als *„Zustandsgröße"* bezeichnen kann[14]:

$$U_{\mathrm{II}} - U_{\mathrm{I}} \equiv \triangle U \equiv W_{\mathrm{adiabat}} \; (I \to II) \tag{5.20}$$

Dieses ist die *makroskopische Definition für die* ***Innere Energie*** *U*. Da man im Prinzip jedes beliebige System in jedem beliebigen Zustand in eine adiabatische Hülle stecken kann und da erfahrungsgemäß jede beliebige Zustandsänderung (zumindest in *einer* Richtung) adiabatisch durchgeführt werden kann, so ist die Änderung der Inneren Energie durch Gl. (5.20) für jede beliebige Zustandsänderung definiert[15]. Ein Nullpunkt der Energieskala und Absolutwerte für U sind durch diese Definition noch nicht festgelegt. Sie werden vorläufig nicht benötigt, da man es praktisch immer nur mit Energie*differenzen* zu tun hat.

Man kann Gl. (5.20) als eine reine *„Definition"* auffassen, d.h. als eine *Namensgebung* für die adiabatische Arbeit oder eine *Meßvorschrift* für die Änderung der Inneren Energie.

---

13 Eine „**Phase**" ist die Gesamtheit von Bezirken gleicher innerer Beschaffenheit (z.B. Nebeltröpfchen), die von einer anderen Phase (z.B. dem Gasraum) durch eine Grenzfläche abgetrennt sind. Die drei „Aggregatzustände" fest, flüssig und gasförmig stellen mindestens drei verschiedene Phasen dar. Aber auch bei zwei miteinander nicht mischbaren Flüssigkeiten sowie bei unterschiedlich kristallisierten Festkörpern spricht man von verschiedenen „Phasen".

14 Früher bezeichnete man eine Größe, die durch die bestimmenden Zustandsgrößen eines Systems eindeutig festgelegt ist, als „Zustands*funktion*". Da man aber eine mathematische Funktionsgleichung, durch die eine Variable aus anderen Variablen berechnet werden kann, im Prinzip auch nach einer anderen Variablen auflösen kann, so ist die Unterscheidung zwischen „abhängigen" und „unabhängigen" Variablen willkürlich. Daher ist das Wort „Zustandsfunktion" entbehrlich und soll heute nicht mehr in diesem Sinne gebraucht werden. (Das Wort „Funktion" soll nur noch die mathematische Zuordnungsvorschrift zwischen verschiedenen Variablen bedeuten.)

15 Wenn eine Zustandsänderung in einer bestimmten Richtung *nicht* durch einen adiabatischen Prozeß realisierbar ist, dann ist die Änderung der Inneren Energie durch den *negativen* $\triangle U$-Wert der *umgekehrten* Zustandsänderung definiert.

Allerdings wäre es sinnlos, eine solche Definition aufzustellen, wenn man bei verschiedenen adiabatischen Durchführungen ein und derselben Zustandsänderung verschiedene Werte für $\triangle U$ finden würde. Insofern setzt die Aufstellung dieser Definition die Erfahrung der Jouleschen Experimente voraus, die man mit Hilfe dieser Definition als **„1. Hauptsatz"** folgendermaßen formulieren kann: „Die durch Gl. (5.20) definierte ***Innere Energie ist eine Zustandsgröße***", d.h., sie kann im Prinzip aus anderen Zustandsgrößen wie T, V, n_i eindeutig berechnet werden. In mathematischer Formelsprache drückt man das so aus, daß man die bestimmenden (unabhängig wählbaren bzw. gemessenen) Zustandsgrößen in Klammern hinter die „abhängige" (bzw. daraus zu berechnende) Zustandsgröße setzt:

$$U = U(T, V, n_i) \tag{5.21}$$

Die Klammer wird gelesen als „hängt ab von" oder einfach als „von".

Für Zustandsgrößen gelten ganz allgemein noch einige weitere charakteristische Aussagen, und jede dieser Aussagen, angewendet auf die Innere Energie, stellt zusammen mit der Definition (5.20) eine weitere Formulierung des 1. Hauptsatzes dar:

Wenn ein System in zwei Zuständen I und II existieren kann, so sind U_I und U_{II} zwei definierte Werte. Daraus folgt mit $\triangle U \equiv U_{II} - U_I$: ***Die Änderung der Inneren Energie ist unabhängig vom Weg*** (d.h. von der Art und Weise), auf dem das System von I nach II gelangt ist (Abb. 5.2.).

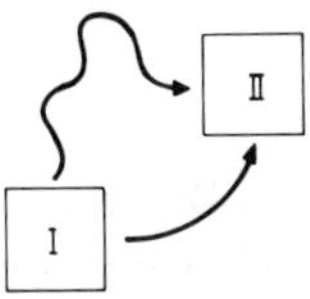

Abb. 5.2. Die Änderung einer Zustandsgröße ist unabhängig vom Weg, auf dem eine Zustandsänderung I → II realisiert wird.

Ein Beispiel für zwei verschiedene „Wege" wäre etwa die Erwärmung einer gegebenen Wassermenge zwischen zwei bestimmten Temperaturen einmal durch die Reibung eines Propellers, ein andermal durch elektrischen Strom. Die zugeführte Arbeit und somit nach Gl. (5.20) auch die Änderung der Inneren Energie ist in beiden Fällen gleich groß. Wenn die Erwärmung durch Berührung mit einem heißeren Körper erfolgt, ist die zugeführte Arbeit dagegen *nicht* die gleiche; jedoch ist das kein Widerspruch gegen die Aussage, daß $\triangle U$ trotzdem auch in diesem Fall gleich groß ist, da es sich ja hierbei nicht um einen adiabatischen Vorgang handelt. Um die Meßvorschrift (5.20) anwenden zu können, muß man nämlich die betr. Zustandsänderung durch einen adiabatischen Prozeß herbeiführen, auch wenn sie in der Praxis durch einen nichtadiabatischen Prozeß hervorgerufen wurde.

Zu einer weiteren Variante des 1. Hauptsatzes gelangt man, wenn man in Abb. 5.2 den einen Weg von I nach II und den anderen Weg in umgekehrter Richtung von II wieder nach I geht. Das System hat dann einen **Kreisprozeß** durchlaufen und ist in seinen Anfangszustand zurückgekehrt. Da U eine Zustandsgröße ist, muß es dann auch wieder seinen alten Wert annehmen. Summiert man alle differentiellen Änderungen von U über den ganzen Kreisprozeß, so muß sich also der Wert null ergeben:

$$\boxed{\oint \mathrm{d}U = 0} \quad \textbf{\textit{(erster Hauptsatz)}} \tag{5.22}$$

Dieses ist die am häufigsten benutzte mathematische Formulierung dafür, daß U eine Zustandsgröße ist. Weitere Formulierungen sind: „Die Änderung von U ist ein vollständiges Differential von Zustandsgrößen“, d.h. formelmäßig[16]:

$$\mathrm{d}U = \left(\frac{\partial U}{\partial T}\right)_{V,n_\mathrm{i}} \mathrm{d}T + \left(\frac{\partial U}{\partial V}\right)_{T,n_\mathrm{i}} \mathrm{d}V + \left(\frac{\partial U}{\partial n_\mathrm{i}}\right)_{V,T,n_{\mathrm{j}\neq\mathrm{i}}} \mathrm{d}n_\mathrm{i} \tag{5.23}$$

Auf Zustandsgrößen ist der **Schwarzsche Satz** anwendbar: *„Die Reihenfolge bei mehrfachem Differenzieren nach verschiedenen Variablen ist vertauschbar“*, d.h. formelmäßig:

$$\frac{\partial^2 U}{\partial T \partial V} \equiv \left[\frac{\partial}{\partial V}\left(\frac{\partial U}{\partial T}\right)_V\right]_T = \left[\frac{\partial}{\partial T}\left(\frac{\partial U}{\partial V}\right)_T\right]_V \equiv \frac{\partial^2 U}{\partial V \partial T} \tag{5.24}$$

Wenn die Wände eines Systems nicht adiabatisch sind, sondern nur den Stoffaustausch mit der Umgebung verhindern („geschlossenes System“), und wenn zwischen System und Umgebung eine Temperaturdifferenz besteht, dann finden auch ohne Arbeitsaustausch mit der Umgebung Zustandsänderungen statt, bei denen sich die Innere Energie des Systems verändert. In diesem Fall ist also $\triangle U \neq W$. Die Differenz von beiden wird als die dem System zugeführte **Wärme** Q definiert:

$$Q \equiv \triangle U - W \tag{5.25}$$

Diese Gleichung stimmt inhaltlich mit Gl. (5.18) überein, jedoch ist sie in dieser Darstellung keine Aussage mehr, sondern lediglich eine Namensgebung, nämlich die Definition der Wärme.

Als *Charakteristikum eines adiabatischen Systems* folgt aus den Gln. (5.20) und (5.25):

$$Q = 0.$$

Ist das System *abgeschlossen*, so ist außerdem $W = 0$ und somit nach Gl. (5.25)

$$\triangle U = 0,$$

d.h., *im abgeschlossenen System bleibt die Innere Energie konstant* (Satz von der Erhaltung der Energie). Besteht das abgeschlossene System aus zwei Körpern A und B verschiedener Temperatur, zwischen denen keine Arbeit übertragen wird, so folgt aus $\Delta U = Q_\mathrm{A} + Q_\mathrm{B} = 0$, daß der eine Körper genau so viel Wärme abgibt, wie der andere aufnimmt (vgl. Gl. (2.6), S. 13). Somit sind alle früheren Formulierungen des 1. Hauptsatzes aus der Formulierung ableitbar, daß U eine Zustandsgröße ist.

16 Wenn man eine von mehreren Variablen abhängige Größe „partiell“ nach einer Variablen differenziert (d.h. unter Konstanthaltung der anderen Variablen), dann schreibt man den Differentialquotienten statt mit d mit runden Differentialzeichen ∂ und mit den jeweils konstanten Variablen als Index. Wenn das System aus mehreren Stoffen 1,2,...i besteht, dann sind anstelle des dritten Gliedes in (5.23) entsprechend mehrere Glieder einzusetzen.

6 Volumenarbeit idealer Gase

6.1 Volumenarbeit bei konstantem Druck

Die Arbeit, die ein ideales Gas bei seiner Erwärmung unter konstantem Druck (d.h. „*isobar*") nach außen abgibt, ist nach Abb. 5.1 durch Gl. (5.10) gegeben:

$$-W = p \triangle V$$

Die Gleichsetzung dieser Arbeit mit der entsprechenden Wärmemenge war die erste Methode zur Bestimmung des mechanischen Wärmeäquivalents (vgl. §5.3). Wir wollen dieses Gedankenexperiment jetzt nochmals betrachten, weil es ein besonders instruktives Beispiel für zwei verschiedene „*Wege*" einer Zustandsänderung ist. In diesem Beispiel werden nämlich die beiden Wege für die Zustandsänderung des idealen Gases durch zwei verschiedene Linienführungen im p-V-Diagramm sichtbar (Abb. 6.1). Der erste Weg führt bei konstantem p direkt vom Zustand I in den Zustand III. Das Gas wird hierbei von T_{I} auf T_{III} erwärmt, wobei das Volumen sich von V_{I} auf V_{III} ausdehnt. Dabei ist

$$W = -p \triangle V \quad \text{und} \quad Q = C_p \triangle T, \text{ also}$$

$$\triangle U_{\mathrm{I} \to \mathrm{III}} = W + Q = -p \triangle V + C_p \triangle T. \tag{6.1}$$

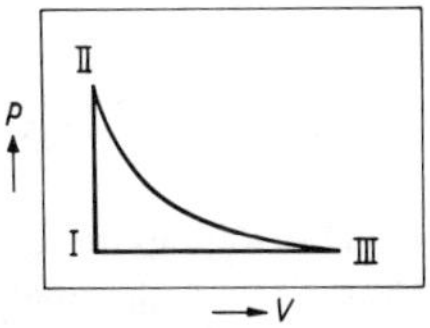

Abb. 6.1. Verschiedene Wege für eine Zustandsänderung eines idealen Gases.

Der zweite Weg führt zunächst durch Erwärmung um $\triangle T$ bei konstantem Volumen von I nach II und von dort durch Expansion bei konstanter Temperatur von II nach III. Auf dem Weg I $\to$ II ist $W = 0$ und $Q = C_V \triangle T$, also

$$\triangle U_{\mathrm{I} \to \mathrm{II}} = C_V \triangle T. \tag{6.2}$$

Das Wegstück II $\to$ III kann auf zweierlei Weisen zurückgelegt werden: Entweder das Gas wird in einem Zylinder mit beweglichem Kolben expandiert. Dabei gibt es Arbeit ab, und zur Konstanthaltung der Temperatur muß ihm Wärme zugeführt werden. (Die Berechnung wird im Abschnitt 6.2 erfolgen.) Oder man läßt das Gas durch Öffnen einer Klappe in ein evakuiertes Gefäß hineinströmen, so daß es hinterher gerade das richtige Gesamtvolumen besitzt (Abb. 6.2.). Bei diesem Vorgang wird keinerlei Arbeit oder Wärme mit der Umgebung ausgetauscht, also ist nach (5.18) $\triangle U_{\mathrm{II} \rightarrow \mathrm{III}} = 0$. Die Temperatur bleibt dabei konstant.

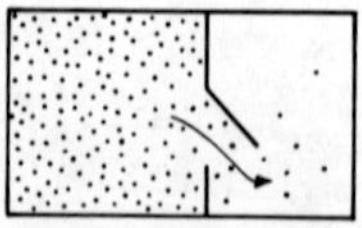

Abb. 6.2. Expansion eines idealen Gases in ein evakuiertes Gefäß.

Da nach dem 1. Hauptsatz $\triangle U$ unabhängig vom Weg sein muß, ist

$$\triangle U_{\mathrm{I} \rightarrow \mathrm{III}} = \triangle U_{\mathrm{I} \rightarrow \mathrm{II}} + \triangle U_{\mathrm{II} \rightarrow \mathrm{III}} \tag{6.3}$$

und mit den Gln. (6.1) und (6.2)

$$-p\triangle V + C_p\triangle T = C_V\triangle T + 0$$

oder

$$C_p - C_V = p\frac{\triangle V}{\triangle T}$$

und mit (5.15)

$$C_{p\mathrm{m}} - C_{V\mathrm{m}} = R. \tag{6.4}$$

Daß Robert Mayer mit dieser Überlegung den gleichen Wert für das mechanische Wärmeäquivalent gefunden hat wie Joule mit seinen Versuchen, zeigt, daß $\triangle U$ tatsächlich unabhängig vom Weg ist, wie wir das hier in (6.3) vorausgesetzt haben.

Daß bei der in Abb. 6.2. dargestellten Expansion eines idealen Gases in ein evakuiertes Gefäß die Temperatur tatsächlich konstant bleibt, ist ein von Gay-Lussac experimentell gefundenes Gesetz: *„Bei der Expansion* ($\mathrm{d}V > 0$) *eines idealen Gases ohne Austausch von Arbeit und Wärme* ($\delta W = 0, \delta Q = 0, \Rightarrow \mathrm{d}U = 0$) *bleibt die Temperatur konstant* ($\mathrm{d}T = 0$).“ Man schreibt dieses **„zweite Gay-Lussacsche Gesetz“** in der Form $(\partial T/\partial V)_U = 0$ oder auch

$$\left(\frac{\partial U}{\partial V}\right)_T = 0 \quad \text{für ideale Gase} \tag{6.5}$$

Daß U bei gegebener Temperatur nicht von V abhängt, also auch nicht vom mittleren Abstand zweier Gasmoleküle, ist im Modell dadurch zu erklären, daß die Moleküle eines idealen Gases keine Wechselwirkungskräfte aufeinander ausüben[1] [vgl. Text im Anschluß an Gl. (5.11)].

1 Bei *realen* Gasen ist diese Voraussetzung dagegen *nicht* erfüllt: Hier haben die *Anziehungskräfte* zwischen den Molekülen bei Vergrößerung ihres mittleren Abstandes eine Erhöhung der *potentiellen zwischenmolekularen Energie* zur Folge. Wenn von außen bei der *Expansion* keine Energie zugeführt wird (vgl. Abb. 6.2.), dann geht die *Erhöhung dieser potentiellen Energie auf Kosten der kinetischen Energie* der Moleküle, was nach (4.20) zu einer *Abkühlung* des realen Gases führt (**Joule-Thomson-Effekt**). Diese Abkühlung wird bei dem Lindeschen Verfahren zur Erzeugung flüssiger Luft ausgenutzt. Für reale Gase ist $(\partial T/\partial V)_U < 0$ und $(\partial U/\partial V)_T > 0$. Letztere Größe wird als *„**Innerer Druck**“* bezeichnet.

6.2 Volumenarbeit bei konstanter Temperatur

Bei der *isobaren* Expansion eines Gases (d.h. bei Erwärmung unter konstantem Druck) war es technisch nicht schwierig, die Volumenarbeit vollständig in potentielle Energie eines gehobenen Gewichtes zu verwandeln (vgl. Abb. 5.1, S. 42), weil das Gleichgewicht zwischen dem konstanten Druck des Gases und dem konstanten Druck des Gewichtes während der Expansion von selbst erhalten bleibt. Bei der *„isothermen"* Expansion (d.h. bei konstanter Temperatur) nimmt dagegen der Druck des idealen Gases entsprechend dem Boyle-Mariotteschen Gesetz ab. Wenn man dabei wieder die in Abb. 5.1 gezeigte Versuchsanordnung verwenden würde, dann würde man einen Teil der vom Gas abzugebenden Arbeit verschenken, weil zu Beginn der Expansion der Druck des Gases größer als der konstante Druck des Gewichtes sein müßte, der mit dem Gasdruck am Ende der Expansion übereinstimmt. Um auch in diesem Fall die gesamte vom Gas abzugebende Arbeit in potentielle Energie zu verwandeln, muß man durch eine passende mechanische Übersetzung dafür sorgen, daß der variable Druck des Gases immer mit dem konstanten Gewicht im Gleichgewicht bleibt[2]. Diese Forderung wird im Prinzip durch eine von Pohl[3] erdachte schematische Versuchsanordnung erfüllt (Abb. 6.3).

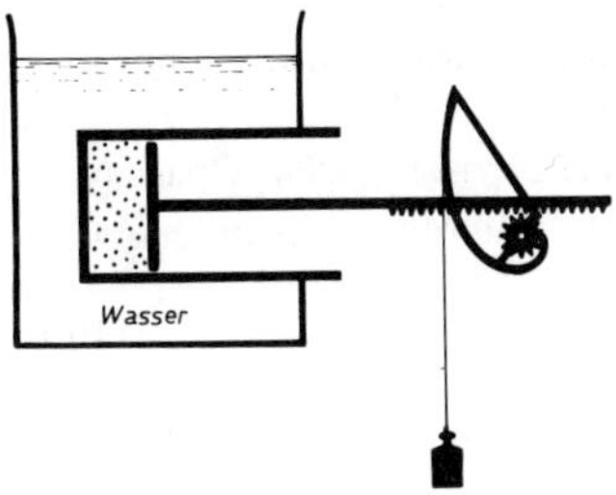

Abbildung 6.3. Apparatur zur reversiblen isothermen Expansion eines Gases nach Pohl[3]. Wenn rechts von dem Kolben Vakuum herrscht, wenn der Druck des Gases in jeder Stellung des Kolbens mit dem Drehmoment des Gewichtes im indifferenten Gleichgewicht ist und wenn man Reibung ausschließt, dann ist die vom Gas abgegebene Volumenarbeit gleich der vom Gewicht aufgenommenen Hubarbeit. Andernfalls ist die erzielte Hubarbeit kleiner.

Das Gewicht hängt dabei an einer Kurvenscheibe, so daß sich sein Hebelarm bei der Expansion des Gases kontinuierlich verkleinert. Die Kurvenscheibe ist so geformt, daß das Gewicht nach dem Hebelgesetz[4] in jeder Stellung des Kolbens mit dem Gasdruck *im Gleichgewicht* ist[5]. Nur unter dieser Voraussetzung ist die gewonnene Hubarbeit (Gewicht mal Höhendifferenz) gleich der vom Gas abgegebenen Volumenarbeit.

---

2 Eine solche Anordnung, die bei einer Verschiebung trotzdem im Gleichgewicht bleibt, wird in der Physik als „im *indifferenten* Gleichgewicht befindlich" bezeichnet.

3 R.W. Pohl: „Mechanik, Akustik und Wärmelehre", Springer-Verlag, 18. Aufl. (1983).

4 Das **Hebelgesetz** lautet: *„Im Gleichgewicht ist das Produkt Kraft mal Kraftarm* („Drehmoment der Kraft") *gleich dem Produkt Last mal Lastarm* („Drehmoment der Last")." In Abb. 6.3 ist die Kraft durch das Produkt Gasdruck mal Kolbenfläche gegeben. Der Kraftarm ist der Radius des Zahnrades. Die Last ist das Gewicht. Der Lastarm ist der Abstand der Schnur von der Achse des Zahnrades.

5 In diesem Fall genügt theoretisch ein unendlich kleiner Anstoß, um den Kolben in der einen oder anderen Richtung zu bewegen. Man bezeichnet dann die Expansion des Gases als **„reversibel"**, d.h. „umkehrbar". Die in Abb. 6.2 dargestellte Expansion eines Gases in ein evakuiertes Gefäß ist dagegen *nicht* umkehrbar (**„irreversibel"**). Näheres in Abschnitt 10.2.

Bei unendlich langsamer Verschiebung des Kolbens vom Querschnitt A um eine differentielle Strecke dx ist die abgegebene Volumenarbeit

$$-\delta W = \boldsymbol{F}\,\mathrm{d}x = pA\,\mathrm{d}x = p\,\mathrm{d}V \tag{6.6}$$

und mit dem idealen Gasgesetz ($p = nRT/V$):

$$-\delta W = nRT\,\frac{\mathrm{d}V}{V} \tag{6.7}$$

Durch Integration mit d$T = 0$ erhält man

$$-W = nRT \int_{V_\mathrm{I}}^{V_\mathrm{II}} \frac{\mathrm{d}V}{V} = nRT \ln \frac{V_\mathrm{II}}{V_\mathrm{I}} \tag{6.8}$$

oder, da nach Boyle-Mariotte $p_\mathrm{I}V_\mathrm{I} = p_\mathrm{II}V_\mathrm{II}$:

$$\boxed{-W = nRT \ln \frac{p_\mathrm{I}}{p_\mathrm{II}}} \tag{6.9}$$

Diese ***Gleichung der isothermen reversiblen Expansionsarbeit idealer Gase*** ist die Grundlage zur Herleitung vieler thermodynamischer Beziehungen.

Aus dem 2. Gay-Lussacschen Gesetz (6.5) folgt, daß bei der isothermen Expansion des idealen Gases seine Innere Energie unverändert bleibt: $\triangle U = 0$. Mit $\triangle U = W + Q$ folgt:

$$Q = -W \tag{6.10}$$

Bei der Expansion nimmt also das ideale Gas genau so viel Energie in Form von Wärme aus dem Wasserbad auf, wie es in Form von Arbeit abgibt.

6.3 Volumenarbeit ohne Wärmeaustausch

Ein Vorgang ohne Wärmeaustausch mit der Umgebung ($Q = 0$) heißt „adiabatisch" (vgl. §5.5). Zur Gewinnung der adiabatischen Expansionsarbeit eines idealen Gases kann im Prinzip wieder die Pohlsche Anordnung Abb. 6.3 dienen, nur muß der Gaszylinder anstelle des Wasserbades jetzt von Styroporwänden umgeben sein, und die Kurvenscheibe am Zahnrad muß eine etwas andere Form haben, damit der Gasdruck immer mit dem Gewicht im Gleichgewicht bleibt.

Zur Berechnung der adiabatischen Expansionsarbeit sind wieder die Gln. (6.6) und (6.7) anwendbar:

$$-\delta W = nRT\frac{\mathrm{d}V}{V} \tag{6.7}$$

Die Integration ist aber jetzt etwas schwieriger, weil (im Gegensatz zur isothermen Expansion) T nicht konstant bleibt. Da nämlich bei isothermer Expansion zur Aufrechterhaltung der Temperatur eine Wärmezufuhr erforderlich war, so muß eine Expansion ohne Wärmezufuhr zu einer Abkühlung führen.

Im molekularen Modell beruht diese Abkühlung darauf, daß die abgegebene Volumenarbeit aus dem Vorrat an kinetischer Energie der Moleküle entnommen wird, und dieser ist nach dem Gleichverteilungssatz (4.20) der Temperatur proportional. Daß die kinetische Energie der Moleküle bei Expansion unter Arbeitsleistung vermindert wird, wird aus der molekularen Deutung des Gasdrucks unmittelbar anschaulich: Wenn ein Molekül senkrecht auf eine zurückweichende Kolbenwand aufprallt, so bleibt seine Geschwindigkeit *relativ zum Kolben* dem Betrage nach unverändert und wechselt nur ihr Vorzeichen[6]. *Absolut genommen* vermindert sich dann der Geschwindigkeitsbetrag des Moleküls um 2 v_K, wenn v_K die konstante Geschwindigkeit des Kolbens ist.

Summiert man die daraus resultierenden kinetischen Energieverluste der Moleküle, die in einer Zeitspanne dt auf den Kolben prallen, während dieser um ein Volumen $dV(= A dx = A v_K dt)$ zurückweicht, so ergibt sich hierfür bis auf einen vernachlässigbaren Fehler die gewinnbare Volumenarbeit $p dV$, sofern $v_K \ll v_x$ ist (v_x sei die Geschwindigkeitskomponente eines Moleküls senkrecht zum Kolben). Der Fehler strebt gegen null, wenn man v_K unendlich klein werden läßt („**quasistatische Expansion**")[7].

Wer die Rechnung zur Übung selbst ausführen möchte, berechne zunächst die Differenz der kinetischen Energien $mv_x^2/2$ eines Moleküls vor und nach einem Aufprall. Im Ergebnis wird $-v_K$ dort vernachlässigt, wo es additiv neben v_x steht. Dann berechne man die Zahl dZ_1 der Aufpralle dieses einen Moleküls während der obigen Zeitspanne dt mit Hilfe der aus Gl. (4.1) berechenbaren Stoßfrequenz $1/\triangle t$, daraus die gesamte Energieabnahme dieses Moleküls in der Zeit dt unter Berücksichtigung von Gl. (4.8). Der Schluß von einem Molekül auf N Moleküle erfolgt durch den Übergang von Gl. (4.9) auf Gl. (4.10).

Die Temperaturabnahme $-\triangle T$ bei adiabatisch-reversibler Expansion läßt sich formal aus der Abnahme der inneren Energie $-\triangle U$ berechnen. Dabei ist $dU(= \delta W + \delta Q)$ wegen $\delta Q = 0$ gleich der Arbeit δW:

$$dU = \delta W \tag{6.11}$$

6 Diese Aussage ergibt sich aus der Voraussetzung einer „elastischen", d.h. „mit gleicher Kraft zurückgehenden" Verformung: Während der 1. Hälfte des Stoßvorgangs nimmt der Betrag der Relativgeschwindigkeit $|v_{rel}|$ ab bis auf den Wert null, und während der 2. Hälfte des symmetrischen Stoßvorgangs werden die gleichen Verformungszustände mit den zugehörigen Kräften und Beschleunigungen in umgekehrter Reihenfolge wieder durchlaufen, so daß der Anfangswert von $|v_{rel}|$ wieder erreicht wird. Die absolute Geschwindigkeit der Stoßpartner gegenüber den ruhenden Gefäßwänden spielt hierbei zunächst keine Rolle.

7 Wenn dagegen v_K *nicht* $\ll v_x$ ist, dann sind die Energieverluste des aufprallenden Moleküls entsprechend kleiner. Ein Molekül mit $v_x < v_K$ holt den Kolben gar nicht mehr ein. Wenn der Mittelwert $\overline{|v_x|} \ll v_K$ ist, nähern wir uns dem Grenzfall der arbeitsfreien, irreversiblen Expansion nach Abb. 6.2. Die Größe $p\,dV$ entspricht also *nur im quasistatischen Fall* einer tatsächlich abgegebenen Volumenarbeit $-\delta W$. In Abb. 6.2 ist dagegen $\delta W = 0$, obgleich $p\,dV > 0$ ist.

Der Zusammenhang zwischen U und T bei konstanter Stoffmenge folgt allgemein aus Gl. (5.23):

$$dU = \left(\frac{\partial U}{\partial V}\right)_T dV + \left(\frac{\partial U}{\partial T}\right)_V dT \tag{6.12}$$

Darin ist nach dem 2. Gay-Lussacschen Gesetz (6.5) das erste Glied für ideale Gase gleich null. Das zweite Glied entspricht einer Erwärmung bei konstantem Volumen; eine solche kann man auch ohne Arbeitsleistung allein durch Zufuhr der Wärme δQ erreichen:

$$\left(\frac{\partial U}{\partial T}\right)_V = \left(\frac{\delta Q}{dT}\right)_{\delta W=0} = \left(\frac{\delta Q}{dT}\right)_V \equiv C_V \tag{6.13}$$

Damit wird aus Gl. (6.12) speziell für ein ideales Gas:

$$\boxed{dU = C_V\, dT} \tag{6.14}$$

Aufgrund der Herleitung aus (6.12) gilt (6.14) für ein ideales Gas auch dann, wenn das Volumen *nicht* konstant bleibt und die Temperaturänderung z.B. durch eine adiabatische Volumenarbeit bewirkt wird. Dann folgt durch Einsetzen der Gln. (6.14) und (6.7) in (6.11):

$$C_V dT = -nRT\frac{dV}{V} \quad \text{oder}$$

$$-\frac{dT}{T} = \frac{nR}{C_V} \cdot \frac{dV}{V} \tag{6.15}$$

Nach Gl. (6.4) ist darin $nR = n \cdot (C_{pm} - C_{Vm}) = C_p - C_V$.

Mit der Abkürzung $C_p / C_V \equiv \kappa$ (6.16)

wird dann aus (6.15):

$$-\frac{dT}{T} = \frac{C_p - C_V}{C_V} \cdot \frac{dV}{V} = (\kappa - 1) \cdot \frac{dV}{V} \tag{6.17}$$

Indem man C_p und C_V in dem betrachteten Temperaturbereich als praktisch unabhängig von T annimmt, erhält man durch Integration zwischen den Zuständen I und II:

$$\ln\frac{T_\mathrm{I}}{T_\mathrm{II}} = (\kappa - 1) \cdot \ln\frac{V_\mathrm{II}}{V_\mathrm{I}} = \ln\left(\frac{V_\mathrm{II}}{V_\mathrm{I}}\right)^{\kappa-1} \quad \text{und}$$

$$T_\mathrm{I} / T_\mathrm{II} = (V_\mathrm{II}/V_\mathrm{I})^{\kappa-1} \tag{6.18}$$

also

$$T_\mathrm{I} V_\mathrm{I}^{\kappa-1} = T_\mathrm{II} V_\mathrm{II}^{\kappa-1} = \text{const} \tag{6.19}$$

Setzt man darin nach dem idealen Gasgesetz $T = \frac{pV}{nR}$, so folgt

$$\boxed{pV^{\kappa} = \text{const}'} \qquad \textbf{(Poissonsche Adiabatengleichung)}. \tag{6.20}$$

Mit $V = \frac{nRT}{p}$ folgt daraus

$$T^{\kappa} p^{1-\kappa} = \text{const}'' \quad \text{oder} \quad T p^{\frac{1}{\kappa}-1} = \text{const}''' \tag{6.21}$$

Mit (6.19) oder (6.21) kann man die Endtemperatur T_{II} bei adiabatisch-reversibler Expansion leicht berechnen, wenn T_{I} und das Verhältnis $V_{\mathrm{I}}/V_{\mathrm{II}}$ oder das Verhältnis $p_{\mathrm{I}}/p_{\mathrm{II}}$ gegeben sind. Aus (6.11) und (6.14) erhält man dann für die Volumenarbeit:

$$W = C_V \cdot (T_{\mathrm{II}} - T_{\mathrm{I}}) \tag{6.22}$$

Zur Auswertung von (6.14) bis (6.22) muß die molare Wärmekapazität $C_{V\mathrm{m}}$, die „Molwärme", bekannt sein. Im nächsten Kapitel wollen wir sehen, wie $C_{V\mathrm{m}}$ im Prinzip aus der molekularen Struktur berechnet werden kann.

7 Molwärme und molekulare Struktur

7.1 Freiheitsgrade der Rotation und Oszillation

Aus der kinetischen Gastheorie erhält man für die Molwärme einatomiger idealer Gase mit den Gln. (6.13) und (5.6) den theoretischen Wert

$$C_{V\mathrm{m}} \equiv \frac{C_V}{n} = \frac{1}{n}\left(\frac{\partial U}{\partial T}\right)_V = \frac{\triangle U}{n\triangle T} = \frac{3}{2}R = 12,471\frac{\mathrm{J}}{\mathrm{mol\ K}}(\approx 3\frac{\mathrm{cal}}{\mathrm{mol\ K}}),$$

dessen experimentelle Bestätigung als Beweis für die Richtigkeit des molekularen Modells gewertet werden kann.

Welche theoretischen Voraussagen lassen sich analog dazu über die Molwärme *mehr*atomiger idealer Gase machen?

Nach dem Gleichverteilungssatz (4.20) hat jeder in drei Dimensionen frei bewegliche Massenpunkt im zeitlichen Mittel eine kinetische Energie von $(3/2)kT$. Diese Energie kann man nach Gl. (4.12) auf die drei voneinander unabhängigen Bewegungskomponenten aufteilen, die man als „***Freiheitsgrade***“ bezeichnet:

$$\frac{3}{2}kT = \frac{m}{2}\overline{v^2} = \frac{m}{2}\overline{v_x^2} + \frac{m}{2}\overline{v_y^2} + \frac{m}{2}\overline{v_z^2} \equiv \overline{\epsilon_x} + \overline{\epsilon_y} + \overline{\epsilon_z}.$$

Da die drei Raumrichtungen gleichberechtigt sind, ist

$$\overline{\epsilon_x} = \overline{\epsilon_y} = \overline{\epsilon_z} = \frac{1}{2}kT.$$

Damit lautet der **Gleichverteilungssatz**: *„Im zeitlichen Mittel besitzt jeder Freiheitsgrad die kinetische Energie* $(1/2)kT$.“ Ein einzelnes Gasatom besitzt hiernach drei Freiheitsgrade der Translation[1].

Auch auf mehratomige Moleküle sollte der Gleichverteilungssatz im Prinzip anwendbar sein, sofern wir davon ausgehen, daß alle Bindungen elastisch deformierbar sind, so daß jedem Atomkern in jeder Raumrichtung ein gewisser Bewegungsspielraum bleibt. Um den Bewegungszustand eines Moleküls aus n Atomen in einem bestimmten Zeitpunkt eindeutig

---

1 Ein einzelnes Gasatom kann kinetische Energie nur in Form von geradlinig-gleichförmiger Bewegung (Translation) aufnehmen, nicht in Form von Rotation. Da praktisch die gesamte Masse im Kern konzentriert ist, so wäre nämlich eine Rotation um die eigene Achse nicht mit einer Bewegung von Masse verbunden. Vgl. auch Fußnote 3 (Seite 59).

zu beschreiben, braucht man dann für jeden Atomkern 3 Geschwindigkeitskomponenten. Das Molekül hat also 3 n Freiheitsgrade. Anstelle der Geschwindigkeitskomponenten der Atomkerne kann man zur Festlegung des momentanen Bewegungszustandes des Moleküls aber auch andere Variablen einführen, z.B. die 3 Geschwindigkeitskomponenten für den Molekülschwerpunkt sowie Angaben über die verschiedenen Rotations- und Schwingungszustände des Moleküls. Zur Berechnung jeder neuen Variable benötigt man eine Gleichung, durch die zugleich eine der 3 n alten Variablen eliminiert und dafür die neue Variable als „frei wählbar" eingeführt werden kann. Die Gesamtzahl der unabhängig wählbaren Variablen ändert sich also durch solche Koordinatentransformationen nicht, d.h., die Zahl der „Freiheitsgrade" bleibt 3 n. Auch die Energie eines Moleküls kann nicht davon abhängen, ob man zur Beschreibung seines Bewegungszustands die alten oder die neuen Freiheitsgrade verwendet.

Als einfachstes Beispiel betrachten wir ein Molekül aus zwei gleichen Atomen 1 und 2, das im Zeitpunkt der Beobachtung mit seiner Kernverbindungslinie in x-Richtung orientiert sei:

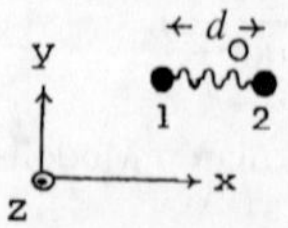

Der Kernabstand sei dabei gleich dem Ruheabstand d_0. Der Bewegungszustand sei durch die 6 Geschwindigkeitskomponenten $v_{1x}, v_{1y}, v_{1z}, v_{2x}, v_{2y}, v_{2z}$ festgelegt. Die Geschwindigkeitskomponenten des Schwerpunktes sind dann durch die drei Mittelwerte gegeben, z.B. $v_x = (v_{1x} + v_{2x})/2$ usw. Sind die Komponenten v_{1y} und v_{2y} verschieden groß, so ergibt sich daraus eine Rotation des Moleküls um die z-Achse mit der Winkelgeschwindigkeit[2] $\omega_z = (v_{2y} - v_{1y})/d_0$. Entsprechend ergibt sich aus einer Differenz $v_{1z} - v_{2z}$ eine Rotation um die y-Achse. Sind die beiden Komponenten v_{1x} und v_{2x} verschieden groß, so bewegen sich die beiden Atome aufeinander zu oder voneinander weg. Da hierbei rücktreibende Kräfte entstehen, ergibt sich daraus eine Oszillation (Valenzschwingung). Ein zweiatomiges Molekül besitzt also 3 Freiheitsgrade der Translation, zwei der Rotation und einen Freiheitsgrad der Oszillation: $f_{trans} = 3$, $f_{rot} = 2$, $f_{os} = 1$.

Die Zahl der Translationsfreiheitsgrade muß auch für ein Molekül aus beliebig vielen Atomen immer $f_{trans} = 3$ sein. Die Zahl der Rotationsfreiheitsgrade kann dagegen variieren: Wenn wir in einem dreiatomigen gewinkelten Molekül  die Geschwindigkeitskomponenten der beiden äußeren Atome bereits festgelegt haben, dann können wir dem mittleren Atom noch eine davon unabhängige Geschwindigkeitskomponente in Richtung vorn–hinten zuordnen, die eine zusätzliche Rotation des Moleküls um die waagerechte Achse zur Folge hat. Somit ist $f_{rot} = 3$. Wenn dagegen im Ruhezustand alle drei Atome auf einer Geraden liegen , dann würde die gleiche Geschwindigkeitskomponente des mittleren Atoms lediglich eine Oszillation (Knickschwingung) des Gesamtmoleküls bewirken. Eine Rotation um die Längsachse wäre in diesem Fall nicht mit einer Bewegung von

2 Bezieht man sich für diese Rechnung auf das Atom 1 als Koordinatennullpunkt, so bewegt sich im Beobachtungszeitpunkt das Atom 2 mit der Geschwindigkeit $(v_{2y} - v_{1y})$ auf einem Kreisbogen vom Radius d_0 um das Atom 1.

Massenpunkten verbunden[3], da praktisch die gesamte Masse in den nahezu punktförmigen Atomkernen konzentriert ist. Daher ist in diesem Fall $f_{rot} = 2$.
Für ein Molekül aus n Atomen kann man die Zahl der Oszillationsfreiheitsgrade errechnen, indem man von der Gesamtzahl 3 n der Freiheitsgrade die Zahlen der Translations- und Rotationsfreiheitsgrade subtrahiert:

$$f_{os} = 3n - f_{trans} - f_{rot} \tag{7.1}$$

7.2 Berechnung der Molwärme aus den Freiheitsgraden

Die Innere Energie von einem Mol eines idealen Gases erhält man, indem man die mittleren molekularen Energien für die Translation, Rotation, Oszillation, Elektronenanregung und chemische Bindung addiert und mit der Loschmidt-Konstante multipliziert:

$$U_m = N_L \cdot (\overline{\epsilon}_{trans} + \overline{\epsilon}_{rot} + \overline{\epsilon}_{os} + \overline{\epsilon}_{el} + \overline{\epsilon}_{chem}) \tag{7.2}$$

Die Energie der Elektronen läßt sich durch eine Temperaturerhöhung praktisch nicht beeinflussen, und auch die Bindungsenergie eines chemisch stabilen Gases ist unabhängig von T. Daher ergibt sich aus (7.2) für den temperaturabhängigen Anteil von U_m

$$U_m(T) = N_L \cdot (\overline{\epsilon}_{trans} + \overline{\epsilon}_{rot} + \overline{\epsilon}_{os}) \tag{7.3}$$

Darin können wir $\overline{\epsilon}_{trans}, \overline{\epsilon}_{rot}$ und für das Modell elastisch deformierbarer Bindungen auch $\overline{\epsilon}_{os}$ nach dem Gleichverteilungssatz berechnen:

$$\overline{\epsilon}_{trans} = f_{trans} \cdot \frac{1}{2} kT \tag{7.4}$$

$$\overline{\epsilon}_{rot} = f_{rot} \cdot \frac{1}{2} kT \tag{7.5}$$

Bei der Oszillation muß berücksichtigt werden, daß die kinetische Energie der Oszillation sich periodisch in potentielle Energie umwandelt. Der Gleichverteilungssatz macht aber nur eine Aussage über den zeitlichen Mittelwert der *kinetischen* Energie eines Freiheitsgrades. Die mittlere *potentielle* Energie der Oszillation kommt *zusätzlich* hinzu. Speziell für *harmonisch* (d.h. sinusförmig) schwingende Oszillatoren kann man zeigen, daß der zeitliche

3 Daß die Rotation um die Längsachse (ebenso wie die Rotation einzelner Atome) nicht am Energieaustausch teilnimmt, wird in der Quantenchemie aufgrund des extrem kleinen Trägheitsmoments noch genauer erklärt; vgl. auch S. 63 (Molwärme von Wasserstoff).

Mittelwert der potentiellen Energie genau so groß ist wie der der kinetischen.[4] Somit wäre für harmonische Oszillatoren nach dem mechanischen Modell:

$$\bar{\varepsilon}_{os} = f_{os} \cdot kT. \tag{7.6}$$

Die Molwärme bei konstantem Volumen ist nach (6.13) gegeben durch

$$C_{V\mathrm{m}} = \left(\frac{\partial U_\mathrm{m}}{\partial T}\right)_V \tag{7.7}$$

Durch Anwendung der Gln. (7.3) bis (7.6) läßt sich die Molwärme beliebiger Gase modellmäßig berechnen. Mit $kN_\mathrm{L} = R$ ergäbe sich dabei für ein „starres" Molekül, das keine Oszillationsenergie aufnehmen könnte:

$$C_{V\mathrm{m}}(\text{starr}) = (f_{trans} + f_{rot}) \cdot \frac{R}{2} \tag{7.8}$$

und für [illegible]lekül, in dem die Atome gegeneinander schwingen können:

$$C_{V\mathrm{m}}(\text{weich}) = (f_{trans} + f_{rot} + 2f_{os}) \cdot \frac{R}{2} \tag{7.9}$$

Dabei ist $R/2 \approx 1\,\mathrm{cal/mol\,K}$. Die Zahl f_{os} ergibt sich aus Gl. (7.1).

In der nachfolgenden Tabelle sind die Ergebnisse aus (7.8) und (7.9) für verschiedene Molekülmodelle zusammengestellt.

f_{trans}	3	3	3	3
f_{rot}	0	2	3	2
f_{os}	0	1	3	4
$C_{V\mathrm{m}}$ (starr)	$\frac{3}{2}R$	$\frac{5}{2}R$	$\frac{6}{2}R$	$\frac{5}{2}R$
$C_{V\mathrm{m}}$ (weich)	$\frac{3}{2}R$	$\frac{7}{2}R$	$\frac{12}{2}R$	$\frac{13}{2}R$

Zur Anwendung dieser Tabelle muß man wissen, ob ein dreiatomiges Molekül gewinkelt oder gestreckt ist. Diese Frage läßt sich aus der Struktur der Elektronenhülle beantworten: Wenn sämtliche Valenzelektronen des Zentralatoms für die Bildung von Elektronenpaarbindungen mit den Liganden verbraucht werden, dann ist das Molekül gestreckt (bzw. wenn das Zentralatom drei Liganden hat, so liegen alle vier Atome in einer Ebene). Diese Form ist infolge gegenseitiger Abstoßung der Liganden energetisch am günstigsten. Wenn dagegen das Zentralatom noch Valenzelektronen übrigbehält, die nicht zur Bindungsbildung verbraucht werden, dann ist das Molekül gewinkelt (bzw. pyramidal). So sind z.B. die Moleküle

4 Bei anharmonischen Oszillatoren wird dagegen meistens $\bar{\varepsilon}_{pot} > \bar{\varepsilon}_{kin}$. Das ist immer dann der Fall, wenn die rücktreibende Kraft nicht mehr (wie beim harmonischen Oszillator) proportional dem Abstand von der Ruhelage zunimmt, sondern schwächer. In diesem Fall liegt die Energie des Oszillators nämlich relativ längere Zeit in Form von potentieller Energie als in Form von kinetischer Energie vor.

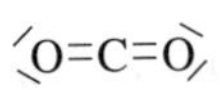 und 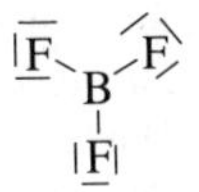

gestreckt bzw. eben,

während die Moleküle

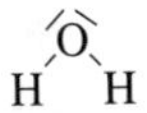 und 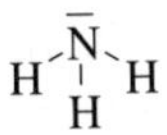

gewinkelt bzw. pyramidal sind.

7.3 Quantelung der Oszillationsenergie

Wir wollen nun die Tabelle der theoretischen Modellwerte für die Molwärme mit dem Experiment vergleichen. In Abb. 7.1 ist die Molwärme $C_{V\mathrm{m}}$ als Funktion der Temperatur für verschiedene ideale Gase dargestellt.

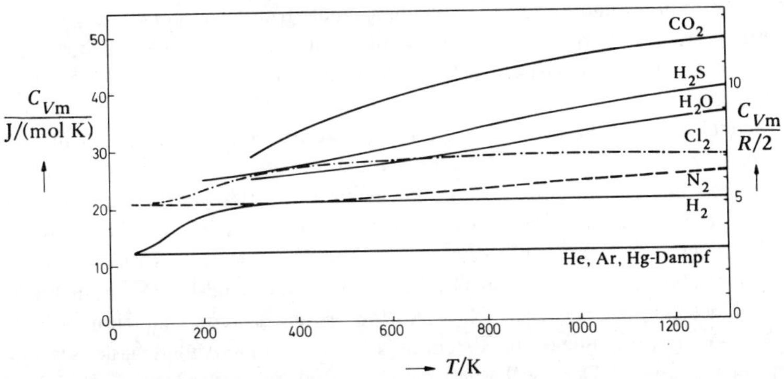

Abb. 7.1. Temperaturabhängigkeit der Molwärme von Gasen im idealen Zustand.

In Übereinstimmung mit der Tabelle ergibt sich für einatomige Gase (He, Ar, Hg-Dampf)

$$C_{V\mathrm{m}} = \frac{3}{2}R \approx 12,5\frac{\mathrm{J}}{\mathrm{mol\ K}},$$

und dieser Wert ist konstant, d.h. unabhängig von der Temperatur.

Für N_2 und Cl_2 findet man bei tieferen Temperturen $C_{V\mathrm{m}} = (5/2)R$. Dieser Wert entspricht nach der Tabelle allein den Beiträgen der Translation und Rotation. Die Molwärme ist aber nicht konstant, sondern nimmt bei Erwärmung zu und erreicht für Cl_2 bei Temperaturen oberhalb von 500 K einen Wert von $(7/2)R$, der bei weiterer Erwärmung etwa konstant bleibt. Dieser Wert entspricht einem „weichen" zweiatomigen Molekül mit einem Oszillationsfreiheitsgrad. Auch die Molwärme von N_2 nimmt beim Erwärmen zu, sie erreicht den Wert von $(5/2)R$ jedoch erst bei viel höheren Temperaturen.

H_2O und H_2S sind gewinkelte Moleküle, da von den 6 Valenzelektronen des O bzw. S jeweils nur 2 für die Bindungen beansprucht werden. Nach der Tabelle wäre für diese Moleküle ohne Oszillation eine Molwärme von $(6/2)R$ zu erwarten. Tatsächlich wird bei etwa 200 K ein solcher Wert gemessen. Auch hier beobachtet man aber mit zunehmender Temperatur eine Zunahme der Molwärme, und der Kurvenverlauf läßt vermuten, daß bei genügend hoher Temperatur der Tabellenwert von $(12/2)R$ für ein „weiches" Molekül erreicht werden würde. Ähnlich verhält es sich mit der Molwärme von CO_2, die nach der Tabelle zwischen $(5/2)R$ und $(13/2)R$ liegen sollte.

Wir kommen also zu dem überraschenden Ergebnis, daß die Moleküle bei tieferen Temperaturen keine Schwingungsenergie aufnehmen und daß die Oszillationsfreiheitsgrade erst bei zunehmender Temperatur allmählich „erwachen".

Das scheinbare „Einfrieren" der Oszillationsfreiheitsgrade mit sinkender Temperatur ist nicht aufgrund der makroskopischen Mechanik erklärbar[5]. Der Temperaturverlauf der Molwärme läßt sich aber quantitativ durch eine mathematische Formel[6] beschreiben, wenn man annimmt, daß ein Oszillationsfreiheitsgrad nicht jeden beliebig kleinen Energiebetrag aufnehmen kann, sondern nur „**Energiequanten**" von ganz bestimmter Größe (Planck 1900). Eine solche Annahme widerspricht zwar unserer makroskopischen Anschauung; aber die Tatsache, daß der auf Grund dieser Annahme berechnete Kurvenverlauf für $C_{Vm}(T)$ mit dem gemessenen Verlauf in Abb. 7.1 exakt übereinstimmt, rechtfertigt allein schon diese Annahme. (Daneben gibt es inzwischen noch viele weitere Beweise für die Quantelung molekularer Energien.)

Daß die Quantelung der Oszillationsenergie bei tiefen Temperaturen zum scheinbaren „Einfrieren" des Oszillationsfreiheitsgrades führt, beruht darauf, daß ein Oszillator bei einem Zusammenstoß mit einem anderen Gasmolekül nur dann Energie aufnehmen kann, wenn die kinetische Energie der beiden Stoßpartner relativ zum gemeinsamen Schwerpunkt größer oder gleich dem charakteristischen Energiequantum $\triangle\epsilon_{os}$ des Oszillators ist. Ist die Stoßenergie kleiner als $\triangle\epsilon_{os}$, so kann der Oszillator überhaupt keine Energie aufnehmen. Da die mittlere kinetische Energie nach Gl. (4.20) mit sinkender Temperatur immer mehr abnimmt, so werden die Zusammenstöße, deren Stoßenergie für eine Anregung des Oszillators ausreicht, immer seltener. Der Oszillator nimmt daher mit sinkender Temperatur immer

5 Das Wort „Einfrieren" ist nur eine vordergründige, makroskopische Beschreibung, die nichts über das molekulare Modell aussagt. An den mechanischen Eigenschaften (Federkonstante) eines molekularen Oszillators ändert sich nämlich beim Abkühlen nichts, allein schon deshalb nicht, weil ein *einzelner* molekularer Oszillator gar keine „Temperatur" besitzt: Der Temperaturbegriff ist nämlich nur durch den Energiemittelwert *vieler* Moleküle definiert.

6 Man findet sie unter der Bezeichnung „**Planck-Einstein-Formel**" im Anhang S. 326, Gl. (A.41) und (A.42).

weniger am Energieaustausch der Moleküle teil. Bei genügend tiefen Temperaturen liefert er daher praktisch keinen Beitrag mehr zur Molwärme[7].

Das charakteristische Energiequantum eines harmonischen Oszillators beträgt

$$\triangle\epsilon_{\text{os}} = h\nu \tag{7.10}$$

worin ν die Eigenfrequenz des Oszillators und $h = 6,626 \cdot 10^{-34}\,\text{J s}$ die Planck-Konstante ist. Das Wort „Eigenfrequenz" bringt zum Ausdruck, daß die Frequenz ($\equiv$ Zahl der Schwingungen pro Zeit) eine Eigenschaft des harmonischen Oszillators ist, die nicht davon abhängt, wie stark der Oszillator aus seiner Ruhelage ausgelenkt wird. In der Mechanik ist die Eigenfrequenz ν einer an einer Feder schwingenden Masse m durch die Formel

$$2\pi\nu = \sqrt{\frac{b}{m}} \tag{7.11}$$

gegeben, wenn b die „Federkonstante" ist, d.h. die rücktreibende Kraft pro Abstand von der Ruhelage. Diese Formel ist auch auf die Eigenfrequenz von zwei gegeneinander schwingenden Atomen anwendbar, wenn man unter m die Masse eines der beiden Atome und unter b die entsprechende Federkonstante für die Änderung des Abstandes dieses Atoms vom gemeinsamen Schwerpunkt versteht[8]. Dabei ist b um so größer, je größer die Bindungsfestigkeit und je kleiner der Abstand zwischen beiden Atomen in der Ruhelage ist.

Man kann qualitativ leicht voraussagen, daß die Federkonstante b für Stickstoff $|\text{N} \equiv \text{N}|$ größer sein muß als für Chlor $|\overline{\underline{\text{Cl}}} - \overline{\underline{\text{Cl}}}|$. Da zugleich die Masse eines N-Atoms kleiner ist als die eines Cl-Atoms, muß nach Gl. (7.11) die Eigenfrequenz ν und somit nach (7.10) auch das charakteristische Energiequantum $\triangle\epsilon_{\text{os}}$ des N_2-Oszillators wesentlich größer sein als das des Cl_2-Oszillators. Darum muß man auf viel höhere Temperaturen erwärmen, wenn die kinetische Energie der stoßenden Gasmoleküle zur Anregung des N_2-Oszillators ausreichen soll. Das erklärt den Befund aus Abb. 7.1, daß Stickstoff den Wert $C_{V\text{m}} = (7/2)R$ erst bei viel höheren Temperaturen erreicht als Chlor. Wasserstoff schließlich kommt wegen seiner kleinen Masse und entsprechend hohen Eigenfrequenz über den Wert von $(5/2)R$ im Temperaturbereich der Abb. 7.1 nur unwesentlich hinaus.

Die **Molwärme von Wasserstoff** zeigt noch eine weitere Besonderheit [Abb. 7.1]: Zu tiefen Temperaturen hin sinkt sie von $(5/2)R$ auf $(3/2)R$ ab, was der reinen Translationsenergie entspricht: Auch ein Rotator kann also nicht beliebig kleine Energiebeträge aufnehmen. Für die übrigen Moleküle, deren Trägheitsmoment wesentlich größer ist als das von H_2, würde das „Einfrieren" der Rotation allerdings erst bei *sehr* tiefen Temperaturen eintreten (unter-

7 Natürlich ist dann auch der Gleichverteilungssatz nicht mehr anwendbar: Bei mittleren Temperaturen ($T \approx h\nu/k$) erhält man aus der Plank-Einstein-Formel (A. 41) für den mittleren Energieinhalt eines harmonischen Oszillators (abzüglich der Nullpunktsenergie) noch einen wesentlich kleineren Wert als kT. Erst bei hohen Temperaturen ($T \gg h\nu/k$) nähert sich der mittlere thermische Energieinhalt pro Oszillator dem Wert kT, der nach dem Gleichverteilungssatz gültig wäre, vgl. Gl. (7.6).

8 Man kann auch b mit der Federkonstante für die gesamte Abstandsänderung der beiden Atome identifizieren; dann muß man aber für m die sogenannte *„reduzierte Masse"* $m = \frac{m_1 m_2}{m_1 + m_2}$ einsetzen.

halb des Meßbereiches von Abb. 7.1). Die Aussage, daß der Energieinhalt *„gequantelt"* ist, gilt grundsätzlich für alle *periodischen* Bewegungsformen, also auch für die Rotation.[9]

7.4 Molwärme fester Stoffe

Als einfachstes Modell eines festen Körpers wollen wir zunächst annehmen, daß die Atome unabhängig voneinander in drei Dimensionen harmonische Schwingungen um ihre Ruhelage ausführen. Dann besitzt jedes Atom drei Oszillationsfreiheitsgrade: $f_{os} = 3$, $f_{trans} = f_{rot} = 0$. Nach den Gln. (7.3), (7.6) und (7.7) sollte dann die Molwärme[10]

$$C_{Vm} = 3R \approx 25 \frac{\mathrm{J}}{\mathrm{mol\ K}} \quad \text{betragen.}$$

Diese Erwartung wird durch die **Regel von Dulong und Petit** bestätigt: *„Die Molwärme fester Elemente bei genügend hohen Temperaturen beträgt in der Regel $C_{Vm} \approx$* 26 J/mol K". (Die Differenz $C_{pm} - C_{Vm}$ liegt für feste Stoffe bei Zimmertemperatur etwa bei 1 J/mol K.) Diese Regel gilt näherungsweise auch für die (über die unterschiedlichen Atome gemittelte) Molwärme salzartiger Verbindungen (z.B. für 1/3 CaF_2).

In Abb. 7.2 sind die Molwärmen C_{pm} und C_{Vm} als Funktion der Temperatur für verschiedene feste Stoffe dargestellt. Auch hier beobachtet man, daß die Oszillationsfreiheitsgrade mit sinkender Temperatur allmählich „einfrieren", d.h., daß die Molwärme sich dem Wert null nähert.

Die Unterschiede zwischen den verschiedenen Stoffen kann man qualitativ wiederum an Hand der Gln. (7.10) und (7.11) verstehen: Kohlenstoff in Form von Diamant ist der härteste Stoff, den wir kennen; auch besitzt Diamant einen sehr hohen Schmelzpunkt. Das läßt große Bindungskräfte und einen hohen Wert für die Federkonstante b in (7.11) erwarten. Zusammen mit der relativ kleinen Atommasse m ergibt sich eine sehr hohe Eigenfrequenz ν und somit nach (7.10) eine hohe Anregungsenergie für die Oszillation, die wiederum entsprechend hohe Temperaturen erfordert. Die Molwärme von Diamant bleibt daher im Temperaturbereich des Diagramms noch weit unterhalb von dem Dulong-Petitschen Wert. Das umgekehrte Extrem bildet Blei, das sich durch besondere Weichheit, einen niedrigen Schmelzpunkt und eine große Atommasse auszeichnet. Dementsprechend erreicht die Molwärme von Blei bereits bei relativ niedrigen Temperaturen den Dulong-Petitschen Wert.

---

9 Die *Translations*bewegung eines Gasmoleküls in einem makroskopischen Behälter ist dagegen im allgemeinen *nicht* periodisch. Als Sonderfall kann man sich zwar vorstellen, daß ein Gasatom sich senkrecht zu zwei parallelen Behälterwänden immer auf der gleichen Bahn hin- und herbewegt. In diesem Fall liefert die quantenmechanische Rechnung aber so extrem kleine Abstände für die Energieniveaus, daß man praktisch *doch* mit einer kontinuierlichen, nicht gequantelten Energieskala rechnen kann. Das ist wichtig, weil sonst der Gleichverteilungssatz und damit die einfache molekulare Deutung der Temperatur hinfällig würde.

10 Die bei jeder Verwendung des Molbegriffs gesondert anzugebende Elementareinheit („Teilchen") ist in diesem Fall das Atom. Früher bezeichnete man ein Mol Atome als ein *„Grammatom"* und dessen Wärmekapazität als *„Atomwärme"*, vgl. Fußnote 3 in §3.1.

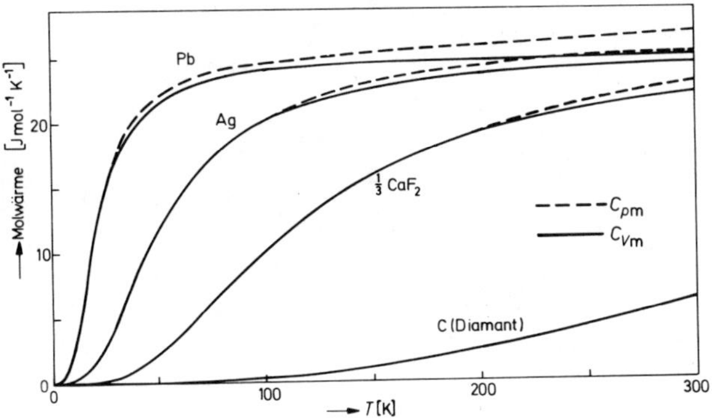

Abb. 7.2. Molwärmen einiger fester Stoffe in Abhängigkeit von der Temperatur

Für eine quantitative Beschreibung des Temperaturverlaufs der Molwärme fester Stoffe muß man berücksichtigen, daß die Atome in Wirklichkeit nicht unabhängig voneinander schwingen, sondern daß sie gekoppelte Schwingungen ausführen. Hierdurch entstehen auch langsamere Eigenfrequenzen bis hin zu $\nu = 0$. Dieses wirkt sich vor allem bei tiefen Temperaturen aus, wo die Molwärme in Übereinstimmung mit einer **Theorie von Debye** näherungsweise der dritten Potenz der Temperatur proportional ist:[11]

$$C_p = \text{const} \cdot T^3 \quad \text{für kleine } T \ \textbf{(Debyesches } \boldsymbol{T^3}\textbf{-Gesetz)} \tag{7.12}$$

Bei höheren Temperaturen macht sich eine andere Abweichung vom einfachen Modell bemerkbar, die darin besteht, daß die Atome nicht mehr harmonisch, sondern anharmonisch schwingen. Das hat bei sehr hohen Temperaturen eine Überschreitung des Dulong-Petitschen Werts von $C_{pm} \approx 26$ J mol^{-1} K^{-1} zur Folge (vgl. Fußnote 4 in §7.2.).

11 Für unabhängige Oszillatoren würde sich dagegen in der Umgebung von $T \approx 0,1\ h\nu/k$ ein sehr plötzlicher Anstieg von C_p mit T ergeben. Für $T < 0,1\ h\nu/k$ wäre nach der Planck-Einstein-Formel (A. 42) praktisch $C_{os} \approx 0$.

8 Thermochemie

8.1 Enthalpie

Wir fragen nach der Wärme, die man einem System zuführen muß, um es von einem Anfangszustand I in einen Endzustand II zu bringen. Dabei soll zunächst offenbleiben, ob es sich bei dieser Zustandsänderung um eine bloße Temperaturänderung oder um eine Phasenumwandlung (Schmelzen, Verdampfen) oder auch um eine chemische Reaktion handelt. Nach der Definition (5.25) ist die Wärme für ein geschlossenes System allgemein gegeben durch

$$Q \equiv \triangle U - W \tag{8.1}$$

Falls bei der Zustandsänderung der Druck konstant bleibt und falls außer Volumenarbeit keinerlei sonstige (z.B. elektrische) Arbeit verrichtet wird, so ist nach Gl. (5.10)

$$-W = p\triangle V_p \equiv p \cdot (V_{\mathrm{II}} - V_{\mathrm{I}}) = pV_{\mathrm{II}} - pV_{\mathrm{I}} \equiv \triangle(pV)_p.$$

Damit wird aus Gl. (8.1):

$$Q_p = \triangle U_p + \triangle(pV)_p = \triangle(U + pV)_p \tag{8.2}$$

Die hier auftretende Summe $U + pV$ ist eine Zustandsgröße, da die Größen U, p und V durch den Zustand des Systems eindeutig festgelegt sind (sobald man für die U-Skala einen Nullpunkt wählt). Zur Berechnung von Q_p ist es zweckmäßig, für diese Zustandsgröße ein neues Symbol und einen neuen Namen einzuführen:

$$U + pV \equiv H \quad \text{(Enthalpie)} \tag{8.3}$$

Der Name **Enthalpie** (von griechisch enthalpein = erwärmen) und das Symbol H (von englisch heat function = Wärmefunktion) bringen zum Ausdruck, daß die Enthalpieänderung eines isobaren Systems gleich der übertragenen Wärme ist (vorausgesetzt, daß $W = -p\triangle V$, d.h., daß außer Volumenarbeit keine sonstige Arbeit übertragen wird):

$$\triangle H_{W=-p\triangle V} = Q_p \tag{8.4}$$

Die Enthalpie ist eigens dafür eingeführt worden, damit man die bei konstantem Druck übertragene Wärmemenge als Differenz einer Zustandsgröße berechnen kann.

Die Enthalpie ist primär als eine Rechengröße zu betrachten, die keine einfache molekulare Bedeutung besitzt. Anschaulich ist sie nach (8.3) hauptsächlich durch U gegeben, d.h. durch die potentielle und kinetische Energie der Atome und Moleküle. Dazu kommt als additives Glied noch die Größe pV; dieses ist die *„Verdrängungsarbeit"*, die man leistet, wenn man das feste Volumen V in die Umgebung vom Druck p hineindrängt. (Man denke etwa an einen Korken, den man in Wasser untertaucht: Seine Enthalpie nimmt hierbei entsprechend dem hydrostatischen Druck zu.) Das Glied pV ist bei normalem Druck für feste und flüssige Stoffe wegen ihres kleinen Volumens meistens vernachlässigbar. Aber bei hohen Drucken sowie für Gase ist es wesentlich.

Falls es sich bei der Zustandsänderung um eine bloße Temperaturänderung handelt, so ist die pro Temperaturspanne $\mathrm{d}T$ zuzuführende Wärme $\delta Q_p = \mathrm{d}H_p$ analog zu Gl. (6.13) durch die Wärmekapazität C_p gegeben:

$$\left(\frac{\partial H}{\partial T}\right)_p = \left(\frac{\mathrm{d}H}{\mathrm{d}T}\right)_{\mathrm{d}W=-p\mathrm{d}V} = \left(\frac{\delta Q}{\mathrm{d}T}\right)_p \equiv C_p \tag{8.5}$$

oder integriert

$$\triangle H_p(T_\mathrm{I} \to T_\mathrm{II}) = \int_{T_\mathrm{I}}^{T_\mathrm{II}} C_p \mathrm{d}T \tag{8.6}$$

Geometrisch entspricht ein Integral der Fläche unter der betr. Kurve. Daher kann man nach (8.6) die Enthalpiedifferenz $\triangle H_p$ eines Körpers zwischen zwei Temperaturen bestimmen, indem man seine Wärmekapazität C_p als Funktion von T darstellt (z.B. wie in Abb. 7.2) und die Fläche unter dieser Kurve ermittelt.

Umgekehrt ist die Wärmekapazität C_p nach Gl. (8.5) gleich der Steigung in der Kurve für die Enthalpie als Funktion der Temperatur. In Abb. 8.1 ist schematisch die molare Enthalpiedifferenz H_i eines Stoffes i gegenüber dem Wert bei $T = 0$ als Funktion der Temperatur dargestellt. Die jeweilige Steigung dieser Kurve ist die Molwärme $C_{p\,\mathrm{i}}$.

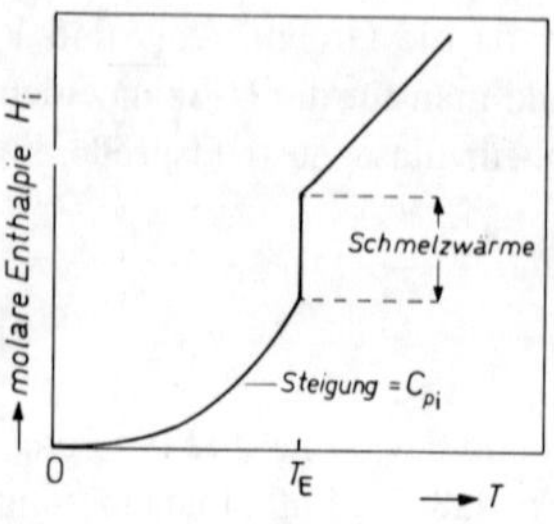

Abb. 8.1. Molare Enthalpie eines Stoffes in Abhängigkeit von der Temperatur.

Bei der Schmelztemperatur (= Erstarrungstemperatur) T_E wird die Steigung der Kurve unendlich groß. Wenn beim Erwärmen dieser Punkt erreicht wird, dann führt weitere Wärmezufuhr zunächst nicht zu weiterer Temperaturerhöhung, sondern lediglich zum Schmelzen des Stoffes. Die zugeführte *Schmelzwärme* (Schmelzenthalpie) $\triangle H_{\mathrm{i(f\to fl)}}$ hat also keine Erhöhung der mittleren kinetischen Energie der Atome zur Folge, sondern sie dient im wesentlichen dazu, Arbeit gegen die Anziehungskräfte zwischen den Molekülen zu leisten und so die Bindungen zwischen den Molekülen im Kristallgitter aufzulösen. Die zwischenmolekulare potentielle Energie wird hierbei erhöht.

Das gleiche gilt auch, wenn die Siedetemperatur T_S erreicht wird: Auch hier besitzt die Kurve $H_i(T)$ eine senkrechte Stufe von der Höhe der *Verdampfungswärme* (Verdampfungsenthalpie) $\triangle H_{i\,(fl \to g)}$. Auch diese zugeführte Wärme wird zur Erhöhung der zwischenmolekularen potentiellen Energie verwendet, zum Teil aber auch zur Verrichtung von Volumenarbeit $p\triangle V$.

Man bezeichnet eine zugeführte Wärme, die keine Temperaturerhöhung zur Folge hat, als ***latente*** (d.h. verborgene) ***Wärme***.

8.2 Reaktionswärme bei konstantem Volumen

Die bei einer isothermen chemischen Reaktion abgegebene Wärmemenge wird gemessen, indem man die Reaktion in einem geschlossenen Stahlgefäß („kalorimetrische Bombe") etwa durch elektrische Zündung auslöst und die Wärme an ein umgebendes Wasserbad abführt. Besonders geeignet für diese Art der Messung sind Verbrennungsreaktionen organischer Substanzen, weil diese Reaktionen praktisch vollständig ablaufen, d.h., ohne daß von der Ausgangssubstanz etwas übrigbleibt.

Als Beispiel betrachten wir die Verbrennung von flüssigem Benzol unter erhöhtem Sauerstoffdruck:

$$C_6H_6(fl) + \frac{15}{2}\,O_2\,(g) \rightarrow 6\,CO_2\,(g) + 3\,H_2O\,(fl) \tag{8.7}$$

Da das Volumen bei der Reaktion in der Bombe konstant bleibt, wird keinerlei Arbeit geleistet. Somit folgt aus $\triangle U = W + Q$:

$$Q_{V,T} = \triangle U_{V,T} \tag{8.8}$$

Bei der Reaktion wird die Bombe zunächst heiß, die Temperatur bleibt also *nicht* konstant. Die freigewordene Wärme wird aber fast vollständig an das umgebende Wasserbad abgeführt, so daß die Endprodukte am Schluß praktisch wieder die gleiche Temperatur haben wie vorher die Ausgangsstoffe. Da U eine Zustandsgröße ist, muß $\triangle U$ den gleichen Wert haben, wie wenn die ganze Reaktion tatsächlich isotherm abgelaufen wäre.

Wir wollen für die auf einen molaren Formelumsatz bezogene Energiedifferenz anstelle des einfachen $\triangle$-Zeichens ein unsymmetrisches $\boldsymbol{\Delta}$ verwenden[1]. Im vorliegenden Beispiel

1 Im unsymmetrischen $\boldsymbol{\Delta}$ ist die rechte Dreieckseite etwas fetter als die linke. Man beachte, daß $\triangle U$ ebenso wie U die Dimension [J] hat, $\boldsymbol{\Delta} U$ dagegen die Dimension [J/mol], da die nach der Reaktionsgleichung umgesetzte Stoffmenge nach der modernen Verallgemeinerung des Molbegriffs in der Einheit [mol] gemessen wird (vgl. §3.1 Fußnote 3). Bisher pflegte man die molaren Formelumsätze einfach abzuzählen; daher war die Verwendung von zwei verschiedenen Symbolen $\triangle$ und $\boldsymbol{\Delta}$ in den bisherigen Lehrbüchern der Physikalischen Chemie nicht üblich. Sie erscheint jetzt aber konsequent. Näheres am Schluß von §10.5.

mißt man: $\Delta U_{V,T} = -3264$ kJ/mol bei 25 °C. Die *Elementareinheit* für das mol (vgl. §3.1) ist hierbei *ein molekularer Formelumsatz nach der angegebenen Reaktionsgleichung*[2].

Die aufgenommene Wärme $Q_{V,T}$ ist negativ, d.h., es wird Wärme abgegeben. $\Delta U_{V,T}$ ist negativ, d.h., die Endprodukte sind (bei gleicher Temperatur) energieärmer als die Ausgangsstoffe. Im molekularen Bild beruht das darauf, daß die Bindungen in den Molekülen der Endprodukte (CO_2 und H_2O) stärker sind als in den Molekülen der Ausgangsstoffe (C_6H_6 und O_2). Daher besitzen die Atome im Zustand der Ausgangsstoffe eine höhere potentielle Energie.

Wenn die Inneren Energien der Ausgangsstoffe und der Endprodukte (U_A bzw. U_E) bekannt sind, kann man ΔU als Differenz berechnen:

$$\begin{aligned} \Delta U_{V,T} &= U_E - U_A \\ &= 6\ U_{CO_2} + 3\ U_{H_2O} - U_{C_6H_6} - \frac{15}{2} U_{O_2} \equiv \sum \nu_i U_i \end{aligned} \tag{8.9}$$

Man bezeichnet die abgekürzte Schreibweise $\sum \nu_i U_i$ als ***„stöchiometrische Summe"*** der molaren[3] Energien U_i der Reaktionsteilnehmer i. Die stöchiometrische Summe bezieht sich jeweils auf eine bestimmte Reaktionsgleichung und ist so definiert, daß die stöchiometrischen Faktoren ν_i der Endprodukte mit positivem und die der Ausgangsstoffe mit negativem Vorzeichen zur Summation beitragen. So ist z.B. [vgl. (8.7)]

$$\nu_{CO_2} = +6, \quad \nu_{H_2O} = +3, \quad \nu_{C_6H_6} = -1 \quad \text{und} \quad \nu_{O_2} = -\frac{15}{2}.$$

8.3 Reaktionswärme bei konstantem Druck

Chemische Synthesen werden in der Industrie im allgemeinen nicht bei konstantem Volumen, sondern in kontinuierlichem Durchflußverfahren bei konstantem Druck durchgeführt. Wir betrachten als Beispiel die katalytische Ammoniakverbrennung:

$$4\ NH_3 + 5\ O_2 \xrightarrow[600\,°C]{\text{Pt-Katalysator}} 4\ NO + 6\ H_2O(g) \tag{8.10}$$

Diese Reaktion ist von großer technischer Bedeutung für die Darstellung von Salpetersäure, HNO_3 (*Ostwald-Verfahren*). Der Ausgangsstoff NH_3 ist nämlich durch Synthese nach der Gleichung $3\ H_2 + N_2 \rightarrow 2\ NH_3$ (*Haber-Bosch-Verfahren*) relativ billig verfügbar. Das nach (8.10) entstandene Stickoxid setzt sich bei tieferer Temperatur mit überschüssigem

2 Man könnte die Reaktionsgleichung auch mit der doppelten Molekülzahl formulieren, um das Auftreten von halben O_2-Molekülen in der Gleichung zu vermeiden: Dann würde auch $\Delta U_{V,T}$ doppelt so groß. Derartige Zahlenangaben haben also grundsätzlich nur im Zusammenhang mit der zugehörigen Reaktionsgleichung einen definierten Sinn.

3 Die mit einem Stoffindex i bezeichneten Größen wie U_i und C_{pi} sollen immer *molare* Größen sein, so daß wir den bisher verwendeten Index m dabei weglassen können.

Sauerstoff zu Stickstoffdioxid um: $NO + 1/2\ O_2 \rightarrow NO_2$.
Dieses wird in Rieseltürmen durch Zufuhr von Luft und Wasser in Salpetersäure überführt: $2\ NO_2 + H_2O + 1/2\ O_2 \rightarrow 2\ HNO_3$.

Für den Ablauf der Reaktion (8.10) ist es wichtig, daß das NH_3/O_2-Gemisch nur sehr kurze Zeit ($\sim 10^{-3}$ s) mit dem Platinkatalysator in Berührung ist. Man läßt daher das Gemisch schnell durch ein dünnes Platinnetz strömen. Bei längerer Berührung mit dem Katalysator würde nämlich die unerwünschte Folgereaktion $2\ NO \rightarrow N_2 + O_2$ immer stärker ins Gewicht fallen[4]. Bei Einstellung des thermodynamischen Gleichgewichts wäre neben N_2 und O_2 bei 600 °C praktisch kein NO mehr vorhanden. NO ist also bei dieser Temperatur thermodynamisch nicht *stabil*, aber – bei Abwesenheit eines Katalysators – auch nicht *instabil*, sondern *metastabil*. Wir haben hier ein interessantes Beispiel dafür, wie man durch Wahl der Reaktionszeit die Zusammensetzung des Endgemisches beeinflussen kann (*kinetische Steuerung*).

Zur Messung der Reaktionswärme von Gasreaktionen bei konstantem Druck werden die Endprodukte in einem Durchflußkalorimeter (Abb. 8.2) auf die Temperatur der Ausgangsstoffe abgekühlt. Die so gemessene Reaktionswärme ist nach (8.4) durch die Enthalpiedifferenz gegeben:

$$Q_{p,T} = \Delta H_{p,T} \tag{8.11}$$

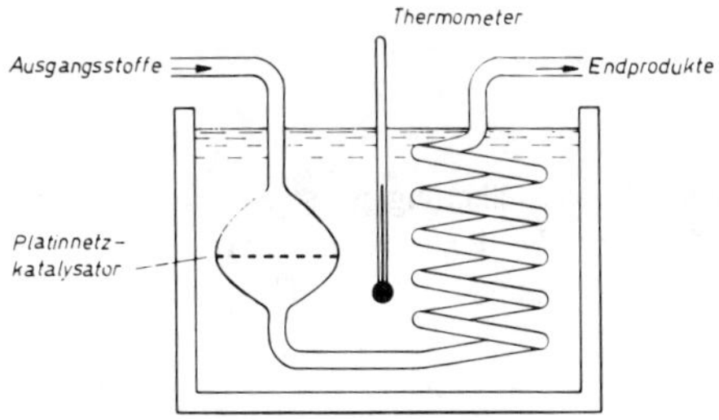

Abb. 8.2. Durchflußkalorimeter

Für die Ammoniakverbrennung (8.10) ergibt sich bei 600 °C ein Wert von $\Delta H_{p,T} = -895$ kJ/mol. Auch bei dieser Reaktion wird also Wärme abgegeben. Die Endprodukte sind bei gleicher Temperatur enthalpieärmer als die Ausgangsstoffe.

Um zu erreichen, daß auf der rechten wie auf der linken Seite der chemischen Gleichung nicht nur die gleiche Zahl von Atomen, sondern auch der gleiche Enthalpieinhalt steht, ist es vielfach üblich, die bei einem molaren Formelumsatz abgegebene Wärmemenge auf der rechten Seite zu addieren[5]:

$$4\ NH_3 + 5\ O_2 \xrightarrow[600\,^\circ C]{Pt} 4\ NO + 6\ H_2O\ (g) + 895\ kJ$$

4 Schon aus diesem Grunde wäre es im vorliegenden Beispiel prinzipiell nicht möglich, die Reaktionswärme der Reaktion (8.10) etwa in einer kalorimetrischen Bombe zu messen.

5 Keinesfalls sollte man diese Wärmemenge auf der rechten Seite der Gleichung subtrahieren, wie das oft geschieht. Da das Einbeziehen der Reaktionswärme in die chemische Gleichung leicht zu Mißverständnissen führt, ist die gesonderte Angabe von ΔH grundsätzlich vorzuziehen.

Die abgegebene Wärme kann bei dieser Schreibweise als ein Reaktionsprodukt betrachtet werden, das zusammen mit den Produkten NO und H_2O den Reaktionsraum nach rechts verläßt. Der Pfeil in der Gleichung entspricht dem Reaktionsraum in Abb. 8.2 mit dem Katalysator. Von links werden die Ausgangsstoffe zugeführt. Falls eine Reaktion unter Wärme*aufnahme* verläuft ($\Delta H_{p,T} > 0$), so ist die Wärme sozusagen einer der „Ausgangsstoffe" und erscheint daher auf der linken Seite der Gleichung, z.B. bei der Wassergasbildung [Gl. (13.41), §13.3.3]:

$$131\ \text{kJ} + H_2O\ (\text{g}) + C\ (\text{f}) \xrightarrow[1000\,^\circ\text{C}]{} H_2 + CO$$

Diese *„Wassergasreaktion"* dient in der Industrie zur Erzeugung von Wasserstoff (aus Wasserdampf und heißem Koks) für die NH_3-Produktion im Haber-Bosch-Verfahren (Näheres §13.4.1).

Man bezeichnet eine Reaktion, die unter Wärmeaufnahme verläuft ($\Delta H_{p,T} > 0$), als ***„endotherm"*** und eine Reaktion, die unter Wärmeabgabe verläuft ($\Delta H_{p,T} < 0$), als ***„exotherm"***.

Je nach der betrachteten Reaktion kann entweder $\Delta H_{p,T}$ oder $\Delta U_{V,T}$ leichter als Wärmemenge meßbar sein. Die andere Größe läßt sich dann jeweils daraus berechnen. Wie ist der Zusammenhang zwischen beiden Größen?

Aus der Definition $H \equiv U + pV$ folgt für eine Änderung bei konstantem p und T ganz formal:

$$\Delta H_{p,T} = \Delta U_{p,T} + p\Delta V_{p,T} \tag{8.12}$$

Meistens kann man die gasförmigen Reaktionsteilnehmer näherungsweise als ideal betrachten. Dann folgt aus dem 2. Gay-Lussacschen Gesetz $(\partial U/\partial V)_T = 0$, daß ΔU nicht davon abhängt, ob bei der isothermen Reaktion V oder p konstantgehalten wird[6]:

$$\Delta U_{p,T} = \Delta U_{V,T} \tag{8.13}$$

Weiter folgt aus dem idealen Gasgesetz $pV = nRT$ unmittelbar

$$p\Delta V_{p,T} = \Delta n_g RT\ , \tag{8.14}$$

wenn Δn_g die Änderung der Stoffmenge aller gasförmigen Reaktionsteilnehmer pro Formelumsatz ist. Kondensierte ($\equiv$ flüssige oder feste) Reaktionsteilnehmer brauchen in (8.14) nicht berücksichtigt zu werden, da ihr Beitrag zu $\Delta V_{p,T}$ im Vergleich zum Beitrag der Gase vernachlässigbar ist. Somit ergibt sich aus (8.12) für die gegenseitige Umrechnung der beiden Reaktionswärmen:

$$\Delta H_{p,T} = \Delta U_{V,T} + \Delta n_g RT \tag{8.15}$$

6 Die Beziehung (8.13) bleibt auch dann praktisch gültig, wenn neben den idealen Gasen kondensierte Stoffe an der Reaktion teilnehmen. Sie gilt allerdings nicht mehr, wenn **ausschließlich** kondensierte Stoffe beteiligt sind, da dann die exakte Konstanthaltung des Volumens oft extrem große Druckänderungen erfordern würde. Die Größe $\Delta U_{V,T}$ besitzt dann aber keine praktische Bedeutung, da fast immer bei konstantem p gearbeitet wird.

Als Beispiel wollen wir die Größe $\Delta H_{p,T}$ für die im vorigen Abschnitt behandelte Verbrennung von Benzol nach (8.7) berechnen. Da C_6H_6 und H_2O nicht gasförmig vorliegen, ist $\Delta n_g = 6 - (15/2) = -(3/2)$. (Die Dimension kürzt sich in Δn_g heraus.) Die Temperatur ist $T = (273 + 25)$ K $= 298$ K. Somit ist

$$\Delta H_{p,T} = -3264 \text{ kJ/mol} - \frac{3}{2} \cdot 8,314 \frac{\text{J}}{\text{mol K}} \cdot 298 \text{ K} = -3267,7 \text{ kJ/mol}.$$

Wie man sieht, ist der Unterschied zwischen $\Delta H_{p,T}$ und $\Delta U_{V,T}$ nur geringfügig. Er kann für qualitative Diskussionen meistens vernachlässigt werden.

Da die Enthalpie eine Zustandsgröße ist, kann die Reaktionsenthalpie $\Delta H_{p,T}$ analog zu (8.9) als Differenz der Enthalpien von Ausgangszustand und Endzustand, d.h. als stöchiometrische Summe der molaren Enthalpien H_i der Reaktionspartner i berechnet werden:

$$\Delta H_{p,T} = H_E - H_A \equiv \sum \nu_i H_i \tag{8.16}$$

Zur Übung formuliere der Leser nach dem Vorbild von Gl. (8.9) die stöchiometrische Summe $\sum \nu_i H_i$ für das Beispiel der Reaktion (8.10)!

8.4 Bildungsenthalpie

Um eine Reaktionswärme nach (8.9) oder (8.16) wirklich ausrechnen zu können, müßten die Absolutwerte für die molaren Energien U_i bzw. Enthalpien H_i bekannt sein. Solche Absolutwerte sind aber erst dann überhaupt definiert, wenn für die Energieskala und damit für die Enthalpieskala ein Nullpunkt festgelegt worden ist. Eine solche Festlegung kann völlig willkürlich erfolgen: Was man praktisch in Form von Arbeit oder Wärme messen kann, sind nämlich immer nur Energie- oder Enthalpie*differenzen*. Solche Differenzen sind aber von der Lage des Nullpunkts unabhängig. Man veranschaulicht sich das am besten anhand der potentiellen Energie eines Körpers im Gravitationsfeld der Erde: Diese potentielle Energie ist der Höhe h des Körpers proportional. Wenn wir nun eine Höhendifferenz $\Delta h = h_E - h_A$ ausrechnen wollen, ist es natürlich ganz gleichgültig, ob die Absolutwerte h_E und h_A von der Tischplatte oder vom Fußboden oder vom Meeresspiegel aus gemessen worden sind. Man wird den Nullpunkt von Fall zu Fall so festlegen, wie es für das betreffende Problem am zweckmäßigsten ist.

In der Quantenmechanik ist es zweckmäßig und üblich, einzelnen, isolierten Teilchen im Ruhezustand die Energie null zuzuschreiben. In der Thermodynamik würde eine solche Festlegung aber zu unnötig komplizierten Rechnungen führen. Außerdem ist ein solcher Zustand für makroskopische Stoffmengen experimentell nicht realisierbar. Darum ist es zweckmäßiger, den Nullpunkt der Enthalpieskala auf diejenige Temperatur festzulegen, bei der man am bequemsten experimentieren kann, nämlich 25 °C, entsprechend 298,15 K (***Normaltemperatur***). Daher schreibt man der Materie im Zustand der reinen, stabilen *Elemente* bei Standarddruck (siehe unten) und Normaltemperatur die Enthalpie null zu. (Bei tieferen Temperaturen ergeben sich daraus negative Enthalpiewerte.) Unter ***Normalbedingungen*** (d.h. im Zustand des reinen Stoffes bei Normaltemperatur und Standarddruck) ist dann die molare Enthalpie einer *Verbindung* gleich der *Reaktionsenthalpie* $\Delta H_{p,T}$, die bei *der Bildungsreaktion von* 1 mol *der Verbindung aus den stabilen Elementen unter Normalbedingungen* als aufgenommene Wärme gemessen werden könnte. Man bezeichnet diese Enthalpie als ***Bildungsenthalpie***[7] H_i^B des betreffenden Stoffes i. So ist z.B. die Bildungsenthalpie von Ammoniak definiert als

$$H_{\mathrm{NH_3}}^\mathrm{B} \equiv \Delta H_{T=298\,\mathrm{K}}^\circ\,(\frac{3}{2}\ \mathrm{H_2} + \frac{1}{2}\ \mathrm{N_2} \rightarrow \mathrm{NH_3}).$$

Als ***„Standarddruck"*** p° bezeichnet man den Druck von 1 atm $\equiv$ 101 325 Pa $\equiv$ 1,01325 bar. Die Druckeinheit atm (Atmosphäre) ist seit 1978 gesetzlich abgeschafft. Trotzdem sind die Tabellenwerte von thermodynamischen Zustandsgrößen auch weiterhin auf den Standarddruck von 101 325 Pa bezogen.

Die Bezeichnung ***„Standardzustand"*** setzt i.a. einen reinen Stoff unter Standarddruck und (im Falle eines Gases) ideales Verhalten voraus. Man kennzeichnet die Zustandsgrößen in diesem Zustand durch einen kleinen Kreis als oberen Index, z.B. $H_{\mathrm{i\ (rein),\ p\ =\ 1\ atm}} \equiv H_\mathrm{i}^\circ$ (gelesen: $H_\mathrm{i}^\mathrm{Standard}$). Über die Temperatur ist hierdurch noch nichts ausgesagt. Die Bezeichnung „Normalzustand" und der Index $^\mathrm{B}$ sollen dagegen zusätzlich eine Temperatur von 25 °C bedeuten.

Der Bezug auf den Standarddruck ist vor allem im Zusammenhang mit den später zu besprechenden Zustandsgrößen „Gibbs-Energie" und „Entropie" von entscheidender Bedeutung. Die Enthalpie hängt dagegen nur wenig vom Druck ab (im Falle idealer Gase überhaupt nicht). Man begeht daher i.a. kaum einen Fehler, wenn man eine beliebige Reaktionsenthalpie ΔH mit ΔH° gleichsetzt.

Unter Normalbedingungen kann man also die molaren Enthalpien H_i der Stoffe mit ihren Bildungsenthalpien H_i^B identifizieren. So erhält man aus Gl. (8.16) für eine Reaktionsenthalpie bei 25 °C:

$$\Delta H_{298\,\mathrm{K}}^\circ = \sum \nu_\mathrm{i} H_\mathrm{i}^\mathrm{B} \tag{8.17}$$

Die Bildungsenthalpien der meisten Stoffe sind in Tabellen aufgezeichnet. Mit den Werten der Tabelle auf Seite 335 erhält man aus Gl. (8.17) z.B. für die Reaktionsenthalpie der Reaktion (8.10) bei Normaltemperatur:

$$\begin{aligned} \Delta H_{298}^\circ(4\,\mathrm{NH_3} + 5\,\mathrm{O_2} \rightarrow 4\,\mathrm{NO} + 6\,\mathrm{H_2O}) &= \sum \nu_\mathrm{i} H_\mathrm{i}^\mathrm{B} \\ &\equiv [-4 \cdot (-46,19) - 5 \cdot 0 + 4 \cdot 90,37 + 6 \cdot (-241,8)]\,\mathrm{kJ/mol} \qquad (8.18) \\ &= -904,6\,\mathrm{kJ/mol} \end{aligned}$$

7 Meistens wird die Bildungsenthalpie (auch: „Normal-Bildungsenthalpie") mit dem Symbol $\triangle H_\mathrm{i}^\mathrm{B}$ bezeichnet, um daran zu erinneren, daß es sich um eine Enthalpie*differenz* gegenüber den Elementen bei 25 °C handelt. Wir wollen das Zeichen $\triangle$ aber weglassen, weil es sich ohnehin bei *jeder* Enthalpie um eine *Differenz* gegenüber einem willkürlich gewählten Nullpunkt handelt. Durch den Index $^\mathrm{B}$ (Bildung aus den Elementen) ist genügend zum Ausdruck gebracht, daß wir uns in diesem Fall auf die Elemente als Nullpunkt beziehen: Wenn i ein Element im stabilen Aggregatzustand ist, ist $H_\mathrm{i}^\mathrm{B} \equiv 0$. Im Englischen steht anstelle von $^\mathrm{B}$ ein $^\mathrm{f}$ (formation).

Wenn der Stoff i durch eine komplizierte chemische Formel wiederzugeben ist, dann kann es technisch schwierig sein, diese in kleinerer Schrift in den Index zu setzen. Als alternative Schreibweise ist es daher auch erlaubt, die Formel für den Stoff i in Klammern in gleicher Höhe hinter das Symbol für die betreffende physikalische Größe zu setzen. Zum Beispiel kann man für die Bildungsenthalpie von Ammoniak anstelle von

$H^{\mathrm{B}}_{\mathrm{NH_3}}$ auch schreiben: $H^{\mathrm{B}}(\mathrm{NH_3})$.

Zur Übung berechne man die Reaktionsenthalpie für die Reaktion (8.7) unter Normalbedingungen aus den Bildungsenthalpien der Tabelle S. 334 und vergleiche mit dem im vorigen Abschnitt erhaltenen Wert!

8.5 Der Heßsche Satz

Bei der Aufstellung der Gleichungen (8.16) bis (8.18) sind wir davon ausgegangen, daß die Reaktionswärme $Q_{p,T} = \triangle H_{p,T}$ sich eindeutig als Differenz der Enthalpien von Ausgangszustand und Endzustand berechnen läßt, d.h., daß die Enthalpie eine Zustandsgröße ist. Dieses ist eine spezielle Formulierung des ersten Hauptsatzes.

Wir können auch von einer anderen Formulierung des ersten Hauptsatzes ausgehen, um zu der Gl. (8.18) zu gelangen: „Die Änderung der Enthalpie ist unabhängig vom Wege einer Zustandsänderung". Speziell für isotherme, isobare chemische Reaktionen, die entweder direkt oder über chemische Zwischenprodukte zum gleichen Endprodukt führen, kann man das auch so formulieren: *„Die Summe der Reaktionswärmen ist vom Reaktionsweg unabhängig"*. Dieser Satz wurde von **Heß** schon vor der Formulierung des ersten Hauptsatzes aufgestellt.

Die Gl. (8.18) ist ein schönes Beispiel für eine Anwendung des Heßschen Satzes, d.h. für die Führung einer Zustandsänderung über zwei verschiedene *Wege:* Diese beiden Wege werden besonders anschaulich, wenn man den jeweiligen Zustand des Systems durch seine Höhe im Enthalpiediagramm darstellt (Abb. 8.3). Die Höhendifferenz von den Ausgangsstoffen zu den Endprodukten ist die Reaktionsenthalpie $\Delta H^{\mathrm{o}}_{298}$. Man kann diese nach Gl. (8.18) berechnen, indem man die stöchiometrische Summe der Bildungsenthalpien bildet, d.h., indem man die Bildungsenthalpien der Endprodukte $H^{\mathrm{B}}_{\mathrm{E}}$ addiert und hiervon die Bildungsenthalpien der Ausgangsstoffe $H^{\mathrm{B}}_{\mathrm{A}}$ subtrahiert:

$$\Delta H^{\mathrm{o}}_{298} = \sum \nu_{\mathrm{i}} H^{\mathrm{B}}_{\mathrm{i}} \equiv \sum H^{\mathrm{B}}_{\mathrm{E}} - \sum H^{\mathrm{B}}_{\mathrm{A}} \tag{8.19}$$

Die Größe $-\sum H^{\mathrm{B}}_{\mathrm{A}}$ entspricht aber der Reaktionsenthalpie für die Überführung der Ausgangsstoffe in die Elemente (vgl. Abb. 8.3). Man kann die angegebene Rechnung also im Sinne der Heßschen Satzes auch so interpretieren, daß man anstelle der direkten Reaktion die Ausgangsstoffe zunächst in die Elemente überführt und anschließend aus den Elementen die Endprodukte bildet. Ein solcher „Reaktionsweg" hat für theoretische Berechnungen auch dann Bedeutung, wenn er in Wirklichkeit nicht realisiert werden kann.

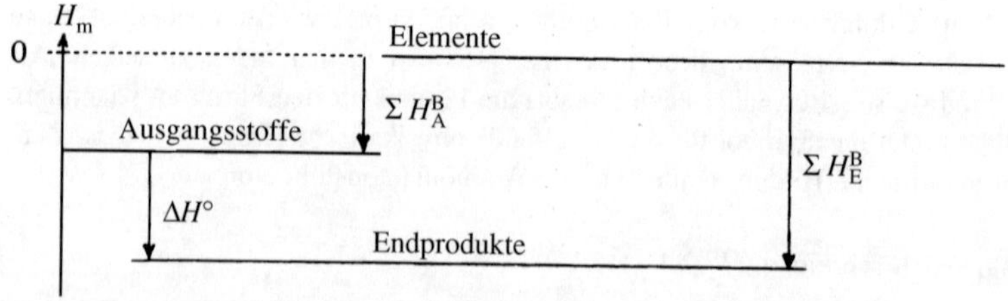

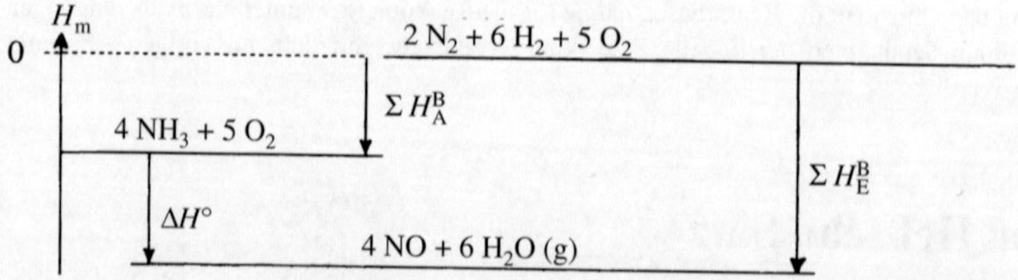

Abb. 8.3. Schema zur Berechnung einer Reaktionsenthalpie durch Führung der Reaktion auf dem Umweg über die Elemente, entsprechend dem Heßschen Satz. Oben: Allgemeine Formulierung. Unten: Beispiel der Ammoniakverbrennung.

Der Heßsche Satz ist die wichtigste Grundlage für die *Berechnung der tabellierten Bildungsenthalpien*. Die Reaktion der Bildung eines Stoffes i aus den Elementen ist nämlich meistens nicht direkt durchführbar; daher muß H_i^B über einen indirekten Weg berechnet werden, zum Beispiel aus der *Verbrennungsenthalpie* (ΔH_i^{Verbr}) des Stoffes i.

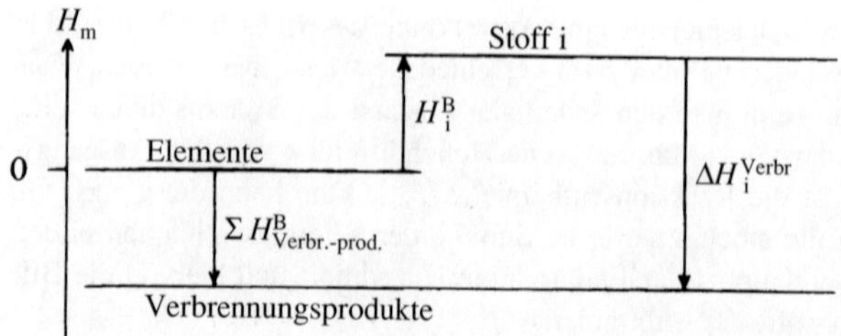

Abb. 8.4. Schema zur Berechnung der Bildungsenthalpie eines Stoffes aus seiner Verbrennungsenthalpie und den Bildungsenthalpien der Verbrennungsprodukte.

Aus dem Schema der Abb. 8.4 ergibt sich für die Bildung des Stoffes i aus den Elementen auf dem *Umweg über die Verbrennungsprodukte:*

$$H_i^B = \sum H_{Verbr.-prod.}^B - \Delta H_i^{Verbr} \tag{8.20}$$

Die Größe ΔH_i^{Verbr} geht in diese Gleichung mit negativem Vorzeichen ein, weil der zugehörige Pfeil in Abb. 8.4 in die falsche Richtung zeigt. Man kann Gl. (8.20) auch formal ableiten, indem man ΔH^o für die Verbrennungsreaktion des Stoffes i nach (8.19) formuliert und diese Gleichung nach H_i^B auflöst.

Als Anwendung von (8.20) soll die Bildungsenthalpie von flüssigem Benzol aus der Verbrennungsenthalpie berechnet werden. Die Verbrennungsreaktion (8.7) lautet:

$$C_6H_6\,(fl) + \frac{15}{2}\,O_2 \rightarrow 6\,CO_2 + 3\,H_2O\,(fl)$$

Damit wird aus (8.20):

$$H^B_{C_6H_6(fl)} = 6\,H^B_{CO_2} + 3\,H^B_{H_2O(fl)} - \Delta H^{Verbr}_{C_6H_6(fl)} \tag{8.21}$$

Für die Verbrennungsenthalpie hatten wir im Anschluß an Gl. (8.15) den Wert $\Delta H^{Verbr}\,[C_6H_6\ (fl)] = -3267{,}7$ kJ/mol gefunden. Die Bildungsenthalpien von CO_2 und H_2O entnehmen wir der Tabelle Seite 334. Damit wird

$$\begin{aligned} H^B[C_6H_6\,(fl)] &= [6 \cdot (-393,51) + 3 \cdot (-285,9) - (-3267,7)]\ \text{kJ/mol} \\ &= 48,9\ \text{kJ/mol} \end{aligned}$$

Dieser Wert stimmt mit dem in der Tabelle angegebenen innerhalb der Fehlerbreite überein.

Ein besonders einfaches Beispiel für zwei verschiedene „Wege" einer Zustandsänderung besteht in der Überführung eines reinen Stoffes aus dem festen in den gasförmigen Zustand: Diese Phasenumwandlung kann entweder direkt erfolgen (*Sublimation*) oder auf dem Umweg über den flüssigen Zustand (*Schmelzen* und *Verdampfen*). Nach dem Heßschen Satz ist die Sublimationsenthalpie gleich der Summe aus Schmelzenthalpie und Verdampfungsenthalpie:

$$\Delta H_{f \rightarrow g} = \Delta H_{f \rightarrow fl} + \Delta H_{fl \rightarrow g} \tag{8.22}$$

8.6 Temperaturabhängigkeit der Reaktionsenthalpie

In Abschnitt 8.4 hatten wir die Reaktionsenthalpie der Ammoniakverbrennung aus den Bildungsenthalpien der Reaktionsteilnehmer berechnet. Die dort berechnete Reaktionsenthalpie bezog sich auf die Normaltemperatur von 25 °C. In Wirklichkeit wird diese Reaktion im Ostwald-Verfahren aber bei 600 °C durchgeführt, und es ist technisch wichtig, auch die bei *dieser* Temperatur freiwerdende Wärmemenge genau zu kennen. Daher stehen wir vor der Frage, wie man eine Reaktionsenthalpie von einer Temperatur auf eine andere Temperatur umrechnen kann. Wie ändert sich die Größe $\Delta H_{p,T}$ mit der Temperatur?

Um die Größe $\partial \Delta H_{p,T}/\partial T$ auszurechnen[8], brauchen wir nur ΔH nach Gl. (8.16) als molare Enthalpiedifferenz von Ausgangsstoffen und Endstoffen auszudrücken und nach (8.5) die Wärmekapazitäten einzuführen:

$$\frac{\partial \Delta H}{\partial T} = \frac{\partial (H_{\mathrm{E}} - H_{\mathrm{A}})}{\partial T} = \frac{\partial H_{\mathrm{E}}}{\partial T} - \frac{\partial H_{\mathrm{A}}}{\partial T} = C_{\mathrm{E}} - C_{\mathrm{A}} \equiv \Delta C_p \tag{8.23}$$

Die molaren Wärmekapazitäten C_{A} und C_{E} setzen sich aber [analog zu (8.16)] aus den Molwärmen $C_{p\mathrm{i}}$ der beteiligten Stoffe zusammen:

$$\Delta C_p = \sum \nu_{\mathrm{i}} C_{p\mathrm{i}} \tag{8.24}$$

Somit ist

$$\boxed{\left(\frac{\partial \Delta H}{\partial T}\right)_p = \sum \nu_{\mathrm{i}} C_{p\mathrm{i}}} \quad \textbf{\textit{(Kirchhoffsches Gesetz)}} \tag{8.25}$$

Um ΔH von einer Temperatur T_1 auf eine andere Temperatur T_2 umzurechnen, brauchen wir (8.25) nur zu integrieren:

$$\Delta H(T_2) = \Delta H(T_1) + \int_{T_1}^{T_2} \frac{\partial \Delta H}{\partial T}\,\mathrm{d}T = \Delta H(T_1) + \int_{T_1}^{T_2} \sum \nu_{\mathrm{i}} C_{p\mathrm{i}}\,\mathrm{d}T \tag{8.26}$$

Falls man $\sum \nu_{\mathrm{i}} C_{p\mathrm{i}}$ in dem betr. Temperaturbereich als praktisch konstant betrachten kann, wird aus (8.26):

$$\Delta H(T_2) = \Delta H(T_1) + \sum \nu_{\mathrm{i}} C_{p\mathrm{i}} \cdot (T_2 - T_1) \tag{8.27}$$

Wenn $\sum \nu_{\mathrm{i}} C_{p\mathrm{i}}$ *nicht* konstant ist, dann kann man (8.27) formal trotzdem aufrecherhalten, indem man für die $C_{p\mathrm{i}}$ die Mittelwerte $\overline{C}_{p\mathrm{i}}$ in dem betr. Temperaturbereich einführt.

Auch der Kirchhoffsche Satz folgt unmittelbar aus der Formulierung des ersten Hauptsatzes, daß die Änderung der Enthalpie unabhängig vom Wege einer Zustandsänderung sein

8 Der Anfänger denkt manchmal, diese Schreibweise sei ein Widerspruch, denn der Index T bedeutet, daß man die Temperatur konstant hält, während man beim Differenzieren nach T die Temperatur variiert. Es kommt aber hier darauf an, daß die verschiedenen Veränderungen *getrennt* ausgeführt werden: Einerseits wird bei konstanter Temperatur eine chemische Reaktion durchgeführt und ΔH bestimmt. Andererseits wird bei konstanter chemischer Zusammensetzung die Temperatur um $\mathrm{d}T$ erhöht. (Wir denken uns $\mathrm{d}T$ zunächst als endliche Temperaturspanne, die wir erst bei der Bildung des Differentialquotienten unendlich klein werden lassen.) Dann wird – bei der wiederum konstanten Temperatur $T + \mathrm{d}T$– die chemische Reaktion nochmals durchgeführt, die Differenz $\mathrm{d}\Delta H$ der beiden ΔH-Werte gebildet und diese durch $\mathrm{d}T$ dividiert. In abstrakter mathematischer Formulierung heißt das: „Die Zustandsgröße H wird partiell zuerst nach ξ und dann nach T differenziert“, vgl. Gl. (5.24) und Gl. (10.28). – Wenn wir in Zukunft die Indizes weglassen, ist mit ΔH immer $\Delta H_{p,T}$ gemeint.

muß. Die zwei verschiedenen Wege, die beide von der molaren Enthalpie der Ausgangsstoffe $H_A(T_2)$ zu der der Endprodukte $H_E(T_2)$ führen, werden in Abb. 8.5 sichtbar. Darin entsprechen die Steigungen $\partial H_m/\partial T$ der beiden schrägen Linien den Wärmekapazitäten C_A bzw. C_E. Die Enthalpiedifferenz von $H_A(T_2)$ nach $H_A(T_1)$ ist also $C_A \cdot (T_1 - T_2)$. Indem man die Enthalpieänderungen der beiden in Abb. 8.5 durch die Pfeile angegebenen Wege einander gleichsetzt, ergibt sich

$$\begin{aligned}\Delta H(T_2) &= C_A \cdot (T_1 - T_2) + \Delta H(T_1) + C_E \cdot (T_2 - T_1)\\ &= \Delta H(T_1) + \Delta C_p \cdot (T_2 - T_1)\end{aligned}$$

in Übereinstimmung mit Gl. (8.27). Durch Übergang zu differentiell kleinen Temperaturdifferenzen kann man daraus auch wieder das Kirchhoffsche Gesetz (8.25) erhalten.

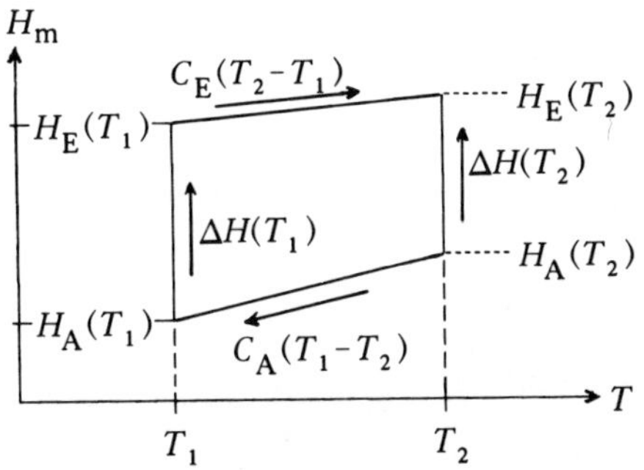

Abb. 8.5. Schema zur Berechnung einer Reaktionsenthalpie bei der Temperatur T_2 durch Führung der Zustandsänderung auf dem Umweg über die Temperatur T_1 (Ableitung des Kirchhoffschen Gesetzes).

Damit können wir die Reaktionsenthalpie der Reaktion (8.10)

$$4\,NH_3 + 5\,O_2 \rightarrow 4\,NO + 6\,H_2O\ (g)$$

von 25 °C auf 600 °C umrechnen. Die mittleren Molwärmen in diesem Temperaturbereich betragen ungefähr

$$\overline{C}_{pNH_3} \approx 42\,\text{J/(mol K)}, \quad \overline{C}_{pO_2} \approx 29\,\text{J/(mol K)},$$

$$\overline{C}_{pNO} \approx 29\,\text{J/(mol K)}, \quad \overline{C}_{pH_2O} \approx 36\,\text{J/(mol K)}.$$

Somit ist

$$\sum \nu_i \overline{C}_{pi} = 4\overline{C}_{pNO} + 6\overline{C}_{pH_2O} - 4\overline{C}_{pNH_3} - 5\overline{C}_{pO_2} = 19\,\text{J/(mol K)}.$$

Zusammen mit

$$\Delta H(T_1) = \Delta H^\circ_{298} = -904{,}6\ \text{kJ/mol aus Gl. (8.18) und}$$

$$T_2 - T_1 = \vartheta_2 - \vartheta_1 = 600\,°\text{C} - 25\,°\text{C} = 575\,\text{K}$$

erhält man aus (8.27):

$$\Delta H(600\,°\text{C}) = -904{,}6\,\text{kJ/mol} + 19 \cdot 575\,\text{J/mol} = -894\,\text{kJ/mol}.$$

9 Bindungsstärke

9.1 Atomare Bindungsenthalpie

Daß ein Molekül stabil ist, setzt voraus, daß Anziehungskräfte („Bindungskräfte") zwischen den Atomen wirksam sind. Ohne solche Anziehungskräfte würden die Atome des Moleküls aufgrund der Wärmebewegung auseinanderfliegen.

Wenn im Gedankenexperiment die einzelnen Atome – ihren gegenseitigen Anziehungskräften folgend – zu einem Molekül zusammentreten, dann muß die potentielle Energie des Systems hierbei abnehmen. Die Energiedifferenz zwischen dem Zustand der einzelnen Atome und dem Zustand der Verbindung ist daher (bei konstanter Temperatur) stets *negativ*. Die Größe dieser Energiedifferenz ist ein Maß für die Stabilität des Moleküls, d.h. für die Stärke der Bindungen zwischen den Atomen. Die entsprechende *Enthalpie*differenz ist von der Energiedifferenz nur wenig verschieden und daher ebenfalls als Maß für die Bindungsstärke geeignet.

Die Reaktionsenthalpie für die Bildung eines gasförmigen Stoffes i aus den einzelnen gasförmigen Atomen bei 25 °C heißt ***atomare Bildungsenthalpie*** $H_i^{B\,at}$.

Die atomare Bildungsenthalpie wird in der Literatur meist mit $\triangle H^{B\,at}$ bezeichnet. Man kann das $\triangle$-Zeichen aber auch weglassen, indem man die atomare Bildungsenthalpie als eine Enthalpie auffaßt, deren Nullpunkt auf den Zustand der gasförmigen Atome bei 25 °C festgelegt ist. Bei einer theoretischen Berechnung muß beachtet werden, daß in $H^{B\,at}$ neben der atomaren Bildungsenthalpie bei $T = 0$ (die sich aus der negativen Arbeit der atomaren Wechselwirkungskräfte und der positiven Nullpunktschwingungsenergie zusammensetzt) auch die Differenz der Enthalpieinhalte zwischen dem absoluten Nullpunkt und 25 °C (für die Verbindung mit positivem, für die Atome mit negativem Vorzeichen) enthalten ist. Näheres in der Quantenchemie.

Aus der Tabelle der Bildungsenthalpien (S. 334) ersieht man, daß es durchaus stabile Stoffe mit positiver Bildungsenthalpie H^B gibt (z.B. die Gase C_2H_4, HI und NO). H^B ist also *kein* eindeutiges Kriterium für die Stabilität eines Stoffes. Im Gegensatz dazu ist aber die *atomare* Bildungsenthalpie $H^{B\,at}$ für alle überhaupt existenzfähigen Moleküle negativ. $H^{B\,at}$ ist also ein *Maß für die Stabilität eines Stoffes* und insofern von großem Interesse.

Die atomaren Bildungsenthalpien $H^{B\,at}$ können nach dem Heßchen Satz aus den tabellierten Bildungsenthalpien H^B berechnet werden. Dabei werden die Atome gemäß dem Schema von Abb. 9.1 zunächst in die stabilen Elemente überführt ($-\sum H^B_{\text{Atome}}$) und hieraus anschließend der Stoff i im Gaszustand gebildet ($+H_i^B$). Das entspricht der Formel[1]

1 Man kann die Formel (9.1) auch durch Anwendung von Gl. (8.19) auf die atomare Bildungsreaktion erhalten, indem man die Atome mit den Ausgangsstoffen und den Stoff i mit dem Endprodukt identifiziert.

$$H_{\mathrm{i}}^{\mathrm{B\,at}} = H_{\mathrm{i(g)}}^{\mathrm{B}} - \sum H_{\mathrm{Atome}}^{\mathrm{B}} \tag{9.1}$$

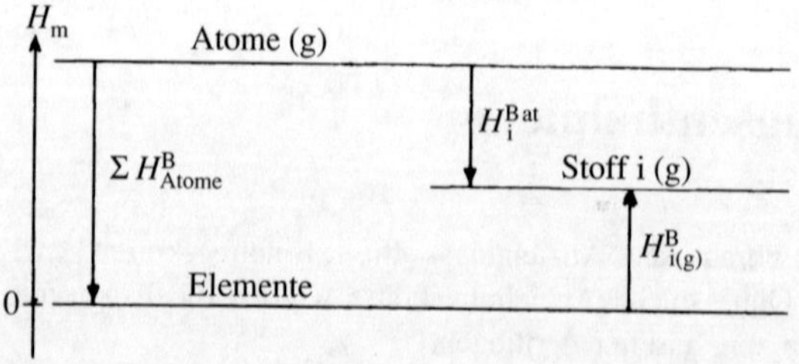

Abb. 9.1. Schema zur Berechnung der atomaren Bildungsenthalpie eines Stoffes durch Führung der Zustandsänderung auf dem Umweg über den stabilen Aggregatzustand der Elemente.

So ergibt sich für das Beispiel des Iodwasserstoffs mit den Werten der Tabelle S. 335:

$$H_{\mathrm{HI}}^{\mathrm{B\,at}} = H_{\mathrm{HI}}^{\mathrm{B}} - H_{\mathrm{H}}^{\mathrm{B}} - H_{\mathrm{I}}^{\mathrm{B}}$$
$$(25,94 - 217,94 - 106,6)\,\mathrm{kJ/mol} = -298,6\ \mathrm{kJ/mol}$$

Analog ergibt sich z.B. für Wasserdampf:

$$\begin{aligned} H^{\mathrm{B\,at}}(\mathrm{H_2O}) &= H^{\mathrm{B}}[\mathrm{H_2O(g)}] - 2H^{\mathrm{B}}(\mathrm{H}) - H^{\mathrm{B}}(\mathrm{O}) \\ &= (-241,8 - 2 \cdot 217,94 - 247,52)\ \mathrm{kJ/mol} \\ &= -925,2\ \mathrm{kJ/mol} \end{aligned}$$

Zur Übung berechne der Leser aus den Werten der Tabelle S. 334 auch die atomaren Bildungsenthalpien für Methan, Ethan und Ethylen!

Ergebnisse:

$$H^{\mathrm{B\,at}}(\mathrm{CH_4}) = -1664,9\ \mathrm{kJ/mol}$$
$$H^{\mathrm{B\,at}}(\mathrm{C_2H_6}) = -2829,1\ \mathrm{kJ/mol}, \quad H^{\mathrm{Bat}}(\mathrm{C_2H_4}) = -2256,2\ \mathrm{kJ/mol}.$$

9.2 Bindungsenthalpien

Für zweiatomige Moleküle wie HI kann man die Enthalpieänderung für die Bindungsknüpfung zwischen den beiden Atomen, die ***Bindungsenthalpie***, direkt mit der atomaren Bildungsenthalpie des Stoffes identifizieren, die sich nach Gl. (9.1) aus den Werten der Tabelle S. 335 berechnen läßt:

$$H_{\mathrm{H-I}} \equiv H_{\mathrm{HI}}^{\mathrm{B\,at}} = -298,6 \text{ kJ/mol}$$

Bei einem Molekül mit mehreren gleichartigen Bindungen setzt man die Bindungsenthalpie für die einzelne Bindung gleich dem entsprechenden Bruchteil der atomaren Bildungsenthalpie des Gesamtmoleküls, z.B.

$$H_{\mathrm{O-H}} \equiv \frac{1}{2}\, H_{\mathrm{H_2O}}^{\mathrm{B\,at}} \approx -462,6 \text{ kJ/mol},$$

$$H_{\mathrm{C-H}} \equiv \frac{1}{4}\, H_{\mathrm{CH_4}}^{\mathrm{B\,at}} \approx -416,2 \text{ kJ/mol}.$$

Wenn man den einzelnen C–H-Bindungen im Ethanmolekül jeweils den gleichen Enthalpiewert zuordnet wie im Methanmolekül, dann kann man die Enthalpie der C–C-Bindung erhalten, indem man von der atomaren Bildungsenthalpie des Ethanmoleküls die Enthalpie der sechs C–H-Bindungen subtrahiert:

$$H_{\mathrm{C-C}} = H_{\mathrm{C_2H_6}}^{\mathrm{B\,at}} - 6\, H_{\mathrm{C-H}} = -331,9 \text{ kJ/mol}$$

Zur Übung berechne man analog über die atomaren Bildungsenthalpien von Ammoniak, Ethylen und Acetylen die Bindungsenthalpien der N–H-Bindung, der C=C-Doppelbindung und der C≡C-Dreifachbindung!

Ergebnisse:

$$H_{\mathrm{N-H}} = -390,2 \text{ kJ/mol}; \quad H_{\mathrm{C=C}} = -591,4 \text{ kJ/mol}; \quad H_{\mathrm{C\equiv C}} = -813,2 \text{ kJ/mol}.$$

Auf diese Weise kann man aus atomaren Bildungsenthalpien und bekannten Bindungsenthalpien immere neue Bindungsenthalpien berechnen. Eine Auswahl mittlerer Werte ist in Tabelle 9.1 wiedergegeben[2].

2 Es handelt sich hier um *mittlere* Werte, da die Stärke einer Bindung von der Molekülstruktur nicht ganz unabhängig ist (vgl. den nächsten Abschnitt). Daher stimmen die für die C–C-Bindung und die C=C-Doppelbindung angegebenen Werte nicht genau mit den oben für Ethan und Ethylen berechneten überein. Sie entsprechen mehr den Werten, die man aus den Bildungsenthalpien von n-Hexan und cis-2-Buten erhält.

Tabelle 9.1. Bindungsenthalpien [kJ/mol]

H–H	–436	N–H	–390	C–O–	–340
Cl–Cl	–242	C–H	–416	C=O[1]	–685
Br–Br	–162	C–C	–340	C=O[2]	–718
I–I	–151	C=C	–615	C=O[3]	–750
H–Cl	–431	C≡C	–815	C=O[4]	–803
H–Br	–351	C–Cl	–327	C–N	–296
H–I	–299	C–Br	–264	C=N	–615
O–H	–463	C–I	–210	C≡N	–885

[1] im Formaldehyd, [2] in anderen Aldehyden, [3] in Ketonen, [4] in CO_2

Die absoluten *Beträge* der hier tabellierten Bindungsenthalpien (ohne das negative Vorzeichen) werden in der Literatur als *Bindungsstärke* (oder, ungenauer, als *Bindungsenergie* oder *Valenzenergie*) bezeichnet.

Die tabellierten Bindungsenthalpien sind nützlich, um die atomare Bildungsenthalpie eines gasförmigen Stoffes i von bekannter Struktur als Summe der Bindungsenthalpien überschlagsmäßig zu berechnen:

$$\boxed{H_{\mathrm{i}}^{\mathrm{B\,at}} = \sum H_{\mathrm{Bindung}}} \tag{9.2}$$

So ist z.B. die atomare Bildungsenthalpie von Ethanol

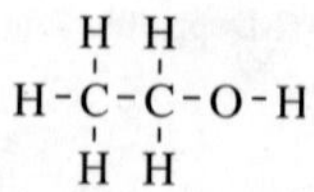

$$H_{\mathrm{C_2H_5OH}}^{\mathrm{B\,at}} = 5\,H_{\mathrm{C-H}} + H_{\mathrm{C-C}} + H_{\mathrm{C-O}} + H_{\mathrm{O-H}}. \tag{9.3}$$

Man berechne die atomaren Bildungsenthalpien von Ethanol und von Dimethylether aus Tabelle 9.1 und vergleiche die Ergebnisse mit den Werten, die man nach Gl. (9.1) aus der Tabelle S. 334 erhält!

Durch Kombination von (9.1) und (9.2) kann man die Bindungsenthalpien auch zur Abschätzung von Bildungsenthalpien benutzen:

$$H_{\mathrm{i(g)}}^{\mathrm{B}} = \sum H_{\mathrm{Atome}}^{\mathrm{B}} + \sum H_{\mathrm{Bindung}} \tag{9.4}$$

9.3 Bindungsstärke und Molekülstruktur

Die Berechnungen mit Hilfe von individuellen Bindungsenthalpien liefern grundsätzlich nur *näherungsweise* richtige Ergebnisse. Darum sind auch die Zahlenwerte in Tabelle 9.1 nur abgerundet angegeben. Genaugenommen ist es nämlich nicht widerspruchsfrei möglich, der Bindungsstärke zwischen zwei Atomen in verschiedenen Molekülen immer den gleichen Wert zuzuordnen. Das wird besonders deutlich am Beispiel der drei isomeren Pentane, von denen jedes 4 C–C-Bindungen und 12 C–H-Bindungen besitzt:

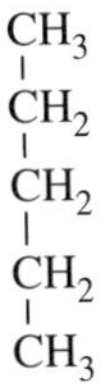
n-Pentan

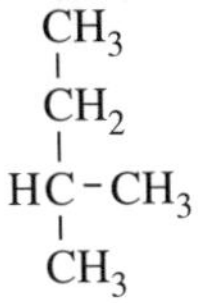
Isopentan

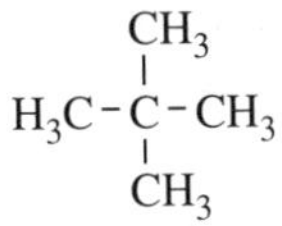
Neopentan

Wenn die individuellen Bindungsenthalpien unabhängig von der strukturellen Umgebung wären, dann müßten die atomaren Bildungsenthalpien für diese drei Isomeren gleich groß sein, und dasselbe müßte daher auch für die Verbrennungswärmen gelten. In Wirklichkeit sind die Verbrennungswärmen aber verschieden:

–3536 kJ/mol (n-Pentan), –3528 kJ/mol (Isopentan) und –3517 kJ/mol (Neopentan).

Immerhin sind die Unterschiede aber relativ so klein, daß die Berechnungen mit Hilfe von Bindungsenthalpien hier und in vielen ähnlichen Fällen eine brauchbare Näherung darstellen. In anderen Fällen treten dagegen charakteristische Unterschiede zwischen den aus Bindungsenthalpien berechneten und den aus direkten Messungen erhaltenen Enthalpieänderungen auf. Die tabellierten Bindungsenthalpien sind dann aber keineswegs wertlos: Man kann nämlich aus diesen Unterschieden auf Besonderheiten in der Elektronenverteilung des Moleküls schließen. In den folgenden Abschnitten wird das näher ausgeführt.

9.4 Dissoziationsenthalpien

Die zur Spaltung einer einzelnen Bindung erforderliche Dissoziationsenthalpie unterscheidet sich von der tabellierten Bindungsstärke, wenn an dieser Reaktion mehratomige ***Radikale*** beteiligt sind[3]. So beträgt die Dissoziationsenthalpie für die Spaltung eines Wassermoleküls in ein H-Atom und ein OH-Radikal

3 *Radikale* sind Molekül*bruchstücke* mit ungepaarten Elektronen. Der Eigendrehimpuls (*spin*) eines solchen Elektrons ist nicht durch Paarbildung mit einem anderen Elektron magnetisch kompensiert. Radikale sind in der Regel energiereicher, als man aus den tabellierten Bindungsenthalpien errechnen würde. Es gibt aber Ausnahmen.

$$\Delta H(H_2O \rightarrow H + OH) = 498 \text{ kJ/mol}$$

Dieser Wert ist größer als die tabellierte Bindungsstärke der O–H-Bindung (463 kJ), weil das OH-Radikal, das keine abgeschlossene Edelgasschale mehr besitzt, relativ energiereicher ist. Zum Ausgleich dafür geht die Spaltung des OH-Radikals entsprechend leichter vor sich:

$$\Delta H(OH \rightarrow H + O) = 427 \text{ kJ/mol}$$

Als Mittelwert aus beiden Reaktionen resultiert die tabellierte Bindungsstärke der O–H-Bindung. Die tabellierten Bindungsstärken sind von der Berechnung her also grundsätzlich *Mittelwerte*, die einer *gleichzeitigen* Knüpfung oder Spaltung *aller Bindungen* im Molekül entsprechen.

In Tabelle 9.2 sind einige Dissoziationsenthalpien für die Spaltung einzelner Bindungen zusammengestellt.

Tabelle 9.2. Dissoziationsenthalpien einzelner Bindungen [kJ/mol]

H–OH	498	$Cl_3C–CCl_3$	259
O–H	427	$(C_6H_5)_3C–C_6H_5C(C_6H_5)_2$	46
$H–CH_3$	431	$CH_3–NH_2$	335
$H_3C–CH_3$	362	$CH_3–NO_2$	238

Wie der Vergleich mit der tabellierten Enthalpie der C–H-Bindung (–416 kJ/mol) zeigt, erfordert die Abspaltung des ersten H-Atoms aus dem CH_4 eine um 15 kJ/mol höhere Energie. Das CH_3-Radikal muß also um 15 kJ/mol energiereicher sein, als dem Mittelwert der C–H-Bindungen entsprechen würde. Daher ist auch die Dissoziationsenthalpie von Ethan um $2 \cdot 15$ kJ/mol = 30 kJ/mol größer, als der in §9.2 für das Ethanmolekül berechneten speziellen C–C-Bindungsstärke (332 kJ/mol) entspricht.

Daß die Spaltung der ersten Bindung *nicht immer* eine höhere Enthalpie erfordert, als der mittleren (tabellierten) Bindungsstärke entspricht, zeigen die weiteren oben aufgeführten Beispiele: *Durch Einführung geeigneter Substituenten* können nämlich die bei der Dissoziation entstehenden *Radikale* so weit *stabilisiert* werden, daß die spezielle Dissoziationsenthalpie *kleiner* als die mittlere Bindungsstärke ist. Bei der Spaltung des Hexachlorethans wird z.B. die Stabilisierung der beiden Trichlormethylradikale dadurch erreicht, daß die Chloratome das übriggebliebene radikalische Elektron zu sich herüberziehen. Im Triphenylmethylradikal beruht die Stabilisierung auf einer *Delokalisierung* des radikalischen Elektrons über alle drei Phenylreste. Die Spaltung des entsprechenden Dimeren[4] kann daher viel leichter erfolgen, als der mittleren Bindungsstärke der C–C-Bindung entspricht.

Die Delokalisierung von Elektronen ist die häufigste und wichtigste Ursache für die Stabilisierung eines Moleküls und damit für strukturell bedingte Abweichungen von den mittleren Bindungsenthalpien. Diese Abweichungen sollen im folgenden Abschnitt besprochen werden. Weitere strukturell bedingte Abweichungen (*Ringspannung*) werden in Abschnitt 16.3 behandelt.

4 Aus zwei Triphenylmethylradikalen (erkennbar an ihrer gelben Farbe in benzolischer Lösung) bildet sich leicht ein farbloses Dimeres, das man lange für Hexaphenylethan hielt. 1968 wurde jedoch gezeigt, daß diesem Dimeren die folgende Struktur zukommt:

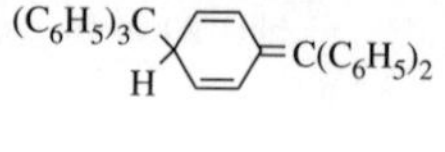

9.5 Delokalisierungsenergie[5]

In organischen Molekülen wird die Bindung zwischen zwei Atomen im allgemeinen dadurch bewirkt, daß das für diese Bindung verantwortliche Elektronenpaar *zwischen* beiden Atomen eine erhöhte Aufenthaltswahrscheinlichkeitsdichte hat. Der negative Ladungsschwerpunkt der Elektronen übt dann auf die positiv geladenen Atomkerne elektrostatische Anziehungskräfte aus.

Ähnlich ist es auch, wenn noch ein zweites Elektronenpaar zur Bindung zwischen zwei Atomen beiträgt (*Doppelbindung*). Allerdings befinden sich die Aufenthaltswahrscheinlichkeitsschwerpunkte des zweiten Elektronenpaares nicht auf der Kernverbindungslinie der beiden Atome, sondern symmetrisch zu beiden Seiten davon (vgl. Abb. 16.1). Daher ist ihr Beitrag zur Bindungsstärke erheblich kleiner als der des ersten Paares. Die Bindungsstärke der C=C-Doppelbindung ist also nicht doppelt so groß wie die der C–C-Einfachbindung (vgl. Tabelle 9.1). Man bezeichnet die Elektronen des ersten Paares als „σ-Elektronen", die des zweiten als „π-Elektronen" (Näheres in §16.1).

Befinden sich in der Nähe einer C=C-Doppelbindung keine weiteren Doppelbindungen, dann ist der Aufenthaltsort der beiden π-Elektronen auf die Umgebung der betreffenden beiden C-Atome beschränkt. Ganz anders ist es, wenn zwei C=C-Doppelbindungen nur durch *eine* C–C-Einfachbindung voneinander getrennt sind. Man spricht dann von ***„konjugierten Doppelbindungen"***.

Wir betrachten als Beispiel das Benzol C_6H_6. In diesem Fall besitzt jedes der 6 C-Atome ein π-Elektron. Dieses kann ebensogut mit dem π-Elektron des einen wie des anderen Nachbaratoms ein Paar bilden, d.h., die beiden folgenden Strukturformeln des Benzols sind gleichberechtigt:

5 Die hier folgenden Aussagen aus der Quantenchemie können erst in einer späteren Vorlesung vertieft behandelt und voll verstanden werden. Trotzdem erscheint ihre Erwähnung für die Diskussion von Zusammenhängen zwischen thermodynamischen Eigenschaften und molekularer Struktur schon jetzt gerechtfertigt.

Man bezeichnet diese beiden Formeln als *„mesomere Grenzstrukturen"*[6]. Jede einzelne dieser Grenzstrukturen gibt die tatsächlichen Bindungsverhältnisse nur unvollkommen wieder, denn in Wirklichkeit sind alle 6 C–C-Bindungen im Benzol gleichberechtigt und haben die gleiche Länge, und die 6 π-Elektronen verteilen sich gleichmäßig über den ganzen Umfang des Benzolringes.

Bewegte Elektronen besitzen in mancher Beziehung Welleneigenschaften. Speziell die Wahrscheinlichkeit, ein Elektron in einem Stoßversuch an den verschiedenen Stellen des Raumes anzutreffen, wird durch das Wellenbild beschrieben[7]. Der Zusammenhang zwischen der *Materiewellenlänge* λ und dem *Impuls* mv eines Elektrons ist dabei durch die ***de Broglie-Beziehung*** gegeben:

$$\boxed{\lambda = \frac{h}{mv}} \tag{9.5}$$

worin h die Plancksche Konstante ist.

In Atomen und Molekülen bilden die Elektronen *stehende* Materiewellen. Im untersten Energiezustand ist dabei die Materiewellenlänge mit der Länge des Weges zu identifizieren, den das Elektron bei einer Umlaufperiode im Molekül zurücklegt. (In höheren Energiezuständen ist λ gleich 1/2, 1/3 oder 1/n dieses Weges.) *Je kleiner der Raum ist, in dem sich das Elektron bewegt*, um so kleiner ist seine größtmögliche Wellenlänge λ und *um so größer muß* nach Gl. (9.5) sein Impuls mv und damit zugleich *seine kinetische Energie* $mv^2/2$ *sein.*

Anhand von Gl. (9.5) wird qualitativ verständlich, daß in Systemen mit konjugierten Doppelbindungen der Impuls und damit zugleich die kinetische Energie der π-Elektronen infolge ihrer Verteilung über einen größeren Raum („Delokalisation", Vergrößerung der Materiewellenlänge λ) kleiner ist, als wenn diese Elektronen jeweils auf den Bereich einer bestimmten Doppelbindung lokalisiert wären[8]. Man bezeichnet die Energiedifferenz als *„Delokalisierungsenergie"*, *„Mesomerie-Stabilisierungsenergie"* oder auch als ***„Resonanzenergie"***.

Wenn man unter den „Bindungsenthalpien" weiterhin die tabellierten Enthalpiewerte der einzelnen, lokalisiert gedachten Bindungen versteht, dann ist die atomare Bildungsenthalpie jetzt nicht mehr allein durch die Summe der Bindungsenthalpien gegeben, sondern dazu kommt infolge Delokalisation der π-Elektronen noch die Resonanzenergie U_i^{Res}, die ebenfalls negativ ist:

---

6 Es ist üblich, die Beziehung zwischen zwei in Resonanz stehenden mesomeren Grenzformeln durch ein Doppelpfeil $\leftrightarrow$ zu kennzeichnen. Dieser bedeutet also kein Gleichgewicht zwischen zwei unterscheidbaren Molekülen, sondern charakterisiert nur den Zustand der delokalisierten Elektronen.

7 Die *Antreffwahrscheinlichkeitsdichte* ($\equiv$ *Antreffwahrscheinlichkeit pro Volumeneinheit)* ist gleich dem Quadrat der Amplitude der Welle an dem betreffenden Ort.

8 Bei einer quantitativen Rechnung muß allerdings unter anderem beachtet werden, daß die Delokalisation nicht für alle π-Elektronen des konjugierten Doppelbindungssystems die gleiche Energieerniedrigung verursacht, weil sich nicht mehr als jeweils zwei Elektronen im gleichen Energieniveau des Mokelüls befinden dürfen (***Pauli-Prinzip***), so daß zur Unterbringung aller π-Elektronen auch *höhere* Energieniveaus mit besetzt werden müssen. Näheres in der Quantenchemie.

$$H_i^{\mathrm{B\,at}} = \sum H_{\mathrm{Bindung}} + U_i^{\mathrm{Res}} \tag{9.6}$$

oder zusammen mit Gl. (9.1)

$$U_i^{\mathrm{Res}} = H_{i(g)}^{\mathrm{B}} - \sum H_{\mathrm{Atome}}^{\mathrm{B}} - \sum H_{\mathrm{Bindung}} \,. \tag{9.7}$$

Speziell für Benzol wird daraus:

$$\begin{aligned} U^{\mathrm{Res}}(C_6H_6) =& H^{\mathrm{B}}[C_6H_6\,(g)] - 6\,H^{\mathrm{B}}[C(g)] - 6\,H^{\mathrm{B}}[H(g)] \\ & - 3\,H_{\mathrm{C-C}} - 3\,H_{\mathrm{C=C}} - 6\,H_{\mathrm{C-H}} \end{aligned} \tag{9.8}$$

Mit den Werten der Tabellen 9.1 und S. 334 ergibt sich $U^{\mathrm{Res}}(C_6H_6) = -174$ kJ/mol. Eine solche Rechnung ist aber nur als grobe Näherung zu betrachten, da die verwendeten mittleren Bindungsenthalpien den Verhältnissen in einem speziellen Molekül meist nicht genau entsprechen.

Genauere Werte für die Resonanzenergie erhält man, wenn man die *Hydrierungsenthalpie* (d.h. die Reaktionsenthalpie bei der Anlagerung von Wasserstoff) der *konjugierten* Doppelbindungen mit der Hydrierungsenthalpie einer gleichen Zahl von *isolierten* Doppelbindungen vergleicht, die im übrigen von gleichen Nachbaratomen umgeben sind. Eine isoliert gedachte Doppelbindung des Benzols läßt sich mit der Doppelbindung des cis-2-Butens vergleichen. Da die Hydrierungsenthalpie einfach durch die Differenz der Bildungsenthalpien von Hydrierungsprodukt (Cyclohexan bzw. n-Butan) und Ausgangsstoff (Benzol bzw. cis-2-Buten) gegeben ist (denn die Bildungsenthalpie von Wasserstoff ist ja = 0), so erhält man für die Resonanzenergie von den 3 Doppelbindungen des Benzols:

$$\begin{aligned} U^{\mathrm{Res}}(\mathrm{Benzol}) =& H^{\mathrm{B}}[\mathrm{Benzol(g)}] - H^{\mathrm{B}}[\mathrm{Cyclohexan(g)}] \\ & - 3 \cdot [H^{\mathrm{B}}(\text{cis-2-Buten}) - H^{\mathrm{B}}(\text{n-Butan})] \end{aligned} \tag{9.9}$$

Mit den Werten der Tabelle S. 334 ergibt sich daraus:

$$U^{\mathrm{Res}}(\mathrm{Benzol}) = -151\,\mathrm{kJ/mol}.$$

Das einfachste Molekül mit zwei konjugierten Doppelbindungen ist das 1,3-Butadien. Auch hierfür kann man verschiedene mesomere Grenzstrukturen formulieren, die in Resonanz stehen:

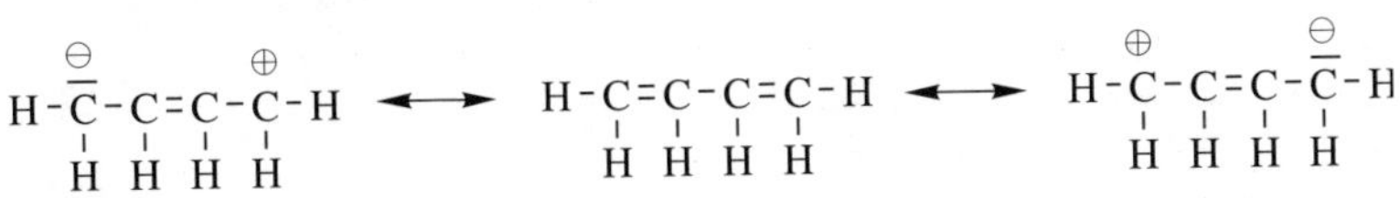

Auch hier sind also die π-Elektronen delokalisiert, d.h. über die ganze Kohlenstoffkette verteilt. Allerdings ist die Verteilung nicht so gleichmäßig wie beim Benzol, sondern die mittlere der angegebenen Strukturen besitzt stärkeres Gewicht. Das äußert sich darin, daß der

Abstand der beiden mittleren C-Atome voneinander etwas größer ist als die äußeren C=C-Abstände. Immerhin besitzt auch die mittlere C–C-Bindung ein wenig Doppelbindungscharakter: Das äußert sich darin, daß die Rotation der beiden Molekülhälften gegeneinander etwas erschwert ist (wenn auch lange nicht so stark wie bei einer echten Doppelbindung).

Man berechne, analog wie beim Benzol, die Resonanzenergie von 1,3-Butadien, indem man seine Hydrierungsenthalpie mit derjenigen von 1-Buten vergleicht[9]! Die Bildungsenthalpien von 1,3-Butadien, 1-Buten und n-Butan findet man auf S. 334.
Ergebnis: U^{Res} (1,3-Butadien) $= -15{,}2$ kJ/mol.
Für 1,2-Butadien würde man nach dem gleichen Berechnungsschema einen stark *positiven* Wert für U^{Res} erhalten ($+38$ kJ/mol). Durch die Kumulation der Doppelbindungen in diesem Molekül ist die Energie also nicht erniedrigt, sondern sogar *erhöht*, und zwar etwa ebenso stark wie für eine Dreifachbindung, wie ein Vergleich der Bildungsenthalpien von 1,2-Butadien und 1-Butin lehrt (vgl. S. 334). Daß die Energie von *kumulierten* (d.h. vom gleichen Atom ausgehenden) Doppelbindungen nicht erniedrigt ist, beruht darauf, daß die π-Elektronen in diesem Fall nicht delokalisiert sind, weil die Schwerpunkte der Elektronenwolken der beiden π-Bindungen in zwei zueinander senkrechten Ebenen liegen und die Wolken sich daher nicht überlappen.

9 Eine Berechnung der Resonanzenergie nach Gl. (9.7) führt in diesem Fall nur dann zum richtigen Ergebnis, wenn man für die Bindungsenthalpie der C=C-Doppelbindung einen Wert von -609 kJ/mol einsetzt, wie man ihn nach dem Vorbild von Abschnitt 9.2 aus der atomaren Bildungsenthalpie von 1-Buten erhält.

10 Der zweite Hauptsatz

10.1 Messung der Triebkraft[1] chemischer Reaktionen

Als wichtigstes Ziel der Thermodynamik war in der Einleitung die Berechnung chemischer *Gleichgewichtskonstanten* ins Auge gefaßt worden. Die Gleichgewichtskonstante ist die zahlenmäßige Beschreibung des von einem chemischen System angestrebten Gleichgewichtszustandes, dessen Kenntnis für die Planung chemischer Synthesen notwendig ist.

Für jede chemische Reaktion, an der Stoffe mit variabler Konzentration teilnehmen[2], existiert bei gegebener Temperatur im Prinzip eine Gleichgewichtskonstante. Falls eine Reaktion so „vollständig" abläuft, daß die Konzentrationen der Ausgangsstoffe am Ende unmeßbar klein werden, so ist die Gleichgewichtskonstante K extrem groß, aber sie hat im Prinzip doch immer noch eine definierte Größe. (In K stehen die Konzentrationen der Endprodukte im Zähler, die der Ausgangsstoffe im Nenner.)

Der *Gleichgewichtszustand* ist der *Endzustand*, dem ein System von chemisch ungehemmt reagierenden Stoffen zustrebt und in dem das Reaktionsgeschehen (makroskopisch betrachtet) zum Stillstand kommt. Die ***Triebkraft*** der Reaktion wird hier also *gleich null*. Zur Erreichung des oben genannten Ziels muß daher eine Formel für die Triebkraft in Abhängigkeit von den Konzentrationen aufgestellt und gleich null gesetzt werden.

Wir wollen uns zunächst auf die makroskopische Betrachtungsweise beschränken. Dann kann man die Einstellung eines chemischen Gleichgewichts mit der Einstellung des *mechanischen Gleichgewichts* vergleichen, dem z.B. ein aus seiner Ruhelage ausgelenktes Pendel zustrebt (Abb. 10.1). Um den Vergleich möglichst treffend zu machen, sei die Pendelbewegung durch eine Arbeitsleistung (z.B. Reibungsarbeit) gedämpft[3]. Die *Gleichgewichtslage* ist durch ein *Minimum an potentieller Energie* charakterisiert. Die *Triebkraft in Richtung der Gleichgewichtslage* hängt damit zusammen, daß das *Pendel bei Annäherung an die Gleichgewichtslage Arbeit abgeben kann.*

Ändert sich die Höhe des Pendelkörpers um $-\mathrm{d}h$, so ist die abzugebende Arbeit

$$-\delta W = mg \cdot (-\mathrm{d}h) \tag{10.1}$$

---

1 Als Synonym für „Triebkraft" findet man oft das Wort ***„Affinität"*** (lat.: Verwandtschaft durch Heirat, verbindende Kraft).

2 Gegenbeispiele werden in §13.2.1 und in §15.2.1 diskutiert.

3 Bei einem ungedämpften Pendel würden Schwingungen auftreten, was bei der Einstellung eines echten thermodynamischen Gleichgewichts nicht der Fall ist.

wenn m die Masse des Pendelkörpers und g die Erdbeschleunigung ist. Wir wollen die Triebkraft als die abzugebende Arbeit pro zurückgelegter differentieller Wegstrecke des Pendelkörpers in x-Richtung definieren[4] (Abb. 10.1 oben):

$$\text{Triebkraft} \equiv \frac{-\delta W}{\mathrm{d}x} = mg\frac{-\mathrm{d}h}{\mathrm{d}x} = mg \cdot \mathrm{tg}\alpha \tag{10.2}$$

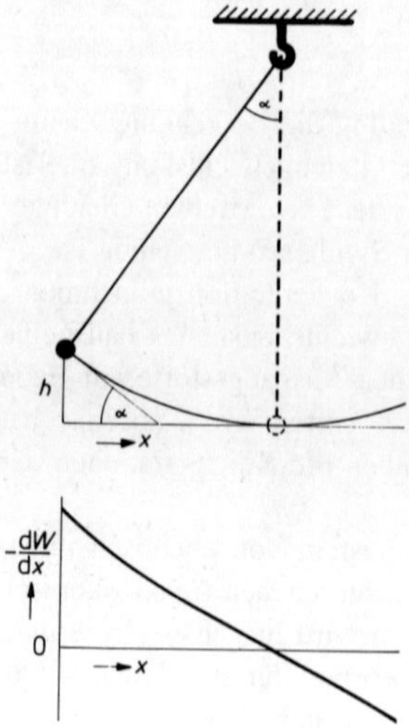

Abb. 10.1. Zur Analogie zwischen mechanischem und chemischem Gleichgewicht. Der Gleichgewichtszustand ist durch ein Minimum an potentieller Energie charakterisiert. Die Triebkraft entspricht dem Differentialquotienten aus abzugebender Arbeit pro Wegstrecke. Beim Durchgang durch den Gleichgewichtszustand kehrt die Triebkraft ihr Vorzeichen um.

Die Triebkraft für die Pendelbewegung von links nach rechts wird im Gleichgewichtszustand gleich null und wechselt bei Überschreiten des Gleichgewichtszustandes das Vorzeichen (Abb. 10.1 unten).

Als Beispiel für ein *chemisch reagierendes System* betrachten wir wieder das in der Einleitung ausführlich diskutierte System der Stoffe H_2, I_2 und HI. Wir gehen von einer stöchiometrischen Mischung von Wasserstoff und Iod aus, die sich bis zur Einstellung des Gleichgewichts nach der Gleichung

$$H_2 + I_2 \rightleftharpoons 2\,HI \tag{10.3}$$

umsetzt.

4 Nach dieser Definition wird die Triebkraft z.B. gleich der Kraft [N], mit der das Pendel einen Bremsklotz auf horizontaler Ebene vor sich herschieben könnte.

Als Analogon zu der zurückgelegten Wegstrecke x des Pendels führen wir den „***Reaktionsstand***" ξ[mol] ein[5]. Dieser gibt an, wieviele molare Formelumsätze nach der angegebenen Reaktionsgleichung stattgefunden haben. Ist im Anfang (bei $\xi = 0$) kein HI vorhanden, so ist nach *einem* Formelumsatz ($\xi = 1$ mol) die Menge an gebildetem Iodwasserstoff nach Gl. (10.3) $n_{HI} = 2$ mol. Allgemein erhält man die Zunahme von ξ, indem man die Zunahme von n_{HI} durch 2 dividiert:

$$d\xi = dn_{HI}/2 \tag{10.4}$$

Für eine beliebige Reaktionsgleichung

$$\nu_A A + \nu_B B \rightarrow \nu_E E$$

ist der Reaktionsstand ξ definiert durch

$$d\xi \equiv dn_E/\nu_E = -dn_A/\nu_A = -dn_B/\nu_B \tag{10.5}$$

Um den Vergleich mit dem Pendel weiterzuführen, ergibt sich nun die *Frage*, ob das Bestreben des chemischen Systems, sich bei einer vorgegebenen Temperatur ins Gleichgewicht zu versetzen, analog wie beim Pendel zur *Leistung einer mechanischen Arbeit* ausgenutzt werden kann. Wenn man H_2 und I_2 im homogenen Gasraum miteinander reagieren läßt, wird ja keinerlei Arbeit gewonnen (ebensowenig, wie wenn man die mechanische Energie des Pendels durch Reibung in Wärme verwandelt). Die Gewinnung einer mechanischen Arbeit aus einem reaktionsfähigen chemischen System bei einer vorgegebenen Temperatur ist aber im Prinzip möglich. Die einfachste Möglichkeit besteht in der *Führung der chemischen Reaktion über eine* ***galvanische Kette***. Das ist allerdings im vorliegenden Beispiel nur so realisierbar, daß man den Iodwasserstoff in wäßriger Lösung entstehen läßt, wo er in H^+ und I^- dissoziiert ist:

$$H_2(g) + I_2(g) \rightleftharpoons 2\ H^+(aq) + 2\ I^-(aq) \tag{10.6}$$

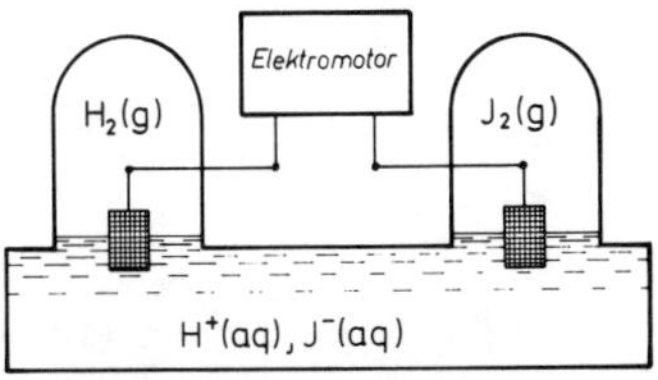

Abb. 10.2. Galvanische Kette zur Gewinnung einer Arbeit aus der Triebkraft einer chemischen Reaktion. Die Reaktion von Wasserstoff mit Iod kann hier nur um den Preis einer gleichzeitigen Arbeitsleistung der Elektronen im Elektromotor stattfinden.

Die galvanische Kette besteht dann aus einer wäßrigen HI-Lösung, die mit je einem Gasraum von Wasserstoff und von Ioddampf in Berührung steht (Abb. 10.2). Aus jedem der beiden Gasräume taucht ein Platinblech als Elektrode in die Lösung. Die beiden Elektroden sind mit einem Elektromotor verbunden, von dem wir die idealisierte Annahme machen wollen, daß er die ihm zugeführte Energie vollständig in mechanische Energie umwandelt.

5 Der ***Reaktionsstand*** ξ (auch „Umsatzgröße", „Reaktionsausmaß", engl. „extent of reaction") wurde früher als reine Zahl betrachtet und bisher allgemein als „***Reaktionslaufzahl***" bezeichnet. Da man ξ heute als dimensionbehaftete Größe [mol] ansieht (ebenso wie die Stoffmenge, früher „Molzahl"), so muß man konsequenterweise auch hier die Bezeichnung ändern.

An den beiden Elektroden spielen sich folgende Teilreaktionen ab:
links:

$$H_2(g) \rightarrow 2\,H^+(aq) + 2\,e^-$$

rechts:

$$2\,e^- + I_2(g) \rightarrow 2\,I^-(aq)$$

Die Summe der beiden Teilreaktionen ergibt die Gesamtreaktion (10.6). Diese *Reaktion* kann aber jetzt *nur dadurch* ablaufen, *daß die Elektronen* im Draht von der linken zur rechten Elektrode fließen und dabei im Elektromotor *Arbeit leisten*.

Die geleistete *Arbeit* ist das Produkt aus *Spannung und geflossener elektrischer Ladung*. Die Spannung bei verschwindend kleiner Stromstärke[6] bezeichnen wir als ***elektromotorische Kraft*** (EMK) der Kette.

Die Zahl der umgesetzten Elektronen bei einem *molekularen* Formelumsatz nach den Gln. (10.7) und (10.8) ist $\nu_e = 2$. Die *Stoffmenge* an umgesetzten Elektronen bei einem Reaktionsfortschritt $d\xi$ ist analog Gl. (10.5) gegeben durch $dn_e = \nu_e\, d\xi$. Die Ladung von einem Mol Elementarladungen[7] ist durch die Faraday-Konstante F gegeben:

$$N_L e = F = 96487\,\text{C/mol}, \tag{10.7}$$

worin die Einheit der elektrischen Ladung, das *Coulomb* (Einheitenzeichen: C), als Produkt aus der Stromstärkeneinheit *Ampere* (Einheitenzeichen: A) und der Zeiteinheit *Sekunde* (s) definiert ist. Die geflossene Ladung bei einem Reaktionsfortschritt $d\xi$ beträgt also

$$F\,dn_e = \nu_e F\,d\xi, \tag{10.8}$$

und Multiplikation mit der EMK (Symbol: E) ergibt die elektrische Arbeit:

$$-\delta W_{el} = \nu_e F E\,d\xi$$

oder als Differentialquotient:

$$\frac{-\delta W_{el}}{d\xi} = \nu_e F E \tag{10.9}$$

Diese ***maximal abzugebende Arbeit pro Formelumsatz*** ist, analog der mechanischen Definition (10.2), die ***Triebkraft*** der isothermen chemischen Reaktion[8]. Diese Triebkraft

6 Mit wachsender Stromstärke wird die Spannung zwischen den Polen der Kette kleiner. Um die *maximale Arbeit* pro Formelumsatz aus der Kette herauszuholen, muß man daher mit *verschwindend kleiner Stromstärke* arbeiten.

7 Die Elementarladung e ist die elektrische Ladung eines einwertigen *positiven* Ions. Das Elektron (chemisches Symbol: e^-) hat somit die Ladung $-e$.

8 Sie hat allerdings nicht die Dimension einer Kraft, sondern die einer Energie pro Stoffmenge, da der Fortschritt der Reaktion nicht wie beim Pendel durch eine Länge, sondern durch eine Stoffmenge gegeben ist.

kann durch Messung der elektromotorischen Kraft (EMK) für viele chemische Reaktionen experimentell leicht bestimmt werden (ohne daß man die Reaktion *tatsächlich* über einen Elektromotor ablaufen lassen muß).

Im Verlauf der chemischen Reaktion (10.6) nehmen die Konzentrationen an $H_2(g)$ und $I_2(g)$ immer mehr ab und die Konzentrationen an $H^+(aq)$ und $I^-(aq)$ immer mehr zu, bis schließlich der Gleichgewichtszustand des Systems erreicht ist. In diesem Zustand würde die EMK in Abb. 10.2 gleich null werden. Durch künstliche Zufuhr von elektrischer Arbeit ist es im Prinzip auch möglich, das System – analog einem Pendel – über den Gleichgewichtszustand hinauszuschieben, wobei die EMK ihr Vorzeichen umkehrt[9].

Da die *Triebkraft* chemischer Reaktionen entscheidend *von den Konzentrationen abhängt* und bei Erreichen der Gleichgewichtskonzentrationen verschwindet, so ist klar, daß die Triebkraft grundsätzlich *nicht* mit der Abnahme der *Inneren Energie* oder der *Enthalpie* des Systems identisch sein kann: Die Größen ΔU und ΔH sind nämlich in ideal verdünnten Systemen im Verlauf einer Reaktion konstant, d.h. von den sich ändernden Konzentrationen bzw. Partialdrucken unabhängig [vgl. Gl. (6.5)]. Im Gegensatz zur Triebkraft ändern ΔU und ΔH also auch nicht ihr Vorzeichen, wenn das chemische System durch Zufuhr von elektrischer Arbeit über seinen Gleichgewichtszustand hinausgeschoben wird. – Im übrigen können auch *solche* Reaktionen ablaufen (d.h. besitzen Triebkraft), deren ΔU und ΔH gleich null oder sogar positiv sind (endotherme Reaktionen).

10.2 Spontane Prozesse und reversible Ersatzprozesse

Im vorigen Abschnitt haben wir durch Abführung einer elektrischen Arbeit in das System eingegriffen und dadurch den spontanen Ablauf der chemischen Reaktion verhindert. Läßt man dagegen die Reaktion ***spontan***[10] ablaufen, so kommt das System am Ende in seinem Gleichgewichtszustand zur Ruhe; es kehrt erfahrungsgemäß nicht von selbst wieder in seinen Ausgangszustand zurück. Man bezeichnet den Ablauf der Reaktion daher als *„nicht umkehrbar"* oder ***„irreversibel"***.

Spontane Prozesse sind immer irreversibel[11]. Zwar kann man durch Zufuhr von äußerer Arbeit den Ausgangszustand des Systems wiederherstellen, aber damit ist nicht alles so, wie es vorher war: Die Zufuhr von äußerer Arbeit bedingt nämlich eine Veränderung in

9 Dabei würde im linken Gasraum in Abb. 10.2 ein Überschuß an I_2 und rechts ein Überschuß an H_2 entstehen. Im Prinzip enthält immer jeder Gasraum alle 3 Gase H_2, I_2 und HI im Gleichgewicht. Es wird angenommen, daß H_2 und I_2 nicht in den jeweils anderen Raum diffundieren können. Die Konzentration an HI ist in beiden Gasräumen immer gleich groß, entsprechend dem Verdampfungsgleichgewicht mit der Elektrolytlösung.

10 ***„Spontan"*** heißt „von selbst", ohne aktive Einwirkung von außen, insbesondere ohne Austausch von Arbeit mit der Umgebung. Wir gebrauchen das Wort „spontan" hier im Sinne von *„arbeitsfrei mit von null verschiedener Geschwindigkeit ablaufend"*. Vgl. aber die Fußnote 25 in §10.5.

11 Irreversible Prozesse verlaufen aber nicht immer spontan!

der *Umgebung* des Systems, z.B. das Absenken eines Gewichtes oder die Entladung einer elektrischen Batterie.

Wenn man dagegen die chemische Reaktion ganz langsam unter Gewinnung der maximal möglichen Arbeit über eine galvanische Kette *„führt"*, dann ist dieser Prozeß im Prinzip ***reversibel***, d.h. *umkehrbar*: Man kann dann nämlich den Ausgangszustand des Systems wiederherstellen, indem man die gespeicherte elektrische Arbeit wieder in das System hineinsteckt. Am Schluß ist auch in der Umgebung des Systems alles so, wie es vorher war.

Die Führung der Reaktion über eine galvanische Kette stellt einen ***reversiblen Ersatzprozeß*** für den spontanen, irreversiblen Ablauf der Reaktion dar. Ein reversibler Ersatzprozeß führt das betrachtete System immer aus dem *gleichen Anfangszustand* in den *gleichen Endzustand*, wie der spontane, irreversible Prozeß (daher die Bezeichnung *„Ersatz-"*). Der charakteristische *Unterschied* zwischen beiden Prozessen besteht immer darin, daß der *spontane Prozeß arbeitsfrei* verläuft, während bei dem reversiblen Ersatzprozeß eine möglichst große Menge an Arbeit abgegeben wird. Diese *Arbeit, die man* bei reversibler Führung *hätte speichern können*, stellt (bezogen auf die Änderung des Reaktionsstandes oder dgl.) die *Triebkraft des spontanen Prozesses* dar.

Ein besonders wichtiges, rein physikalisches **Beispiel** eines spontanen Prozesses ist die Expansion eines idealen Gases in ein evakuiertes Gefäß (vgl. Abb. 6.2 in §6.1). Die Gasmoleküle kehren von selbst niemals wieder alle gleichzeitig in ihr Ausgangsvolumen zurück. Auch diese Zustandsänderung kann man aber im Prinzip durch einen reversiblen Ersatzprozeß herbeiführen, indem man sich der Pohlschen Versuchsanordnung Abb. 6.3 §6.2 bedient. In diesem Fall wird bei der Expansion des Gases eine Arbeit gewonnen und als potentielle Energie gespeichert. Dieser Vorgang ist im Prinzip umkehrbar, da man das Gas auf sein altes Volumen komprimieren kann, indem man ihm die Arbeit wieder zuführt.

Das ***Charakteristikum eines reversiblen Ersatzprozesses*** besteht darin, daß bei der festgelegten Zustandsänderung des Systems die ***maximal*** mögliche Menge an ***Arbeit*** abgegeben und in einem Hilfssystem als potentielle Energie *„**konserviert**"* wird. Am Beispiel der reversiblen Expansion eines Gases wird besonders deutlich, welche technischen Vorbedingungen erfüllt sein müssen, um einen solchen reversiblen Prozeß zu realisieren:

1. Das Hilfssystem zur Konservierung der Arbeit (hier: das Gewicht mit Kurvenscheibe, Zahnrad und Zahnstange) muß dem eigentlichen System (hier: dem Gas im Expansionszylinder) so gut angepaßt ein, daß dauernd ein ***indifferentes Gleichgewicht*** zwischen System und Hilfssystem besteht.

2. Es muß jegliche ***Reibung und plastische Verformung vermieden*** werden.

3. Der ***Wärmeaustausch*** zwischen dem Gas und dem Wasserbad muß ***ohne*** ein nennenswertes ***Temperaturgefälle*** erfolgen, denn ein Wärmefluß zwischen zwei verschiedenen Temperaturen würde nicht reversibel sein: Wärme fließt nämlich spontan immer nur von einer höheren zu einer tieferen Temperatur, niemals in umgekehrter Richtung. Analoges gilt z.B. in galvanischen Ketten für den ***Stofftransport***: Dieser muß ***ohne*** ein nennenswertes ***Konzentrationsgefälle*** erfolgen, denn auch der Ausgleich von Konzentrationsunterschieden durch Diffusion wäre irreversibel.

Ein Transport ohne antreibendes Gefälle geht aber unendlich langsam, und auch zur Vermeidung von Reibung sowie zur Übertragung des unverminderten Druckes der stoßenden Gasmoleküle auf den zurückweichenden Kolben (vgl. §6.3) müssen die Bewegungen langsam („quasistatisch") erfolgen. Dem Ideal des reversiblen Prozesses kann man daher praktisch nur durch ziemlich ***langsame Versuchsführung*** einigermaßen nahekommen[12]. Die Langsamkeit eines reversiblen Prozesses hängt damit zusammen, daß hierbei die Triebkraft des Systems durch die entgegengesetzte Triebkraft des Hilfssystems auf null kompensiert wird (indifferentes Gleichgewicht), so daß für das Fortschreiten dieses Prozesses keine Triebkraft mehr zur Verfügung steht.

Wenn man den *Ersatzprozeß* in der Pohlschen Apparatur (Abb. 6.3) *in endlicher Zeit* durchführen will, läßt sich a) etwas Reibung und b) eine kleine Temperaturdifferenz zwischen Wasserbad und Gas nicht ganz vermeiden. a) Die der Bewegung des Kolbens entgegengerichtete Reibungskraft hat zur Folge, daß für die Hebung des Gewichts nicht der volle, vom Gas abgegebene Arbeitsbetrag zur Verfügung steht. Die vom Gewicht gespeicherte Arbeit ist also etwas kleiner; dafür ist eine entsprechende Reibungswärme an die Umgebung abgegeben worden. b) Da die Temperatur des Gases bei der Expansion unter Wärmeaufnahme etwas niedriger als die Temperatur des umgebenden Wasserbades sein muß, so ist die im Ersatzprozeß gespeicherte Arbeit noch zusätzlich etwas kleiner, als sie bei der Temperatur des Wasserbades sein müßte, weil der Druck des Gases bei tieferer Temperatur kleiner ist, vgl. Gl. (6.8).

Bei der *Umkehrung des Ersatzprozesses* treten ähnliche Arbeitsverluste auf: Für die Rückführung des Gases in den Ausgangszustand muß nämlich etwas *mehr* Arbeit *zugeführt* werden als im streng reversiblen Fall, weil a) die Reibungskraft auch hier wieder der Bewegung entgegengerichtet ist und weil b) die Temperatur des Gases jetzt etwas *höher* als die des Wasserbades sein muß, um eine Wärmeübertragung in der umgekehrten Richtung zu ermöglichen. Die im Ersatzprozeß gespeicherte Arbeit wird also praktisch nicht ganz ausreichen, um den Ausgangszustand des Systems wiederherzustellen, sondern man muß hierzu noch etwas zusätzliche Arbeit zuführen. Nach Abschluß des gesamten *Kreisprozesses aus Ersatzprozeß und Umkehrprozeß* wird also das Gewicht ein wenig tiefer hängen. Dieser Verlust an potentieller Energie ist charakteristisch für die Abweichung des Ersatzprozesses und des Umkehrprozesses vom reversiblen Grenzfall: *Strenge Umkehrbarkeit* würde nämlich bedeuten, daß der alte Zustand auch in der Umgebung des Systems, also einschließlich der Höhe des Gewichtes, wiederherstellbar wäre. Dazu müßte *im Ersatzprozeß ein Maximum an Arbeit gespeichert* und *im Umkehrprozeß ein Minimum an Arbeit verbraucht* werden, und die Summe beider Arbeiten wäre dann null.

Wenn man es mit dem nötigen zeitlichen und technischen Aufwand erreicht, daß das Defizit an gespeicherter Arbeit im Ersatzprozeß und der Überschuß an verbrauchter Arbeit im Umkehrprozeß vernachlässigbar klein gegen die im Ersatzprozeß gespeicherte Arbeit sind, dann können wir beide Prozesse als *„praktisch reversibel"* bezeichnen. In diesem Sinne ist ein *reversibler Prozeß ein Grenzfall*, den man zwar nicht exakt realisieren kann, dem man aber beliebig nahe kommen kann. Die einem isothermen, reversiblen Ersatzprozeß entsprechende Arbeit läßt sich beliebig genau berechnen und auch messen.

12 Damit ist aber *nicht* gesagt, daß *jeder* sehr langsame Prozeß annähernd reversibel ist: Die Langsamkeit ist nämlich nicht das *entscheidende* Kriterium für Reversibilität, sondern entscheidend ist die Speicherung maximaler Arbeit im Ersatzprozeß bzw. der Verbrauch minimaler Arbeit im Umkehrprozeß (s. unten). Eine elastische Verformung kann sogar *schnell* gehen und trotzdem reversibel sein. Auch schnelle adiabatische Kompressionen (z.B. in einem Fußball) können annähernd reversibel sein.

Weitere Beispiele für spontane Prozesse sind die Vermischung zweier idealer Gase, das Einschwingen eines gedämpften Pendels in seine Ruhelage (Reibung), das Herabfallen einer Knetekugel unter plastischer Verformung und die Abkühlung eines heißen Körpers durch Wärmeübertragung auf die Umgebung. Alle vier Vorgänge lassen sich im Prinzip durch reversible Vorgänge ersetzen: Das Problem der reversiblen Vermischung läßt sich auf das vorher besprochene Problem der reversiblen Expansion zurückführen, wenn man passende semipermeable Wände besitzt; Näheres in Abschnitt 11.3. Um das Einschwingen des Pendels und das Herabfallen der Knetekugel reversibel zu gestalten, muß die Reibung bzw. plastische Verformung verhindert werden, indem die potentielle Energie nicht als Wärme, sondern als Arbeit abgeführt und in Form einer anderen mechanischen Energie in der Umgebung gespeichert wird. Auch die Abkühlung eines heißen Körpers läßt sich reversibel gestalten, indem ein Teil der abzugebenden Wärme in Arbeit verwandelt wird; Näheres in Abschnitt 12.3.

10.3 Die Unmöglichkeit eines Perpetuum mobile zweiter Art (Die Nichtäquivalenz von Wärme und Arbeit)

Wir wir im vorangehenden Abschnitt gesehen haben, ist es bei einem Kreisprozeß mit einheitlicher Umgebungstemperatur für nichtreversible Prozeßanteile charakteristisch, daß die potentielle Energie eines gehobenen Gewichts in der Umgebung des Systems abnimmt. Diese Energiedifferenz wird bei dem Kreisprozeß in Form von Arbeit vom System (vom Gas) aufgenommen (soweit sie nicht schon vorher als Reibungswärme an die Umgebung abgeführt wurde). Da aber die Innere Energie des Systems (des Gases) am Ende des Kreisprozesses wieder ihren alten Wert annimmt, muß die vom System als Arbeit aufgenommene Energie in Form von Wärme an die Umgebung abgegeben werden. Das ***Charakteristikum der Irreversibilität*** besteht also in der ***„Umwandlung von Arbeit in Wärme“***[13] ***ohne sonstige Veränderungen***.

13 Diese früher allgemein übliche Formulierung wird heute manchmal kritisiert, weil man unter „Wärme“ und „Arbeit“ eigentlich keine *statischen* Energieformen versteht, sondern nur Formen der Energie*übertragung* (vgl. §5.4). Die Formulierung läßt sich aber trotzdem aufrecht erhalten, weil der Prozeß der Arbeitsübertragung von der Umgebung auf das System sozusagen in einen Prozeß der Wärmeübertragung von dem System auf einen anderen Teil der Umgebung „verwandelt“ wird. Damit ist gemeint, daß das System ohne bleibende Veränderung seines Zustands (bzw. unter Rückkehr in seinen Ausgangszustand) Arbeit aufnimmt und eine gleiche große Menge an Wärme an die Umgebung von einheitlicher Temperatur abgibt. Wenn man weiter nach der Herkunft der Arbeit und nach dem Verbleib der Wärme fragt, dann kann man sich vorstellen, daß die Arbeit aus der potentiellen Energie eines gehobenen Gewichts stammt und daß die abgegebene Wärme in kinetische Energie der ungeordneten thermischen Molekularbewegung der Umgebung investiert wird, ohne daß die einheitliche Temperatur der beliebig großen Umgebung hierbei merklich zunimmt. Man kann also „Umwandlung von Arbeit in Wärme“ auch lesen als „Umwandlung von makroskopischer mechanischer Energie in thermische Energie“.

Für Prozesse, die zunächst *mit* sonstigen Veränderungen verbunden sind (z.B. weil das System *nicht* in seinen Ausgangszustand zurückkehrt oder weil in der Umgebung sonstige Veränderungen zurückbleiben, wie etwa die Angleichung eines heißen oder kalten Körpers an die Temperatur der übrigen Umgebung) läuft das Charakteristikum der Irreversibilität indirekt auf dasselbe hinaus: Bei einem ***mit Irreversibilitäten*** verbundenen Prozeß wird ***weniger Arbeit als im reversiblen Grenzfall*** vom System abgegeben. Diesem „Weniger" an abgegebener Arbeit muß aber ein „Mehr" an abgegebener Wärme (bzw. ein „Weniger" an aufgenommener Wärme) entsprechen, weil die Summe $-\triangle U = -W-Q$ für eine gegebene Zustandsänderung ja festliegt. Das ***Charakteristikum der Irreversibilität*** besteht hier also in der ***Vergeudung von Arbeitsfähigkeit zugunsten von Wärme***[14]. Die bei einem irreversiblen Prozeß vergeudete Arbeitsfähigkeit ist gleich der Arbeit, die man in einem reversiblen Ersatzprozeß zusätzlich hätte gewinnen können.

Wenn man nach Ablauf des irreversiblen Prozesses den Anfangszustand des Systems (sowie gegebenenfalls des Körpers von abweichender Temperatur, Näheres in §12.3) in einem ***reversiblen Umkehrprozeß*** unter *Arbeitszufuhr* aus der Umgebung wiederherstellt, dann bleibt als Gesamtbilanz dieses irreversiblen *Kreis*prozesses immer nur übrig, daß *ohne* sonstige Veränderungen „Arbeit in Wärme verwandelt" worden ist, d.h., daß z.B. potentielle Energie eines gehobenen Gewichtes in thermische Energie der Umgebung verwandelt worden ist, ohne daß die einheitliche Temperatur der unendlich großen Umgebung hierbei meßbar zugenommen hat. Da der Umkehrprozeß reversibel sein sollte, ist die Irreversibilität des ersten Prozesses *allein* „schuld" an dieser Arbeitsvergeudung. Insofern kann man ganz allgemein sagen, daß ***jeder irreversible Prozeß direkt oder indirekt einer definierten „Umwandlung von Arbeit in Wärme" ohne sonstige Veränderungen entspricht.***

Eine „Umwandlung von Arbeit in Wärme" ohne sonstige Veränderungen ist immer unbegrenzt möglich. Die Jouleschen Experimente zur Bestimmung des mechanischen Wärmeäquivalents bieten hierzu viele Beispiele (s. §5.3). Daß ein solcher Vorgang irreversibel ist, bedeutet aber, daß seine Umkehrung *nicht* möglich ist. Eine Umwandlung von Wärme in Arbeit ist nämlich *ohne sonstige Veränderungen* überhaupt nicht möglich.

Vom molekularen Standpunkt aus ist es sehr einleuchtend, daß man z.B. nach Herabfallen einer Bleikugel unter Umwandlung ihrer potentiellen Energie in thermische Energie der ungeordneten Molekularbewegung die Moleküle ohne äußeren Arbeitsaufwand durch keine noch so listige Versuchsanordnung dazu bringen kann, daß die ungeordnete Molekularbewegung sich wieder in eine geordnete Aufwärtsbewegung der ganzen Bleikugel verwandelt. Die molekularen Ursachen dieser Unmöglichkeit werden im 12. Kapitel ausführlich analysiert.

Unter dem Gesichtspunkt der gegenseitigen Umwandelbarkeit und damit der praktischen Verwendbarkeit sind also Wärme und Arbeit überhaupt nicht äquivalent, sondern Arbeit ist mehr wert als eine gleiche Menge an Wärme. Diese ***„Nichtäquivalenz" von Wärme und Arbeit*** wird im ***zweiten Hauptsatz der Thermodynamik*** als allgemeiner Erfahrungssatz folgendermaßen formuliert:

---

14 Im Beispiel der irreversiblen Expansion eines Gases in ein evakuiertes Gefäß (Abb. 6.2) wird zwar weder Arbeit noch Wärme umgesetzt, aber es wird trotzdem Arbeits***fähigkeit*** vergeudet, weil man durch reversible Führung der Zustandsänderung in der Pohlschen Apparatur (Abb. 6.3) Arbeit aus Wärme hätte gewinnen können. Die Rechnung für diese Vergeudung muß man bezahlen, wenn man den Ausgangszustand des Gases wiederherstellen will: Dann muß man tatsächlich Arbeit zuführen, die als Wärme an das Wasserbad abgegeben wird. Insofern kann man sagen, daß auch die irreversible Expansion indirekt bereits einer „Umwandlung von Arbeit in Wärme" entspricht.

> *„Es ist unmöglich, eine periodisch arbeitende Maschine zu bauen, die nichts weiter bewirkt als Abkühlung ihrer Umgebung und Hebung einer Last."*

Eine solche Maschine, deren Bau nach dem 1. Hauptsatz noch nicht ausgeschlossen schien, nach dem 2. Hauptsatz aber unmöglich ist, heißt ***„Perpetuum mobile zweiter Art"*** (PM2).

Mit dem Wort „periodisch" ist gesagt, daß die Maschine regelmäßig in ihren Anfangszustand zurückkehren soll, so daß sie durch unbegrenzte Wiederholung dieses Kreisprozesses beliebig viel „Wärme in Arbeit verwandeln" könnte. Diese Forderung wird von der Pohlschen Apparatur (Abb. 6.3) z.B. *nicht* erfüllt. Diese ist daher kein PM2. Sie kann nur so lange Wärme aufnehmen und dafür Arbeit abgeben, bis der Kolben den Rand des Expansionszylinders erreicht. Wenn man aber das Gas in den Anfangszustand zurückbringt, wird die zunächst gespeicherte Arbeit (und mehr als diese) wieder verbraucht.

Mit den Worten „nichts weiter" ist gefordert, daß die Maschine außer einer Abkühlung ihrer Umgebung und der Speicherung von Arbeit (z.B. durch Hebung einer Last) keinerlei sonstige Veränderungen in ihrer Umgebung bewirken soll. Jeder Verbrauch von Brennstoff unter Abgabe von Verbrennungsprodukten sowie auch ein Wärmetransport zwischen einem heißeren oder kälteren Körper und der übrigen Umgebung sind durch diese Forderung ausgeschlossen.

Ein PM2 wäre fast ebenso nützlich wie ein PM1: Man würde für seinen Betrieb keinerlei Benzin, Kohle oder elektrische Energie brauchen, sondern lediglich Wärme aus der Umgebung. Da die geleistete Arbeit aller Maschinen früher oder später immer wieder als Wärme an die Umgebung abgegeben wird, würde die Umwelt von dem PM2 durch den vorübergehenden Wärmeentzug gar nicht belastet werden. Man könnte z.B. einen Schiffsmotor mit Wärme aus dem Meerwasser betreiben und würde diese Energie als Reibungswärme sogleich an das Meer zurückgeben.

Um die Aussage des 2. Hauptsatzes in die mathematische Formelsprache zu übersetzen, können wir das PM2 als ein geschlossenes System betrachten, da ja Stoffaustausch mit der Umgebung (Brennstoffzufuhr, Produktabfuhr) nach Definition ausgeschlossen ist. Vorübergehende Änderungen seiner Inneren Energie kommen dann nur durch Austausch von Arbeit und Wärme mit der Umgebung zustande. Um auch den Wärmeaustausch mit einem heißeren oder kälteren Wärmespeicher auszuschließen, wollen wir unsere Formulierungen zunächst auf isotherme Prozesse bei der Temperatur T der Umgebung beschränken. (Eine allgemeinere mathematische Formulierung des 2. Hauptsatzes unter Einschluß auch nichtisothermer Vorgänge werden wir später, im 12. Kapitel, nachholen.) Bei konstanter Temperatur wäre als PM2 ein System anzusprechen, das bei Durchlaufen eines Kreisprozesses insgesamt[15] Arbeit abgäbe, für das also die ausgetauschte isotherme Arbeit, summiert oder integriert über einen geschlossenen Kreisprozeß, negativ wäre:

$$\oint \delta W_T < 0 \quad \text{(Perpetuum mobile 2. Art)}$$

15 „Insgesamt" heißt: „summiert über alle (positiven und negativen) Arbeitsbeträge". Würde insgesamt Arbeit abgegeben (die nach dem 1. Hauptsatz durch zugeführte Wärme kompensiert sein müßte), dann besäße man damit ein Perpetuum mobile zweiter Art.

Da ein solches PM2 unmöglich ist, muß also dieses Integral für alle wirklichen Systeme immer größer oder gleich null sein:

$$\oint \delta W_T \geq 0 \tag{10.10}$$

Das >-Zeichen in dieser Formel entspricht einem nicht umkehrbaren Prozeß[16]:

$$\oint \delta W_{T,\text{irrev}} > 0 \tag{10.11}$$

Somit bleibt für den Fall eines umkehrbaren Kreisprozesses aus (10.10) nur das Gleichheitszeichen übrig:

$$\oint \delta W_{T,\text{rev}} = 0 \tag{10.12}$$

Dieses ist die mathematische Formulierung dafür, daß die ***Arbeit eines isothermen, reversiblen Prozesses*** der Änderung einer ***Zustandsgröße*** entspricht [vgl. Gl. (5.20)]. Das bedeutet: Wird ein System auf zwei verschiedenen isothermen, reversiblen Wegen 1 und 2 aus einem Zustand I in einen Zustand II gebracht, so sind die beiden Arbeitsbeträge immer gleich groß[17]:

$$(W_{T,\text{rev},\text{I}\to\text{II}})_1 = (W_{T,\text{rev},\text{I}\to\text{II}})_2 \tag{10.13}$$

Wir zerlegen jetzt den isothermen, reversiblen Kreisprozeß von Formel (10.12) in einen Hinweg von I nach II mit der Arbeit W_{rev} und einen reversiblen Rückweg von II nach I mit der Arbeit $W_{\text{rück}}$ (vgl. Abb. 10.3):

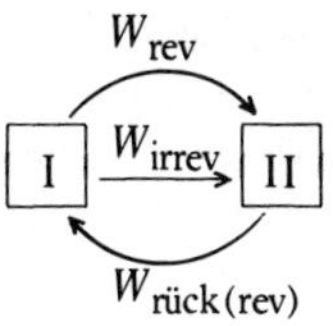

Abb. 10.3. Zusammensetzung der Arbeit bei einem isothermen Kreisprozeß aus den Beiträgen verschiedener Wege zwischen zwei Zuständen I und II eines Systems.

$$\oint \delta W_{T,\text{rev}} = W_{\text{rev}} + W_{\text{rück}} = 0$$

Analog sei der irreversible Kreisprozeß von Formel (10.11) durch einen Hinweg mit der Arbeit W_{irrev} und den gleichen reversiblen Rückweg wie im vorhergehenden, reversiblen Kreisprozeß realisiert:

$$\oint \delta W_{T,\text{irrev}} = W_{\text{irrev}} + W_{\text{rück}} > 0$$

16 Denn bei einer Umkehrung des Prozesses müßte sich auch das >-Zeichen umkehren, und das ist nach dem oben Gesagten unmöglich.

17 Man kann diese Aussage auch ohne Formeln direkt aus der Überlegung gewinnen, daß man anderenfalls durch geeignete Kombination der verschiedenen Wege bzw. deren Umkehrung ein Perpetuum mobile zweiter Art bauen könnte. Der Leser führe diese Überlegung selbst aus!

Durch Subtraktion der vorhergehenden Gleichung folgt:

$$W_{\text{irrev}} - W_{\text{rev}} > 0$$

oder (mit ausführlichen Indices):

$$-W_{T,\text{rev},\text{I}\rightarrow\text{II}} > -W_{T,\text{irrev},\text{I}\rightarrow\text{II}} \qquad (10.14)$$

In Worten: Für einen *reversiblen*, isothermen Weg von I nach II ist die abgegebene Arbeit größer (bzw. die aufgenommene Arbeit kleiner) als für einen *irreversiblen*, isothermen Weg. Also ist ***die reversibel abgegebene Arbeit bei einer isothermen Zustandsänderung zugleich die maximal abzugebende Arbeit.*** (Bei irreversibler Durchführung der Zustandsänderung geht nämlich ein Teil der abzugebenden Arbeit als Wärme verloren.)

10.4 Helmholtz-Energie (Freie Energie)

Für die Zustandsgröße, deren Änderung nach Gl. (10.12) bei einer isothermen Zustandsänderung durch die reversible Arbeit gegeben ist, wird die Bezeichnung „***Helmholtz-Energie***“ (bisher[18]: „***Freie Energie***“) mit dem Symbol A eingeführt[19]):

$$\boxed{\triangle A_T \equiv W_{T,\text{rev}}} \qquad (10.15)$$

Da die Helmholtz-Energie (im Gegensatz zur Arbeit) eine meßbare *Eigenschaft* jedes Systems ist, läßt sich der Begriff der ***Triebkraft*** einer isothermen chemischen Reaktion jetzt noch besser veranschaulichen: Als Maß für die Triebkraft einer arbeitsfrei verlaufenden isothermen Reaktion hatten wir in Abschnitt 10.1 die Arbeit pro Formelumsatz eingeführt, die man in einem reversiblen Ersatzprozeß hätte gewinnen können [vgl. Gl. (10.9)]. Diese ist nun nach Gl. (10.15) mit der *Abnahme der Helmholtz-Energie pro Formelumsatz*, $-\partial A/\partial\xi$, identisch.

Für jeden spontanen (also arbeitsfreien und irreversiblen) isothermen Prozeß ist in (10.14) $W_{T,\text{irrev}} = 0$ zu setzen. Zusammen mit (10.15) wird dann für jeden

$$\boxed{\text{spontanen isothermen Prozeß:} \quad -\triangle A_T > 0} \qquad (10.16)$$

18 Die Bezeichnung „Helmholtz-Energie“ mit dem Symbol A (wie das deutsche Wort „Arbeit“) entspricht den Empfehlungen der IUPAC. Bisher wird hierfür in den meisten deutschen Lehrbüchern aber noch die Bezeichnung „Freie Energie“ mit dem Symbol F verwendet.

19 Durch diese Definition sind zunächst nur *solche* Differenzen von A festgelegt, die sich auf *konstante Temperatur* beziehen. Später werden wir sehen, wie man $\triangle A_T$ von einer Temperatur auf eine andere umrechnen kann, und im Anschluß daran eine *allgemeine Definition für* A aufstellen, die mit Gl. (10.15) im Einklang steht. Die Differenz von A zwischen zwei verschiedenen Temperaturen ist aber eine rein formale Rechengröße und hat nicht die physikalische Bedeutung einer „Triebkraft“. Näheres in Abschnitt 14.1.

In Worten: Die *Helmholtz-Energie nimmt bei isothermen, arbeitsfrei ablaufenden Prozessen immer ab*[20]. (Dieser Satz ist eine **spezielle Formulierung des zweiten Hauptsatzes.**) Allein aus diesem Satz ergibt sich unmittelbar, daß ein isothermer, arbeitsfreier Prozeß bei demjenigen Reaktionsstand zum Stillstand kommen muß, wo eine Fortsetzung der Reaktion *nicht* mehr mit einer weiteren Abnahme von A verbunden wäre, wo also $(\partial A/\partial\xi)_T = 0$ ist. Dieses ist daher die charakteristische Bedingung für ein

$$\text{chemisches Gleichgewicht:} \quad \left(\frac{\partial A}{\partial \xi}\right)_{T,\delta W=0} = 0 \tag{10.17}$$

Jenseits des Gleichgewichtszustandes stellt die *Gegenreaktion* einen spontanen isothermen Prozeß dar, d.h., für die Reaktion selbst würde sich dort das Vorzeichen der Ungleichung (10.16) umkehren: $-\triangle A_T < 0$. Die Reaktion ist also dort *nicht spontan* möglich[21]. Dieses kommt darin zum Ausdruck, daß ihre Triebkraft $-(\partial A/\partial\xi)_{T,\delta W=0}$ negativ ist.

In Abb. 10.4 ist die Helmholtz-Energie eines Systems zusammen mit der Triebkraft einer chemischen Reaktion analog zu Abb. 10.1 dargestellt. Im Beispiel der HI-Bildung nach Gl. (10.3) ist der Reaktionsstand ξ dem Prozentsatz an HI-Molekülen proportional. Bei der Gleichgewichtszusammensetzung hat die Helmholtz-Energie ein Minimum.[22]

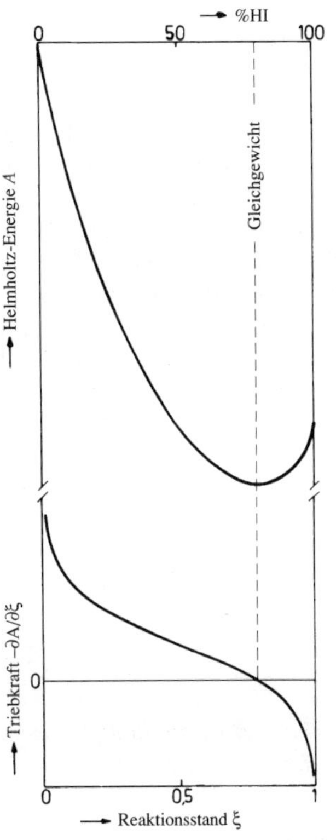

Abb. 10.4. Helmholtz-Energie (oben) und Triebkraft der Reaktion (unten) im Iod-Wasserstoff-System in Abhängigkeit vom Reaktionsstand bei Konstanz von Volumen und Temperatur. Bei der Gleichgewichtszusammensetzung des Systems hat die Helmholtz-Energie ein Minimunm und die Triebkraft einen Nulldurchgang.

20 Da A also nicht zunehmen kann, folgt: Wenn A isotherm und arbeitsfrei abnimmt, dann ist der betr. Prozeß irreversibel. Frage: Läßt sich die entsprechende Zustandsänderung auch auf *reversible* Weise herbeiführen? Antwort: Nicht mit der obigen Nebendingung „arbeitsfrei", sondern nur, wenn man Arbeit abführt und als potentielle Energie speichert.

21 Sie ist aber möglich durch Zufuhr von elektrischer Arbeit.

22 Zur Diskussion der Kurven in Abb. 10.4 vgl. Abb. 1 in §1.3 und §15.2 im Anschluß an Gl. (15.18)

Wenn die Abnahme der Helmholtz-Energie mit der reversiblen elektrischen Arbeit einer galvanischen Kette übereinstimmen soll, dann dürfen außer der elektrischen Arbeit keine sonstigen Arbeitsbeträge auftreten, insbesondere keine Volumenarbeit. Dazu muß das Volumen des Gesamtsystems konstant bleiben, wie das in der Versuchsanordnung in Abb. 10.2 der Fall ist. Dann wird aus Gl. (10.9):

$$-\left(\frac{\partial A}{\partial \xi}\right)_{V,T} = \nu_e F E \tag{10.18}$$

10.5 Gibbs-Energie (Freie Enthalpie)

Wir betrachten ein System, das sich im chemischen Gleichgewicht befindet, z.B. eine Mischung der Gase N_2, H_2 und NH_3 in einem bestimmten Volumen bei bestimmter Temperatur. Wenn das Volumen konstant gehalten wird, haben wir ein arbeitsfreies System vor uns ($\delta W = 0$), für das die Gleichgewichtsbedingung (10.17) zutrifft: Bei einem differentiell kleinen Stoffumsatz $\mathrm{d}\xi$ würde also $\mathrm{d}A = 0$ sein. Wir wollen jetzt den Außendruck in der Umgebung genauso groß machen wie den Druck p im Reaktionsgefäß. Dann können wir die Gefäßwand beweglich machen, *ohne daß das Gleichgewicht gestört wird*. Bei einem differentiellen Stoffumsatz $\mathrm{d}\xi$ bei *konstantem* p und T würde sich aber jetzt das Volumen um $\mathrm{d}V_{p,T}$ verändern, und die Änderung der Helmholtz-Energie wäre daher *nicht* mehr $\mathrm{d}A = 0$, sondern nach (10.15) gleich der reversibel[23] zugeführten Volumenarbeit:

$$\mathrm{d}A_{p,T} \equiv \delta W_{\mathrm{rev},p,T} = -p\mathrm{d}V_{p,T} \tag{10.19}$$

oder $\quad \mathrm{d}A_{p,T} + p\mathrm{d}V_{p,T} = 0 \quad$ oder analog der Herleitung von Gl. (8.2)

$$\mathrm{d}(A + pV)_{p,T} = 0 \tag{10.20}$$

Um auch *für isotherme*, ***isobare*** *Systeme* ein einfaches ***Gleichgewichtskriterium*** zu haben, wird für die Summe $A + pV$ ein neues Symbol und ein neuer Name eingeführt:

$$\boxed{A + pV \equiv G} \quad \text{(\textbf{\textit{Gibbs-Energie}} oder \textbf{\textit{Freie Enthalpie}})} \tag{10.21}$$

23 Da Druckgleichgewicht zwischen System und Umgebung angenommen wurde, ist der Arbeitsaustausch reversibel, vgl. §10.2.

Da A, p und V durch den thermodynamischen Zustand eines Systems eindeutig festgelegt sind, ist auch G eine *Zustandsgröße*.

Wenn ein isothermes isobares System außer der Volumenarbeit gegen den konstanten Außendruck p keinerlei sonstige Arbeit mit seiner Umgebung austauscht, so ist der Gleichgewichtszustand nach (10.20) und (10.21) durch die Bedingung gegeben, daß die Gibbs-Energie sich bei einem differentiellen Formelumsatz dξ nicht verändert:

$$\boxed{\left(\frac{\partial G}{\partial \xi}\right)_{p,T} = 0 \quad \text{(Gleichgewicht)}} \tag{10.22}$$

Analog wie die Helmholtz-Energie bei konstantem Volumen, so erreicht die Gibbs-Energie *bei konstantem Druck* für isotherme Reaktionen im Gleichgewichtszustand ein Minimum[24] (Abb. 10.5). Eine Verschiebung aus diesem Zustand heraus ist nur durch Zufuhr von sonstiger Arbeit (außer der Volumenarbeit gegen den konstanten Außendruck) möglich.

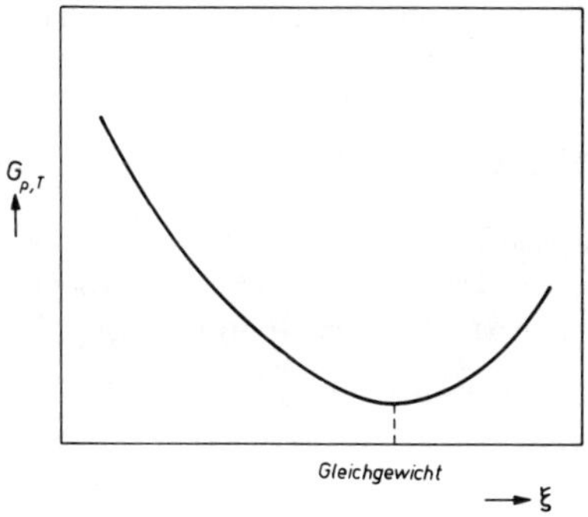

Abb. 10.5. Gibbs-Energie in Abhängigkeit vom Reaktionsstand ξ bei Konstanz von Druck und Temperatur. Die negative Tangentensteigung an einem beliebigen Punkt der Kurve ist gleich der Triebkraft der isobaren, isothermen Reaktion bei der jeweiligen Zusammensetzung des Systems.

Als Beispiel für ein System, das mit seiner Umgebung außer der reversiblen Volumenarbeit W_{Vol} gegen den konstanten Außendruck noch reversible elektrische Arbeit W_{el} austauscht, betrachten wir in Abb. 10.6 die galvanische Kette

$$\text{Pt}, \text{H}_2\,(\text{g}) \,|\, \text{H}^+\,(\text{aq}), \text{Cl}^-\,(\text{aq}) \,|\, \text{Pt}, \text{Cl}_2\,(\text{g}).$$

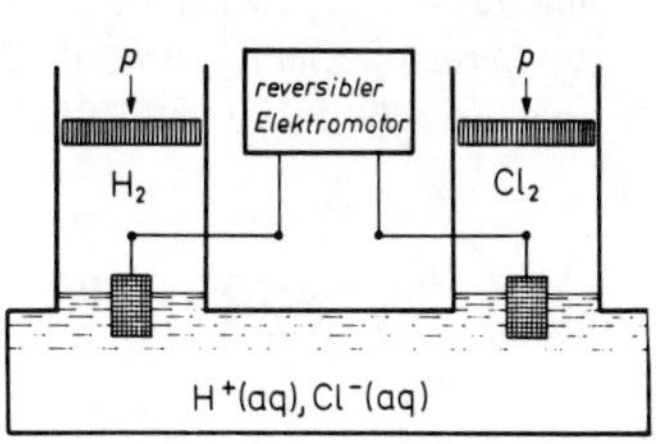

Abb. 10.6. Schematische Versuchsanordnung zur reversiblen Führung der Reaktion von Wasserstoff mit Chlor bei konstantem Außendruck p.

24 Da sich im Beispiel der HI-Bildung nach Gl. (10.3) die *Teilchenzahl nicht verändert*, bleibt *in diesem Fall* bei konstantem Volumen *zugleich auch der Druck* konstant. Daher kann man für dieses spezielle Beispiel in Abb. 10.4 $(\partial A/\partial \xi)_{V,T} = (\partial G/\partial \xi)_{p,T}$ setzen.

Die Gase H_2 und Cl_2, welche die in die wäßrige HCl-Lösung eintauchenden Platinelektroden umspülen, sind durch bewegliche, gewichtslose Stempel gegen die Umgebung abgeschlossen, auf denen der Außendruck p lastet. Bei Stromdurchgang von 2 e^- läuft folgende Reaktion ab:

$$H_2\,(g) + Cl_2\,(g) \rightarrow 2\,H^+\,(aq) + 2\,Cl^-\,(aq) \tag{10.23}$$

Da beide Arbeitsbeträge reversibel sein sollen, ist nach Gl. (10.15)

$$dA_{p,T} \equiv \delta W_{T,\text{rev}} = \delta W_{\text{el}} + \delta W_{\text{Vol}} = \delta W_{\text{el}} - p\,dV_{p,T} \tag{10.24}$$

Die *Volumenarbeit gegen den konstanten Außendruck p* der Atmosphäre in Abb. 10.6 kann nicht zum Heben von Gewichten verwendet werden. Sie ist prinzipiell *nicht nutzbar*. (Falls sie – wie hier – negativ ist, braucht sie auch nicht durch Absenken von Gewichten aufgebracht zu werden, da sie von der Atmosphäre kostenlos geleistet wird.) Im Unterschied dazu bezeichnet man alle sonstige Arbeit (außer der Volumenarbeit gegen die Atmosphäre) als ***„Nutzarbeit"*** W_{Nutz}. Damit wird aus (10.24) (reversibler Fall, $W_{\text{Nutz,rev}}$):

$$\delta W_{\text{Nutz,rev}} = \delta W_{\text{el}} = dA_{p,T} + p\,dV_{p,T} = d(A + pV)_{p,T} \equiv dG_{p,T} \tag{10.25}$$

Die reversibel zugeführte Nutzarbeit ist hiernach für isotherme, isobare Systeme gleich der Zunahme der Gibbs-Energie. Meistens handelt es sich dabei – wie in Abb. 10.6 – um elektrische Arbeit. Die elektrische Arbeit pro Formelumsatz ist durch (10.9) gegeben.

$$\text{Somit wird} \quad \left(\frac{\partial G}{\partial \xi}\right)_{p,T} = -\nu_e F E. \tag{10.26}$$

Die Größe $-(\partial G/\partial \xi)_{p,T}$ ist die negative *Tangentensteigung* der Kurve $G_{p,T}(\xi)$ in Abb. 10.5. Sie ist proportional der EMK der entsprechenden galvanischen Kette und als ***Triebkraft*** (Affinität) ***der isothermen, isobaren, nutzarbeitsfreien***[25] ***Reaktion*** anzusprechen. Die Triebkraft dieses nutzarbeitsfreien Prozesses ist also gleich der *Nutzarbeit pro molarem Formelumsatz, die das System in einem reversiblen Ersatzprozeß hätte abgeben können* (auch als „Reaktionsarbeit" bezeichnet).

Die Gleichgewichtsbedingung (10.22) ist an die Voraussetzung $\delta W_{\text{Nutz}} = 0$ *insofern* gebunden, als durch Zufuhr von Nutzarbeit eine Verschiebung aus diesem Zustand heraus durchaus möglich ist. Jedoch durch einen *nutzarbeits**freien**, isothermen, isobaren Prozeß* ist dieses *nicht* möglich, da hierbei die *Gibbs-Energie G nur abnehmen kann, bis* schließlich ein *Minimum* erreicht ist:

$$\boxed{dG_{p,T,\delta W_{\text{Nutz}}=0} \leq 0} \quad \text{(Nützliche Formulierung des 2. Hauptsatzes)} \tag{10.27}$$

Die Triebkraft, d.h. die negative Tangentensteigung $-\partial G/\partial \xi$ der Kurve G(ξ) in Abb. 10.5, nimmt im Verlauf der Reaktion ab und erreicht im Minimum der Kurve den Wert

25 Auch für „nutzarbeitsfrei ablaufend" wird im isobaren Fall das Wort „spontan" verwendet.

null. *Bei gegebenen Konzentrationen* der reagierenden Stoffe hat $\partial G/\partial\xi$ einen bestimmten Wert, der von der *Größe* des Systems (d.h. vom Volumen und damit von den Mengen der Stoffe) *unabhängig* ist. Im Gegensatz dazu hängt die Sekantensteigung $\triangle G/\triangle\xi$ für $\triangle\xi = 1$ mol außer von den Anfangskonzentrationen auch noch von der Größe des Systems ab, weil der Stoffumsatz $\triangle\xi = 1$ mol in einem *kleinen* System eine *stärkere Änderung der Konzentrationen* verursacht als in einem größeren System. Nur wenn das System so groß ist, daß die Änderung der Konzentrationen für $\triangle\xi = 1$ mol vernachlässigbar ist[26], dann ist praktisch die Sekantensteigung gleich der Tangentensteigung (d.h. der Differenzenquotient gleich dem Differentialquotient):

$$\frac{\triangle G}{\triangle\xi} = \frac{\partial G}{\partial\xi}.$$

Entsprechend diesem Grenzfall ist mit dem Symbol $\Delta G_{p,T}$ hier immer der *Differentialquotient* gemeint, der (mit umgekehrtem Vorzeichen) die *Triebkraft („Affinität“)* der chemischen Reaktion darstellt. Durch diese Definition ist $\Delta G_{p,T}$ von der Größe des Systems unabhängig, d.h., es ist allein durch die Konzentrationen der Stoffe sowie durch Druck und Temperatur eindeutig festgelegt. Die Indizes p und T werden übrigens meistens weggelassen. Wenn nichts anderes vermerkt ist, so gilt also die Definition

$$\Delta G \equiv \left(\frac{\partial G}{\partial\xi}\right)_{p,T} \tag{10.28}$$

Dabei gebraucht man das Zeichen Δ im Sinne eines mathematischen Operators:

$$\Delta \equiv \left(\frac{\partial}{\partial\xi}\right)_{p,T}.$$

Man beachte, daß dieser Operator (im Gegensatz zum einfachen $\triangle$-Zeichen) die *Dimension* einer Größe verändert, da der Reaktionsstand ξ (die „Reaktionslaufzahl“) nach der heutigen Definition keine dimensionslose Zahl mehr ist, sondern in der Einheit mol gemessen wird (vgl. Fußnote[1] §8.2).

Die Definition von Δ als Operator ist auch auf die Enthalpieänderung ΔH anwendbar; jedoch besteht für die Funktionen U und H auch in kleinen Systemen kein wesentlicher Unterschied zwischen Differentialquotient und Differenzenquotient, weil $\partial U/\partial\xi$ und $\partial H/\partial\xi$ bei idealer Verdünnung von den Konzentrationen unabhängig sind (im Gegensatz zu $\partial A/\partial\xi$ und $\partial G/\partial\xi$). Darum brauchte dieses Problem bei der Einführung des Zeichens Δ in §8.2 noch nicht behandelt zu werden.

Mit (10.28) erhält (10.26) die Gestalt:

$$\boxed{\Delta G = -\nu_e F E} \tag{10.29}$$

26 Ein extremes Beispiel hierfür ist die *Zersetzung eines Hydrates* an der (praktisch unendlich großen) freien Atmosphäre: Wenn der Wasserdampfpartialdruck kleiner als der Gleichgewichtspartialdruck des Hydrates ist, dann zersetzt sich dieses vollständig, ohne daß der Wasserdampfpartialdruck in der Atmosphäre dadurch merklich zunimmt, d.h., ohne daß das Gleichgewicht erreicht wird. Die Triebkraft $-\partial G/\partial\xi$ bleibt dann bis zum Schluß der Reaktion konstant, sie wird also nicht gleich null.

11 Das chemische Potential

11.1 Die Triebkraft der Verdampfung von Wasser

Als besonders einfachen Sonderfall einer „chemischen Reaktion" wollen wir die Phasenumwandlung eines reinen Stoffes betrachten, und zwar speziell die Verdampfung von Wasser. Die „Reaktionsgleichung" lautet in diesem Fall

$$H_2O(\text{fl}) \rightarrow H_2O(\text{g}) \tag{11.1}$$

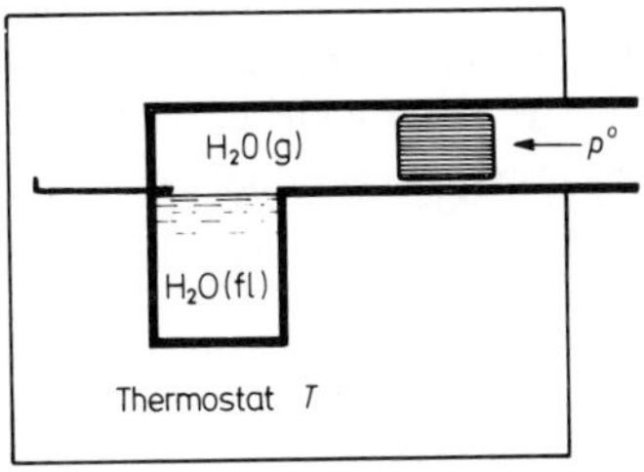

Abb. 11.1. Nutzarbeitsfreie Verdampfung von Wasser bei Konstanz von Druck und Temperatur als Sonderfall einer „chemischen Reaktion".

Das System aus flüssigem Wasser und reinem Wasserdampf sei von einem Thermostaten umgeben und durch einen frei beweglichen Kolben gegen die äußere Atmosphäre vom Druck p° abgedichtet[1] (Abb. 11.1). Die „Reaktion" (11.1) verläuft also isotherm und isobar, so daß ihre Triebkraft nach (10.25) durch die Abnahme der Gibbs-Energie pro Formelumsatz gegeben ist:

$$\frac{-\delta W_{\text{Nutz,rev}}}{\text{d}\xi} = -\Delta G \equiv -\left(\frac{\partial G}{\partial \xi}\right)_{p,T} \tag{11.2}$$

Dabei ist der *Reaktionsfortschritt* dξ durch die Zunahme der Stoffmenge [mol] an gasförmigem H_2O definiert:

$$\text{d}\xi \equiv \text{d}n_{H_2O(\text{g})} = -\text{d}n_{H_2O(\text{fl})} \tag{11.3}$$

1 Der Standarddruck p° (vgl. §8.4) ist so definiert, daß er mit dem mittleren Luftdruck in Höhe des Meerespiegels übereinstimmt.

Wir wollen zunächst annehmen, das System sei im **Gleichgewicht**. Der Druck des Wasserdampfes, der in Abb. 11.1 durch den Atmosphärendruck p° vorgegeben ist, soll also mit dem Dampfdruck p^D des flüssigen Wassers übereinstimmen. Die Temperatur T des Thermostaten muß dann gleich dem Siedepunkt T_S des Wassers sein ($\triangleq$ 100 °C); denn der Siedepunkt ist ja dadurch definiert, daß der Dampfdruck gleich dem Standarddruck wird, so daß sich im Inneren der Flüssigkeit Dampfblasen bilden können.

In diesem Gleichgewichtszustand sollte nun die Triebkraft $-\Delta G = 0$ sein. Tatsächlich kann das System jetzt keinerlei Nutzarbeit leisten; denn wenn Wasser verdampft, wird nur Arbeit gegen die Atmosphäre geleistet, und diese Arbeit läßt sich nicht zum Heben von Gewichten oder zum Antreiben einer Lokomotive nutzbar machen.

Anders ist das im **Nichtgleichgewichtszustand**, d.h., wenn $T > T_S$ ist. Das flüssige Wasser ist dann *überhitzt*[2], und sein Dampfdruck p^D ist größer als der tatsächliche Druck des Wasserdampfes[3] (dieser ist in Abb. 11.1 durch p° vorgegeben). In diesem Fall findet im Schema der Abb. 11.1 bei konstantem p und T eine irreversible, nutzarbeitsfreie Verdampfung statt, wobei G abnimmt. Nachdem die Menge n_{H_2O} verdampft ist, wollen wir den Prozeß durch Absperren der Wasseroberfläche mit Hilfe des Schiebers in Abb. 11.1 beenden.

Läßt sich auch für dieses Beispiel ein **reversibler Ersatzprozeß** angeben, durch den man aus der Triebkraft $-\Delta G$ eine Nutzarbeit gewinnen kann?

Eine galvanische Kette läßt sich für das vorliegende Beispiel nicht konstruieren. Es gibt aber noch eine andere Möglichkeit, die isotherme Umwandlung von H_2O(fl) in H_2O(g) im Prinzip reversibel durchzuführen und dabei die maximale Nutzarbeit zu gewinnen, und zwar als **Expansionsarbeit** des Wasserdampfes, vgl. Abb. 11.2.

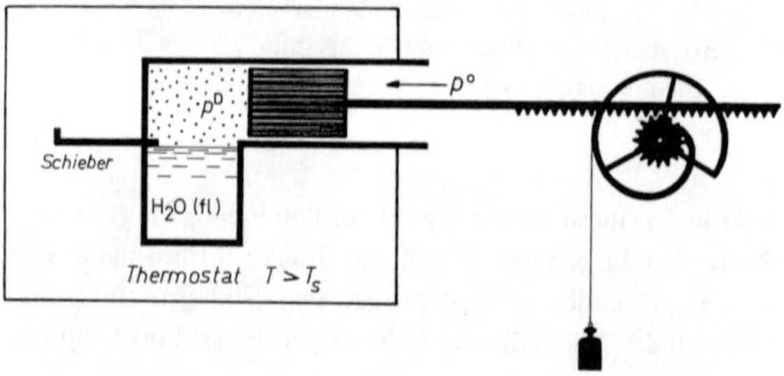

Abb. 11.2. Apparatur zur Durchführung eines reversiblen Ersatzprozesses. Die Triebkraft $-\Delta G$ der irreversiblen Verdampfung in Abb. 11.1 wird jetzt zur Hebung eines Gewichtes ausgenutzt. Nutzbar ist dafür nur die Druckdifferenz $p - p^\circ$.

Dazu soll der bewegliche Kolben in Abb. 11.2 zunächst den freien Raum über dem flüssigen Wasser fast ganz ausfüllen (Gasvolumen praktisch gleich null). Wenn jetzt die

2 Geringe Überschreitungen der Siedetemperatur können leicht auftreten, sofern keine Keime für die Bildung von Dampfblasen in der Flüssigkeit vorhanden sind (*Siedeverzug*).

3 Das Wort *„**Dampfdruck**"* ist für denjenigen Partialdruck reserviert, der mit einer kondensierten Phase ***im Gleichgewicht*** ist. Darum dürfen wir den Druck des Wasserdampfes in diesem Falle nicht als „Wasserdampfdruck" bezeichnen.

Menge n_{H_2O} reversibel (also im indifferenten Gleichgewicht) verdampfen soll, dann muß der Druck des neu entstehenden Wasserdampfes mit dem Dampfdruck p^D übereinstimmmen, der zu der Temperatur $T > T_S$ gehört. Die von dem Kolben auf das Zahnrad ausgeübte Kraft entspricht dann der Druckdifferenz $p^D - p^\circ$. Daher kann während dieser Verdampfung durch Heben eines Gewichtes eine Nutzarbeit von der Größe $(p^D - p^\circ) \cdot V(p^D)$ gewonnen werden (vgl. Abb. 11.2), wenn $V(p^D)$ das Volumen der Substanzmenge $n_{H_2O(g)}$ unter dem Druck p^D ist (das Flüssigkeitsvolumen wird vernachlässigt). Der Hebelarm des Gewichts in Abb. 11.2 bleibt während dieser Arbeitsphase konstant. (Der entsprechende Abschnitt der Kurvenscheibe ist also ein Kreisbogenstück.) Anschließend wird die Flüssigkeitsoberfläche durch einen Schieber abgeschlossen (Abb. 11.2) und der Wasserdampf nach dem Vorbild der Pohlschen Anordnung (Abb. 6.3, §6.2) isotherm und reversibel von p^D auf p° expandiert. Die das Gewicht tragende Kurvenscheibe muß dabei so konstruiert sein, daß der Hebelarm des Gewichts gleich null wird, wenn der Druck des Wasserdampfes gleich dem Atmosphärendruck p° wird.

Die bei diesem reversiblen Ersatzprozeß umgesetzten Arbeitsbeträge sind im p-V-Diagramm Abb. 11.3 dargestellt. (Im Gegensatz zu dem reversiblen Ersatzprozeß mit der galvanischen Kette in Abb. 10.6 besteht hier die gesamte reversible Arbeit nur aus Volumenarbeit.)

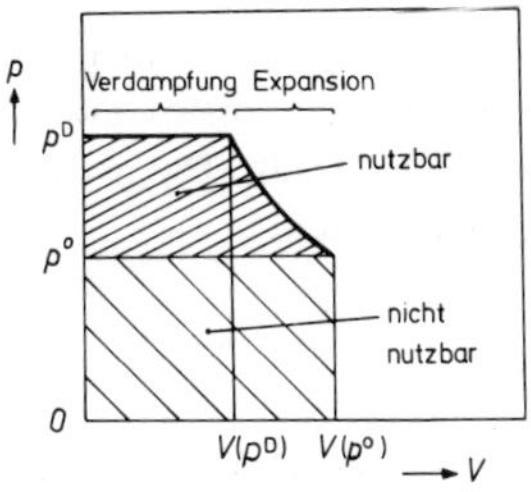

Abb. 11.3. Die beim reversiblen Ersatzprozeß in Abb. 11.2 umgesetzten Arbeitsbeträge als Flächen im p-V-Diagramm. Die gesamte reversible Arbeit setzt sich aus der Verdampfungsarbeit und der Expansionsarbeit zusammen. Die Verdampfungsarbeit $p^D \cdot V(p^D)$ ist genauso groß wie der gegen die Atmosphäre geleistete, nicht nutzbare Arbeitsanteil $p^\circ \cdot V(p^\circ)$. Der nutzbare Arbeitsanteil, die Nutzarbeit $\int V dp$, ist daher genauso groß wie die Expansionsarbeit $\int p dV$.

Die Gesamtfläche unter der Kurve entspricht der isothermen reversiblen Arbeit

$$-W_{T,\text{rev}} = \underbrace{p^D \cdot V(p^D)}_{\text{Verdampfung}} + \underbrace{n_{H_2O(g)} RT \ln \frac{p^D}{p^\circ}}_{\text{Expansion, vgl. Gl. (6.9)}} \tag{11.4}$$

Von dieser gesamten Arbeit ist der Anteil $p^\circ \cdot V(p^\circ)$ nur zum Wegschieben der Atmosphäre verbraucht worden und hat daher nicht zum Anheben des Gewichtes in Abb. 11.2 beigetragen. Dieser Arbeitsanteil ist also nicht nutzbar. Er entspricht der grob schraffierten Fläche des unteren Rechtecks in Abb. 11.3. (Die gleiche nicht nutzbare Volumenarbeit wird übrigens auch in dem spontanen Prozeß der Abb. 11.1 umgesetzt und stellt dort die einzige Arbeit dar.)

Die im reversiblen Ersatzprozeß der Abb. 11.2 *zusätzlich* abgegebene *reversible Nutzarbeit* entspricht der fein schraffierten Fläche in Abb. 11.3. Man erhält sie, indem man von der *gesamten reversiblen Arbeit* nach (11.4) den nicht nutzbaren Anteil subtrahiert:

$$-W_{\text{Nutz,rev}} = p^D \cdot V(p^D) + n_{H_2O(g)} RT \ln \frac{p^D}{p^\circ} - p^\circ \cdot V(p^\circ) \tag{11.5}$$

Nach dem idealen Gasgesetz ist nun aber

$$p^{\mathrm{D}} \cdot V(p^{\mathrm{D}}) = n_{\mathrm{H_2O(g)}} RT = p^{\circ} \cdot V(p^{\circ}), \tag{11.6}$$

und somit bleibt von (11.5) nur übrig (vgl. Gl. (11.2)):

$$-\Delta G \cdot \xi = -W_{\mathrm{Nutz,rev}} = n_{\mathrm{H_2O(g)}} RT \ln \frac{p^{\mathrm{D}}}{p^{\circ}} \tag{11.7}$$

Zur näheren Kennzeichnung von ΔG wollen wir die diesbezügliche „Reaktionsgleichung" (11.1) in Klammern anfügen und Gl. (11.7) durch die umgesetzte Stoffmenge $\xi = n_{\mathrm{H_2O(g)}}$ dividieren:

$$-\Delta G[\mathrm{H_2O(fl)} \rightarrow \mathrm{H_2O\,(g},p^{\circ})] = RT \ln \frac{p^{\mathrm{D}}}{p^{\circ}} \tag{11.8}$$

Die Triebkraft für den Übergang von Wasser aus der Flüssigkeit in die Gasphase ist hiernach gleich der molaren isothermen, reversiblen Expansionsarbeit vom Wasserdampfdruck der Flüssigkeit (p^{D}) auf den Druck des Wasserdampfes in der Gasphase (hier p°).

Die Ausnutzung der Triebkraft $-\Delta G$ von reaktionsfähigen chemischen Systemen als Expansionsarbeit von Gasen ist im Prinzip (zumindest im Gedankenexperiment) immer möglich, auch wenn sich keine passende galvanische Kette konstruieren läßt. Das ist besonders für die theoretische Berechnung der Triebkraft von großer Bedeutung.

11.2 Die Triebkraft eines beliebigen Phasenübergangs

Die Gl. (11.8) läßt sich verallgemeinern. Der Gedankengang zu ihrer Herleitung kann nämlich (mit kleinen technischen Ergänzungen der Abb. 11.2) auf beliebige andere Phasenumwandlungen übertragen werden, wie im folgenden gezeigt werden soll. Statt „Phasenumwandlung" kann man auch „Phasenübergang" oder „Transport über die Phasengrenze" sagen. Anstelle von H_2O betrachten wir jetzt einen beliebigen Stoff i, der aus einer beliebigen Mischphase I in eine beliebige Mischphase II übergeht (vgl. Abb. 11.4): i(I) → i(II). Dann ist in Gl. (11.8) anstelle von p^{D} der zu der Mischphase I gehörende Gleichgewichtspartialdruck $p_{\mathrm{i(I)}}$ des Stoffes i und anstelle von p° der entsprechende Gleichgewichtspartialdruck $p_{\mathrm{i(II)}}$ einzusetzen (Näheres s.u.):

$$\boxed{-\Delta G[\mathrm{i(I)} \rightarrow \mathrm{i(II)}] = RT \ln \frac{p_{\mathrm{i(I)}}}{p_{\mathrm{i(II)}}}} \tag{11.9}$$

Die Triebkraft für den Phasenübergang des Stoffes i von I nach II ist also gleich der abzugebenden molaren Arbeit bei isothermer, reversibler Expansion eines idealen Gases vom

Gleichgewichtspartialdruck $p_{i(I)}$ des Stoffes i über (bzw. in) der Phase I auf den entsprechenden Gleichgewichtspartialdruck $p_{i(II)}$, vgl. Gl. (6.9).

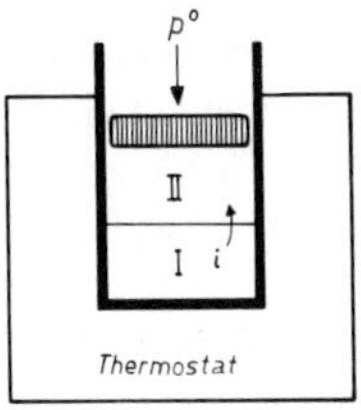

Abb. 11.4. Spontaner Übergang des Stoffes i aus der Phase I in die Phase II bei Konstanz von Druck und Temperatur.

Um die in §11.1 zunächst nur für die Verdampfung von reinem Wasser unter Standarddruck hergeleitete Gl. (11.9) für beliebige Phasenübergänge als gültig zu erweisen, wollen wir den dortigen Gedankengang des reversiblen Ersatzprozesses nach den Abbn. 11.2 und 11.3 schrittweise veränderten Bedingungen anpassen:

1. Der Druck des Wasserdampfes im Endzustand der Gasphase II ist in dem spontanen Prozeß in Abb. 11.1 ebenso wie in dem reversiblen Ersatzprozeß in Abb. 11.2 gleich dem vorgegebenen äußeren Atmosphärendruck p. Letzterer ist aber nur in Meereshöhe gleich p^o. Auf der Spitze des Himalajas ist p z.B. wesentlich kleiner, in einer Taucherglocke unter Wasser z.B. wesentlich größer als p^o. Anstelle von p^o kann man also ohne Änderung der Apparatur einen **beliebigen Gasdruck** $p_{i(II)} = p$ in Gl. (11.8) einsetzen.

Falls der Dampfdruck p^D in den Abbn. 11.1 und 11.2 kleiner als der Atmosphärendruck p ist, bleibt die Gl. (11.8) unverändert gültig. Die Triebkraft $-\Delta G[\text{i(I)} \rightarrow \text{i(II)}]$ für den Verdampfungsvorgang wird dann negativ, d.h. in Abb. 11.1 findet dann spontan die Kondensation statt. Um für diesen Vorgang in einem reversiblen Ersatzprozeß die Nutzarbeit zu gewinnen, müßte man das Gewicht in Abb. 11.2 so aufhängen, daß es bei einer Volumenvergrößerung des Systems gesenkt wird, so daß das Drehmoment des Gewichtes gegen den äußeren Atmosphärendruck wirkt. Die Kurvenscheibe müßte etwas komplizierter konstruiert sein, um während des Ersatzprozesses eine Hin- und Herbewegung zu ermöglichen: Zunächst müßte die zu kondensierende Gasmenge $n_{i(II)}$ vom Anfangsdruck $p_{i(II)} = p$ auf den Gleichgewichtsdampfdruck $p^D = p_{i(I)}$ expandiert werden, wobei das Gewicht ein Stück gesenkt wird und sein Hebelarm vom Wert null auf den Wert r zunimmt. Anschließend würde durch Öffnen des Schiebers die Wasseroberfläche freigegeben und bei konstantem Druck p^D und konstantem Hebelarm r des Gewichts die Kondensation im Gleichgewicht unter Anhebung des Gewichts durchgeführt. Die Formeln zur Herleitung von Gl. (11.8) bleiben unverändert, nur besitzen die darin auftretenden Arbeitsanteile z.T. andere Vorzeichen. Wem es Spaß macht, der kann sich die hierzu passenden Veränderungen der Abbn. 11.2 und 11.3 selbst überlegen. Man kann aus dieser Überlegung die Lehre ziehen, daß physikalische Gleichungen auch dann gültig bleiben, wenn die darin enthaltenen Größen andere Vorzeichen haben, als bei dem Experiment zunächst angenommen wurde. – Natürlich kann man den reversiblen Ersatzprozeß (wie jeden reversiblen Prozeß) auch umkehren. Der reversible Umkehrprozeß [hier die Verdampfung mit $p^D < p_{i(II)}$] verläuft unter *Zufuhr* von Nutzarbeit. Das Gewicht wird dabei also insgesamt mehr gesenkt als gehoben.

2. Die **flüssige Phase I** in den Abbn. 11.1 und 11.2 muß **kein reines Wasser** sein. Das Wasser kann z.B. auch aus einer wäßrigen Zuckerlösung heraus verdampfen. Diese besitzt allerdings einen verminderten Wasserdampfdruck, der von der Zuckerkonzentration abhängt (Näheres in §11.6). Daher würde sich bei der Verdampfung größerer Wassermengen aus der Zuckerlösung der Wasserdampfdruck verändern, während p^D bei der Verdampfung von reinem Wasser in Abb. 11.2 konstant blieb. Um die Herleitung übertragbar zu machen, müssen wir daher die verdampfte Menge $n_{H_2O(g)}$ gegenüber der Gesamtmenge des Wassers in der Lösung so klein wählen, daß wir die resultierende Veränderung des Dampfdruckes vernachlässigen können. Streng mathematisch bedeutet dies, daß wir nur differentiell kleine Mengen $dn_{H_2O(g)}$ entstehen lassen. Dann können wir in Gl. (11.8) den Dampfdruck p^D des reinen Wassers durch den Wasserdampfpartialdruck $p_{H_2O(I)}$ ersetzen, der mit der wäßrigen Zuckerlösung I im Gleichgewicht steht.

3. Der Gedankengang zur Herleitung von Gl. (11.8) ist auch auf den Fall übertragbar, daß die Phase I nicht eine flüssige Phase ist, sondern eine **feste Phase** oder ein Gemisch fester Phasen, z.B. ein kristallisiertes Salz, das Hydratwasser abgeben kann. Dann ist anstelle von p^D in (11.8) der Wasserdampfgleichgewichtspartialdruck einzusetzen, der sich über einem Gemisch von Hydrat und wasserfreiem Salz einstellt. Ähnliche Beispiele findet man in §11.8.4, §13.2.3 und §15.2.2.

4. Jetzt wollen wir den Fall betrachten, daß es sich bei der Phase I (ebenso wie bei der Phase II) um eine **Gasphase** handelt. Auch dann bleiben die angestellten Überlegungen im Prinzip anwendbar, nur muß dann die „Phasengrenze" in den Abbn. 11.4 und 11.2 durch eine poröse Trennwand markiert werden, da sich zwei Gase bei direkter Berührung immer sofort miteinander vermischen. Falls es sich in beiden Gasräumen um reines Gas i handelt, das in Raum I unter höherem Druck steht als in Raum II, dann kann man den irreversiblen Diffusionsprozeß in Abb. 11.4 wiederum durch einen reversiblen Ersatzprozeß entsprechend Abb. 11.2 ersetzen, nur muß man auch hier (wie bei der Zuckerlösung unter Punkt 2) die reversibel übertragene Menge dn_i klein gegen die im Raum I zurückgebliebene Menge $n_{i(I)}$ wählen, damit hierbei der Druck $p_{i(I)}$ praktisch nicht absinkt. Dann führt der Gedankengang der Abbn. 11.2 und 11.3 automatisch wieder zur Gl. (11.9).

5. Wenn Raum I eine **Mischung verschiedener Gase** enthält, dann darf die poröse Trennwand nur für den Stoff i durchlässig („permeabel") sein, für die anderen Stoffe nicht. Die Trennwand stellt dann eine ***„semipermeable"*** (halbdurchlässige) ***Membran*** dar. Eine semipermeable Membran ist z.B. für Wasserstoff durch ein glühendes Platinblech gegeben[4]. Umgibt man einen mit Argon vom Druck p_{Ar} gefüllten glühenden Platinkolben mit einer reinen Wasserstoffatmosphäre (Abb. 11.5), so diffundiert Wasserstoff ins Innere des Platinkolbens, so daß der Druck im rechten Manometer ansteigt. Diese Druckzunahme stellt den Partialdruck p_{H_2} des Wasserstoffs in der Gasmischung dar. Sie ist im Gleichgewicht ebenso groß wie der am linken Manometer ablesbare Druck des reinen Wasserstoffs. Der Wasserstoff verteilt sich also so, als ob das Argon gar nicht vorhanden wäre, wie nach dem idealen Gasmodell (unabhängige Teilchenbewegung) zu erwarten war.

Um die Triebkraft für den Übergang von H_2 zwischen einer Gasmischung I und einer reinen Gasphase II in einem reversiblen Ersatzprozeß zu messen, könnte man hiernach im Prinzip an der Phasengrenze in Abb. 11.2 ein nur für H_2 durchlässiges Blech einbauen. Dann ist das Gedankenexperiment entsprechend Punkt 4 auf diesen Diffusionsprozeß übertragbar und führt wieder zur Gl. (11.9).

4 Der Wasserstoff löst sich in dissoziierter Form (H^+ und e^-) in dem Platinmetall und kann so zwischen den Gitterbausteinen hindurchdiffundieren.

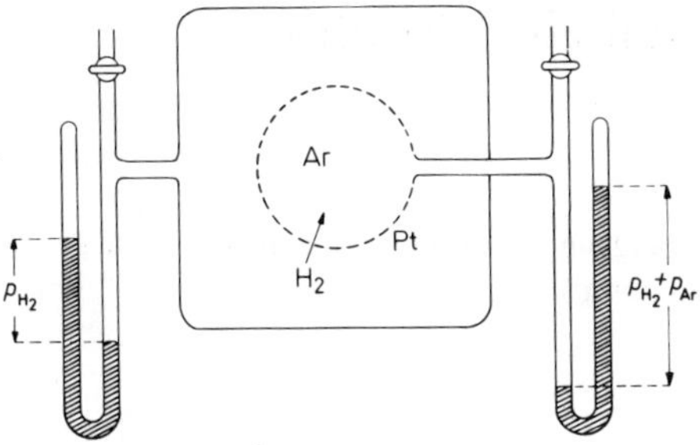

Abb. 11.5. Diffusion von Wasserstoff durch ein glühendes Platinblech (eine semipermeable Membran). Im Gleichgewicht herrscht auf beiden Seiten der Membran der gleiche Wasserstoffpartialdruck, unabhängig von der Anwesenheit sonstiger Gase.

6. Eine nur für den Stoff i durchlässige, semipermeable Membran an der Grenze zwischen den Phasen I und II ist zur Vervollständigung der Apparatur in Abb. 11.2 auch dann notwendig, wenn die Phase I z.B. eine **flüssige Mischphase** ist, in der (im Gegensatz zu der Zuckerlösung in Punkt 2) außer i auch die anderen Stoffe einen von null verschiedenen Gleichgewichtspartialdruck haben. Semipermeable Membranen sind in vielen Fällen realisierbar. Ein weiteres Beispiel lernen wir in §11.7 kennen.

7. Wir wollen jetzt annehmen, daß auch die **Gasphase II außer i noch andere Stoffe** enthält. Ein Beispiel ist die Verdunstung von Wasser aus einer Phase I in die freie Atmosphäre II, die einen konstanten Wasserdampfpartialdruck $p_{i(II)}$ besitzt. Für einen reversiblen Ersatzprozeß müßte dann der Kolben im Expansionszylinder in Abb. 11.2 auch eine semipermeable Wand sein, die aber in diesem Fall nur die Wassermoleküle zurückhält und die übrigen Stoffe der Atmosphäre durchläßt. Da die Partialdrucke dieser übrigen Stoffe dann auf beiden Seiten des Kolbens immer gleich groß sind, so wirkt sich nur die Partialdruckdifferenz der Wassermoleküle als Kraft auf die Kolbenfläche aus. Diese kann zur Hebung des Gewichtes nutzbar gemacht werden. Dabei wird wieder die Arbeit nach Gl. (11.9) gewonnen.

8. Schließlich müssen wir noch den Fall betrachten, daß **keine der Phasen** I und II in Abb. 11.4 **eine Gasphase** darstellt. Da wir für unseren reversiblen Ersatzprozeß eine Gasphase zur Arbeitsleistung benötigen, überführen wir die Stoffmenge dn_i aus der Phase I vorübergehend nach Abb. 11.2 in eine Gasphase vom Druck $p_{i(g)}$ unter Abgabe der molaren Nutzarbeit

$$-\Delta G[\mathrm{i(I)} \rightarrow \mathrm{i(g)}] = RT \ln \frac{p_{\mathrm{i(I)}}}{p_{\mathrm{i(g)}}}.$$

Anschließend wird dieselbe Stoffmenge in einer nach Punkt 1 modifizierten Apparatur reversibel aus der Gasphase in die Phase II überführt unter Abgabe der molaren Nutzarbeit

$$-\Delta G[\mathrm{i(g)} \rightarrow \mathrm{i(II)}] = RT \ln \frac{p_{\mathrm{i(g)}}}{p_{\mathrm{i(II)}}}.$$

Die Addition dieser beiden Gleichungen bestätigt die Gl. (11.9) jetzt auch für einen Phasenübergang zwischen zwei beliebigen kondensierten Phasen.

11.3 Das chemische Potential eines Stoffes in einer Phase

Die Triebkraft $-\Delta G$ für den spontanen Übergang des Stoffes i aus der Phase I in die Phase II (Abb. 11.4) ist nach Gl. (10.27) definiert als

$$-\Delta G \equiv -\left(\frac{\partial G}{\partial \xi}\right)_{p,T}, \quad \text{worin} \quad \mathrm{d}\xi \equiv \mathrm{d}n_{\mathrm{i(II)}} = -\mathrm{d}n_{\mathrm{i(I)}} \tag{11.10}$$

Die mit $\mathrm{d}\xi$ verbundene Änderung $\mathrm{d}G$ können wir nun in zwei Anteile von den beiden Phasen I und II aufspalten. Die Gibbs-Energie des Gesamtsystems setzt sich nämlich additiv aus den Gibbs-Energien der beiden Teilsysteme I und II zusammen:

$$G_{\text{Gesamtsystem}} = G_{\mathrm{I}} + G_{\mathrm{II}} \tag{11.11}$$

Entsprechendes gilt auch für die *Änderung* von G:

$$\frac{\partial G}{\partial \xi} = \frac{\partial G_{\mathrm{I}}}{\partial \xi} + \frac{\partial G_{\mathrm{II}}}{\partial \xi}$$

Mit (11.10) wird daraus

$$-\frac{\partial G}{\partial \xi} = \left(\frac{\partial G}{\partial n_{\mathrm{i}}}\right)_{\mathrm{I}} - \left(\frac{\partial G}{\partial n_{\mathrm{i}}}\right)_{\mathrm{II}} \tag{11.12}$$

Man bezeichnet die *Änderung der Gibbs-Energie einer Phase pro differentieller Änderung der Menge des Stoffes* i als *„partielle molare Gibbs-Energie"* von i oder als ***„chemisches Potential"*** des Stoffes i in dieser Phase[5]:

$$\left(\frac{\partial G}{\partial n_{\mathrm{i}}}\right)_{p,T} \equiv \overline{G}_{\mathrm{i}} = \mu_{\mathrm{i}} \tag{11.13}$$

---

5 Das chemische Potential wird in den meisten Büchern mit dem Symbol μ_{i} bezeichnet. Daneben existiert die systematische Bezeichnung $\overline{G}_{\mathrm{i}}$ (gelesen: G–quer–i), die an die Definition als partielle molare Gibbs-Energie erinnert. Allgemein verwendet man nämlich den Querstrich auch als Operator gemäß der Definition $\overline{X}_{\mathrm{i}} \equiv (\partial X/\partial n_{\mathrm{i}})_{p,T,n_{\mathrm{j}\neq\mathrm{i}}}$, worin man für X auch das Volumen, die Enthalpie oder die Entropie einsetzen kann. Diese Schreibweise hat den Vorteil, daß man das chemische Potential $\overline{G}_{\mathrm{i}}$ des Stoffes i in einer Mischphase unter beliebigem Druck p einerseits von dem Potential G_{i} des reinen Stoffes beim Druck p und andererseits von dem Potential $G_{\mathrm{i}}^{\mathrm{o}}$ des reinen Stoffes beim Standarddruck p^{o} unterscheiden kann. Eine Namenserweiterung von $\overline{G}_{\mathrm{i}}$ erfolgt S. 291 ff.

Wie bei den Größen $V_{\mathrm{i}}, U_{\mathrm{i}}, H_{\mathrm{i}}$ und $C_{p\mathrm{i}}$ soll auch hier durch das i im Index zum Ausdruck gebracht sein, daß es sich um eine molare Größe des Stoffes i mit der Dimension [J/mol] handelt, während G ohne Stoffindex eine der Stoffmenge proportionale („extensive") Größe der Dimension [J] ist.

Damit ergibt sich aus Gl. (11.12) als ***Triebkraft für den Phasenübergang*** des Stoffes i die ***Differenz der chemischen Potentiale*** des Stoffes i zwischen beiden Phasen:

$$\boxed{-\Delta G[\mathrm{i(I)} \rightarrow \mathrm{i(II)}] = \overline{G}_{\mathrm{i(I)}} - \overline{G}_{\mathrm{i(II)}}} \tag{11.14}$$

Die Bezeichnung „Potential" ist analog zum elektrischen Potential gewählt worden: Die elektrische Potentialdifferenz $\varphi_{\mathrm{I}}-\varphi_{\mathrm{II}}$ zwischen zwei Punkten eines Leiters (die Spannung) ist nämlich gleich der gewinnbaren elektrischen Arbeit pro differentieller elektrischer Ladung $\mathrm{d}q$, die von I nach II hinabfließt. Analog ist die chemische Potentialdifferenz die gewinnbare Nutzarbeit pro transportierter Stoffmenge $\mathrm{d}n_{\mathrm{i}}$.

Formal erscheint hiernach die chemische Potentialdifferenz als Ursache für den Stofftransport. Allerdings ist mit dieser makroskopischen Beschreibung über die *molekularen* Ursachen der Triebkraft noch nicht viel ausgesagt. Näheres hierüber in §12.1.

Das chemische Potential eines Stoffes i in einer Phase ist hiernach als die ***„Auswanderungstriebkraft"*** aufzufassen, d.h. als die abgebbare molare Nutzarbeit beim *isothermen* Auswandern des Stoffes i aus der betr. Phase in eine Vergleichsphase, deren chemisches Potential man als null definiert. (Die Definition eines solchen Nullpunkts könnte man bei jeder Temperatur willkürlich treffen, um absolute Zahlenwerte des chemischen Potentials angeben zu können. Solche sind aber nicht von praktischem Interesse.)

Für das chemische Einzelpotential in der Phase I kann man eine Formel erhalten, wenn man die Gl. (11.14) nach $\overline{G}_{\mathrm{i(I)}}$ auflöst, für die Triebkraft $-\Delta G$ die Gl. (11.9) einsetzt und für die Phase II einen Standardzustand wählt, dessen chemisches Einzelpotential $\overline{G}_{\mathrm{i(II)}}$ man als bekannt voraussetzt. Dazu wollen wir annehmen, daß es sich bei der Phase II in Abb. 11.4 (ebenso wie bei der oberen Phase in Abb. 11.1) um den reinen Stoff i im idealen Gaszustand unter dem Standarddruck $p^{\mathrm{o}} \equiv 101325$ Pa $\equiv 1$ atm handelt. Das chemische Potential des Stoffes i in diesem Zustand bezeichnen wir als ***„Standardpotential"*** $G^{\mathrm{o}}_{\mathrm{i(g)}}$ (gelesen: „*G*-*i*-gasförmig-Standard"):

$$\overline{G}_{\mathrm{i(II)}} = \overline{G}_{\mathrm{i(g)}}(p_{\mathrm{i}} = p^{\mathrm{o}}) \equiv G^{\mathrm{o}}_{\mathrm{i(g)}} \tag{11.15}$$

Damit wird aus Gl. (11.14):

$$\overline{G}_{\mathrm{i(I)}} = G^{\mathrm{o}}_{\mathrm{i(g)}} - \Delta G[\mathrm{i(I)} \rightarrow \mathrm{i}(\mathrm{g}, p^{\mathrm{o}})]$$

und durch Einsetzen von Gl. (11.9) mit $p_{\mathrm{i(II)}} = p^{\mathrm{o}}$, indem wir den Index I jetzt weglassen:

$$\boxed{\overline{G}_{\mathrm{i}} = G^{\mathrm{o}}_{\mathrm{i(g)}} + RT \ln \frac{p_{\mathrm{i}}}{p^{\mathrm{o}}}} \tag{11.16}$$

Diese Gleichung gibt das chemische Potential des Stoffes i in einer beliebigen Phase an, wenn p_{i} der mit dieser Phase im Gleichgewicht stehende Partialdruck (Dampfdruck) des Stoffes i ist.

Als abgekürzte Schreibweise für die Division des Partialdrucks p_i durch den Standarddruck p^o kann man in Gl. (11.16) geschweifte Klammern einführen:

$$\overline{G}_i = G^o_{i(g)} + RT \ln \{p_i\} \tag{11.17}$$

$$\text{mit} \quad \{p_i\} \equiv p_i/p^o \tag{11.18}$$

Da man einen Logarithmus nur von einer dimensionslosen Zahl bilden kann, so muß jede hinter einem ln-Zeichen stehende physikalische Größe durch eine entsprechende Standardgröße dividiert werden, so daß ein reines Zahlenverhältnis entsteht. Diese Operation wird durch die geschweiften Klammern angedeutet.

Da sich die Zusammensetzung eines **reinen Stoffes i** bei weiterer Stoffzufuhr dn_i nicht ändert, bleibt auch das chemische Potential hierbei unverändert und ist gleich der molaren Gibbs-Energie G_i (ohne Querstrich):

$$\mu_i \equiv \overline{G}_i \equiv \left(\frac{\partial G}{\partial n_i}\right)_{p,T} = \frac{G}{n_i} \equiv G_i \tag{11.19}$$

Für **Gasmischungen** ist der „Dampfdruck" p_i in (11.16) mit dem *Partialdruck in der Mischung* zu identifizieren. Dieser kann aus dem Gesamtdruck p als

$$p_i = p \cdot x_i \tag{11.20}$$

errechnet werden, worin x_i der Molenbruch der Mischung ist:

$$x_i \equiv \frac{n_i}{\sum n_i} \tag{11.21}$$

Als Anwendung von Gl. (11.16) wollen wir die Triebkraft für die Diffusion von H_2 aus einem Raum mit $p_{H_2(I)} = 1$ bar in eine Gasmischung II von H_2 und Ar (Molverhältnis 1:9) mit dem Gesamtdruck $p = 1$ bar bei 25 °C berechnen:

$$H_2(I) \rightarrow H_2(II) \tag{11.22}$$

Der Molenbruch in der Phase II beträgt $x_{H_2} = 1/(1+9) = 0,1$, der Partialdruck also $p_{H_2(II)} = 0,1\, p = 0,1$ bar.

Die „Triebkraft" für die „Reaktion" (11.23) ist nach (11.14)

$$-\Delta G = \overline{G}_{H_2(I)} - \overline{G}_{H_2(II)}. \tag{11.23}$$

Durch Einsetzen von (11.16) wird daraus

$$\begin{aligned} -\Delta G &= RT \ln \frac{p_{H_2(I)}}{p^o} - RT \ln \frac{p_{H_2(II)}}{p^o} = RT \ln \frac{p_{H_2(I)}}{p_{H_2(II)}} \\ &= RT \ln \frac{1}{0,1} = RT \ln 10 = 2,3\, RT \end{aligned} \tag{11.24}$$

Bei 25 °C $\hat{=}$ $T = 298$ K wird $-\Delta G = 5,7 \cdot 10^3$ J/mol.

Um diese Triebkraft als Nutzarbeit zu gewinnen und zu messen, könnte man im Prinzip eine Expansionsanordnung ähnlich der Abb. 11.2 mit einem semipermeablen Platinblech als „Phasengrenze" verwenden. Erheblich einfacher läßt sich aber die Messung der Triebkraft in einer galvanischen Kette realisieren (Abb. 11.6):

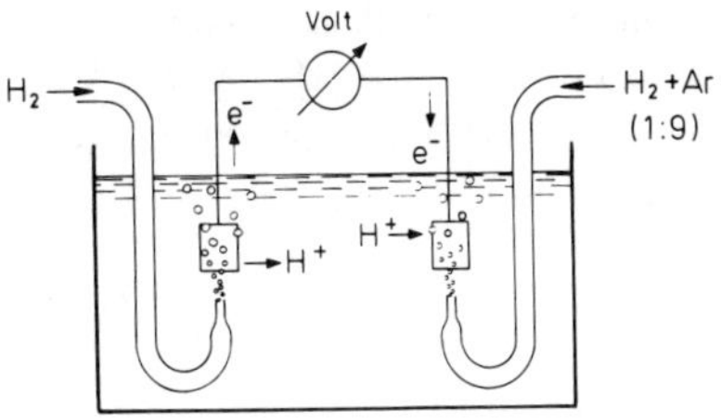

Abb. 11.6. Galvanische Kette zur Messung der Triebkraft für die Diffusion von Wasserstoff aus einer Gasphase mit größerem Wasserstoffpartialdruck in eine Gasphase mit kleinerem Wasserstoffpartialdruck. (Elektrochemische Messung der isothermen reversiblen Expansionsarbeit eines idealen Gases.)

In eine beliebige Säurelösung tauchen zwei Platinbleche, die von zwei Wasserstoffströmen umspült werden. Der rechte Wasserstoffstrom ist mit Hilfe einer Gasmischpumpe im Verhältnis 1:9 mit Argon verdünnt worden. Verbindet man die Elektroden durch einen Draht, so spielen sich bei Ablauf der „Reaktion" (11.22) an den Elektroden folgende Teilprozesse ab:

links: $H_2(I) \rightarrow 2\,H^+ + 2\,e^-$

rechts: $2\,H^+ + 2\,e^- \rightarrow H_2(II)$

Bei einem molekularen Formelumsatz fließen also 2 e durch die Kette. Somit ist nach (10.29):

$$-\Delta G = 2\,FE \qquad (11.25)$$

Für die meßbare EMK folgt aus (11.25) und (11.24):

$$\begin{aligned} E &= \frac{RT}{2F} \ln \frac{p_{H_2(I)}}{p_{H_2(II)}} \\ &= \frac{5,7 \cdot 10^3\,J}{2 \cdot 96\,485\,C} = 0,029\,V \end{aligned} \qquad (11.26)$$

Dieser Wert wird tatsächlich gemessen. Die bei der Rechnung zugrundegelegten, technisch kaum realisierbaren Gedankenexperimente (reversible Expansion, semipermeable Wände) werden durch diese Übereinstimmung glänzend gerechtfertigt.

11.4 Das Massenwirkungsgesetz für Gase

Die für den Chemiker interessanteste Frage in der Thermodynamik lautet: „Wie berechnet man die Lage eines chemischen Gleichgewichts?" Die Antwort ergibt sich im Prinzip aus der

Abb. 10.5 Seite 105: Das Gleichgewicht bei vorgegebenem p und T liegt nämlich dort, wo die Gibbs-Energie $G(\xi)$ ein Minimum erreicht, d.h., wo die Triebkraft $-(\partial G/\partial \xi)_{p,T} \equiv -\Delta G$ gleich null wird. Es kommt also darauf an, zunächst einen mathematischen Ausdruck für ΔG als Funktion der Stoffkonzentrationen aufzustellen und diesen dann gleich null zu setzen.

Der gesuchte Ausdruck für ΔG läßt sich mit Hilfe der chemischen Potentiale leicht formulieren. Wir betrachten als Beispiel eine Mischung der Gase NH_3, H_2 und N_2. Wenn wir bei konstantem p und T die Stoffmengen verändern, so ist die Änderung von G gegeben durch

$$\mathrm{d}G_{p,T} = \frac{\partial G}{\partial n_{\mathrm{NH_3}}}\mathrm{d}n_{\mathrm{NH_3}} + \frac{\partial G}{\partial n_{\mathrm{H_2}}}\mathrm{d}n_{\mathrm{H_2}} + \frac{\partial G}{\partial n_{\mathrm{N_2}}}\mathrm{d}n_{\mathrm{N_2}} \tag{11.27}$$

Wenn die Änderungen der Stoffmengen im geschlossenen System durch die Reaktion

$$3\,\mathrm{H_2} + \mathrm{N_2} \rightarrow 2\,\mathrm{NH_3} \tag{11.28}$$

zustandekommen, dann sind sie bei Zunahme des Reaktionsstandes um $\mathrm{d}\xi$ gegeben durch

$$\mathrm{d}n_{\mathrm{NH_3}} = 2\,\mathrm{d}\xi, \quad \mathrm{d}n_{\mathrm{H_2}} = -3\,\mathrm{d}\xi \quad \text{und} \quad \mathrm{d}n_{\mathrm{N_2}} = -\mathrm{d}\xi.$$

Einsetzen in (11.27) ergibt bei Einführung der chemischen Potentiale nach (11.13):

$$\mathrm{d}G_{p,T} = (2\,\overline{G}_{\mathrm{NH_3}} - 3\,\overline{G}_{\mathrm{H_2}} - \overline{G}_{\mathrm{N_2}})\,\mathrm{d}\xi \tag{11.29}$$

Der in Klammern stehende Ausdruck ist die *stöchiometrische Summe* der chemischen Potentiale für die Reaktion (11.28) [vgl. Gl. (8.9)]. Damit wird aus (11.29):

$$\left(\frac{\partial G}{\partial \xi}\right)_{p,T} \equiv \boxed{\Delta G = \sum \nu_\mathrm{i}\overline{G}_\mathrm{i}} \equiv \sum \nu_\mathrm{i}\mu_\mathrm{i} \tag{11.30}$$

Diese Formel für ΔG ist der Formel (8.16) für ΔH analog.[6] Die Triebkraft $-\Delta G$ einer chemischen Reaktion ist also gleich der negativen stöchiometrischen Summe der chemischen Potentiale, d.h. gleich der chemischen Potentialdifferenz zwischen Ausgangsstoffen und Endprodukten. In dieser Formel wird die **Nützlichkeit des chemischen Potentialbegriffs** besonders deutlich: Nicht nur die Triebkraft von Transportvorgängen läßt sich mit Hilfe dieses Begriffs beschreiben, sondern auch die Triebkraft chemischer Reaktionen.

6 Ein Unterschied besteht darin, daß ΔG und $\overline{G}_\mathrm{i}$ als Differentialquotienten definiert sind, während wir ΔH bzw. H_i bisher nur als Differenzenquotienten (mit $\Delta\xi = 1$ mol) bzw. als einfache molare Größen betrachtet haben. Für ideal verdünnte Systeme ist das erlaubt, da hier die Größen ΔH und H_i von den Konzentrationen praktisch unabhängig sind (im Gegensatz zu ΔG und $\overline{G}_\mathrm{i}$). Für nichtideale Systeme müßte man dagegen ΔH analog zu ΔG definieren und die H_i in (8.16) analog zu $\overline{G}_\mathrm{i}$ mit Querstrichen versehen.

Einsetzen von (11.17) in (11.30) ergibt

$$\Delta G = \sum \nu_i G_i^o + RT \sum \nu_i \ln \{p_i\} \tag{11.31}$$

Denjenigen Wert, den die Gibbs-Reaktionsenergie ΔG annimmt, wenn alle Reaktionsteilnehmer im Standardzustand vorliegen[7], bezeichnet man als ***„Gibbs-Standardreaktionsenergie“*** ΔG^o (gelesen: „Delta-G-Standard“). Da in diesem Fall für alle teilnehmenden Gase $p_i = p^o$, also $\{p_i\} = 1$ wird, verschwindet wegen $\ln 1 = 0$ in Gl. (11.31) das zweite Glied, und man erhält:

$$\Delta G^o = \sum \nu_i G_i^o \tag{11.32}$$

Da eine Summe von Logarithmen gleich dem Logarithmus des entsprechenden Produkts ist, kann man anstelle der stöchiometrischen Summe der Logarithmen in Gl. (11.31) auch ein ***„stöchiometrisches Produkt“*** einführen. Darin werden die stöchiometrischen Faktoren ν_i zu Exponenten, und zwar besitzen die ν_i der Ausgangsstoffe (ebenso wie in der stöchiometrischen Summe) negatives Vorzeichen. Für das Beispiel der Reaktionsgleichung (11.28) ist also das stöchiometrische Produkt definiert durch

$$\Pi p_i^{\nu_i} \equiv p_{NH_3}^2 \cdot p_{H_2}^{-3} \cdot p_{N_2}^{-1} \equiv \frac{p_{NH_3}^2}{p_{H_2}^3 \cdot p_{N_2}} \tag{11.33}$$

Damit wird aus (11.31):

$$\Delta G = \Delta G^o + RT \ln \left\{\Pi p_i^{\nu_i}\right\} \tag{11.34}$$

Im *Gleichgewicht* wird $\Delta G = 0$. Kennzeichnen wir das im Gleichgewicht erreichte stöchiometrische Produkt durch ein Gleichheitszeichen als Index[8], so wird aus (11.34)

$$0 = \Delta G^o + RT \ln \left\{\Pi p_i^{\nu_i}\right\}_= \tag{11.35}$$

$$\text{oder} \quad \left\{\Pi p_i^{\nu_i}\right\}_= = e^{-\Delta G^o/RT} \tag{11.36}$$

Da die Größe ΔG^o für eine gegebene Reaktionsgleichung bei einer bestimmten Temperatur T einen genau definierten Wert besitzt, so muß das im Gleichgewicht erreichte stöchiometrische Produkt eine ***Konstante*** K sein, die ***von den Einzelwerten der Partialdrucke unabhängig*** ist:

$$\left(\frac{p_{NH_3}^2}{p_{H_2}^3 \cdot p_{N_2}}\right)_= \equiv \left(\Pi p_i^{\nu_i}\right)_= = K \tag{11.37}$$

7 Man beachte, daß sich unter dieser Bedingung die meisten Systeme ***weit entfernt vom Gleichgewicht*** befinden, also weit entfernt von dem Minimum der Kurve in Abb. 10.5, in welchem $\Delta G = 0$ wird.

8 Es ist zur Vermeidung von Mißverständnissen sehr wichtig, daß man das *im Gleichgewicht* erreichte stöchiometrische Produkt in Gl. (11.35) durch einen Index von dem *beliebigen* stöchiometrischen Produkt in Gl. (11.34) unterscheidet!

Damit haben wir das **Massenwirkungsgesetz** (MWG) für Reaktionen zwischen idealen Gasen abgeleitet. Zur Berechnung der Massenwirkungskonstante K erhält man aus (11.35) die wichtige Gleichung

$$\boxed{\Delta G^\circ = -RT \ln\{K\} \quad \text{oder} \quad \{K\} = e^{-\Delta G^\circ/RT}} \tag{11.38}$$

Allerdings liefert diese Gleichung nur den *Zahlenwert* von K, was durch die geschweiften Klammern angedeutet wird. Die *Dimension* von K muß man sich anhand der Reaktionsgleichung jeweils gesondert überlegen. Dabei ist als Maßeinheit für die in K enthaltenen Partialdrucke zunächst die frühere Einheit atm einzusetzen. So erhält man z.B. für die Ammoniakbildung aus Gl. (11.37) K in der Einheit $\text{atm}^2/(\text{atm}^3 \cdot \text{atm}) = \text{atm}^{-2}$. Diese Einheit gehört zu dem nach (11.38) berechneten Zahlenwert. Zur Umrechnung von K in eine der heute vorgeschriebenen Einheiten setzt man in K für 1 atm $= p^\circ = 101325$ Pa ein. Damit ergibt sich für das Beispiel der Ammoniakbildung K in der Einheit Pa^{-2} mit einem etwa 10^{10} mal kleineren Zahlenwert.

Die Berechnung von K nach Gl. (11.38) führt über die Standardtriebkraft $-\Delta G^\circ$. Eine Methode zur Bestimmung dieser Größe wird im folgenden Abschnitt behandelt.

11.5 Berechnung einer Gleichgewichtskonstante aus der Triebkraft

Es soll die Massenwirkungskonstante für die „Knallgasreaktion"

$$2\,H_2 + O_2 \rightarrow 2\,H_2O\,(g) \tag{11.39}$$

bei 25 °C berechnet werden. Diese Reaktion ist so stark gehemmt, daß sie bei Zimmertemperatur normalerweise überhaupt nicht abläuft. Bei Zugabe eines Platinkatalysators läuft sie andererseits so vollständig ab, daß die Ausgangsstoffe im Gleichgewicht chemisch nicht mehr nachweisbar sind. Daher kommt eine direkte Bestimmung der Gleichgewichtskonstante durch manometrische Messung der Gleichgewichtspartialdrucke in diesem Falle nicht in Frage. Man ist also auf eine theoretische Berechnung nach Gl. (11.38) angewiesen, was auf eine Bestimmung der Größe ΔG° hinausläuft.

$-\Delta G^\circ$ ist die Triebkraft der Reaktion (11.39) für den speziellen Fall, daß alle drei Reaktionsteilnehmer mit einem Partialdruck von je 101325 Pa vorliegen. Eine Triebkraft läßt sich im Prinzip in einer galvanischen Kette nach der Gleichung (10.29)

$$\Delta G = -\nu_e F E \tag{11.40}$$

bestimmen, und ΔG läßt sich nach Gl. (11.34) auf ΔG° umrechnen.

Es kommt also darauf an, eine galvanische Kette zu konstruieren, in der sich bei Stromfluß die Reaktion (11.39) auf prinzipiell reversible Weise abspielt. Eine solche Kette ist in Abb. 11.7 dargestellt: Zwei Platinbleche, die von H_2 bzw. O_2 umspült werden, tauchen in eine wäßrige 0,1-molare NaOH-Lösung.

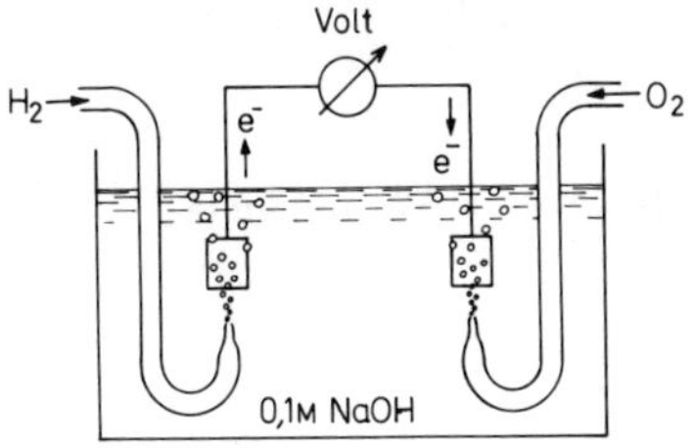

Abb. 11.7. Galvanische Kette zur Messung der Triebkraft der Knallgasreaktion.

An den Elektroden laufen bei Stromfluß folgende Reaktionen ab[9]:

links:	$2\,H_2 + 4\,OH^- \rightarrow 4\,H_2O(fl) + 4\,e^-$
rechts:	$4\,e^- + O_2 + 2\,H_2O(fl) \rightarrow 4\,OH^-$
Summe:	$2\,H_2 + O_2 \rightarrow 2\,H_2O(fl)$ (11.41)

Die Summe der Reaktionen unterscheidet sich von (11.39) nur dadurch, daß H_2O in flüssiger statt in gasförmiger Form entsteht. Wenn wir aber annehmen, daß die Atmosphäre über der Lösung mit Wasserdampf gesättigt ist, so schließt sich die Gleichgewichtsreaktion

$$H_2O(fl) \rightleftharpoons H_2O(g) \tag{11.42}$$

automatisch mit an, ohne daß sich an der Triebkraft und damit an der gemessenen EMK etwas ändert.[10]

Wir messen eine EMK von $E = 1{,}23$ V. Die Zahl der in Gl. (11.41) umgesetzten Ladungen ist $\nu_e = 4$. Somit wird aus (11.40): $\Delta G = -4{,}75 \cdot 10^5$ J/mol. Dieser Wert ist nun mit ΔG in (11.34) zu identifizieren. Für die Reaktion (11.39) lautet (11.34) explizit:

$$\Delta G = \Delta G^{\circ} + RT \ln \left\{ \frac{p_{H_2O}^2}{p_{H_2}^2 \cdot p_{O_2}} \right\} \tag{11.43}$$

Dabei sind die Partialdrucke p_{H_2} und p_{O_2} in Abb. 11.7 beide praktisch gleich dem Außendruck p° vorgegeben, und p_{H_2O} ist der Wasserdampfdruck im Gleichgewicht über

9 Die Anwendung galvanischer Ketten zur Messung der Triebkraft einer Reaktion setzt die Beteiligung von Ionen voraus. Wie das vorliegende Beispiel zeigt, ist es aber nicht nötig, daß die Ionen in der Bruttoumsatzgleichung explizit auftreten.

10 Der ΔG-Wert der Teilreaktion (11.42) ist ja gleich null, da diese Reaktion im indifferenten Gleichgewicht verläuft. Wir dürfen also bei der Berechnung von ΔG zu der Gl. (11.41) nach Belieben noch zweimal (11.42) addieren, um (11.39) zu erhalten. Näheres zu dieser Berechnungsweise in §11.8.5 und §11.8.6.

der wäßrigen Lösung. Mit einem einfachen Quecksilbermanometer mißt man: $p_{H_2O} = 22\,\mathrm{mmHg}$. Zur Umrechnung in die heute vorgeschriebene Einheit Pa wäre mit dem Faktor 101325/760 zu multiplizieren (vgl. die Umrechnungstabelle S. 333). Da es hier aber nur auf die Größe $\{p_{H_2O}\} \equiv p_{H_2O}/p^o$ ankommt, genügt die Division durch $p^o \equiv 760$ mmHg (was einer Umrechnung in die bisherige Einheit atm entspricht). Somit ist $\{p_{H_2O}\} = 2,9 \cdot 10^{-2}$. Mit $T = 298$ K erhalten wir [11] aus Gl. (11.43):

$$\begin{aligned} \Delta G^o &= \Delta G - RT \ln \{p^2_{H_2O}\} \\ &= -4,75 \cdot 10^5\,\mathrm{J/mol} - RT \cdot 2 \cdot \ln(2,9 \cdot 10^{-2}) = -4,57 \cdot 10^5\,\mathrm{J/mol} \end{aligned} \tag{11.44}$$

und aus Gl. (11.38)

$$\ln\{K\} = \frac{-\Delta G^o}{RT} = +184,5\,. \tag{11.45}$$

Die Gleichgewichtskonstante beträgt also

$$\left(\frac{p^2_{H_2O}}{p^2_{H_2} \cdot p_{O_2}}\right)_= \equiv K = e^{184,5} \cdot p^{o-1} = 1,3 \cdot 10^{75}\,\mathrm{Pa}^{-1}.$$

Im Gleichgewicht mit dem Sauerstoffpartialdruck in der freien Atmosphäre von $p_{O_2} = 0,2\,p^o$ ergibt sich daraus für das Gleichgewichtsverhältnis von H_2-Molekülen zu H_2O-Molekülen:

$$N_{H_2}/N_{H_2O} = p_{H_2}/p_{H_2O} = 1/\sqrt{K \cdot p_{O_2}} \approx 2 \cdot 10^{-40}$$

Auf 1 mol Wasserdampf ($6 \cdot 10^{23}$ Teilchen) würde also im Gleichgewicht nicht entfernt auch nur ein einziges H_2-Molekül entfallen:

$$N_{H_2} \approx 2 \cdot 10^{-40} \cdot 6 \cdot 10^{23} = 1,2 \cdot 10^{-16}$$

11.6 Die Abhängigkeit des Lösungsmitteldampfdrucks vom Molenbruch der Lösung

Zur Ableitung des MWG für Gase wurde die Formel (11.17) für das chemische Potential, $\overline{G}_i = G^o_{i(g)} + RT \ln\{p_i\}$, in die allgemeine Formel (11.30) eingesetzt und $\Delta G = 0$ gesetzt. Die gleiche Herleitung ist auch auf ***kondensierte*** (d.h. flüssige oder feste) Systeme anwendbar, denn die Formel (11.17) beschreibt ja auch das chemische Potential in kondensierten Systemen. In diesem Fall bedeutet p_i den Partialdruck des Stoffes i in einer *Gasphase*,

11 Zur Ausrechnung genügt ein Taschenrechner mit den Funktionstasten ln$x$ und e^x (bzw. INV ln$x$).

die sich *mit dem kondensierten System im Gleichgewicht* befindet. Um das MWG auf kondensierte Systeme auszudehnen, muß man wissen, wie dieser ***Gleichgewichtspartialdruck*** (auch: „***Dampfdruck***") *von der Zusammensetzung der kondensierten Phase abhängt.*

Besteht die kondensierte Phase aus dem *reinen Stoff* i, so kann man den Querstrich über dem G_i weglassen [vgl. Gl. (11.19)]. Wenn der auf dem kondensierten Stoff lastende *Außendruck* gerade gleich p° ist[12], so bezeichnet man sein chemisches Potential als ***Standardpotential*** $G^{\circ}_{i(fl)}$ bzw. $G^{\circ}_{i(f)}$ ***des Stoffes*** i ***im flüssigen bzw. festen Zustand***[13]:

$$G_{i(fl)}(p = p^{\circ}) \equiv G^{\circ}_{i(fl)} \tag{11.46}$$

Wir wollen den zugehörigen Dampfdruck des reinen, kondensierten Stoffes i mit p°_i bezeichnen. Dann wird aus (11.16):

$$G^{\circ}_{i(fl)} = G^{\circ}_{i(g)} + RT \ln \frac{p^{\circ}_i}{p^{\circ}} \tag{11.47}$$

Wenn ein Stoff an einer Reaktion als kondensierter Stoff teilnimmt, ist es unpraktisch, als Standardzustand für diesen Stoff den idealen Gaszustand zu wählen. Man wird dann $G^{\circ}_{i(g)}$ eliminieren, indem man Gl. (11.47) nach $G^{\circ}_{i(g)}$ auflöst und in (11.16) einsetzt:

$$\overline{G}_i = G^{\circ}_{i(fl)} - RT \ln \frac{p^{\circ}_i}{p^{\circ}} + RT \ln \frac{p_i}{p^{\circ}} =$$

$$\overline{G}_i = G^{\circ}_{i(fl)} + RT \ln \frac{p_i}{p^{\circ}_i} \tag{11.48}$$

In welcher Weise hängt nun der Quotient p_i/p°_i von der Zusammensetzung der kondensierten Phase ab?

Wenn in einem Lösungsmittel 1 (z.B. Wasser) ein Stoff 2 (z.B. Zucker) aufgelöst wird, dann nimmt der Gleichgewichtspartialdruck p_1 (der „Dampfdruck des Lösungsmittels") hierbei ab. *Im Idealfall ist der Partialdruck* von 1 *dem Molenbruch* von 1 *in der Lösung direkt proportional*[14]:

$$p_1 = p^{\circ}_1 \cdot x_1 \qquad \textbf{\textit{(1. Raoultsches Gesetz)}} \tag{11.49}$$

12 Diese Einschränkung ist nötig, weil – wie wir im nächsten Abschnitt sehen werden – das chemische Potential in kondensierten Systemen grundsätzlich auch vom Außendruck abhängt. Allerdings bewirken große Änderungen des Außendrucks nur relativ kleine Änderungen des chemischen Potentials.

13 Wenn ein Stoff bei gegebener Temperatur in mehreren Aggregatzuständen auftritt, so kann man ihm – zumindest rein rechnerisch – auch entsprechend mehrere Standardpotentiale zuordnen, auch wenn die entsprechenden Standardzustände praktisch nicht realisierbar sind.

14 Wenn die Moleküle des gelösten Stoffes 2 beim Auflösen in kleinere Bruchstücke dissoziieren, so muß man bei der Berechnung des ***Molenbruchs*** $x_1 \equiv n_1/\sum n_i$ die Bruchstücke wie selbständige Moleküle betrachten.

Der *Gültigkeitsbereich* dieses *1. Raoultschen Gesetzes* ist im allgemeinen auf *ideal verdünnte Lösungen* beschränkt[15], d.h. auf nur geringe Abweichungen des Molenbruchs x_1 vom Werte 1 (vgl. Abb. 11.8)[16]. Die *Extrapolation dieses idealen linearen Bereichs* in Abb. 11.8 *verläuft durch den Nullpunkt.*

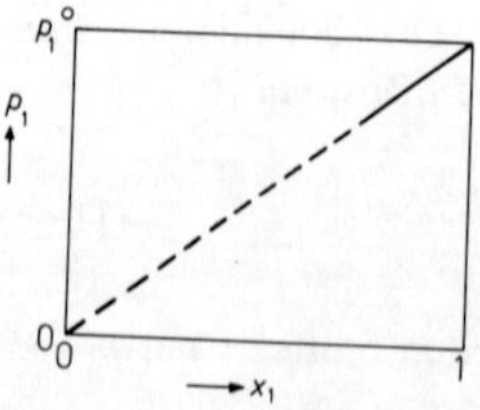

Abb. 11.8. Abhängigkeit des Lösungsmitteldampfdrucks vom Molenbruch der Lösung (1. Raoultsches Gesetz).

Man kann das 1. Raoultsche Gesetz noch etwas anders formulieren, indem man nach der Dampfdruckerniedrigung $p_1^o - p_1$ fragt, die durch den gelösten Stoff hervorgerufen wird:

$$\frac{p_1^o - p_1}{p_1^o} = 1 - \frac{p_1}{p_1^o} = 1 - x_1 = x_2 \qquad (11.50)$$

In Worten: *Die relative Dampfdruckerniedrigung des Lösungsmittels ist gleich dem Molenbruch x_2 des gelösten Stoffes.*

Daß die Gleichgewichtskonzentration der Wassermoleküle im Gasraum und damit der Dampfdruck des Wassers abnimmt, wenn man seine Konzentration in der Flüssigkeit durch Zusatz von gelöstem Stoff erniedrigt, ist nach der Vorstellung eines dynamischen Gleichgewichts von Hin- und Rückreaktion einleuchtend. Erstaunlich erscheint aber, daß es hierbei nach Abb. 11.8 nur auf den Molenbruch und nicht auf die Größe der zugesetzten Moleküle ankommt (obgleich die Konzentration des Wassers durch große Moleküle stärker erniedrigt wird als durch kleinere). Das hängt damit zusammen, daß die mittlere Translationsenergie eines Flüssigkeitsmoleküls nach dem Gleichverteilungssatz (4.20) unabhängig von seiner Größe ist[17].

Durch Einsetzen des Raoultschen Gesetzes (11.49) in (11.48) erhält man für das chemische Potential eines Stoffes i in einer idealen kondensierten Mischung (d.h. für nicht zu große Abweichungen von dem Wert $x_i = 1$) unter einem Außendruck p^o:[18]

15 Im molekularen Modell sind ***ideale Lösungen*** analog zu idealen Gasen dadurch charakterisiert, daß die gelösten Teilchen im Mittel so weit voneinander entfernt sind, daß ihre artspezifischen Wechselwirkungskräfte vernachlässigbar sind. Die Innere Energie hängt dann nicht mehr vom gegenseitigen Abstand der gelösten Teilchen ab, d.h., bei Verdünnung treten keinerlei Wärmeeffekte auf.

16 Es gibt aber auch ideale Stoffpaare, bei denen die Wechselwirkungskräfte zwischen gleichartigen und verschiedenartigen Molekülen sich praktisch nicht unterscheiden: Solche Stoffe sind im gesamten Molenbruchbereich von $x_1 = 0$ bis $x_1 = 1$ miteinander mischbar, und jeder der beiden Partialdrucke gehorcht im ganzen Molenbruchbereich dem Raoultschen Gesetz. Ein Beispiel ist das System Benzol/Toluol.

17 Wegen einer quantitativen Ableitung des Raoultschen Gesetzes muß auf spätere Vorlesungen verwiesen werden.

18 Falls der Außendruck p von p^o abweicht, muß in (11.51) und (11.51 a) noch das Zusatzglied $(p - p^o) \cdot V_i$ addiert werden. Näheres in §11.7: von Gl. (11.53) bis (11.54).

$$\overline{G}_{i(fl)} = G^{o}_{i(fl)} + RT \ln x_i \tag{11.51}$$

Bei *Abweichungen vom idealen Verhalten* erhält man diese Gleichung formal trotzdem aufrecht, indem man x_i mit einem passenden Korrekturfaktor f_i (***Aktivitätskoeffizient***) multipliziert, d.h., indem man x_i durch die ***Aktivität*** a_i ersetzt:

$$\overline{G}_{i(fl)} \equiv G^{o}_{i(fl)} + RT \ln (x_i \cdot f_i) \equiv G^{o}_{i(fl)} + RT \ln a_i \tag{11.51 a}$$

Darin geht $f_i \rightarrow 1$ für $x_i \rightarrow 1$.
Wie der Vergleich mit (11.48) zeigt, kann man die durch (11.51 a) definierte Aktivität aus dem Dampfdruck p_i berechnen als

$$a_i = p_i / p_i^{o} \tag{11.51 b}$$

11.7 Osmose

Ein ca. 5 cm weites und 8 cm langes Rohr wird am unteren Ende mit einem Stück von einer Schweinsblase abgeschlossen und mit einer wäßrigen Zuckerlösung gefüllt. Am oberen Ende wird ein durchbohrter Gummistopfen aufgesetzt und ein dünnes Glasrohr hineingesteckt (Abb. 11.9). Das Ganze wird in reines Wasser eingetaucht. Man beobachtet, wie die Zuckerlösung im Glasrohr hochsteigt.

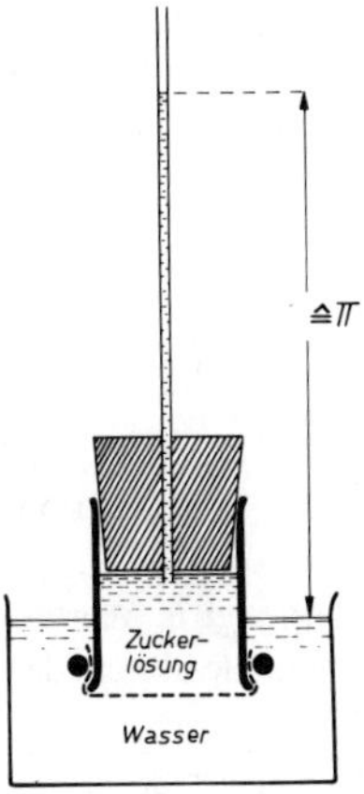

Abb. 11.9. Zur Demonstration der Osmose. Der im Gleichgewicht erreichte hydrostatische Überdruck heißt „osmotischer Druck“.

Die Schweinsblase ist eine ***semipermeable*** (= halbdurchlässige) ***Membran***: Die Wassermoleküle können durch ihre Poren hindurchtreten, die Zuckermoleküle aber nicht. Das Experiment zeigt, daß offenbar mehr Wassermoleküle aus dem Wasser in die Lösung diffundieren als in umgekehrter Richtung. Die Lösung wird dabei verdünnt und steigt im Rohr hoch, und der hydrostatische Druck in der Lösung nimmt entsprechend zu.

Man bezeichnet die Diffusion von Lösungsmittel in eine Lösung durch eine semipermeable Membran hindurch als *„**Osmose**“*. Man kann das Eindiffundieren von Wasser in die Lösung dadurch erklären, daß von der Seite des reinen Wassers her pro Zeiteinheit mehr Wassermoleküle auf die Membran auftreffen als von der anderen Seite her. Durch das Hochsteigen im Glasrohr entsteht aber ein hydrostatischer Überdruck in der Lösung. Dadurch wirkt auf die Wassermoleküle in den Poren der Membran eine Kraft, die die Rückdiffusion beschleunigt. Die Osmose geht nun so lange weiter, bis in beiden Richtungen pro Zeiteinheit gleich viele Wassermoleküle durch die Membran diffundieren. Den zugehörigen Gleichgewichtsüberdruck nennt man *„**osmotischen Druck**“* π.

Zur Berechnung des osmotischen Druckes gehen wir von der üblichen Gleichgewichtsbedingung aus, daß ΔG für den Durchtritt der Wassermoleküle durch die Membran gleich null sein muß. Nach Gl. (11.14) muß dann das chemische Potential des Wassers in der Lösung bei einem Überdruck π gleich dem chemischen Potential des reinen Wassers unter Standarddruck sein:

$$\overline{G}_{H_2O}(p = p^{\circ} + \pi) = G^{\circ}_{H_2O\,(fl)} \tag{11.52}$$

Solange die Zuckerlösung nur unter dem Druck p° steht, ist darin das chemische Potential des Wassers im Idealfall durch Gl. (11.51) gegeben:

$$\overline{G}_{H_2O}(p = p^{\circ}) = G^{\circ}_{H_2O\,(fl)} + RT \ln x_{H_2O} \tag{11.53}$$

Wenn der hydrostatische Druck auf $p = p^{\circ} + \pi$ erhöht wird, so erhöht sich das chemische Potential des Wassers um diejenige Arbeit pro mol, die beim Übertritt von H_2O(fl) aus einer Phase vom Druck $p^{\circ} + \pi$ in eine Phase gleicher Zusammensetzung vom Druck p° abgegeben werden könnte. Diese Arbeit pro mol ist durch das Produkt $\pi \cdot V_{H_2O(fl)}$ gegeben[19], wenn $V_{H_2O\,(fl)}$ das (vom äußeren Druck praktisch unabhängige) Molvolumen des flüssigen Wassers ist[20]. Somit ist das chemische Potential des Wassers in der Lösung nach Einstellung des Überdrucks π:

$$\overline{G}_{H_2O}(p = p^{\circ} + \pi) = G^{\circ}_{H_2O(fl)} + RT \ln x_{H_2O} + \pi V_{H_2O(fl)} \tag{11.54}$$

Zusammen mit Gl. (11.52) folgt:

$$RT \ln x_{H_2O} + \pi V_{H_2O(fl)} = 0 \tag{11.55}$$

Da $x_{H_2O} < 1$, ist RT ln x_{H_2O} ein *negativer* Energiebetrag. Die Gl. (11.55) sagt in Worten: „Die durch den gelösten Stoff bedingte Verminderung (RT ln x_{H_2O}) und die durch den

19 Man stelle sich dabei etwa vor, daß reines flüssiges Wasser mit einem Überdruck π durch eine Turbine gepreßt wird und darin Arbeit leistet. Es handelt sich im Prinzip um eine Art von *Volumenarbeit*, die durch das Produkt „Überdruck mal Kolbenfläche mal Weg des Kolbens“ gegeben ist. Jedoch ist die Kolbenbewegung in diesem Fall nicht mit einer Kompression (Verdichtung), sondern mit einem Durchpressen des Wassers von praktisch konstanter Dichte verbunden.

20 Eigentlich müßte man über das V noch einen Querstrich setzen, d.h., man müßte das *partielle* Molvolumen von H_2O in der Zuckerlösung betrachten; doch ist der Unterschied meist vernachlässigbar.

osmotischen Druck bedingte Erhöhung (πV_{H_2O}) des chemischen Potentials von H_2O kompensieren sich im Gleichgewicht zu null."

Zur Abkürzung wollen wir für das Lösungsmittel anstelle der Formel H_2O den allgemeinen Stoffindex 1, für den gelösten Stoff (Zucker) den Stoffindex 2 einführen. Dann wird aus (11.55):

$$\pi V_1 = -RT \ln x_1 = -RT \ln (1 - x_2) \tag{11.56}$$

Für sehr verdünnte Lösungen ist $x_2 \ll 1$, daher gilt die Näherungsformel $\ln(1 - x_2) \approx -x_2$. Somit ist

$$\pi V_1 = x_2 RT \equiv \frac{n_2}{n_1 + n_2} RT \tag{11.57}$$

Für $n_2 \ll n_1$ ist das Produkt aus dem Molvolumen V_1 und der Gesamt-Stoffmenge $n_1 + n_2$ näherungsweise gleich dem Gesamtvolumen V der Lösung:

$$V_1 \cdot (n_1 + n_2) \approx V$$

Damit erhält man das ***van't Hoffsche Gesetz***:

$$\boxed{\pi V = n_2 RT} \tag{11.58}$$

Man kann das van't Hoffsche Gesetz noch etwas anders formulieren, indem man die Konzentration (Stoffmenge pro Volumen) des Stoffes 2 einführt:

$$c_2 \equiv \frac{n_2}{V} \tag{11.59}$$

Damit wird aus (11.58):

$$\pi = c_2 RT \tag{11.60}$$

Die Ähnlichkeit des van't Hoffschen Gesetzes (11.58) mit dem idealen Gasgesetz legt es nahe, den auf eine semipermeable Membran ausgeübten osmotischen Druck auf die thermischen Stößen der gelösten Zuckermoleküle zurückzuführen. An einer Pore der Membran, durch die die kleinen Wassermoleküle in beiden Richtungen hindurchtreten können, bleiben im osmotischen Gleichgewicht die thermischen Stöße der großen Zuckermoleküle auf den Porenrand tatsächlich als alleinige Ursache der Kraft übrig, die dem osmotischen Druck entspricht und die als hydrostatischer Überdruck in Erscheinung treten muß.

Analog wie bei der Expansion eines idealen Gases kann man bei der Verdünnung einer idealen Lösung im Prinzip eine osmotische Volumenarbeit gewinnen. Zur Gewinnung dieser Volumenarbeit könnte man im Gedankenexperiment die in Abb. 11.10 gezeigte schematische Versuchsanordnung verwenden. Der auf den semipermeablen Kolben wirkende einseitige Druck ist im Gleichgewicht durch den osmotischen Druck π gegeben. Bei einer langsamen Verschiebung des Kolbens wird die Lösung auf der linken Seite um ein entsprechendes Lösungsmittelvolumen verdünnt, wobei der Druck π nach Gl. (11.58) abnimmt.

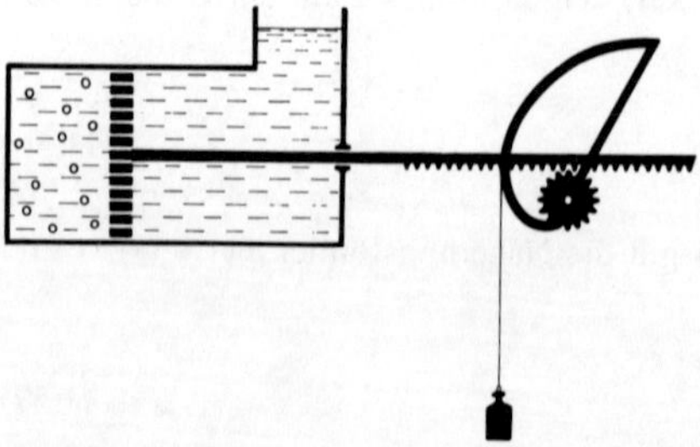

Abb. 11.10. Gedankenexperiment zur Gewinnung der osmotischen Expansionsarbeit eines gelösten Stoffes analog der Expansionsarbeit eines Gases auf S. 51.

Bei einer isothermen Expansion von π_{I} auf π_{II} ist die maximal abzugebende Arbeit analog zu Gl. (6.9) gegeben durch

$$-W = n_2 RT \ln \frac{\pi_{\mathrm{I}}}{\pi_{\mathrm{II}}} \tag{11.61}$$

Die pro Mol des gelösten Stoffes 2 abzugebende Arbeit $-W/n_2$ entspricht der chemischen Potentialdifferenz des Stoffes 2 zwischen zwei Phasen I und II [vgl. Gl. (11.9) sowie §11.2 unter Punkt 4]:

$$\overline{G}_{2(\mathrm{I})} - \overline{G}_{2(\mathrm{II})} = RT \ln \frac{\pi_{\mathrm{I}}}{\pi_{\mathrm{II}}} \tag{11.62}$$

oder mit (11.60):

$$\overline{G}_{2(\mathrm{I})} - \overline{G}_{2(\mathrm{II})} = RT \ln \frac{c_{2(\mathrm{I})}}{c_{2(\mathrm{II})}} \tag{11.63}$$

Man bezeichnet des chemische Potential eines gelösten Stoffes i in einer Lösung von einer ***Standardkonzentration***[21] $c^{\mathrm{o}} \equiv 1$ M wiederum als „Standardpotential" $G^{\mathrm{o}}_{\mathrm{i(gel)}}$. (Dabei ist „M" ein zugelassenes Einheitenzeichen für die Konzentration: 1 M $\equiv$ 1 mol/l $\equiv$ 1000 mol/m^3.) Damit wird aus Gl. (11.63), falls $c_{\mathrm{i(II)}} = c^{\mathrm{o}}$, indem wir den Index I weglassen:

$$\overline{G}_{\mathrm{i(gel)}} = G^{\mathrm{o}}_{\mathrm{i(gel)}} + RT \ln \frac{c_{\mathrm{i}}}{c^{\mathrm{o}}} \tag{11.64}$$

oder analog zu (11.17)

$$\boxed{\overline{G}_{\mathrm{i(gel)}} = G^{\mathrm{o}}_{\mathrm{i(gel)}} + RT \ln \{c_{\mathrm{i}}\}} \quad \text{mit} \quad \{c_{\mathrm{i}}\} \equiv \frac{c_{\mathrm{i}}}{c^{\mathrm{o}}}. \tag{11.65}$$

21 eigentlich „Standard*aktivität*" $a^{\mathrm{o}} \equiv 1$ M

Diese Formel beschreibt das chemische Potential eines gelösten Stoffes i in Abhängigkeit von dessen Konzentration. Dabei braucht es sich keineswegs um einen elektrisch neutralen Stoff zu handeln, sondern die Formel ist im Prinzip auch auf einzelne Ionenarten i in einer Elektrolytlösung anwendbar[22]. Ebenso wie das van't Hoffsche Gesetz ist Gl. (11.65) eigentlich nur für sehr verdünnte Lösungen gültig. Analog zu (11.51) erhält man sie aber formal auch für höher konzentrierte Lösungen aufrecht, indem man anstelle der Konzentration wiederum eine ***„Aktivität“*** einführt. Diese hat [im Gegensatz zu der durch Gl. (11.51 a) definierten Aktivität] die Einheit „mol/l“ und wird für ideal verdünnte Lösungen mit der Konzentration identisch. Für den entsprechenden „Aktivitätskoeffizienten“ gilt also in *diesem* Fall: $f_i \to 1$ für $c_i \to 0$.

11.8 Das Massenwirkungsgesetz auch für heterogene Systeme

In Abschnitt 11.4 wurde das MWG zunächst nur für Gase abgeleitet. Wir können die Herleitung jetzt auch auf Reaktionen ausdehnen, an denen neben oder anstelle von Gasen beliebige feste oder flüssige Stoffe (oder einzelne Ionenarten) in reiner oder gemischter Form teilnehmen. Die Herleitung ist dabei völlig analog der in Abschnitt 11.4: In Gl. (11.30) $\Delta G = \sum \nu_i \overline{G}_i$ wird für jeden einzelnen Stoff i in seinem in der Reaktionsgleichung angegebenen Aggregatzustand[23] die passende Formel für sein chemisches Potential eingesetzt, und zwar für Gase (11.17) $\overline{G}_i = G^o_{i(g)} + RT \ln\{p_i\}$, für gelöste Stoffe bzw. Ionen (11.65) $\overline{G}_i = G^o_{i(gel)} + RT \ln\{c_i\}$, und für kondensierte Stoffe, die als Lösungsmittel vorliegen, Gl. (11.51) $\overline{G}_i = G^o_{i(fl\ oder\ f)} + RT \ln x_i$. (Die letztere Formel schließt als Grenzfall mit $x_i = 1$ auch ***reine*** flüssige oder feste Stoffe mit ein.) Dabei ergibt sich anstelle von Gl. (11.31) jetzt allgemein für die Reaktionsarbeit (Gibbs-Reaktionsenergie) ΔG:

$$\Delta G = \Delta G^o + RT \sum \nu_i \ln\{a_i\} = \Delta G^o + RT \ln\{\Pi a_i^{\nu_i}\} \qquad (11.66)$$

$$\text{mit } a_i \begin{cases} = c_i & \text{für i = ideal gelöster Stoff} \\ = x_i & \text{für i = ideales Lösungsmittel} \\ = p_i & \text{für i = ideales Gas} \end{cases} \qquad (11.67)$$

22 Wenn der Außendruck p vom Standarddruck p^o abweicht, muß in Gl. (11.65) wieder ein Zusatzglied $(p - p^o) \cdot \overline{V}_i$ eingeführt werden, vgl. Fußnote 18 in §11.6. – Ein weiteres Zusatzglied ist für geladene Teilchen notwendig, wenn das elektrische Potential φ der Phase von dem der Standardphase abweicht, vgl. Gl. (18.23).

23 Sind an einer Reaktion mehrere Phasen (vgl. Fußnote 13 in §5.5) beteiligt (***„Heterogenreaktion“***), dann tritt ein Stoff meistens gleichzeitig in verschiedenen Phasen auf, so daß man mehrere verschiedene Reaktionsgleichungen formulieren kann [z.B. für die Knallgasreaktion einerseits die Gl. (11.39) mit $H_2O(g)$ und andererseits die Gl. (11.41) mit $H_2O(fl)$], für die sich ganz unterschiedliche Gleichgewichtskonstanten ergeben. ***Formal behandelt man dabei zwei verschiedene Aggregatzustände eines Stoffes wie zwei verschiedene Stoffe***. Näheres in §11.8.6.

Ist die den Stoff i enthaltende Phase *nicht* ideal, so ist in a_i neben c_i bzw. x_i bzw. p_i noch ein Korrekturfaktor (***Aktivitätskoeffizient***) enthalten. Dieser ist nach Definition so zu wählen, daß (11.66) allgemeingültig ist. Die geschweiften Klammern in (11.66) bedeuten ebenso wie in den Gln. (11.18) und (11.65), daß die darin enthaltenen Konzentrationen bzw. Partialdrucke durch den jeweiligen Standardwert dividiert werden sollen, so daß ein reiner Zahlenwert entsteht.

Mit der Gleichgewichtsbedingung $\Delta G = 0$ folgt aus (11.66) analog zu (11.35) bis (11.38) (vgl. Fußnote 8 in §11.4)

$$\Delta G^{o} = -RT \ln\{K\} \qquad \text{oder} \qquad \{K\} = e^{-\Delta G^{o}/RT} \tag{11.68}$$

$$\text{mit} \quad K = \left(\Pi a_i^{\nu_i}\right)_{=} \tag{11.69}$$

Hiernach ist im Gleichgewicht in idealen Systemen das stöchiometrische Produkt der Konzentrationen bzw. Molenbrüche bzw. Partialdrucke eine Konstante (MWG für beliebige, auch heterogene Systeme).

In der Größe

$$\Delta G^{o} = \sum \nu_i G_i^{o} \tag{11.70}$$

ist jeder Stoff mit dem Standardpotential seines in der Reaktionsgleichung angegebenen Aggregatzustandes enthalten[23]. In der daraus nach (11.68) berechneten Gleichgewichtskonstante K eines heterogenen Systems können daher nach (11.67) nebeneinander sowohl Konzentrationen c_i in der Einheit M $\equiv$ mol/l, als auch Molenbrüche x_i (dimensionslos), als auch Partialdrucke p_i in der Einheit atm $\equiv p^{o}$ auftreten. Ein Besipiel wird in §11.8.8 vorgerechnet.

Anwendungsbeispiele

11.8.1. Dissoziation von Essigsäure

Wir betrachten in homogener wäßriger Lösung die Gleichgewichtsreaktion

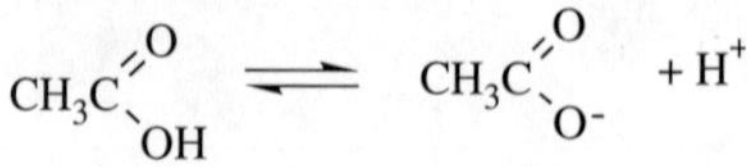

als spezielles Beispiel für die Dissoziation einer beliebigen Säure HA:

$$HA \rightleftharpoons A^- + H^+ \tag{11.71}$$

Die Gl. (11.69) lautet in diesem Fall explizit [mit (11.67)]:

$$\boxed{K = \frac{c_{A^-} \cdot c_{H^+}}{c_{HA}}} \tag{11.72}$$

Man bezeichnet K hier als ***Dissoziationskonstante***. Abweichungen vom Gleichgewicht kommen in homogener Lösung praktisch nicht vor, da sich dieses Gleichgewicht extrem schnell (in etwa 10^{-10} s) einstellt. Daher haben wir das Gleichheitszeichen im Index von Gl. (11.69) in (11.72) weggelassen.

Wir bezeichnen die *Gesamt*konzentration an Essigsäure mit

$$c \equiv c_{\mathrm{HA}} + c_{\mathrm{A}^-}.$$

Der Bruchteil der *dissoziierten* Essigsäuremoleküle ist der ***Dissoziationsgrad***

$$\alpha \equiv \frac{c_{\mathrm{A}^-}}{c}.$$

Dann ist bei Abwesenheit von sonstigen Säuren und Basen

$$c_{\mathrm{H}^+} = c_{\mathrm{A}^-} = c \cdot \alpha$$

$$\text{und} \quad c_{\mathrm{HA}} = c \cdot (1 - \alpha)$$

Damit folgt aus (11.72) das „**Ostwaldsche Verdünnungsgesetz**“:

$$\boxed{K = \frac{c\alpha^2}{1-\alpha}} \tag{11.73}$$

Der Dissoziationsgrad α kann z.B. aus Messungen der elektrischen Leitfähigkeit ermittelt und so aus (11.73) die Dissoziationskonstante bestimmt werden. Sie beträgt für Essigsäure bei Normaltemperatur $K = 1,8 \cdot 10^{-5}$ mol/l.

Für $c \to 0$ kann Gl. (11.73) mit einem festen Wert von K nur dadurch befriedigt werden, daß auch $(1 - \alpha) \to 0$ und somit $\alpha \to 1$ geht. Das heißt : ***Mit wachsender Verdünnung nimmt die Dissoziation zu.***

Für höhere Konzentrationen wird aber der Dissoziationsgrad von Essigsäure sehr klein, d.h., das Gleichgewicht liegt ganz auf der linken Seite von Gl. (11.71), so daß die Lösung relativ wenige Wasserstoffionen enthält und daher relativ wenig aggressiv ist. Man nennt solche Säuren *„**schwache Säuren**“*.

Für $c_{\mathrm{HA}} = 0,1$ mol/l folgt aus (11.72) bei Normaltemperatur

$$c_{\mathrm{H}^+} = c_{\mathrm{A}^-} = \sqrt{Kc_{\mathrm{HA}}} = 1,34 \cdot 10^{-3} \frac{\mathrm{mol}}{l} \ll c_{\mathrm{HA}},$$

somit ist $c \equiv c_{\mathrm{HA}} + c_{\mathrm{A}^-} \approx c_{\mathrm{HA}}$, d.h., *fast die gesamte Essigsäure liegt undissoziiert vor* ($\alpha = 1,32\,\%$). Der negative Logarithmus der Wasserstoffionenaktivität, der pH-Wert, beträgt dann $-\log\{a_{\mathrm{H}^+}\} \equiv \mathrm{pH} = 2{,}87$, wobei $a_{\mathrm{H}^+} \approx c_{\mathrm{H}^+}$.

Wir wollen zu der 0,1 M Essigsäure jetzt Natriumhydroxid hinzufügen. Der dabei gemessene pH-Wert in Abhängigkeit vom Verhältnis der zugesetzten NaOH-Menge zur ursprünglichen Säuremenge ist in Abb. 11.11 (S. 135) dargestellt. Diese Kurve wollen wir jetzt berechnen. Das NaOH ist in der Lösung vollständig in Na^+ und OH^- dissoziiert.

Die zugesetzte Menge an NaOH pro Volumen ist also gleich der Konzentration c_{Na^+}. Die OH^--Ionen fangen entsprechend der ***Neutralisationsreaktion***

$$H^+ + OH^- \rightleftharpoons H_2O$$

H^+-Ionen weg. Da hierbei das Konzentrationsverhältnis in Gl. (11.72) konstant bleiben muß, werden die meisten der weggefangenen H^+-Ionen durch weiteres Dissoziieren von HA nach Gl. (11.71) nachgeliefert, wobei zugleich das Verhältnis c_{A^-}/c_{HA} etwas zunimmt. Auf diese Weise werden die OH^--Ionen nach der Gesamtreaktion

$$HA + OH^- \rightleftharpoons A^- + H_2O \tag{11.74}$$

zunächst praktisch vollständig zu A^--Ionen umgesetzt, solange c_{HA} nicht zu klein wird (siehe unten).

Die *exakte* Berechnung des pH-Wertes ist wegen des Zusammenwirkens von zwei Gleichgewichten ziemlich kompliziert. Sobald aber die zugesetzte Menge an NaOH mehr als ca. 10 % der ursprünglich vorhandenen Essigsäure beträgt (d.h. $c_{Na^+} > 0,1c$), kann man die ursprünglich vorhandenen A^--Ionen neben den neugebildeten vernachlässigen, indem man näherungsweise $c_{A^-} \approx c_{Na^+}$ setzt, denn die Menge an neugebildeten A^--Ionen ist nach (11.74) praktisch gleich der Menge an zugesetzten OH^--Ionen, welche genau der Konzentration c_{Na^+} entspricht. Dann braucht man zur Berechnung des pH-Wertes in Abhängigkeit von der zugesetzten Menge an NaOH lediglich die Massenwirkungsgleichung (11.72) zu logarithmieren:

$$\log\{K\} = \log\{c_{H^+}\} + \log\frac{c_{A^-}}{c_{HA}}.$$

$$\text{Mit pH} = -\log\{c_{H^+}\} \text{ und p}K \equiv -\log\{K\}$$

wird daraus die sogenannte ***Henderson-Hasselbalch-Gleichung***:

$$\mathrm{pH} = \mathrm{p}K + \log\frac{c_{A^-}}{c_{HA}}, \tag{11.75}$$

worin in guter Näherung $c_{A^-} \approx c_{Na^+}$ für $c_{Na^+} \geq 0,1c$ und $c_{HA} \approx c - c_{Na^+}$ für $c_{Na^+} \leq 0,99c$ (siehe unten) gesetzt werden kann.

Wenn die zugesetzte Menge an NaOH mehr als 99 % der ursprünglich vorhandenen Essigsäure beträgt, so ist die durch ***Hydrolyse***, d.h. durch Umkehrung der Reaktion (11.74) gebildete Menge an HA nicht mehr vernachlässigbar, so daß c_{HA} etwas *größer* als $c - c_{Na^+}$ wird, was die exakte pH-Berechnung schwierig macht. Am ***Äquivalenzpunkt*** ist die Berechnung aber wieder recht einfach, weil hier nur noch vollständig dissoziiertes, reines Natriumacetat der Konzentration $c_{A^-} = 0,1$ M vorliegt und weil die (daneben vernachlässigbar kleine) Konzentration an HA aus der Umkehrung der Reaktion (11.74) gleich der Konzentration an OH^--Ionen ist[24]. Daher ist $c_{HA} = c_{OH^-} = K_W/c_{H^+}$, worin $K_W \equiv c_{H^+} \cdot c_{OH^-} = 10^{-14}$ M^2 das ***Ionenprodukt des Wassers*** ist. (Dieses kann man bei gegebener Temperatur als praktisch konstant betrachten, da der Molenbruch des undis-

24 Die Konzentration an H^+- und entsprechenden, *zusätzlichen* OH^--Ionen ist wiederum neben c_{OH^-} vernachlässigbar.

soziierten H_2O sich bei der Titration nur relativ wenig verändert.) Durch Einsetzen in die Massenwirkungsgleichung (11.72) erhält man für die reine, 0,1-molare Natriumacetatlösung:

$$K = \frac{c_{A^-} \cdot c_{H^+}^2}{K_W}\ , \text{ also } c_{H^+} = (K\,K_W/c_{A^-})^{1/2} \text{ und}$$

$$pH = -\log\{c_{H^+}\} = \frac{1}{2}(\log\{c_{A^-}\} - \log\{K\} - \log\{K_W\}) = 8,87.$$

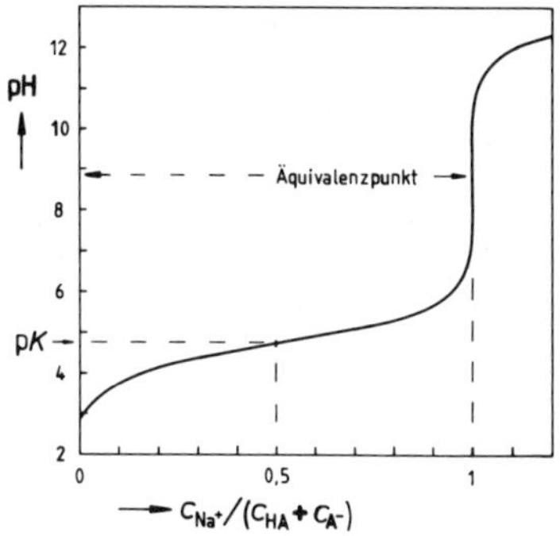

Insgesamt ergibt sich daraus für die Abhängigkeit des pH-Wertes von der zugesetzten Menge an NaOH bei der Titration von 0,1 M Essigsäure die in Abb. 11.11 dargestellte Kurve.

Abb. 11.11. Änderung des pH-Wertes bei der Titration von 0,1 M Essigsäure mit NaOH bei 298 K.

Die Kurve hat ihre geringste Steigung (Wendepunkt) dort, wo gerade die *Hälfte der Essigsäure neutralisiert* ist ($c_{Na^+}/c = 0,5$). Hier ist $c_{A^-} = c_{HA}$, also nach Gl. (11.72) $K = c_{H^+}$ oder nach Gl. (11.75) pH = pK. Da sich der pH-Wert der Lösung mit Hilfe einer Glaselektrode[25] leicht messen läßt, ergibt sich daraus ein weiteres, bequemes Verfahren zur ***Bestimmung der Dissoziationskonstante*** einer schwachen Säure. Da der pK-Wert in Gl. (11.75) die einzige stoffspezifische Größe ist, so kann man schließen, daß die Titrationskurve im mittleren Bereich von Abb. 11.11 für alle schwachen Säuren die gleiche Form hat, nur ist die Kurve jeweils parallel zu anderen pK-Werten verschoben.

Die geringe Steigung der Titrationskurve bei halber Neutralisation einer schwachen Säure bietet die Möglichkeit, entsprechend kleine Wasserstoffionenkonzentrationen zu stabilisieren (zu „***puffern***"). In einer 10^{-5}-molaren Lösung von HCl würden nämlich Spuren von Alkali aus dem Glas genügen, um c_{H^+} um einige Zehnerpotenzen zu verändern. Wenn dagegen die Lösung in etwa gleicher Konzentration Acetationen und undissoziierte Essigsäure enthält, dann ist sie gepuffert, d.h., c_{H^+} bleibt bei etwa 10^{-5} M stehen, auch wenn die neu hinzukommenden Mengen an Säure oder Base pro Volumen viel größer als 10^{-5} M sind. (Sie müssen nur klein gegen c_{HA} und c_{A^-} sein.)

Am ***Äquivalenzpunkt*** der Titrationskurve ändert sich der pH-Wert bei Zugabe kleinster Mengen an NaOH *sprunghaft* um einige Einheiten (vgl. Abb. 11.11).

Im flachen Kurvenbereich in Abb. 11.11 stimmt die Abszisse $c_{Na^+}/(c_{HA} + c_{A^-})$ mit dem Bruchteil $c_{A^-}/(c_{HA} + c_{A^-})$ der unprotonisierten Säureform überein. Wenn dieser Bruchteil von 10 % auf 90 % zunimmt, ändert sich der pH-Wert um etwa zwei Einheiten in der Umgebung des pK-Wertes (vgl. Abb. 11.11). Wenn in einer Lösung ein pH-Sprung auftritt, der diesen pH-Bereich überdeckt, so verwandelt sich also der überwiegende Teil der Säure von der protonisierten (HA) in die unprotonisierte Form (A^-). Besitzen beide

25 Näheres in §18.2.3

Formen verschiedene Farbe, so schlägt die Farbe der Lösung um. Die bei der Säure-Basen-Titration zur Anzeige des Äquivalenzpunktes verwendeten ***Farbindikatoren*** sind derartige schwache Säuren mit unterschiedlicher Farbe von HA und A^-. Dabei ist wesentlich, daß 1.) der pK-Wert des gewählten Indikators im pH-Sprung-Bereich des Äquivalenzpunktes des Säure-Basen-Systems liegt und daß 2.) die verwendete Indikatorkonzentration sehr klein gegen die Konzentration der zu titrierenden Säure ist, so daß eine vernachlässigbar kleine Menge an Titerlösung genügt, um den Indikator zu neutralisieren und so den Farbumschlag hervorzurufen. (Andernfalls würde der Indikator als Puffer wirken.)

11.8.2. Das Löslichkeitsprodukt von Silberchlorid

Die beiden Salze Silbernitrat ($AgNO_3$) und Natriumchlorid (NaCl) sind in Wasser leicht löslich und praktisch vollständig in Ionen dissoziiert. Wenn man zwei solche Lösungen miteinander vermischt, dann treten die Silberionen[26] Ag^+(aq) mit den Chloridionen Cl^-(aq) zu einem Niederschlag von festem Silberchlorid AgCl(f) zusammen:

$$Ag^+(aq) + Cl^-(aq) \rightleftharpoons AgCl\,(f) \tag{11.76}$$

An dieser Reaktion sind *mehrere Phasen* beteiligt, nämlich eine flüssige und eine feste Phase. Man bezeichnet eine solche Reaktion und das dabei erreichte Gleichgewicht als ***„heterogen“***. (Ein Gleichgewicht *innerhalb einer Phase* bezeichnet man dagegen als ***„homogen“***.) Da das entstehende AgCl ein *reiner kondensierter Stoff* ist, so ist sein Molenbruch gleich 1, also $\ln a_i = \ln x_i = \ln 1 = 0$. Daher liefert sein chemisches Potential nur zu der Größe ΔG^o in Gl. (11.66) einen Beitrag, nicht aber zu dem konzentrationsabhängigen Restglied $RT\sum \nu_i \ln\{a_i\} = RT\ln\{\Pi a_i^{\nu_i}\}$. Das hat zur Folge, daß das feste AgCl *in der Gleichgewichtskonstante der Heterogenreaktion* (11.76) *gar nicht in Erscheinung tritt.* Für diese Gleichgewichtskonstante erhält man durch Anwendung der Gln. (11.69) und (11.67) auf (11.76):

$$K = \left(\frac{1}{c_{Ag^+} \cdot c_{Cl^-}}\right)_= \tag{11.77}$$

Hiernach ist bei Anwesenheit von AgCl als Bodenkörper nach Einstellung des Kristallisationsgleichgewichts das Produkt der Ionenkonzentrationen $c_{Ag^+} \cdot c_{Cl^-}$ gleich einer Konstanten $1/K$. Man nennt es ***„Löslichkeitsprodukt“***. Bei 20 °C hat es den Wert[27]: $(c_{Ag^+} \cdot c_{Cl^-})_S = 1,1 \cdot 10^{-10}\ M^2$ (Bestimmung durch EMK-Messung s. §14.2).

Wenn außer AgCl keine weiteren Salze in einer Lösung anwesend sind, so muß $c_{Ag^+} = c_{Cl^-}$ sein. Da das gelöste AgCl praktisch vollständig dissoziiert ist[28], so läßt sich

26 Man kennzeichnet den „Aggregatzustand“ der in Wasser gelösten Ionen in Klammern durch den Zusatz „aq“ (lat. aqua = Wasser).

27 Der Index S zur Kennzeichnung des Löslichkeitsprodukts bedeutet „Sättigung“, d.h. Gleichgewicht mit Bodenkörper.

28 Die Konzentration an *undissoziierten* gelösten AgCl-Molekülen ist unmeßbar klein.

die ***Sättigungskonzentration*** von AgCl in Wasser bei 20 °C aus dem Löslichkeitsprodukt berechnen als $c_S = \sqrt{c_{Ag^+} c_{Cl^-}} = 1,05 \cdot 10^{-5}$ M. Dieser Wert ist recht klein, d.h., AgCl ist sehr schwer löslich.

Die Konstanz des Löslichkeitsprodukts wurde früher damit begründet, daß im Gleichgewicht mit dem festen AgCl die (unmeßbar kleine) Konzentration an undissoziierten gelösten AgCl-Molekülen bei gegebener Temperatur konstant sein muß und daher mit der Konstante des homogenen Dissoziationsgleichgewichts (zwischen gelösten AgCl-Molekülen und Ag^+- und Cl^--Ionen) zu einer neuen Konstante (dem Löslichkeitsprodukt) zusammengefaßt werden kann[29]. Diese Argumentation ist thermodynamisch nicht falsch, aber doch insofern irreführend, als dabei der Eindruck erweckt wird, daß der Zusammentritt der Ionen zu neutralen gelösten Molekülen ein notwendiger Zwischenschritt beim ***Kristallwachstum*** sei, während in Wirklichkeit ein *direkter Einbau der einzelnen Ionen ins Kristallgitter* entsprechend der Heterogenreaktion (11.76) erfolgt.

11.8.3. Zersetzung von Ammoniumcarbamat

Ein *heterogenes Gleichgewicht* zwischen einer festen Phase und der *Gasphase* liegt bei der Zersetzung des im Hirschhornsalz enthaltenen Ammoniumcarbamats vor:

$$NH_2{-}\overset{\overset{\displaystyle O}{\|}}{C}{-}ONH_4\,(f) \rightleftharpoons CO_2\,(g) + 2\,NH_3\,(g) \tag{11.78}$$

Von dieser Reaktion macht man in der Bäckerei bei der Verwendung von Hirschhornsalz als Treibmittel (Backpulver) Gebrauch.

Da die Ammoniumcarbamatkristalle in reiner Form (d.h. mit dem Molenbruch $x_i = 1$) vorliegen, lautet die Gleichgewichtskonstante nach Gl. (11.69) mit (11.67):

$$K = \left(p_{CO_2} \cdot p_{NH_3}^2\right)_= \tag{11.79}$$

Diese Konstante wächst mit zunehmender Temperatur. Ein spontaner Zerfall des gesamten Backpulvers tritt bei derjenigen Temperatur ein, bei der die Summe der Partialdrucke der entstehenden Gase größer als der Außendruck wird.

11.8.4. Kalkbrennen

Bei der Zersetzung von Kalkstein nach der Formel

$$CaCO_3\ (f) \rightleftharpoons CaO\ (f) + CO_2\ (g) \tag{11.80}$$

liegt ein heterogenes Gleichgewicht zwischen zwei festen Phasen und der Gasphase vor. Da die beiden festen Stoffe keine Mischkristalle miteinander bilden und insofern als „reine

29 Vgl. hierzu auch die Kombination von Gleichgewichten in §11.8.6 und 11.8.7.

Stoffe“ vorliegen (auch wenn sie heterogen miteinander vermengt sind), so ergibt sich aus (11.69) mit $x_{CaO} = 1$ und $x_{CaCO_3} = 1$ für die Gleichgewichtskonstante dieser Reaktion einfach:

$$K = p_{CO_2=} \tag{11.81}$$

Über einem Gemisch von $CaCO_3$ und CaO herrscht also *im Gleichgewicht* bei gegebener Temperatur ein ganz bestimmter CO_2-Partialdruck. Ist p_{CO_2} in der Atmosphäre größer als dieser Gleichgewichtspartialdruck, so wandelt sich mit der Zeit das gesamte CaO in $CaCO_3$ um. Anderenfalls läuft die Reaktion langsam aber vollständig in der umgekehrten Richtung. Eine *schnelle* Zersetzung wird (analog wie im vorigen Beispiel) bei derjenigen Temperatur erreicht, bei der $p_{CO_2=}$ größer als der Außendruck wird und daher in der Lage ist, die $CaCO_3$-Körner von innen her aufzubrechen und wegzuschieben. Durch Erhitzen von Kalkstein („Kalkbrennen“) erhält man daher CaO („gebrannter Kalk“), das nach Umsetzung mit Wasser [Bildung von $Ca(OH)_2$, „gelöschter“ Kalk] und Mischen mit Sand als Mörtel Verwendung findet: Beim „Abbinden“ des Mörtels entsteht unter Zutritt von CO_2 aus der Luft und Wasserabgabe langsam wieder $CaCO_3$. Näheres in §13.2.3.

11.8.5. Verdampfung von Wasser

Auch diese kann (wie jeder Phasenübergang) als Sonderfall einer „chemischen Reaktion“ nach der „Reaktionsgleichung“

$$H_2O(fl) \rightleftharpoons H_2O(g) \tag{11.82}$$

aufgefaßt werden. Wenn das Wasser rein vorliegt, besteht die „Gleichgewichtskonstante“ dieser „Reaktion“ nur noch im Dampfdruck des Wassers bei der betreffenden Temperatur:

$$K = p_{H_2O=} = \overset{o}{p}_{H_2O} \tag{11.83}$$

Wenn dagegen eine wäßrige Lösung mit dem Molenbruch x_{H_2O} und dem Gleichgewichtspartialdruck p_{H_2O} vorliegt, so wird aus (11.69) $K = (p_{H_2O}/x_{H_2O})_=$. Da beide K identisch sind, erhalten wir wieder das Raoultsche Gesetz $p_{H_2O} = \overset{o}{p}_{H_2O} \cdot x_{H_2O}$, von dem wir bei der Aufstellung der Gln. (11.66) bis (11.70) ausgegangen waren.

11.8.6. Kombination von Gleichgewichten

In Abschnitt 11.5 hatten wir die Gleichgewichtskonstante der Reaktion

$$2\,H_2 + O_2 \rightleftharpoons 2\,H_2O(g) \qquad (1)$$

im Prinzip dadurch berechnet, daß wir die ΔG^o-Werte der beiden Reaktionen

$$2\,H_2 + O_2 \rightleftharpoons 2\,H_2O(fl) \qquad (2)$$

$$\text{und} \quad 2\,H_2O(fl) \rightleftharpoons 2\,H_2O(g) \qquad (3)$$

addiert hatten. Die Addition der Gln. (2) und (3) liefert (1), und da G eine Zustandsgröße ist, kann man (analog zu ΔH nach dem Heßschen Satz) ΔG° einer Reaktion als Summe der ΔG°-Werte von Teilreaktionen erhalten:

$$\Delta G^\circ(1) = \Delta G^\circ(2) + \Delta G^\circ(3)$$

Setzt man darin für jedes ΔG° die Gl. (11.68) ein, so erhält man durch Delogarithmieren:

$$K(1) = K(2) \cdot K(3) \tag{11.84}$$

Wenn wir für die Konstanten der Reaktionen (1) bis (3) die Formel (11.69) mit (11.67) anwenden, so lautet Gl. (11.84) explizit:

$$\left(\frac{p^2_{H_2O}}{p^2_{H_2} \cdot p_{O_2}}\right)_= = \left(\frac{1}{p^2_{H_2} \cdot p_{O_2}}\right)_= \cdot p^2_{H_2O_=}$$

Diese von vornherein selbstverständliche Gleichung diente in früheren Lehrbüchern zur Begründung dafür, warum der Dampfdruck des reinen kondensierten Stoffes H_2O(fl) in der Gleichgewichtskonstante der Heterogenreaktion (2) nicht vorkommt: Er ist nämlich konstant und konnte darum in die Konstante $K(2)$ mit „hineingenommen" werden, indem $K(1)$ durch $K(3)$ dividiert wurde. Man braucht aber diese Begründung jetzt nicht mehr, denn wenn man jeden Stoff mit dem charakteristischen Konzentrationsmaß seines Aggregatzustandes entspr. Gl. (11.67) in die Heterogenkonstante (11.69) einsetzt, kann man den Ausdruck für $K(2)$ direkt hinschreiben, vgl. §11.8.2 ff und Fußnote 23 in §11.8.

11.8.7. Fällung von Sulfiden

Um aus zwei bekannten Gleichgewichtskonstanten eine neue Gleichgewichtskonstante zu berechnen, braucht man selbstverständlich nicht den Umweg über die ΔG°-Werte zu gehen, sondern man kann sofort nach Gl. (11.84) das Produkt bilden. Ein Beispiel bietet die Dissoziationskonstante einer *zweibasischen* Säure, d.h. einer Säure, von der ein Molekül zwei H^+ abgeben und so zwei Basenäquivalente neutralisieren kann.

Wir betrachten hierzu die Dissoziation von Schwefelwasserstoff H_2S in wäßriger Lösung bei 25 °C. (H_2S ist unter Normalbedingungen gasförmig, aber in Wasser ganz gut löslich.) Die Dissoziation verläuft in zwei Stufen, von denen jede ihre eigene Dissoziationskonstante hat:

$$H_2S(aq) \rightleftharpoons H^+(aq) + HS^-(aq); \quad K_1 \equiv \left(\frac{c_{H^+} \cdot c_{HS^-}}{c_{H_2S}}\right)_= = 8{,}9 \cdot 10^{-8}\,M \tag{11.85}$$

$$HS^-(aq) \rightleftharpoons H^+(aq) + S^{2-}(aq); \quad K_2 \equiv \left(\frac{c_{H^+} \cdot c_{S^{2-}}}{c_{HS^-}}\right)_= = 1{,}2 \cdot 10^{-13}\,M \tag{11.86}$$

Die Addition der beiden Teilreaktionen ergibt die Gesamtreaktion:

$$H_2S(aq) \rightleftharpoons 2\,H^+(aq) + S^{2-}(aq)$$

Übungsaufgabe: Man berechne die Gleichgewichtskonstante der genannten Gesamtreaktion und benutze sie zur Entscheidung der Frage, ob die S^{2-}-Ionenkonzentration in H_2S-Wasser der Konzentration[30] $c_{H_2S} = 0,1$ M bei pH = 1 ausreicht, um Cd^{2+}-Ionen und Zn^{2+}-Ionen aus der Lösung quantitativ auszufällen. (Wir wollen die Fällung als praktisch „quantitativ" bezeichnen, wenn die in der Lösung verbleibende Metallionenkonzentration kleiner als 10^{-6} M ist.) Die Löslichkeitsprodukte bei 25 °C betragen (vgl. Fußnote 27 in §11.8.2)

$$(c_{Cd^{2+}} \cdot c_{S^{2-}})_S = 10^{-26}\mathrm{M}^2 \quad \text{und} \quad (c_{Zn^{2+}} \cdot c_{S^{2-}})_S = 10^{-24}\mathrm{M}^2.$$

Ergebnis: In saurer Lösung (pH = 1) lassen sich Cd^{2+}-Ionen mit H_2S-Wasser quantitativ ausfällen, Zn^{2+}-Ionen dagegen nicht. Man macht hiervon in der Analytischen Chemie Gebrauch, um Cd und Zn voneinander zu trennen.

11.8.8. Bestimmung der Gleichgewichtskonstante einer Heterogenreaktion aus einer EMK

Die Bildungsreaktion von wäßriger Salzsäure aus den Elementen lautet:

$$H_2(g) + Cl_2(g) \rightleftharpoons 2\,H^+(aq) + 2\,Cl^-(aq) \tag{11.87}$$

Die Gleichgewichtskonstante dieser Heterogenreaktion ist nach Gl. (11.69) mit (11.67) gegeben durch

$$K = \left(\frac{c_{H^+}^2 \cdot c_{Cl^-}^2}{p_{H_2} \cdot p_{Cl_2}}\right)_= . \tag{11.88}$$

Diese Konstante läßt sich nach (11.68) leicht bestimmen, indem man ΔG° aus der gemessenen EMK einer galvanischen Kette berechnet. Die Kette ist in Abb. 11.12 dargestellt: Zwei von H_2 bzw. Cl_2 umspülte Platinbleche tauchen in eine wäßrige HCl-Lösung. An den Elektroden laufen bei Stromfluß folgende Reaktionen ab:

$$\text{links:}\quad H_2(g) \rightarrow 2\,H^+(aq) + 2\,e^-$$

$$\text{rechts:}\quad Cl_2(g) + 2\,e^- \rightarrow 2\,Cl^-(aq)$$

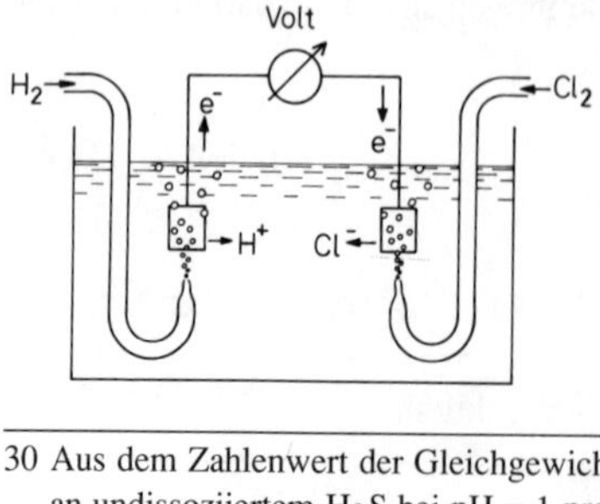

Abb. 11.12. Galvanische Kette zur Bestimmung der Gleichgewichtskonstante für die Bildung von wäßriger Salzsäure aus den Elementen.

30 Aus dem Zahlenwert der Gleichgewichtskonstante in Gl. (11.85) ergibt sich, daß die Konzentration an undissoziiertem H_2S bei pH = 1 praktisch mit der Gesamtkonzentration des H_2S übereinstimmt.

Die Summe beider Teilreaktionen ist gleich der angegebenen Gesamtreaktion. Die gemessene EMK ist nach (11.40) und (11.66) gegeben durch

$$-2\,FE = \Delta G = \Delta G^{\circ} + RT \ln \left\{ \frac{c_{\mathrm{H}^+}^2 \cdot c_{\mathrm{Cl}^-}^2}{p_{\mathrm{H}_2} \cdot p_{\mathrm{Cl}_2}} \right\}. \tag{11.89}$$

Nach Messung von E bei bekannten Werten von $p_{\mathrm{H}_2}, p_{\mathrm{Cl}_2}$ und $c_{\mathrm{H}^+} = c_{\mathrm{Cl}^-} = c$ [31] errechnet man aus (11.89) leicht ΔG° und damit K. Wählt man die Drucke $p_{\mathrm{H}_2} = p_{\mathrm{Cl}_2} = p^{\circ}$ und die Konzentration c (eigentlich Aktivität) der Salzsäure gleich $c^{\circ}(\equiv 1\ \mathrm{M} \equiv 1\ \mathrm{mol/l})$, so wird das Zusatzglied in (11.89) gleich null, also $\Delta G = \Delta G^{\circ}$. Die gemessene EMK entspricht dann direkt der Standard-EMK E°, die ohne weitere Umrechnung die Größe ΔG° liefert:

$$\Delta G^{\circ} = -2\,FE^{\circ} \tag{11.90}$$

Übungsaufgabe: In der galvanischen Kette der Abb. 11.12 wird bei 25 °C eine EMK von $E = 1{,}595$ V gemessen. Die Konzentration der wäßrigen Salzsäure ist $c = 0{,}01$ M, die Partialdrucke p_{H_2} und p_{Cl_2} sind jeweils gleich p°. Man berechne die Gleichgewichtskonstante für die Bildung von wäßriger Salzsäure!
Ergebnis: $K = 8{,}4 \cdot 10^{45}\ \mathrm{M}^4 p^{\circ\,-2} = 8{,}2 \cdot 10^{35}\ \mathrm{M}^4\ \mathrm{Pa}^{-2}$.

31 Die Salzsäure ist bei nicht zu hohen Konzentrationen praktisch vollständig dissoziiert.

12 Entropie

12.1 Molekulare Ursachen der Triebkraft

Bisher wurde die Frage nach der Triebkraft chemischer Reaktionen nur vom *makroskopischen Standpunkt* aus behandelt und mit Hilfe empirischer Prinzipien (Unmöglichkeit eines Perpetuum mobile, 2. Hauptsatz) beantwortet: Die Triebkraft einer isothermen, arbeitsfreien Reaktion ist gleich der Abnahme der Helmholtz-Energie $-\Delta A_{V,T}$. Die Triebkraft einer isothermen, isobaren, nutzarbeitsfreien Reaktion ist gleich der Abnahme der Gibbs-Energie $-\Delta G_{p,T}$. Dabei ist $-\Delta A$ bzw. $-\Delta G$ gleich der Arbeit bzw. Nutzarbeit pro Formelumsatz, die man in einem isothermen reversiblen Ersatzprozeß (z.B. über eine galvanische Kette) hätte gewinnen können.

Um die Triebkraft isothermer spontaner Prozesse für beliebige Temperaturen theoretisch vorausberechnen zu können, müssen wir deren *molekulare Ursachen* erforschen. Zu diesem Zweck betrachten wir einige charakteristische Beispiele. Wir beginnen mit rein physikalischen Beispielen, weil dabei die verschiedenen Ursachen am deutlichsten sichtbar sind.

Charakteristische Beispiele isothermer[1], spontaner Prozesse

12.1.1 Entspannung einer Feder

Die potentielle Energie einer aufgezogenen Uhrfeder kann als Teil der Inneren Energie dieses Systems betrachtet werden. Wenn die Uhrfeder sich entspannt, wird ihre potentielle Energie als Reibungswärme an die Umgebung abgegeben. Diese Reibungswärme ist genauso groß wie die Arbeit, die man in einem reversiblen Ersatzprozeß hätte gewinnen können. Somit ist in diesem Fall die Triebkraft (d.h. die Abnahme der Helmholtz-Energie) gleich der Abnahme der Inneren Energie des Systems:

$$-\triangle A = -\triangle U$$

1 Im Hinblick auf das Ziel der Berechnung chemischer Gleichgewichte *bei vorgegebenen Temperaturen* beschränken wir uns hier auf Beispiele *isothermer* Prozesse. Das fundamentale Beispiel einer spontanen Wärmeübertragung zwischen Körpern *verschiedener Temperaturen* wird unter anderen Gesichtspunkten behandelt (Abschnitte 12.3 und 12.5).

[Da das Produkt pV bei Entspannung der Uhrfeder unverändert bleibt, kann man in diesem Fall $\triangle A$ mit $\triangle G$ und $\triangle U$ mit $\triangle H$ gleichsetzen, vgl. Gln. (10.21) und (8.3).]

Der vom System angestrebte Endzustand ist also ein Zustand minimaler Energie. Dieses ***„Prinzip minimaler Energie"*** gilt für alle isothermen mechanischen Vorgänge, bei denen potentielle Energie durch *Reibung oder plastische Verformung* vollständig als Wärme abgeführt wird (gedämpftes Pendel, Herunterfallen einer Knetekugel usw.). Die beweglichen Teile des Systems folgen dabei den wirksamen ***Anziehungs- und Abstoßungskräften***, die als eigentliche ***Ursache der Vorgänge*** betrachtet werden können.

Das Prinzip minimaler Energie ist für *chemische* Reaktionen gleichbedeutend mit dem sogenannten ***Berthelotschen Prinzip.*** Berthelot nahm an, daß – analog wie in der Mechanik – die bei einer isothermen chemischen Reaktion abgegebene Wärme $-\Delta U$ bzw. $-\Delta H$ ein Maß für deren Triebkraft sei. Wenn dieses Prinzip jedoch immer die alleinige Ursache der Triebkraft wäre, dann dürfte es nur exotherme, aber keine endothermen Reaktionen geben.

12.1.2 Diffusion

Zwei ideale Gase von gleichem Druck und gleicher Temperatur diffundieren ineinander und vermischen sich. Da die Moleküle idealer Gase *keinerlei Kräfte* aufeinander ausüben, bleibt die Innere Energie bei diesem Vorgang unverändert: $\triangle U = 0$. Warum vermischen sich dann die verschiedenen Molekülsorten? Warum trennen sie sich nicht von selbst wieder?

Es ist das gleiche Prinzip, nach dem mechanisch gleiche, aber verschiedenfarbige Kugeln beim Durcheinanderschütteln sich mischen, aber nicht wieder entmischen. Wir können es als ***„Prinzip maximaler Unordnung"*** bezeichnen; das Sortieren nach verschiedenen Farben würde dagegen einem Ordnungsvorgang entsprechen, der ohne ordnende Kräfte nicht von selbst vor sich geht. Aber *warum* nicht? Könnte nicht durch Zufall *doch* eine Ordnung entstehen?

Wenn wir nur ganz wenige Kugeln haben, etwa 2 rote und 2 blaue, dann kommt es durchaus vor, daß nach dem Schütteln die beiden roten und die beiden blauen zusammenliegen. Aber je mehr Kugeln vorhanden sind, desto *unwahrscheinlicher* ist es, daß zufällig alle roten und alle blauen gleichzeitig jeweils zusammenliegen. Wird die Zahl der Kugeln extrem groß (etwa gleich der Loschmidtschen Zahl), dann wird eine spontane Entmischung extrem unwahrscheinlich und darum praktisch unmöglich. Das Prinzip maximaler Unordnung beruht also auf einer ***Zunahme der Wahrscheinlichkeit mit abnehmender Ordnung***.

Die Wahrscheinlichkeitszunahme genügt allerdings nicht als kausale Begründung für den Unordnungsvorgang. Damit dieser eintritt, müssen die Kugeln nämlich geschüttelt werden. Die molekulare ***Ursache*** für das Streben nach maximaler Unordnung liegt in der ***Wärmebewegung***.

12.1.3 Expansion ins Vakuum

Stellt man einem idealen Gas durch Öffnen einer Klappe zu einem evakuierten Nachbarraum ein vergrößertes Volumen zur Verfügung (Abb. 6.2, §6.1), so verteilen sich die

Moleküle gleichmäßig über den ganzen Raum. Auch hierbei ist bei konstanter Temperatur $\triangle U = 0$ [vgl. Gl. (6.5)]. Die Ursache für diesen Vorgang ist daher nicht in molekularen Kräften zu suchen, sondern in der molekularen Wärmebewegung, die nach den Gesetzen der Wahrscheinlichkeit zu einer Zunahme der Unordnung führt. Es wäre extrem unwahrscheinlich, daß zufällig einmal alle Gasmoleküle gleichzeitig wieder in ihr Ausgangsvolumen zurückkehren würden. Die Verteilung der Moleküle auf das Gesamtvolumen entspricht einer Zunahme der Unordnung (analog wie bei der Diffusion in §12.1.2).

Indem die Konzentration an Gasmolekülen in dem vorher evakuierten Teilvolumen zunimmt, nimmt die Triebkraft dieses Unordnungsvorgangs immer mehr ab. Sie wird gleich null, wenn die Konzentrationen in beiden Teilräumen gleich groß sind. Weiterer Stofftransport wäre dann nämlich nicht mehr mit weiterer Zunahme der Unordnung verbunden.

12.1.4 Verdampfung und Kondensation

In einem geschlossenen, thermostatierten Gefäß befinde sich Wasser und darüber Luft. Ist der Wasserdampfpartialdruck p_{H_2O} im Luftraum kleiner als der Dampfdruck $p^D_{H_2O}$, so findet Verdampfung des Wassers statt, im umgekehrten Falle Kondensation. Das Gleichgewicht ist erreicht, wenn $p_{H_2O} = p^D_{H_2O}$ geworden ist. Dann ist $\Delta A_{V,T} = 0$.

Bei diesem Beispiel tragen *beide Prinzipien* zur Triebkraft $-\Delta A$ bei, und zwar wirken beide *in entgegengesetzter Richtung*: Das Prinzip minimaler Energie wirkt im Sinne der Kondensation, denn bei diesem Vorgang wird die Verdampfungswärme abgegeben, die Innere Energie nimmt ab. Das Prinzip maximaler Unordnung wirkt im Sinne der Verdampfung, denn dieser Vorgang entspricht einer Zunahme der molekularen Unordnung: Im Gasraum fliegen die Moleküle ungeordnet durcheinander, im flüssigen Wasser liegen dagegen alle Wassermoleküle ordentlich beisammen und besitzen darüber hinaus durch Ausbildung von Wasserstoffbrückenbindungen ein gewisses Maß an struktureller Ordnung.

Wodurch kommt es im Verlauf der Verdampfung zum Gleichgewicht? Der energetische Beitrag zur Triebkraft (die Verdampfungswärme) ist unabhängig vom Wasserdampfpartialdruck. Die Zunahme der räumlichen Unordnung pro verdampfende Stoffmenge wird dagegen mit zunehmender Konzentration im Gasraum (d.h. mit zunehmendem Wasserdampfpartialdruck) immer geringer. Bei ***Erreichen des Gleichgewichtsdampfdrucks halten sich beide Prinzipien die Waage***. Der Unordnungsbeitrag wird dann entgegengesetzt gleich dem energetischen Beitrag.

Der energetische Beitrag zur Triebkraft (die Verdampfungswärme) ändert sich auch ***mit steigender Temperatur*** nur wenig. Der Gleichgewichtsdampfdruck nimmt aber mit steigender Temperatur stark zu. Das bedeutet eine ***Verschiebung des Gleichgewichts zugunsten des Prinzips maximaler Unordnung***. Dieses Prinzip wirkt sich also um so stärker auf die Triebkraft aus, je höher die Temperatur ist.

Die Verwirklichung des Prinzips maximaler Unordnung setzt offensichtlich Wärmebewegung voraus, d.h. kinetische Energie der Moleküle. Wie man die *Molekularkräfte als Ursache für das Anstreben eines Zustandes minimaler Energie* ansieht (der zugleich ein Zustand vollständiger Ordnung ist), so kann man analog die Bewegung oder die *kinetische Energie der Moleküle* als die *Ursache* dafür ansehen, daß andererseits auch eine *Zunahme der Unordnung* (der Wahrscheinlichkeit) vom isothermen System angestrebt wird. Dabei wird die kinetische Energie der thermischen Molekularbewegung teilweise zur molekularen Arbeitsleistung gegen die Molekularkräfte verwendet.

Wir wollen jetzt **chemische Beispiele** zur Triebkraft betrachten. Diese sind insofern weniger durchsichtig als manche physikalische Beispiele, weil hier grundsätzlich immer sowohl das Prinzip minimaler Energie als auch das Prinzip maximaler Unordnung einen Beitrag zur Triebkraft einer isothermen Reaktion liefern. Immerhin gibt es aber auch hier Beispiele, bei denen jeweils der eine Beitrag stark überwiegt, während der andere fast vernachlässigbar ist.

12.1.5 Reduktion von Kupferionen durch Zink

Bei der isothermen Reaktion

$$Cu^{2+}(aq) + Zn \rightarrow Cu + Zn^{2+}(aq) \tag{12.1}$$

ändert sich der Ordnungsgrad des Systems bei gleichen Konzentrationen an Cu^{2+} und Zn^{2+} nur wenig. Der Energieinhalt nimmt jedoch stark ab, weil die Kupferatome im Kristallgitter des Metalls viel fester gebunden sind als die Zinkatome. Dementsprechend wird die *Triebkraft dieser Reaktion im wesentlichen durch den energetischen Anteil bestimmt*. Tatsächlich findet man im Experiment, daß die aus kalorimetrischen Messungen bestimmte Reaktionsenthalpie ΔH sich von der aus EMK-Messungen erhaltenen Gibbs-Reaktionsenergie ΔG nicht sehr wesentlich unterscheidet[2]. Für derartige Reaktionen, bei denen das Unordnungsprinzip relativ wenig zur Triebkraft beiträgt, ist charakteristisch, daß das Gleichgewicht extrem weit auf der exothermen Seite der Reaktionsgleichung liegt. (Im Gleichgewicht sind neben metallischem Zink praktisch überhaupt keine Kupferionen mehr nachweisbar.)

12.1.6 Mutarotation

D-Glucose (Traubenzucker $C_6H_{12}O_6$) existiert in zwei isomeren Formen, die sich in wäßriger Lösung ineinander umwandeln können[3] (*Tautomerie*):

α-Glucose β-Glucose

2 ΔH ist praktisch der „energetische Anteil". Der Unterschied zwischen ΔU und ΔH ist hier vernachlässigbar, weil ΔV sehr klein ist (vgl. die Gln. (8.2) und (8.3)).

3 Näheres zu dieser Umwandlung in §16.3.2. Zum Stichwort „Isomerie" vgl. Fußnote 1 in §16.1.

In der α-Glucose steht die OH-Gruppe am C-Atom 1 auf der gleichen Seite der Ringebene wie die am C-Atom 2, in der β-Glucose steht sie dagegen auf der anderen Seite. Da das C-Atom 1 ein „asymmetrisches C-Atom" ist[4], so stellen α- und β-Glucose zugleich ***optische Isomeren*** dar, d.h., ihre wäßrigen Lösungen drehen die Schwingungsebene eines polarisierten Lichtstrahls verschieden stark.[5] Löst man reine α-Glucose oder reine β-Glucose in Wasser auf, so verändert sich der Anfangswert der optischen Drehung mit der Zeit, bis in beiden Fällen der gleiche Endwert erreicht ist. Man nennt diese Erscheinung ***„Mutarotation"***. Da der durch eine Substanz hervorgerufene Drehungswinkel deren Konzentration in der Lösung proportional ist und da die Drehungswinkel verschiedener gelöster Substanzen sich additiv überlagern, so kann man mit Hilfe eines Polarimeters leicht das jeweilige Konzentrationsverhältnis beider Stoffe bestimmen.

Eine Lösung mit der Konzentration von 100 mg Glucose pro cm^3 dreht die Ebene des polarisierten Lichtes pro Länge des Lichtweges von 10 cm im Falle reiner α-Glucose um einen Winkel von $+11,12\,^\circ$, im Falle reiner β-Glucose um $+1,75\,^\circ$ und im Falle des Gleichgewichtsgemisches um $+5,25\,^\circ$ nach rechts (vom Beobachter aus gesehen, d.h. entgegen der Lichtrichtung).

Da sich der Drehwinkel zwischen 1,75 ° ($x_\alpha = 0$) und 11,12 ° ($x_\alpha = 1$) linear mit dem Molenbruch der Lösung verändert, ist im Gleichgewicht bei 5,25 °

$$x_\alpha = \frac{5,25 - 1,75}{11,12 - 1,75} \quad \text{und analog} \quad x_\beta = \frac{11,12 - 5,25}{11,12 - 1,75}.$$

Daraus ergibt sich für die Gleichgewichtskonstante der Reaktion (12.2):

$$K = \left(\frac{c_\beta}{c_\alpha}\right)_= = \left(\frac{x_\beta}{x_\alpha}\right)_= = \frac{11,12 - 5,25}{5,25 - 1,75} = 1,68 \qquad (12.3)$$

Die Konzentrationen c_α und c_β sind also im Gleichgewicht von gleicher Größenordnung, während sich bei anderen Gleichgewichten die Konzentrationen oft um viele Zehnerpotenzen unterscheiden (wie etwa im vorigen Beispiel die Konzentrationen von Cu^{2+} und Zn^{2+}).

Der energetische Unterschied zwischen α-Glucose und β-Glucose ist sehr klein. Auch im Ordnungsgrad der einzelnen Moleküle ist von der Struktur her kein wesentlicher Unterschied zu erwarten. Worin besteht dann die Triebkraft, die die Reaktion von reiner α-Glucose bis zum Gleichgewichtsgemisch fortschreiten läßt?

Antwort: Es ist die Zunahme der Unordnung des *Gesamtsystems* beim Übergang von der reinen α-Form zu einem Gemisch von α und β, analog wie im Abschnitt 12.1.2 bei der Bildung einer Gasmischung. Die maximale Unordnung ist *dann* erreicht, wenn sich die beiden

---

4 Man nennt ein C-Atom „asymmetrisch", wenn es mit seinen 4 Valenzen an 4 verschiedene Nachbaratome (oder -atomgruppen) gebunden ist, weil das räumliche Gebilde dieser 5 Atome dann keine Symmetrieebene enthält. Dagegen kann man dann eine andere Anordnung dieser 5 Atome angeben, die ein Spiegelbild der ersten Anordnung darstellt. Die beiden Anordnungen drehen die Schwingungsebene eines polarisierten Lichtstrahls in entgegengesetzter Richtung.

5 Wenn 1 das einzige asymmetrische C-Atom wäre, dann wären beide Drehungen entgegengesetzt gleich (*„optische Antipoden"*). Da aber die asymetrischen C-Atome 2, 3, 4 und 5 ebenfalls zur optischen Drehung beitragen, ist das nicht der Fall.

Konzentrationen wie 1 : 1 verhalten. Die geringfügige Abweichung des Konzentrationsverhältnisses vom Werte 1 könnte daher kommen, daß α-Glucose (wegen der Abstoßung der beiden OH-Gruppen) doch ein wenig energiereicher ist als β-Glucose.

Wie beim Vermischen idealer Gase läßt sich auch bei der Mutarotation die Zunahme der Unordnung durch den Übergang in einen wahrscheinlicheren Zustand *des Gesamtsystems* erklären: Wenn (nach genügend langer Wartezeit) jedes *einzelne* Molekül mit ungefähr gleich großer Wahrscheinlichkeit in der α-Form oder der β-Form anzutreffen ist, dann wäre es extrem unwahrscheinlich, daß zufällig alle Moleküle gleichzeitig in der gleichen Form vorliegen.

12.1.7 Kristallisation und Auflösung

Kleine Mengen von Bleinitrat, $Pb(NO_3)_2$, und Kaliumiodid, KI, werden in je 100 ml Wasser aufgelöst. Die Salze sind leicht löslich und dissoziieren dabei vollständig in ihre Ionen. Beim Zusammengießen beider Lösungen entsteht ein gelber Niederschlag von Bleiiodid, da dieses Salz bei Zimmertemperatur nur wenig löslich ist:

$$Pb^{2+} + 2\,I^- \rightleftharpoons PbI_2 \qquad (12.4)$$

Bei dieser Fällungsreaktion wird Wärme frei. Der Leser berechne aus den Bildungsenthalpien S. 335 die Reaktionsenthalpie ΔH für diese Reaktion!

Die *Triebkraft dieser Fällungsreaktion* beruht auf den starken Anziehungskräften zwischen Pb^{2+}-Ionen und I^--Ionen im Kristallgitter, d.h. auf dem *Prinzip der minimalen Energie* bzw. Enthalpie. Gleichzeitig nimmt aber beim Aufbau des Kristallgitters die molekulare Ordnung stark zu; das *Prinzip der maximalen Unordnung* liefert also einen *negativen* Beitrag zur Triebkraft der Fällungsreaktion, d.h., es *wirkt in Richtung der Auflösung*.

Wir erwärmen jetzt die Suspension. Wenn die Ausgangslösungen nicht zu konzentriert waren, löst der Niederschlag sich dabei vollständig auf. Bei langsamem Erkalten der Lösung kristallisiert dann das PbI_2 in prächtig glitzernden Blättchen wieder aus. *Offensichtlich gewinnt bei steigender Temperatur das Prinzip der maximalen Unordnung die Oberhand, bei sinkender Temperatur dagegen das Prinzip der minimalen Energie.*

Vom **molekularen Modell** her ist dieser Sachverhalt qualitativ leicht verständlich: Steigende Temperatur bedeutet ja eine Erhöhung der mittleren kinetischen Energie der Atome bzw. Ionen. Je mehr solche Energie vorhanden ist, desto leichter können die Ionen die ordnend wirkenden Kräfte des Kristallgitters überwinden und in Lösung gehen. Daher verschiebt sich das Gleichgewicht bei Erwärmung zugunsten wachsender Unordnung. Die Energie zur Überwindung der Gitterkräfte geht zunächst auf Kosten der kinetischen Energie der Ionen und muß durch zugeführte Wärme ersetzt werden; der Vorgang ist also endotherm.

Umgekehrt ist klar, daß mit sinkender Temperatur das Prinzip der minimalen Energie immer mehr die Oberhand gewinnen muß. In der Nähe des absoluten Nullpunkts ist überhaupt keine molekulare kinetische Energie mehr vorhanden, die für eine endotherme Reaktion verwendet werden könnte. Daher sind dort nur noch exotherme Reaktionen möglich. Das Berthelotsche Prinzip der minimalen Energie wird hier allein bestimmend für die Richtung einer arbeitsfreien Reaktion, und es wird $\Delta G = \Delta H$.

Die Reaktionsenthalpie ΔH ändert sich mit steigender Temperatur nur relativ wenig. Wenn wir bei festgehaltener Konzentration die Temperatur erhöhen, dann bleibt der Unterschied in der räumlichen Unordnung zwischen kristallisiertem und gelöstem Zustand ebenfalls unverändert. Da trotzdem mit steigender Temperatur das Prinzip der maximalen Unordnung immer mehr die Oberhand gewinnt, schließen wir, daß ***eine bestimmte Änderung der Unordnung sich um so stärker auf die Triebkraft*** $-\Delta G$ ***auswirkt, je höher die Temperatur ist*** (vgl. §12.1.2 und §12.1.4).

Daß die Prinzipien der minimalen Energie und der maximalen Unordnung einander entgegenwirken wie im vorliegenden Beispiel, ist bei isothermen chemischen Reaktionen die Regel. Es gibt aber auch Ausnahmen, bei denen beide Prinzipien in der gleichen Richtung wirken (näheres §15.3 f.). In diesem Falle kann sich natürlich kein Gleichgewicht einstellen. Immer wenn ein System sich im Zustand eines chemischen Gleichgewichts befindet, dann müssen der energetische Beitrag und der Unordnungsbeitrag zur Triebkraft einander entgegenwirken und sich zu null kompensieren.

12.2 Die reversible Wärme

Im Abschnitt 12.1 wurde der Beitrag des Prinzips der maximalen Unordnung zur Triebkraft isothermer Reaktionen an Hand von Beispielen nur qualitativ betrachtet. Wir wollen jetzt quantitative Formeln dazu aufstellen.

Entsprechend der Gleichung $\triangle U = W + Q$ kann man die Triebkraft eines isothermen Prozesses nach Gl. (10.15) folgendermaßen zerlegen:

$$-\triangle A_T \equiv -W_{\mathrm{rev}\,T} = -\triangle U_T + Q_{\mathrm{rev}\,T} \tag{12.5}$$

Bei konstantem Außendruck wird daraus durch Substraktion von $p\triangle V$ [vgl. Gln. (8.3) und (10.21)]:

$$-\triangle G_{p,T} = -W_{\mathrm{Nutz,rev}\,p,T} = -\triangle H_{p,T} + Q_{\mathrm{rev}\,p,T} \tag{12.6}$$

Der Beitrag des Prinzips der minimalen Energie zur Triebkraft einer isothermen arbeitsfreien Reaktion besteht in der Größe $-\triangle U$ bzw. $-\triangle H$. Die additiv danebenstehende Größe $Q_{\mathrm{rev}\,T}$ muß dann mit dem *Beitrag* identifiziert werden, *den das Prinzip der maximalen Unordnung zur Triebkraft leistet*. Dieser Beitrag ist also *gleich der Wärmemenge, die man dem System in einem isothermen, reversiblen* ***Ersatzprozeß*** *zuführen müßte*.

Wie wir in den Abschnitten 12.1.4 und 12.1.7 qualitativ festgestellt hatten, wird der Unordnungsbeitrag $Q_{\mathrm{rev}\,T}$ zur Triebkraft mit steigender Temperatur immer größer, auch wenn es sich um ein und dieselbe Änderung der Unordnung handelt. Um die Abhängigkeit der Größe $Q_{\mathrm{rev}\,T}$ von der Temperatur genauer zu untersuchen, betrachten wir wieder das Beispiel der Expansion eines idealen Gases ins Vakuum: Dieses Beispiel ist besonders einfach, da der energetische Beitrag $\triangle U = 0$ ist und somit der Unordnungsbeitrag $Q_{\mathrm{rev}\,T}$ *allein* die Triebkraft des arbeitsfreien Prozesses liefert. Zur Durchführung des reversiblen

Ersatzprozesses bedienen wir uns wieder der Pohlschen Anordnung Abb. 6.3 §6.2. Die bei der Expansion eines idealen Gases von V_{I} auf V_{II} zugeführte reversible Wärme ist gleich der abgegebenen Arbeit und beträgt nach Gl. (6.8):

$$Q_{\mathrm{rev}\,T} = nRT \ln \frac{V_{\mathrm{II}}}{V_{\mathrm{I}}} \tag{12.7}$$

Wir kommen zu dem Ergebnis, daß der Unordnungsbeitrag zur Triebkraft, die reversible Wärme $Q_{\mathrm{rev}\,T}$, in diesem Fall der absoluten Temperatur einfach proportional ist.

Die Zunahme der räumlichen Unordnung selbst ist dagegen im molekularen Modell *unabhängig* von der Temperatur; sie ist anschaulich für das Beispiel des idealen Gases allein durch die Stoffmenge n und die beiden Volumina V_{I} und V_{II} festgelegt. Es erscheint daher sinnvoll, als makroskopische Definition für die Zunahme der Unordnung versuchsweise den Quotienten $Q_{\mathrm{rev}\,T}/T$ zu wählen, da dieser im vorliegenden Beispiel ebenfalls von T unabhängig ist:

$$\frac{Q_{\mathrm{rev}\,T}}{T} = nR \ln \frac{V_{\mathrm{II}}}{V_{\mathrm{I}}} \tag{12.8}$$

Man führt für die Unordnung das Symbol S und den Namen ***„Entropie"*** ein. Dann gilt für isotherme Prozesse die Definition:

$$\Delta S \equiv \frac{Q_{\mathrm{rev}}}{T} \tag{12.9}$$

Der praktische Nutzen des Entropiebegriffs beruht darauf, daß S sich (im Gegensatz zu W_{rev} und Q_{rev}) *auch bei nicht isothermen Zustandsänderungen wie eine Zustandsgröße* verhält, wie im übernächsten Abschnitt noch allgemein gezeigt wird. *Daher läßt sich ΔS_T leicht von einer Temperatur auf eine andere Temperatur umrechnen.* Man kann auf diese Weise die Triebkraft $-\Delta G(T)$ einer isothermen isobaren Reaktion für beliebige Temperaturen ausrechnen, indem man anstelle von Gl. (12.6) schreibt:

$$-\Delta G_{p,T} = -\Delta H_{p,T} + T\Delta S_{p,T} \tag{12.10}$$

Wie man weiter aus der Triebkraft die zugehörige Gleichgewichtskonstante erhält, wurde schon in den Abschnitten 11.5 und 11.8 besprochen. Damit ist dann das wesentlichste Ziel der Thermodynamik erreicht.

Die Größe $T\Delta S$ in Gl. (12.10) ist der Beitrag, den das Prinzip der maximalen Unordnung zur Triebkraft $-\Delta G$ einer isothermen, isobaren Reaktion beisteuert. Wir werden diese Größe von jetzt an als ***„entropischen" Beitrag zur Triebkraft*** bezeichnen, im Unterschied zum *„energetischen"* (eigentlich „enthalpischen") Beitrag $-\Delta H$.

Wenn ein System sich im chemischen Gleichgewicht befindet, dann kompensieren sich beide Beiträge zu null. Wenn man jetzt die Temperatur senkt, dann wird der entropische Beitrag $T\Delta S$ wegen des Faktors T schwächer als der energetische; das Gleichgewicht verschiebt sich also in der Richtung, die dem energetischen Beitrag entspricht, d.h. im Sinne einer Abnahme der Enthalpie, also zur exothermen Seite der Reaktionsgleichung. Umgekehrt bewirkt eine *Temperaturerhöhung* eine *Verschiebung des Gleichgewichts zur endothermen Seite der Reaktionsgleichung*.

12.3 Der Carnotsche Kreisprozeß

Im 10. Kapitel wurde gezeigt, daß die Irreversibilität isothermer Prozesse auf der Vergeudung von Arbeitsfähigkeit zugunsten von Wärme beruht. Wir wollen jetzt zeigen, daß diese Aussage auch für *nichtisotherme* Prozesse zutrifft. Das einfachste Beispiel ist das irreversible Herabfließen von Wärme von einem Körper höherer Temperatur zu einem Körper tieferer Temperatur (Abb. 12.1).

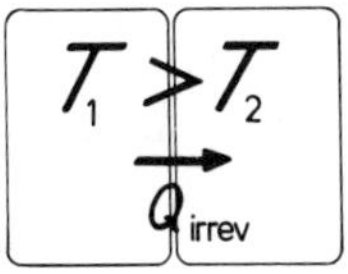

Abb. 12.1. Das Herabfließen von Wärme von einem heißeren zu einem kälteren Körper ohne Arbeitsleistung ist irreversibel.

Auch für diesen irreversiblen Prozeß läßt sich im Prinzip ein *reversibler Ersatzprozeß* angeben, bei dem ein genau definierter Bruchteil der vom heißeren Körper abgegebenen Wärme in Arbeit verwandelt wird. Das Hilfssystem zur Gewinnung dieser reversiblen Arbeit ist die sogenannte *„**Carnot-Maschine**"*. Eine Carnot-Maschine (Abb. 12.2) entnimmt also aus einem Wärmespeicher der Temperatur T_1 eine Wärmemenge $|Q_1|$ und verwandelt einen Teil davon in Arbeit $|\triangle W_{rev}|$, die an einen Arbeitsspeicher (z.B. an ein gehobenes Gewicht) abgegeben wird[6]. Die restliche Wärme $|Q_2|$ wird an einen anderen Wärmespeicher von tieferer Temperatur T_2 abgegeben.

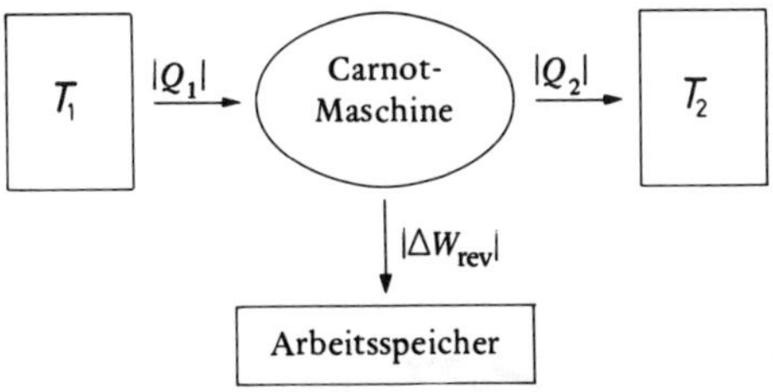

Abb. 12.2. Eine Carnot-Maschine macht die Wärmeübertragung von einem heißeren auf einen kälteren Körper *reversibel*, indem sie einen Teil der als Wärme aufgenommenen Energie als Arbeit abgibt.

Die Carnot-Maschine selbst verändert sich hierbei insgesamt nicht, d.h., sie kehrt nach Durchlaufen eines Kreisprozesses in ihren Anfangszustand zurück. Sie muß also insgesamt genau so viel Energie aufnehmen, wie sie abgibt (1. Hauptsatz):

6 Um Mißverständnisse bezüglich des Vorzeichens zu vermeiden, betrachten wir in Abb. 12.2 nur die *absoluten Beträge* von Wärme und Arbeit, indem wir Q_1, Q_2 und $\triangle W_{rev}$ in senkrechte Striche einschließen.

$$|Q_1| = |\triangle W_{\text{rev}}| + |Q_2| \tag{12.11}$$

Wenn man die *von der Maschine* aufgenommenen Wärme- und Arbeitsbeiträge jeweils positiv wertet, kann man anstelle von (12.11) auch ohne Betragsstriche schreiben:

$$Q_1 + Q_2 + \triangle W_{\text{rev}} = 0 \tag{12.12}$$

Da die Carnot-Maschine *reversibel* arbeitet, kann sie ihren Kreisprozeß auch in *umgekehrter Richtung* durchlaufen: Die Pfeile in Abb. 12.2 kehren sich dann um, d.h., die Maschine nimmt die Arbeit $|\triangle W_{\text{rev}}|$ auf und benutzt sie dazu, um die Wärmemenge $|Q_2|$ von der Temperatur T_2 auf die Temperatur T_1 *hinaufzupumpen*. Nach (12.11) wird dabei die Energie $|\triangle W_{\text{rev}}|$ zusammen mit $|Q_2|$ in Form der Wärme $|Q_1|$ an den heißeren Wärmespeicher abgegeben.

Man bezeichnet den Bruchteil der Wärme $|Q_1|$, der in Arbeit verwandelt wird, als „***Wirkungsgrad***" η der Maschine:

$$\eta \equiv \frac{|\triangle W|}{|Q_1|} \tag{12.13}$$

Um den Wirkungsgrad einer Carnot-Maschine auszurechnen, wollen wir als Beispiel einen möglichen Mechanismus betrachten.

Unsere Carnot-Maschine besteht im wesentlichen aus der Pohlschen Anordnung zur reversiblen Gewinnung der Expansionarbeit eines idealen Gases. Der wärmeleitende Gaszylinder soll aber jetzt (mit Hilfe von zwei teils wärmeleitenden, teils isolierenden Schiebern, vgl. Abb. 12.3) wahlweise mit einem Wärmespeicher der Temperatur T_1 oder einem Wärmespeicher der Temperatur T_2 verbunden oder auch thermisch isoliert werden können. Außerdem soll die Schnur mit dem Gewicht wahlweise über verschiedene Kurvenscheiben gelegt werden können, die nebeneinander an dem Zahnrad montiert sind (Abb. 12.3).

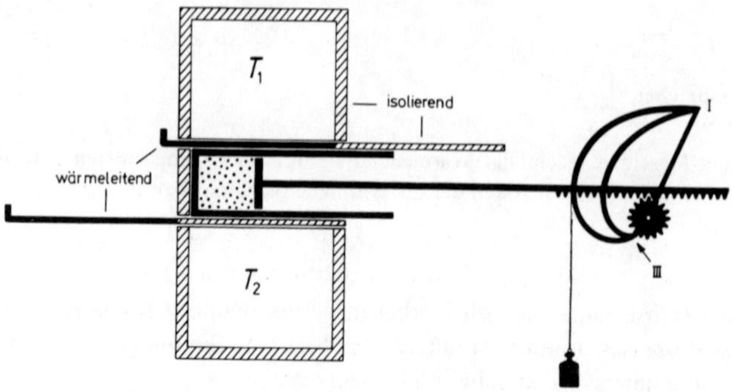

Abb. 12.3. Eine Carnot-Maschine kann im Prinzip durch ein ideales Gas in einem Expansionszylinder realisiert werden, der durch passende Schieber wahlweise mit dem heißeren oder dem kälteren Wärmespeicher leitend verbunden oder auch thermisch isoliert werden kann. Als Arbeitsspeicher dient ein gehobenes Gewicht.

Diese Kurvenscheiben müssen so geformt sein, daß das Gewicht bei isothermer Expansion oder Kompression des Gases bei zwei verschiedenen Temperaturen sowie auch bei adiabatischer Expansion und Kompression immer mit dem Gasdruck im indifferenten Gleichgewicht bleibt. Wir wollen annehmen, daß die Wärmespeicher so groß sind, daß ihre Temperatur sich bei dem Wärmeaustausch mit dem Gas praktisch nicht verändert.

Wir lassen nun die Maschine einen „***Carnotschen Kreisprozeß***" durchlaufen. Dieser besteht aus zwei Isothermen und zwei Adiabaten und ist für ein ideales Gas im p-V-Diagramm in Abb. 12.4 dargestellt.

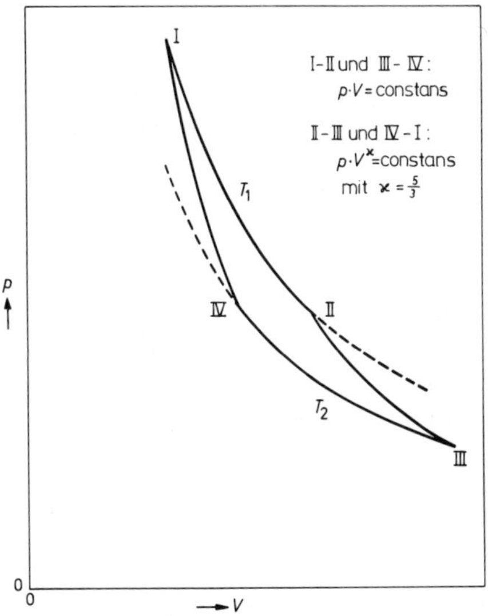

Abb. 12.4. Zustandsdiagramm eines idealen Gases, das einen Carnotschen Kreisprozeß durchläuft. Die umschlossene Fläche entspricht dem Reingewinn an Arbeit im Arbeitsspeicher.

Der erste Schritt besteht in einer isothermen Expansion bei der Temperatur T_1 aus dem Zustand I in den Zustand II. Die dabei abgegebene Arbeit $-W_{\text{I-II}}$ ist gleich der aufgenommenen Wärme Q_1 und beträgt nach Gl. (6.8):

$$-W_{\text{I-II}} = nRT_1 \ln \frac{V_{\text{II}}}{V_{\text{I}}} = Q_1 \tag{12.14}$$

Für den zweiten Schritt wird durch Herausziehen des oberen Schiebers in Abb. 12.3 das Gas vom Wärmespeicher der Temperatur T_1 getrennt und thermisch isoliert. Bei der nun folgenden adiabatischen Expansion von II nach III sinkt die Temperatur des Gases infolge der Arbeitsabgabe von T_1 auf T_2 (vgl. Abb. 12.4). Die abgegebene Arbeit ist gleich der Abnahme der Inneren Energie des Gases und beträgt nach Gl. (6.22)[7]:

7 Genau genommen muß in der Wärmekapazität C_V auch die Wärmekapazität der Zylinderwand mit enthalten sein.

$$-W_{\text{II-III}} = C_V \cdot (T_1 - T_2) \tag{12.15}$$

Die Schnur mit dem Gewicht wird jetzt im Punkt III der Kurvenscheibe (Abb. 12.3) festgehalten und das obere Ende der Schnur über den kürzeren Kurvenscheibenbogen zum Punkte I zurückgespannt. (Das dabei überstehende Schnurstück ist gleich der am Ende des Kreisprozesses gewonnenen Höhendifferenz des Gewichtes.) Dann wird durch Hereinschieben des unteren Schiebers das Gas mit dem Wärmespeicher der Temperatur T_2 verbunden und isotherm bis zum Punkt IV der Abb. 12.4. komprimiert. Die dabei zugeführte Arbeit beträgt

$$W_{\text{III-IV}} = nRT_2 \ln \frac{V_{\text{III}}}{V_{\text{IV}}} = -Q_2 \tag{12.16}$$

Dabei haben wir es so eingerichtet, daß das Volumen V_{IV} mit V_{I} auf der gleichen Adiabate liegt, so daß wir das Gas in einem vierten Schritt durch adiabatische Kompression unter Zufuhr der Arbeit

$$W_{\text{IV-I}} = C_V \cdot (T_1 - T_2) \tag{12.17}$$

in den Zustand I zurückbringen können.

Eine reversibel abgegebene Volumenarbeit ist durch das Integral $\int p \, \mathrm{d}V$ gegeben. Daher entsprechen die vier Arbeitsbeträge (12.14) bis (12.17) den Flächen unter den zugehörigen Kurvenabschnitten im p-V-Diagramm Abb. 12.4. Die Differenz aus abgegebenen und aufgenommenen Arbeitsbeträgen entspricht der von den vier Kurvenabschniten umschlossenen Fläche. Sie beträgt[8]

$$-\triangle W_{\text{rev}} = -W_{\text{I-II}} - W_{\text{II-III}} - W_{\text{III-IV}} - W_{\text{IV-I}} \tag{12.18}$$

oder durch Einsetzen von (12.14) bis (12.17):

$$-\triangle W_{\text{rev}} = nRT_1 \ln \frac{V_{\text{II}}}{V_{\text{I}}} - nRT_2 \ln \frac{V_{\text{III}}}{V_{\text{IV}}} \tag{12.19}$$

Diese Gleichung läßt sich mit Hilfe der Poissonschen Adiabatengleichung noch weiter vereinfachen. Nach Gl. (6.19) ist

$$T = \frac{\text{const}}{V^{\kappa-1}} \tag{12.20}$$

Da nun die Zustände II und III sowie die Zustände I und IV jeweils auf der gleichen Adiabate liegen (vgl. Abb. 12.4), so folgt aus (12.20)

$$\left(\frac{V_{\text{III}}}{V_{\text{II}}}\right)^{\kappa-1} = \frac{T_1}{T_2} = \left(\frac{V_{\text{IV}}}{V_{\text{I}}}\right)^{\kappa-1},$$

8 Man erhält diese Differenz formal in Gl. (12.18) einfach als *Summe* aller abgegebenen Arbeiten, wobei sich beim Einsetzen der Zahlenwerte automatisch ergibt, daß die Arbeiten teils positives, teils negatives Vorzeichen haben.

$$\text{also} \quad \frac{V_{III}}{V_{II}} = \frac{V_{IV}}{V_I} \quad \text{und somit} \quad \frac{V_{III}}{V_{IV}} = \frac{V_{II}}{V_I} \quad . \tag{12.21}$$

Einsetzen in (12.19) ergibt

$$-\triangle W_{rev} = (T_1 - T_2) \cdot nR \ln \frac{V_{II}}{V_I} \quad . \tag{12.22}$$

Nach (12.14) ist aber

$$nR \ln \frac{V_{II}}{V_I} = \frac{Q_1}{T_1} \tag{12.23}$$

$$\text{und somit} \quad -\triangle W_{rev} = \frac{Q_1}{T_1} \cdot (T_1 - T_2). \tag{12.24}$$

Der nach (12.13) definierte Wirkungsgrad beträgt also für einen Carnotschen Kreisprozeß:

$$\eta = \frac{-\triangle W_{rev}}{Q_1} = \frac{T_1 - T_2}{T_1} \tag{12.25}$$

Die wichtige Gleichung (12.24) läßt sich formal leichter im Gedächtnis behalten, wenn man die Vorzeichen umkehrt:

$$\boxed{\triangle W_{rev} = \frac{Q_1}{T_1} \cdot (T_2 - T_1)} \qquad \textbf{\textit{(Carnot-Formel)}} \tag{12.26}$$

Nun hätten wir bei der Herleitung der Carnot-Formel anstelle des Quotienten Q_1/T_1 auch $-Q_2/T_2$ einführen können, wobei T_2 die tiefere Temperatur ist. Aus den Gln. (12.16), (12.21) und (12.23) folgt nämlich:

$$-Q_2/T_2 = nR \ln (V_{III}/V_{IV}) = nR \ln (V_{II}/V_{III}) = Q_1/T_1 = |Q_T|/T$$

Einsetzen von $-Q_2/T_2$ anstelle von Q_1/T_1 liefert eine zu Gl. (12.26) symmetrische Formel, in der nur die Indices 1 und 2 vertauscht sind. Wir können statt dieser Vertauschung auch die Formel unverändert lassen und dazusagen, daß T_1 auch die tiefere der beiden Temperaturen bedeuten kann. Q_1 ist immer die bei T_1 von der Maschine aufgenommene Wärme. (Falls bei T_1 Wärme *abgegeben* wird, hat Q_1 einen negativen Wert.) Die Carnot-Formel (12.26) liefert also für beliebige Vorzeichen von $\triangle T \equiv T_2 - T_1$ und von Q_1 immer das richtige Vorzeichen von $\triangle W_{rev}$.

Falls $T_1 > T_2$, so müssen $\triangle W_{rev}$ und Q_1 nach Gl. (12.26) entgegengesetzte Vorzeichen besitzen. Ist $Q_1 > 0$, so ist $\triangle W_{rev} < 0$, d.h., die Maschine nimmt bei der höheren Temperatur Wärme auf und gibt einen Teil davon als Arbeit ab. Ist dagegen $Q_1 < 0$, so ist $\triangle W_{rev} > 0$, d.h., die Maschine nimmt Arbeit auf und benutzt sie dazu, um *Wärme* *zur höheren Temperatur T_1 hinaufzupumpen.* Der Kreisprozeß wird dann in umgekehrter Richtung durchlaufen, also im p-V-Diagramm der Abb. 12.4 gegen den Uhrzeigersinn[9].

Bei der Ableitung der Formel für den Wirkungsgrad eines Carnotschen Kreisprozesses wurde speziell ein *ideales Gas* als Überträgersystem vorausgesetzt. Wäre es denkbar, daß man mit einem *anderen Überträgersystem* einen *besseren Wirkungsgrad* erhalten könnte?

Aus der Unmöglichkeit eines Perpetuum mobile kann man ableiten, daß es für gegebene Temperaturen T_1 und T_2 keine ***„Über-Carnot-Maschine"*** mit einem besseren Wirkungsgrad $\eta_{\text{Ü}}$ als dem durch (12.25) gegebenen Wirkungsgrad η_C einer Carnot-Maschine geben kann: Anderenfalls könnte man nämlich durch Kombination der Über-Carnot-Maschine mit einer als Wärmepumpe eingesetzten Carnot-Maschine ein Perpetuum mobile zweiter Art bauen.

Dazu würde man zunächst aus der Wärmemenge $|Q_1|$ die Arbeit $|Q_1| \cdot \eta_{\text{Ü}}$ gewinnen. Anschließend würde man die Arbeit $|Q_1| \cdot \eta_C$ aufwenden, um die Wärmemenge $|Q_1|$ in den heißeren Wärmespeicher zurückzupumpen. Wäre nun $\eta_{\text{Ü}} > \eta_C$, so wäre die gewonnene Arbeit größer als die verbrauchte, d.h., man hätte insgesamt einen Arbeitsgewinn erzielt. Dieser Arbeitsgewinn müßte auf Kosten der Wärmeenergie des kälteren Wärmespeichers gehen. Man hätte also ohne sonstige Veränderungen Wärme aus diesem Speicher (z.B. aus dem Meerwasser) in Arbeit verwandelt, im Widerspruch zum zweiten Hauptsatz.

Umgekehrt kann man schließen, daß ein reversibler Kreisprozeß auch niemals einen *schlechteren* Wirkungsgrad haben darf, als durch (12.25) angegeben ist: Anderenfalls brauchte man diesen Kreisprozeß nämlich nur als Wärmepumpe laufen zu lassen und könnte dann durch Kombination mit einem normalen Carnot-Prozeß auch wieder ein Perpetuum mobile zweiter Art bauen.

Wir kommen also zu dem Ergebnis, daß die Formeln (12.24) bis (12.26) *nicht an das ideale Gas als Überträgersystem gebunden* sind, sondern daß sie *für jeden beliebigen „Carnot-Prozeß" gültig* sein müssen, d.h. für jeden reversiblen Kreisprozeß, der aus zwei adiabatischen und zwei isothermen Teilprozessen besteht.

Ein Carnotscher Kreisprozeß entspricht einem *Idealfall*: Der Wirkungsgrad eines *realen* Kreisprozesses (Dampfmaschine) ist *schlechter*, d.h., die abgegebene Arbeit ist kleiner als $-\triangle W_{\text{rev}}$ in (12.24). Da ein kleinerer Arbeitsbetrag aber nicht ausreicht, um die geflossene Wärmemenge Q_1 wieder nach T_1 zurückzupumpen, so ist ein realer Kreisprozeß mehr oder weniger *irreversibel*. Bei völlig irreversiblem Ablauf fließt die gesamte Wärme Q_1 von T_1 nach T_2 hinunter, ohne daß Arbeit gewonnen wird.

---

9 Analog mache man sich klar, daß die Vorzeichen nach (12.26) auch für $T_1 < T_2$ immer richtig herauskommen! – Manchmal ist es aber bequemer, auf die Vorzeichenaussage der Carnot-Formel ganz zu verzichten, indem man die drei Größen $\triangle W_{\text{rev}}, Q_1$ und $\triangle T$ in Betragsstriche einschließt und sich die Richtungen der übertragenen Energiebeträge gesondert überlegt:

$$\boxed{|\triangle W_{\text{rev}}| = \frac{|Q_T|}{T} \cdot |\triangle T|}$$

Darin kann man für T nach Belieben die höhere oder die tiefere Temperatur einsetzen: Jedenfalls ist $|Q_T|$ der bei *dieser* Temperatur umgesetzte Wärmebetrag, wobei $|\triangle W_{\text{rev}}| = |Q_{\text{heiß}}| - |Q_{\text{kalt}}|$.

Wie groß der ideale Wirkungsgrad tatsächlich ist, hängt nach (12.25) von den beiden Temperaturen ab. Für $T_2 \ll T_1$ wird $\eta \approx 1$. Wenn also die tiefere Temperatur nahe am absoluten Nullpunkt liegt, ist im Prinzip nahezu die gesamte Wärme in Arbeit umwandelbar.

Wir fassen zusammen: Eine zwischen zwei Temperaturen übertragbare Wärmemenge enthält eine definierte Menge an Arbeitsfähigkeit (d.h. Möglichkeit, Wärme in Arbeit umzuwandeln). Die ***Irreversibilität*** eines arbeitsfreien Wärmeflusses von einem heißeren zu einem kälteren Körper beruht auf der Vergeudung dieser Arbeitsfähigkeit. Wenn es möglich wäre, den Wärmefluß umzukehren (also ohne sonstige Veränderungen Wärme von kalt nach heiß zu übertragen), dann könnte man mit Hilfe einer Carnot-Maschine insgesamt ohne sonstige Veränderungen beliebig viel „Arbeit aus Wärme erzeugen". Man besäße also ein PM2. Umgekehrt könnte man bei Vorhandensein eines PM2 die von diesem bei tiefer Temperatur erzeugte Arbeit bei beliebig hoher Temperatur in Wärme zurückverwandeln und somit ohne sonstige bleibende Veränderungen Wärme von kalt nach heiß übertragen. Die „***Unmöglichkeit einer Wärmeübertragung von kalt nach heiß ohne sonstige Veränderungen***" ist daher der Unmöglichkeit eines PM2 äquivalent und stellt eine weitere mögliche **Formulierung des 2. Hauptsatzes** dar.

Übungsaufgaben

a) Wie groß ist der ideale Wirkungsgrad einer Wärmekraftmaschine, die zwischen den Temperaturen 27 °C und 127 °C arbeitet?

b) Der elektrische Stromverbrauch eines Kühlschrankes sei so bemessen, daß er bei idealem Wirkungsgrad und bei einer Umgebungstemperatur von 25 °C in einer Stunde 1 kg Wasser von 0 °C in Eis verwandeln könnte. (Die molare Schmelzwärme von Eis beträgt 6,0 kJ/mol.) Der Besitzer möchte diesen Kühlschrank zur Kühlung seines Zimmers verwenden. Er stellt ihn in die Mitte des Raumes und läßt die Kühlschranktür offen. Die Wärmekapazität des Zimmers sei 100 kJ/K, die Anfangstemperatur sei $\vartheta_A = 25,0$ °C. Wie groß ist die Endtemperatur ϑ_E, wenn der Kühlschrank drei Stunden in Betrieb war?

Lösungen: a) $\eta = 0,25$. b) $\vartheta_E = 25,9$ °C.

12.4 Die Entropie als Zustandsgröße

Bisher wurde der Carnotsche Kreisprozeß nur zum Zweck der Arbeitsgewinnung aus einem Temperaturgefälle betrachtet. Dabei standen die Zustandsänderungen der *Wärmespeicher* im Vordergrund. Noch größere Bedeutung gewinnt aber der Carnotsche Kreisprozeß, wenn man die Zustandsänderungen des *Überträgersystems* betrachtet. Damit läßt sich nämlich zeigen, daß die in Abschnitt 12.2 eingeführte Entropie eine Zustandsgröße ist.

Die reversible Wärme Q_{rev} ist – ebenso wie die reversible Arbeit W_{rev} – nur für *isotherme* Prozesse die Änderung einer Zustandsgröße. Bei einem Kreisprozeß mit *verschiedenen* Temperaturen ist dagegen $\triangle W_{rev}$ nach der Carnot-Formel (12.26) von null verschieden, d.h., W_{rev} ist jetzt nicht mehr vom Wege unabhängig, entspricht also keiner Zustandsgröße. Daher muß auch die beim Kreisprozeß ausgetauschte Summe der reversiblen Wärmen nach (12.12) von null verschieden sein:

$$Q_1 + Q_2 = -\triangle W_{\text{rev}} \neq 0 \tag{12.27}$$

Wenn aber die reversiblen Wärmen $|Q_1|$ und $|Q_2|$ der jeweiligen Temperatur proportional sind (vgl. Abschnitt 12.2), dann sind $|Q_1|/T_1$ und $|Q_2|/T_2$ gleich groß, d.h., bei Beachtung des Vorzeichens muß die Summe der beiden Quotienten Q_{rev}/T gleich null werden. Tatsächlich erhält man durch Einsetzen von (12.27) in (12.25):

$$\eta = \frac{Q_1 + Q_2}{Q_1} = \frac{T_1 - T_2}{T_1} \tag{12.28}$$

und durch Ausmultiplizieren

$$Q_1T_1 + Q_2T_1 = Q_1T_1 - Q_1T_2, \quad \text{also} \quad Q_2T_1 + Q_1T_2 = 0 \quad \text{und}$$

$$\frac{Q_1}{T_1} + \frac{Q_2}{T_2} \equiv \sum \frac{Q_{\text{rev}}}{T} = 0 \tag{12.29}$$

Die Größe $\delta Q_{\text{rev}}/T$ verhält sich also speziell bei Carnot-Prozessen wie die Änderung einer *Zustandsgröße* [vgl. Gl. (5.22)]. Im folgenden wird bewiesen, daß diese Aussage auch für einen *beliebigen* Kreisprozeß zutrifft[10].

In Abb. 12.5 sind die vom System bei dem beliebigen Kreisprozeß durchlaufenen Zustände durch die geschlossene Linie im p-V-Diagramm dargestellt[11]. Wir ersetzen nun

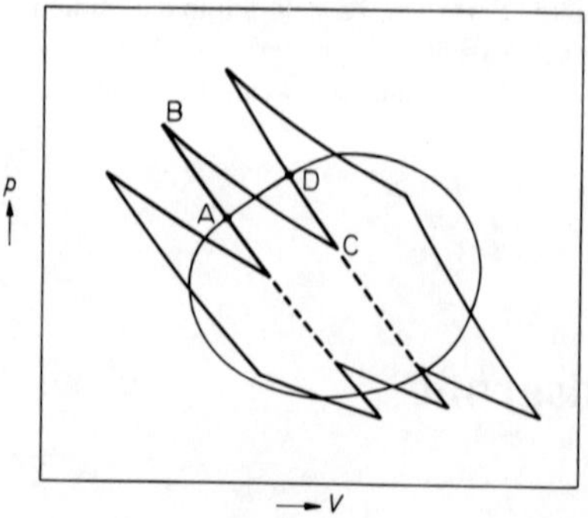

Abb. 12.5. Annäherung der Zustandsfolge eines beliebigen Kreisprozesses durch eine Summe von Carnot-Prozessen.

10 Während bei einem Carnot-Prozeß der Wärmeaustausch nur bei zwei praktisch konstanten Temperaturen erfolgt, muß man bei einem *beliebigen* Kreisprozeß davon ausgehen, daß die Temperatur sich auch während des Wärmeaustausches kontinuierlich verändern kann.

11 Um die Beweisführung allgemeiner zu machen, können statt Druck p und Volumen V auch irgendwelche anderen Zustandsgrößen y und x zur Beschreibung der vom System durchlaufenen Zustände verwendet werden. Für den nachfolgenden Gedankengang ist aber wesentlich, daß y und x so gewählt sind, daß das Integral $\int y\mathrm{d}x$ der reversiblen gewinnbaren Arbeit proportional ist. Wenn man z.B. eine chemische Reaktion reversibel über eine galvanische Kette führt, dann könnte y die EMK und x die geflossene Ladung sein. Durch passende Zusatzbedingungen müßten die übrigen Zustandsgrößen, namentlich die Temperatur, durch y und x eindeutig festgelegt sein.

diesen Kreisprozeß näherungsweise durch eine Summe von Carnot-Prozessen aus Adiabaten und Isothermen, und zwar so, daß die Summe der Carnot-Prozesse im p-V-Diagramm eine gleich große Fläche wie der Kreisprozeß umschließt (vgl. Abb. 12.5). Dann ist die aus dem Kreisprozeß bei reversibler Führung gewinnbare Arbeit gleich der Summe der Arbeiten aus den Carnot-Prozessen.

Wenn man die Adiabaten und Isothermen passend legt, ist in Abb. 12.5 auf dem Kurvenstück AD und auf dem Zickzackweg ABCD die reversible Arbeit W_{rev} gleich groß. Da U eine Zustandsgröße ist, muß auch $\triangle U$ auf beiden Wegen gleich groß sein, und dasselbe gilt dann auch für $Q_{\text{rev}} = \triangle U - W_{\text{rev}}$.

Daß auch die Integrale $\int \delta Q_{\text{rev}}/T$ auf den beiden angegebenen Wegen gleich groß sind, darf man nicht a priori voraussetzen, da die Temperaturen nicht genau übereinstimmen. (Auf dem Weg AD ist die Temperatur zuerst kleiner, dann größer als auf dem isothermen Wegabschnitt BC.) Man kann nun aber beliebig viele Carnot-Prozesse für die Näherung verwenden, indem man die Adiabaten beliebig dicht nebeneinander legt. Dabei werden dann die entsprechenden Strecken AB und CD beliebig kurz, so daß die Temperaturen auf den Wegen AD und BC sich nur noch beliebig wenig unterscheiden. Im Grenzfall kann man die Quotienten $\delta Q_{\text{rev}}/T$ auf den beiden Wegabschnitten AD und ABCD einander gleich setzen. Entsprechend wird auch das Integral $\oint \delta Q_{\text{rev}}/T$ über den gesamten Kreisprozeß gleich dem Integral über den Zickzackweg, der alle Carnot-Prozesse umschließt.

Nun ist aber für jeden *einzelnen* Carnot-Prozeß nach (12.29) $\delta Q_1/T_1 + \delta Q_2/T_2 = 0$, und entsprechend gilt auch für die Summe über *alle* Carnot-Prozesse:

$$\sum \frac{\delta Q_{\text{rev}}}{T} = 0 \tag{12.30}$$

Diese Formel gilt zugleich für die Summe über den geschlossenen Zickzackweg, da ja auf den in Abb. 12.5 gestrichelten Adiabatenausschnitten sowieso keine Wärme ausgetauscht wird. Im Grenzfall unendlich dicht liegender Adiabaten ergibt sich daraus für das Integral über den beliebigen Kreisprozeß:

$$\oint \frac{\delta Q_{\text{rev}}}{T} = 0 \tag{12.31}$$

Hier könnte man einwenden, die Überlegung würde ja nur für einen *reversiblen*, nicht aber wirklich für einen ***beliebigen*** Kreisprozeß gelten. Dieser Einwand beruht aber auf einem Mißverständnis: Durch Angabe der geschlossenen Linie im p-V-Diagramm ist tatsächlich eine *beliebige* Folge von Zuständen festgelegt, die das System durchläuft. Dabei ist zunächst nichts darüber ausgesagt, ob diese Zustandsfolge (durch geeignete Hilfsvorrichtungen der Umgebung) auf reversible Weise herbeigeführt wird oder nicht. Die Größen $\delta W_{\text{rev}}, \delta Q_{\text{rev}}$ und $\delta Q_{\text{rev}}/T$ sind dann für definierte Wegabschnitte auch eindeutig definiert, nämlich als diejenigen Beträge von δW, δQ und $\delta Q/T$, die man umsetzen *würde, wenn* man das System auf diesem Wegabschnitt *reversibel* führen würde. Die Gl. (12.31) hat also auch für beliebige Kreisprozesse einen Sinn.

Die Größe $\delta Q_{\mathrm{rev}}/T$ ist somit das Differential einer Zustandsgröße, für die das Symbol S und die Bezeichnung *„**Entropie**“* eingeführt wurde:

$$\boxed{\mathrm{d}S \equiv \frac{\delta Q_{\mathrm{rev}}}{T}} \tag{12.32}$$

Dabei ist nach (12.31)

$$\boxed{\oint \mathrm{d}S = 0} \tag{12.33}$$

Ein Nullpunkt für die Entropieskala ist durch die Definition (12.32) noch nicht festgelegt, jedoch liefert diese Gleichung eine Meßvorschrift (bzw. eine Berechnungsvorschrift) für die Entropie*änderung* eines Systems bei beliebigen Zustandsänderungen.

Als **Anwendung der Berechnungsvorschrift** (12.32) betrachten wir einige **Beispiele**:

1.) Wie ändert sich die **Entropie eines idealen Gases**, dem durch Öffnen einer Klappe die **Vergrößerung seines Volumen** von V_{I} auf V_{II} ermöglicht wird (vgl. Abb. 6.2 in §6.1)?

Die umgesetzte Wärme ist bei diesem Prozeß gleich null. Diese ist aber für die Berechnung von $\triangle S$ ganz uninteressant: Vielmehr müssen wir zur Berechnung von $\triangle S$ nach (12.32) die Wärme Q_{rev} zugrundelegen, die wir dem System zuführen müßten, wenn wir *die gleiche Zustandsänderung durch einen **reversiblen** Ersatzprozeß* herbeiführen würden[12]. Da Anfangszustand und Endzustand in diesem Fall die gleiche Temperatur haben [zweites Gay-Lussacsches Gesetz, Gl. (6.5)], so ist Q_{rev} also durch die bei *isothermer* reversibler Expansion zuzuführende Wärme gegeben, wie in Abschnitt 12.2 bereits diskutiert wurde. Aus (12.32) und (12.7) ergibt sich daher für die Entropiezunahme bei der Expansion eines idealen Gases in ein evakuiertes Gefäß:

$$\triangle S = nR \ln \frac{V_{\mathrm{II}}}{V_{\mathrm{I}}} \tag{12.34}$$

2.) Wie ändert sich die **Entropie eines Systems**, das bei konstantem Druck von T_1 auf T_2 **erwärmt** wird?

Im vorhergehenden Beispiel sahen wir, wie wichtig es sein kann, daß man bei der Berechnung der Entropiezunahme in Gl. (12.32) den Index „rev“ beachtet. Der Fluß von Wärme über ein Temperaturgefälle ist aber immer irreversibel. Was bedeutet dann eine *„reversible Erwärmung“*?

Als Beispiel könnte man die Erwärmung des Wasserbades in Abb. 6.3 §6.2 betrachten. Bisher haben wir dieses Wasserbad als so groß angenommen, daß sich seine Temperatur bei der Kompression des Gases praktisch nicht verändert. Wenn wir aber jetzt annehmen, daß dieses Wasserbad nur eine begrenzte Wärmekapazität hat, so muß seine Temperatur bei Kompression des Gases zunehmen. Wird die Kompression so langsam ausgeführt,

12 Da S eine Zustandsgröße ist, kommt es nicht darauf an, daß bei dem reversiblen Ersatzprozeß die gleichen Zwischenzustände wie beim eigentlichen irreversiblen Prozeß durchlaufen werden: Es genügt, wenn jeweils Anfangs- und Endzustand übereinstimmen.

daß zwischen Gas und Wasserbad praktisch keine Temperaturdifferenz entsteht, so ist die Erwärmung des Wasserbades „reversibel".

Die dem Wasserbad pro Temperaturspanne zugeführte Wärmemenge ist aber allein durch dessen Wärmekapazität gegeben und ist unabhängig davon, ob sie mit kleinem oder großem Temperaturgefälle, d.h. reversibel oder irreversibel übertragen worden ist. Auch die *Entropieänderung* des Wasserbades kann davon nicht abhängen, da S eine Zustandsgröße ist. Wichtig ist nur, daß sich innerhalb des Wasserbades keine sonstigen irreversiblen Vorgänge abspielen, wie etwa eine „Umwandlung von Arbeit in Wärme" durch Reibung. Für einen beliebigen Körper gilt dasselbe wie für das Wasserbad: Wenn seine Zustandsänderung nur in einer *Temperaturänderung* (bei konstantem V oder p) *durch Wärmeübertragung* von außen besteht, kann man diese Wärme in Gl. (12.32) einsetzen, ohne sich um den Index „rev" weiter zu kümmern.

Um das System von T auf $T + \mathrm{d}T$ zu erwärmen, muß man ihm die Wärme

$$\delta Q = C_p \,\mathrm{d}T \tag{12.35}$$

zuführen (C_p = Wärmekapazität). Somit ist nach Gl. (12.32)

$$\triangle S_{T_1 \to T_2} = \int_{T_1}^{T_2} \frac{C_p}{T} \mathrm{d}T \tag{12.36}$$

oder allgemein bei der Erwärmung eines Stoffes i mit der Molwärme $C_{p\mathrm{i}}$

$$\triangle S_{T_1 \to T_2} = n_\mathrm{i} \int_{T_1}^{T_2} \frac{C_{p\mathrm{i}}}{T} \mathrm{d}T \tag{12.37}$$

Falls man $C_{p\mathrm{i}}$ als praktisch unabhängig von T betrachten kann, so kann man es als konstanten Faktor vor das Integral ziehen und die Integration ausführen:

$$\triangle S_{T_1 \to T_2} = n_\mathrm{i} C_{p\mathrm{i}} \ln \frac{T_2}{T_1} \tag{12.38}$$

3.) Die Integration der Gl. (12.32) wird besonders einfach, wenn es sich um die Berechnung der **Entropieänderung bei einer Phasenumwandlung** handelt (Schmelzentropie, Verdampfungsentropie), sofern diese Phasenumwandlung reversibel erfolgt, d.h. bei der Gleichgewichtstemperatur $T_=$ (Schmelzpunkt bzw. Siedepunkt). In diesem Fall bleibt nämlich die Temperatur während der Wärmezufuhr konstant, so daß der Faktor $1/T$ vor das Integral gezogen werden kann. Die reversible Wärme $\int \delta Q_\mathrm{rev} = Q_\mathrm{rev}$ ist aber in diesem Fall ohne weiteres mit der Phasenumwandlungsenthalpie $\triangle H(T_=)$ (Schmelzwärme bzw. Verdampfungswärme) zu identifizieren. Somit erhält man für die Phasenumwandlungsentropie:

$$\triangle S = \frac{\triangle H(T_=)}{T_=} \tag{12.39}$$

Zur Übung berechne man die Entropiezunahme von 1 g Wasser bei der Erwärmung von 0 °C auf 100 °C sowie bei der Verdampfung bei 100 °C! Die Verdampfungsenthalpie beträgt bei dieser Temperatur $\boldsymbol{\Delta} H_{\mathrm{H_2O}\ (\mathrm{fl} \to \mathrm{g})} = 41$ kJ/mol.
Ergebnisse: $\triangle S$ (0 °C → 100 °C) = 1,3 J/K; $\triangle S_{\mathrm{fl} \to \mathrm{g}}$ (100 °C) = 6,1 J/K.

12.5 Entropie und zweiter Hauptsatz

Wir betrachten ein abgeschlossenes System. Für die Triebkraft der darin ablaufenden Vorgänge kann das Prinzip der minimalen Energie – *von außen betrachtet* – keinen Beitrag leisten, da ja die Gesamtenergie im abgeschlossenen System konstant bleibt. Man kann daher vermuten, daß in diesem Fall die Richtung aller Vorgänge *allein* durch das Prinzip maximaler Unordnung des Gesamtsystems bestimmt wird, wobei dieses Prinzip auch die Verteilung der vorhandenen Energie innerhalb des Systems mit einschließt. Im Gleichgewicht stellt sich derjenige Zustand ein, der die größte molekulare Unordnung und damit die größte Entropie besitzt:

Im abgeschlossenen System kann die Entropie (die molekulare Unordnung) ***nur zunehmen oder konstant bleiben, aber nicht abnehmen.***[13]

Dieses ist die kürzeste, allgemein anwendbare Formulierung des **zweiten Hauptsatzes**. Sie ist insofern *allgemein anwendbar*, weil man *jeden beliebigen* Vorgang als einen Vorgang im abgeschlossenen System auffassen kann: Man braucht dazu nur alle Körper, die am Energieaustausch teilnehmen, mit zu dem Gesamtsystem hinzuzurechnen.

Durch eine derartige Änderung der Betrachtungsweise wollen wir die obige Formulierung des 2. Hauptsatzes zunächst für einen nutzarbeitsfreien, isothermen, isobaren Prozeß aus der bisherigen Formulierung ableiten, daß hierbei die Gibbs-Energie nur abnehmen kann [vgl. §10.5 und Gl. (12.10)]:

$$dG = dH - TdS < 0 \tag{12.40}$$

Darin ist die Enthalpieänderung dH des Systems gleich der vom System aufgenommenen Wärme, die von der Umgebung abgegeben wird:

$$dH = \delta Q_{\text{System}} = -\delta Q_{\text{Umgebung}}$$

Wenn wir voraussetzen, daß die Temperaturen von System und Umgebung übereinstimmen (reversibler Wärmeaustausch mit der Umgebung) und daß in der Umgebung nicht gleichzeitig mit der Reaktion des Systems noch sonstige irreversible Veränderungen stattfinden, so entspricht die von der Umgebung reversibel abgegebene Wärme nach der Definition (12.32) einer Entropieabnahme der Umgebung:

$$-\delta Q_{\text{Umgebung}} = -TdS_{\text{Umgebung}}$$

Einsetzen in die Ungleichung (12.40) ergibt:

$$-TdS_{\text{Umgebung}} - TdS_{\text{System}} < 0$$

13 Die Voraussetzung eines *„abgeschlossenen"* Systems ist übrigens unnötig stark: Die obige Formulierung des 2. Hauptsatzes läßt sich *auch dann* aufrecht erhalten, wenn das System *nicht völlig abgeschlossen, sondern nur adiabatisch* ist: Durch Arbeitsaustausch mit der Umgebung kann nämlich die Entropie des Systems nicht erniedrigt werden. Sie kann aber durch Arbeitszufuhr beliebig erhöht werden. Ein definiertes Entropiemaximum existiert daher nur im abgeschlossenen System.

Dividieren wir diese Ungleichung durch $-T$, so kehrt sich das <-Zeichen um, und wir erhalten für die Entropieänderung des Gesamtsystems, die sich aus den Änderungen der beiden Teile „Umgebung" und „System" zusammensetzt:

$$dS_{\text{Gesamt}} = dS_{\text{Umgebung}} + dS_{\text{System}} > 0$$

Damit ist gezeigt, daß die Gesamtentropie bei einem spontanen isothermen, isobaren Prozeß nur zunehmen kann. Dem im *Gleichgewicht* nach Abb. 10.5 erreichten Minimum der Gibbs-Energie entspricht also ein *Maximum der Entropie* für das abgeschlossene Gesamtsystem, vgl. Abb. 12.6.

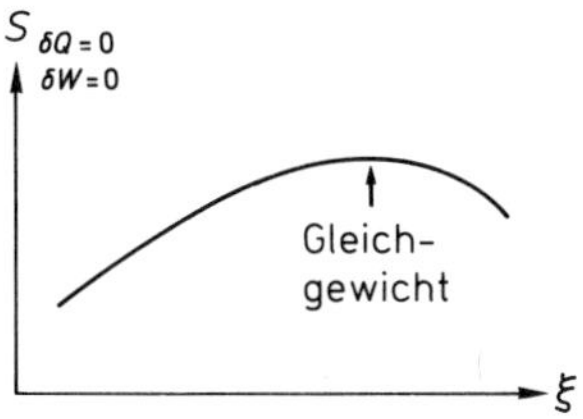

Abb. 12.6. Im abgeschlossenen System liegt das Gleichgewicht dort, wo die Entropie ihr Maximum besitzt (2. Hauptsatz). Bei dieser Zusammensetzung des Systems müssen alle spontanen Vorgänge zum Stillstand kommen. Das Maximum kann also nicht mit fortschreitender Zeit durchlaufen werden. Das System kann sich dem Maximum von beiden Seiten her nähern.

Um diese Aussage auch für *nichtisotherme* Vorgänge allgemein zu beweisen, gehen wir von der Unmöglichkeit eines PM2 aus (vgl. §10.3), wonach ein System bei konstanter *Umgebungs*temperatur bei einem Kreisprozeß insgesamt keine Arbeit abgeben kann:

$$\triangle W \geq 0.$$

Unser Kreisprozeß soll sich zusammensetzen aus einem beliebigen (irreversiblen) Übergang des adiabatisch isolierten Systems aus dem Zustand I in den Zustand II und einer reversiblen Rückführung des Systems in zwei Schritten über einen Zustand III zurück in den Zustand I, wobei der Schritt II $\rightarrow$ III adiabatisch[14] und der Schritt III $\rightarrow$ I isotherm bei der Temperatur T der Umgebung verlaufen soll (Abb. 12.7).

Die Wärmen auf den beiden adiabatischen Schritten I $\rightarrow$ II und II $\rightarrow$ III sind nach Definition gleich null. Die restliche Summe aller Arbeiten und Wärmen auf den drei Schritten muß ebenfalls null sein, da U eine Zustandsgröße ist:

$$W_{\text{I}\rightarrow\text{II}} + W_{\text{II}\rightarrow\text{III}} + W_{\text{III}\rightarrow\text{I}} + Q_{\text{III}\rightarrow\text{I}} = \oint dU = 0$$

14 Eine adiabatisch-reversible Abkühlung des Systems beim Schritt II $\rightarrow$ III ist ohne Probleme nur dann im Prinzip realisierbar, wenn das System zu einer Arbeitsabgabe in der Lage ist, wie das z.B. bei expansionsfähigen Gasen, verdampfungsfähigen Stoffen, galvanischen Ketten oder auch bei paramagnetischen Stoffen in einem Magnetfeld der Fall ist. Wenn das System aber für sich allein nicht zu einer Arbeitsabgabe in der Lage ist, um seine thermische Energie auf adiabatische Weise loszuwerden, dann muß man es für diese Beweisführung mit einem arbeitsfähigen Hilfssystem zu einem größeren adiabatischen System zusammenfassen, vgl. das in §12.4 diskutierte Problem der reversiblen Temperaturänderung eines Wasserbades.

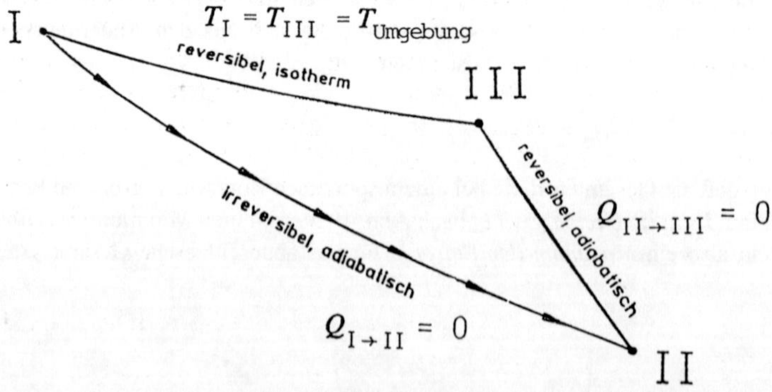

Abb. 12.7. Zum Beweis der Entropiezunahme bei einem irreversiblen Prozeß I → II im adiabatischen System. In diesem Diagramm könnte z.B. nach rechts das Volumen und nach oben der Druck aufgetragen sein, wenn das System ein Gas ist.

Somit ist die insgesamt aufgenommene Arbeit

$$W_{I \to II} + W_{II \to III} + W_{III \to I} \equiv \triangle W = -Q_{III \to I}$$

Da $\triangle W \geq 0$ sein muß (sonst hätte man ein PM2), so folgt

$$Q_{I \to III} = -Q_{III \to I} \geq 0$$

Da S eine Zustandsgröße ist, können wir die Entropieänderung auf dem (irreversiblen) Weg I → II als Summe der Entropieänderungen auf dem reversiblen Umweg I → III → II berechnen:

$$\triangle S_{I \to II} = \triangle S_{I \to III} + \triangle S_{III \to II} = \frac{Q_{I \to III}}{T} + 0 \geq 0$$

Damit ist allgemein gezeigt, daß bei einem beliebigen adiabatischen Vorgang die Entropie niemals abnehmen kann:

$$\boxed{dS_{Q=0} \geq 0} \quad \text{(2. Hauptsatz)} \qquad (12.41)$$

Diese Formulierung des 2. Hauptsatzes ist der Formulierung von der Unmöglichkeit eines PM2 äquivalent. Das Neue an dieser Formulierung (12.41) ist, daß wir hier den ganzen Inhalt des 2. Hauptsatzes in einer mathematischen Formel erfaßt haben, während die bisherigen mathematischen Formulierungen (10.10), (10.16) und (10.27) nur Aussagen über *isotherme* Prozesse gemacht haben. Für die Berechnung chemischer Gleichgewichtskonstanten *bei vorgegebener Temperatur* war das allerdings ausreichend und bequemer als die Formel (12.41).

Die Nebenbedingung $Q = 0$ in (12.41) ist noch nicht ausreichend, um entsprechend der Abb. 12.6 ein definiertes Maximum der Entropie festzulegen, da die Entropie eines Systems durch Arbeitszufuhr beliebig erhöht werden kann (vgl. Fußnote 13). Daher muß man in Abb. 12.6 die Bedingung $W = 0$ mit hinzunehmen. – Das System kann sich dann in Abb. 12.6 immer nur in Richtung zum Maximum hin bewegen: liegt es rechts vom Maximum, dann also nur nach links. Die Aussage (12.41) bezieht sich nämlich auf eine Änderung der Entropie *in der Zeit*: In einem abgeschlossenen System gehört der *größere* von zwei Entropiewerten immer zu einem *späteren* Zeitpunkt. Durch den 2. Hauptsatz wird also ein Unterschied zwischen Vergangenheit und Zukunft beschrieben und damit die ***Richtung der Zeit festgelegt***.

Als **Anwendungsbeispiel** zu Gl. (12.41) betrachten wir den **irreversiblen Fluß der Wärme** $|\delta Q|$ von einem heißeren (T_1) zu einem kälteren Körper (T_2):

$$\delta Q_2 = -\delta Q_1 = |\delta Q|$$

Die Entropieänderung $\mathrm{d}S$ des abgeschlossenen Gesamtsystems setzt sich aus den Entropieänderungen der Körper 1 und 2 zusammen:

$$\mathrm{d}S = \mathrm{d}S_1 + \mathrm{d}S_2 = \delta Q_1/T_1 + \delta Q_2/T_2 = -|\delta Q|/T_1 + |\delta Q|/T_2$$

Mit $T_1 > T_2$ folgt $\mathrm{d}S > 0$. Die Entropie des abgeschlossenen Gesamtsystems nimmt also zu, wie es der 2. Hauptsatz (12.41) verlangt.

Als weiteres Beispiel einer Entropieänderung sei die **Erstarrung von unterkühltem Wasser** betrachtet. Die Entropie wurde in § 12.2 als Maß für die molekulare Unordnung eingeführt. Da Eis einen höheren Ordnungsgrad als flüssiges Wasser besitzt, muß die Entropie des Wassers beim Erstarren *abnehmen*. Andererseits muß die Gesamtentropie nach dem 2. Hauptsatz aber *zunehmen*, da es sich ja um einen spontanen und somit irreversiblen Vorgang handelt.

Um diese beiden Aussagen nachzuprüfen, soll zunächst die Entropieänderung von 1 mol erstarrenden Wassers bei −10 °C berechnet werden. Um die Berechnungsvorschrift (12.32) anwenden zu können, muß die angegebene Zustandsänderung durch einen *reversiblen Ersatzprozeß* herbeigeführt werden. Eine reversible Eisbildung kann aber nur bei der Gleichgewichtstemperatur von 0 °C (≙ 273,15 K) erfolgen. Daher muß der Ersatzprozeß aus drei Schritten bestehen: 1.) Erwärmung des flüssigen Wassers von 263 K auf 273 K, 2.) Erstarrung bei 273 K und 3.) Abkühlung des Eises von 273 K auf 263 K. Mit den Gln. (12.36) und (12.39) ergibt sich als Summe dieser drei Schritte

$$\triangle S_{\text{System}} = \int_{263}^{273} \frac{C_{p\,\text{fl}}}{T}\mathrm{d}T + \frac{\triangle H_{\text{fl}\to\text{f}}(273)}{273\,\text{K}} + \int_{273}^{263} \frac{C_{p\,\text{f}}}{T}\,\mathrm{d}T$$

Für das zweite und dritte Glied dieser Gleichung kehrt sich das Vorzeichen um, wenn man die Pfeilrichtung fl → f und die Integrationsgrenzen umkehrt:

$$\triangle S_{\text{System}} = \int_{263}^{273} \frac{C_{p\,\text{fl}} - C_{p\,\text{f}}}{T}\,\mathrm{d}T - \frac{\triangle H_{\text{f}\to\text{fl}}(273)}{273\,\text{K}}$$

Die Wärmekapazitäten können in dem engen Temperaturbereich näherungsweise als konstant betrachtet werden und betragen im Mittel für 1 mol H_2O: $C_{p\,\mathrm{fl}} = 75,3$ J/K und $C_{p\,\mathrm{f}} = 35,9$ J/K. Die Schmelzwärme beträgt für 1 mol H_2O: $\triangle H_{\mathrm{f}\to\mathrm{fl}}(273) = 6,0$ kJ. Damit ergibt sich

$$\triangle S_{\mathrm{System}} = (C_{p\,\mathrm{fl}} - C_{p\,\mathrm{f}}) \cdot \ln\frac{273}{263} - \frac{\triangle H_{\mathrm{f}\to\mathrm{fl}}(273)}{273\,\mathrm{K}} = \mathbf{-20{,}5\;J/K}.$$

Die Entropieänderung des Systems ist also negativ, d.h., ***bei der Kristallisation nimmt die Entropie ab und die Ordnung zu.***

Da der irreversible Prozeß für die *Umgebung* des Systems in einer *reinen Wärmeübertragung von außen* besteht, so erhält man die Entropieänderung der Umgebung, indem man die vom System abgegebene Erstarrungswärme $|\triangle H_{\mathrm{fl}\to\mathrm{f}}(263)| = \triangle H_{\mathrm{f}\to\mathrm{fl}}(263)$ durch die Temperatur der Umgebung dividiert [vgl. den Text vor Gl. (12.35) in §12.4]:

$$\triangle S_{\mathrm{Umgebung}} = \frac{\triangle H_{\mathrm{f}\to\mathrm{fl}}(263)}{263\mathrm{K}}$$

Darin kann die Enthalpieänderung bei 263 K aus den oben angegebenen Zahlenwerten nach Gl. (8.27) berechnet werden:

$$\triangle H_{\mathrm{f}\to\mathrm{fl}}(263) = \triangle H_{\mathrm{f}\to\mathrm{fl}}(273) + (263 - 273)\mathrm{K} \cdot (C_{p\,\mathrm{fl}} - C_{p\,\mathrm{f}}) = 5,6\,\mathrm{kJ}.$$

Durch Einsetzen in die vorhergehende Gleichung erhält man:

$$\triangle S_{\mathrm{Umgebung}} = \mathbf{+21{,}3\;J/K}.$$

Die Entropie*zunahme* der Umgebung ist somit *größer* als die Entropie*abnahme* des Systems, so daß sich ***insgesamt*** (d.h. „im abgeschlossenen System“) eine *Entropie**zunahme** bei dem irreversiblen Prozeß* ergibt:

$$\triangle S_{\mathrm{Gesamt}} = \triangle S_{\mathrm{System}} + \triangle S_{\mathrm{Umgebung}} = \mathbf{+0{,}8\;J/K}.$$

Die Änderung der Gesamtentropie ist relativ klein, weil das System bei −10 °C nicht allzuweit vom Gleichgewichtszustand entfernt ist. Bei 0 °C würde der Vorgang im indifferenten Gleichgewicht, also reversibel ablaufen, und die Änderung der Gesamtentropie wäre dabei gleich null.

Die Ordnungszunahme des gefrierenden Wassers wird charakteristischerweise dadurch verursacht, daß die Teilchen den ordnenden molekularen Anziehungskräften folgen. Ihre potentielle Energie nimmt hierbei ab und wird in kinetische Energie der ungeordneten Molekularbewegung verwandelt, die als Wärme an die Umgebung abgegeben wird. Hierbei nimmt die Entropie der Umgebung nach der Definition (12.32) zwangsläufig zu und die des gefrierenden Wassers ab. Wenn der Prozeß mit einer von null verschiedenen Geschwindigkeit ablaufen soll, muß dabei $T_{\mathrm{Umgebung}} < T_{\mathrm{System}}$ sein. Dann ist aber (nach S. 165) die Entropiezunahme der Umgebung größer als die Entropieabnahme des Systems, also $\triangle S_{\mathrm{Gesamt}} > 0$. Auf ähnliche Weise wird *jede Ordnungszunahme* (d.h. Entropie*ab*nahme) *eines Systems mit einer noch größeren Entropiezunahme seiner Umgebung bezahlt.*

Mit Hilfe des Entropiebegriffs können wir jetzt das Charakteristikum eines irreversiblen Prozesses allgemeiner und präziser formulieren. Für isotherme Prozesse hatten wir in § 10.3 festgestellt, daß die Irreversibilität eines Prozesses auf der Vergeudung von Arbeitsfähigkeit zugunsten von Wärme beruht. Die *Irreversibilität* eines Prozesses können wir nun allgemein mit der *Entropiezunahme des Gesamtsystems* $\triangle S_{\text{Gesamt}}$ identifizieren, da ein Prozeß genau dann irreversibel ist, wenn $\triangle S_{\text{Gesamt}} > 0$ ist.

Zu dem Gesamtsystem wollen wir folgende Teilsysteme zählen:

1. Das „System" im engeren Sinne: Dieses ist Träger der eigentlichen Triebkraft des irreversiblen Prozesses. Es kann z.B. aus einer Mischung reaktionsfähiger Stoffe bestehen oder aus zwei im Ungleichgewicht befindlichen Phasen oder auch einfach nur aus einem Körper mit einer von der Umgebung abweichenden Temperatur.
2. Eine „Umgebung", die so groß gewählt wird, daß ihre einheitliche Temperatur durch die mit dem System ausgetauschten Wärmebeträge praktisch nicht verändert wird. (Sonstige Irreversibilitäten soll die Umgebung nicht beitragen.)
3. Einen „Arbeitsspeicher", z.B. ein gehobenes Gewicht, eine elastische Uhrfeder oder einen aufladbaren Kondensator, der keine Wärme austauscht und daher seine Entropie nicht verändert.
4. Hilfsvorrichtungen wie etwa eine Carnot-Maschine, die nach Abschluß des Prozesses wieder in ihrem Ausgangszustand sind und daher zur Energiebilanz und Entropiebilanz nichts beitragen.

Sämtliche Veränderungen, die in dem abgeschlossenen Gesamtsystem durch einen irreversiblen Prozeß hervorgerufen werden, lassen sich nun ersatzweise in zwei Schritten herbeiführen: Der erste Schritt sei ein reversibler Ersatzprozeß, bei dem das System den (im irreversiblen Prozeß vergeudeten) Arbeitsanteil $|\triangle W_{\text{rev}}|$ reversibel an den Arbeitsspeicher abgibt. Im zweiten Schritt werde die gespeicherte Arbeit $|\triangle W_{\text{rev}}|$ durch Reibung in Wärme verwandelt, die von der Umgebung aufgenommen wird. Dieser zweite Schritt enthält also „in Reinkultur" die ganze Irreversibilität des irreversiblen Prozesses: Er besteht ausschließlich in der Umwandlung von Arbeit in Wärme ohne sonstige Veränderungen.

Die Entropieänderung $\triangle S_{\text{Gesamt}}$ bei dem irreversiblen Prozeß kann man nun im Prinzip als Summe der Beiträge $\triangle S_1$ und $\triangle S_2$ der beiden Schritte 1 und 2 berechnen. Dabei ist aber $\triangle S_1 = 0$, da sich die Gesamtentropie bei einem reversiblen Prozeß nicht verändert. Somit bleibt für die Zunahme der Gesamtentropie beim irreversiblen Prozeß nur der Anteil $\triangle S_2$ übig. Dieser ist nach S. 161 $\triangle S_2 = |\triangle W_{\text{rev}}|/T_{\text{Umgebung}}$, da der von der Umgebung als Wärme aufgenommene Energiebetrag gleich $|\triangle W_{\text{rev}}|$ ist. Somit ist die ***Irreversibilität***:

$$\boxed{\triangle S_{\text{Gesamt}} = \frac{|\triangle W_{\text{rev}}|}{T_{\text{Umgebung}}}} \tag{12.41 a}$$

In Worten: Die Irreversibilität $\triangle S_{\text{Gesamt}}$ eines Prozesses ist gleich der dabei vergeudeten Arbeitsfähigkeit $|\triangle W_{\text{rev}}|$ dividiert durch die Umgebungstemperatur.

Übungsaufgabe: Wieviel Arbeit $|\triangle W_{\text{rev}}|$ könnte man nach Gl. (12.41a) bei einer Temperatur des umgebenden Meerwassers von 30 °C aus 30 g Eis von 0 °C gewinnen, wenn man dieses schmelzen läßt? (Die molare Schmelzwärme von H_2O findet man auf S. 166, eine Formel zur Berechnung von $\triangle S_{\text{Gesamt}}$ auf S. 165.) Zur Kontrolle berechne man $|W_{\text{rev}}|$ zusätzlich auch aus der Carnot-Formel!

12.6 Molekulare Deutung der Entropie

12.6.1 Entropie und Wahrscheinlichkeit

In Abschnitt 12.2 wurde die Entropie als Maß für die molekulare Unordnung eingeführt. Genauer: Die Änderung der Entropie wurde in (12.9) als Q_{rev}/T definiert. Darin ist Q_{rev} derjenige Beitrag zur Triebkraft isothermer Reaktionen, der nach unseren qualitativen Beobachtungen in Abschnitt 12.1 mit einer Zunahme der molekularen Unordnung zusammenhängt. Wie dort bereits angedeutet wurde, bedeutet die Zunahme der Unordnung eine Zunahme der Wahrscheinlichkeit. Um das voll zu verstehen, muß man einen formelmäßigen Zusammenhang zwischen der (makroskopisch definierten) *Änderung der Entropie* und der (mikroskopisch, d.h. durch die molekularen Verteilungen definierten) *Änderung der Wahrscheinlichkeit* herstellen.

Wir betrachten dazu als durchsichtigstes Beispiel wieder die **Expansion eines idealen Gases** in ein evakuiertes Gefäß (Abb. 12.8). Die Entropieänderung für diesen Vorgang wurde auf Seite 160 berechnet. Wie groß ist die Änderung der Wahrscheinlichkeit?

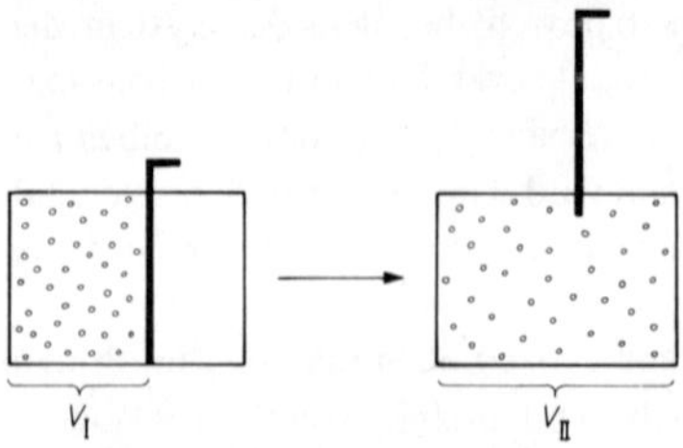

Abb. 12.8. Zur Änderung der Wahrscheinlichkeit bei der Ausbreitung eines idealen Gases von einem Teilvolumen V_I auf ein Gesamtvolumen V_{II}.

Das im Anfangszustand vom Gas eingenommene Volumen V_I ist ein bestimmter Bruchteil des Gesamtvolumens V_{II}, das dem Gas nach Öffnen des Schiebers in Abb. 12.8 zur Verfügung steht. Wenn sich nur ein einziges Molekül im Volumen V_{II} befindet, dann kann dieses mit der Wahrscheinlichkeit V_I/V_{II} im Teilvolumen V_I angetroffen werden[15]. Kommt ein zweites Molekül hinzu, so wird man dieses ebenfalls im Bruchteil V_I/V_{II} aller Experimente in V_I antreffen. Der Bruchteil der Experimente, in denen man *sowohl* das erste *als auch* das zweite Molekül in V_I antrifft, ist also der Bruchteil V_I/V_{II} vom Bruchteil V_I/V_{II}, d.h. $(V_I/V_{II})^2$.

15 Die ***Wahrscheinlichkeit*** ist definiert als der Bruchteil von sehr vielen Experimenten, bei denen das betreffende Ereignis eintritt. Ist z.B. V_I gerade halb so groß wie V_{II}, dann wird man das Molekül in 50 % der Experimente in V_I antreffen, d.h., die Wahrscheinlichkeit hierfür ist $w = 1/2$. Dagegen wird man das Molekül in *allen* Experimenten irgendwo in V_{II} antreffen, die Wahrscheinlichkeit hierfür ist also $w = 1$.

Die Wahrscheinlichkeit, noch ein drittes Molekül gleichzeitig in V_{I} anzutreffen, ist nochmals um den Faktor $V_{\mathrm{I}}/V_{\mathrm{II}}$ verkleinert[16]. Entsprechend ist die Wahrscheinlichkeit, daß N Moleküle sich gleichzeitig in V_{I} befinden:

$$w_{\mathrm{I}} = (V_{\mathrm{I}}/V_{\mathrm{II}})^N \tag{12.42}$$

Dagegen befinden sich mit Sicherheit alle N Moleküle im Volumen V_{II}:

$$w_{\mathrm{II}} = 1 \tag{12.43}$$

Wenn sich also die Moleküle nach Öffnen des Schiebers über das ganze Volumen V_{II} ausbreiten, so ändert sich die Wahrscheinlichkeit im Verhältnis

$$w_{\mathrm{II}}/w_{\mathrm{I}} = (V_{\mathrm{II}}/V_{\mathrm{I}})^N \quad \text{oder logarithmiert} \tag{12.44}$$

$$\ln\frac{w_{\mathrm{II}}}{w_{\mathrm{I}}} = N\ln\frac{V_{\mathrm{II}}}{V_{\mathrm{I}}} = nN_{\mathrm{L}}\ln\frac{V_{\mathrm{II}}}{V_{\mathrm{I}}} \quad . \tag{12.45}$$

Die zugehörige Entropieänderung beträgt nach Gl. (12.34)

$$\triangle S = nR\ln\frac{V_{\mathrm{II}}}{V_{\mathrm{I}}} \quad .$$

Durch Einsetzen von $\ln(V_{\mathrm{II}}/V_{\mathrm{I}})$ aus (12.45) wird daraus

$$\triangle S = \frac{R}{N_{\mathrm{L}}}\ln\frac{w_{\mathrm{II}}}{w_{\mathrm{I}}} \equiv k\ln\frac{w_{\mathrm{II}}}{w_{\mathrm{I}}} \quad \textbf{\textit{(Boltzmannsche Entropiedifferenzformel)}} \tag{12.46}$$

*Die **Entropieänderung** ist hiernach proportional dem **Logarithmus des Wahrscheinlichkeitsverhältnisses**.*

Anhand dieser Formeln können wir jetzt der Frage nachgehen, warum die Entropie im abgeschlossenen System nur zunehmen kann, wie es der 2. Hauptsatz behauptet. Im Beispiel der Gasexpansion nach Abb. 12.8 wäre es doch im Prinzip denkbar, daß nach Öffnen des Schiebers und Ausbreitung des Gases auf das Gesamtvolumen V_{II} irgendwann zufällig einmal wieder alle Moleküle im Anfangsvolumen V_{I} versammelt wären, so daß die Entropie dann wieder abgenommen hätte. Die Wahrscheinlichkeit hierfür ist nach Gl. (12.44) mit $w_{\mathrm{II}} = 1$ gegeben durch $w_{\mathrm{I}} = (V_{\mathrm{I}}/V_{\mathrm{II}})^{\mathrm{N}}$.

Wir wollen annehmen, der Schieber in Abb. 12.8 würde das Gefäß extrem unsymmetrisch teilen, so daß V_{I} nur um 1% kleiner wäre als V_{II}, also $V_{\mathrm{I}}/V_{\mathrm{II}} = 0,99$. Ein einzelnes Gasmolekül wäre dann mit 99% Wahrscheinlichkeit im Teilvolumen V_{I} anzustreffen. Die Wahrscheinlichkeit, daß das gesamte Gas sich in einem bestimmten Zeitpunkt zufällig wieder in V_{I} befindet und das restliche 1% des Gesamtvolumens freiläßt, wäre dann für 1 mol Gas mit $N = \{N_{\mathrm{L}}\} = 6,022 \cdot 10^{23}$:

$$\mathrm{w}_{\mathrm{I}} = 0,99^{6,022\cdot 10^{23}}$$

16 Bei dieser Betrachtung wird vorläufig angenommen, daß die Moleküle in ihrer räumlichen Verteilung voneinander unabhängig und im Prinzip als Individuen unterscheidbar sind. Beide Voraussetzungen müssen später eingeschränkt werden, aber die daraus abgeleiteten Gleichungen behalten für normale Gase ihre Gültigkeit.

Diese Zahl läßt sich mit einem Taschenrechner nicht ausrechnen. Um eine Vorstellung von der Zahl zu bekommen, können wir aber den Logarithmus von w_I berechnen und mit dessen Hilfe w_I als einfache Potenz von 10 formulieren:

$$\log w_I = 6{,}022 \cdot 10^{23} \cdot \log 0{,}99 = -2{,}6284 \cdot 10^{21}$$

$$w_I \equiv 10^{\log w_I} = 10^{-2{,}6284 \cdot 10^{21}} = 10^{-2\,628\,400\,000\,000\,000\,000\,000}$$

Was bedeutet diese Zahl? Im täglichen Leben halten wir ein Ereignis, das mit einer Wahrscheinlichkeit $w = 1/1000 = 10^{-3}$ auftritt, für ziemlich unwahrscheinlich. Bei einem Unfallrisiko von 10^{-10} fühlen wir uns bereits völlig sicher, daß der Unfall nicht passiert. – Wenn ein Ereignis die Wahrscheinlichkeit 10^{-100} besitzt, so heißt das, daß in Versuchsreichen von jeweils 10^{100} Experimenten dieses Ereignis im Mittel gerade je einmal auftritt. Wieviel Zeit braucht man aber, um 10^{100} Experimente zu machen?

Das Alter das Universums seit dem Urknall liegt in der Größenordnung von 10^{10} Jahren $\simeq 3 \cdot 10^{17}$ s. Wenn in dieser Zeit 10^{100} Experimente ablaufen sollen, wären in einer Sekunde $(1/3) \cdot 10^{100-17} \simeq 3{,}3 \cdot 10^{82}$ Experimente erforderlich. Diese Zahl ist aber unvergleichlich viel größer als die Zahl der Gasmoleküle, die während einer Sekunde aufgrund der Wärmebewegung durch die Trennfläche zwischen V_I und $(V_{II} - V_I)$ in Abb. 12.8 hindurchtreten (diese liegt in der Größenordnung von 10^{26}). Man kann daher völlig sicher sein, daß ein Ereignis von der Wahrscheinlichkeit 10^{-100} seit Bestehen der Welt niemals aufgetreten ist. Die oben berechnete Wahrscheinlichkeit ist aber nicht 10^{-100}, auch nicht 10^{-1000}, sondern zehn hoch minus 2,6 Trilliarden!

In der Statistischen Thermodynamik wird gezeigt, daß die hier nur für die räumliche Verteilung von Gasmolekülen abgeleitete ***Boltzmannsche Entropiedifferenzformel*** (12.46) ***für jede physikalisch-chemische Zustandsänderung gültig*** ist. Darum kann man das Wahrscheinlichkeitsverhältnis beim Übergang aus einem Zustand I in einen Zustand II aus der hiermit verbundenen Entropieänderung $\triangle S \equiv S_{II} - S_I$ nach der delogarithmierten Boltzmannschen Entropiedifferenzformel

$$w_{II}/w_I = e^{\triangle S/k} \tag{12.46 a}$$

berechnen. Insbesondere kann man die Wahrscheinlichkeit w_{II} für den Übergang aus einem Gleichgewichtszustand der Wahrscheinlichkeit $w_I \simeq 1$ in einen Zustand II berechnen, dessen Entropie ein wenig tiefer liegt ($\triangle S < 0$).

Als Beispiel wird im Anhang A.4 im Rahmen einer Übungsaufgabe die Wahrscheinlichkeit berechnet, daß ein mit bloßem Auge kaum sichtbares Staubteilchen bei extrem hoher Ofentemperatur sich allein durch zufällige thermische Energieakkumulation um 1 mm über den Boden erhebt. Diese Wahrscheinlichkeit erweist sich als so klein, daß das Ereignis mit Sicherheit ausgeschlossen werden kann.

Wie oben gezeigt wurde, kann sogar ein Ereignis der Wahrscheinlichkeit $w = 10^{-100}$ bereits ausgeschlossen werden. Wie groß wäre die mit einem solchen Ereignis verbundene Entropieabnahme?

Antwort: Aus $e^{\triangle S/k} = \dfrac{w_{II}}{w_I} \simeq w_{II} = 10^{-100} = e^{-\ln 10 \cdot 100} = e^{-230}$

folgt $\triangle S = -230\,k = -3{,}2 \cdot 10^{-21}$ J/K.

Diese Entropieabnahme ist noch über 6 Zehnerpotenzen kleiner als bei dem oben erwähnten Staubteilchen. Sie liegt also weit unterhalb der Grenze makroskopischer Sichtbarkeit. Damit ist gezeigt, daß die Entropie in einem abgeschlossenen System niemals um *makroskopisch sichtbare* Beträge abnehmen kann [2. Hauptsatz, vgl. Gl. (12.41)]. Daher kann man auch niemals ein PM2 bauen, das makroskopisch sichtbare Arbeitsbeträge abgibt. (Über *mikroskopische* Arbeitsbeträge sagt dieser Erfahrungssatz nichts aus.) Damit haben wir den ***2. Hauptsatz rein theoretisch aus Wahrscheinlichkeitsbetrachtungen hergeleitet.*** [Die Allgemeingültigkeit von Gl. (12.46) wurde hier vorausgesetzt.]

Mit Hilfe von Gl. (12.46) kann man auch die Frage beantworten, wie klein eine Entropieabnahme sein muß, damit sie tatsächlich hin und wieder auftritt, z.B. mit einer Wahrscheinlichkeit $w_{\mathrm{II}} = 1/1000$ (aus einem Zustand mit $w_{\mathrm{I}} \simeq 1$ heraus):

$$\text{Antwort:} \quad \triangle S = k \ln \frac{w_{\mathrm{II}}}{w_{\mathrm{I}}} = k \ln (1/1000) = -k \cdot 6,9 \simeq -7\,k$$

In einem abgeschlossenen System können also nach Erreichen des Entropiemaximums (Gleichgewicht) Entropieabnahmen in der Größenordnung des 7-fachen der Boltzmann-Konstante durchaus vorkommen. Diese Schwankungen sind zum Bau eines PM2 nicht ausreichend und daher kein Widerspruch zum 2. Hauptsatz.

12.6.2 Realisierungszahl eines Makrozustands

Als weiteres Beispiel für die Zunahme der molekularen Wahrscheinlichkeit wollen wir die **Bildung einer idealen Flüssigkeitsmischung** betrachten.

Wenn man eine Trennwand zwischen zwei ideal mischbaren Flüssigkeiten, z.B. Benzol und Toluol, herauszieht, dann tritt eine spontane Vermischung ein. Da sich die Wechselwirkungskräfte zwischen gleichen und ungleichen Molekülen praktisch nicht unterscheiden, so tritt bei diesem Vorgang *keine Energieänderung* und keine Mischungswärme auf. Die Triebkraft dieses isothermen Vorgangs beruht also wiederum *allein* auf der *Zunahme der räumlichen Unordnung*, d.h. der Wahrscheinlichkeit.

Um die Wahrscheinlichkeit berechnen zu können, ersetzen wir die Moleküle im Modell durch schwarze und weiße Kugeln, die sich auf definierten Plätzen befinden. Dann soll der jeweilige ***„Mikrozustand“*** der Flüssigkeitsmischung dadurch definiert sein, daß von jedem *Platz* angegeben wird, ob sich eine schwarze oder eine weiße Kugel darauf befindet. Als ***„Makrozustand“*** wollen wir dagegen die Festlegung der *Zahlen* an schwarzen und weißen Kugeln definieren, die sich rechts und links von der ursprünglich vorhandenen Trennwand befinden.

Als einfachstes Beispiel ist in Abb. 12.9 der Fall dargestellt, daß es sich bei dem ganzen System nur um zwei schwarze und zwei weiße Kugeln auf zwei mal zwei Plätzen handelt. In diesem Fall sind überhaupt nur drei Makrozustände I, II und III möglich. Der Ausgangszustand I ist der Zustand der „reinen Flüssigkeiten“: Links von der Trennwand befinden sich alle „Benzolmoleküle“ (schwarze Kugeln), rechts alle „Toluolmoleküle“ (weiße Kugeln). Der Makrozustand II ist der Zustand der gleichmäßigen Durchmischung, der sich nach Herausziehen der Trennwand einstellt: Auf jeder Seite der ehemaligen Trennwand

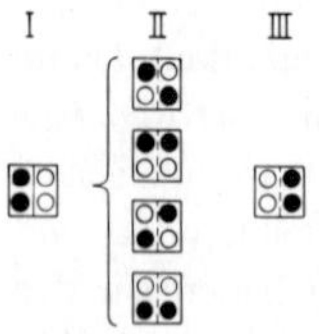

Abb. 12.9. Zur Veranschaulichung der Begriffe „Makrozustand" und „Mikrozustand": Der ***Makrozustand*** II (nämlich die gleichmäßige Verteilung von schwarzen und weißen Kugeln auf beide Raumhälften) kann durch die größte Zahl von ***Mikrozuständen*** (nämlich vier) realisiert werden und besitzt daher die größte ***Wahrscheinlichkeit*** (nämlich 4/6).

befinden sich ebenso viele schwarze wie weiße Kugeln (nämlich je eine schwarze und eine weiße). Wie man aus der Abbildung unmittelbar erkennt, kann der Makrozustand II durch 4 verschiedene Mikrozustände realisiert werden, der Makrozustand I dagegen nur durch einen einzigen Mikrozustand. Der Vollständigkeit halber ist noch der Makrozustand III mit aufgeführt, bei dem sich links 2 weiße und 0 schwarze, rechts 2 schwarze und 0 weiße Kugeln befinden. Dieser Makrozustand kann wieder nur durch *einen* Mikrozustand realisiert werden.

Insgesamt sind nach Herausziehen der Trennwand also 6 Mikrozustände möglich. Wenn wir voraussetzen, daß die schwarzen und weißen Kugeln sich mechanisch völlig gleich verhalten, dann müssen alle 6 Mikrozustände die gleiche Wahrscheinlichkeit besitzen, denn es gibt keinen Grund, weshalb einer bevorzugt sein sollte. Das bedeutet, daß bei genügend vielen Beobachtungen jeder der Mikrozustände im Mittel gleich oft vorkommt. Dann muß aber der Makrozustand II viermal so oft vorkommen wie der Makrozustand I, weil er viermal so viele Mikrozustände umfaßt. Seine ***Wahrscheinlichkeit*** beträgt also $w_{II} = 4/6$, die Wahrscheinlichkeiten der Zustände I und III betragen $w_I = w_{III} = 1/6$.

Man bezeichnet die Zahl der Mikrozustände, durch die ein Makrozustand realisiert werden kann, als „Realisierungszahl" oder ***„thermodynamische Wahrscheinlichkeit"*** W dieses Makrozustandes. Ist W_Σ die Zahl aller unter den äußeren Bedingungen überhaupt möglichen Mikrozustände, so ist die mathematische Wahrscheinlichkeit des Makrozustandes

$$w = \frac{W}{W_\Sigma} \tag{12.47}$$

(Das Wort „Wahrscheinlichkeit" allein bedeutet immer „mathematische Wahrscheinlichkeit".) Durch Anwendung von Gl. (12.47) auf zwei Zustände I und II kann man das Verhältnis der *mathematischen* Wahrscheinlichkeiten zweier Makrozustände in Gl. (12.46) durch das Verhältnis der *thermodynamischen* Wahrscheinlichkeiten (d.h. der Realisierungszahlen) ersetzen, wobei die Größe W_Σ sich herauskürzt:

$$\triangle S = k \ln \frac{W_{II}}{W_I} \tag{12.48}$$

Während die (mathematische) Wahrscheinlichkeit w immer ein Zahl zwischen 0 und 1 ist, ist die thermodynamische Wahrscheinlichkeit W (die Realisierungszahl) eine Zahl, die mit wachsender Teilchenzahl des Systems unvorstellbar groß wird.

Mit wachsender Teilchenzahl nimmt auch das Wahrscheinlichkeitsverhältnis vom Gleichgewichtszustand zum Ausgangszustand eines Systems immer mehr zu. Zur Veranschaulichung ist in Abb. 12.10 die Zahl der Benzol- und Toluol-Moleküle gegenüber der Abb. 12.9 verdoppelt. In diesem Fall sind insgesamt 70 Mikrozustände möglich, von denen der

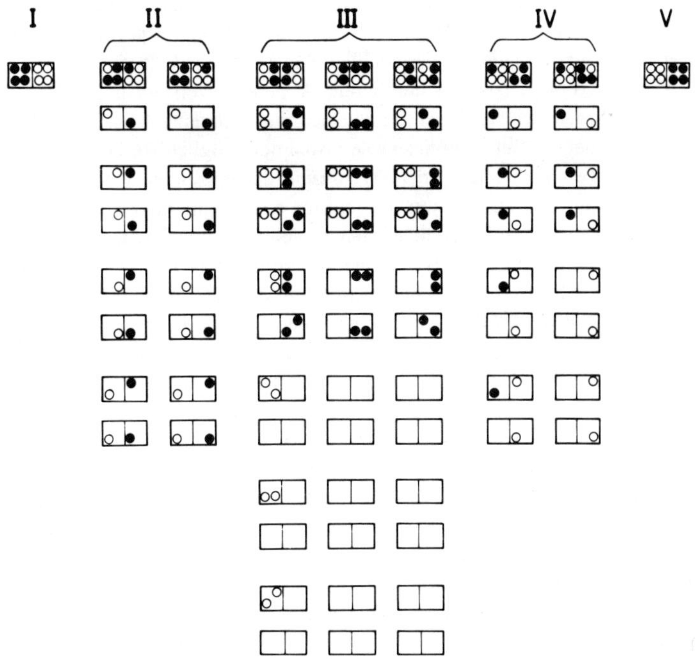

Abb. 12.10. Bei der Verteilung von 4 schwarzen und 4 weißen Kugeln auf zwei Raumhälften mit je 4 definierten Plätzen kann man fünf verschiedene Makrozustände angeben, die durch die jeweilige Anzahl der weißen Kugeln in der linken Raumhälfte (0, 1, 2, 3 oder 4) festgelegt sind. (Die Zahlen der übrigen Kugeln in jeder Raumhälfte ergeben sich daraus automatisch). Die Makrozustände I und V sind jeweils nur durch einen einzigen Mikrozustand realisierbar. Die $4 \cdot 4 = 16$ verschiedenen Mikrozustände des Makrozustands II erhält man, indem man für jede der 4 möglichen Lagen der einzigen weißen Kugel in der linken Raumhälfte die jeweils 4 möglichen Lagen der einzigen schwarzen Kugel in der rechten Raumhälfte durchspielt. (Die restlichen Plätze in jeder Raumhälfte sind jeweils mit Kugeln der anderen Farbe zu besetzen; diese Kugeln sind hier nicht alle mit eingezeichnet.) Die $6 \cdot 6 = 36$ verschiedenen Mikrozustände des Makrozustands III erhält man, indem man für jede der 6 möglichen Anordnungen der 2 weißen Kugeln in der linken Raumhälfte die jeweils 6 möglichen Anordnungen der 2 schwarzen Kugeln in der rechten Raumhälfte durchspielt. (Der Leser mag die fehlenden Kugeln zur Übung selbst ergänzen.) Der Makrozustand IV ist analog dem Makrozustand II zu behandeln, nur mit umgekehrten Farben.

Makrozustand III der gleichmäßigen Durchmischung bereits 36 Mikrozustände umfaßt und somit um den Faktor 36 wahrscheinlicher ist als der Ausgangszustand, der nur durch einen einzigen Mikrozustand realisiert werden kann.

Geht man zu Teilchenzahlen in der Größenordnung der Loschmidt-Zahl über, so stimmt die aus dem Verhältnis der Realisierungszahlen von Ausgangszustand und Zustand der gleichmäßigen Durchmischung nach (12.48) berechnete Änderung der Entropie mit der ***Mischungsentropie*** überein, die man aufgrund der Definition (12.32) errechnet. Für die

Durchführung dieser Rechnung muß auf spätere Vorlesungen verwiesen werden.

Die hier gegebenen Definitionen der Begriffe „Mikrozustand“ und „Makrozustand“ sind in dieser speziellen Form nicht allgemein verwendbar. Man kann diese Begriffe bis zu gewissem Grade für jedes Problem passend definieren. Allgemein versteht man unter dem „Mikrozustand“ jeweils die genaueste Beschreibung des molekularen Zustandes eines Systems, die bei der angewendeten Betrachtungsweise prinzipiell möglich ist. Hierzu gehören im allgemeinen auch Angaben über die ***Energiezustände*** der einzelnen Moleküle. – Ein „Makrozustand“ muß immer so definiert werden, daß er eine definierte Zahl von Mikrozuständen umfaßt, damit man seine Wahrscheinlichkeit nach (12.47) berechnen kann. Auch für ein ideales Gas läßt sich aufgrund der Quantentheorie merkwürdigerweise eine definierte Zahl von unterscheidbaren Mikrozuständen angeben, wenn das Volumen und die Gesamtenergie vorgegeben sind; Näheres in der Statistischen Thermodynamik.

Bei den bisher betrachteten Beispielen der Expansion eines idealen Gases und der Bildung einer idealen Mischung beruhte die Zunahme der Wahrscheinlichkeit allein auf einer Veränderung der *räumlichen Verteilung* der Moleküle. Die Temperatur und die *Verteilung der Energie* auf die Moleküle blieben dabei unverändert. Aufgrund der Quantentheorie kann man nun auch für die Verteilung einer bestimmten Energiemenge auf die Moleküle eines Systems eine genau definierte Zahl W von Mikrozuständen angeben. Auf diese Weise kann man die bei der Erwärmung von T_{I} auf T_{II} entstehende Zunahme der Realisierungszahl W mit der nach (12.36)

$$\triangle S_{T_{\mathrm{I}} \to T_{\mathrm{II}}} = \int\limits_{T_{\mathrm{I}}}^{T_{\mathrm{II}}} \frac{C_p}{T}\,\mathrm{d}T$$

berechneten Zunahme der Entropie vergleichen. Man kommt zu dem interessanten Ergebnis, daß auch hierbei die Formel (12.48)

$$\triangle S = k \ln \frac{W_{\mathrm{II}}}{W_{\mathrm{I}}}.$$

gültig ist.[17]

12.6.3 Der dritte Hauptsatz

Man kann die Entropiedifferenz (12.48) $\triangle S = k \ln (W_{\mathrm{II}}/W_{\mathrm{I}})$ in einzelne Glieder auflösen:

$$S_{\mathrm{II}} - S_{\mathrm{I}} = k \ln W_{\mathrm{II}} - k \ln W_{\mathrm{I}} \tag{12.49}$$

Hiernach muß S mit $k \ln W$ bis auf eine additive Konstante übereinstimmen, die sich bei der Differenzbildung in (12.49) heraushebt:

$$S_{\mathrm{I}} = k \ln W_{\mathrm{I}} + \mathrm{const}, \quad S_{\mathrm{II}} = k \ln W_{\mathrm{II}} + \mathrm{const} \tag{12.49 a}$$

17 Zur Durchführung dieser Rechnung muß wiederum auf die Statistische Thermodynamik verwiesen werden.

Da wir bei der Definition der Entropie nach (12.32) die Festlegung eines Nullpunktes zunächst offengelassen hatten, können wir das jetzt nachholen, indem wir durch Definition const $\equiv 0$ setzen. Dann wird aus (12.49 a):

$$\boxed{S = k \ln W} \quad \textbf{\textit{(Boltzmannsche Entropieformel)}} \tag{12.50}$$

Damit ist ein Absolutwert für die Entropie und ein Nullpunkt für die Entropieskala festgelegt: Es wird

$$S = 0 \quad \text{für} \quad W = 1 \tag{12.51}$$

Die Entropie eines Systems wird also null, wenn seine Realisierungszahl gleich eins wird, d.h. wenn der Makrozustand des Systems nur noch durch einen einzigen Mikrozustand realisiert werden kann. Unter welchen Bedingungen ist das der Fall?

Erstens dürfen die Atome des Systems keinerlei kinetische Energie mehr abgeben können, denn überschüssige kinetische Energie ließe sich immer auf verschiedene Art und Weise auf die Atome verteilen, so daß dann verschiedene Mikrozustände möglich wären. Das System muß sich daher *am absoluten Nullpunkt* befinden ($T = 0$).

Zweitens muß bereits der Makrozustand für jeden Punkt des Raumes genau vorschreiben, ob und was für ein Atom sich dort befinden soll. Das ist aber genau dann[18] der Fall, wenn es sich um ein *geordnetes Kristallgitter eines reinen Stoffes* handelt.[19] Daraus folgt:

„Die Entropie reiner kristallisierter Stoffe ohne Fehlordnung wird am absoluten Nullpunkt gleich null“ **(dritter Hauptsatz)**:

$$\boxed{S_i(T = 0) = 0 \quad \text{für} \quad \text{i (rein, kristallin, fehlerfrei)}} \tag{12.52}$$

Diese Gleichung würde die Bezeichnung „ 3. Hauptsatz“ nicht verdienen, wenn sie neben der Definition eines Nullpunkts der Entropieskala keine experimentell nachprüfbare Aussage enthalten würde. Um eine reine Definition würde es sich handeln, wenn die Gleichung z.B. nur für Elemente gültig wäre (analog der Definition eines Nullpunkts der Bildungsenthalpien). Da Gl. (12.52) aber auch für reine kristallisierte *Verbindungen* gilt, so muß für eine chemische Reaktion zwischen reinen, kristallisierten Stoffen ohne Fehlordnung die auf $T = 0$ umgerechnete Reaktionsentropie (als stöchiometrische Summe der molaren Entropien der Reaktionsteilnehmer) ebenfalls gleich null werden:

$$\lim_{T \to 0} \Delta S_{p,T} = 0 \quad \text{(Nernstscher Wärmesatz)} \tag{12.53}$$

Diese Aussage folgt auch ohne die in Gl. (12.50) enthaltene Definition eines Nullpunkts unmittelbar aus der Entropiedifferenzformel Gl. (12.48), da bei $T = 0$ für alle reinen, kristallisierten Stoffe ohne Fehlordnung $W = 1$ wird.

---

18 „Genau dann“ heißt: „dann und nur dann“.

19 Die Vertauschung von zwei völlig gleichen Atomen ergibt nach Definition keinen anderen Mikrozustand. Gleiche Atome sind *ununterscheidbar*.

Der Nernstsche Wärmesatz (12.53) wird tatsächlich experimentell bestätigt. Er ist der empirische Inhalt des 3. Hauptsatzes. Zugleich ist er eine Bestätigung für die Boltzmannsche Deutung der Entropie, die in Gl. (12.48) zum Ausdruck kommt.

Noch eindruckvoller wird die Bestätigung der Boltzmannschen Theorie bei einigen scheinbaren Abweichungen vom 3. Hauptsatz: Diese stellen keine Verletzung des 3. Hauptsatzes dar, weil die betr. Stoffe auch bei $T = 0$ noch eine gewisse Fehlordnung besitzen. Die aus der Fehlordnung berechenbare Zahl W der Mikrozustände liefert nach der Boltzmannschen Entropieformel (12.50) einen Entropiewert, der mit der experimentell bestimmten Nullpunktsentropie dieser Stoffe in etwa übereinstimmt.

Ein Beispiel dazu ist kristallines Kohlenmonoxid CO. Das CO-Molekül hat ein sehr kleines Dipolmoment, so daß der Energieunterschied $\triangle\varepsilon$ zwischen der richtigen und der falschen Orientierung eines CO-Dipols im Kristallgitter entsprechend klein ist. Bei hohen Temperaturen sorgt die Wärmebewegung für eine praktisch gleichmäßige Verteilung der Dipole auf die beiden Orientierungen. Bei Annäherung an $T = 0$ (d.h. für $kT \ll \triangle\varepsilon$) müßte dagegen im Gleichgewicht jeder CO-Dipol seine „richtige" (d.h. energieärmere) Orientierung einnehmen. Damit aber ein Dipol sich aus der falschen in die richtige Orientierung drehen kann, ist eine thermische Aktivierungsenergie ε_A erforderlich, die bei tiefen Temperaturen praktisch nicht mehr verfügbar ist. Wenn nun $\varepsilon_A > \triangle\varepsilon$ ist, so können beim Abkühlen viele CO-Dipole in der falschen Orientierung eingefroren werden.

Wenn wir für eine obere Abschätzung einmal annehmen, daß jeder CO-Dipol mit nahezu gleicher Wahrscheinlichkeit in der falschen wie in der richtigen Orientierung eingefroren wird, dann kann man die Zahl W der Mikrozustände eines CO-Kristalls ausrechnen, indem man diesen schrittweise aus den einzelnen Molekülen aufbaut: Jedes neu hinzukommende Molekül erhöht die Zahl der denkbaren Mikrozustände um den Faktor 2. Also ist für N Moleküle $W = 2^N$ und

$$S = k \ln W = k \ln 2^N = Nk \ln 2 = nN_L k \ln 2 = nR \ln 2.$$

Somit würde sich theoretisch als obere Grenze für die molare Nullpunktsentropie von CO ergeben:

$$S/n = R \ln 2 = 5,76 \text{ J/mol K}.$$

Der tatsächlich [aufgrund der Gln. (12.58) bis (12.62) durch Vergleich mit Gl. (12.55)] gefundene Wert ist etwas kleiner, liegt aber in der gleichen Größenordnung:

$$S_{CO}(T = 0) = 4,65 \text{ J/mol K}.$$

Der dritte Hauptsatz hat große **praktische Bedeutung** für die Berechnung von chemischen Gleichgewichten:

Um die molare Standard-Entropie S_i^o eines reinen Stoffes i bei einer Temperatur T berechnen zu können, genügt es nämlich jetzt, den Temperaturverlauf seiner Molwärme vom absoluten Nullpunkt an zu messen. Mit dem dritten Hauptsatz wird dann aus (12.37) für einen reinen, kristallisierten Stoff i:[20]

$$S_i^o(T) = \int_0^T \frac{C_{pi}}{T'} \mathrm{d}T' \tag{12.54}$$

20 In (12.54) und (12.55) haben wir die Temperatur T' als Integrations*variable* durch einen Strich $'$ von der Temperatur T als Integrations*grenze* unterschieden.

Wenn der Stoff bei der Temperatur T flüssig oder gasförmig vorliegt, muß für die Berechnung zusätzlich die Schmelzwärme $\triangle H_{i(f \to fl)}$ am Schmelzpunkt T_E und gegebenenfalls die Verdampfungswärme $\triangle H_{i(fl \to g)}$ beim Siedepunkt T_S gemessen werden. Dann ist mit (12.39):

$$\begin{aligned} S_i^o(T) = & \int_0^{T_E} \frac{C_{pi(f)}}{T'} dT' + \frac{\triangle H_{i(f \to fl)}}{T_E} + \int_{T_E}^{T_S} \frac{C_{pi(fl)}}{T'} dT' \\ & + \frac{\triangle H_{i(fl \to g)}}{T_S} + \int_{T_S}^{T} \frac{C_{pi(g)}}{T'} dT' \end{aligned} \tag{12.55}$$

Hat man auf diese Weise die Standardentropien $S_i^o(T)$ aller an einer chemischen Reaktion teilnehmenden Stoffe bestimmt, so erhält man analog zu (8.16) und (11.32) die ***Standardreaktionsentropie*** als

$$\Delta S^o(T) = \sum \nu_i S_i^o(T). \tag{12.56}$$

Aus (12.10) folgt aber speziell für Standardbedingungen:

$$\Delta G^o(T) = \Delta H^o(T) - T\Delta S^o(T) \tag{12.57}$$

Durch Einsetzen von (12.56) kann man diese Gleichung jetzt auswerten und mit dem so ermittelten $\triangle G^o(T)$ nach (11.68) die *Gleichgewichtskonstante bei der gewünschten Temperatur* berechnen.

Zur Erleichterung dieser Rechnung ist die Integration der Gl. (12.55) bis zu der Normaltemperatur $T_o = 298,15$ K für alle möglichen Stoffe bereits ausgeführt worden: Die erhaltenen „***Normalentropien***“ $S_i^o(T_o)$ sind in Tabellen aufgezeichnet. Die Tabelle auf Seite 334 bringt hiervon eine Auswahl.

Nicht alle tabellierten Normalentropien sind auf die hier geschilderte Weise berechnet worden: Auf manche Stoffe ist der 3. Hauptsatz nicht anwendbar, weil sie bei 0 K noch eine gewisse Fehlordnung besitzen. Es ist daher von besonderer praktischer Bedeutung, daß außer der thermodynamischen Bestimmungsmethode der Entropie aufgrund des 3. Hauptsatzes noch eine statistische Berechnungsmöglichkeit aufgrund der Boltzmannschen Entropieformel (12.50) existiert. Mit Hilfe der Quantentheorie läßt sich nämlich für die Zahl W der Mikrozustände eines idealen Gases bei gegebenen Werten von V und T ein definierter Wert angeben, falls man die Verteilungsmöglichkeiten der Moleküle über den gegebenen Raum und die Verteilungsmöglichkeiten der Energie über die Moleküle *gleichzeitig* betrachtet. Damit erhält man aus (12.50) für die molare Entropie eines idealen Gases i, dessen Moleküle nur *Translationsbewegungen* ausführen können:

$$S_i^{trans} = \frac{5}{2}R + R\ln\frac{(2\pi m_i kT)^{3/2} V_i}{h^3 N_L} \quad \textbf{(Sackur-Tetrode-Gleichung)} \tag{12.58}$$

Darin bedeutet V_i das Volumen pro mol des gasförmigen Stoffes i unabhängig davon, ob noch andere Stoffe im gleichen Volumen anwesend sind, also nach dem idealen Gasgesetz

$V_i = RT/p_i$ mit p_i = Partialdruck von i. Setzt man außerdem für die Molekülmasse $m_i = M_i/N_L$, so erhält man aus Gl. (12.58) mit den Zahlenwerten der Naturkonstanten:

$$S_i^{trans} = R \cdot (\frac{3}{2} \ln \{M_i\} + \frac{5}{2} \ln \{T\} - \ln \{p_i\} - 1,166) \qquad (12.59)$$

$$\text{mit} \quad \{M_i\} \equiv M_i/\frac{g}{mol}, \quad \{T\} \equiv T/K \quad \text{und} \quad \{p_i\} \equiv p_i/p^\circ .$$

Können die Gasmoleküle außer ihrer Translationsbewegung auch Rotationen und Oszillationen ausführen, so setzt sich die Entropie des Gases additiv aus dem obigen Beitrag der Translation und *zusätzlichen Beiträgen der Rotation und Oszillation* zusammen. Für zweiatomige Moleküle mit einem Trägheitsmoment J ist z.B. die molare Rotationsentropie

$$S_i^{rot} = R + R \ln \frac{8\pi^2 JkT}{h^2 \sigma}, \qquad (12.60)$$

worin die „Symmetriezahl" σ für homonukleare Moleküle (wie N_2) den Wert 2 und für heteronukleare Moleküle (wie CO) den Wert 1 hat. Das Trägheitsmoment ist für ein zweiatomiges Molekül nach der Formel

$$J = \frac{m_1 \cdot m_2}{m_1 + m_2} \cdot d^2 \qquad (12.61)$$

durch den Abstand d der beiden Atomkerne sowie deren Massen m_1 und m_2 gegeben.

Der molare Entropiebeitrag eines Oszillationsfreiheitsgrades mit der Eigenfrequenz ν beträgt:

$$S_i^{os} = R \frac{h\nu/kT}{e^{h\nu/kT} - 1} - R \ln (1 - e^{-h\nu/kT}) \qquad (12.62)$$

An individuellen Stoffkonstanten treten in diesen Gleichungen außer der Molmasse M_i nur das Trägheitsmoment J und die Eigenfrequenz ν auf. Diese Daten können aus spektroskopischen Meßwerten bestimmt werden. Für eine Herleitung und ausführlichere Diskussion dieser Gleichungen muß auf spätere Vorlesungen in Physikalischer Chemie verwiesen werden.

Da ein materielles System mindestens *einen* Mikrozustand haben muß ($W \geq 1$), wenn es überhaupt existiert, so kann seine Entropie nach der Boltzmannschen Entropieformel nicht negativ sein. [Dasselbe folgt auch aus dem 3. Hauptsatz zusammen mit Gl. (12.36), wonach seine Entropie beim Erwärmen zunimmt.]. Dementsprechend sind die in der Tabelle S. 334 angegebenen Normalentropien alle positiv.[21]

21 Eine Ausnahme bilden die Normalentropien einiger Ionen in wäßriger Lösung. Hierbei handelt es sich aber nicht um die Entropie eines ganzen Systems, sondern nur um die **partielle** molare Entropie eines Stoffes in einer Mischphase, d.h. nur um die **Änderung** der Entropie des Systems pro zugeführter Menge dn_i. Dabei wird die Elektroneutralität durch gleichzeitige Zufuhr oder Abfuhr von Protonen gewahrt, deren Normalentropie man $\equiv 0$ setzt. Wenn die *Änderung* der Entropie eines Systems bei Zufuhr eines Stoffes i negativ ist, so bedeutet dies, daß der Stoff eine Erhöhung der Ordnung im System bewirkt, z.B. durch Ausbildung von Hydratwasserhüllen. Näheres in den Abschnitten 15.1.3 und 18.1.

13 Bestimmung von Gleichgewichtskonstanten

13.1 Die zentrale Bedeutung von ΔG°

In Abschnitt 11.5 wurde bereits eine Gleichgewichtskonstante ausgerechnet. Die Rechnung nach Gl. (11.38) führte über die Größe ΔG°:

$$\Delta G^{\circ} = -RT \ln \{K\}$$

Zur Gewinnung von ΔG° wurde zunächst nach Gl. (11.40)

$$\Delta G = -\nu_e FE$$

die Größe ΔG aus der EMK einer galvanischen Kette bestimmt und dann nach (11.34) bzw. nach Gl. (11.66)

$$\Delta G = \Delta G^{\circ} + RT \Sigma \nu_i \ln \{a_i\} = \Delta G^{\circ} + RT \ln \{\Pi a_i^{\nu_i}\}$$

ΔG auf ΔG° umgerechnet. Das entspricht folgendem Rechenschema:

$$-\nu_e FE - RT \ln\{\Pi a_i^{\nu_i}\} = \Delta G^{\circ} = -RT \ln \{K\} \tag{13.1}$$

Dieses Schema bietet also die Möglichkeit, durch Messung der EMK bei vorgegebenen a_i (Konzentrationen bzw. Molenbrüchen bzw. Partialdrucken) die Gleichgewichtskonstante K zu bestimmen. Umgekehrt kann man auch durch direkte analytische Bestimmung der in K enthaltenen Gleichgewichtskonzentrationen nach (13.1) eine EMK vorausberechnen.

Damit sind aber nicht alle Möglichkeiten ausgeschöpft: Von ganz besonderer Bedeutung ist die Berechnung von ΔG° aus kalorimetrischen und theoretischen Tabellenwerten nach Gl. (12.57), auf die schon im vorigen Abschnitt hingewiesen wurde. Mit (12.57) kann man (13.1) folgendermaßen erweitern:

$$\Delta H^{\circ} - T\Delta S^{\circ} = \Delta G^{\circ} \begin{cases} = -\nu_e FE - RT \ln \{\Pi a_i^{\nu_i}\} \\ = -RT \ln \{K\} \end{cases} \tag{13.2}$$

Eine vierte Möglichkeit zur Bestimmung von ΔG° einer bestimmten chemischen Reaktion besteht schließlich in der Kombination von ΔG°-Werten anderer Reaktionen, deren

Addition die gewünschte Reaktion ergibt[1]: Manchmal ist nämlich ein ΔG°-Wert einer Reaktion bei einer bestimmten Temperatur nur schwer oder ungenau aus direkten Gleichgewichtsmessungen, EMK-Messungen oder kalorimetrischen Messungen zu erhalten, während die ΔG°-Werte von Teilreaktionen leichter zugänglich sind. Da G ebenso wie H eine Zustandsgröße ist, kann man analoge Gesetzmäßigkeiten wie den Heßschen Satz auch für G formulieren. Analog wie dort kann man eine Gibbs-Bildungsenergie G_i^B definieren, und zwar als den Wert von ΔG° für die Bildungsreaktion des Stoffes i aus den stabilen Elementen:

$$G_\mathrm{i}^\mathrm{B} \equiv \Delta G^\circ\,(\text{Elemente} \rightarrow \mathrm{i}) \tag{13.3}$$

Auch für die Gibbs-Bildungsenergien gibt es Tabellen[2] (für manche Stoffe sogar über weite Temperaturbereiche, nicht nur für Normaltemperatur[3]), so daß man ΔG° einer Reaktion auch [analog zu Gl. (8.17), jedoch nicht auf 298 K beschränkt] als stöchiometrische Summe der G_i^B der Reaktionspartner berechnen kann. Damit läßt sich das Berechnungsschema (13.2) noch mehr erweitern:

$$\left.\begin{aligned} \Delta H^\circ - T\Delta S^\circ &= \\ \Sigma \nu_\mathrm{i} G_\mathrm{i}^\mathrm{B} &= \end{aligned}\right\} \Delta G^\circ \left\{\begin{aligned} &= -\nu_\mathrm{e} FE - RT \ln\{\Pi a_\mathrm{i}^{\nu_\mathrm{i}}\} \\ &= -RT \ln\{K\} \end{aligned}\right. \tag{13.4}$$

Aus dieser Zusammenstellung geht die zentrale Bedeutung der Größe ΔG° für die gegenseitige Umrechnung von kalorimetrischen Meßwerten, Gleichgewichtskonzentrationen und EMK-Werten hervor. Neben den bereits erwähnten Möglichkeiten kann man z.B. auch ΔH° berechnen, wenn ΔS° und ΔG° durch andere Messungen bekannt sind (Näheres in Abschnitt 14.2).

Als erstes **Anwendungsbeispiel** von (13.4) soll der im Abschnitt 11.5 aus einer EMK-Messung berechnete Wert einer Gleichgewichtskonstante jetzt mit Hilfe der tabellierten Bildungsenthalpien und Normalentropien verifiziert werden. Zur übersichtlichen Durchführung einer solchen Rechnung ist es zweckmäßig, die Reaktionsgleichung [hier Gl. (11.39)] als Kopf einer Tabelle zu schreiben und unter jedem Stoff i zusammen mit dem stöchiometrischen Faktor ν_i die Werte von H_i^B und S_i° aufzuführen, die man der Tabelle S. 334 entnimmt. Am Ende jeder Zeile bildet man dann die stöchiometrische Summe und erhält für die Temperatur $T = T_\circ \equiv 298{,}15$ K nach Gl. (8.17) $\Delta H^\circ = \Sigma \nu_\mathrm{i} H_\mathrm{i}^\mathrm{B}$ und nach Gl. (12.56) $\Delta S^\circ = \Sigma \nu_\mathrm{i} S_\mathrm{i}^\circ$:

1 Vgl. hierzu die Abschnitte 11.8.6 und 11.8.7.

2 Landolt-Börnstein: „Zahlenwerte und Funktionen", II. Band, 4. Teil, Springer Verlag, Berlin-Göttingen-Heidelberg 1960, und „Handbook of Chemistry and Physics", The Chemical Rubber Co, Cleveland, Ohio, 1990.

3 J.P. Coughlin: „Contributions to the Data of Theoretical Metallurgy XII. (Heats and Free Energies of Formation of Inorganic Oxides)", Bureau of Mines Bulletin 542, U.S. Government Printing Office, Washington D.C. 1954.

(11.39)	$2\,H_2$	+	O_2	$\rightleftharpoons$	$2\,H_2O$ (g)	$\Sigma\nu_iX_i$
$\nu_iH_i^B/(\text{kJ mol}^{-1})$	$-2\cdot 0$		-0		$+2\cdot(-241,8)$	$-483,6$
$\nu_iS_i^{\circ}/(\text{J mol}^{-1}\text{ K}^{-1})$	$-2\cdot 130,6$		$-205,0$		$+2\cdot 188,65$	$-\ 88,9$

Mit $T = 298{,}15$ K wird daraus nach Gl. (13.4):

$$\Delta G^{\circ} = \Delta H^{\circ} - T\Delta S^{\circ} = -483{,}6\,\text{kJ/mol} - 298{,}15\cdot(-88,9)\,\text{J/mol}$$
$$= -457{,}1\,\text{kJ/mol}$$

Dieser Wert stimmt mit dem in §11.5 aus EMK-Messungen erhaltenen Wert überein. Die daraus nach (11.45) resultierende Gleichgewichtskonstante wurde dort bereits berechnet, so daß wir an dieser Stelle auf die weitere Rechnung verzichten können.

Übungsaufgaben

a) Aus den Bildungsenthalpien und Normalentropien der Tabelle Seite 334 berechne man die Gleichgewichtskonstanten der folgenden Reaktionen bei 25 °C:

$H_2 + CO_2$	$\rightleftharpoons$	$H_2O(g) + CO$	(1)
$H_2O(\text{fl})$	$\rightleftharpoons$	$H_2O(g)$	(2)
$H_2 + CO_2$	$\rightleftharpoons$	$H_2O(\text{fl}) + CO$	(3)
$H_2 + S(\text{rhomb})$	$\rightleftharpoons$	$H_2S(g)$	(4)
$2\,H_2 + C(\text{Graphit})$	$\rightleftharpoons$	CH_4	(5)

b) Aufgrund der ΔG°-Werte der Reaktionen (4) und (5) entscheide man, ob bei 25 °C und bei Partialdrucken der Gase von je $1p^{\circ}$ die folgende Reaktion nach rechts oder nach links hin ablaufen würde:

$$2\,H_2S(g) + C(\text{Graphit}) \rightleftharpoons CH_4 + 2\,S(\text{rhomb}) \qquad (6)$$

c) Wie groß ist die Triebkraft der Reaktion (5) bei 25 °C und konstantem Druck, wenn $p_{H_2} = p_{CH_4} = 0,1\,p^{\circ}$?

d) Welche Bedeutung hat die „Gleichgewichtskonstante" der „Reaktion" (2)?

Lösungen:
a) $K(1) = 1,0\cdot 10^{-5}$, $K(2) = 3160$ Pa, $K(3) = 3,19\cdot 10^{-9}\ \text{Pa}^{-1}$,
$K(4) = 6,12\cdot 10^{5}$, $K(5) = 7,66\cdot 10^{3}\ \text{Pa}^{-1}$.
b) $\Delta G^{\circ}(6) = \Delta G^{\circ}(5) - 2\cdot\Delta G^{\circ}(4) = +15,3$ kJ/mol. Da $\Delta G^{\circ} > 0$, würde die Reaktion (6) unter Standardbedingungen nach links hin ablaufen. Durch die Kombination mit Reaktion (4) wird dabei auch die Reaktion (5) [als Teilreaktion von (6)] nach links verschoben, obwohl sie für sich allein nach rechts hin ablaufen würde.
c) Bei den angegebenen Drucken ist $-\Delta G(5) = +45,0$ kJ/mol.
d) $K(2)$ ist identisch mit dem Dampfdruck des reinen Wassers bei 25 °C.

13.2 Gleichgewichtsberechnung für beliebige Temperaturen

Das Schema (13.4) zur Berechnung von K über die Größe ΔG° ist auf beliebige Temperaturen anwendbar. Die aus den Tabellenwerten für $H_{\mathrm{i}}^{\mathrm{B}}$ und S_{i}° nach (8.17) und (12.56) berechneten Größen ΔH° und ΔS° beziehen sich aber zunächst auf Normaltemperatur ($T_{\circ} \equiv 298,15$ K) und müssen daher noch auf die gewünschte Temperatur T umgerechnet werden.

Für eine Reihe von Stoffen sind die Enthalpiedifferenzen und Entropiedifferenzen zwischen Normaltemperaturen und beliebigen anderen Temperaturen in amerikanischen Tabellenwerken verzeichnet[4]. Wenn das für alle Reaktionsteilnehmer der Fall ist, wird die Berechnung von $\Delta H^{\circ}(T)$ und $\Delta S^{\circ}(T)$ sehr einfach: Man braucht dann nur zu jedem einzelnen $H_{\mathrm{i}}^{\mathrm{B}}$ bzw. $S_{\mathrm{i}}^{\circ}(T_{\circ})$[5] die entsprechende Differenz[6] $\triangle H_{\mathrm{i}(T_{\circ}\to T)}$ bzw. $\triangle S_{\mathrm{i}(T_{\circ}\to T)}$ zu addieren und erhält aus Gl. (8.16) bzw. (12.56):

$$\Delta H^{\circ}(T) = \Sigma\nu_{\mathrm{i}}(H_{\mathrm{i}}^{\mathrm{B}} + \triangle H_{\mathrm{i}(T_{\circ}\to T)}) \tag{13.5}$$

$$\text{bzw.}\quad \Delta S^{\circ}(T) = \Sigma\nu_{\mathrm{i}}(S_{\mathrm{i}(T_{\circ})}^{\circ} + \triangle S_{\mathrm{i}(T_{\circ}\to T)}) \tag{13.6}$$

Wenn die Enthalpie- und Entropiedifferenzen zwischen $T_{\circ}$ und T für die einzelnen Reaktionsteilnehmer nicht aus Tabellen verfügbar sind, dann kann man sie durch Integration aus den Molwärmen $C_{p\mathrm{i}}$ berechnen [vgl. (8.6) und (12.38)]:

$$\triangle H_{\mathrm{i}(T_{\circ}\to T)} = \int_{T_{\circ}}^{T} C_{p\mathrm{i}}\,\mathrm{d}T' \tag{13.7}$$

$$\triangle S_{\mathrm{i}(T_{\circ}\to T)} = \int_{T_{\circ}}^{T} \frac{C_{p\mathrm{i}}}{T'}\,\mathrm{d}T' \tag{13.8}$$

Damit wird aus (13.5) und (13.6):

$$\Delta H^{\circ}(T) = \Delta H^{\circ}(T_{\circ}) + \int_{T_{\circ}}^{T} \Sigma\nu_{\mathrm{i}}C_{p\mathrm{i}}\,\mathrm{d}T' \tag{13.9}$$

4 K.K. Kelley: „Contribution to the Data on Theoretical Metallurgy XII. (High Temperature Heat-Content, Heat-Capacity, and Entropy Data for the Elements and Inorganic Compounds)“, Bureau of Mines Bulletin 584, U.S. Government Printing Office, Washington D.C. 1960.

5 $H_{\mathrm{i}}^{\mathrm{B}}$ soll sich grundsätzlich immer auf $T = T_{\circ}$ beziehen. Bei S_{i}° ist das dagegen nicht der Fall, darum wird im Zweifelsfall die Temperatur in Klammern dahintergeschrieben.

6 Im Unterschied zur Differenz pro molarem Formelumsatz (Δ) verwenden wir für andere Differenzen das Zeichen $\triangle$. Der Stoffindex i deutet an, daß diese Differenz sich auf ein Mol des Stoffes i bezieht, der von $T_{\circ}$ auf T erwärmt wird.

$$\Delta S^{\circ}(T) = \Delta S^{\circ}(T_{\circ}) + \int_{T_{\circ}}^{T} \frac{\Sigma\nu_{i}C_{pi}}{T'}\,\mathrm{d}T' \tag{13.10}$$

Durch Einsetzen dieser beiden Gleichungen in (12.57)

$$\Delta G^{\circ}(T) = \Delta H^{\circ}(T) - T\Delta S^{\circ}(T)$$

erhält man

$$\begin{aligned}\Delta G^{\circ}(T) &= \Delta H^{\circ}(T_{\circ}) - T\Delta S^{\circ}(T_{\circ}) \\ &\quad + \int_{T_{\circ}}^{T} \Sigma\nu_{i}C_{pi}\mathrm{d}T' - T\int_{T_{\circ}}^{T} \Sigma\nu_{i}C_{pi}\frac{\mathrm{d}T'}{T'}\end{aligned} \tag{13.11}$$

Um diese Gleichung zahlenmäßig auswerten zu können, müssen die einzelnen Molwärmen C_{pi} als Funktion von T bekannt sein. Der Temperaturverlauf der Molwärmen läßt sich formal durch eine mathematische Reihenentwicklung beschreiben:

$$C_{pi} = a_{i} + b_{i}T + c_{i}T^{2} + \ldots \tag{13.12}$$

Die empirisch bestimmten Konstanten a_{i}, b_{i} und c_{i} sind für viele Stoffe in Tabellen aufgezeichnet. Man kann sie in (13.12) einsetzen und damit die Integrale in (13.11) ausrechnen.

Wenn die Temperatur T nicht gar zu weit von $T_{\circ}$ entfernt liegt, dann kann man für Überschlagsrechnungen meistens die beiden Integrale in (13.11) vernachlässigen, indem man $\Sigma\nu_{i}C_{pi} \approx 0$ setzt. Dann ergibt sich aus (13.11) die (erste[7]) ***„Ulichsche Näherung"***:

$$\boxed{\Delta G^{\circ}(T) \approx \Delta H^{\circ}(T_{\circ}) - T\Delta S^{\circ}(T_{\circ})} \tag{13.13}$$

Für viele Reaktionen ist die Differenz der Wärmekapazitäten $\Delta C_{p} = \Sigma\nu_{i}C_{pi}$ tatsächlich ziemlich klein, so daß (13.13) eine recht gute Näherung darstellt. Die Größen ΔH° und ΔS° hängen dann kaum von T ab, während die Temperaturabhängigkeit von ΔG° nach (13.13) immer noch beträchtlich ist. Aber auch wenn ΔC_{p} von null verschieden ist, erhält man mit der Ulichschen Näherung (13.13) oft noch annähernd richtige Ergebnisse, weil die beiden Integrale in (13.11) sich teilweise kompensieren.

Für eine zahlenmäßige Auswertung von (13.13) sind $\Delta H^{\circ}(T_{\circ})$ und $\Delta S^{\circ}(T_{\circ})$ nach den Gleichungen (8.17) und (12.56) aus den Werten der Tabelle S. 334 zu berechnen:

$$\Delta G^{\circ}(T) \approx \Sigma\nu_{i}H_{i}^{B} - T\cdot\Sigma\nu_{i}S_{i}^{\circ}(T_{\circ}) \tag{13.14}$$

7 Eine „zweite Ulichsche Näherung" erhält man aus Gl. (13.11), indem man $\Sigma\nu_{i}C_{pi} \approx$ const (unabhängig von T) setzt. Eine 3. bzw. 4. Näherung kann man erhalten, indem man die Reihenentwicklung in Gl. (13.12) jeweils nach dem 2. bzw. 3. Glied abbricht.

Beispiele

13.2.1 Umwandlungstemperatur

Als einfachstes Anwendungsbeispiel von Gleichung (13.14) betrachten wir die Umwandlung von weißem in graues Zinn unter einem Außendruck von 1 p°:

$$\text{Sn (weiß)} \rightleftharpoons \text{Sn (grau)} \tag{13.15}$$

Da es sich beim Ausgangsstoff und beim Endprodukt dieser „Reaktion" jeweils um einen festen, reinen Stoff handelt, gibt es *keinerlei variable Konzentrationen*, die sich passend einstellen könnten, daß ΔG nach Gl. (11.66) gleich null wird. Daher existiert in diesem Fall auch *keine Gleichgewichtskonstante*. Die Reaktion läuft daher – je nach dem Vorzeichen von ΔG° bei der jeweiligen Temperatur – *vollständig* in der einen oder in der anderen Richtung ab.

Es gibt aber eine Temperatur, bei der beide Phasen nebeneinander im Gleichgewicht existieren können: Diese ***„Umwandlungstemperatur"*** T_{U} ist durch die Gleichgewichtsbedingung $\Delta G = \Delta G^{\circ} = 0$ charakterisiert[8]. Damit ergibt sich aus der Ulichschen Näherung (13.13):

$$T_{\mathrm{U}} \approx \frac{\Delta H^{\circ}(T_{\circ})}{\Delta S^{\circ}(T_{\circ})} \tag{13.16}$$

Aus der Tabelle S. 335 entnehmen wir für die „Reaktion" (13.15):

$$\Delta H^{\circ} = -2,19 \text{ kJ/mol}, \;\; \Delta S^{\circ} = (44,1 - 51,5 = -7,4) \text{ J/(mol K)}.$$

Somit ist $T_{\mathrm{U}} \approx (2190/7,4)$ K $= 296$ K, also mit Gl. (2.2):

$$\vartheta_{\mathrm{U}}/{}^{\circ}\mathrm{C} = T_{\mathrm{U}}/\mathrm{K} - 273 \approx 23.$$

13.2.2 Dampfdruck und Siedepunkt

Als nächstes Beispiel sei die Verdampfung einer reinen Flüssigkeit betrachtet, etwa Benzol:

$$C_6H_6(\text{fl}) \rightleftharpoons C_6H_6(\text{g}) \tag{13.17}$$

8 Es ist $\Delta G = \Delta G^{\circ}$, weil die Stoffe in reiner Form vorliegen und weil der Außendruck $p = p^{\circ}$ ($\equiv$ 1 atm $\equiv$ 101325 Pa) ist.

Die „Gleichgewichtskonstante" dieser „Heterogenreaktion" ist mit dem **Dampfdruck** p^{D} des Benzols bei der jeweiligen Temperatur identisch. Aus den Daten der Tabelle S. 334 kann man auf die übliche Weise die Gleichgewichtskonstante von (13.17) für $T = T_\circ$ errechnen:

$$\Delta H^\circ(T_\circ) = (82{,}93 - 49{,}03 = 33{,}9)\ \mathrm{kJ/mol},$$

$$\Delta S^\circ(T_\circ) = (269{,}2 - 172{,}8 = 96{,}4)\ \mathrm{J/(mol\ K)},\ \text{also}$$

$$T_\circ \cdot \Delta S^\circ = 28{,}74\ \mathrm{kJ/mol}.$$

Damit wird $\Delta G^\circ = \Delta H^\circ - T\Delta S^\circ = (33{,}9 - 28{,}74 = 5{,}16)$ kJ/mol und

$$\{K\} = \{p^{\mathrm{D}}\} = \mathrm{e}^{-\Delta G^\circ/RT} \tag{13.18}$$

$$= \mathrm{e}^{-5160/(8{,}314\cdot 298)} = 0{,}125.$$

Daraus ergibt sich für den Dampfdruck des Benzols bei 25 °C:

$$p^{\mathrm{D}}_{\mathrm{C_6H_6}} = 0{,}125\ p^\circ = 12700\ \mathrm{Pa}.$$

Wir wollen nun den **Siedepunkt** des Benzols abschätzen. Die Siedetemperatur einer Flüssigkeit ist dadurch charakterisiert, daß der Dampfdruck gleich dem Außendruck wird, so daß die Verdampfung nicht nur aus der Flüssigkeitsoberfläche heraus erfolgt („*Verdunstung*"), sondern daß sich auch im Inneren der Flüssigkeit Dampfblasen bilden können. Beim normalen Siedepunkt T_{S} ist der Außendruck gleich p°. Mit $p^{\mathrm{D}}_{\mathrm{C_6H_6}}(T_{\mathrm{S}}) = p^\circ (\equiv 1\ \mathrm{atm})$ wird aus (13.18) und (11.18):

$$\{p^{\mathrm{D}}\} = 1 \quad \text{und} \quad \Delta G^\circ(T_{\mathrm{S}}) = 0 \tag{13.19}$$

Damit erhält man aus der Ulichschen Näherung (13.13) analog (13.16):

$$T_{\mathrm{S}} \approx \frac{\Delta H^\circ(T_\circ)}{\Delta S^\circ(T_\circ)} \tag{13.20}$$

Mit den oben ausgerechneten Zahlenwerten ergibt sich daraus

$$T_{\mathrm{S}} \approx \frac{33900}{96{,}4} = 352\,\mathrm{K},\ \text{also}$$

$\vartheta_{\mathrm{S}} \approx (352 - 273)\,°\mathrm{C} = 79\,°\mathrm{C}$. Tatsächlich siedet Benzol bei 80 °C.

13.2.3 Gleichgewichtspartialdruck und Zersetzungstemperatur

Wir wollen jetzt das Beispiel der Zersetzung von Kalkstein nach Gl. (11.80) wieder aufgreifen:

$$CaCO_3(f) \rightleftharpoons CaO(f) + CO_2(g)$$

Wir stellen uns zuerst die Frage, ob diese Reaktion bei 25 °C an der freien Atmosphäre nach rechts oder nach links hin abläuft. Zur Entscheidung dieser Frage müssen wir ausrechnen, ob der **Gleichgewichtspartialdruck** nach G. (11.81)

$$K = p_{CO_2=}$$

größer oder kleiner als der Partialdruck des CO_2 in der Atmosphäre ist. Letzterer beträgt etwa $p_{CO_2} = 3 \cdot 10^{-4}\, p^{o}$. Aus den Werten der Tabelle S. 334 berechnen wir mit den Formeln (8.17) und (12.56) für die Reaktion (11.80):

$$\Delta H^{o}(T_{\circ}) = [-(-1206,9) - 635,5 - 393,5 = 177,9]\ \text{kJ/mol}$$

und $\Delta S^{o}(T_{\circ}) = (-92,9 + 39,7 + 213,6 = 160,4)\ \text{J/(mol K)}$

also $T_{\circ} \cdot \Delta S^{o}(T_{\circ}) = 47,8\ \text{kJ/mol}$

und $\Delta G^{o}(T_{\circ}) = \Delta H^{o}(T_{\circ}) - T_{\circ} \cdot \Delta S^{o}(T_{\circ}) = 130,1\ \text{kJ/mol.}$

Analog (13.18) ergibt sich also:

$$\{p_{CO_2=}\} = \{K\} = e^{-\Delta G^{o}/(RT)} \tag{13.21}$$

$$= e^{-130100/(8,314 \cdot 298)} = 1,6 \cdot 10^{-23}$$

Der Gleichgewichtspartialdruck beträgt demnach:

$$p_{CO_2=} = 1,6 \cdot 10^{-23}\ p^{o} = 1,6 \cdot 10^{-18}\ \text{Pa}$$

Dieser Wert liegt um viele Zehnerpotenzen unter dem Partialdruck des CO_2 in der Atmosphäre. Da das System bestrebt ist, den Partialdruck dem Gleichgewichtswert anzunähern, so wird es CO_2 aus der Atmosphäre wegfangen. Die Reaktion (11.80) wird daher von rechts nach links ablaufen. Da aber die Atmosphäre praktisch unendlich groß ist, so hat die Reaktion keine Abnahme des Partialdrucks p_{CO_2} zur Folge. Da andererseits der Gleichgewichtspartialdruck $p_{CO_2=}$ unabhängig vom Mengenverhältnis der beiden festen Phasen CaO und $CaCO_3$ ist, so bleibt auch $p_{CO_2=}$ so lange konstant, bis der letzte Rest an CaO aufgebraucht ist. Die Reaktion läuft also *vollständig* ab.

Wir wollen jetzt die **Zersetzungstemperatur** T_Z abschätzen, bei der der Gleichgewichtspartialdruck $p_{CO_2=}$ gleich dem äußeren Luftdruck p^{o} wird und daher in der Lage ist, die $CaCO_3$-Körner von innen her aufzubrechen und wegzuschieben. Dieser Vorgang ist dem Sieden einer Flüssigkeit analog, und es gelten praktisch die gleichen Formeln wie im §13.2.2 bei der Berechnung des Siedepunkts.
Aus (13.21) folgt mit $p_{CO_2=}(T_Z) = p^{o}$, also $\{p_{CO_2}\} = 1$:

$$\Delta G^{o}(T_Z) = 0 \tag{13.22}$$

und mit der Ulichschen Näherung (13.13):

$$T_Z \approx \frac{\Delta H^\circ(T_\circ)}{\Delta S^\circ(T_\circ)} \tag{13.23}$$

Mit den oben ausgerechneten Zahlenwerten wird daraus

$$T_Z \approx \frac{177900}{160,4}\ \text{K} = 1109\ \text{K},$$

also

$$\vartheta_Z = (1109 - 273)\,^\circ\text{C} = 836\,^\circ\text{C}.$$

Diese Temperatur muß also beim Brennen von Kalkstein überschritten werden. Technisch arbeitet man bei etwa 900 bis 1000 °C.

Analog der Zersetzung von Kalkstein können alle Reaktionen behandelt werden, bei denen durch Erhitzen fester Stoffe ein Gas abgespalten wird, z.B. H_2O aus Hydraten oder O_2 aus Oxiden. Als weiteres derartiges Beispiel sei die Erzeugung von Aceton (CH_3COCH_3, Dimethylketon) durch „trockene Destillation“ von Calciumacetat angeführt:

$$Ca(CH_3COO)_2 \rightarrow CaCO_3 + CH_3COCH_3(g).$$

13.3 Gleichgewichte mit Kohlenmonoxid

13.3.1 Verwendung von CO

Kohlenmonoxid hat großtechnische Bedeutung, und zwar 1.) für Heizzwecke, 2.) als Reduktionsmittel und 3.) für Synthesen.

Zu 1.): Die Verbrennung von CO nach der Gleichung

$$CO + \frac{1}{2}O_2 \rightleftharpoons CO_2 \tag{13.24}$$

verläuft unter starker Wärmeentwicklung: Aus den Daten der Tabelle S. 334 erhält man für die Reaktionsenthalpie von (13.24) den Wert

$$\Delta H^\circ_{298} = [-(-110,52) - \frac{1}{2}\cdot 0 + (-393,51) = -282,99]\ \text{kJ/mol}.$$

Das Gleichgewicht von (13.24) liegt auch bei sehr hohen Temperaturen noch ganz auf der rechten Seite, sofern überschüssiger Sauerstoff vorhanden ist.

Zu 2.) Die Verwendung als **Reduktionsmittel** beruht auf dem starken Bestreben von CO zur Vereinigung mit Sauerstoff nach (13.24). Daher dient CO zur Reduktion von Metalloxiden (Fe_2O_3, CuO) zu Metallen. *Palladium* wird durch CO schon bei Zimmertemperatur aus wäßriger Salzlösung als Metall ausgefällt:

$$Pd^{2+} + H_2O + CO \rightarrow Pd + 2\,H^+ + CO_2 \tag{13.25}$$

Diese Reaktion dient als empfindlicher *Nachweis* für CO.

Von besonderer technischer Bedeutung ist die *Reduktion von Wasserdampf* durch Kohlenmonoxid im sogenannten ***„Wassergasgleichgewicht"***:

$$CO + H_2O(g) \rightleftharpoons CO_2 + H_2 \tag{13.26}$$

Diese Reaktion wird im Abschnitt 13.3.3 noch näher besprochen.

Zu 3.) Als Beispiel für eine **Synthese** aus CO sei die Umsetzung mit Wasserstoff zu **Methylalkohol** angeführt, die bei 350 °C unter hohem Druck mit chromoxidhaltigem Zinkoxid als Katalysator durchgeführt wird:

$$CO + 2\,H_2 \rightleftharpoons CH_3OH(g) \tag{13.27}$$

Durch Abkühlen des Gasgemisches wird der Methylalkohol in flüssiger Form daraus gewonnen.

Bei 180 °C ohne erhöhten Druck und mit anderen Katalysatoren führt die Umsetzung von Kohlenmonoxid mit Wasserstoff anstelle von (13.27) zu einem Gemisch von gesättigten (C_nH_{2n+2}) und ungesättigten (C_nH_{2n}) aliphatischen Kohlenwasserstoffen (***Benzinsynthese*** nach ***Fischer*** und ***Tropsch***):

$$n\,CO + (2n+1)\,H_2 \rightarrow C_nH_{2n+2} + n\,H_2O \tag{13.28}$$

$$n\,CO + 2n\,H_2 \rightarrow C_nH_{2n} + n\,H_2O \tag{13.29}$$

13.3.2 Erzeugung von CO. Das Boudouard-Gleichgewicht

Wegen der genannten, vielseitigen Verwendungszwecke ist es interessant, die technische Erzeugung von Kohlenmonoxid hier zu betrachten.

In großen Öfen wird Luft von unten durch eine 1-3 m dicke Koksschicht geleitet. Solange noch überschüssiger Sauerstoff vorhanden ist, wird dabei der Koks unter starker Wärmeentwicklung zu Kohlendioxid verbrannt:

$$C(f) + O_2(g) \rightarrow CO_2(g) + 393{,}5\ kJ \tag{13.30}$$

In den oberen Koksschichten, wo praktisch der gesamte Sauerstoff aufgebraucht ist, setzt sich das gebildete CO_2 mit überschüssigem Koks unter Wärmeaufnahme im sogenannten ***Boudouard-Gleichgewicht*** zu Kohlenmonoxid um:

$$172{,}5\ kJ + CO_2(g) + C(f) \rightleftharpoons 2\,CO(g) \tag{13.31}$$

Das aus dem Ofen abziehende Gemisch des Kohlenmonoxids mit dem Stickstoff der Verbrennungsluft wird als *„Generatorgas"* bezeichnet.

Im Abschnitt 12.2 hatten wir bereits festgestellt, daß ein Gleichgewicht mit steigender Temperatur (d.h. steigendem Wärmeangebot) immer in derjenigen Richtung verschoben wird, in der es Wärme aufnimmt. Das Boudouard-Gleichgewicht (13.31) ist hierfür ein schönes und zugleich technisch wichtiges Beispiel: Die Reaktion ist von links nach rechts endotherm; daher liegt bei genügend hoher Temperatur praktisch der gesamte Sauerstoff in Form von CO vor. Bei tieferen Temperaturen verschiebt sich dagegen das Gleichgewicht immer mehr zum CO_2.

Im molekularen Bild wird die bei der Boudouard-Reaktion aufgenommene Wärmeenergie hauptsächlich zur Arbeitsleistung gegen die Bindungskräfte im Graphit-Kristallgitter verwendet. Diese Molekularkräfte (energetischer Beitrag zur Triebkraft) treiben das System von der rechten zur linken Seite der Reaktionsgleichung. Die kinetische Energie der Moleküle (Wärmebewegung) ermöglicht eine Arbeitsleistung gegen diese Molekularkräfte und verschiebt daher mit steigender Temperatur das Gleichgewicht nach rechts. Das entspricht einer Zunahme der Unordnung und der Entropie, weil die vergrößerte Zahl der Gasmoleküle auf der rechten Seite von Gl. (13.31) normalerweise mehr molekulare Anordnungsmöglichkeiten (Mikrozustände) verursacht[9].

Die Zusammensetzung des aus dem Ofen abziehenden Generatorgases wird also von der Temperatur im Ofen abhängen. Um diese Zusammensetzung vorhersagen zu können, muß man die Konstante des Boudouard-Gleichgewichts (13.31) als Funktion der Temperatur kennen:

$$K = \left(\frac{p_{CO}^2}{p_{CO_2}}\right)_= \qquad (13.32)$$

Man kann diese Konstante im Prinzip direkt messen, indem man CO_2 bei der jeweiligen Temperatur über Graphit leitet (Abb. 13.1). Das austretende Gemisch von CO und CO_2 wird dann schnell abgekühlt und analysiert (z.B. durch Messung der Intensität charakteristischer Absorptionsbanden in einem Infrarotspektrographen).

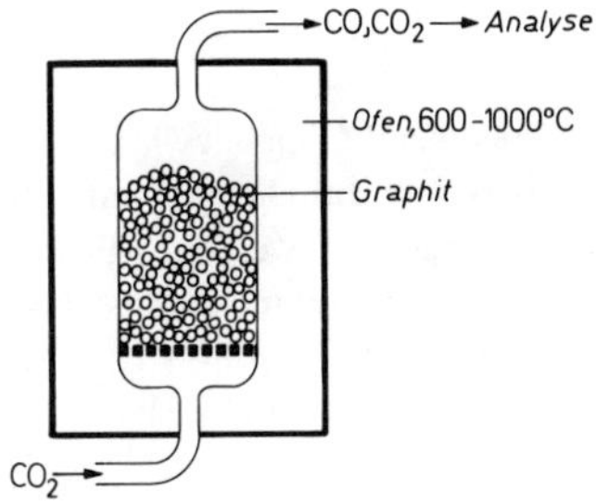

Abb. 13.1. Versuchsanordnung zur Einstellung des Boudouard-Gleichgewichts

Bei dieser Messung ergeben sich allerdings einige Schwierigkeiten: Einerseits ist die Geschwindigkeit der Gleichgewichtseinstellung bei Temperaturen unterhalb ca. 700 °C ohne

9 Allerdings kann der entropische Beitrag auch in umgekehrter Richtung wirken, wenn der CO_2-Partialdruck weit unter seinem Gleichgewichtswert liegt. Näheres in §15.2 und §15.3.

geeignete Katalysatoren so klein, daß das austretende Gemisch noch nicht dem wahren Gleichgewichtsverhältnis entspricht. Bei höheren Ofentemperaturen besteht andererseits die Schwierigkeit, daß das gebildete CO während der Abkühlung in Umkehrung der Boudouard-Reaktion (13.31) wieder zu C und CO_2 disproportionieren[10] kann. Die Abkühlung des austretenden Gemisches muß daher möglichst schnell erfolgen, so daß die bei der Ofentemperatur eingestellte Gleichgewichtszusammensetzung bei tieferer Temperatur *„eingefroren"* wird. Bei Zimmertemperatur würde im Gleichgewicht praktisch überhaupt kein CO mehr existieren, d.h., CO ist bei dieser Temperatur thermodynamisch nicht *stabil*. Es ist aber auch nicht *instabil*, da es praktisch beliebig lange haltbar ist, ohne zu disproportionieren. Man bezeichnet es daher als *„metastabil"*.[11]

Die genannten Schwierigkeiten bei der Messung des Boudouard-Gleichgewichts lassen sich umgehen, wenn man dieses *mit einem anderen, bekannten Gleichgewicht koppelt*. Hierzu ist besonders das Zersetzungsgleichgewicht von *Strontiumcarbonat* geeignet:

$$SrCO_3(f) \rightleftharpoons SrO(f) + CO_2(g) \tag{13.33}$$

Ebenso wie bei der Zersetzung von Kalkstein (vgl. §11.8.4 und §13.2.3) stellt sich über einem Gemisch aus $SrCO_3$ und SrO in einem geschlossenen Raum bei jeder Temperatur ein genau definierter Gleichgewichtspartialdruck an CO_2 ein, der sich leicht mit einem Manometer direkt messen läßt. Gibt man jetzt zu dem Bodenkörper außerdem noch Graphit hinzu, so stellt sich *zugleich* das Boudouard-Gleichgewicht (13.31) ein. Der am Manometer abgelesene Druck p ist in diesem Fall gleich der Summe der Partialdrucke:

$$p = p_{CO_2} + p_{CO} \tag{13.34}$$

Mit den gemessenen Drucken p und p_{CO_2} läßt sich der Partialdruck p_{CO} in (13.32) mittels (13.34) eliminieren. Auf diese Weise kann man die Boudouard-Konstante K bei jeder einzelnen Temperatur bestimmen:

$$K = \left(\frac{(p - p_{CO_2})^2}{p_{CO_2}} \right)_= \tag{13.35}$$

Genauer als die angegebenen direkten Messungen der Boudouard-Gleichgewichtskonstante ist deren **Berechnung aus kalorimetrischen und statistischen Tabellenwerten**. Als Beispiel soll die Berechnung für $T = 1000$ K ($\hat{=}$ 727 °C) durchgeführt werden. Mit den Zahlenwerten für H_i^B und S_i^o aus der Tabelle S. 334 und den (mit dem Umrechnungsfaktor 4,184 J/cal multiplizierten) Zahlenwerten für $\triangle H_i(T_o \rightarrow 1000 \text{ K})$ und $\triangle S_i(T_o \rightarrow 1000 \text{ K})$ aus dem Bulletin 584 (vgl. Fußnote 4 in §13.2) ergibt sich für die Reaktion (13.31):

10 Von *„**Disproportionierung**"* spricht man allgemein, wenn die Moleküle ein und desselben Stoffes von einer mittleren Oxidationsstufe unter gegenseitiger Oxidation und Reduktion teils in eine höhere, teils in eine niedrigere Oxidationsstufe übergehen.

11 Die Grenze zwischen „metastabil" und „instabil" ist nicht ganz scharf definiert. Da man die Disproportionierungsgeschwindigkeit von CO durch Temperaturerhöhung kontinuierlich steigern kann, so ist es in gewissen Grenzen willkürlich, bei welcher Temperatur man CO noch als „metastabil" und bei welcher man es schon als „instabil" bezeichnen will.

	$CO_2(g)$ + C(Graphit) $\rightleftharpoons$ 2 CO(g)	$\Sigma\nu_i X_i$
$\frac{\nu_i H_i^B}{\text{kJ/mol}}$	−(−393,51) − 0 + 2 ·(−110,52)	+ 172,47
$\frac{\nu_i \Delta H_i(T_\circ \to T)}{\text{kJ/mol}}$	− 33,44 − 11,76 + 2 · 21,70	− 1,80
$\frac{\nu_i S_i^\circ(T_\circ)}{\text{J/(mol K)}}$	− 213,64 − 5,694 + 2 · 197,91	+ 176,49
$\frac{\nu_i \Delta S_i(T_\circ \to T)}{\text{J/(mol K)}}$	− 55,56 − 18,70 + 2 · 36,9	− 0,46

Daraus erhält man mit den Gln. (13.5) und (13.6) für $T = 1000$ K:

$$\Delta G^\circ(T) = \Delta H^\circ(T) - T \cdot \Delta S^\circ(T)$$

$$= \Sigma\nu_i H_i^B + \Sigma\nu_i \Delta H_i(T_\circ \to T) - T \cdot [\Sigma\nu_i S_i^\circ(T_\circ) + \Sigma\nu_i \Delta S_i(T_\circ \to T)] \tag{13.36}$$

$$= (172,47 - 1,80)\ \text{kJ/mol} - 1000 \cdot (176,49 - 0,46)\ \text{J/mol} = -5360\ \text{J/mol}$$

$$\text{und} \quad \{K\} = e^{-\Delta G^\circ/RT} = e^{+5360/(8,314 \cdot 1000)} = 1,90,$$

$$\text{also} \quad K = 1,9\ p^\circ = 1,93 \cdot 10^5\ \text{Pa}.$$

Mit der Ulichschen Näherung (13.14) würde man dagegen erhalten:

$$\Delta G^\circ(T) \approx \Sigma\nu_i H_i^B - T \cdot \Sigma\nu_i S_i^\circ(T_\circ)$$

$$= (172470 - 1000 \cdot 176,49)\ \text{J/mol} = -4020\ \text{J/mol}$$

$$\text{und} \quad K = 1,62\ p^\circ = 1,64 \cdot 10^5\ \text{Pa}$$

Obgleich $T = 1000$ K ($\hat{=}$ 727 °C) von der Normaltemperatur $T_\circ$ sehr stark abweicht, kommt der nach Ulich berechnete Näherungswert von K dem richtigen Wert immer noch verhältnismäßig nahe, zumal wenn man bedenkt, daß K sich zwischen $T_\circ$ und 1000 K um *viele Zehnerpotenzen* ändert (für $T = T_\circ$ ist $K = 10^{-21} p^\circ$).

Berechnung der Zusammensetzung des Gasgemisches:
Die prozentuale Zusammensetzung des Gemisches aus CO und CO_2 ist durch Angabe der Gleichgewichtskonstante K noch nicht eindeutig festgelegt, sondern sie hängt noch vom Gesamtdruck p ab.

Der Bruchteil, den der jeweilige Partialdruck p_i vom Gesamtdruck p ausmacht, ist durch den zugehörigen Molenbruch x_i gegeben:

$$p_i = p \cdot x_i \tag{13.37}$$

also $p_{CO} = p \cdot x_{CO}$ und $p_{CO_2} = p \cdot x_{CO_2}$. Da die Summe beider Molenbrüche gleich 1 ist, so können wir die Zusammensetzung des Gasgemisches durch Angabe von x_{CO} eindeutig beschreiben, indem wir x_{CO_2} eliminieren:

$$x_{CO_2} = 1 - x_{CO} \tag{13.38}$$

Einsetzen von (13.37) und (13.38) in (13.32) ergibt eine Beziehung zwischen dem Gleichgewichtsmolenbruch $x_{CO=}$, der Gleichgewichtskonstante K und dem Gesamtdruck p:

$$K = p \cdot \left(\frac{x_{CO}^2}{x_{CO_2}} \right)_= = p \cdot \frac{x_{CO=}^2}{1 - x_{CO=}} \tag{13.39}$$

Durch Auflösen nach $x_{CO=}$ wird daraus

$$x_{CO=} = \sqrt{\frac{K}{p} + \frac{K^2}{4p^2}} - \frac{K}{2p} \tag{13.40}$$

Wenn der Gesamtdruck $p = 1\,p^{\circ}$ beträgt, erhält man daraus z.B. mit dem für 727 °C gültigen Wert $K = 1,9\,p^{\circ}$: $x_{CO=} = 0,72$. Wenn man so den Gleichgewichtsmolenbruch $x_{CO=}$ für $p = p^{\circ}$ auch für andere Temperaturen berechnet, dann erhält man den in Abb. 13.2 dargestellten Verlauf als Funktion der Temperatur. Man erkennt, wie sich das Boudouard-Gleichgewicht mit steigender Temperatur vom CO_2 zum CO hin verschiebt. Unterhalb 400 °C besteht die Gasphase praktisch nur aus CO_2, oberhalb 1000 °C praktisch nur noch aus CO.

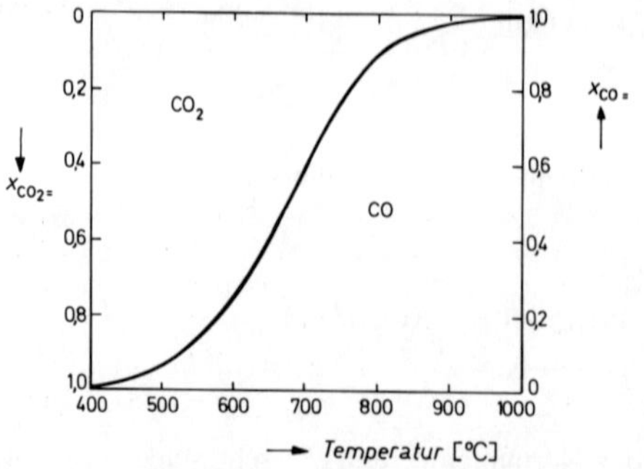

Abb. 13.2. Boudouard-Gleichgewicht: Molenbruch an Kohlenmonoxid (rechter Maßstab) im Gasgemisch mit Kohlendioxid über Graphit bei Standarddruck in Abhängigkeit von der Temperatur.

13.3.3 Erzeugung von Wasserstoff. Das Wassergasgleichgewicht

Um Wasser zu elementarem Wasserstoff zu reduzieren, wird in der Technik als billigstes Reduktionsmittel Koks verwendet. Leitet man Wasserdampf über stark erhitzten Koks[12], so erfolgt bei etwa 1000 °C die endotherme Reaktion

$$131\ \text{kJ} + C(f) + H_2O(g) \rightleftharpoons CO(g) + H_2(g) \tag{13.41}$$

12 Man erhitzt den Koks mit Hilfe der exothermen Verbrennungsreaktion (13.30), indem man zunächst Luft hindurchleitet. Näheres in §13.4.1.

Die entstehende Mischung aus CO und H_2 wird als „*Wassergas*“ bezeichnet.

Aus dem Kohlenmonoxid des Wassergases kann nach Austritt aus dem Koksofen bei niedrigerer Temperatur über Eisenoxidkatalysatoren mit zusätzlichem Wasserdampf im ***Wassergasgleichgewicht*** (13.26) noch mehr Wasserstoff gewonnen werden („*Konvertierung*“):

$$CO + H_2O(g) \rightleftharpoons CO_2 + H_2 + 41\ \text{kJ} \tag{13.26}$$

Da bei dieser Reaktion Wärme abgegeben wird, verschiebt sich das Gleichgewicht mit sinkender Temperatur nach rechts. Bei 1000 °C liegt es noch ganz auf der linken Seite der Reaktionsgleichung, so daß für den Ablauf dieser Reaktion die Temperatur gesenkt werden muß. Für die Wassergas-Gleichgewichtskonstante ergibt sich aus (13.26) der Ausdruck

$$K = \left(\frac{p_{CO_2} \cdot p_{H_2}}{p_{CO} \cdot p_{H_2O}}\right)_= . \tag{13.42}$$

Durch Einführung der Molenbrüche nach (13.37) wird daraus:

$$K = \left(\frac{x_{CO_2} \cdot x_{H_2}}{x_{CO} \cdot x_{H_2O}}\right)_= \tag{13.43}$$

Man erkennt, daß die prozentuale Zusammensetzung des Gasgemisches in diesem Falle nicht vom Gesamtdruck p abhängt [im Gegensatz zum Boudouard-Gleichgewicht, vgl. Gl. (13.39)]. Das beruht darauf, daß auf beiden Seiten der Reaktionsgleichung (13.26) gleich viele gasförmige Moleküle stehen.

Übungsaufgabe

Um aus einer gegebenen Koksmenge durch Addition der Reaktionen (13.41) und (13.26) eine möglichst große Ausbeute an Wasserstoff zu erzielen, muß man das Verhältnis von CO zu CO_2 im Endgasgemisch möglichst niedrig halten. Solange das Gasgemisch mit überschüssigem Koks in Kontakt ist, wird das CO/CO_2-Verhältnis durch das Boudouard-Gleichgewicht diktiert. Hiernach müßte man zur Erzielung eines niedrigen CO-Gehaltes die Temperatur möglichst unter 400 °C senken (vgl. Abb. 13.2). Zur Planung technischer Prozesse führe man die folgenden Berechnungen aus und diskutiere die Ergebnisse mit dem Ziel einer guten Ausbeute.

a) Man formuliere die Gesamtreaktion aus den Gln. (13.41) und (13.26) und berechne näherungsweise[13] deren Gleichgewichtskonstante bei 400 °C sowie den resultierenden Wasserstoffpartialdruck im Gleichgewicht für $p_{H_2O} = p^\circ$ bei stöchiometrischer Zusammensetzung.

b) Man berechne näherungsweise[13] die Gleichgewichtskonstante der Reaktion (13.41) bei 1000 °C und den resultierenden Wasserstoffpartialdruck im Gleichgewicht für $p_{H_2O} = 0,1\,p^\circ$ bei stöchiometrischer Zusammensetzung.

c) Man berechne näherungsweise[13] diejenige Temperatur, bei der das CO/CO_2-Verhältnis im Wassergasgleichgewicht (13.26) bei stöchiometrischer Zusammensetzung ohne Kontakt mit Koks den Wert 1 erreicht.

13 d.h. aus den Daten der Tabelle S. 334 unter Vernachlässigung von ΔC_p.

Lösungen

a) Gesamtreaktion: $C(f) + 2\ H_2O(g) \rightleftharpoons CO_2 + 2\ H_2$.
$K_{400\,^\circ C} = (p_{CO_2} p_{H_2}^2 / p_{H_2O})_= \approx 0{,}0062 p^o = 630$ Pa.
Für $p_{H_2O} = p^o$ und stöchiometrische Zusammensetzung (d.h. $p_{H_2} = 2p_{CO_2}$, vgl. obige Gesamtreaktion) errechnet man daraus $p_{H_2 =} \approx 0{,}23\ p^o$. Der gewinnbare H_2-Partialdruck wäre also viel kleiner als der verbleibende Wasserdampfpartialdruck. Außerdem würde sich aber dieses Gleichgewicht bei 400 °C viel zu langsam einstellen, so daß die H_2-Produktion in nur *einem* Reaktionsschritt unter diesen Bedingungen nicht wirtschaftlich wäre.

b) $K_{1000\,^\circ C}(13.41) = (p_{CO} p_{H_2} / p_{H_2O})_= \approx 41{,}4 p^o$.
Für $p_{H_2O} = 0{,}1 p^o$ und stöchiometrische Zusammensetzung [d.h. $p_{H_2} = p_{CO}$, vgl. (13.41)] folgt daraus: $p_{H_2 =} \approx 2 p^o$. In diesem Fall wäre also der gewinnbare H_2-Partialdruck viel größer als der im Gleichgewicht verbleibende Wasserdampfpartialdruck.

c) „Stöchiometrische Zusammensetzung" heißt im Falle von Gl. (13.26): $p_{CO} = p_{H_2O}$ und $p_{CO_2} = p_{H_2}$. Dann wird für $p_{CO}/p_{CO_2} = 1$: $K(13.26) = [p_{CO_2} p_{H_2} / (p_{CO} p_{H_2O})]_= = 1$, also $\Delta G^o(T) = 0$. Die Ulichsche Näherung (13.13) liefert hierfür eine Temperatur von $T \approx 971$ K $\triangleq$ 698 °C. Der richtige Wert liegt bei 830 °C. (Um diesen zu erhalten, müßte man $\Delta C_p(T)$ berücksichtigen.) Diese Temperatur liegt deutlich höher als diejenige, bei der das CO/CO_2-Verhältnis im Boudouard-Gleichgewicht bei $p = p^o$ den Wert 1 annimmt. (In Abb. 13.2 liest man hierfür etwa 680 °C ab.) Um das CO/CO_2-Verhältnis möglichst klein zu machen, braucht man also im Wassergasgleichgewicht nicht ganz so stark abzukühlen, wie das bei Kontakt mit Koks im Boudouard-Gleichgewicht nötig wäre.

Alle Ergebnisse sprechen dafür, die Wasserstoffproduktion nicht in *einem* Schritt, sondern nach den Gln. (13.41) und (13.26) in zwei getrennten Schritten bei zwei verschiedenen Temperaturen und über zwei verschiedenen Festkörpern (Koks bzw. Eisenoxid) durchzuführen.

13.4 Die Ammoniaksynthese

13.4.1 Herstellung des Ausgangsgemisches

Die technische Herstellung von Ammoniak nach dem ***„Haber-Bosch-Verfahren"*** erfolgt durch Umsetzung der Elemente Wasserstoff und Stickstoff:

$$3\ H_2 + N_2 \rightleftharpoons 2\ NH_3 \qquad (13.44)$$

Als Ausgangsstoffe zur Gewinnung der Elemente dienen Luft ($4\ N_2 + O_2$) und Wasserdampf (H_2O). Beide Ausgangsstoffe müssen vom Sauerstoff befreit werden, der im einen Fall physikalisch beigemischt, im anderen Fall chemisch gebunden ist. Das geschieht durch Umsetzung mit Koks.

Leitet man Luft durch eine dicke Koksschicht, so erhält man durch Addition der Verbrennungsgleichung (13.30)

$$C + O_2 \rightleftharpoons CO_2 + 393{,}5\ \text{kJ}$$

und der Boudouard-Reaktion (13.31)

$$172,5 \text{ kJ} + C + CO_2 \rightleftharpoons 2\ CO$$

unter Berücksichtigung des Stickstoffs der Verbrennungsluft:

$$4\ N_2 + O_2 + 2\ C \rightarrow \underbrace{4\ N_2 + 2\ CO}_{\text{Generatorgas}} + 221 \text{ kJ} \tag{13.45}$$

Da die Gesamtreaktion (13.45) exotherm ist, steigt bei diesem Vorgang die Temperatur der Koksschicht auf etwa 1000 °C an („*Heißblasen*“). Anschließend leitet man Wasserdampf durch den Koks. Dabei spielt sich die endotherme Reaktion (13.41) ab, wodurch der Koks sich wieder abkühlt („*Kaltblasen*“):

$$131 \text{ kJ} + C + H_2O \rightleftharpoons \underbrace{CO + H_2}_{\text{Wassergas}}$$

Die Mischung aus Generatorgas und Wassergas wird bei tieferer Temperatur (400 °C) mit weiterem Wasserdampf umgesetzt, wobei aus dem CO im Wassergasgleichgewicht (13.26) noch mehr Wasserstoff gewonnen wird:

$$CO + H_2O(g) \rightleftharpoons CO_2 + H_2 + 41 \text{ kJ}$$

Das dabei entstandene CO_2 wird aus dem Gasgemisch durch Waschen mit kaltem Wasser unter Druck entfernt. Wenn Generatorgas und Wassergas im passenden Verhältnis zueinander standen, erhält man schließlich eine stöchiometrische Mischung aus $3\ H_2 + N_2$, die zur Durchführung der Reaktion (13.44) dem Ammoniak-Kontaktofen zugeführt wird.

13.4.2 Berechnung der Gleichgewichtskonstante

Aus den Daten der Tabelle S. 335 erhalten wir für die NH_3-Bildungsreaktion (13.44)

$$\Delta H^{\circ} = 2\ H^{B}_{NH_3} = 2 \cdot (-46,19) \text{ kJ/mol} = -92,38 \text{ kJ/mol}$$

Die Enthalpie nimmt also ab, es wird Wärme frei, die Reaktion ist exotherm. Das Gleichgewicht verschiebt sich daher mit steigender Temperatur nach links. Um eine gute Ausbeute zu erzielen, d.h., um die Reaktion möglichst weit nach rechts hin ablaufen zu lassen, müßte man also bei möglichst niedriger Temperatur arbeiten.

Wir wollen zunächst die Gleichgewichtskonstante bei Normaltemperatur berechnen. Für die Reaktionsentropie ergibt sich aus der Tabelle:

$$\begin{aligned}\Delta S^{\circ} &= 2 \cdot S^{\circ}_{NH_3} - 3 \cdot S^{\circ}_{H_2} - S^{\circ}_{N_2} \\ &= (2 \cdot 192,5 - 3 \cdot 130,6 - 191,5) \text{ J/mol K} = -198,3 \text{ J/(mol K)}\end{aligned}$$

Somit ist bei $T = 298$ K

$$\Delta G^{\circ} = \Delta H^{\circ} - T\Delta S^{\circ} = [-92380 - 298 \cdot (-198,3)] \text{ J/mol} = -33287 \text{ J/mol}$$

und $\ln \{K\} = -\Delta G^{\circ}/RT = +33287/(8,314 \cdot 298) = 13,43$, also $\{K\} = e^{13,43} = 6,8 \cdot 10^5$. Somit ist

$$K_{298} = \left(\frac{p_{NH_3}^2}{p_{H_2}^3 \cdot p_{N_2}}\right)_{=} = 6,8 \cdot 10^5 p^{\circ -2} = 6,6 \cdot 10^{-5} \text{ Pa}^{-2}$$

Aus dem hohen Wert von K geht hervor, daß bei 25 °C das Gleichgewicht der Reaktion (13.44) bei Standarddruck ganz auf der rechten Seite liegt, so daß man eine fast 100 %-ige Ausbeute erhalten würde. Bei 25 °C ist aber die Reaktionsgeschwindigkeit auch bei Zugabe von Katalysatoren unmeßbar klein.

Praktisch arbeitet man daher bei 500 °C. Für diese Temperatur ergibt sich aus der Ulichschen Näherung (13.13):

$$\begin{aligned}\Delta G^{\circ}(773\,\text{K}) &\approx \Delta H^{\circ}(T_{\circ}) - 773\,\text{K} \cdot \Delta S^{\circ}(T_{\circ}) \\ &= [-92380 - 773 \cdot (-198,3)]\,\text{J/mol} = +60906\,\text{J/mol}, \quad \text{also}\end{aligned}$$

$$\ln\{K\} = -\Delta G^{\circ}/RT \approx -60906/(8,314 \cdot 773) = -9,477 \quad \text{und}$$

$$K_{773} \approx 7,7 \cdot 10^{-5} p^{\circ -2} = 7,5 \cdot 10^{-15} \text{ Pa}^{-2}$$

13.4.3 Der Gleichgewichtsmolenbruch an NH_3

Um hieraus den Molenbruch an NH_3 in der Gleichgewichtsmischung zu berechnen, müssen wir wieder nach der Gleichung (13.37)

$$p_i = p \cdot x_i$$

die Gleichgewichtspartialdrucke in K durch die Molenbrüche ausdrücken:

$$K = \frac{1}{p^2} \cdot \left(\frac{x_{NH_3}^2}{x_{H_2}^3 \cdot x_{N_2}}\right)_{=} \tag{13.46}$$

Da die Ausgangsmischung stöchiometrisch zusammengesetzt ist und sich das Mengenverhältnis von $H_2 : N_2$ bei der Reaktion (13.44) auch nicht ändert, so ist

$$x_{H_2} = 3\,x_{N_2}. \tag{13.47}$$

Die Summe aller Molenbrüche ist

$$x_{H_2} + x_{N_2} + x_{NH_3} = 1. \tag{13.48}$$

Wir haben hier drei Gleichungen mit den drei Variablen x_{NH_3}, x_{H_2} und x_{N_2}, die wir alle berechnen können, wenn wir K nach der Rechnung in §13.4.2 als bekannt voraussetzen und p willkürlich vorgeben. Durch Eliminieren von x_{H_2} aus (13.48) mittels (13.47) folgt zunächst:

$$x_{N_2} = (1 - x_{NH_3})/4 \tag{13.49}$$

Mit (13.47) und (13.49) wird aus (13.46):

$$Kp^2 = \left(\frac{x_{NH_3}^2}{27\,x_{N_2}^4}\right)_= = \frac{4^4 \cdot x_{NH_3=}^2}{27 \cdot (1 - x_{NH_3=})^4} \tag{13.50}$$

Nach dieser Gleichung kann man im Prinzip den erzielbaren Molenbruch $x_{NH_3=}$ aus K und p berechnen. Bei $p = p^\circ$ würde sich mit dem für 500 °C errechneten Wert von K nach (13.50) nur ein verschwindend geringer Gleichgewichtsmolenbruch x_{NH_3} ergeben. Aus (13.50) ersieht man aber, daß man die Ausbeute steigern kann, wenn man den Gesamtdruck p erhöht.

Als Beispiel wollen wir den Druck berechnen, den man anwenden müßte, damit $x_{NH_3=} = 0,5$ wird. Setzt man diesen Zahlenwert in (13.50) ein, so folgt:

$$Kp^2 = \frac{4^4 \cdot 0,5^2}{27 \cdot (1 - 0,5)^4} = \frac{4^4 \cdot 2^2}{27} = \frac{1024}{27} = 38$$

und mit $K \approx 7,7 \cdot 10^{-5} p^{\circ\,-2}$:

$$p \approx \sqrt{38/(7,7 \cdot 10^{-5})}\, p^\circ = 702\, p^\circ = 711 \text{ bar}$$

Wegen der Verwendung der Ulichschen Näherung bei der Berechnung von K kann dieser Wert nur *annähernd* richtig sein. Die *genaue* Rechnung würde aber für 500 °C und $x_{NH_3=} = 0,5$ einen Druck ergeben, der nicht sehr wesentlich höher liegt (jedenfalls unter 1000 bar).

In Abb. 13.3 ist der Gleichgewichtsmolenbruch $x_{NH_3=}$ für verschiedene Drucke in Abhängigkeit von der Temperatur dargestellt, wie er sich mit den

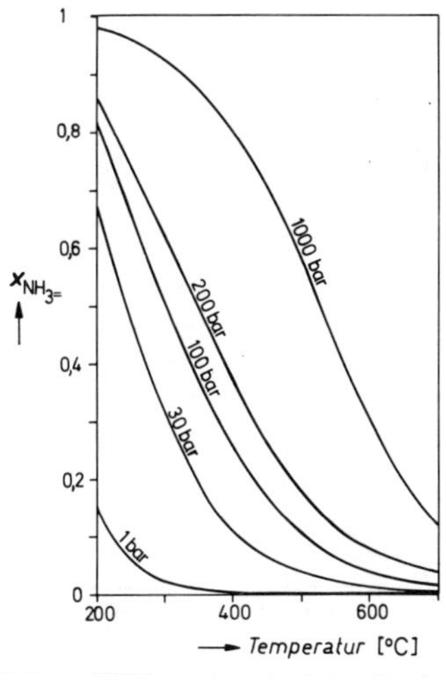

Abb. 13.3. Molenbruch an NH_3 im Gleichgewicht mit einer stöchiometrischen Mischung aus H_2 und N_2 in Abhängigkeit von der Temperatur bei verschiedenen Drucken.

exakten Werten für $K(T)$ aus (13.50) ergibt. Man sieht, wie die Ausbeute an NH_3 bei jeweils konstantem Druck mit steigender Temperatur abnimmt, wie sie aber durch Erhöhung des Druckes wieder gesteigert werden kann.

Praktisch arbeitet man im Haber-Bosch-Verfahren bei 500 °C und bei einem Druck von $p \approx 200$ bar. Aus Abb. 13.3 entnimmt man dafür einen Gleichgewichtsmolenbruch von $x_{NH_3=} \approx 0,18$. In Wirklichkeit ist der erreichte Molenbruch an NH_3 noch geringer (0,11), weil man die Gase nur kurz mit dem Katalysator in Berührung läßt, ohne die Gleichgewichtseinstellung abzuwarten.

13.4.4 Berechnung der Ausbeute

Wir haben den Begriff „Ausbeute" bisher nur qualitativ verwendet. Quantitativ ist die ***Ausbeute B*** definiert als das *Verhältnis der gebildeten Stoffmenge zu der im Falle vollständigen Umsatzes theoretisch erzielbaren Stoffmenge.* Im Beispiel der NH_3-Synthese ist die Ausbeute demnach gleich dem Zahlenverhältnis der N-Atome im NH_3 zur Gesamtzahl der N-Atome im Endgemisch. Dieses Verhältnis ist

$$B = \frac{x_{NH_3}}{x_{NH_3} + 2x_{N_2}}, \tag{13.51}$$

da im N_2-Molekül 2 N-Atome enthalten sind.

Wenn der praktisch erreichte Molenbruch an NH_3 nur 0,11 beträgt, so ist nach (13.49) $x_{N_2} = 0,89/4 = 0,2225$, und damit ergibt sich für die Ausbeute nach (13.51):

$$B = \frac{0,11}{0,11 + 2 \cdot 0,2225} = 0,198 \approx 20\%$$

Hiernach bleiben 80 % des Ausgangsgemisches zunächst ungenutzt. Dieses Restgas geht aber nicht verloren: Das gebildete Ammoniak wird nämlich aus dem abgekühlten Gasgemisch unter Druck mit Wasser herausgewaschen, in welchem es sich begierig auflöst[14]. Das restliche Gemisch aus H_2 und N_2 wird dem Kontaktofen erneut zugeführt. Auf diese Weise wird im kontinuierlichen Dauerbetrieb praktisch das gesamte H_2-N_2-Gemisch in NH_3 umgewandelt, so daß die Ausbeute insgesamt gleich 1 wird.

14 Wasser löst bei 0 °C mehr als das 1000-fache Gasvolumen NH_3. Die Löslichkeit von H_2 und N_2 in Wasser ist dagegen sehr klein.

14 Verschiebung von Gleichgewichten

14.1 Formale Definition von G und A

In Abschnitt 12.2 wurde gezeigt, daß die Triebkraft eines spontanen isothermen, isobaren Prozesses sich nach Gl. (12.6) aus einem energetischen Beitrag $-\triangle H_{p,T}$ und einem Unordnungsbeitrag zusammensetzt, der mit dem Wärmeumsatz $Q_{\text{rev}\ p,T}$ eines reversiblen Ersatzprozesses zu identifizieren ist:

$$-\triangle G_{p,T} = -W_{\text{Nutz,rev}\ p,T} = -\triangle H_{p,T} + Q_{\text{rev}\ p,T} \qquad (12.6)$$

Im Anschluß daran wurde die Entropie S speziell zu dem Zweck eingeführt, um die reversible Wärme $Q_{\text{rev}\ p,T}$ und damit zugleich die Triebkraft $-\Delta G$ aus Zustandsgrößen berechnen zu können. So ergibt sich [vgl. Gl. (12.10) sowie Fußnote [4] S. 202]:

$$\Delta G = \Delta H - T\Delta S \qquad (14.1)$$

Darin bedeutet das Zeichen Δ gemäß Gl. (10.27) eine Änderung pro Stoffumsatz bei Konstanz von p und T. Da T sich nicht ändert, kann man $T\Delta S$ zugleich als Änderung des Produkts $T \cdot S$ pro Stoffumsatz auffassen. Somit kann man für (14.1) auch schreiben:

$$\Delta G = \Delta H - \Delta(TS) = \Delta(H - TS) \qquad (14.2)$$

Es ist hiernach sehr naheliegend, für die ***Gibbs-Energie*** (Freie Enthalpie) folgende allgemeine Definition aufzustellen:

$$\boxed{G \equiv H - TS} \qquad (14.3)$$

Diese Definition ist mit den früheren Definitionen (10.15) und (10.21) vollkommen im Einklang, sie geht aber darüber hinaus: Aufgrund dieser Definition ist die Änderung von G nämlich nicht nur für *isotherme*, sondern für *beliebige* Zustandsänderungen eindeutig definiert, weil H, T und S Zustandsgrößen sind (im Gegensatz zu W_{rev}).

Wenn man also ein System bei Konstanz von Druck und Zusammensetzung von einer Temperatur T_1 auf eine Temperatur T_2 erwärmt, so läßt sich jetzt für die Änderung $\triangle G_{T_1 \to T_2}$ ein ganz bestimmter Wert in J angeben. Indem man diese Rechnung sowohl für die Ausgangsstoffe wie für die Endprodukte einer chemischen Reaktion durchführt, kann man die wichtige Größe $\Delta G_{p,T}$ von einer Temperatur auf eine andere Temperatur umrechnen (völlig analog der Rechnung für $\Delta H_{p,T}$ im Schema der Abb. 8.5 in §8.6). Dabei stellt die Größe $\triangle G_{T_1 \to T_2}$ eine nützliche Rechengröße dar, und das allein rechtfertigt die Einführung der Definition (14.3).

Man muß sich aber darüber klar sein, daß $\triangle G_{T_1 \to T_2}$ wirklich nichts weiter als eine *formale Rechengröße* ist: Es hat weder die Bedeutung einer Triebkraft (wie $-\Delta G_{p,T}$), noch einer zugeführten Wärme (wie $\triangle H_{T_1 \to T_2}$), noch einer Arbeit.[1] Auch im molekularen Bild hat die Gibbs-Energie G (im Gegensatz zur Inneren Energie und zur Entropie) keine anschauliche Bedeutung. Es ist wichtig, das zu betonen, weil der Anfänger oft glaubt, er habe etwas nicht verstanden, wenn er sich anschaulich nichts darunter vorstellen kann: Im vorliegenden Beispiel wäre es (ausnahmsweise) falsch, nach einer anschaulichen Bedeutung zu suchen. Der Leser hat alles verstanden, was in diesem Zusammenhang überhaupt verstehbar ist, wenn er erkennt, wozu die Definition (14.3) *praktisch nützlich* ist und wie man formal damit rechnet.

Durch Einsetzen der früheren Definitionen (10.21)

$$G \equiv A + pV$$

und (8.3)

$$H \equiv U + pV$$

in die Gl. (14.3) ergibt sich, daß für die ***Helmholtz-Energie*** A anstelle von (10.15) konsequenterweise von jetzt an die folgende, allgemeinere Definition gelten muß:

$$A \equiv U - TS \tag{14.4}$$

Auch die so definierte Helmholtz-Energie (Freie Energie) ist eine rein formale Rechengröße. Die Nützlichkeit dieser Rechengröße beruht auf der Gl. (10.15), die von jetzt an keine *Definition* mehr ist, sondern eine wichtige physikalisch-chemische *Aussage*:

$$-W_{\text{rev}\ T} = -\triangle A_T \tag{14.5}$$

In Worten: Die in einem isothermen, reversiblen Ersatzprozeß abgebbare Arbeit (Triebkraft) ist gleich der Abnahme der Helmholtz-Energie.

In anderen, mehr *deduktiven* Darstellungen der Thermodynamik werden die allgemein verwendbaren Definitionen (14.3) und (14.4) an den Anfang gestellt. Die Zweckmäßigkeit dieser Definitionen wird dann aber erst erkennbar, wenn die Gl. (14.5) daraus abgeleitet ist, von der wir hier als Definition ausgegangen waren.

Wir wollen uns noch ein wenig im formal-mathematischen Umgang mit den thermodynamischen Größen üben, ohne im Augenblick an deren physikalisch-chemische Bedeutung zu denken.

Für eine reversible Änderung von U im geschlossenen System[2] gilt nach Gl. (5.18):

$$\mathrm{d}U = \delta W_{\text{rev}} + \delta Q_{\text{rev}} \tag{14.6}$$

1 Die Unanschaulichkeit der Differenz $\triangle G_{T_1 \to T_2}$ wird besonders deutlich, wenn man sich klarmacht, daß sie bei Erwärmung stets *negativ* ist: Die Gibbs-Energie eines Systems nimmt bei Erwärmung nicht etwa zu sondern ab! Man ersieht das am einfachsten aus Gl. (14.9) und der daraus ableitbaren Gleichung $(\partial G/\partial T)_p = -S$. Die Entropie S eines Systems ist nämlich für $T > 0$ immer positiv, vgl. den letzten Absatz von §12.6.

2 Ein *„geschlossenes"* System kann mit seiner Umgebung keinerlei Materie austauschen, wohl aber Arbeit und Wärme.

Falls die reversible Arbeit nur in Volumenarbeit besteht, wird daraus zusammen mit (5.10) und (12.32)

$$dU = -pdV + TdS \tag{14.7}$$

Aus (14.4) erhält man allgemein $dA = dU - T\ dS - S\ dT$ und speziell mit (14.7):

$$dA = -pdV - SdT \tag{14.8}$$

Aus (10.21) folgt analog

$dG = dA + pdV + Vdp$ und durch Einsetzen von (14.8):

$$\boxed{dG = Vdp - SdT} \tag{14.9}$$

Die Gln. (14.7), (14.8) und (14.9) heißen *„**Gibbssche Fundamentalgleichungen**"*. Aus ihnen läßt sich mit Leichtigkeit eine große Zahl von thermodynamischen Gesetzmäßigkeiten mathematisch herleiten. Wenn das System *nicht* geschlossen ist, muß jede der drei Gleichungen um das additive Glied $\Sigma\ \overline{G}_i dn_i$ erweitert werden, das dem Materieaustausch des Systems mit der Umgebung Rechnung trägt.

Soweit die Zustandsänderung eines Systems durch die Änderungen der Zustandsgrößen p, T (und gegebenfalls n_i) eindeutig beschrieben wird, kann die (gegebenenfalls erweiterte) Gleichung (14.9) nicht nur für *reversible* Änderungen gelten [die in (14.6) vorausgesetzt waren], sondern muß *allgemeingültig* sein. Analoges gilt auch für die anderen Gleichungen.

Formuliert man (14.9) einmal für die Ausgangsstoffe und einmal für die Endprodukte einer isothermen, isobaren chemischen Reaktion und bildet die molare Differenz[3], so wird mit

$$G_E - G_A = \Delta G, \qquad V_E - V_A = \Delta V \qquad \text{und} \qquad S_E - S_A = \Delta S:$$

$$d\Delta G = \Delta V dp - \Delta S dT \tag{14.10}$$

Für eine Druckänderung bei konstanter Temperatur ($dT = 0$) und konstanter Zusammensetzung ($d\xi = 0$) folgt daraus

$$\left(\frac{\partial \Delta G}{\partial p}\right)_{T,\xi} = \Delta V \tag{14.11}$$

Für eine Temperaturänderung bei konstantem Druck folgt aus (14.10) mit $dp = 0$:

$$\left(\frac{\partial \Delta G}{\partial T}\right)_{p,\xi} = -\Delta S \tag{14.12}$$

Die vorstehenden Gleichungen beschreiben die Abhängigkeit der Triebkraft einer chemischen Reaktion vom Druck und von der Temperatur. Die physikalisch-chemische Bedeutung dieser Gleichungen wird in den folgenden Abschnitten diskutiert.

---

3 Hierbei sei angenommen, daß das System so groß ist, daß sich die Konzentrationen bei *einem* Formelumsatz ($\Delta\xi = 1$ mol) praktisch nicht verändern, so daß die molare Differenz $G_E - G_A$ mit der Definition von ΔG nach Gl. (10.28) übereinstimmt.

14.2 Die Gibbs-Helmholtz-Gleichung

Die Gleichung

$$\left(\frac{\partial \Delta G}{\partial T}\right)_{p,\xi} = -\Delta S \tag{14.12}$$

bietet die Möglichkeit, durch Messung der Temperaturabhängigkeit von ΔG die Reaktionsentropie ΔS zu bestimmen. Dazu wird ΔG durch Messung der EMK einer galvanischen Kette nach der Gleichung

$$\Delta G = -\nu_e F E \tag{11.40}$$

bei zwei verschiedenen Temperaturen T_1 und T_2 bestimmt und der Differenzenquotient annähernd gleich dem Differentialquotienten gesetzt:

$$\Delta S = -\left(\frac{\partial \Delta G}{\partial T}\right)_{p,\xi} = \nu_e F \cdot \left(\frac{\partial E}{\partial T}\right)_{p,\xi} \approx \nu_e F \cdot \frac{E(T_2) - E(T_1)}{T_2 - T_1} \tag{14.13}$$

Die Bestimmung von ΔS durch Messung von 2 EMK-Werten bei 2 verschiedenen Temperaturen ist unvergleichlich viel einfacher und genauer als durch direkte Messung einer reversiblen Wärme entsprechend der Definition (12.9). Durch Verwendung von galvanischen Festkörperketten bei tiefen Temperaturen konnte nach Gl. (14.13) auch der Nernstsche Wärmesatz (12.53) bestätigt werden. Durch Messung von ΔG und $\partial \Delta G / \partial T$ nach (11.40) und (14.13) kann man außerdem die Reaktionsenthalpie ΔH bestimmen: Nach (14.1) ist nämlich

$$\Delta H = \Delta G + T \Delta S \tag{14.14}$$

und mit (14.12)

$$\Delta H = \Delta G - T \cdot \left(\frac{\partial \Delta G}{\partial T}\right)_{p,\xi} \tag{14.15}$$

Dieses ist die ***Gibbs-Helmholtz-Gleichung***[4], die durch Einsetzen von (11.40) und (14.13) folgende praktische Form erhält:

$$\boxed{\Delta H = -\nu_e F \cdot \left(E - T \frac{\partial E}{\partial T}\right)} \tag{14.16}$$

4 In Lehrbüchern der Allgemeinen Chemie wird der Name „Gibbs-Helmholtz-Gleichung“ statt auf (14.15) auch manchmal auf die Gl. (14.1) angewendet. Letztere erscheint in den meisten physikalisch-chemischen Lehrbüchern nur als triviale Folge der Definition (14.3), die keinen besonderen Namen verdient. Im Aufbau *dieses* Buches stellt aber die Gl. (14.1) als Gl. (12.10) durchaus eine wichtige Aussage dar, nämlich: „Die Triebkraft einer chemischen Reaktion setzt sich aus einem energetischen und einem entropischen Beitrag zusammen“.

Durch die vorstehenden Gleichungen werden die gegenseitigen Umrechnungsmöglichkeiten thermodynamischer Größen nach dem Gleichungsschema (13.4) wesentlich bereichert: Die Gln. (14.12) bis (14.16) ermöglichen nicht nur die Bestimmung von ΔH und ΔS aus EMK-Messungen, sondern auch umgekehrt die Berechnung der Temperaturabhängigkeit einer EMK aus tabellierten Normalentropien.

Als **Anwendungsbeispiel** der Gibbs-Helmholtz-Gleichung (14.16) soll die **Fällungswärme von Silberchlorid** aus EMK-Messungen ermittelt werden. Dazu müssen wir eine galvanische Kette konstruieren, in der sich bei Stromdurchgang auf reversible Weise die Fällungsreaktion abspielt:

$$Ag^+(aq) + Cl^-(aq) \rightleftharpoons AgCl(f) \qquad (14.17)$$

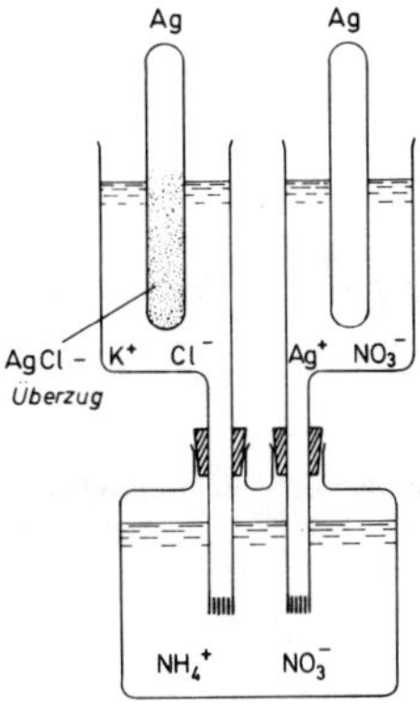

Abb. 14.1. Galvanische Kette zur Bestimmung der Fällungswärme von Silberchlorid.

Um zu verhindern, daß die Ag^+-Ionen irreversibel mit den Cl^--Ionen zu AgCl reagieren, müssen sie durch eine NH_4NO_3-Lösung voneinander getrennt sein. Die verschiedenen Elektrolytlösungen müssen durch Fritten voneinander abgegrenzt sein, um eine zu schnelle Durchmischung zu verhindern. Eine praktische Ausführung der galvanischen Kette ist in Abb. 14.1 dargestellt: Ein Silberstab taucht in eine 0,01-molare $AgNO_3$-Lösung, ein anderer, mit festem AgCl überzogener Silberstab taucht in eine 0,01-molare KCl-Lösung. Beide Lösungen stehen über zwei Fritten mit einer gesättigten NH_4NO_3-Lösung in Kontakt. Man symbolisiert die in Abb. 14.1 dargestellte galvanische Kette durch folgende Schreibweise:

$$Ag|AgCl \quad | \; Cl^-(0,01M) \; |NH_4NO_3(\text{gesätt.})|Ag^+(0,01M)|Ag \qquad (14.18)$$

$$\leftarrow e^- Ag^+ \rightarrow\leftarrow Cl^- \qquad \leftarrow NO_3^- \;\; NH_4^+ \rightarrow \qquad Ag^+ \rightarrow\leftarrow e^-$$

Wenn in einer Kette positive Ionen nach rechts und negative nach links wandern, spricht man von *„positivem Stromfluß"*. (Geschlossen wird der Stromkreis dadurch, daß in diesem Fall Elektronen in einem Draht von der linken zur rechten Elektrode wandern und dabei z.B. in einem Elektromotor Arbeit leisten.) Wenn bei spontanem Ablauf der Reaktion ein positiver Stromfluß erfolgt, so entsteht rechts der positive Pol der Kette. Man bezeichnet in diesem Fall die **EMK** als ***„positiv"***.

Da AgCl sehr schwer löslich ist (vgl. §11.8.2), so läuft die Reaktion (14.17) bei den in der Kette (14.18) angegebenen Konzentrationen spontan von links nach rechts, d.h. unter Bildung von AgCl. Dieser Vorgang wird in der Kette (14.18) folgendermaßen auf reversible Weise realisiert: Aus dem linken Silberdraht treten Ag^+-Ionen in die AgCl-Schicht ein, indem sie ihre zugehörigen Elektronen e^- in den Draht hineinschicken. Aus der Lösung treten Cl^--Ionen in die AgCl-Schicht ein und reagieren mit den Ag^+-Ionen zu AgCl. An dem rechten Silberstab scheiden sich Ag^+-Ionen aus der Lösung ab und bilden zusammen mit den aus dem Draht ankommenden Elektronen neutrales Silber. Bei *offener* Kette (d.h. ohne den Verbindungsdraht zwischen den Elektroden) lädt sich die rechte Elektrode durch die auftreffenden Ag^+-Ionen positiv auf, die EMK ist also (nach obiger Definition) positiv.

Aufgabe: An der galvanischen Kette (14.18) werden folgende EMK-Werte gemessen:
$E(20\,^\circ\text{C}) = +345,8\ \text{mV}$
$E(30\,^\circ\text{C}) = +334,5\ \text{mV}$
Man berechne daraus für die Fällung von AgCl bei 25 °C
a) die Fällungswärme,
b) das Löslichkeitsprodukt und
c) die Standardreaktionsentropie,
indem man die Lösungen als praktisch ideal und die Temperaturabhängigkeit der EMK im angegebenen Temperaturintervall als praktisch linear betrachtet.

Lösung zu a): Die Fällungswärme ist durch die Reaktionsenthalpie der stromliefernden Fällungsreaktion nach (14.16) gegeben:

$$\Delta H = -\nu_e F \cdot (E - T\frac{\partial E}{\partial T})$$

Darin ist die Zahl der fließenden Elektronen bei einem molekularen Formelumsatz von (14.17) $\nu_e = 1$. Nach (14.13) berechnen wir aus den angegebenen Werten näherungsweise:

$$\frac{\partial E}{\partial T} \approx \frac{E(30\,^\circ) - E(20\,^\circ\text{C})}{303\ \text{K} - 293\ \text{K}} = \frac{334,5 - 345,8}{10}\ \frac{\text{mV}}{\text{K}} = -1,13\ \frac{\text{mV}}{\text{K}}$$

Für E bei 25 °C finden wir durch lineare Interpolation aus den angegebenen Meßwerten: $E = 340,15$ mV. Damit wird aus (14.16):

$$\Delta H = -96485\ \frac{\text{C}}{\text{mol}} \cdot [0,34015 - 298{,}15 \cdot (-0,00113)]\ \text{V} = -65327\ \text{J/mol}$$

Lösung zu b): Die Gleichgewichtskonstante der stromliefernden Reaktion (14.17) lautet (vgl. §11.8.2):

$$K = \left(\frac{1}{c_{Ag^+} \cdot c_{Cl^-}}\right)_=$$

Der Kehrwert hiervon ist das zu berechnende Löslichkeitsprodukt. Die Berechnung von K erfolgt nach (13.1):

$$-\nu_e FE - RT\Sigma\nu_i \ln\{a_i\} = \Delta G^\circ = -RT\ln\{K\}$$

Bei der Ausrechnung von $\Sigma\nu_i \ln\{a_i\}$ nach der Reaktionsgleichung (14.17) erhält man für AgCl als festen, reinen Stoff: $a_i = x_i = 1$ und $\nu_i \ln\{a_i\} = 0$. Mit den Zahlenwerten aus der Kette (14.18)

$$c_{Ag^+} = 0,01 \text{ M} \quad \text{und} \quad c_{Cl^-} = 0,01 \text{ M} \quad \text{und mit} \quad \nu_{Ag^+} = \nu_{Cl^-} = -1 \quad \text{wird}$$

$$\Sigma\nu_i \ln\{a_i\} = -1 \cdot \ln 0,01 - 1 \cdot \ln 0,01 + 0 = +9,2.$$

Mit dem Interpolationswert für 25 °C

$$E = 340,15 \text{ mV} \quad \text{wird}$$

$$\Delta G^o = -\nu_e FE - RT\Sigma\nu_i \ln\{a_i\}$$
$$= [-96485 \cdot 0,34015 - 8,314 \cdot 298,15 \cdot 9,2] \text{ J/mol} = -55624 \text{ J/mol.}$$

$$\ln\{K\} = -\Delta G^o/(RT) = +55624/(8,314 \cdot 298,15) = +22,44$$

Damit ergibt sich für das Löslichkeitsprodukt bei 25 °C:

$$\{c_{Ag^+} \cdot c_{Cl^-}\}_= = 1/\{K\} = e^{-22,44} = 1,80 \cdot 10^{-10}$$

$$(c_{Ag^+} \cdot c_{Cl^-})_= = 1,8 \cdot 10^{-10} \text{M}^2$$

Lösung zu c): Da wir die Lösungen als praktisch ideal betrachten, ist $\Delta H = \Delta H^o$ unabhängig von den Konzentrationen.[5] Da ΔH^o und ΔG^o in a) und b) bereits berechnet wurden, erhält man ΔS^o in diesem Fall am einfachsten durch Auflösen der Gleichung

$$\Delta G^o = \Delta H^o - T\Delta S^o \tag{14.19}$$

als

$$\Delta S^o = \frac{\Delta H^o - \Delta G^o}{T}. \tag{14.20}$$

Mit den unter a) und b) erhaltenen Zahlenwerten wird daraus

$$\Delta S^o = \frac{-65327 + 55624}{298,15} \frac{\text{J}}{\text{mol K}} = -32,5 \text{ J/(mol K).}$$

Normalerweise erhält man ΔS^o einfacher ohne den Umweg über ΔH^o und ΔG^o direkt nach (14.12), indem man ΔG^o nach (13.1) durch die gemessenen EMK-Werte und die Konzentrationen ausdrückt:

$$\Delta S^o = -\frac{\partial \Delta G^o}{\partial T} = \nu_e F \frac{\partial E}{\partial T} + R\Sigma\nu_i \ln\{a_i\} \tag{14.21}$$

5 Während das Standardzeichen ^{o} bei ΔG^o und ΔS^o von entscheidender Bedeutung ist [vgl. z.B. (11.66)], braucht es bei ΔH^o in idealen Systemen nicht weiter beachtet zu werden.

14.3 Die van't Hoffsche Gleichung

Im Kapitel 13 wurden Gleichgewichtskonstanten bei beliebiger Temperatur in zwei Schritten berechnet, wobei der erste Schritt in der Berechnung von $\Delta G^{\circ}(T)$ bestand. Dieser Weg ist meistens der einfachste. Für manche Diskussionen und Berechnungen ist es aber auch nützlich, eine Formel zu haben, die die Temperaturabhängigkeit von $\ln\{K\}$ direkt beschreibt. Zur Herleitung einer solchen Formel muß man die bekannte Gleichung

$$\ln\{K(T)\} = \frac{-\Delta G^{\circ}(T)}{RT} \tag{14.22}$$

nach T differenzieren. Die Rechenvorschrift für die Differenziation eines Quotienten zweier Funktionen lautet:

$$\left(\frac{\mathrm{f}}{\mathrm{g}}\right)' = \frac{\mathrm{f}'\mathrm{g} - \mathrm{g}'\mathrm{f}}{\mathrm{g}^2} \tag{14.23}$$

Wir identifizieren f mit $\Delta G^{\circ}(T)$ und g mit T. Dann wird durch Anwendung von (14.23) auf (14.22) unter Beachtung von (14.21) und (14.14):

$$\frac{\mathrm{d}\ln\{K\}}{\mathrm{d}T} = -\frac{1}{R}\frac{\mathrm{d}}{\mathrm{d}T}\left[\frac{\Delta G^{\circ}(T)}{T}\right] = -\frac{1}{R}\frac{-\Delta S^{\circ}\cdot T - 1\cdot\Delta G^{\circ}}{T^2} = \frac{+\Delta H^{\circ}}{RT^2}$$

In dem Differential $\mathrm{d}\ln\{K\}$ kann man die geschweiften Klammern auch weglassen, da sich die durch die Klammern eingeführten Normierungsfaktoren [vgl. die Gln. (11.18), (11.65) und (11.66)] in der Differenz der Logarithmen herauskürzen[6]. Obgleich also der Logarithmus einer dimensionsbehafteten Größe K nicht definiert ist, so ist doch die Logarithmus*differenz* $\Delta\ln K$ und entsprechend auch das Logarithmus*differential* $\mathrm{d}\ln K$ eindeutig definiert, d.h. ***unabhängig von den Maßeinheiten***, in denen die in K enthaltenen Konzentrationen gemessen werden.

Somit ist

$$\boxed{\frac{\mathrm{d}\ln K}{\mathrm{d}T} = \frac{\Delta H^{\circ}}{RT^2}} \quad \textit{(van't Hoffsche Gleichung)} \tag{14.24}$$

Zur Beurteilung physikalisch-chemischer Messungen wählt man nach Möglichkeit eine Art der graphischen Darstellung, bei der sich ungefähr eine Gerade ergibt. Darum dividiert man (14.24) noch durch die rein mathematische Beziehung

$$\frac{\mathrm{d}(1/T)}{\mathrm{d}T} = -\frac{1}{T^2} \tag{14.25}$$

6 So ist z.B.
$\Delta\ln\{p\} \equiv \ln\{p_2\} - \ln\{p_1\} = \ln\frac{\{p_2\}}{\{p_1\}} = \ln\frac{p_2}{p_1} \equiv \Delta\ln p$

und erhält:

$$\frac{\mathrm{d}\,\ln K}{\mathrm{d}(1/T)} = \frac{-\Delta H^{\mathrm{o}}}{R} \tag{14.26}$$

Ermittelt man experimentell die Gleichgewichtskonstante K einer Reaktion bei verschiedenen Temperaturen und trägt $\ln\{K\}$ als Funktion von $1/T$ in ein Diagramm ein (Abb. 14.2), so kann man nach (14.26) aus der *Steigung* der erhaltenen Kurve die Reaktionsenthalpie ΔH^{o} ablesen. Wenn ΔH^{o} sich mit der Temperatur etwas ändert, so ist die Steigung nicht überall gleich groß. Die erhaltene Kurve ist also nicht *exakt* eine Gerade, aber meistens doch in ziemlich guter Näherung. Die in dieser Näherung enthaltene Vernachlässigung besteht darin, daß man $\Delta C_p \approx 0$ setzt [vgl. das Kirchhoffsche Gesetz (8.25)].

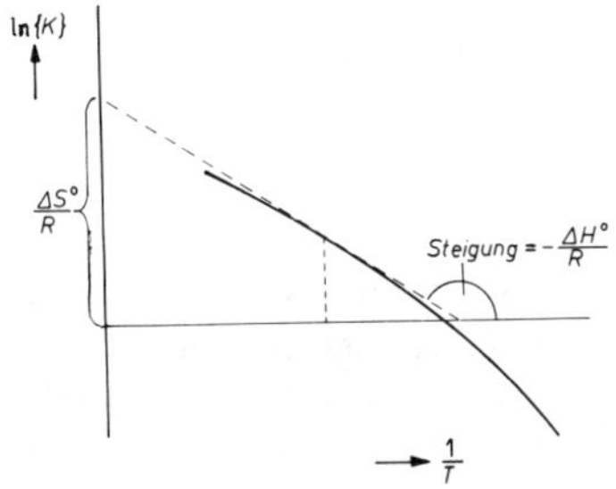

Abb. 14.2. Logarithmus einer Gleichgewichtskonstante in Abhängigkeit von der reziproken Temperatur. Diagramm zur Bestimmung der Reaktionsenthalpie.

Für eine genauere Diskussion der Kurve in Abb. 14.2 setzen wir Gl. (14.19) in (14.22) ein und erhalten als Funktionsgleichung:

$$\ln\{K\} = \frac{-\Delta G^{\mathrm{o}}}{RT} = \frac{-\Delta H^{\mathrm{o}}}{R}\cdot\frac{1}{T} + \frac{\Delta S^{\mathrm{o}}}{R} \tag{14.27}$$

Da die Tangentensteigung bei der Temperatur T nach (14.26) durch $-\Delta H^{\mathrm{o}}/R$ gegeben ist, so stellt Gl. (14.27) zugleich die Geradengleichung der Tangente dar, falls man darin für ΔH^{o} und ΔS^{o} die festen Werte von derjenigen Temperatur einsetzt, bei der die Tangente angelegt wurde. Daher muß die auf $1/T = 0$ extrapolierte Tangente nach (14.27) die Ordinatenachse im Punkt $\Delta S^{\mathrm{o}}/R$ schneiden (vgl. Abb. 14.2). Soweit man die Kurve als Gerade betrachten kann, stellt $\Delta S^{\mathrm{o}}/R$ also den *Grenzwert von* $\ln\{K\}$ für $1/T \to 0$, d.h. *für unendlich hohe Temperaturen* dar. Für eine endotherme Reaktion wird zwar $\ln\{K\}$ mit wachsender Temperatur immer größer, aber dieser Grenzwert kann selbst bei noch so hoher Temperatur nicht überschritten werden, vgl. Gl. (15.40) in §15.3.

Die van't Hoffsche Gleichung kann einerseits dazu dienen, eine Gleichgewichtskonstante von einer Temperatur auf eine andere umzurechnen[7], und andererseits dazu, aus Gleichgewichtsmessungen bei verschiedenen Temperaturen die Reaktionsenthalpie zu ermitteln.

7 Hierzu vernachlässigt man meistens die Temperaturabhängigkeit von ΔH^{o} und ΔS^{o}, d.h. man verwendet (14.27) als Geradengleichung $\ln\{K\}(1/T)$ oder (14.26) als Differenzenquotient $\triangle \ln K/\triangle(1/T)$. Das entspricht der Näherung $\Sigma\nu_i C_{pi} \approx 0$, vgl. Gln. (8.25) und (13.10). Bei höheren Genauigkeitsansprüchen ist es zweckmäßiger, zunächst nach (13.11) $\Delta G^{\mathrm{o}}(T)$ zu berechnen und daraus in einem 2. Rechenschritt $\{K\} = \mathrm{e}^{-\Delta G^{\mathrm{o}}/RT}$. Von der in vielen Lehrbüchern durchgeführten direkten Integration der van't Hoffschen Gleichung mit variablem $\Delta H^{\mathrm{o}}(T)$ ist dagegen dringend abzuraten, da hierbei unnötige mathematische Schwierigkeiten entstehen.

Als **Anwendungsbeispiele** von (14.26) sollen aus der Temperaturabhängigkeit der Dissoziationskonstante von Essigsäure und der Protonenassoziationskonstante von Ammoniak in wäßriger Lösung die entsprechenden Reaktionsenthalpien bestimmt werden.

Aufgabe: Man berechne die Reaktionsenthalpie und die Standardreaktionsentropie
a) für die Dissoziation von Essigsäure bei 23 °C und
b) für die Protonenassoziation von Ammoniak bei 25 °C in wäßriger Lösung aus folgenden Experimenten:
a) Zu einer Lösung von 10^{-3} mol CH_3COOH in 100 ml H_2O werden 50 ml einer 10^{-2}-molaren NaOH-Lösung hinzugegeben und darin mit Hilfe einer *Glaselektrode* (Näheres in §18.2.3) sowohl bei 21 °C als auch bei 25 °C der gleiche pH-Wert 4,756 gemessen.
b) Zu einer Lösung von 10^{-3} mol NH_4Cl in 100 ml H_2O werden 50 ml einer 10^{-2}-molaren NaOH-Lösung hinzugegeben und darin folgende pH-Werte gemessen:

$\vartheta/°C$	20	30
pH	9,400	9,093

Lösung zu a): Die zugesetzte NaOH-Menge beträgt 50 ml · 10^{-2} M = 5 · 10^{-4} mol, das ist gerade die Hälfte der vorgegebenen Menge an Essigsäure. Die Stoffmengen sind also so gewählt, daß nach dem Zusammengeben die Konzentration c_{HA} an überschüssiger undissoziierter Essigsäure gerade gleich der Konzentration c_{A^-} an Acetationen ist (vgl. die Diskussion der Abb. 11.11 in §11.8.1). Somit gilt für die Dissoziationskonstante

$$K = \frac{c_{A^-} \cdot c_{H^+}}{c_{HA}}, = c_{H^+} = 10^{-4{,}756}\ \mathrm{M},$$

da ja der pH-Wert als negativer Logarithmus der Wasserstoffionenkonzentration (bzw. -aktivität) definiert ist. Da sich nun $\log\{K\}$ zwischen 21 °C und 25 °C im Mittel nicht verändert, so ist bei der mittleren Temperatur von 23 °C nach (14.26) die Reaktionsenthalpie für die Dissoziationsreaktion $\Delta H^\circ = 0$, d.h., *die Dissoziation von Essigsäure ist* innerhalb der Meßgenauigkeit *mit keinerlei Wärmeeffekt verbunden.*[8]

Die Gibbs-Standardreaktionsenergie bei 23 °C (≙ 296 K) ist nach (13.1) gegeben durch:

$$\Delta G^\circ = -RT \ln\{K\} = [-8,314 \cdot 296 \cdot (-4,756) \cdot \ln 10 = 26950]\ \mathrm{J/mol}$$

Damit ergibt sich für die Standardreaktionsentropie der Dissoziationsreaktion nach (14.20):

$$\Delta S^\circ = \frac{\Delta H^\circ - \Delta G^\circ}{T} = \frac{0 - 26950}{296} \frac{\mathrm{J}}{\mathrm{mol\ K}} = -91,0\ \mathrm{J/(mol\ K)}$$

Bei Standardkonzentrationen ist die Dissoziationsentropie also negativ, d.h., ***die Ordnung würde bei diesem speziellen Dissoziationsvorgang ausnahmsweise zunehmen***[9] ***!*** Die molekulare Ursache für dieses merkwürdige Ergebnis soll in Abschnitt 15.1.3 diskutiert werden.

8 Die zur Ladungstrennung von H^+ und A^- aufzuwendende Energie wird hier also zufällig genau kompensiert durch die sogenannte „***Hydratationsenergie***", die bei der Ausrichtung der Wasserdipole um die entstehenden Ionen herum frei wird. Näheres in Abschnitt 15.1.3.

9 Da eine Zunahme der Ordnung bei $\Delta H^\circ = 0$ (d.h. ohne Wärmeabgabe an die Umgebung) nach dem 2. Hauptsatz nicht möglich ist, so kann bei Standardkonzentrationen aller Reaktionsteilnehmer nur die *Umkehrung* der Dissoziationsreaktion stattfinden. Im Gleichgewicht muß daher in einmolarer Lösung der größte Teil der Essigsäure undissoziiert vorliegen. Das wird experimentell bestätigt, vgl. §11.8.1.

Lösung zu b): Die Menge an NaOH ist genau halb so groß wie die Menge an NH_4Cl. Daher reagiert die Hälfte der NH_4^+-Ionen mit den OH^--Ionen unter Bildung von gelöstem Ammoniak:

$$NH_4^+ + OH^- \rightleftharpoons NH_3(aq) + H_2O \tag{14.28}$$

Die Konzentrationen $c_{NH_4^+}$ und c_{NH_3} sind also gleich groß. Damit ergibt sich für die ***Protonenassoziationskonstante***[10] des NH_3 in wäßriger Lösung:

$$K = \frac{c_{NH_4^+}}{c_{H^+} \cdot c_{NH_3}} = \frac{1}{c_{H^+}} \quad , \quad \text{also} \quad \log\{K\} = \text{pH}. \tag{14.29}$$

Die Konstante K bezieht sich auf die Assoziationsreaktion:

$$H^+(aq) + NH_3(aq) \rightleftharpoons NH_4^+(aq) \tag{14.30}$$

Zur Berechnung von deren ΔH^o formen wir (14.26) folgendermaßen um:

$$\Delta H^o = -R \cdot \ln 10 \cdot \frac{\triangle \log\{K\}}{\triangle(1/T)} \tag{14.31}$$

oder mit (14.29) und den angegebenen Meßwerten:

$$\Delta H^o = -R \cdot \ln 10 \cdot \frac{9{,}400 - 9{,}093}{(1/293) - (1/303)} = -52{,}18 \text{ kJ/mol}$$

Bei der Reaktion (14.30) wird also Wärme frei, was auf starke Anziehungskräfte zwischen H^+ und NH_3 schließen läßt.

Zur Berechnung von ΔS^o wollen wir bei dieser Aufgabe nicht von Gl. (14.20) ausgehen, weil ΔS^o hier relativ klein ist und seine Berechnung als Differenz von zwei großen Größen daher relativ ungenau wäre. Statt dessen erhalten wir aus Gl. (14.21):

$$\Delta S^o = -\frac{\partial \Delta G^o}{\partial T} \approx -\frac{\Delta G^o(T_2) - \Delta G^o(T_1)}{T_2 - T_1} .$$

Mit $\quad \Delta G^o(T) = -\ln 10 \cdot RT \log\{K\} = -\ln 10 \cdot RT \cdot \text{pH} \quad$ wird daraus

$$\Delta S^o = +\ln 10 \cdot R \cdot \frac{303 \cdot 9{,}093 - 293 \cdot 9{,}4}{303 - 293} = 1{,}9 \text{ J/mol K}$$

Die Entropie ändert sich also bei der Reaktion (14.30) unter Standardbedingungen nur unwesentlich. Zur Diskussion dieser Ergebnisse vgl. §15.1.3.

10 Multipliziert man die Protonenassoziationskonstante (14.29) mit dem Ionenprodukt des Wassers $c_{H^+} \cdot c_{OH^-} = 10^{-14}\ M^2$, so erhält man die sogenannte „***Basenkonstante***" (Hydrolysenkonstante) des NH_3 : $\quad K_B = c_{NH_4^+} \cdot c_{OH^-}/c_{NH_3}$. Diese entspricht der Hydrolysereaktion
$NH_3 + H_2O \rightarrow NH_4^+ + OH^-$ mit $x_{H_2O} \approx 1$.

14.4 Das Prinzip vom kleinsten Zwang

Im Abschnitt 12.1 wurde bereits am Beispiel der Kristallisation und Auflösung von PbI_2 diskutiert, daß ein chemisches Gleichgewicht durch **Erhöhung der Temperatur** zur endothermen Seite der Reaktionsgleichung hin verschoben wird. Dies wurde in Abschnitt 12.2 darauf zurückgeführt, daß in der Gleichung $\Delta G = \Delta H - T\Delta S$ der entropische Beitrag zur Triebkraft wegen des Faktors T mit steigender Temperatur immer mehr ins Gewicht fällt.

Noch deutlicher kommt die Abhängigkeit eines chemischen Gleichgewichts von der Temperatur aber in der van't Hoffschen Gleichung (14.24) zum Ausdruck:

$$\frac{\mathrm{d}\ln K}{\mathrm{d}T} = \frac{\Delta H^{\circ}}{RT^2}$$

Ist $\Delta H > 0$ (endotherme Reaktion), so ist auch $\mathrm{d}\ln K/\mathrm{d}T > 0$, d.h., die Gleichgewichtskonstante K wächst mit zunehmender Temperatur. Eine Zunahme von K bedeutet aber eine Verschiebung des Gleichgewichts zur rechten Seite der Reaktionsgleichung, da die Konzentrationen der Endprodukte in K über dem Bruchstrich stehen. Ist dagegen $\Delta H < 0$ (exotherme Reaktion), so wird K mit steigender Temperatur immer kleiner, d.h., das Gleichgewicht wird bei Erwärmung nach links verschoben.

Zur Erzielung einer guten Ausbeute müssen **endotherme Reaktionen** bei möglichst hoher Temperatur durchgeführt werden. Als technisch wichtigstes Beispiel einer endothermen Reaktion wurde in Abschnitt 13.3.2 das Boudouard-Gleichgewicht betrachtet:

$$CO_2 + C \rightleftharpoons 2\,CO \qquad \text{mit} \qquad \Delta H^{\circ} = 172,5 \text{ kJ/mol}$$

Die Ausbeute an CO kann durch Erhöhung von T gesteigert werden (vgl. Abb. 13.2, §13.3.2.).

Eine technisch wichtige **exotherme Reaktion** ist die Ammoniaksynthese (vgl. Abschnitt 13.4):

$$3\,H_2 + N_2 \rightleftharpoons 2\,NH_3 \qquad \text{mit} \qquad \Delta H^{\circ} = -92,4 \text{ kJ/mol}$$

Hier wird die Ausbeute durch Erhöhung von T verschlechtert. Daher muß man die Temperatur so niedrig wählen, wie das zur Erzielung einer ausreichenden Reaktionsgeschwindigkeit noch möglich ist.

Durch **Erhöhung des Druckes** kann die Ausbeute aber in diesem Fall wieder verbessert werden (vgl. Abb. 13.3). Dies kommt in der Gleichung (13.46) zum Ausdruck:

$$K \cdot p^2 = \left(\frac{x_{NH_3}^2}{x_{H_2}^3 \cdot x_{N_2}} \right)_{=} \equiv K_x \qquad (14.32)$$

Die Ausbeute ist um so besser, je größer die mit den Molenbrüchen x_i formulierte Massenwirkungskonstante K_x ist. Weil K bei gegebener Temperatur eine „Konstante" ist, d.h.

unabhängig von den p_i und damit auch unabhängig vom Gesamtdruck p, so ist K_x nach (14.32) proportional p^2.

Die allgemeine Beziehung zwischen K und K_x erhält man, indem man für die Partialdrucke p_i der gasförmigen Reaktionsteilnehmer in K die Gleichung (13.37) $p_i = p \cdot x_i$ einführt. Ist Δn_g die Änderung der Menge gasförmiger Stoffe pro Formelumsatz, so erhält man [vgl. das Beispiel (13.46)]:

$$K = K_x \cdot p^{\Delta n_g} \tag{14.33}$$

oder

$$K_x = K \cdot p^{-\Delta n_g} \tag{14.34}$$

Hiernach wird das Gleichgewicht mit wachsendem Druck p nach rechts verschoben (Zunahme von K_x), wenn $\Delta n_g < 0$ ist, d.h., wenn die Zahl der gasförmigen Moleküle bei der Reaktion abnimmt. (Das ist z.B. bei der Ammoniakbildung der Fall.)

Um die Druckabhängigkeit des Gleichgewichts durch eine der van't Hoffschen Gleichung analoge Gleichung zu beschreiben, logarithmieren wir (14.34) und differenzieren nach p:

$$\ln K_x = \ln \{K\} - \Delta n_g \cdot \ln \{p\} \tag{14.35}$$

$$\frac{\mathrm{d} \ln K_x}{\mathrm{d}\, p} = -\Delta n_g \cdot \frac{1}{p} \tag{14.36}$$

Mit der aus dem idealen Gasgesetz folgenden Gl. (8.14) $p \cdot \Delta V = \Delta n_g \cdot RT$ erhält man:

$$\frac{\mathrm{d} \ln K_x}{\mathrm{d}\, p} = -\frac{\Delta V}{RT} \tag{14.37}$$

K_x nimmt hiernach mit p zu, wenn $\Delta V < 0$ ist.

Der Einfluß des Druckes auf die Gleichgewichtslage läßt sich auch anhand von Gl. (14.11) diskutieren, deren Gültigkeit nicht auf gasförmige Systeme beschränkt ist:

$$\left(\frac{\partial \Delta G}{\partial p}\right)_T = \Delta V$$

Hiernach wächst die Triebkraft $-\Delta G$ einer Reaktion mit wachsendem p, wenn $\Delta V < 0$ ist. Wachstum der Triebkraft bedeutet aber Verschiebung des Gleichgewichts nach rechts. ***Erhöhung des Druckes verschiebt also das Gleichgewicht in derjenigen Richtung, in der das Volumen bei der Reaktion abnimmt*** ($\Delta V < 0$). Das System nimmt hierbei Volumenarbeit auf.

Nach dem **Massenwirkungsgesetz** kann man ein Gleichgewicht auch dadurch verschieben, daß man zu der Gleichgewichtsmischung zusätzliche Mengen eines Reaktionspartners hinzufügt oder (z.B. durch eine Folgereaktion) wegfängt: So kann man z.B. das Konzentrationsverhältnis von Acetationen zu undissoziierter Essigsäure durch Änderung der Wasserstoffionenkonzentration (d.h. des pH-Wertes) verschieben. Oder man kann die

Sättigungskonzentration von Pb^{2+}-Ionen über $PbCl_2$-Bodenkörper vermindern, indem man überschüssige Cl^--Ionen hinzufügt.

Als Beispiel einer „Gleichgewichtsverschiebung" durch Wegfangen eines Reaktionsprodukts könnte man die Bromierung von Acetessigsäureethylester betrachten: Im Gleichgewicht liegt dieser zu etwa 8% in der Enolform und zu 92% in der Ketoform vor (vgl. Lehrbücher der Organischen Chemie). Durch Anlagerung von Br_2 an die Enol-Doppelbindung wird aber das Enol laufend dem Gleichgewicht entzogen, so daß nach und nach der gesamte Acetessigester sich in die Enolform umwandelt und bromiert wird[11]. Weitere Beispiele zur Reaktionslenkung durch Wegfangen von Endprodukten siehe §15.2.2 sowie §16.3.2.b).

Alle hier erwähnten Gleichgewichtsverschiebungen lassen sich durch ein gemeinsames Prinzip beschreiben. Um dieses formulieren zu können, müssen wir uns klarmachen, daß die Zufuhr einer bestimmten *Extensivgröße* (wie Wärme, Volumenarbeit oder Stoffmenge) gewöhnlich zunächst mit der Erhöhung einer jeweils zugehörigen *Intensivgröße* (nämlich Temperatur, Druck oder Konzentration des Stoffes i) gekoppelt ist. Dann lautet das **„Le Chateliersche Prinzip vom kleinsten Zwang"**:

> Übt man auf ein im Gleichgewicht befindliches System einen „Zwang" aus in Form einer Temperaturänderung $\triangle T$ (d.h. Änderung des Wärmeangebotes aus der Umgebung), einer Druckänderung $\triangle p$ (d.h. Änderung des Angebotes an Volumenarbeit) oder einer Konzentrationsänderung $\triangle c_\mathrm{i}$ und zugleich einer chemischen Potentialänderung $\triangle \overline{G}_\mathrm{i}$ (d.h. Änderung des Angebotes eines Stoffes i), dann „gibt das System diesem Zwang nach". Das soll heißen: Das Gleichgewicht verschiebt sich in derjenigen Reaktionsrichtung, in der etwas von der angebotenen Extensivgröße aufgenommen (bzw. bei negativem $\triangle$: abgegeben) wird.

Falls die Zufuhr einer *begrenzten Menge* der betr. Extensivgröße zu dem System so *schnell* erfolgt, daß die Einstellung des neuen Gleichgewichts innerhalb des (nunmehr abgeschlossenen) Systems erst mit einer *zeitlichen Verzögerung* erfolgt, dann wird durch die chemische Reaktion ein Teil der zugeführten Extensivgröße ***verbraucht***. Der anfängliche ***Zwang*** (d.h. die anfängliche Änderung der zugehörigen Intensivgröße im System) wird hierdurch nachträglich wieder etwas ***verkleinert***[12]. Darauf beruht der Name „Prinzip vom kleinsten Zwang".

Man kann sich das Prinzip vom kleinsten Zwang auch durch ein mechanisches Analogon veranschaulichen: Übt man auf ein im Gleichgewicht befindliches Pendel durch unsymmetrisches Anklemmen einer schweren Klammer einen „Zwang" (d.h. ein Drehmoment) aus, dann gibt das Pendel diesem Zwang nach, indem es Arbeit von der Klammer aufnimmt

11 Es mag etwas gewaltsam erscheinen, diesen Vorgang als eine „Gleichgewichtsverschiebung" zu bezeichnen. Gemeint ist in diesem Fall nur, daß ein zunächst im Gleichgewicht befindliches System durch einen äußeren Eingriff (Wegfangen des Produkts) zum Weiterreagieren veranlaßt wird.

12 Irreführend ist die manchmal gebrauchte Formulierung, daß die Reaktion des Systems „dem Zwang entgegenwirkt". Diese Formulierung hat nämlich gelegentlich zu der falschen Vorstellung geführt, daß das System aktiven Widerstand leistet, anstatt nachzugeben.

(der Schwerpunkt der Klammer wird ein wenig abgesenkt). Der anfängliche Zwang (das von der Klammer ausgeübte Drehmoment) wird hierbei verkleinert.

Man kann das Le Chateliersche Prinzip auch **umkehren**: Wenn ein System auf einen Zwang (d.h. eine Erhöhung von T, p oder z.B. c_{H^+}) mit einer chemischen Reaktion reagiert, dann kann es sich *nur dann* um eine *Gleichgewichts*verschiebung handeln, *wenn* diese Reaktion einem *„Nachgeben"* entspricht, d.h., wenn Wärme bzw. Volumenarbeit oder z.B. Protonen bei dieser Reaktion aufgenommen werden. Wenn aber eine Reaktion ***keine Reaktionswärme*** besitzt (d.h. wenn $\Delta H = 0$, wie z.B. bei der Dissoziation der Essigsäure), ***dann kann eine Temperaturänderung auch keine Gleichgewichtsverschiebung zur Folge haben***. Analog: Wenn sich bei einer isothermen, isobaren Reaktion das Volumen nicht ändert [wie z.B. bei der Iodwasserstoffbildung oder bei der Wassergasreaktion (13.26)], dann kann die Gleichgewichtszusammensetzung auch nicht durch Änderung des Druckes beeinflußt werden. Schließlich: Wenn bei einer chemischen Reaktion z.B. keine Protonen verbraucht (oder sogar Protonen freigesetzt) werden, dann kann das Gleichgewicht durch Erhöhung von c_{H^+} nicht in Richtung dieser Reaktion verschoben werden. *Wenn trotzdem* durch Erhöhung von c_{H^+} eine solche Reaktion ausgelöst wird, dann kann es sich *nicht* um eine *Gleichgewichtsreaktion* handeln, sondern nur um eine irreversible, durch H^+ *katalysierte* Reaktion. Analog entspricht auch eine durch *Erwärmung* ausgelöste, *exotherme* Reaktion (z.B. die Umsetzung von H_2 mit O_2) niemals einer Gleichgewichtsverschiebung, weil das dem Le Chatelierschen Prinzip widersprechen würde. Vielmehr muß das System sich bereits *vor* der Ausübung des „Zwanges" in einem *Nichtgleichgewichtszustand* befunden haben. Die Zufuhr von Wärme führt in diesem Fall zur Überwindung der *Aktivierungsenergieschwelle*, die bei tiefen Temperaturen z.B. die chemische Reaktion zwischen H_2 und O_2 verhindert, also die Einstellung des Gleichgewichtes hemmt[13].

13 Das atomare, sogenannte „Abschreckungsgleichgewicht" hat keinerlei Ähnlichkeit mit einem mechanischen oder chemischen Gleichgewicht, sondern eher mit einem gehemmten Nichtgleichgewichtszustand. Darum hätte eine Fortsetzung des Wettrüstens zu einem ähnlichen Ergebnis führen können, wie wenn man eine Knallgasmischung erwärmt.

15 Energetischer und entropischer Beitrag zur Triebkraft[1]

Die mathematische Formulierung dieser Überschrift ist durch Gl. (14.1) gegeben[2]:

$$\Delta G = \Delta H - T\Delta S$$

15.1 Abschätzung der Standardtriebkraft einer Reaktion

$-\Delta G^{\circ}$ ist der Wert der Triebkraft $-\Delta G$ einer chemischen Reaktion für den Fall, daß alle Reaktionsteilnehmer in ihrem Standardzustand vorliegen, d.h., daß z.B. die teilnehmenden Gase jeweils den Partialdruck p° besitzen. Für eine grob qualitative Beurteilung der ***Frage, ob eine chemische Reaktion ablaufen kann***, genügt es zu wissen, ob diese ***Standardtriebkraft positiv oder negativ*** ist. Ist sie gleich null, so hat die Gleichgewichtskonstante wegen (11.69) $\Delta G^{\circ} = -RT \ln\{K\}$ den Zahlenwert 1. Endprodukte und Ausgangsstoffe sind dann *bei gleichen Konzentrationen miteinander im Gleichgewicht*, wenn wir den Fall betrachten, daß auf beiden Seiten der Reaktionsgleichung gleich viele Teilchen stehen. Für $\Delta G^{\circ} < 0$ ist $\{K\} > 1$, d.h., die Konzentrationen der Endprodukte „streben an", *größer* zu werden als die der Ausgangsstoffe. Die Reaktion kann also von links nach rechts ablaufen. Für $\Delta G^{\circ} > 0$ ist dagegen $\{K\} < 1$, d.h., die Reaktion kann praktisch *nicht* ablaufen.

Wie man die entscheidende Größe ΔG° aus Tabellenwerten der Bildungsenthalpien und Normalentropien berechnen kann, wurde in Kapitel 13 an vielen Beispielen gezeigt. Für kompliziertere organische Moleküle sind diese Tabellenwerte aber meistens noch nicht verfügbar, so daß die exakten Berechnungsmöglichkeiten der Thermodynamik in der Organischen Chemie heute noch nicht voll zum Tragen kommen. Immerhin kann man aber

---

1 In diesem Abschnitt sollen keine grundsätzlich neuen Gesetzmäßigkeiten abgeleitet, sondern im wesentlichen nur die schon bekannten Prinzipien und Formeln praktisch angewendet und anhand von Beispielen diskutiert werden. Teilweise werden auch alte Beispiele unter neuen Gesichtspunkten betrachtet. Der Einfluß der Molekülstruktur auf ΔH und ΔS wird erst in Kapitel 16 behandelt.

2 Der qualitative Inhalt dieser Gleichung wurde bereits im Abschnitt 12.1 an mehreren charakteristischen Beispielen behandelt, ohne daß der Begriff der Entropie dort bereits bekannt war. Der Leser möge den Abschnitt 12.1 jetzt wiederholen und sich dabei die obige Gleichung sowie die thermodynamische Definition und die statistische Deutung der Entropie (Abschnitt 12.6) vor Augen halten.

durch qualitative und „halbquantitative" thermodynamische Abschätzungen auch in der Organischen Chemie viel experimentelle Arbeit sparen.

Die Verbrennungsenthalpien organischer Verbindungen sind sehr oft bekannt, so daß man daraus nach Gl. (8.20) die Bildungsenthalpien exakt berechnen kann. Wenn das nicht der Fall ist, kann man sie nach Gl. (9.4) aus den Bindungsenthalpien abschätzen.

Es bleibt nur noch die Frage: **Wie kann man die Reaktionsentropien abschätzen?** Wenn der Temperaturverlauf der Molwärmen unbekannt ist und auch keine Gleichgewichtsmeßwerte vorhanden sind, ist man auf eine Diskussion der statistischen Gleichungen (12.58) bis (12.62) angewiesen. Bei einer zahlenmäßigen Auswertung dieser Gleichungen für einfache Beispiele zeigt sich, daß die *Translationsentropie* unter Normalbedingungen ($p_i = p^o$, $T = 298$ K) weitaus *den größten Beitrag* zur Gesamtentropie liefert. Für HCl(g) ist z.B. $S^o_{trans} = 153{,}1$ J/(mol K), dagegen $S_{rot} = 33{,}5$ J/(mol K) (also um den Faktor 4,5 kleiner), während S_{os} praktisch vernachlässigbar ist. Für organische Moleküle kann aus der *„inneren Rotation"* noch ein wesentlicher Beitrag zur Reaktionsentropie entstehen.[3]

15.1.1 Voraussagen aufgrund der stöchiometrischen Umsatzzahlen

Bei einer chemischen Reaktion tritt eine wesentliche *Zunahme der Translationsentropie* besonders *dann* auf, *wenn die Zahl der gasförmigen Moleküle bei der Reaktion zunimmt.*

Für eine Dissoziationsreaktion vom Typus

$$A \rightarrow B + C \tag{15.1}$$

ergibt sich zum Beispiel aus (12.59) mit $p_i = p^o$:

$$\Delta S^o_{trans} = R \cdot (1,5 \cdot \ln\{M_B M_C / M_A\} + 2,5 \cdot \ln\{T\} - 1,166) \tag{15.2}$$

Für das Beispiel der Dehydrierung von Ethylen zu Acetylen

$$H_2C{=}CH_2 \rightleftharpoons HC{\equiv}CH + H_2 \tag{15.3}$$

ergibt sich aus (15.2) mit $M_{C_2H_4} = 28$ g/mol, $M_{C_2H_2} = 26$ g/mol und $M_{H_2} = 2$ g/mol für $T = 298$ K:

$$\Delta S^o_{trans} = R \cdot 14,00 = +116,4 \text{ J/(mol K)}$$

Für die Änderung der Gesamtentropie erhält man dagegen aus den Daten der Tabelle S. 334:

$$\Delta S^o = (-219,5 + 200,8 + 130,6) \text{ J/(mol K)} = +111,9 \text{ J/(mol K)}$$

3 Dieser wird im Zusammenhang mit dem Einfluß der Molekülstruktur auf chemische Gleichgewichte im 16. Kapitel behandelt. Hier wollen wir uns mehr auf die „äußeren" Einflüsse beschränken, obwohl beide Themen ineinander übergehen: Rein logisch könnte das ganze Kapitel 16 noch mit unter der Überschrift „Energetischer und entropischer Beitrag..." behandelt werden.

Die Änderung der Entropie ist also bei 298 K annähernd gleich der Änderung der Translationsentropie, so daß man für Überschlagsrechnungen in diesen und ähnlichen Fällen mit $\Delta S^{\circ}_{\text{trans}}$ anstelle von ΔS° rechnen könnte.

Für die Reaktionsenthalpie von (15.3) ergibt sich aus der Tabelle S. 334:

$$\Delta H^{\circ} = (-52,3 + 226,7 + 0)\ \text{kJ/mol} = +174,4\ \text{kJ/mol}$$

und somit bei 298 K:

$$\Delta G^{\circ} = (174400 - 298 \cdot 111,9)\ \text{J/(mol K)} = +141\ \text{kJ/mol}$$

ΔG° ist also sehr stark positiv, d.h., das Gleichgewicht der Reaktion (15.3) liegt ganz links. Die Dehydrierung von Ethylen ist also unter Normalbedingungen *nicht* möglich. Stattdessen ist die Umkehrung möglich, d.h. die *katalytische Hydrierung von Acetylen zu Ethylen.*

Da die Entropie bei der Dehydrierung zunimmt, so ist zu erwarten, daß die Dehydrierung leichter vonstatten geht, wenn man durch Erwärmung den Einfluß des entropischen Beitrags zur Triebkraft verstärkt. Zur Umrechnung auf höhere Temperaturen könnte man wiederum von Gl. (15.2) ausgehen, jedoch liefern bei höheren Temperaturen auch die Rotations- und Schwingungsfreiheitsgrade merkliche Beiträge zur Entropie, so daß die Näherung $\Delta S^{\circ} \approx \Delta S^{\circ}_{\text{trans}}$ immer schlechter wird. Da außerdem eine Umrechnung von ΔH° auf höhere Temperaturen ohne Kenntnis der Molwärmen ohnehin nicht möglich ist, ist es im allgemeinen besser, ΔC_{p} zu vernachlässigen und mit der Ulichschen Näherung (13.13)

$$\Delta G^{\circ}(T) \approx \Delta H^{\circ}(T_{\circ}) - T\Delta S^{\circ}(T_{\circ})$$

zu rechnen. Für die Temperatur, bei der die Gleichgewichtskonstante der Reaktion (15.3) den Zahlenwert 1 überschreitet, erhält man aus (13.13) mit $\Delta G^{\circ}(T) = 0$ als Abschätzung:

$$T \approx \frac{\Delta H^{\circ}(T_{\circ})}{\Delta S^{\circ}(T_{\circ})} = \frac{174400}{111,9}\ \text{K} = 1559\ \text{K}\ (\triangleq 1286\ ^{\circ}\text{C})$$

Bei noch höheren Temperaturen kann man also die Reaktion (15.3) ablaufen lassen, indem man Ethylen katalytisch zu Acetylen dehydriert. Diese Reaktion wird tatsächlich in der Industrie durchgeführt[4], da man Ethylen durch thermische Zersetzung („*Cracken*“) von Ethan, Propan und n-Butan aus Erdöl und Erdgas billig erhalten kann.

Ein älteres Verfahren zur Darstellung von Acetylen besteht in der Zersetzung von Calciumcarbid durch Wasser bei Normaltemperatur:

$$CaC_2 + 2\,H_2O \rightarrow C_2H_2 + Ca(OH)_2 \tag{15.4}$$

Das gasförmige C_2H_2 entweicht aus der Lösung, so daß die Reaktion *vollständig* abläuft. Das erforderliche CaC_2 wurde durch Umsetzung von Kohle und Kalk bei 2000 °C dargestellt:

$$2\,C + CaO \rightarrow CaC_2 + \frac{1}{2}\,O_2 \tag{15.5}$$

4 Das so gewonnene Acetylen ist allerdings metastabil und muß schnell abgeschreckt werden, da es sich sonst zu C(f) und H_2(g) zersetzen würde.

Diese Reaktionen bieten Stoff für weitere Übungsaufgaben anhand der Tabelle S. 334. Das nach (15.4) gebildete Acetylen wurde früher bei niedriger Temperatur in Umkehrung von (15.3) zu Ethylen hydriert.

Der beispielhafte Befund bei der Reaktion (15.3), daß die ***Reaktionsentropie bei Zunahme der Zahl gasförmiger Teilchen positiv*** ist, wird anschaulich dadurch erklärt, daß bei unabhängiger Bewegung der Bruchstücke viel mehr räumliche Anordnungen (Mikrozustände) möglich sind, als wenn die Bruchstücke zu größeren Teilchen zusammengefaßt sind.

Diese Argumentation ist qualitativ auch auf Reaktionen in Lösungen übertragbar, sofern dabei keine Ionen beteiligt sind (vgl. Abschnitt 15.1.3). So ist z.B. zu erwarten, daß die *Reaktionsentropie nur klein ist, wenn die Teilchenzahl sich bei einer Reaktion nicht verändert.* Als Beispiel betrachten wir die Veresterung von Essigsäure mit Methanol:

(15.6)

Für die Reaktion im Gasraum erhält man aus Gl. (12.59) unabhängig von der Temperatur: $\Delta S^{\circ}_{\text{trans}} = -4,56$ J/(mol K). Eine größere Entropieänderung als im Gasraum ist auch dann nicht zu erwarten, wenn die Reaktion (15.6) wie üblich in flüssiger Phase (durch Kochen am Rückflußkühler mit Schwefelsäure als Katalysator) durchgeführt wird. Die Reaktions*enthalpie* sollte aber von null auch nicht sehr verschieden sein, weil die bei der Reaktion *gelösten* Bindungen (C–O und H–O) mit den *neu geknüpften* Bindungen übereinstimmen. Somit ist $\Delta G^{\circ} \approx 0$, d.h., die Gleichgewichtskonstante (die hier wegen gleicher Teilchenzahlen auf beiden Seiten der Reaktionsgleichung die Dimension einer reinen Zahl hat) liegt nahe beim Wert 1. Wenn man von einer stöchiometrischen Mischung aus Eisessig und Methanol ausgeht, so wird hiervon also etwa die Hälfte zum Ester umgesetzt. Interessant ist der Vergleich mit Reaktion (16.13), S. 248, bei der die Teilchenzahl abnimmt.

15.1.2 Der Chelateffekt

Bei der *„**Komplexbildung**"* umgibt sich ein zentrales Ion mit einer bestimmten Anzahl (*Koordinationszahl*) von anderen Ionen oder von Dipolmolekülen (*Liganden*), die für diese *„koordinative Bindung"* freie Elektronenpaare zur Verfügung haben. So kann sich z.B. ein Ni^{2+}-Ion in wäßriger Lösung mit bis zu 6 NH_3-Molekülen in oktaedrischer Anordnung umgeben:[5]

$$Ni^{2+}(aq) + 6\ NH_3 \rightleftharpoons [Ni(NH_3)_6]^{2+} \tag{15.7}$$

Wenn ein Molekül mehrere Ligandengruppen mit freien Elektronenpaaren in passendem Abstand enthält, so daß es ein Zentralion wie die Schere eines Krebses umschließen kann,

5 Die nicht mit NH_3 besetzten Koordinationsplätze sind in wäßriger Lösung mit H_2O-Molekülen ausgefüllt, was hier mit (aq) angedeutet sein soll. Die Reaktion (15.7) erfolgt in 6 Einzelschritten, d.h. die Lösung enthält im Gleichgewicht auch Ni^{2+}-Komplexe mit jeder Zahl an NH_3-Liganden zwischen 0 und 6.

dann bezeichnet man es als *„mehrzähnigen“* Liganden. Die mit mehrzähnigen Liganden gebildeten Komplexe heißen ***„Chelate“*** [chele (griech.) = Krebsschere]. Ein Beispiel für einen zweizähnigen Liganden ist Ethylendiamin (abgekürzt „en“):

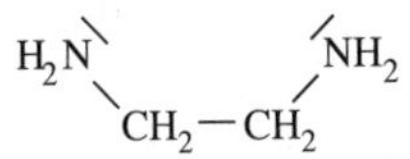

Dieses bildet mit Ni^{2+}-Ionen folgenden Chelatkomplex:

$$Ni^{2+}(aq) + 3\ en \rightleftharpoons [Ni(en)_3]^{2+} \qquad (15.8)$$

Chelate sind viel stabiler als die analogen Komplexe mit einfachen Liganden (***„Chelateffekt“***). Für die Reaktionen (15.7) und (15.8) bei Normaltemperatur findet man folgende Komplexbildungskonstanten[6]:

$$K(15.7) \equiv \frac{c_{[Ni(NH)_3)_6]^{2+}}}{c_{Ni^{2+}(aq)} \cdot c^6_{NH_3}} \approx 10^9\ M^{-6} \qquad (15.9)$$

$$K(15.8) \equiv \frac{c_{[Ni(en)_3]^{2+}}}{c_{Ni^{2+}} \cdot c^3_{en}} \approx 10^{18}\ M^{-3} \qquad (15.10)$$

Vergleicht man eine 1-molare NH_3-Lösung mit einer 1-molaren Ethylendiamin-Lösung, so besteht also der Chelateffekt in einer Vergrößerung des Konzentrationsverhältnisses von vollständig komplexierten Ni^{2+}-Ionen zu freien (hydratisierten) Ni^{2+}-Ionen um 9 Zehnerpotenzen.[7] Die Triebkraft der Reaktion (15.8) muß also unter Standardbedingungen viel größer sein als die der Reaktion (15.7). Aus den angegebenen Gleichgewichtskonstanten erhält man:

$$\Delta G^{\circ}(15.7) = -RT \ln\{K(15.7)\} = -\ 51,5\ \text{kJ/mol}$$

$$\Delta G^{\circ}(15.8) = -RT \ln\{K(15.8)\} = -102,9\ \text{kJ/mol}$$

6 Die hier angegebenen Konstanten stellen das Produkt der Gleichgewichtskonstanten für die 6 bzw. 3 Einzelschritte dar. Ein umfassendes Verzeichnis solcher Konstanten sowie von Löslichkeitsprodukten und pK-Werten von Säuren und Basen ist das Buch „Stability Constants“ von L.G. Sillén und A.E. Martell, The Chemical Society, London 1964.

7 Mit c_{NH_3} bzw. $c_{en} = 0,1$ M würde sich aus (15.9) und (15.10) sogar ein Unterschied von 12 Zehnerpotenzen ergeben. ***Der Effekt ist also konzentrationsabhängig***. Man kann auch leicht ausrechnen, wie hoch man c_{NH_3} bzw. c_{en} *theoretisch* wählen müßte, damit der Effekt verschwindet (!). Man kann also theoretisch nicht behaupten, K (15.8) sei größer als K (15.7). Dies ergibt sich auch schon daraus, daß beide verschiedene Dimension besitzen: *Man kann* nämlich rein logisch *nur dimensionsgleiche Größen miteinander* vergleichen. Bei allen *praktisch realisierbaren* Konzentrationen ist aber der Chelat-Komplex stabiler als der einfache Komplex. – Der Vergleich wird konzentrationsunabhängig, wenn man anstelle von (15.9) den Komplex mit nur 3 NH_3-Liganden betrachtet: Dessen Komplexbildungskonstante beträgt etwa $10^{6,5}\ M^{-3}$. Der Unterschied zu dem Zahlenwert in (15.10) ist in *diesem* Fall nicht entropisch, sondern energetisch bedingt: Ein en wird vom Zentral-Ion doppelt so stark festgehalten wie ein NH_3. Das erklärt aber nicht den Chelat-Effekt bei einer Komplexbildnerkonzentration von 1 M, denn der Anteil von Ionen mit nur 3 NH_3-Liganden liegt hier unter 1%.

Die in der Literatur angegebenen Reaktionsenthalpien sind aber für beide Reaktionen ungefähr gleich groß:

$$\Delta H^{\circ}(15.7) \approx \Delta H^{\circ}(15.8) \approx -109 \text{ kJ/mol}$$

Der Chelateffekt muß daher auf dem entropischen Beitrag zur Triebkraft beruhen.[8] Aus den angegebenen Zahlenwerten ergibt sich, daß ΔS° für beide Reaktionen negativ ist:

$$\Delta G^{\circ} = \Delta H^{\circ} - T\Delta S^{\circ} \quad \Rightarrow \quad \Delta S^{\circ} = (\Delta H^{\circ} - \Delta G^{\circ})/T$$

$$\Delta S^{\circ}(15.7) \approx -193 \text{ J/(mol K)}; \qquad \Delta S^{\circ}(15.8) \approx -20 \text{ J/(mol K)}.$$

Die *Entropie nimmt also bei beiden Komplexbildungsreaktionen ab*, die Ordnung nimmt zu. Man kann das qualitativ analog wie in der Gasphase durch die *Abnahme der Zahl der frei beweglichen Teilchen* deuten.

Die Zahl der gelösten Teilchen nimmt in (15.7) um sechs ab, in (15.8) dagegen nur um drei. Daher ist der entropische Beitrag zur Triebkraft, der in Richtung des Komplex***zerfalls*** wirkt, für (15.7) viel stärker als für (15.8). Der nach (15.8) gebildete ***Chelatkomplex*** ist darum ***stabiler als der einfache Komplex***.

Daß die Reaktionsentropien sich um den Faktor 10 unterscheiden, obgleich doch die beiden Änderungen der Teilchenzahl sich nur um den Faktor 2 unterscheiden, beruht darauf, daß bei den Teilchenzahländerungen eigentlich auch die an das Ni^{2+}-Ion gebundenen *Hydratwassermoleküle* bis zu gewissem Grade berücksichtigt werden müßten: Diese werden bei der Komplexbildung frei. Dadurch wird die *effektive* Abnahme in der Teilchenzahl in beiden Reaktionen um den gleichen Betrag kleiner, der *relative Unterschied* in den beiden Teilchenzahländerungen also größer.

Anschaulich läßt sich der Chelateffekt auch folgendermaßen deuten: Wenn die Wechselwirkungskräfte von einem Ni^{2+}-Ion zu einem NH_3-Molekül die gleichen sind wie zu einer NH_2-Gruppe eines en, dann ist bei gleicher Konzentration an NH_3 und en die Anlagerung des ersten NH_3 und der ersten NH_2-Gruppe gleich wahrscheinlich. Wenn die Konzentration an Komplexbildner nicht extrem hoch ist, dann ist die Anlagerung eines zweiten NH_3 aber aus räumlichen Gründen viel weniger wahrscheinlich als die Anlagerung der zweiten NH_2-Gruppe des bereits vorhandenen en. Umgekehrt kann ein NH_3 bei der Dissoziation sofort wegdiffundieren, sobald es sich vom Ni^{2+}-Ion getrennt hat. Ein en dagegen kann nur wegdiffundieren, wenn mehr oder weniger gleichzeitig beide NH_2-Gruppen sich vom Ni^{2+} trennen, und das ist viel weniger wahrscheinlich. Sowohl bei der Hinreaktion wie bei der Rückreaktion ist also der Chelatkomplex gegenüber dem normalen Komplex begünstigt. Für eine derartige qualitative Diskussion kommt man ohne den Entropiebegriff aus. Erst für quantitative Rechnungen wird die Entropie unentbehrlich.

8 Neben 109 kJ/mol werden für $-\Delta H^{\circ}$ (15.7) auch kleinere Beträge angegeben. Hiernach würde der Unterschied in den ΔG°-Werten teilweise auch energetisch bedingt sein. In diesem Fall würde man aber so argumentieren, daß NH_3 und „en“ keine vergleichbaren Liganden seien: Zur *Definition des Chelateffektes* wünscht man sich Beispiele, bei denen *kein Unterschied in* ΔH° besteht.

15.1.3 Solvatationseffekte

In §14.3 wurde aus der Temperaturabhängigkeit der Dissoziationskonstante die **Dissoziationsenthalpie** und die **Standarddissoziationsentropie** von **Essigsäure** in wäßriger Lösung berechnet. Wir kamen dort zu dem merkwürdigen Ergebnis, daß für diese Ladungstrennung überhaupt keine Energie aufgewendet werden muß ($\Delta H = 0$) und daß die Ordnung bei diesem Vorgang zunimmt ($\Delta S^{\circ} < 0$), obgleich doch die Zahl der Teilchen zunimmt. Die Erklärung für beides besteht darin, daß die entstehenden Ionen sich mit einer Hülle von mehr oder weniger geordneten Lösungsmittelmolekülen umgeben. Man spricht allgemein von „***Solvatation***", speziell in Wasser von „***Hydratation***" der Ionen.

Das Proton ist in wäßriger Lösung besonders stark hydratisiert: Es verbindet sich zunächst mit einem H_2O-Molekül zu einem H_3O^+-Ion, in dem die drei Protonen völlig gleichberechtigt sind. An jedes dieser drei Protonen lagert sich ein H_2O-Molekül an, so daß ein $H_9O_4^+$-Ion entsteht (Abb. 15.1).

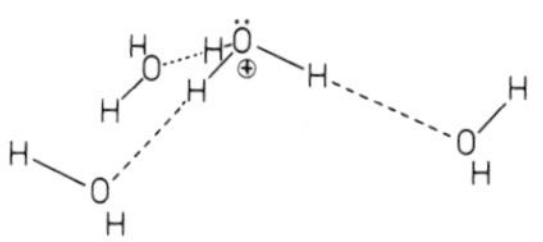

Abb. 15.1. Struktur eines hydratisierten Protons in wäßriger Lösung.

Auch die entfernteren Wasserdipole sind im zeitlichen Mittel noch ein wenig auf dieses Kation hin orientiert. Das Acetation ist ebenfalls stark hydratisiert, wobei die Protonen der Wassermoleküle zu den negativ geladenen O-Atomen der Carboxylgruppen hin orientiert sind.

Um in der *Gasphase* ein Essigsäuremolekül in ein Proton und ein Acetation aufzuspalten, ist eine große **Energiezufuhr** erforderlich, da die beiden Ionen starke elektrostatische Anziehungskräfte aufeinander ausüben. In *wäßriger Lösung* wird diese aufzuwendende Energie bei 23 °C zufällig genau durch die Energie kompensiert, die bei der Hydratation der Ionen frei wird.

Die Zunahme der **Ordnung** bei der Dissoziation ($\Delta S^{\circ} < 0$) beruht ebenfalls auf der Ausbildung der Hydratwasserhüllen, die ja eine viel geordnetere Struktur besitzen als flüssiges Wasser. Die in der Gasphase zu beobachtende Entropie*zunahme* bei der Dissoziation wird also in Lösung durch die Hydratation überkompensiert. Man kann auch so argumentieren, daß bei Berücksichtigung der Wassermoleküle die *effektive* Zahl der frei beweglichen Teilchen bei der Dissoziation nicht zunimmt sondern abnimmt.

Im Beispiel der Dissoziation von Essigsäure ist die Zunahme in der Ordnung der Wassermoleküle *deshalb* besonders groß, weil hier aus einem elektrisch neutralen, nur schwach hydratisierten Molekül zwei elektrisch geladene Teilchen entstehen, die große Anziehungskräfte auf die Wasserdipole ausüben und entsprechend stark hydratisiert sind. Weitere interessante Solvatationseffekte ergeben sich bei der Dissoziation von chlorierten Essigsäuren in §16.4 (Tabelle 16.5, Seite 255).

Der Einfluß der Hydratation auf Enthalpie und Entropie ist viel geringer, wenn es sich um eine Dissoziationsreaktion handelt, bei der die *Zahl der Ionen gleich bleibt*. Als Beispiel betrachten wir die **Dissoziation des Ammonium-Ions**:

$$NH_4^+(aq) \rightleftharpoons NH_3(aq) + H^+(aq) \qquad (15.11)$$

Dieses ist die ***Umkehrung*** der Reaktion (14.30), deren Reaktionsenthalpie und -entropie in §14.3. berechnet wurden. Somit ist ΔH° (15.11) = + 52,18 kJ/mol und ΔS° (15.11) = − 1,9 J/(mol K). Obgleich das H^+-Ion erheblich stärker als das NH_4^+-Ion hydratisiert ist, bleibt noch immer eine positive Dissoziationsenthalpie übrig. Die Reaktions*entropie* ist dagegen fast gleich null, d.h., die Zunahme der Unordnung infolge der Spaltung von NH_4^+ wird ungefähr kompensiert (aber nicht, wie bei der Essigsäure, überkompensiert) durch die Zunahme der Ordnung infolge stärkerer Hydratation. Man kann das auch so ausdrücken, daß die „effektive Teilchenzahl" bei der Reaktion ungefähr konstant bleibt. Dieses kann man sich etwa durch die folgende Schreibweise der Reaktion (15.11) veranschaulichen:

$$NH_4^+(aq) + H_2O \rightleftharpoons NH_3(aq) + H_3O^+(aq)$$

Die Hydratation ist auch die Ursache dafür, daß sich für manche ***Ionen*** in wäßriger Lösung ***negative Standardentropien*** ergeben (vgl. Tabelle S. 335). Wie kommen diese Werte zustande?

Die Entropie von Fluorwasserstoff im gelösten, dissoziierten Zustand ist im Prinzip z.B. so zu berechnen, daß man zu der Entropie von HF im gasförmigen Zustand die Reaktionsentropie für die Überführung in den gelösten Zustand addiert[9]:

$$\begin{aligned} S^{\circ}[H^+(aq) + F^-(aq)] &\equiv S^{\circ}[HF(g)] + \Delta S^{\circ}[HF(g) \rightarrow H^+(aq) + F^-(aq)] \\ &= 173,7\ \mathrm{J/(mol\ K)} + (-183,3)\ \mathrm{J/(mol\ K)} \qquad (15.12) \\ &= -9,6\ \mathrm{J/(mol\ K)} \end{aligned}$$

Diese Überführungsentropie ist mit −183,3 J/(mol K) stark negativ, was hauptsächlich auf der starken Ordnungszunahme bei der Hydratation der Ionen beruht. Insgesamt ergibt sich so trotz der positiven Normalentropie von gasförmigen HF für den gelösten, dissoziierten Zustand noch ein schwach negativer Wert. Diesen Wert identifiziert man nun mit der Normalentropie des F^--Ions, indem man die *Normalentropie des gelösten* H^+*-Ions durch Definition willkürlich gleich null setzt:*

$$S^{\circ}_{H^+(aq)} \equiv 0 \qquad (15.13)$$

also

$$S^{\circ}_{F^-(aq)} \equiv S^{\circ}[H^+(aq) + F^-(aq)] = -9,6\ \mathrm{J/(mol\ K)} \qquad (15.14)$$

Ein Blick auf die Tabelle S. 335 zeigt, daß das F^--Ion und das OH^--Ion die einzigen einwertigen Anionen mit negativer Normalentropie sind: Für Cl^-, Br^- und J^- ergeben sich

9 Man rechnet also formal so, als ob das wäßrige Medium kein selbständiger Stoff mit eigener Entropie wäre, sondern nur ein „Zustand" für die aufzunehmenden Ionen. Die so erhaltene „partielle molare Entropie" des gelösten HF ist die Entropieänderung der Lösung pro zugeführter Menge HF. Daß diese *Änderung* negativ ist, ist kein Widerspruch zur Boltzmannschen Entropieformel, die ja nur ausschließt, daß der Entropiewert *selbst* für ein materielles System (z.B. für die Lösung) negativ sein kann (warum ?). Daß die Zahl W der Mikrozustände und damit nach (12.50) die Entropie der Lösung bei Zufuhr von HF abnimmt, liegt daran, daß die Zahl der frei beweglichen Teilchen infolge der Bindung der Wassermoleküle abnimmt, obwohl die Gesamtzahl der Teilchen zunimmt.

zunehmend positive Werte. Was kann man daraus schließen? Daß das F^--Ion wesentlich stärker hydratisiert ist! Worauf beruht das? Auf seiner Kleinheit: Der Verlust an potentieller Energie bei der Annäherung zwischen einem sehr kleinen elektrischen Dipol und einer punktförmigen Ladung ist nämlich dem Quadrat ihres Abstandes umgekehrt proportional: $-\epsilon_{pot} \sim 1/r^2$. Darum werden die ***Wasserdipole bei gleich großer Ionenladung von einem kleinen Ion stärker festgehalten als von einem größeren Ion.***

Ein stark negativer S^o-Wert ergibt sich auch für das zweiwertige CO_3^{2-}-Ion [−53 J/(mol K)]: Die ***doppelte Ladung*** bedingt hier die Bindung von mehr Wassermolekülen als durch zwei einwertige Anionen. Dagegen ist S^o für das erheblich größere SO_4^{2-}-Ion bereits wieder schwach positiv.

Die Definition für die **Normalentropie von Kationen** ergibt sich, indem man das übliche Schema zur Berechnung einer Reaktionsentropie auf die Reaktion des Metalls mit H^+-Ionen anwendet, z.B.

$$\Delta S^o(\mathrm{Na} + \mathrm{H}^+ \rightarrow \mathrm{Na}^+ + \tfrac{1}{2}\mathrm{H}_2) \equiv -S^o_{\mathrm{Na}} - S^o_{\mathrm{H}^+(aq)} + S^o_{\mathrm{Na}^+(aq)} + \tfrac{1}{2}S^o_{\mathrm{H}_2} \quad (15.15)$$

also durch Auflösen nach $S^o_{\mathrm{Na}^+(aq)}$ zusammen mit (15.13):

$$S^o_{\mathrm{Na}^+(aq)} \equiv \Delta S^o(\mathrm{Na} + \mathrm{H}^+ \rightarrow \mathrm{Na}^+ + \tfrac{1}{2}\mathrm{H}_2) + S^o_{\mathrm{Na}} - \tfrac{1}{2}S^o_{\mathrm{H}_2} \quad (15.16)$$

Die darin auftretende Reaktionsentropie kann aus EMK-Messungen berechnet werden (näheres in §18.1). Sie beträgt:

$$\Delta S^o(\mathrm{Na} + \mathrm{H}^+ \rightarrow \mathrm{Na}^+ + \tfrac{1}{2}\mathrm{H}_2) = 74\ \mathrm{J/(mol\ K)}$$

Die Normalentropie eines gelösten Kations wird überwiegend dadurch bestimmt, ob seine Hydrathülle eine größere oder geringere Ordnung darstellt als die Hydrathüllen einer äquivalenten Zahl von Protonen[10]. Aus der Tabelle S. 335 geht hervor, daß die *einwertigen Alkali-Kationen positive Normalentropien* besitzen. Das beruht hauptsächlich darauf, daß sie *infolge ihres größeren Radius schwächer als das* H^+*-Ion hydratisiert* sind. Aus dem gleichen Grunde ist K^+ schwächer als Na^+ hydratisiert. Das hat die interessante Konsequenz, daß sich ***das Größenverhältnis dieser beiden Ionen durch Hydratation umkehrt***: K^+ ist größer als Na^+, dagegen K^+(aq) ist kleiner als Na^+(aq). Dieser Unterschied macht sich außer in den Ionenentropien ($S^o_{\mathrm{Na}^+(aq)} < S^o_{\mathrm{K}^+(aq)}$) auch in der elektrischen Leitfähigkeit und in der Durchtrittsfähigkeit der Ionen durch biologische Membranen bemerkbar.

Die **Bildungsenthalpien und Gibbs-Bildungsenergien von Ionen** beruhen auf den Definitionen $H^B_{\mathrm{H}^+(aq)} \equiv 0$ und $G^B_{\mathrm{H}^+(aq)} \equiv 0$. Die entsprechenden Berechnungsvorschriften sind noch einfacher als Gl. (15.15), weil H^B und G^B für die Elemente ebenfalls gleich null sind (im Gegensatz zu S^o). Näheres in Abschnitt 18.1.

Übungsaufgabe:

Man vergleiche in der Tabelle S. 335 die Normalentropien der Erdalkali-Ionen (Mg^{2+}, Ca^{2+}, Ba^{2+}) und der Eisenionen (Fe^{3+}, Fe^{2+}) und diskutiere die Unterschiede!

10 Zusätzlich zu dem Beitrag der Hydrathüllen ist in einer Ionenentropie auch ein Beitrag der Translationsbewegung enthalten, der im Prinzip nach der Sackur-Tetrode-Gleichung (12.58) abgeschätzt werden kann. Die Differenz dieses Beitrags zwischen Na^+ und K^+ ist aber wesentlich kleiner als die Differenz der beiden Ionenentropien in der Tabelle S. 335.

15.2 Einfluß der Konzentrationen auf die Triebkraft

Der „energetische" Beitrag $-\Delta H$ zur Triebkraft einer chemischen Reaktion ist *in idealen Systemen* gleich $-\Delta H^{\circ}$, *unabhängig von den Konzentrationen* der reagierenden Stoffe in der Mischung. ΔG ist dagegen nach (11.66)

$$\Delta G = \Delta G^{\circ} + RT\Sigma\nu_{\mathrm{i}} \ln\{a_{\mathrm{i}}\}$$

von den Konzentrationen abhängig, wobei in idealen Systemen a_{i} je nach dem Aggregatzustand des Stoffes i den Partialdruck p_{i}, den Molenbruch x_{i} oder die molare Konzentration c_{i} bedeuten soll.[11] Daher erhält man für die Konzentrationsabhängigkeit von ΔS:

$$\Delta S = \frac{\Delta H - \Delta G}{T} = \frac{\Delta H^{\circ} - \Delta G^{\circ}}{T} - R\Sigma\nu_{\mathrm{i}} \ln\{a_{\mathrm{i}}\}$$

oder

$$\Delta S = \Delta S^{\circ} - R\Sigma\nu_{\mathrm{i}} \ln\{a_{\mathrm{i}}\} = \Delta S^{\circ} - R \ln \Pi \left\{a_{\mathrm{i}}^{\nu_{\mathrm{i}}}\right\} \tag{15.17}$$

Da $\ln \Pi\{a_{\mathrm{i}}^{\nu_{\mathrm{i}}}\}$ für eine gegebene Reaktion im Prinzip beliebige positive und negative Werte annehmen kann, so gilt Entsprechendes auch für ΔS. Der entropische Beitrag $T\Delta S$ zur Triebkraft $-\Delta G$ kann also je nach den Konzentrationen in gleicher oder in entgegengesetzter Richtung wie der energetische Beitrag $-\Delta H$ wirken. Im **Gleichgewicht** müssen sich aber die Konzentrationen (d.h. die a_{i}) immer so zueinander einstellen, daß sich energetischer und entropischer Beitrag gegenseitig kompensieren, d.h., es muß $\Delta H = T\Delta S$ und somit $\Delta G = 0$ sein.

Da ΔH in idealen Systemen von den Konzentrationen unabhängig ist, ist die *Vorzeichenumkehr von ΔG bei Überschreiten des Gleichgewichtspunktes allein auf die Konzentrationsabhängigkeit des Entropiegliedes zurückzuführen.*

Für das Beispiel der Iodwasserstoffbildung wird aus (11.66):

$$\Delta G = \Delta G^{\circ} + RT \ln \frac{p_{\mathrm{HI}}^2}{p_{\mathrm{H_2}} \cdot p_{\mathrm{I_2}}} \tag{15.18}$$

Zu Beginn der Reaktion ($\xi = 0$) ist $p_{\mathrm{HI}} = 0$. Damit ergibt sich aus Gl. (15.18) für die Triebkraft $-\Delta G = \infty$. Da $\Delta G \equiv (\partial G/\partial \xi)_{p,T}$ die Tangentensteigung in der Kurve $G(\xi)$ bedeutet, so beginnt diese Kurve in Abb. 10.4 (S. 103) bei $\xi = 0$ also mit einem senkrechten Abfall.[12] Bei vollständigem Umsatz ($\xi = 1$ mol, $p_{\mathrm{H_2}} = p_{\mathrm{I_2}} = 0$) würde sich aus Gl. (15.18)

11 Mit dem Wort *„Konzentrationsabhängigkeit"* kann also auch die Abhängigkeit von den Partialdrucken oder den Molenbrüchen gemeint sein.

12 Für das Beispiel der HI-Bildung ist der Kurvenverlauf von $G(\xi)$ mit dem von $A(\xi)$ identisch, vgl. die Fußnote 24 in §10.5.

ein senkrechter Anstieg der Kurve ergeben.[13] Trotzdem hat die Kurve $G(\xi)$ überall endliche Ordinatenwerte [im Gegensatz zu der Kurve $\Delta G(\xi)$].

15.2.1 Vollständig ablaufende Reaktionen

Sehr viele Reaktionen führen zwar im Prinzip zu einem Gleichgewicht, jedoch haben die Gleichgewichtskonstanten so extreme Werte, daß von den Ausgangsstoffen praktisch nichts übrigbleibt. Hierzu gehören z.B. die Verbrennungsreaktionen von organischen Substanzen oder von Wasserstoff, ferner manche Fällungsreaktionen schwerlöslicher Salze und viele Redoxreaktionen. Das im Gleichgewicht verbleibende extrem kleine Verhältnis von Wasserstoff zu Wasserdampf bei gegebenem Sauerstoffdruck ergibt sich aus der Rechnung in §11.5.

Übungsaufgaben: Als weitere Beispiele für praktisch vollständig ablaufende Reaktionen berechne man aus den Daten der Tabelle S. 334 für Normaltemperatur (unter Vernachlässigung von Aktivitätskoeffizienten)
a) die verbleibende Gleichgewichtskonzentration von Ag^+-Ionen in einer 0,1-molaren HCl-Lösung bei der Fällung von AgCl,
b) die verbleibende Gleichgewichtskonzentration an Cu^{2+}-Ionen bei Reduktion mit metallischem Zink in einer 0,1-molaren $ZnSO_4$-Lösung!

Ergebnisse: a) $c_{Ag^+} = 1{,}7 \cdot 10^{-9}$ M, b) $c_{Cu^{2+}} = 6{,}9 \cdot 10^{-39}$ M.

Es gibt aber auch Reaktionen, die nicht nur *praktisch*, sondern auch *prinzipiell* vollständig ablaufen. Wenn nämlich in einer chemischen Reaktionsgleichung keine Stoffe mit variablen Konzentrationen auftreten, ist die Erreichung eines Gleichgewichtszustands bei konstanten Werten von p und T prinzipiell nicht möglich. Daher laufen die Reaktionen dann vollständig ab, d.h., von mindestens *einem* der Ausgangsstoffe bleibt auch *prinzipiell* nichts übrig (jedenfalls nicht von dem in der Reaktionsgleichung angegebenen *Aggregatzustand* des Stoffes, vgl. Fußnote 23 in §11.8). Und zwar verläuft die Umsetzung je nach Druck und Temperatur vollständig in der einen oder in der anderen Richtung.

Beispiele hierzu sind **Reaktionen zwischen reinen, kondensierten Stoffen**:

$$\text{Sn(weiß)} \rightarrow \text{Sn(grau)} \tag{15.19}$$

$$\text{Fe(f)} + \text{S(rhomb)} \rightarrow \text{FeS(f)} \tag{15.20}$$

$$\text{Hg(fl)} + \text{I}_2\text{(f)} \rightarrow \text{HgI}_2\text{(f)} \tag{15.21}$$

13 Dieser Sachverhalt wird übrigens sehr schön durch das mechanische Analogon, das Pendel, wiedergegeben, wenn man $\xi = 0$ bzw. $\xi = 1$ mol mit den beiden waagerechten Pendellagen und ΔG mit der Kraft in x-Richtung analog setzt, die man zur Verschiebung des Pendels aufwenden muß: Wenn die verschiebende Kraft in Abb. 10.1 nur horizontal wirken kann, dann müßte sie zur Erreichung der horizontalen Pendellagen unendlich groß werden.

Für diese Reaktionen behält ΔG während der ganzen Umsetzung den Wert von ΔG°, falls der Außendruck gleich p° ist. Eine Gleichgewichtskonstante läßt sich für diese Reaktionen nicht angeben, d.h., $e^{-\Delta G^\circ/RT}$ hat hierbei nicht die chemische Bedeutung einer Gleichgewichtskonstante. Aber auch bei **Heterogenreaktionen unter Beteiligung der freien Atmosphäre** gibt es oft keine *variablen* Konzentrationen, da die Partialdrucke in diesem Fall durch die chemischen Reaktionen praktisch nicht verändert werden. Die theoretischen Gleichgewichtspartialdrucke können daher selbst bei vollständigem Verbrauch von einem der Ausgangsstoffe nicht erreicht werden. Beispiele:

$$CaO(f) + CO_2(g) \rightarrow CaCO_3(f) \tag{15.22}$$

$$Na_2SO_4 \cdot 10H_2O(f) \rightarrow Na_2SO_4(f) + 10\,H_2O(g) \tag{15.23}$$

$$HgO(rot) \rightarrow Hg(fl) + \tfrac{1}{2}\,O_2(g) \tag{15.24}$$

$$H_2O(fl) \rightarrow H_2O(g) \tag{15.25}$$

Auch diese Reaktionen können also an der freien Atmosphäre vollständig ablaufen, weil bei konstanten Konzentrationen die Triebkraft nach (11.66) nicht null wird, bevor einer der Ausgangsstoffe vollständig aufgebraucht ist.

15.2.2 Reaktionslenkung durch Wegfangen von Endprodukten

Im Zusammenhang mit dem Le Chatelierschen Prinzip (Abschnitt 14.4.) wurde schon angedeutet, daß man durch Zugabe von einem großen Überschuß eines der Ausgangsstoffe oder durch Wegfangen von einem der Endprodukte einen Reaktionsablauf vervollständigen oder erzwingen kann. Wir wollen dazu jetzt weitere Beispiele betrachten.

Die Zersetzung von $Na_2SO_4 \cdot 10\,H_2O$ nach Gl. (15.23) kann zugleich als ein besonders einfaches Beispiel für eine Reaktionslenkung durch „Wegfangen von Endprodukten" angesehen werden, wenn das „Endprodukt" $H_2O(g)$ in die freie Atmosphäre entweicht.

Aufgabe: Man berechne aus der Tabelle S. 335 für 25 °C
a) den Gleichgewichtspartialdruck $p_{H_2O=}$ über einem Gemisch von $Na_2SO_4 \cdot 10\,H_2O$ und Na_2SO_4 und
b) den Dampfdruck p^D von reinem Wasser!

Ergebnisse: a) $p_{H_2O=} = 0{,}0256\,p^\circ = 2590$ Pa. b) $p^D = 0{,}0312\,p^\circ = 3160$ Pa.

Der Dampfdruck über dem Hydrat ist also nur wenig kleiner als der Dampfdruck des reinen Wassers. Darum kann wasserfreies Natriumsulfat als *mildes Trockenmittel* verwendet werden, das empfindliche Präparate von überschüssigem Wasser befreit, ohne deren Zersetzung zu bewirken.

Wenn man davon ausgeht, daß der Wasserdampfpartialdruck in der freien Atmosphäre etwa 0,5 p^D beträgt (50 % *relative Luftfeuchtigkeit*), so ist dieser Wert kleiner als der Gleichgewichtspartialdruck über dem Salzgemisch, der sich in einem geschlossenen Exsikkator einstellen würde. Wenn man also den Exsikkator zur freien Atmosphäre hin öffnet, so ist das gleichbedeutend mit einem fortwährenden „Wegfangen" von Wassermolekülen aus dem Hydratgleichgewicht.

Wir wollen nun die Hydrate des Kupfersulfats betrachten. Für diese findet man in der Literatur[14] folgende Werte der Gibbs-Bildungsenergien G_i^B bei 25 °C:

	$CuSO_4 \cdot 5\,H_2O$	$CuSO_4 \cdot 3\,H_2O$	$CuSO_4 \cdot H_2O$	$CuSO_4$	$H_2O(g)$
$G_i^B / \frac{kcal}{mol}$	–449,3	–334,6	–219,2	–158,2	–54,64
Farbe:	tiefblau	blau	blaßblau	weiß	

Aufgabe: Man formuliere die drei Reaktionsgleichungen für die schrittweise Abgabe des Hydratwassers und berechne aus den angegebenen Werten nach Gl. (13.4), $\Delta G^o = \Sigma \nu_i G_i^B$, die drei ΔG^o-Werte und die drei zugehörigen Gleichgewichtswasserdampfdrucke $p_{H_2O=}$ bei 25 °C!

Ausführung:

$$\Delta G^o \; [CuSO_4 \cdot 5\,H_2O \rightarrow CuSO_4 \cdot 3\,H_2O + 2\,H_2O(g)] = [+449{,}3 \quad -334{,}6 \quad +2 \cdot (-54{,}64)] = +5{,}42 \text{ kcal/mol} = +22{,}7 \text{ kJ/mol}$$

$$\{p_{H_2O=}\} = \sqrt{\{K\}} = e^{-\Delta G^o/2RT} = e^{-4{,}576} = 0{,}01$$

$$p_{H_2O=} \text{ (Pentahydrat)} = 0{,}01\; p^o = 1040 \text{ Pa}$$

$$\Delta G^o \; [CuSO_4 \cdot 3\,H_2O \rightarrow CuSO_4 \cdot H_2O + 2\,H_2O(g)] = 6{,}12 \text{ kcal/mol} = 25{,}6 \text{ kJ/mol}$$

$$p_{H_2O=} \text{ (Trihydrat)} = \sqrt{K} = 0{,}0057\; p^o = 579 \text{ Pa}$$

$$\Delta G^o \, [CuSO_4 \cdot H_2O \rightarrow CuSO_4 + H_2O(g)] = 6{,}36 \text{ kcal/mol} = 26{,}6 \text{ kJ/mol}$$

$$p_{H_2O=}\text{(Monohydrat)} = K = 2{,}17 \cdot 10^{-5}\; p^o = 2{,}2 \text{ Pa}$$

Der Gleichgewichtspartialdruck an Wasserdampf über einem Gemisch aus wasserfreiem Kupfersulfat und Monohydrat ist hiernach bei 25 °C erheblich kleiner als der durchschnittliche Partialdruck in der freien Atmosphäre. Wie kann man trotzdem erreichen, daß die Reaktion

$$CuSO_4 \cdot H_2O \rightarrow CuSO_4 + H_2O(g) \qquad (15.26)$$

von links nach rechts abläuft?

Das einfachste Verfahren zur Entwässerung besteht im Erhitzen des Hydrats auf Temperaturen, bei denen sein Gleichgewichtspartialdruck größer als der Wasserdampfpartialdruck in der Atmosphäre oder (wenn es schnell gehen soll) größer als der gesamte Atmosphärendruck ist (ähnlich wie beim Kalkbrennen, vgl. §13.2.3). Es gibt aber auch die Möglichkeit, das *Endprodukt* $H_2O(g)$ *durch eine chemische Reaktion wegzufangen*, z.B. durch die Reaktion

$$CaO(f) + H_2O(g) \rightarrow Ca(OH)_2(f) \qquad (15.27)$$

14 D.R. Lide (Editor): Handbook of Chemistry and Physics, CRC Press 1990.

Aufgabe: Man berechne ΔG° für die Reaktion (15.27) bei 25 °C und den zugehörigen Gleichgewichtspartialdruck an Wasserdampf über einem Gemisch aus Calciumoxid und Calciumhydroxid aus der Tabelle S. 335!

Ergebnis: $\Delta G^{\circ}\,(15.27) = -65,65$ kJ/mol;
$p_{H_2O=} = 1/K(15.27) = 3,14 \cdot 10^{-12} p^{\circ} = 3,18 \cdot 10^{-7}$Pa.

Es zeigt sich, daß der Gleichgewichts-Wasserdampfpartialdruck über $CaO/Ca(OH)_2$ wesentlich kleiner ist als der über $CuSO_4/CuSO_4 \cdot H_2O$. Daher ist CaO in der Lage, den Wasserdampf aus dem Zersetzungsgleichgewicht des Kupfersulfatmonohydrats wegzufangen und somit die Reaktion (15.26) in die gewünschte Richtung zu lenken.

Man kann natürlich das gleiche Ergebnis auch ganz anders formulieren. Die formale Addition der Gleichungen (15.26) und (15.27) ergibt nämlich:

$$CuSO_4 \cdot H_2O + CaO \rightarrow CuSO_4 + Ca(OH)_2 \tag{15.28}$$

Dieses ist eine Reaktion zwischen reinen kondensierten Stoffen, in der $H_2O(g)$ gar nicht mehr auftritt. Sie läuft daher vollständig ab, sofern $\Delta G^{\circ} < 0$ ist. Den zugehörigen ΔG°-Wert erhält man als Summe der Werte der Teilreaktionen:

$$\Delta G^{\circ}\,(15.28) = \Delta G^{\circ}\,(15.26) + \Delta G^{\circ}\,(15.27) \tag{15.29}$$

Aufgabe: Man berechne ΔG° (15.28) nach Gl. (15.29) und überzeuge sich davon, daß man zu dem gleichen Ergebnis gelangt, wenn man die Triebkraft $-\Delta G^{\circ}$ mit der gewinnbaren Expansionsarbeit zwischen den beiden Gleichgewichtswasserdampfdrucken identifiziert:

$$-\Delta G^{\circ}\,(15.28) = RT \ln \frac{p_{H_2O=}[\text{über } CuSO_4/CuSO_4 \cdot H_2O]}{p_{H_2O=}[\text{über } CaO/Ca(OH)_2]} \tag{15.30}$$

Um das bei vielen chemischen Reaktionen entstehende Wasser wegzufangen und auf diese Weise das Gleichgewicht zugunsten der Endprodukte zu verschieben, wird in der organischen Chemie sehr häufig *konzentrierte Schwefelsäure* verwendet. Die Reaktion

$$H_2SO_4(\text{fl}) \xrightarrow{H_2O} 2\,H^+(aq) + SO_4^{2-}(aq) + 96,2\text{ kJ} \tag{15.31}$$

ist stark exotherm, d.h., Schwefelsäure verbindet sich mit Wasser sehr begierig unter starker Erwärmung.

Beispiele für Reaktionslenkung durch wasserentziehende Wirkung der Schwefelsäure:

1.) Durch Zugabe von H_2SO_4 kann das Gleichgewicht bei der ***Veresterung*** von Essigsäure durch Methanol nach (15.6)

$$CH_3COOH + CH_3OH \rightleftharpoons CH_3COOCH_3 + H_2O$$

ganz auf die Seite des Esters verschoben werden.

2.) Durch Einwirkung von konzentrierter Schwefelsäure auf Ethanol entsteht bei 170 °C unter Wasserabspaltung ***Ethylen***:

$$C_2H_5OH \xrightarrow[170\,^\circ C]{H_2SO_4} C_2H_4 + H_2O \tag{15.32}$$

3.) Bei tieferen Temperaturen entsteht dagegen ***Diethylether*** :

$$2\ C_2H_5OH \xrightarrow[140\,^\circ C]{H_2SO_4} C_2H_5OC_2H_5 + H_2O \tag{15.33}$$

Diese beiden Reaktionen erfolgen aber nicht in *einem* Schritt, sonders es entsteht in beiden Fällen als Zwischenprodukt zunächst ***Ethylschwefelsäure***, die bei tiefen Temperaturen (0 °C) auch unzersetzt isoliert werden kann:

$$C_2H_5OH + H_2SO_4 \rightleftharpoons C_2H_5OSO_3H + H_2O \tag{15.34}$$

Auch diese Reaktion läuft nur dann ab, wenn das dabei entstehende Wasser durch überschüssige Schwefelsäure gebunden wird. Bei Zugabe von Wasser wird die Ethylschwefelsäure dagegen wieder zu Ethanol und Schwefelsäure hydrolysiert.

Beim Erhitzen spaltet Ethylschwefelsäure Ethylen ab, das gasförmig entweicht und so dem Gleichgewicht entzogen wird („Wegfangen" eines Endprodukts):

$$C_2H_5OSO_3H \rightleftharpoons C_2H_4 + H_2SO_4 \tag{15.35}$$

Bei tieferen Temperaturen kann man dagegen durch Einleiten von Ethylen in konzentrierte Schwefelsäure wieder Ethylschwefelsäure herstellen und daraus durch Hydrolyse Ethanol gewinnen.

Zusätzlich zu der wasserentziehenden Wirkung besitzt die Schwefelsäure in allen hier genannten Beispielen noch eine *„katalytische"*, d.h. reaktionsbeschleunigende Wirkung.

Als ***„Katalysator"*** bezeichnet man eine Substanz, durch deren Gegenwart die *Geschwindigkeit* einer chemischen Reaktion verändert wird, ohne daß diese Substanz (als Folge dieser beschleunigenden Wirkung) verbraucht wird. Nun wird die Schwefelsäure in den obigen Beispielen zwar insofern „verbraucht", als ihre wasserentziehende Wirkung mit zunehmender Wasseraufnahme nachläßt. Die zusätzliche, katalytische Wirkung der Schwefelsäure beruht aber auf *anderen* Mechanismen und trägt nicht zu ihrem Verbrauch bei. Im Falle der Bildung von Ethylen aus Ethanol nach (15.32) besteht die katalytische Wirkung z.B. in der Bildung von Ethylschwefelsäure als Zwischenprodukt nach (15.34). Bei deren Zersetzung nach (15.35) wird die eingesetzte Schwefelsäure zurückgebildet; sie ist also nicht verbraucht worden, sondern tritt in der Gesamtumsatzgleichung (15.32) nicht auf. (Zwar müßte man die Schwefelsäure eigentlich an anderer Stelle in der Umsatzgleichung (15.32) mit aufführen, nämlich gebunden an das dort freiwerdende Wasser; aber das hat nichts mit ihrer *katalytischen* Wirkung zu tun.)

Ein Katalysator wirkt in gleicher Weise auf die Hinreaktion wie auf die Rückreaktion eines chemischen Gleichgewichts beschleunigend (oder verzögernd) ein. Die Lage des Gleichgewichts wird daher durch den Katalysator nicht verändert, (es sei denn, der Katalysator ist an der Reaktion zusätzlich noch auf andere Weise beteiligt und wird dabei verbraucht, was aber mit seiner katalytischen Funktion nichts zu tun hat). Wenn in Gl. (1.10) (§1.3) die Geschwindigkeitskonstanten k_{hin} und $k_{rück}$ durch einen Katalysator beide um den gleichen Faktor erhöht werden, so wird die Gleichgewichtskonstante K_c dadurch nicht verändert, weil sich dieser Faktor in Gl. (1.10) herauskürzt.

15.3 Einfluß der Temperatur auf die Triebkraft

Wenn an einer Reaktion wenigstens *ein* Stoff mit variabler Konzentration teilnimmt, dann kann durch deren Veränderung ΔS nach Gl. (15.17) beliebige positive oder negative Werte annehmen:

$$\Delta S = \Delta S^{\circ} - R \ln \Pi \left\{ a_i^{\nu_i} \right\}. \qquad 15.17$$

Im vorigen Abschnitt wurde diskutiert, wie man durch Veränderung der Konzentrationen ΔS so beeinflussen kann, daß $\Delta G < 0$ wird und somit eine gewünschte Reaktion abläuft. Jetzt stellen wir die Frage: Wie kann man auch ohne Veränderung der Anfangskonzentrationen erreichen, daß eine Reaktion abläuft?

Eine Umkehrung der Triebkraft bei gegebenen Anfangskonzentrationen ist meistens durch Änderung der *Temperatur* möglich: Zwar ändern sich ΔH und ΔS mit der Temperatur nicht sehr stark, aber der Faktor T in der Gleichung $\Delta G = \Delta H - T\Delta S$ fällt stark ins Gewicht, so daß man die Gleichgewichtstemperatur (bei deren Überschreitung die Reaktionsrichtung sich umkehrt) nach der Ulichschen Näherung aus der Bedingung $\Delta H(T_\circ) - T\Delta S(T_\circ) \approx \Delta G(T) = 0$ abschätzen kann. Als Beispiele hierzu wurden in Abschnitt 13.2 die Umwandlungstemperatur für die Umwandlung von Zinn und die Siedetemperatur von Benzol berechnet. Eine solche Rechnung kann natürlich nur dann zu einem Ergebnis führen, wenn ΔH und ΔS gleiches Vorzeichen haben, so daß energetischer und entropischer Beitrag zur Triebkraft in entgegengesetzter Richtung wirken: Nur dann kann man durch Variation des Faktors T erreichen, daß $T\Delta S = \Delta H$ wird (da T ja keine negativen Werte annehmen kann).

Nun kann man natürlich für eine Reaktion mit variablen Konzentrationen von Ausgangsstoffen und Endprodukten auch *solche* Konzentrationsverhältnisse konstruieren, daß ΔS *entgegengesetztes* Vorzeichen hat wie ΔH. Für manche Reaktionen ist das sogar schon bei Standardkonzentrationen der Fall. Hier einige Beispiele:

$$2\ C(f) + 2\ H_2(g) \rightleftharpoons C_2H_4(g) \qquad (15.36)$$

$$C_5H_{12}(g) + 8\ O_2(g) \rightleftharpoons 5\ CO_2(g) + 6\ H_2O(g) \qquad (15.37)$$

(n-Pentan)

$$C_4H_8(g) \rightleftharpoons C_4H_8(g) \qquad (15.38)$$

(1-Buten) (Cyclobutan)

Aufgabe: Man berechne ΔH°, ΔS° und K für die Reaktionen (15.36) und (15.37) bei 25 °C mit Hilfe der Tabelle Seite 334 [15] und gebe eine molekulare Deutung für die Vorzeichen von ΔH° und ΔS°.

15 Für die Reaktion (15.38) sind die notwendigen Daten in der Tabelle S. 334 nicht angegeben. Im Abschnitt 16.3.1 wird aber gezeigt, wie man auch für diese Reaktion die Daten näherungsweise ermitteln kann. Es folgt: $\Delta H^{\circ} > 0$ und $\Delta S^{\circ} < 0$.

Ergebnisse: $\Delta H^{\text{o}}(15.36) = +52,3$ kJ/mol, $\Delta S^{\text{o}}(15.36) = -53,1$ J/(mol K), $K(15.36) = 1,15 \cdot 10^{-12} p^{\text{o}\,-1} = 1,13 \cdot 10^{-17}$ Pa^{-1}

$\Delta H^{\text{o}}(15.37) = -3272,1$ kJ/mol, $\Delta S^{\text{o}}(15.37) = +212,1$ J/(mol K), $K(15.37) = 4,4 \cdot 10^{584} p^{\text{o}\,2} = 4,5 \cdot 10^{594}$ Pa^2

In diesen Fällen ist also durch Veränderung der Temperatur *prinzipiell* nicht zu erreichen, daß $\Delta H^{\text{o}} - T\Delta S^{\text{o}} = \Delta G^{\text{o}} = 0$ und somit $\{K\} = 1$ wird, weil energetischer und entropischer Beitrag zur Triebkraft in gleicher Richtung wirken.

Immerhin kann man aber die Frage stellen, in welcher Richtung man T verändern müßte, um dem Wert $\{K\} = 1$ wenigstens so nahe wie möglich zu kommen. Zur Beantwortung dieser Frage gibt es zwei Schlußweisen: Entweder man geht vom Le Chatelierschen Prinzip bzw. von der van't Hoffschen Gleichung $\mathrm{d}\ln K/\mathrm{d}T = \Delta H^{\text{o}}/RT^2$ aus, wonach man zur Begünstigung der endothermen Reaktionsrichtung ($\Delta H > 0$) möglichst ***hohe Temperaturen*** anwenden muß. Oder man geht davon aus, daß der entropische Beitrag zur Triebkraft mit wachsender Temperatur immer stärkeres Gewicht bekommt, was näherungsweise in der Gleichung $\Delta G = \Delta H - T\Delta S$ und exakt in der Gleichung $\partial\Delta G/\partial T = -\Delta S$ zum Ausdruck kommt. Um die Reaktionsrichtung mit $\Delta S < 0$ zu begünstigen, müßte man hiernach möglichst ***niedrige Temperaturen*** anwenden. Wenn also ΔH und ΔS entgegengesetztes Vorzeichen haben, gelangt man zu einem ***Widerspruch***: Um eine Reaktion möglichst weit von links nach rechts ablaufen zu lassen, würde man nach der einen Schlußweise eine möglichst hohe, nach der anderen Schlußweise eine möglichst niedrige Temperatur fordern.

Wo liegt der Fehler? Ist eine der beiden Schlußweisen falsch? Antwort: Die zitierten thermodynamischen Gleichungen sind ohne Einschränkung richtig und miteinander konsistent. (Es sei daran erinnert, daß die Gleichung $\partial\Delta G/\partial T = -\Delta S$ bei der Ableitung der van't Hoffschen Gleichung ja gerade vorausgesetzt worden ist, vgl. Abschnitt 14.3). Die betreffende Aussage des Le Chatelierschen Prinzips ist eine so genaue Wiedergabe der van't Hoffschen Gleichung, daß hier ebenfalls kein Irrtum möglich ist. Bei Anwendung der Entropie-Schlußweise muß man dagegen vorsichtig sein: Um Fehler zu vermeiden, muß man die Voraussetzungen sehr genau beachten. Wir wollen zwei verschiedene Konzentrationsverhältnisse betrachten:

1.) Die van't Hoffsche-Gleichung beschreibt die Verschiebung des *Gleichgewichts*zustandes mit der Temperatur. Wir müssen hier also von *demjenigen* ΔS ausgehen, das durch die Konzentrationsverhältnisse **im Gleichgewicht** festgelegt ist.[16] Im Gleichgewicht ist aber $\Delta G = 0$ und somit $\Delta H = T\Delta S$. Hier haben also ΔH und ΔS *in jedem Fall* gleiches Vorzeichen, so daß der zitierte Widerspruch zwischen den beiden Schlußweisen gar nicht entstehen kann.

[Wegen $\Delta H = T\Delta S$ besagen beide Schlußweisen auch vom **molekularen Modell** her genau das gleiche: Daß ein gegebenes ΔS sich mit steigender Temperatur immer stärker auf das Gleichgewicht auswirkt, beruht darauf, daß in der Nähe des Gleichgewichts zu einem positiven ΔS bei isothermer Reaktion in jedem Fall ein positives ΔH gehört. Der *entropie*reichere Zustand ist also zugleich der *energie*reichere (genauer: enthalpiereichere) Zustand. Bei tieferen Temperaturen ist einfach nicht genügend kinetische Energie der Moleküle vorhanden, um den energiereicheren Zustand stärker zu bevölkern. Darum wirkt er

16 Es ist verhängnisvoll, wenn man an dieser Stelle ΔS mit ΔS^{o} verwechselt. Andererseits besteht zwischen ΔH und ΔH^{o} in idealen Systemen kein Unterschied.

trotz großem Angebot an molekularen Anordnungsmöglichkeiten nicht mehr so attraktiv wie bei höheren Temperaturen. *Darum* also nimmt z.B. mit sinkender Temperatur der Dampfdruck einer Flüssigkeit ab.]

2.) Wir betrachten jetzt ein Konzentrationsverhältnis von Endprodukten und Ausgangsstoffen, das **vom Gleichgewichtsverhältnis stark abweicht**; z.B. sollen alle Reaktionsteilnehmer unter Standardbedingungen vorliegen. In diesem Fall ist $\Delta S = \Delta S^o \neq \Delta H/T$. Es ist jetzt durchaus möglich, daß ΔH und ΔS entgegengesetztes Vorzeichen haben, wie die Beispiele (15.36) bis (15.38) zeigen. Doch auch daraus ergibt sich kein Widerspruch zwischen den beiden Schlußweisen: Wenn nämlich die Triebkraft $-\Delta G^o$ bei Erwärmung zunimmt (was für $\Delta S^o > 0$ der Fall ist), so folgt ja daraus noch nicht, daß auch K zunehmen muß, denn zwischen $-\Delta G^o$ und ln $\{K\}$ steht noch die Temperatur als Faktor: $-\Delta G^o = RT \cdot \ln\{K\}$. Daher könnte K mit wachsendem T auch konstant bleiben oder sogar kleiner werden, ohne daß ein Widerspruch entsteht. Ein Beispiel, bei dem K sich bei Erwärmung nicht ändert, obgleich $\Delta S^o < 0$, ist die Dissoziation von Essigsäure (vgl. die Aufgaben in §14.3 und 15.1.3).

Wenn aber $\Delta H^o > 0$, muß K nach der van't Hoffschen Gleichung bei Erwärmung laufend zunehmen, auch wenn $\Delta S^o = 0$ oder sogar < 0 ist [wie im Beispiel (15.38)]. Besteht da nicht ein Widerspruch zu der anfänglichen Feststellung, daß bei entgegengesetztem Vorzeichen von ΔH^o und ΔS^o niemals $\Delta H^o - T\Delta S^o = \Delta G^o = 0$ und somit $\{K\} = 1$ werden kann?

Anwort: Daß auch hier kein Widerspruch vorliegt, macht man sich am besten anhand von Abb. 14.2 S. 207 klar: Soweit man ln $\{K\}$ als Funktion von $1/T$ als Gerade betrachten kann, hat ln $\{K\}$ für eine endotherme Reaktion einen Grenzwert, der auch bei noch so hoher Temperatur nicht überschritten werden kann: Dieser Grenzwert ergibt sich durch Extrapolation der Gerade bis zum Punkt $1/T = 0$, der einer unendlich hohen Temperatur entsprechen würde.
Wegen

$$\ln\{K\} = \frac{-\Delta G^o}{RT} = \frac{-\Delta H^o}{RT} + \frac{\Delta S^o}{R} \tag{15.39}$$

ist dieser Grenzwert:

$$\lim_{T\to\infty} \ln\{K\} = \frac{\Delta S^o}{R} \tag{15.40}$$

Wenn $\Delta H^o > 0$ und zugleich $\Delta S^o < 0$, bleibt also auch ln $\{\mathrm{K}\} < 0$. Daher kann der Wert ln $\{K\} = 0$ und $\{K\} = 1$ tatsächlich nicht erreicht werden, obwohl K mit steigender Temperatur laufend zunimmt. Man darf also nicht denken, daß man allein durch Erwärmung im Prinzip jede endotherme Reaktion möglich machen könnte.

15.4 Einfluß des Druckes auf die Triebkraft

Ein Beispiel, bei dem eine Reaktionslenkung weder durch Änderung der Konzentrationen (Wegfangen von Endprodukten oder dgl.) noch durch Änderung der Temperatur möglich ist, ist die Umwandlung von Graphit in Diamant unter Standardbedingungen (vgl. Tab. S. 334):

	C(Graphit)	→ C(Diamant)	(15.41)
H_i^B/(kJ mol^{-1})	0	1,896	$\Delta H^o = +1,896$ kJ/mol
S_i^o/(J mol^{-1} K^{-1})	5,694	2,378	$\Delta S^o = -3,316$ J/(mol K)

Bei dieser Reaktion müßte die Enthalpie zunehmen und die Entropie abnehmen. Beide Beiträge zur Triebkraft wirken also in der gleichen Richtung, nämlich im Sinne einer Umwandlung von Diamant in Graphit. Man kann daher die Richtung der Gesamttriebkraft nicht dadurch umkehren, daß man durch Temperaturänderung den entropischen Beitrag verstärkt oder schwächt. Die obige Reaktion ist also unter Standarddruck bei jeder Temperatur unmöglich.

Da nun aber Diamant als metastabiler Stoff in der Natur vorkommt, ist zu vermuten, daß es Bedingungen gibt, unter denen er auch gebildet werden kann. Wie sind diese Bedingungen?

Aus der unterschiedlichen Gitterstruktur[17] ergibt sich für Diamant eine höhere Dichte als für Graphit. Die Dichte von Diamant beträgt $\rho = 3,51$ g/cm^3, die von Graphit $\rho = 2,22$ g/cm^3. Nach der Formel $V_i = M_i/\rho$ mit $M_C = 12$ g/mol erhält man daraus für die Molvolumina $V_{Diamant} = 3,42$ cm^3/mol und $V_{Graphit} = 5,40$ cm^3/mol. Bei der Reaktion (15.41) würde also das Volumen abnehmen:

$$\Delta V = -1,98 \text{ cm}^3\text{/mol}$$

17 Das Kristallgitter des Graphits besteht aus parallelen ebenen Schichten in Abständen von 335 pm (= 3,35 Å). Innerhalb einer Schicht bilden die C-Atome ein Wabennetz von regelmäßigen Sechsecken der Kantenlänge 142 pm, so daß jedes C-Atom mit drei benachbarten C-Atomen in homöopolarer Bindung verknüpft ist. Das vierte Valenzelektron jedes C-Atoms steht – ähnlich wie in kondensierten aromatischen Ringsystemen (Naphthalin, Anthracen, Phenanthren, Coronen) – zur Ausbildung von konjugierten Doppelbindungen zur Verfügung, die über die gesamte Schichtebene des Graphitkriställchens delokalisiert sind. Die entsprechende Delokalisierungsenergie bewirkt, daß Graphit energieärmer als Diamant ist, vgl. §9.5. Die leichte Beweglichkeit dieser Elektronen innerhalb der Schicht und das Verschmelzen ihrer Energieniveaus zum breiten, nur teilweise gefüllten „Leitungsband“ bedingt die hohe elektrische Leitfähigkeit und die schwarze Farbe des Graphits. Zwischen den Schichten bestehen nur schwache van der Waalssche Kräfte, so daß die Schichten leicht aufeinander abgleiten können. Graphit ist darum sehr weich. – Im Kristallgitter des Diamanten ist jedes C-Atom tetraedisch mit vier anderen C-Atomen im Abstand von 154 pm in homöopolarer Bindung verknüpft. Damit sind alle vier Valenzelektronen des Kohlenstoffs verbraucht. Im Gegensatz zum Graphit besitzt also der Diamant keine beweglichen Elektronen, keine Gleitebenen und eine höhere Dichte. Er ist daher nichtleitend, glasklar und besonders hart.

Nach dem Le Chatelierschen Prinzip kann die Umwandlung daher durch eine Erhöhung des Druckes erzwungen werden. Das wird formelmäßig durch Gl. (14.11) beschrieben:

$$\left(\frac{\partial \Delta G}{\partial p}\right)_T = \Delta V$$

Da die beiden festen Stoffe kaum kompressibel sind, so ist ΔV annähernd unabhängig von p, so daß wir in (14.11) für eine Überschlagsrechnung die Differentiale durch Differenzen ersetzen können:

$$\left(\frac{\Delta G(p) - \Delta G(p^\circ)}{p - p^\circ}\right)_T \approx \Delta V \tag{15.42}$$

Den Druck, bei dem Diamant mit Graphit im Gleichgewicht ist, bezeichnen wir mit $p_=$. Für $p = p_=$ wird $\boldsymbol{\Delta G} = 0$. Damit wird aus Gl. (15.42):

$$\left(\frac{0 - \boldsymbol{\Delta} G(p^\circ)}{p_= - p^\circ}\right)_T \approx \boldsymbol{\Delta V}$$

Durch Auflösen nach $p_=$ erhält man für den Gleichgewichtsdruck bei der Temperatur T:

$$p_=(T) \approx p^\circ - \frac{\boldsymbol{\Delta} G(p^\circ, T)}{\boldsymbol{\Delta V}} \tag{15.43}$$

$p_=$ ist der äußere Druck, der überschritten werden muß, damit eine Umwandlung von Graphit in Diamant thermodynamisch möglich wird.

Da die chemischen Potentiale der beiden reinen, festen Stoffe unter einem äußeren Druck von 1 p° die Standardpotentiale darstellen, so ist in diesem Fall die Größe $\Delta G(p^\circ)$ in (15.43) mit dem ΔG° zu identifizieren, das wir auf die übliche Weise berechnen können. Für Normaltemperatur ergibt sich aus den Werten der Tabelle:

$$\Delta G^\circ (298 \text{ K}) = [1896 - 298 \cdot (-3{,}316) = 2884] \text{ J/mol}$$

Damit erhält man aus (15.43) mit $\boldsymbol{\Delta} V = -1{,}98 \cdot 10^{-6}$ m^3/mol und 1 J/m^3 = 1 N/m^2 ≡ 1 Pa für den Gleichgewichtsdruck bei Normaltemperatur näherungsweise[18]

$$p_=(298 \text{ K}) \approx 1{,}46 \cdot 10^9 \text{ Pa} = 1{,}44 \cdot 10^4\, p^\circ .$$

Praktisch wird die Diamantsynthese bei erhöhter Temperatur und entsprechend noch höherem Druck durchgeführt.

Frage: Wird die Reaktionslenkung durch Druckerhöhung über den energetischen Beitrag oder über den entropischen Beitrag zur Triebkraft bewirkt?

Antwort: Wenn das Volumen der einzelnen Reaktionsteilnehmer praktisch unabhängig vom Druck ist, dann ist auch der Ordnungszustand und damit ihre Entropie unabhängig vom Druck. Somit hat der Druck auch auf $\Delta S = \Sigma \nu_i S_i$ keinen Einfluß. Dagegen wird in $\Delta H_{p,T} = \Delta U_{p,T} + p\Delta V_{p,T}$ das zweite Glied proportional mit p zunehmen, falls $\Delta V_{p,T}$ unabhängig von p ist. Die Druckerhöhung wirkt sich also in diesem Fall nur auf den energetischen (eigentlich „enthalpischen") Beitrag zur Triebkraft aus.[19]

Der Einfluß des Druckes auf *Gas*gleichgewichte wurde bereits in §14.4 im Zusammenhang mit dem Le Chatelierschen Prinzip am Beispiel der Ammoniaksynthese diskutiert.

18 Eine genauere Rechnung (unter Berücksichtigung der Kompressibilität von Graphit) liefert einen um 12 % höheren Wert.

19 Diese Aussage läßt sich *nicht* verallgemeinern. Bei Reaktionen zwischen idealen Gasen ist es nämlich gerade umgekehrt: Dort ist ΔH unabhängig, aber ΔS stark abhängig von p.

16 Einfluß des Molekülbaus auf das chemische Gleichgewicht

Der Nutzen der Thermodynamik für den Chemiker wird besonders eindrucksvoll, wenn man die Unterschiede thermodynamischer Tabellenwerte der Stoffe aufgrund ihrer molekularen Struktur verstehen kann. In diesem Kapitel soll davon die Rede sein, wie die Triebkraft einer Reaktion von der *Form* und *Struktur* der Moleküle und von ihren *Substituenten* abhängt. Diese Abhängigkeit kann durch sterische oder durch elektronische Effekte bedingt sein.

Bei den **sterischen Effekten** kann man Einflüsse auf die Entropie und auf die Energie des Moleküls unterscheiden. Die *Entropie* eines Moleküls wird durch seine Struktur vor allem dadurch beeinflußt, daß ***innere Rotationen*** in der einen Struktur möglich, in der anderen *nicht* möglich sind (Abschnitte 16.2 und 16.3). Die *Energie* eines Moleküls hängt von sterischen Einflüssen ab, wenn in der Molekülstruktur nicht genügend Platz vorgegeben ist, daß alle Atome des Moleküls ihre natürlichen Größen und ***Bindungswinkel*** einnehmen können (Abschnitt 16.3). Es ist aber auch möglich, daß Dissoziationsgleichgewichte allein durch Veränderung der *äußeren Molekülform* beeinflußt werden, *ohne daß die Struktur des Moleküls geändert wird* (*cis-trans*-Isomerie). Dieser einfachste Fall soll im folgenden zuerst behandelt werden (Abschnitt 16.1).

Bei den **elektronischen Effekten** unterscheidet man induktive (Abschnitt 16.4) und mesomere Effekte (Abschnitte 9.5 und 16.5). ***Mesomere Effekte*** beruhen darauf, daß durch eine Delokalisierung der π-Elektronen eine Verminderung der Gesamtenergie des Moleküls erreicht wird. Hierbei kann die *Einführung eines bestimmten Substituenten* noch an weit entfernten Stellen des Moleküls örtlich periodische Ladungsdichtemaxima und -minima verursachen, die sich z.B. auf Protonendissoziationsgleichgewichte auswirken. Bei den ***induktiven Effekten*** handelt es sich dagegen um Ladungsdichteverschiebungen von kurzer Reichweite, die von einem Substituenten ausgehen.

16.1 *cis-trans*-Isomerie

Während um eine *einfache* C–C-Bindung als Achse eine Drehung der beiden Teile eines Moleküls gegeneinander möglich ist (*innere Rotation*), ist eine C=C-*Doppelbindung nicht frei drehbar*. Drei der vier Valenzelektronen von jedem der beiden C-Atome einer C=C-Doppelbindung bilden „*σ-Bindungen*“ aus, d.h., die Ladungsdichteverteilung dieser Valenzelektronen ist rotationssymmetrisch um die jeweilige Bindungsachse. Diese Bindungen bilden Winkel von jeweils 120° miteinander und liegen alle in einer Ebene. Die beiden vierten Valenzelektronen bilden eine „*π-Bindung*“ zwischen den beiden C-Atomen aus; eine solche Bindung besitzt zwei Ladungsschwerpunkte, die oberhalb und unterhalb der Ebene der σ-Bindungen liegen (Abb. 16.1). Auf diese Weise sind die vier H-Atome oder andere Substituenten eines Ethylenmoleküls in einer Ebene fixiert und können nicht gegeneinander verdreht werden.

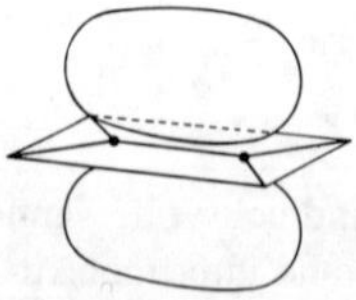

Abb. 16.1. Zwei durch eine Doppelbindung miteinander verknüpfte C-Atome besitzen für weitere Bindungspartner zusammen 4 σ-Bindungen, die in die Ecken eines Rechtecks weisen. Die π-Bindung besteht aus zwei Elektronenwolken, von denen die eine über und die andere unter der Rechteckebene liegt.

Wir betrachten die einfachste Dicarbonsäure mit einer C=C-Doppelbindung. Von dieser sind zwei isomere Formen möglich, je nachdem, ob die beiden Carboxylgruppen einander räumlich nahe sind („*cis*", lat. diesseits) oder einander diametral gegenüberliegen („*trans*", lat. jenseits):

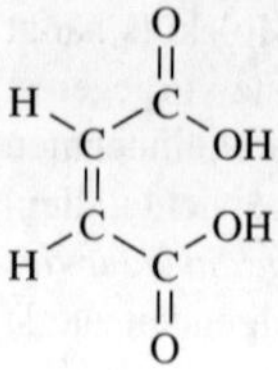

cis-Form
(Maleinsäure)

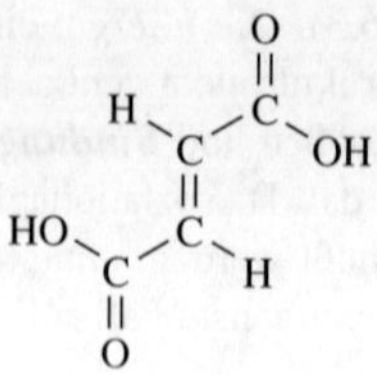

trans-Form
(Fumarsäure)

Man spricht von „***cis-trans-Isomerie***" (auch: „***geometrische Isomerie***"). Dieses ist eine Form von Stereoisomerie[1] ohne optische Aktivität, da sich die beiden Moleküle nicht wie Bild und Spiegelbild verhalten, sondern in sich selbst bereits mindestens eine Spiegelebene besitzen (hier die Zeichenebene). Die beiden Moleküle haben ganz verschiedene Form und entsprechend verschiedene physikalische und chemische Eigenschaften.

Die räumliche Nähe der beiden Carboxylgruppen in der Maleinsäure[2] wird dadurch bewiesen, daß Maleinsäure sehr leicht (schon durch Erhitzen auf 100 °C im Vakuum) unter Wasserabspaltung in das Säureanhydrid übergeht und daß dieses mit kaltem Wasser wieder reine Maleinsäure bildet:

1 Zwei ***isomere Stoffe*** haben nach Definition dieselbe Bruttoformel, aber unterschiedliche Anordnung der Atome im Molekül. Man unterscheidet „***Strukturisomerie***" und „***Stereoisomerie***" (auch: „Raumisomerie"). Zwei strukturisomere Moleküle haben unterschiedliche Struktur. Zwei stereoisomere Moleküle haben dagegen die gleiche „***Struktur***"; damit ist gemeint, daß jeweils zwei analoge Atome auch gleiche Nachbaratome haben, nur stehen diese nicht in gleichen Richtungen, sondern sind räumlich verschieden angeordnet. Stereoisomerie kann in ***cis-trans-Isomerie*** und ***optische Isomerie*** (vgl. §12.1.6) unterteilt werden.

2 Die Vokale e und i in „Maleinsäure" werden getrennt gesprochen, was gelegentlich durch einen zweiten Punkt über dem i (*Trema*) zum Ausdruck gebracht wird.

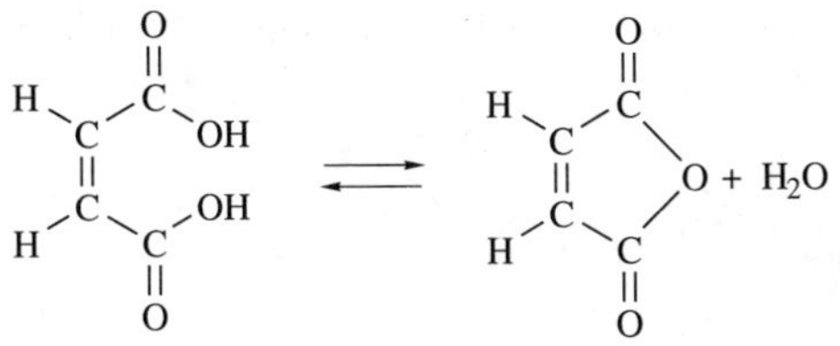

Maleinsäure Maleinsäureanhydrid

Aus Fumarsäure entsteht das gleiche Anhydrid erst bei sehr viel höherer Temperatur unter Umlagerung und teilweiser Zersetzung.

Erhitzt man Maleinsäure im zugeschmolzenen Glasrohr (also ohne daß Wasser entweichen kann), so schmilzt sie bei 140 °C und lagert sich bei weiterem Erhitzen (ca. 200 °C) in Fumarsäure um, die in ganz reiner Form erst bei 301 °C schmilzt und sich dabei teilweise in Maleinsäure bzw. das Anhydrid zurückverwandelt.

Bei Zugabe von Katalysatoren (HBr oder I_2) wandelt sich Maleinsäure bereits bei Zimmertemperatur in Fumarsäure um. Letztere ist also im kristallisierten Zustand bei Normaltemperatur thermodynamisch stabiler als Maleinsäure.

Einige thermodynamische Meßwerte der beiden Säuren sind in Tabelle 16.1 zusammengestellt.

Tabelle 16.1. Thermodynamische Daten von Maleinsäure und Fumarsäure

$C_4H_4O_4$	Maleinsäure	Fumarsäure
Verbrennungswärme [kJ/mol]	1358	1335
Dichte [g/cm^3]	1,590	1,635
Schmelzpunkt [°C]	140	301
Löslichkeit in Wasser bei 25 °C [mol/l]	6,79	$6{,}0 \cdot 10^{-2}$
pK_1	1,92	3,02
pK_2	6,22	4,39

Vom molekularen Modell her ist von vornherein einleuchtend, daß die gestreckten Fumarsäuremoleküle sich im Kristall gegenseitig stärker aneinander festhalten als die in sich zusammengekrümmten Maleinsäuremoleküle. Dies wird durch Vergleich der Schmelzpunkte, Löslichkeiten, Dichten und Verbrennungswärmen bestätigt.

Wie aus den unterschiedlichen Verbrennungswärmen hervorgeht, ist ***kristallisierte Fumarsäure*** um 23 kJ/mol ***energieärmer*** (stabiler) ***als Maleinsäure***. Der Unterschied beruht zum großen Teil darauf, daß die zwischenmolekularen Wechselwirkungsenergien bei der *trans*-Form größer sind als bei der *cis*-Form.[3] Diese Wechselwirkungsenergien beruhen

3 Daneben leisten auch innermolekulare sterische Verformungsenergien bei der *cis*-Form einen Beitrag zu der Enthalpiedifferenz.

hauptsächlich auf *Wasserstoffbrückenbindungen* zwischen den Carboxylgruppen benachbarter Moleküle:

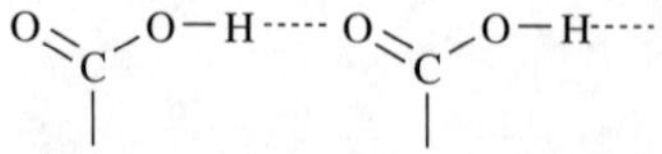

Bei der *cis*-Form sind die zwischenmolekularen Wechselwirkungen geringer, weil die beiden Carboxylgruppen eines Moleküls sich gegenseitig teilweise nach außen hin abschirmen. Die größeren zwischenmolekularen Wechselwirkungskräfte der Fumarsäure kommen auch in den kleineren mittleren Molekülabständen (***höhere Dichte***) und dem ***höheren Schmelzpunkt*** zum Ausdruck: Bei der Schmelztemperatur muß die kinetische Energie der thermischen Molekularbewegung ($\sim T$) gerade zur Überwindung der Wechselwirkungskräfte ausreichend sein; darum sollte die absolute Schmelztemperatur T_E ungefähr der Schmelzenthalpie $\Delta H_{f \to fl}$ proportional sein. (Die Schmelzentropie $\Delta S_{f \to fl} = \Delta H_{f \to fl}/T_E$ sollte also für beide Stoffe in der gleichen Größenordnung liegen. Näheres in §17.1) Auch die 100mal ***kleinere Wasserlöslichkeit*** von Fumarsäure wird durch das stabilere Kristallgitter qualitativ erklärt.

Die in der Tabelle angegebenen p*K*-Werte stellen die negativen dekadischen Logarithmen der ***Säuredissoziationskonstanten*** für die ***erste*** bzw. ***zweite Dissoziationsstufe*** dar. Also ist

$$\frac{c_{H^+} \cdot c_{HMal^-}}{c_{H_2Mal(aq)}} = 10^{-1,92}\ \text{M} \quad \text{und}$$

$$\frac{c_{H^+} \cdot c_{Mal^{2-}}}{c_{HMal^-}} = 10^{-6,22}\ \text{M},$$

wenn wir die undissoziierte gelöste Maleinsäure mit $H_2Mal(aq)$ symbolisieren. Der p*K*-Wert ist also gleich demjenigen pH-Wert, bei dem die Konzentrationen an dissoziierter und undissoziierter Form jeweils gleich groß sind. An diesen Zahlenwerten läßt sich besonders schön der ***Einfluß der Molekülform auf das Gleichgewicht*** (hier das Säuredissoziationsgleichgewicht) studieren: Es ist eine allgemeine Regel, daß bei mehrbasischen Säure der p*K*-Wert der zweiten Stufe größer ist als der der ersten, d.h., daß die Abspaltung des zweiten Protons höhere pH-Werte erfordert. Dies erklärt sich zwanglos aus dem Coulombschen Gesetz, da ja das zweite abzutrennende Proton von einer größeren negativen Ladung des Anions festgehalten wird. Aus der Tabelle geht nun hervor, daß der ***Unterschied zwischen den pK-Werten der ersten und der zweiten Stufe für die Maleinsäure viel größer als für die Fumarsäure*** ist. Offensichtlich beeinflussen sich die beiden Carboxylgruppen nicht nur induktiv über den Molekülrumpf, sondern rein äußerlich durch ihre ***räumliche Nähe***.

Die **Abspaltung des ersten Protons** ist bei der Maleinsäure im Vergleich zur Fumarsäure offenbar merklich erleichtert (ihr pK_1-Wert ist nämlich kleiner), so daß die Maleinsäure bei gleicher Konzentration stärker dissoziiert. Deutung: Das zurückbleibende Proton der zweiten Carboxylgruppe wirkt bei der Maleinsäure durch seine räumliche Nähe abstoßend auf das abdissoziierende Proton:

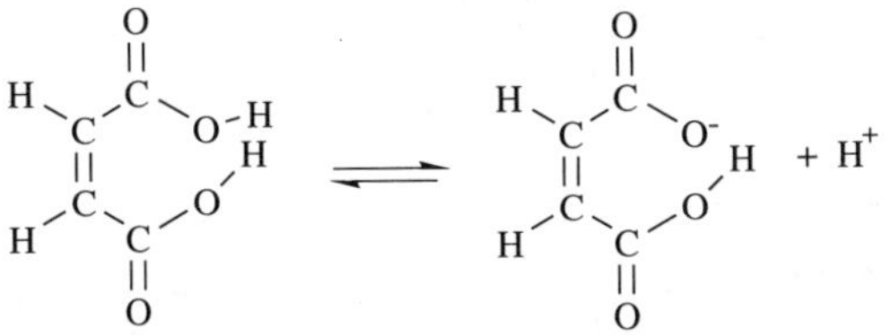

(16.1)

Die **Abspaltung des zweiten Protons** ist dagegen bei der Maleinsäure offenbar erheblich erschwert (ihr pK_2-Wert ist nämlich größer als der der Fumarsäure). Deutung: Das letzte Proton wird durch die verdoppelte Anziehung der beiden COO^--Gruppen stärker festgehalten.

Die Verschiedenheit der pK-Werte von Maleinsäure und Fumarsäure kann als Modell zur Deutung der ***Veränderung von* pK*-Werten*** dienen, die ***bei Konformationsänderungen in biologischen Membranen*** beobachtet werden[4].

Aufgabe: Zur Veranschaulichung der vorangehenden Diskussion berechne man die Gibbs-Bildungsenergien für 25 °C von Maleinsäure (H_2Mal) und Fumarsäure (H_2Fum) im festen Zustand sowie in wäßriger Lösung in den drei (hypothetischen) Standardzuständen „undissoziiert", „einfach dissoziiert" und „zweifach dissoziiert" und trage diese acht Energieniveaus in ein Diagramm ein!

Anleitung: Man berechne zunächst die beiden G_1^B-Werte für den festen Zustand nach Gl. (13.3) aus den Daten der Tabelle S. 334. Von hier aus erhält man die jeweilige Differenz zum undissoziierten Standardzustand in wäßriger Lösung z.B. nach der Gleichung:

$$\Delta G^o\,[\mathrm{H_2Mal(f)} \rightarrow \mathrm{H_2Mal(aq)}] = -RT \ln \{c_=\} \qquad (16.2)$$

Darin ist $c_=$ die Konzentration an undissoziierter Maleinsäure im Gleichgewicht mit festem Bodenkörper. Man erhält $c_=$, indem man von der (in der Tabelle 16.1 angegebenen) Gesamtlöslichkeit c_S den Anteil αc_S der dissoziierten Moleküle subtrahiert. (Man gewinnt den Dissoziationsgrad α durch Auflösen von Gl. (11.73) mit $c = c_S$, indem man für K die Dissoziationskonstante der ersten Stufe einsetzt). Mit den in Tabelle 16.1 angegebenen pK-Werten gelangt man vom undissoziierten Standardzustand schrittweise zum einfach und zweifach dissoziierten Standardzustand, z.B.:

$$\Delta G^o\,[\mathrm{H_2Mal(aq)} \rightarrow \mathrm{H^+} + \mathrm{HMal^-}] = -RT \ln \{K_1\} = +RT \ln 10 \cdot \mathrm{p}K_1 \qquad (16.3)$$

Das Ergebnis ist in Abb. 16.2 dargestellt.

Aus diesem Diagramm kann man als Differenz von jeweils zwei Niveaus weitere ΔG^o-Werte ablesen und diskutieren. So ist z.B. das ΔG^o des Auflösungsvorgangs für H_2Fum positiv (infolge der starken zwischenmolekularen Wechselwirkung), für H_2Mal dagegen negativ, so daß die Gibbs-Energie-Differenz zwischen Fumarsäure und Maleinsäure im undissoziierten gelösten Zustand kleiner ist als im festen Zustand. Im einfach dissoziierten Zustand ist die Gibbs-Energie-Differenz zwischen Fumarsäure und Maleinsäure nochmals verkleinert; offenbar reicht aber die Anziehungsenergie des verbliebenen Protons auf die benachbarte COO^--Gruppe im Maleinsäuremolekül nicht aus, um die Abstoßung der Carboxylgruppen ganz zu kompensieren und das Niveau von $HMal^-$ unter dasjenige von $HFum^-$ abzusenken. Zur Umwandlung von Fumarsäure in Maleinsäure wäre also immer noch eine Zufuhr an Freier Energie erforderlich[5]. Im zweifach dissoziierten Zustand ist der Gibbs-Energie-Unterschied zwischen Fumarsäure und Maleinsäure wieder wesentlich größer, was durch die Coulombsche Abstoßung der beiden COO^--Gruppen erklärt wird.

4 Vgl. R. Reich und H.M. Emrich, Pflügers Arch. 364, 23-28 (1976).

5 Eine solche kann durch Bestrahlung mit ultraviolettem Licht erfolgen: Auf diese Weise kann Fumarsäure in wäßriger Lösung bei 50 °C zu 75 % in Maleinsäure umgelagert werden.

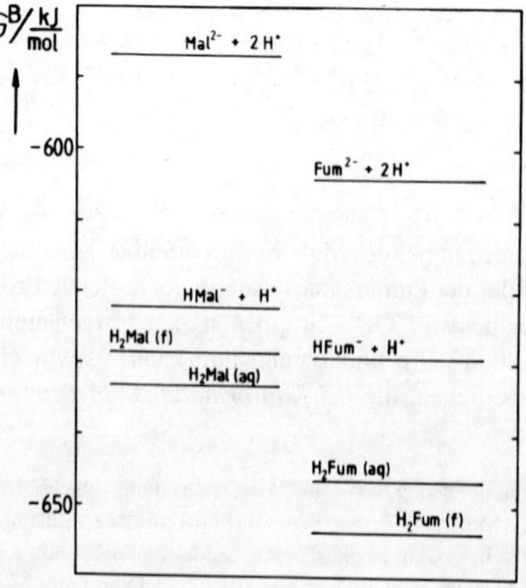

Abb. 16.2. Normal-Gibbs-Bildungsenergien von Maleinsäure und Fumarsäure im festen Zustand und in den verschiedenen Dissoziationszuständen in wäßriger Lösung.

16.2 Innere Rotation

Es soll die Gleichgewichtskonstante für die Umwandlung von n-Butan in Isobutan berechnet und diskutiert werden:

$$\underset{\text{n-Butan}}{CH_3CH_2CH_2CH_3\ (g)} \rightleftharpoons \underset{\text{Isobutan}}{CH_3\underset{\displaystyle CH_3}{\underset{|}{C}}HCH_3\ (g)} \qquad (16.4)$$

Zwar sind keine Versuchsbedingungen bekannt, unter denen speziell nur diese Isomerisierungsreaktion stattfindet, aber das Konzentrationsverhältnis dieser beiden Stoffe innerhalb des Crack-Gasgemisches ist trotzdem von Interesse.

Die thermische Umwandlung (*Cracken*) von Paraffinkohlenwasserstoffen zwischen 300 und 600 °C verläuft nicht nach einfachen Reaktionsgleichungen, sondern es können dabei im Prinzip alle erdenklichen Kohlenwasserstoffe entstehen: Die durch Spaltung einer längeren Kohlenwasserstoffkette entstehenden Alkylbruchstücke können Olefine bilden oder sich auch zu verzweigten Ketten oder ringförmigen Kohlenwasserstoffen vereinigen.[6] Bei Einstellung eines *allgemeinen thermodynamischen Gleichgewichts* zwischen den anwesenden Molekülen kann man *für jede* zwischen ihnen *denkbare chemische Reaktion eine Gleichgewichtskonstante* formulieren und auf die übliche Weise aus den Enthalpien und Entropien der Reaktionspartner berechnen. Dabei spielt es gar keine Rolle, daß daneben

6 Siehe Näheres z.B. im Lehrbuch der Organischen Chemie von L.F. Fieser und M. Fieser, Verlag Chemie, Weinheim 1968.

noch viele andere Gleichgewichte mit anderen Molekülen existieren. Es ist auch belanglos, ob die betreffende Reaktion auf direktem Wege oder über beliebig viele Zwischenprodukte realisiert werden kann. Wichtig ist nur, daß die Reaktion unter den gegebenen thermischen und katalytischen Bedingungen in beiden Richtungen mit der nötigen Geschwindigkeit überhaupt irgendwie möglich ist, so daß das Gleichgewicht innerhalb der Versuchszeit wirklich eingestellt ist.

Aus der Tabelle S. 334 ergibt sich für die Reaktion (16.4) bei Normaltemperatur:

$$\Delta H^o_{298} = -6{,}87 \text{ kJ/mol} \qquad \Delta S^o_{298} = -15{,}4 \text{ J/(mol K)}$$

$$\Delta G^o_{298} = \Delta H^o_{298} - 298 \text{ K} \cdot \Delta S^o_{298} = -2{,}28 \text{ kJ/mol} \quad \text{und damit}$$

$$(p_{\text{Isobutan}}/p_{\text{n-Butan}})_{=} \equiv K = \mathrm{e}^{-\Delta G^o/RT} = 2{,}5$$

Da die Reaktion schwach exotherm ist, verschiebt sich das Gleichgewicht mit steigender Temperatur nach links. Für 300 °C (≙ 573 K) würde man aus der Ulichschen Näherung als Abschätzung erhalten:

$$\Delta G^o_{573} \approx \Delta H^o_{298} - 573 \text{ K} \cdot \Delta S^o_{298} = +1{,}95 \text{ kJ/mol}$$

und

$$K = \mathrm{e}^{-\Delta G^o/RT} = 0{,}66$$

Die Entropie nimmt bei der Reaktion ab. Man kann das im molekularen Bild so erklären, daß n-Butan mehr unterscheidbare Anordnungsmöglichkeiten besitzt, weil die beiden Molekülhälften um die mittlere C–C-Bindung als Achse gegeneinander rotieren können, („***Innere Rotation***“, vgl. Abb. 16.3). Im Isobutanmolekül dagegen gibt es nur eine einzige räumliche Anordnung der 4 C-Atome relativ zueinander. Lediglich die relative Lage der H-Atome kann durch innere Rotation der CH_3-Gruppen gegen das Restmolekül noch variiert werden, jedoch ergeben sich dabei nicht so viele unterscheidbare Anordnungsmöglichkeiten, zumal die drei H-Atome jeweils ununterscheidbar sind.

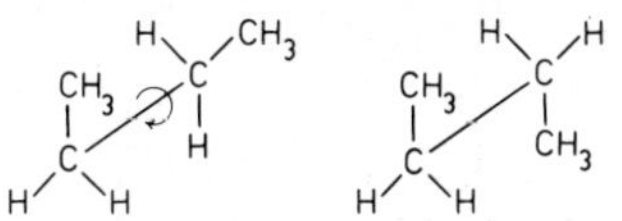

Abb. 16.3. Innere Rotation um die mittlere C–C-Bindung eines n-Butanmoleküls führt zu verschiedenen Konformationen.

Die inneren Rotationen um C–C-Bindungen sind nicht völlig ungehindert, da die Substituenten van der Waalssche Wechselwirkungskräfte aufeinander ausüben, so daß die verschiedenen Stellungen nicht die gleiche potentielle Energie haben. So ist in Abb. 16.3 die linke *Konformation* infolge der van der Waalsschen Abstoßung der CH_3-Gruppen etwas energiereicher als die rechte. Sogar bei der inneren Rotation eines Ethanmoleküls (Abb. 16.4) sind noch geringfügige Energieberge zu überwinden. Man bezeichnet die energiereichere, linke Konformation des Ethanmoleküls in Abb. 16.4 als „***ekliptisch***“ (engl. *eclipsed*), die stabilere, rechte Konformation als „***gestaffelt***“ (engl. *staggered*). Für das n-Butanmolekül kann man noch zwischen einer „*schief gestaffelten*“ (Abb. 16.3, links) und der „*gegenständig gestaffelten*“ Konformation (Abb. 16.3, rechts) unterscheiden.

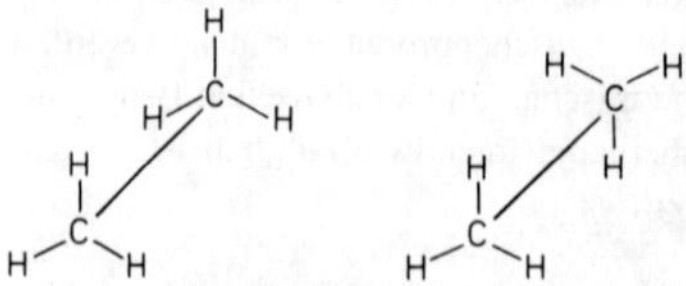

Abb. 16.4. Ekliptische (links) und gestaffelte Konformation (rechts) eines Ethanmoleküls.

Im allgemeinen ist der ekliptische Energieberg klein gegen die thermische Energie, so daß die verschiedenen gestaffelten Konformationen sich beliebig ineinander umwandeln können. Bei der Rotation um eine R-CH_3-Bindung sind die drei gestaffelten Konformationen ununterscheidbar. Somit gibt es beim n-Butan drei unterscheidbare gestaffelte Konformationen, beim Isobutan dagegen nur eine.

Zusätzlich wird der Entropieunterschied der Reaktion (16.4) dadurch bedingt, daß eine CH_3-Gruppe ein kleineres *Trägheitsmoment J* als eine CH_2R-Gruppe besitzt und daher nach der Quantentheorie einen geringeren Beitrag zur Entropie liefert, da ihre *Rotation erst bei höheren Temperaturen angeregt* wird. [In Gl. (12.60) wächst die Rotationsentropie mit $R \cdot \ln J$.]

Die inneren Rotationen liefern auch einen Beitrag zum *Enthalpie*unterschied zwischen n-Butan und Isobutan: Da beide Moleküle 4 C–C-Bindungen und 10 C–H-Bindungen enthalten, so würde man aus den Bindungsenthalpien im Modell keinerlei Enthalpiedifferenz errechnen. Bei der Erwärmung von $T = 0$ an nimmt aber das n-Butan (g) zunächst mehr Wärme auf als das Isobutan (g), dessen innere Rotationen erst bei etwas höheren Temperaturen angeregt werden. Erst bei höheren Temperaturen werden die Molwärmen beider Gase etwa gleich groß. Die von tieferen Temperaturen her vorhandenen Enthalpie- und Entropieunterschiede bleiben aber bei weiterer Erwärmung erhalten.

16.3 Ringschlußreaktionen

16.3.1 Cycloalkane

Bei der thermischen Umwandlung von gasförmigen Kohlenwasserstoffen ist unter anderem auch die Bildung von Cyclohexan aus 1-Hexen beobachtet worden:

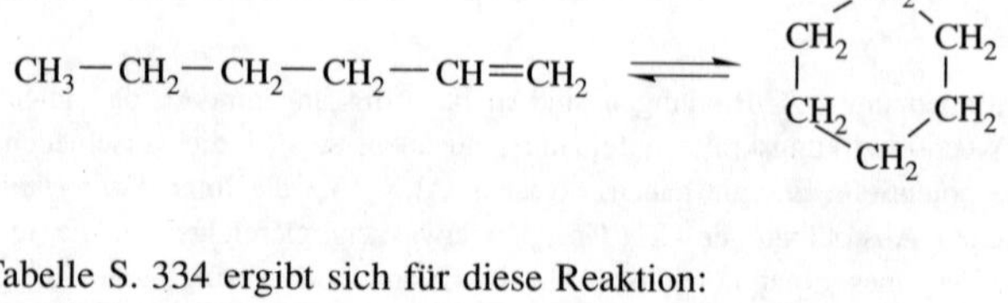

(16.5)

Aus der Tabelle S. 334 ergibt sich für diese Reaktion:

$$\Delta H^{\circ} = -81,4 \text{ kJ/mol} \quad \text{und} \quad \Delta S^{\circ} = -87,8 \text{ J/(mol K)}$$

Damit erhält man als Abschätzung für die Reaktionstemperatur von 300 °C ≙ 573 K:

$$\Delta G^{\circ}_{573} \approx \Delta H^{\circ}_{298} - 573\ \text{K} \cdot \Delta S^{\circ}_{298} = -31,1\ \text{kJ/mol}$$

$$\text{und} \quad K = \mathrm{e}^{-\Delta G^{\circ}/RT} = 6,8 \cdot 10^{2}$$

Obgleich die Ordnung bei der Reaktion (16.5) infolge Verminderung der Anzahl möglicher Konformationen zunimmt (ΔS° ist negativ), ist ΔG° bei 573 K noch negativ, d.h., *das Gleichgewicht liegt günstig für die Bildung von Cyclohexan.*

Bei einer Ringschlußreaktion nach Art von Gl. (16.5) entstehen (unabhängig von der Kettenlänge) zwei neue C–C-Einfachbindungen, während eine C=C-Doppelbindung verschwindet. Dementsprechend könnte man die Reaktionsenthalpie im Prinzip nach der Formel

$$\Delta H = 2\ H_{\text{C–C}} - H_{\text{C=C}}$$

berechnen. Um dabei den richtigen, oben angegebenen Wert zu erhalten, muß man für die endständige C=C-Doppelbindung mit einer Enthalpie von $H_{\text{C=C}} = -599$ kJ/mol rechnen, die zwischen den beiden in §9.2 angegebenen (für Ethylen bzw. cis-2-Buten gültigen) Werten liegt.

Um die Gleichgewichtskonstanten für die analoge Cyclisierung von kürzeren und längeren Kohlenwasserstoffketten abzuschätzen, muß man berücksichtigen, daß die *übrigen* Cycloalkane (außer Cyclohexan) zusätzlich zu ihren Bindungsenthalpien noch potentielle Energie besitzen, die man der sogenannten *„**Ringspannung**"* zuschreibt. [Die vorstehende Gleichung muß daher um ein Zusatzglied $U_{\mathrm{i}}^{\mathrm{Ring}}$ erweitert werden, s.u. Gl. (16.8).] Diese Ringspannung äußert sich bei der Verbrennung des Cycloalkans in einer vergrößerten Verbrennungswärme. In Tabelle 16.2 sind die negativen Verbrennungsenthalpien $-\Delta H^{\mathrm{V}}$ der Cycloalkane C_nH_{2n} durch die jeweilige Zahl n der CH_2-Gruppen dividiert und mit dem Wert für Cyclohexan (n=6) verglichen.

Tabelle 16.2. Molare Verbrennungsenthalpien pro CH_2-Gruppe von Cycloalkanen verschiedener C-Atomzahl n und Abweichungen vom Wert des spannungsfreien Cyclohexanringes

n	$\frac{-\Delta H^{\mathrm{V}}/\mathrm{n}}{\mathrm{kJ/mol}}$	$\frac{-\Delta H^{\mathrm{V}}/\mathrm{n}}{\mathrm{kJ/mol}} - 658,6$	n	$\frac{-\Delta H^{\mathrm{V}}/\mathrm{n}}{\mathrm{kJ/mol}}$	$\frac{-\Delta H^{\mathrm{V}}/\mathrm{n}}{\mathrm{kJ/mol}} - 658,6$
3	697,1	38,5	9	664,4	5,8
4	686,0	27,4	10	663,6	5,0
5	664,0	5,4	11	662,7	4,1
6	658,6	0	12	659,8	1,2
7	662,3	3,7	14	658,6	0,0
8	663,6	5,0	∞	658,6	0,0

Der Wert für *Cyclohexan* (658,6 kJ/mol) nimmt insofern eine *Sonderstellung* ein, als er mit der Verbrennungswärme pro CH_2-Gruppe von offenkettigen Alkanen (n = ∞)

übereinstimmt. Für n $\neq$ 6 ergeben sich dagegen Abweichungen der Verbrennungswärme pro CH_2-Gruppe. Diese *Abweichungen* ($-\Delta H^V/n - 658{,}6$ kJ/mol) sind ein *Maß für die Größe der Ringspannung*. Die durch die Ringspannung bedingte Erhöhung U_i^{Ring} der molaren Inneren Energie des ganzen Ringmoleküls ist das n-fache dieser Abweichung:

$$U_i^{Ring} = n \cdot (-\Delta H^V/n - 658{,}6 \text{ kJ/mol}) \tag{16.6}$$

Molekulare Ursachen der Ringspannung:

Die vier gleichwertigen Valenzen eines C-Atoms weisen normalerweise in Richtung der Spitzen eines regelmäßigen Tetraeders (Abb. 16.5). Aus diesem Modell ergibt sich zwischen zwei Valenzen ein Winkel von 109 °28'. Die aus der Tabelle ablesbare Ringspannung für n<6 beruht nach A.v. Baeyer zum großen Teil darauf, daß dieser *Modellwinkel deformiert* wird (*„**Baeyer-Spannung**"*).

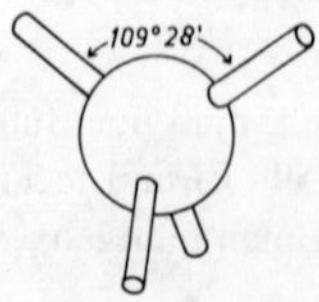

Abb. 16.5. Modell für die Richtungen der vier Valenzen eines Kohlenstoffatoms.

Der Winkel im regelmäßigen Fünfeck beträgt 108 °, was gegenüber 109 °28' noch keine sehr wesentliche Abweichung bedeutet. Die Erhöhung der Verbrennungswärme pro CH_2-Gruppe beträgt daher für n=5 nur 5,4 kJ/mol. Für n=4 und n=3 ist die Winkelabweichung und damit zugleich die Erhöhung der Verbrennungswärme wesentlich größer.

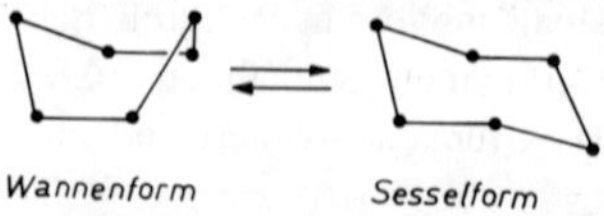

Abbildung 16.6. Konformationen des Cyclohexans.

Für n=6 (Cyclohexan) kann der spannungsfreie Winkel von 109 °28' durch zwei Modelle realisiert werden, die als *„Sesselform"* und *„Wannenform"* bezeichnet werden (Abb. 16.6). Die beiden Formen können sich bei Zimmertemperatur sehr leicht ineinander umwandeln, so daß man sie nicht getrennt isolieren kann. In der Sesselform stehen die Valenzen aller 6 C-Atome gestaffelt. In der Wannenform sind dagegen die Valenzen an den 4 „Füßen" der „Wanne" in ekliptischen Stellungen fixiert (vgl. Abbn. 16.6 und 16.4), was aufgrund der van der Waalsschen Abstoßung zu einer um ca. 35 kJ/mol erhöhten Energie führt. (Daher liegt im Gleichgewicht bei 25 °C nach dem Boltzmannschen e-Satz nur ein verschwindend kleiner Bruchteil des Cyclohexans in der Wannenform vor.) Derartige Energieerhöhungen infolge van der Waalsscher Abstoßung zwischen ekliptischen H-Atomen oder Substituenten werden als *„**Pitzer-Spannung**"* bezeichnet. Die Pitzer-Spannung trägt bei den Ringen mit 3 bis 5 C-Atomen neben der Baeyer-Spannung ebenfalls zur Erhöhung der Verbrennungswärme pro CH_2-Gruppe bei. Bei den Ringen mit mehr als 6 C-Atomen ist sie die alleinige Ursache dafür (vgl. Tabelle 16.2).

Analog der Reaktion (16.5) soll nun die Cyclisierung einer Kohlenwasserstoffkette mit n C-Atomen betrachtet werden:

$$\text{1-Alken} \rightleftharpoons \text{Cycloalkan} \tag{16.7}$$

Die Reaktionsenthalpie kann man abschätzen, indem man zu der Differenz der spannungsfreien Bindungsenthalpien die zusätzliche Ringspannungsenergie U_i^{Ring} nach (16.6) addiert:

$$\Delta H = 2\ H_{C–C} - H_{C=C} + U_i^{Ring} \tag{16.8}$$

Zur Abschätzung der Reaktionsentropie kann man von dem bekannten ΔS^o-Wert von –87,8 J/(mol K) für die Cyclohexanbildung nach (16.5) ausgehen. Man kann näherungsweise annehmen, daß dieser Wert allein dadurch zustandekommt, daß die inneren Rotationen des 1-Hexen-Moleküls durch den Ringschluß unmöglich werden. Da eine Doppelbindung nicht frei drehbar ist, so sind für das 1-Hexen [vgl. Gl. (16.5)] innere Rotationen um eine CH_3–R-Bindung und um drei R–R'-Bindungen möglich (wobei R und R' größere Reste als CH_3 sein sollen). Wenn man die Entropiebeiträge aller R–R'-Bindungen als annähernd gleich groß annimmt[7], dann ist also näherungsweise:

$$3\ S_{R–R'} + S_{CH_3–R} \approx +87,8\ \text{J/(mol K)}$$

Andererseits beruht die Entropieänderung bei der Isomerisierung von n-Butan nach (16.4) [$\Delta S^o = -15,4$ J/(mol K)] auf der Entstehung einer CH_3-R-Bindung anstelle einer R–R'-Bindung. Somit ist:

$$S_{R–R'} - S_{CH_3–R} \approx 15,4\ \text{J/(mol K)}$$

Aus diesen beiden Gleichungen erhält man für die beiden Unbekannten:

$$S_{R–R'} \approx 25,8\ \text{J/(mol K)} \quad \text{und} \quad S_{CH_3–R} \approx 10,4\ \text{J/(mol K)}$$

Damit kann man ΔS^o für die Reaktion (16.7) nach folgender Überschlagsformel abschätzen:

$$\Delta S^o \approx -[(n-3) \cdot S_{R–R'} + S_{CH_3–R}] \tag{16.9}$$

Auf diese Weise erhält man z.B. für die Bildung eines Fünfrings nach Reaktion (16.7) aus den Gln. (16.8) und (16.6) mit n=5 und dem Zahlenwert aus Tabelle 16.2 sowie dem davor genannten Wert für $H_{C=C}$:

$$\Delta H^o \approx [2 \cdot (-340) + 599 + 5 \cdot 5,4]\ \text{kJ/mol} = -54\ \text{kJ/mol}$$

Aus Gl. (16.9) erhält mit den davor angegebenen Zahlenwerten:

$$\Delta S^o \approx -[(5-3) \cdot 25,8 + 10,4]\ \text{J/(mol K)} = -62\ \text{J/(mol K)}$$

Für eine Reaktionstemperatur von 300 °C (≙ 573 K) ergibt sich daraus:

$$\Delta G^o_{573} \approx \Delta H^o_{298} - 573\ \text{K} \cdot \Delta S^o_{298} \approx -18,5\ \text{kJ/mol} \quad \text{und}$$

$$K = e^{-\Delta G^o/(RT)} \approx 50$$

7 Diese Annahme ist eine grobe Vereinfachung, und man darf sich nicht wundern, wenn eine so berechnete Gleichgewichtskonstante um den Faktor 10 falsch ist! Trotzdem können solche Abschätzungen für die Planung von Experimenten nützlich sein, wenn keine genaueren thermodynamischen Daten vorliegen.

Auch für n=5 liegt also das Gleichgewicht noch günstig für die Bildung des Cycloalkans. Tatsächlich ist bei der Hitzebehandlung gasförmiger Kohlenwasserstoffe die Bildung von Cyclopentan aus 1-Penten beobachtet worden.

Übungsaufgabe. Man berechne auf analoge Weise die Gleichgewichtskonstanten für die Bildung von Cyclobutan (n=4), Cycloheptan (n=7) sowie für n=14 bei 300 °C!

Es zeigt sich, daß das Gleichgewicht bei dieser Temperatur für die Bildung von Cycloheptan schon nicht mehr günstig liegt, für alle anderen Cycloalkane sogar sehr ungünstig. Das beruht für n<5 hauptsächlich auf der großen Ringspannung, für n>6 aber auf der großen Entropieabnahme, die bei der Reaktion auftreten müßte: Es ist für lange Ketten sehr unwahrscheinlich, daß sich die beiden Enden treffen und verknüpfen. Daher laufen diese Reaktionen nicht ab.

Es ist jedoch auf andere Weise möglich, Cycloalkane mit beliebiger Zahl von C-Atomen herzustellen, indem man nämlich ein entsprechendes Dihalogenid in alkoholischer Lösung mit Zinkstaub umsetzt:

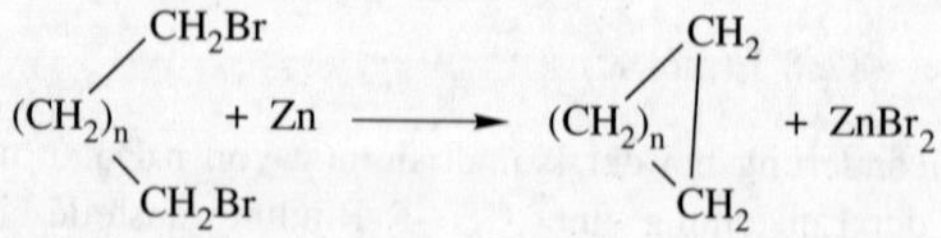

(16.10)

Diese Reaktion ist energetisch so günstig, daß für kleine n die hohe Ringspannung und für große n das ungünstige Entropieglied kompensiert werden können.

16.3.2 Ringe mit Sauerstoff

Von besonderem Interesse sind auch Moleküle, die anstelle eines C-Atoms ein etherartiges Sauerstoffatom im Ring enthalten. Der natürliche Winkel zwischen den beiden Valenzen eines O-Atoms z.B. im Dimethylether beträgt 111°:

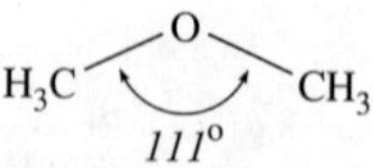

Dieser Winkel unterscheidet sich von dem Winkel zwischen zwei Kohlenstoffvalenzen von 109,5° so wenig, daß die Aussagen über die Ringspannung von reinen Kohlenwasserstoffringen auf die Ringe mit Sauerstoff übertragbar sind: Ringe mit weniger als 5 Ringatomen bilden sich schwer, da sie eine hohe Ringspannung besitzen. Fünfatomige Ringe bilden sich leicht, sechsatomige noch leichter, während Ringe mit höherer Gliederzahl wieder nur durch besondere Kunstgriffe hergestellt werden können.

Der Ringschluß aus einer offenen Kette kann durch zwei Reaktionstypen realisiert werden: a) durch eine einfache Additionsreaktion der beiden Kettenenden und b) durch eine Verknüpfung der beiden Kettenenden unter Abspaltung von Wasser. Leider sind die thermodynamischen Meßwerte für diese Reaktionen heute noch recht lückenhaft, und theoretische Abschätzformeln für die Gasphase sind auf wäßrige Lösungen nur begrenzt übertragbar, so daß wir uns vorläufig mit qualitativen Diskussionen und Analogieschlüssen begnügen müssen.

a) Ringbildung durch Addition der Kettenenden

Hierbei handelt es sich um die Addition von einem alkoholischen Hydroxyl an die Doppelbindung einer Carbonylgruppe (>C=O). Wenn eine solche Reaktion zwischen zwei *getrennten*

Reaktionspartnern stattfindet, ist das Produkt ein „***Halbacetal***“ (d.h. eine Verbindung mit einem C-Atom, das mit einem etherartigen und einem alkoholischen O-Atom verknüpft ist), z.B.

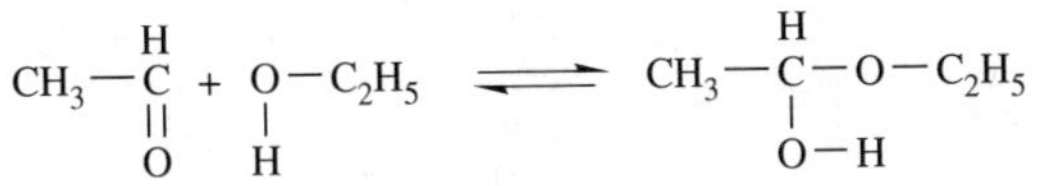

Acetaldehyd Ethanol Halbacetal

(16.11)

Analog bildet sich aus δ-Oxyvaleraldehyd ein „*inneres Halbacetal*“:

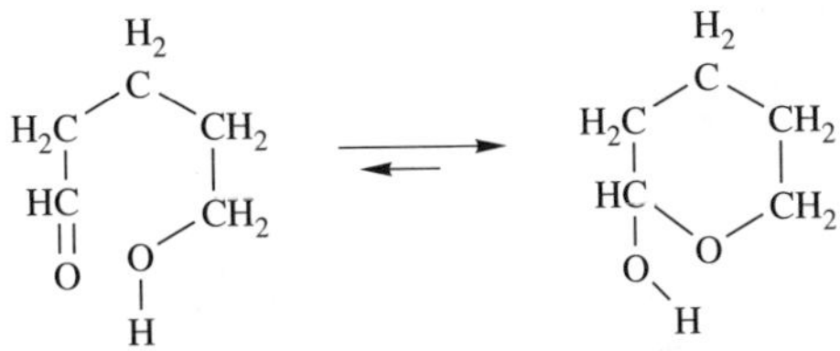

(16.12)

Die Gleichgewichtskonstante dieser Reaktion in wäßriger Lösung bei 25 °C beträgt $K \approx 16$.

Im Gegensatz zur inneren Halbacetalbildung (16.12) liegt das Gleichgewicht für die Halbacetalbildung nach (16.11) in wäßriger Lösung ganz links. Da die Änderungen der Bindungs- und Solvatationsenergien für beide Reaktionen die gleichen sind, kann der Unterschied nur auf den Entropiegliedern beruhen. Das ist qualitativ verständlich: Bei der Halbacetalbildung (16.11) nimmt die *Zahl der unabhängigen Teilchen* ab, die Ordnung also zu, das Entropieglied ist ungünstig. Bei der *inneren* Halbacetalbildung (16.12) bleibt die Teilchenzahl dagegen konstant. (Die Blockade der inneren Rotation macht damit verglichen nicht so viel aus.)

Das Gleichgewicht zwischen der offenkettigen Aldehydform und der ringförmigen Halbacetalform spielt auch bei der in §12.1.6. besprochenen *Mutarotation der Glucose* eine Rolle: Die *Aldehydform* stellt nämlich einen Zwischenzustand zwischen α-Glucose und β-Glucose dar, der im Gleichgewicht *nur in verschwindend kleiner Konzentration* vorhanden ist:

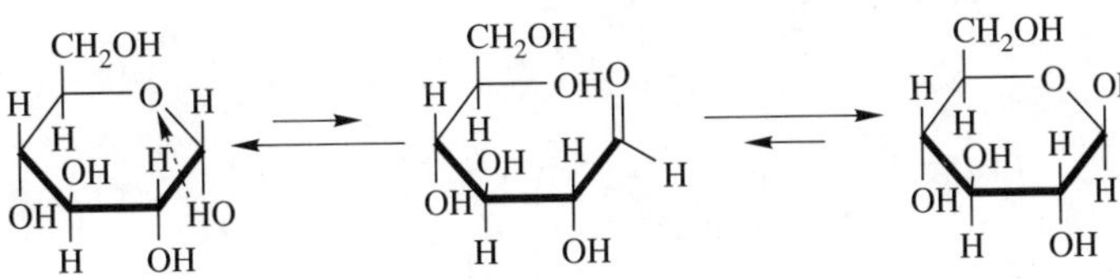

α-Glucose Aldehydform β-Glucose

b) Ringbildung unter Abspaltung von Wasser

Hierbei kann es sich z.B. um die Reaktion einer Carboxylgruppe mit einer alkoholischen OH-Gruppe (***Veresterung***) oder mit einer zweiten Carboxylgruppe (***Anhydridbildung***) handeln. Wenn die COOH- und die OH-Gruppe dem *gleichen Molekül* angehören, nennt man den aus ihnen entstehenden *inneren Ester* ein „***Lacton***“.

Wir wollen die **Lactonbildung** aus γ-*Oxybuttersäure*

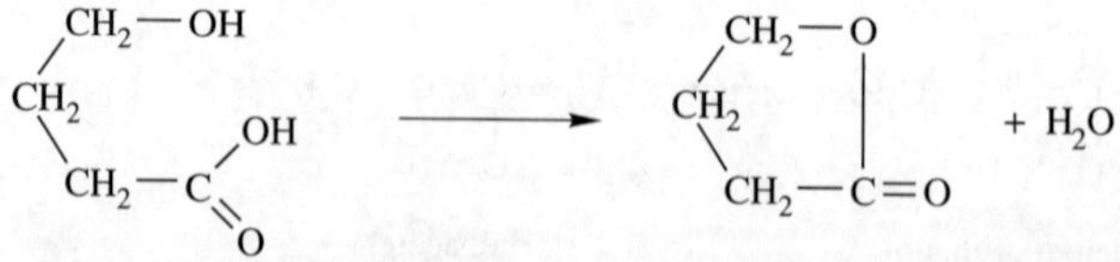

(16.13)

mit der Veresterung von Essigsäure mit Methanol nach Gl. (15.6) vergleichen:

Die Gleichgewichtskonstante der letzteren Reaktion ist ≈ 1 (vgl. §15.1.1), d.h., es ist $\Delta G^{\circ} \approx 0$. Wenn wir voraussetzen, daß der in (16.13) gebildete Lactonring keine wesentliche Spannung besitzt, dann muß die Reaktionsenthalpie für die beiden vorstehenden Reaktionen ungefähr gleich groß sein (sie ist in beiden Fällen $\Delta H^{\circ} \approx 0$). Die Reaktionsentropie ΔS° ist dagegen für die beiden Reaktionen verschieden: Für die Veresterung ist $\Delta S^{\circ} \approx 0$, da die Zahl der Teilchen hierbei konstant bleibt. Für die *Lactonbildung* ist dagegen $\Delta S^{\circ} > 0$, da die *Zahl der unabhängigen Teilchen* hierbei *zunimmt*. Daher ist das Gleichgewicht von (16.13) stark nach rechts verschoben, während es für die Veresterung (15.6) etwa in der Mitte liegt.

Auch für die Lactonbildung aus δ-*Oxyvaleriansäure* liegt das Gleichgewicht ganz rechts, wobei sich ein spannungsfreier 6-Ring bildet. Lactone mit weniger als 5 Ringatomen bilden sich dagegen wegen der großen Ringspannung praktisch nicht, und für die Bildung von Lactonen mit mehr als 6 Ringatomen macht sich neben der Pitzer-Spannung (ebenso wie bei Cycloalkanen) die Blockade der inneren Rotationen im Entropieglied ungünstig bemerkbar.

Analoges gilt auch für die **Bildung cyclischer Anhydride** aus zweibasischen Säuren: Aus *Bernsteinsäure* $COOH(CH_2)_2COOH$ und *Glutarsäure* $COOH(CH_2)_3COOH$ bildet sich von selbst teilweise das Anhydrid, wenn man die (bei Normaltemperatur festen) Säuren einige Zeit über ihren Schmelzpunkt hinaus erhitzt.

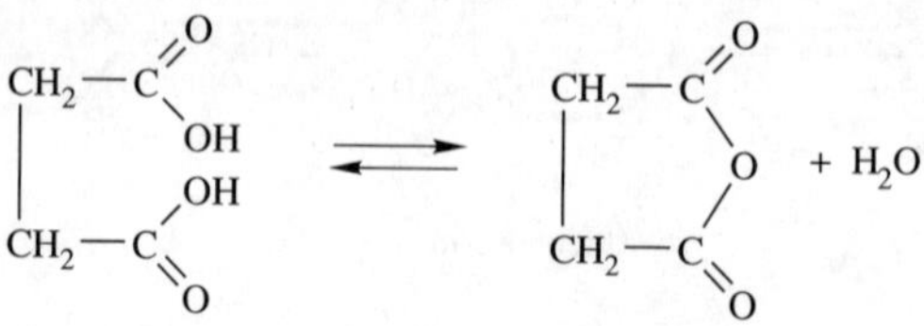

(16.14)

Bernsteinsäure Bernsteinsäureanhydrid

Zur Vervollständigung dieser Reaktion gibt man Essigsäureanhydrid hinzu, welches das in (16.14) gebildete H_2O unter Bildung von Essigsäure wegfängt. Letztere dient zugleich als Lösungsmittel, aus dem das gebildete cyclische Anhydrid auskristallisiert.

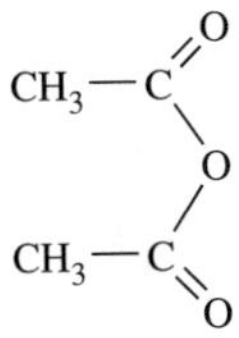

Essigsäureanhydrid

Oxalsäure $(COOH)_2$ und *Malonsäure* $COOH{-}CH_2{-}COOH$ bilden dagegen (wegen der hohen Ringspannung von Dreiringen und Vierringen) keine cyclischen Anhydride. Stattdessen zerfallen sie beim Erhitzen unter Abspaltung von CO_2 („*Decarboxylierung*") in Ameisensäure HCOOH bzw. Essigsäure $CH_3{-}COOH$.

Adipinsäure $COOH{-}(CH_2)_4{-}COOH$ wird durch Erhitzen mit Essigsäureanhydrid in ein *polymeres Anhydrid* überführt:

$$n\,COOH-(CH_2)_4-COOH \longrightarrow H\left[-O-\overset{\overset{\displaystyle O}{\|}}{C}-(CH_2)_4-\overset{\overset{\displaystyle O}{\|}}{C}-\right]_n-OH + (n-1)\,H_2O \tag{16.15}$$

Die Polymerenzahl n ist dabei verschieden. Das Gleichgewichtsgemisch enthält *nur wenige Monomere.* Offensichtlich ist es viel wahrscheinlicher, daß zwei Carboxylgruppen verschiedener Moleküle sich treffen und zwischenmolekular Wasser abspalten, als daß eine innermolekulare Wasserabspaltung unter Bildung eines Siebenrings stattfindet.

Das *Gleichgewicht* zwischen Monomeren und Polymeren im Adipinsäureanhydridgemisch läßt sich aber *dadurch zugunsten der Monomeren verschieben*, daß man das Gemisch *im Hochvakuum destilliert*: Die Monomeren haben nämlich einen gewissen Dampfdruck, während der Dampfdruck der Polymeren praktisch gleich null ist. Wenn man den Monomerendampf durch Destillation laufend aus dem Gleichgewicht zwischen Flüssigkeit und Gasphase herauszieht, wandelt sich nach und nach (bei konstantem Prozentsatz an Monomeren in der Flüssigkeit) die gesamte Flüssigkeit in die Monomeren um und destilliert ab. Auf diese Weise lassen sich auch cyclische Anhydride mit noch größerer Ringatomzahl darstellen.[8]

Im Hochvakuum siedet das Polymerengemisch bereits dicht über dem Schmelzpunkt. Wenn man dagegen die Destillation bei *Atmosphärendruck* vornimmt, muß man das Gemisch viel *höher erhitzen.* In diesem Fall erhält man aus dem polymeren Adipinsäureanhydrid kein monomeres Anhydrid, sondern es destilliert unter Abspaltung von CO_2 ein ***cyclisches Keton*** ab:

8 Ein anderes Verfahren, die Bildung von Polymeren zugunsten von Monomeren zurückzudrängen, besteht allgemein darin, daß man *in stark verdünnter Lösung* arbeitet. *Man vermindert so die Wahrscheinlichkeit, daß sich zwei Moleküle treffen und intermolekular reagieren.* Dieses Verfahren ist z.B. auf die Bildung vielgliedriger Ringketone angewendet worden. Näheres in Lehrbüchern der Organischen Chemie.

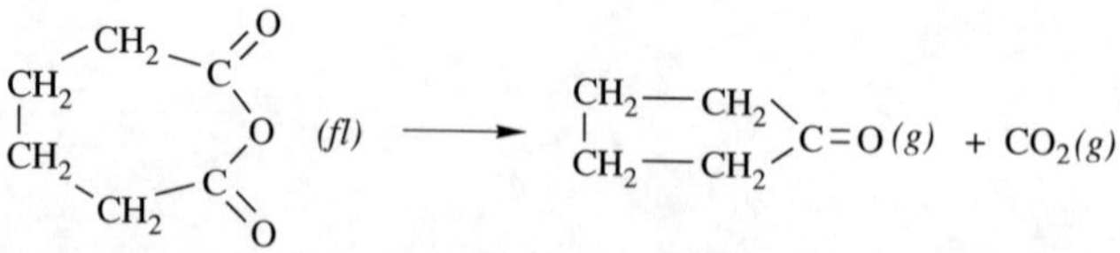

(16.16)

Adipinsäureanhydrid Cyclopentanon

Bei dieser Reaktion nimmt die *Entropie durch Vermehrung der Zahl gasförmiger Teilchen stark zu.* Es kommt hinzu, daß ein Fünfring energetisch und entropisch stabiler ist als ein Siebenring. Aus *Pimelinsäure*, der nächsthöheren homologen Dicarbonsäure, bildet sich durch Destillieren mit Essigsäureanhydrid auf analoge Weise *Cyclohexanon.*

Die Bildung cyclischer Ketone durch Decarboxylierung von Dicarbonsäuren verläuft noch glatter, wenn man das CO_2 nicht gasförmig, sondern an CaO gebunden entstehen läßt, indem man einfach das entsprechende Calciumsalz erhitzt, z.B.

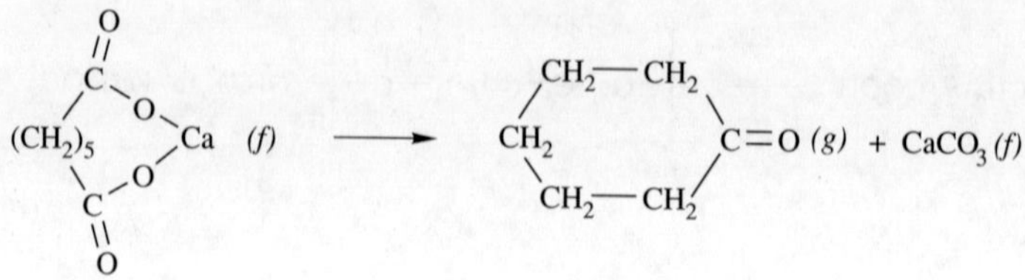

(16.17)

Calciumpimelinat Cyclohexanon

Dieses ist ein gängiges *Verfahren zur Darstellung symmetrischer Ketone.* Aus Calciumacetat entsteht auf diese Weise Aceton.

Ein technisch wichtiges Beispiel dafür, daß ein *monomerer Siebenring in der Schmelze thermodynamisch weniger stabil ist als das entsprechende polymere Produkt*, ist die Umwandlung von ϵ-Caprolactam[9] zu *„**Perlon**“*, der bekannten Kunstfaser der Badischen Anilin- und Sodafabrik (BASF):

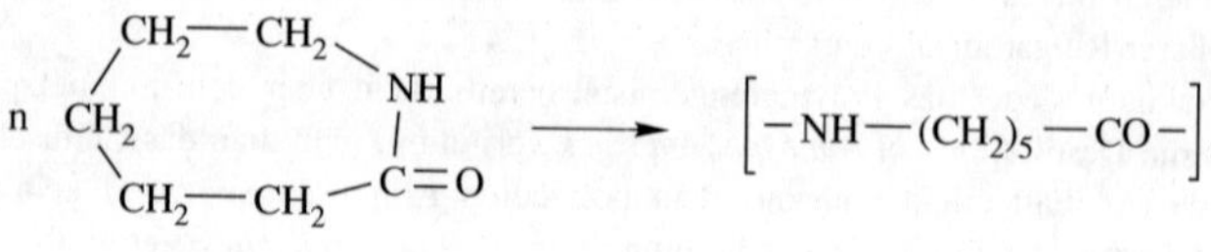

(16.18)

ε-Caprolactam Perlon

Bei dieser Reaktion nimmt die Enthalpie ab (*Ringspannung*) und die Entropie zu (*in der Schmelze ist die intermolekulare Kettenverknüpfung wahrscheinlicher als die intramolekulare*). Beim anschließenden Recken der Fäden nimmt die Entropie dann wieder ab.

9 *„**Lactame**“* sind *„innere Säureamide“*, analog den als „Lacton“ bezeichneten inneren Estern. (In einem *„Säureamid“* ist das Hydroxyl einer Carboxylgruppe durch $-NH_2$ ersetzt.) ϵ-Caprolactam ist als inneres Amid der ϵ-Aminocapronsäure aufzufassen.

16.4 Induktive Effekte

Wenn zwei völlig gleiche Atome zu einem Molekül zusammentreten, dann entsteht der Schwerpunkt der negativen Elektronenladung genau in der Mitte zwischen den beiden positiven Atomkernen, so daß das Molekül kein Dipolmoment besitzt (völlig kovalente Bindung). Bei der Vereinigung von zwei *ungleichen* Atomen fallen dagegen die Schwerpunkte der positiven und der negativen Ladung gewöhnlich *nicht* zusammen: Das Molekül hat ein *Dipolmoment*[10], die Bindung ist teilweise *polar*, sie hat *„partiellen Ionencharakter"*.

Nach ***Pauling*** bezeichnet man das *Bestreben eines Atoms, die gemeinsamen Bindungselektronen einer kovalenten Bindung zu sich herüberzuziehen*, als ***„Elektronegativität"*** des Atoms. Für diese läßt sich empirisch ein von dem anderen Bindungspartner annähernd unabhängiger Zahlenwert einführen, so daß der negative Pol des entstehenden Dipols bei der Vereinigung von zwei unterschiedlichen Atomen jeweils bei dem Atom mit der höheren Elektronegativität liegt.

Um den Elektronegativitätsbegriff durch zahlenmäßig auswertbare Formeln zu definieren, kann man entweder nach Pauling von der empirischen Tabelle der Bindungsenthalpien ausgehen[11] oder (einfacher) nach ***Mulliken*** das *Mittel aus Ionisierungsenergie und Elektronenaffinität* des betreffenden Atoms bilden. (Die ***Ionisierungsenergie*** ist die Energie zur Abtrennung eines Elektrons aus dem elektrisch neutralen Atom X, die ***Elektronenaffinität*** ist die Energie zur Abtrennung eines Elektrons aus dem einfach negativ geladenen Ion X^-.) Nach beiden Definitionen gelangt man zu ähnlichen Zahlenwerten. Die Werte für Lithium und für Fluor sind durch Normierung auf 1,0 bzw. 4,0 festgelegt.

In Abb. 16.7 sind die Elektronegativitäten der Elemente für die verschiedenen Perioden des Periodensystems nach Pauling[12] in einer Skala dargestellt. Man sieht, daß *die Elektronegativität jeweils in einer Periode von links nach rechts und in einer Gruppe von unten nach oben kontinuierlich zunimmt.* Der kleinste Wert ergibt sich somit für Caesium, der größte für Fluor.

Wenn man in einem organischen Molekül ein H-Atom durch ein *stärker elektronegatives* Atom X substituiert, so zieht dieses in verstärktem Maße Elektronen von dem benachbarten Atom zu sich herüber. Das benachbarte Atom erhält dadurch eine positive Teilladung $\delta+$, die wiederum auf die übernächsten Nachbaratome ein wenig polarisierend wirkt, d.h. auch von dort noch ein wenig die Elektronen herüberzieht, usw.. Mit wachsendem Abstand von dem Substituenten X nimmt die Veränderung der Elektronenverteilung im Molekül rasch ab. Man bezeichnet diese Veränderung der Elektronenverteilung als ***„negativen induktiven***

10 Das ***Dipolmoment*** μ ist als Produkt von Ladung mal Abstand [C m] der beiden (entgegengesetzt gleichen) Ladungen definiert.

11 Der Betrag einer Bindungsenthalpie wächst nämlich mit zunehmender Polarität der Bindung: Wenn zwei Atome A und B unterschiedliche Elektronegativität besitzen, ist die Bindungsenthalpie $H_{A\text{-}B}$ (dem Betrage nach) immer größer als das arithmetische Mittel aus den Bindungsenthalpien $H_{A\text{-}A}$ und $H_{B\text{-}B}$, und zwar ist der Unterschied proportional dem Quadrat der Differenz der (durch diese Beziehung quantitativ definierbaren) Elektronegativitäten x_A und x_B:
$H_{A\text{-}B} - (H_{A\text{-}A} + H_{B\text{-}B})/2 = (x_A - x_B)^2 \cdot (-97\ \text{kJ/mol})$

12 L. Pauling: „Grundlagen der Chemie", Verlag Chemie (1973).

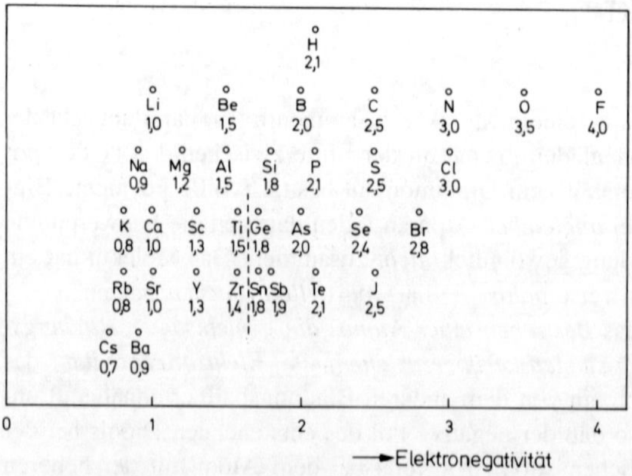

Abb. 16.7. Stellung der Elemente in der Elektronegativitätsskala für die einzelnen Perioden des Periodensystems.

Effekt" oder „**–I-Effekt**". Wenn dagegen der Substituent *schwächer* elektronegativ als das substituierte H-Atom ist, so wirkt er im Vergleich zur vorher vorhandenen Elektronenverteilung *„elektronenschiebend"*; man spricht dann von einem ***„positiven induktiven Effekt"*** („**+I-Effekt**"). *Das Vorzeichen des I-Effekts stimmt mit dem Ladungsvorzeichen überein, das der Substituent infolge der induktiven Wirkung annimmt.* Ein induktiver Effekt wird durch einen Pfeil in Richtung der Elektronenverschiebung kenntlich gemacht, z.B.

$$\overset{\delta-}{Cl} \longleftarrow \overset{\delta+}{CH_2} \longleftarrow \overset{\delta\delta+}{CH_2} \leftarrow \overset{\delta\delta\delta+}{CH_3}$$

Entsprechend seiner Stellung in der Elektronegativitätsskala ist Fluor dasjenige Element, das den stärksten –I-Effekt ausübt. Eine noch stärkere Wirkung läßt sich aber erzielen, wenn der Substituent X nicht aus einem *einzelnen* Atom, sondern aus einer Gruppe von *mehreren* stark elektronegativen Atomen besteht, z.B. $-NO_2$.

Die einfachste **Wirkung eines induktiven Effekts** besteht darin, daß ein dipolmomentfreies Molekül wie CH_4 durch Einführung eines Substituenten X ein ***Dipolmoment*** erhält. Noch interessanter ist aber die Tatsache, daß durch *Veränderung der Elektronendichte an einer benachbarten funktionellen Gruppe* ein ***chemisches Gleichgewicht verschoben*** werden kann. Wenn z.B. die Elektronendichte in einer COOH-Gruppe etwas vermindert wird, so wird auch die Aufenthaltsdichte des bindenden Elektronenpaares zwischen den Atomkernen von O und H ein wenig zum C-Atom hin verlagert. Die elektrostatischen Bindungskräfte zwischen O und H werden also vermindert, und *das Proton kann leichter abdissoziieren*, was sich in einer Erhöhung der Säurestärke (Verminderung des pK-Wertes) äußert. Man kann daher die Veränderung des pK-Wertes von α-substituierten Carbonsäuren als *Maß für die induktive Wirkung des Substituenten* ansehen.

In Tabelle 16.3 sind die wichtigsten Substituenten X, nach der Größe ihres –I-Effekts geordnet, zusammen mit dem pK-Wert der jeweiligen substituierten Essigsäure und dem Dipolmoment des entsprechenden Methanderivates aufgeführt.

Tabelle 16.3. Induktive Wirkung verschiedener Substituenten X auf den pK-Wert einer benachbarten Carboxylgruppe und auf das Dipolmoment im Methanderivat.

X	$X{-}CH_2{-}COOH$	pK	$CH_3{-}X$	$\frac{\mu}{10^{-30}\ \mathrm{Cm}}$
$-NO_2$	Nitroessigsäure	1,32	Nitromethan	11,54
$-CN$	Cyanessigsäure	2,44	Cyanomethan	13,08
$-F$	Fluoressigsäure	2,66	Methylfluorid	6,17
$-Cl$	Chloressigsäure	2,81	Methylchlorid	6,24
$-COOH$	Malonsäure	2,83	Essigsäure	5,80
$-Br$	Bromessigsäure	2,87	Methylbromid	6,04
$-I$	Iodessigsäure	3,13	Methyliodid	5,40
$-OH$	Glykolsäure	3,83	Methanol	5,67
$-C_6H_5$	Phenylessigsäure	4,31	Toluol	1,23
$-CH{=}CH_2$	Vinylessigsäure	4,35	Propen	1,22
$-H$	Essigsäure	4,75	Methan	0
$-CH_3$	Propionsäure	4,87	Ethan	0

Die NO_2-Gruppe wirkt am stärksten *elektronenziehend*, während die CH_3-Gruppe schwach *elektronenschiebend* wirkt.[13] Die aus den pK-Werten der substituierten Essigsäuren sich ergebende *Reihenfolge der Substituenten liefert mit einigen Ausnahmen auch für die Dipolmomente eine monotone* (d.h. der Größe nach geordnete) *Zahlenfolge*.

Die **Ausnahmen** beruhen darauf, daß für mehratomige Substituenten die induktive Wirkung der einzelnen Atome auf den pK-Wert sich addiert, während die Beiträge zum *Dipolmoment* zum Teil in verschiedene Richtungen gehen und sich daher nur *vektoriell* addieren. Dies erklärt, warum das Dipolmoment von Nitromethan kleiner als das von Cyanomethan und das von Essigsäure kleiner als das von Methylbromid ist, obgleich z.B. die Nitrogruppe stärker elektronenziehend wirkt als die Cyangruppe (vgl. die pK-Werte von Nitroessigsäure und Cyanoessigsäure). Daß das Dipolmoment von Methyliodid kleiner als das von Methanol ist, beruht darauf, daß letzteres viel stärker durch die Polarität der O–H-Bindung als durch die der $CH_3{-}O$-Bindung bestimmt wird. Daß das Dipolmoment von Methylfluorid kleiner als das von Methylchlorid ist, liegt an dem wesentlich kleineren Atomradius von Fluor gegenüber dem von Chlor.

Daß die CH_3-Gruppe im Vergleich zum H-Atom *elektronenschiebend* wirkt, geht auch aus den unterschiedlichen pK-Werten von Ameisensäure und Essigsäure hervor (vgl. Tabelle 16.4). Außerdem zeigt die Tabelle, wie durch Einführung von *mehreren* Chloratomen deren elektronenziehende Wirkung gesteigert wird und wie andererseits mit *zunehmendem Abstand* des Cl-Atoms von der Carboxylgruppe der induktive Effekt nachläßt.

13 Stärker als eine CH_3-Gruppe wirkt eine NH_2-Gruppe elektronenschiebend, doch läßt sich dieser Effekt nicht anhand des pK-Wertes einer α-Aminocarbonsäure studieren, da die NH_2-Gruppe in wäßriger Lösung ein Proton anlagert, und die entstehende NH_3^+-Gruppe wirkt elektronen*ziehend*. Eine α-Aminosäure liegt darum bei mittleren pH-Werten als ***Zwitterion*** $R-\underset{\textstyle NH_3^+}{\underset{|}{CH}}-CO_2^-$ vor.

Tabelle 16.4. Induktive Wirkung von CH_3- und Cl-Substituenten auf den pK-Wert bei verschiedenem Abstand zwischen Substituent und COOH-Gruppe.

		pK
Ameisensäure	H–COOH	3,77
Essigsäure	CH_3–COOH	4,75
Chloressigsäure	CH_2Cl–COOH	2,81
Dichloressigsäure	$CHCl_2$–COOH	1,30
Trichloressigsäure	CCl_3–COOH	0,70
α-Chlorpropionsäure	CH_3–CHCl-COOH	2,8
β-Chlorpropionsäure	CH_2Cl–CH_2–COOH	4,1
Propionsäure	CH_3–CH_2–COOH	4,87

Thermodynamisch bedeutet die durch Einführung von Cl-Atomen in das Essigsäuremolekül bewirkte Erniedrigung des pK-Wertes, daß die für die Säuredissoziation aufzubringende Arbeit ΔG° vermindert wird:

$$\mathrm{p}K \equiv -\log\{K\} = \frac{\Delta G^{\circ}}{2{,}3\,RT} \tag{16.19}$$

Wenn es sich um eine Dissoziationsreaktion in der **Gasphase** handeln würde, dann würde die Einführung der Cl-Atome auf die Reaktionsentropie ΔS° keinen wesentlichen Einfluß haben, so daß die Veränderung von ΔG° allein auf eine Veränderung von ΔH° zurückgeführt werden könnte. Diese wäre aber leicht dadurch zu erklären, daß die durch die Cl-Atome bewirkte Ladungsverschiebung im Molekül einen Teil der Arbeit erspart, die bei der Trennung von Protonen und Säureanionen gegen die elektrostatischen Anziehungskräfte geleistet werden muß.

Was die Arbeit ΔG° betrifft, so behält diese Argumentation qualitativ erfahrungsgemäß auch für **Reaktionen in wäßriger Lösung** ihre Gültigkeit. Allerdings wird die Aufteilung von ΔG° in einen energetischen und einen entropischen Beitrag durch die Solvatationseffekte etwas komplizierter.

Wir betrachten dazu zunächst nochmals die Dissoziation von Essigsäure (vgl. §15.1.3). Die thermodynamischen Werte für eine hypothetische Ionendissoziation von Essigsäure in der Gasphase sind nicht bekannt, aber es ist sicher, daß ΔH° sehr groß sein muß, so daß auch ΔG° sehr groß ist, obgleich der ebenfalls große Wert von ΔS° dort eine Dissoziation begünstigen würde. Bei der Dissoziation in wäßriger Lösung kommt zu dem positiven ΔH°-Anteil für die Ionentrennung ein negativer ΔH°-Anteil für die Ionenhydratation hinzu, so daß für Essigsäure zufällig $\Delta H^{\circ}_{\mathrm{Diss}} = 0$ wird. Für die Entropieänderung kommt zu dem positiven ΔS°-Anteil für die Ionentrennung jetzt ein *größerer* negativer ΔS°-Anteil für die Ionenhydratation hinzu, so daß $\Delta S^{\circ}_{\mathrm{Diss}}$ jetzt insgesamt negativ wird (die effektive Zahl unabhängiger Teilchen nimmt ab, vgl. §15.1.3). Auf diese Weise ist $\Delta G^{\circ}_{\mathrm{Diss}}$ jetzt immer noch positiv. ΔG° ist aber lange nicht mehr so groß wie in der Gasphase, so daß eine begrenzte Dissoziation jetzt überhaupt erst möglich wird. ΔG° ändert sich also beim Übergang aus der Gasphase in die Lösung qualitativ jedenfalls in der Richtung, wie man es ohne Berücksichtigung der Entropie allein aufgrund der gegen die elektrostatischen Anziehungskräfte zu leistenden Arbeit erwarten sollte.[14] Diese qualitative Aussage bleibt auch für die Beeinflussung von ΔG° durch Substituenten gültig.

In Tabelle 16.5 sind die thermodynamischen Daten für die Dissoziationsreaktionen von Essigsäure, Chloressigsäure und Trichloressigsäure miteinander verglichen.

Tabelle 16.5. Induktive Wirkung elektronenziehender Substituenten auf Dissoziationsarbeit und Dissoziationsentropie.

Reaktion	pK	$\frac{\Delta G^{\circ}}{\text{kJ/mol}}$	$\frac{\Delta H^{\circ}}{\text{kJ/mol}}$	$\frac{\Delta S^{\circ}}{\text{J/(mol K)}}$
$CH_3{-}COOH(aq) \rightleftharpoons CH_3{-}COO^-(aq) + H^+(aq)$	4,75	27	≈ 0	− 91
$CH_2Cl{-}COOH(aq) \rightleftharpoons CH_2Cl{-}COO^-(aq) + H^+(aq)$	2,8	16	−4	− 67
$CCl_3{-}COOH(aq) \rightleftharpoons CCl_3{-}COO^-(aq) + H^+(aq)$	0,7	4	+4	≈ 0

Wie nach der Diskussion der beiden vorigen Tabellen 16.3 und 16.4 zu erwarten, wird die für die Ionentrennung aufzubringende Reaktionsarbeit ΔG° mit Einführung der Cl-Substituenten schrittweise kleiner. Diese Verkleinerung wird aber merkwürdigerweise nicht durch Verkleinerung von ΔH° erreicht, sondern durch Änderung von ΔS° : Die durch die Cl-Substituenten bewirkte Veränderung von $\Delta H^{\circ}_{\text{Diss}}$ ist wegen der Überlagerung von zwei entgegengesetzten Effekten (Verminderung der Trennungsarbeit und Verminderung der Hydratationsenergie) nur geringfügig: ΔH° wird einmal negativ und einmal positiv, bleibt aber in der Gegend von null, vgl. Tab. 16.5. ΔS° ändert sich dagegen schrittweise in positiver Richtung, d.h., die bei der Essigsäuredissoziation beobachtete Ordnungszunahme wird kleiner und ist bei der Trichloressigsäuredissoziation gar nicht mehr vorhanden. Worauf beruht das? Die Ordnungszunahme bei der Essigsäuredissoziation beruhte auf der starken Solvatation der entstehenden Ionen. Das Trichloracetation ist aber viel schwächer solvatisiert als das Acetation, weil die negative Ladung im Trichloracetation nicht auf die CO_2^--Gruppe beschränkt, sondern über das ganze Molekül verteilt ist. Die elektrische Feldstärke (Feldliniendichte) in der Umgebung des Anions ist daher kleiner. Darum werden die Wasserdipole durch die negative Ladung nicht so stark geordnet wie beim Acetation, so daß bei der Trichloressigsäuredissoziation $\Delta S^{\circ} \approx 0$ ist (vgl. Tab. 16.5). Wenn man zur Diskussion von ΔS° den Dissoziationsvorgang gedanklich auch wieder in die beiden Schritte der Ionentrennung und der anschließenden Hydratation aufteilt, so wirkt sich die Einführung von Cl-Atomen allein auf den ΔS°-Anteil des 2. Schrittes aus: Die Zunahme der Teilchenzahl bei der Ionentrennung bleibt nämlich die gleiche, während die Abnahme in der effektiven Teilchenzahl beim Hydratationsvorgang durch den induktiven Effekt der Chloratome schwächer wird.

Der induktive Effekt spielt nicht nur für die Veränderung von pK-Werten, sondern auch für **chemische Synthesen** eine Rolle. Bei vielen Reaktionen treten nämlich in sehr geringer Konzentration *Zwischenprodukte* auf, die ein *positiv geladenes* oder ein *negativ geladenes Kohlenstoffatom* besitzen (***Carboniumionen*** bzw. **Carbanionen**). Die Bildung eines Carboniumions wird nun wesentlich erleichtert, wenn das positiv geladene C-Atom eine oder mehrere elektronenschiebende Gruppen (z.B. CH_3)

14 Man kann die bei der Ionentrennung durch Orientierung der Wasserdipole bewirkte Energieeinsparung auch durch den phänomenologischen Begriff der Dielektrizitätskonstante beschreiben: Die hohe Dielektrizitätskonstante des Wassers vermindert nämlich die Anziehungskräfte zwischen den zu trennenden Ionen.

trägt, weil auf diese Weise die positive Ladung über einen größeren Bereich des Moleküls verteilt wird und somit die *Energie dieses Zwischenprodukts erniedrigt* wird.[15] Analog wird die Bildung eines *Carbanions* energetisch erleichtert, wenn das negativ geladene C-Atom eine oder mehrere elektronen*ziehende* Gruppen trägt, so daß die *negative* Ladung verteilt wird.

Beispiele für Reaktionen mit einem durch induktiven Effekt stabilisierten **Carboniumion** als Zwischenstoff:

1.) Hydrolyse von tertiärem Butylbromid zu tertiärem Butanol:

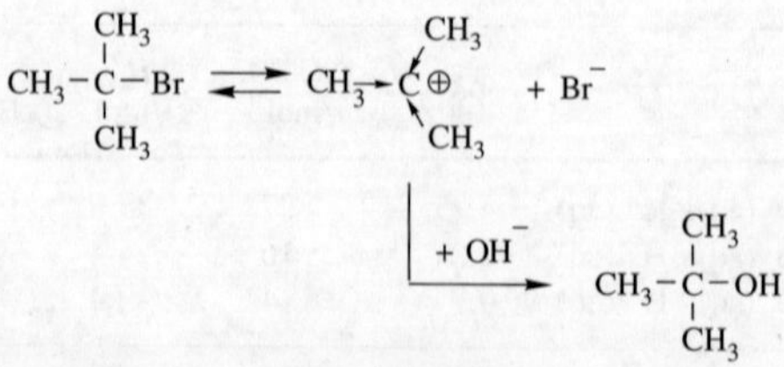

(16.20)

2.) Addition von HBr an eine Doppelbindung:

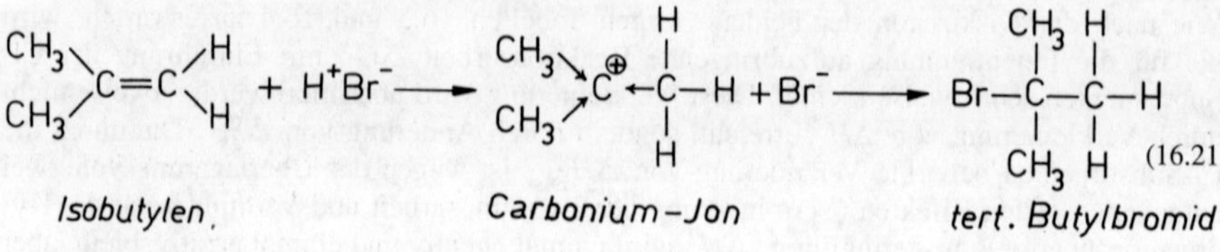

(16.21)

Bei dieser Reaktion wird also das Proton an dasjenige C-Atom angelagert, das auch vorher schon die meisten H-Atome trug (*Markownikoff-Regel*), weil das dabei als Zwischenprodukt auftretende $C^{\oplus}$ durch *drei* benachbarte CH_3-Gruppen stabilisiert wird. Dieselbe Regel gilt auch, wenn keine schiebenden, sondern nur elektronen*ziehende* Substituenten im Olefin vorhanden sind. In diesem Fall kann man die Regel durch ein stabilisiertes **Carbanion** als Zwischenstoff erklären, an das erst nachträglich das Proton angelagert wird, z.B.:

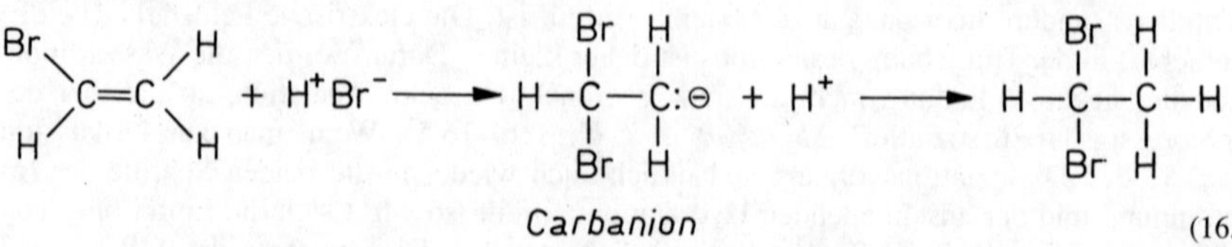

(16.22)

16.5 Mesomere Effekte

In diesem Abschnitt soll diskutiert werden, wie *durch Einführung neuer Substituenten* in ein Molekül *neue mesomere Grenzstrukturen* (vgl. §9.5) *mit unterschiedlicher Ladungsverteilung* im Molekül ermöglicht werden, wodurch – ebenso wie bei den induktiven Effekten – Dissoziationsgleichgewichte und andere chemische Reaktionen beeinflußt werden.

15 Die elektrostatische Energie einer gegebenen Ladungsmenge ist nämlich um so größer, auf je kleinerem Raum diese Ladungsmenge konzentriert ist, wie man durch Integration des Coulombschen Gesetzes leicht zeigen kann.

Bereits die **Acidität der Carboxylgruppe** für sich allein ist auf einen Mesomerieeffekt zurückzuführen. Das Proton von einer alkoholischen OH-Gruppe kann nämlich nur sehr viel schwerer abgespalten werden. (Für Ethanol ist p$K \approx 17$, für Essigsäure 4,75.) Der Unterschied beruht darauf, daß nach Abspaltung des H^+ aus einer Carboxylgruppe die beiden O–H-Bindungselektronen nicht mehr an dem betreffenden Sauerstoffatom festgehalten werden, sondern (zusammen mit den beiden π-Elektronen der C=O-Bindung) über die ganze Carboxylgruppe delokalisiert sind:

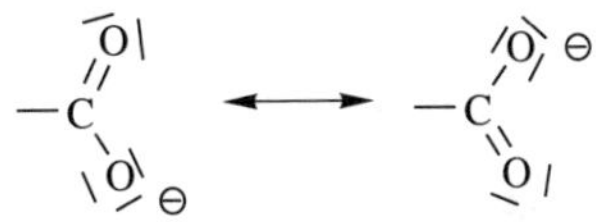

Dadurch wird die Energie des dissoziierten Zustandes erniedrigt und somit die Dissoziation erleichtert. Aus dem gleichen Grunde können auch Enole und Phenole[16] ihr Proton viel leichter abgeben als Alkohole.

Daß ein Substituent auf ein Molekül einen ***Mesomerieeffekt*** ausübt, setzt voraus, daß *eine mesomere Grenzstruktur formuliert werden kann, bei der der Substituent mit dem Molekülrumpf in einer Doppelbindung verknüpft ist, die mit den übrigen Doppelbindungen des Moleküls in Konjugation steht.* Die π-Elektronen dieser speziellen Doppelbindungen müssen entweder beide aus dem Substituenten oder beide aus dem Molekülrumpf stammen.[17] In dieser speziellen Grenzstruktur würde also der Substituent entweder genau eine Elektronenladung an den Molekülrumpf abgegeben oder eine von ihm aufgenommen haben. Man spricht im ersteren Fall von einem **+M-Effekt**, im letzteren von einem **–M-Effekt**.

Es ist interessant, daß das Fluoratom trotz seiner großen Elektronegativität keinen –M-Effekt ausüben kann, da es über das eine Elektron aus der σ-Bindung hinaus keine zusätzlichen Elektronen aufnehmen kann. Wohl aber sind mesomere Grenzstrukturen formulierbar, bei denen das Fluoratom zwei seiner p-Elektronen als π-Elektronen zur Ausbildung einer Doppelbindung zur Verfügung stellt:

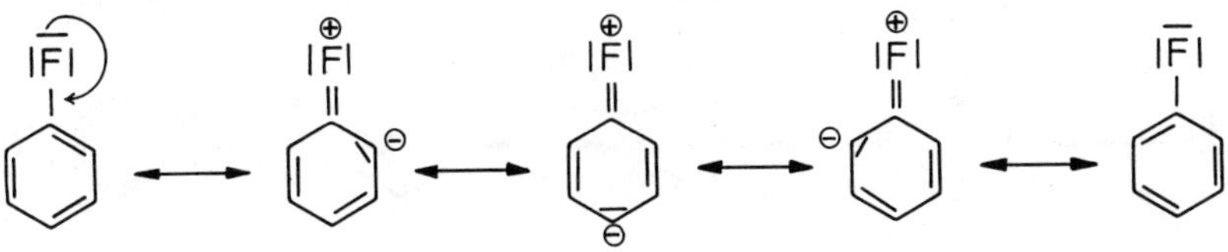

(16.23)

16 *„Enole"* sind Verbindungen mit einer C=C-Doppelbindung („En-") direkt neben einer OH-Gruppe („-ol"). ***„Phenole"*** sind Verbindungen, die eine OH-Gruppe *unmittelbar an* einem aromatischen Kern tragen. (Wenn dagegen in einem Molekül ein Benzolkern und eine OH-Gruppe durch CH_2-Gruppen getrennt sind, spricht man von einem „aromatischen Alkohol".)

17 Hierbei ist vorausgesetzt, daß der Substituent anstelle eines H-Atoms, d.h. zunächst mit einer einfachen σ-Bindung in das Molekül eingetreten ist. *Der Substituent soll also von Natur aus einwertig sein.*

Das Fluoratom übt also einen +M-Effekt aus. Bei den schwereren Halogenatomen ist ein solcher +M-Effekt zunehmend schwächer ausgeprägt, weil diese für eine gute Überlappung der p-Orbitale mit dem π-Elektronensystem zu groß sind.[18] Zur Ausübung eines –M-Effekts (d.h. zum Herausziehen von Elektronen aus dem Molekülrumpf) sind nur mehratomige Substituenten in der Lage, die bereits in sich selbst mindestens eine π-Bindung enthalten, z.B.

$$-CH{=}CH_2\,,\quad -C_6H_5\,,\quad -C(=O)OR\,,\quad -C{\equiv}N\,,\quad -C(=O)R\,,\quad -NO_2$$

Die elektronenziehende Wirkung nimmt in dieser Reihe von links nach rechts zu.

In den entsprechenden mesomeren Grenzformeln, bei denen also der durch eine Doppelbindung mit dem Molekülrumpf verbundene –M-Substituent eine negative Ladung trägt, ist eine von seinen eigenen, inneren π-Bindungen *„aufgerichtet"* worden, d.h., die betreffenden beiden π-Elektronen bilden jetzt ein neues *„einsames Elektronenpaar"*[19] an dem betreffenden negativ geladenen Atom, z.B:

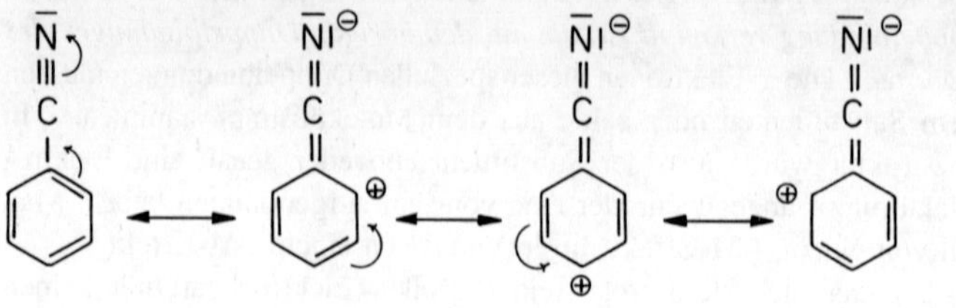

oder

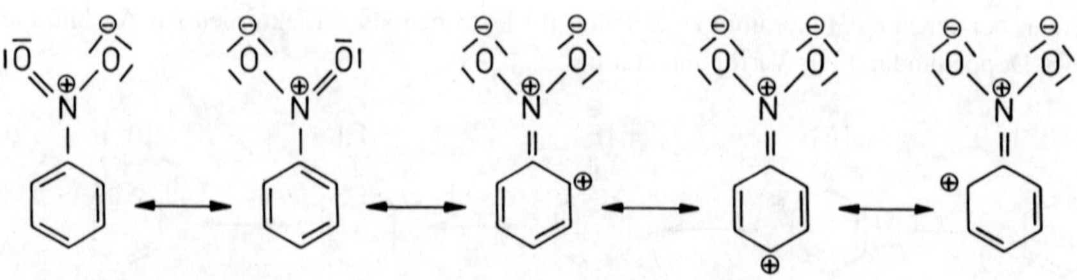

(16.24)

Wie aus den Formeln (16.23) bis (16.24) hervorgeht, hat der *Mesomerieeffekt nur* auf die Elektronendichte an den Atomen in *ortho*-Stellung und in *para*-Stellung zum Substituenten einen Einfluß, während die Elektronendichte in *meta*-Stellung durch den M-Effekt

18 Hier besteht eine Parallele zu der *„Doppelbindungsregel"* aus der Anorganischen Chemie, wonach nur die Elemente der ersten Achterperiode des Periodensystems leicht untereinander Doppelbindungen ausbilden, während die schwereren Elemente ihre Valenzen eher durch eine entsprechend größere Zahl von Nachbaratomen absättigen.

19 Ein einsames Elektronenpaar wird in den Strukturformeln ebenso wie ein bindendes Elektronenpaar durch einen Strich symbolisiert.

praktisch nicht verändert wird.[20] Wenn *trotzdem* eine Veränderung der Elektronendichte in *meta*-Stellung durch den Substituenten hervorgerufen wird, dann ist diese Veränderung dem *induktiven* Effekt zuzuschreiben. In *ortho*- und *para*-Stellung überlagern sich dagegen beide Effekte: Sie können sich gegenseitig verstärken (z.B. bei $-NO_2$ oder $-NH_2$) oder schwächen (z.B. bei –F, –Cl, –OH, vgl. die nachfolgende Diskussion).

Ebenso wie der induktive Effekt läßt sich auch der mesomere Effekt anhand von Dipolmomenten oder von p*K*-Werten substituierter Carbonsäuren studieren. In Tabelle 16.6 sind die p*K*-Werte substituierter Benzoesäuren in *o*-, *m*- und *p*-Stellung angegeben.

Tabelle 16.6. p*K*-Werte substituierter Benzoesäuren C_6H_4XCOOH

X	–H	$-NO_2$	–F	–Cl	–OH	$-CH_3$
o		2,17	–	2,92	2,97	3,91
m	4,22	3,49	–	3,82	4,08	4,27
p		3,42	4,14	3,98	4,48	4,37

Am stärksten wird die Acidität durch eine **Nitrogruppe** in *o*-Stellung erhöht: Der p*K*-Wert sinkt von 4,22 auf 2,17 infolge der induktiven und mesomeren Elektronenanziehung der NO_2-Gruppe (vgl. Tab. 16.6). In *m*-Stellung ist der –I-Effekt infolge der größeren Entfernung schwächer, und der –M-Effekt fällt hier ganz aus. In *p*-Stellung ist der p*K*-Wert wieder etwas kleiner, obgleich der –I-Effekt wegen der größeren Entfernung noch schwächer ist; hier macht sich also der –M-Effekt wieder bemerkbar.

p-**Fluorbenzoesäure** ist nur wenig saurer als Benzoesäure (vgl. Tab. 16.6): Der –I-Effekt und der +M-Effekt kompensieren sich hier annähernd; der –I-Effekt überwiegt ein wenig. *p*-Chlorbenzoesäure ist (trotz der geringeren Elektronegativität von Chlor) etwas stärker sauer als die Fluorverbindung, weil der +M-Effekt für –Cl kleiner als für –F ist.

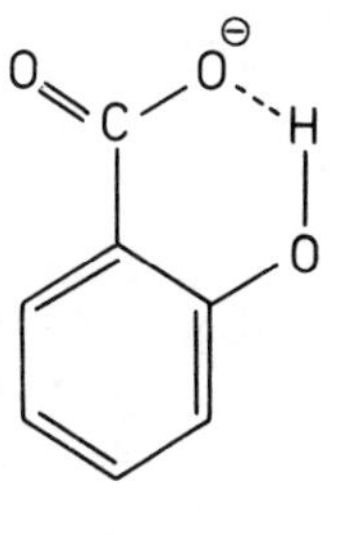

Salicylsäureanion

Die **OH-Gruppe** bewirkt in *m*-Stellung eine Verminderung des p*K* (von 4,22 auf 4,08) infolge eines –I-Effekts, während in *p*-Stellung der +M-Effekt überwiegt (*Zunahme* des p*K* auf 4,48). Für eine OH-Gruppe in *o*-Stellung (*„Salicylsäure“*) könnte man erwarten, daß sich der –I-Effekt und der +M-Effekt ungefähr kompensieren. Die starke Erhöhung der Acidität (Verminderung des p*K* auf 2,97, vgl. Tab. 16.6) läßt sich ähnlich wie bei der Dissoziation der Maleinsäure [Gl. (16.1) in §16.1] durch die räumliche Nähe des OH-Protons erklären, welches das Carboxylproton abstößt und das Anion durch H-Brückenbindung stabilisiert (vgl. Strukturformel des Salicylsäureanions).

20 Die Stellungen *ortho, meta* und *para* (*o*, *m* und *p*) relativ zum Substituenten X sind durch nebenstehendes Bild definiert:

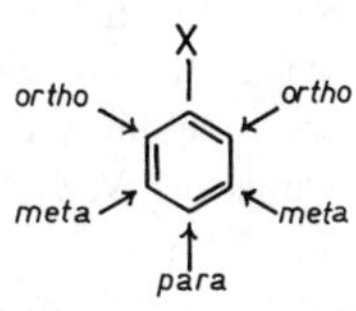

Interessant ist die Erhöhung der Acidität durch $-CH_3$ in *o*-Stellung (vgl. Tab. 16.6), die im Widerspruch zu der elektronenschiebenden Wirkung der CH_3-Gruppe steht. Um diesen Effekt zu verstehen, muß man sich klarmachen, daß Ameisensäure HCOOH (p$K = 3,77$) stärker sauer ist als Benzoesäure C_6H_5COOH (p$K = 4,22$), daß also der Phenylring in diesem Fall Elektronen in die COOH-Gruppe hineinschiebt. Dieses Hineinschieben ist aber an die *Bedingung* geknüpft, daß der Phenylring mit der C(=O)OH-Gruppe *in einer Ebene* liegt, so daß die π-Bindungsorbitale überlappen können. (Rein *induktiv* wirkt nämlich $-C_6H_5$ elektronen*ziehend*, vgl. Tab. 16.3, §16.4.) Befindet sich aber in *o*-Stellung zur Carboxylgruppe eine CH_3-Gruppe, so dreht diese die Carboxylgruppe ein wenig aus der Ebene des Phenylringes heraus (**„*sterische Mesomeriehinderung*“**). Die elektronenschiebende Wirkung des Phenylrings läßt dadurch nach, und der pK-Wert nähert sich dem der Ameisensäure.

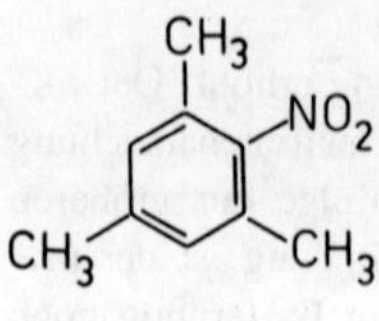

Nitromesitylen

Die sterische Mesomeriehinderung läßt sich auch sehr schön durch Messung des *Dipolmoments* nachweisen: So hat Nitromesitylen ($\mu = 1,21 \cdot 10^{-29}$ Cm) ein kleineres Dipolmoment als Nitrobenzol ($\mu = 1,3 \cdot 10^{-29}$ Cm), weil die Methylgruppen die O-Atome aus der Ebene des Ringes herausdrehen, so daß nur noch der –I-Effekt der NO_2-Gruppe wirksam ist, der –M-Effekt aber nicht mehr.

16.6 Die Hammett-Gleichung

Die Hammett-Gleichung wurde empirisch durch den Vergleich von Substituenteneinflüssen auf Gleichgewichtskonstanten mit den Einflüssen derselben Substituenten auf die *Geschwindigkeit* chemischer Reaktionen entdeckt. Darum wird die Hammett-Gleichung meistens erst im Rahmen der *Kinetik* besprochen. Da sie sich aber im wesentlichen aufgrund thermodynamischer Vorstellungen verstehen läßt, soll schon hier kurz darauf eingegangen werden.

Zur mathematischen Beschreibung der Geschwindigkeit einer chemischen Reaktion wird in der Kinetik die *Geschwindigkeitskonstante* eingeführt [vgl. Gl. (1.6), §1.3]. Trägt man den

Logarithmus der Geschwindigkeitskonstante k für die *Hydrolyse eines substituierten Benzoesäureethylesters* als Ordinate gegen den Logarithmus der *Dissoziationskonstante K* einer mit dem gleichen Substituenten *substituierten Benzoesäure* als Abszisse in ein Diagramm ein, so stellt man fest, daß die Punkte für die verschiedenen *meta-* und *para-*Substituenten praktisch alle auf der gleichen Geraden liegen (vgl. Abb. 16.8).

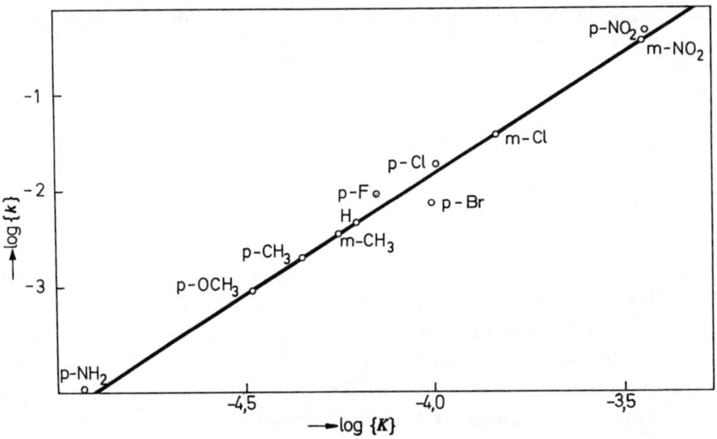

Abb. 16.8. Darstellung der Hammett-Gleichung: Zusammenhang zwischen Geschwindigkeitskonstante k der Hydrolyse eines substituierten Benzoesäureethylesters und Dissoziationskonstante K der entsprechenden substituierten Benzoesäure für verschiedene *meta-* und *para-*Substituenten am Benzolkern.

Bezeichnen wir die Steigung der Geraden mit ρ, so wird dieser empirische Sachverhalt durch folgende Gleichung beschrieben:

$$\log\{k\} = \rho \cdot \log\{K\} + \text{const} \tag{16.25}$$

oder auch

$$\log\{k\} - \log\{k_0\} = \rho \cdot (\log\{K\} - \log\{K_0\}), \tag{16.26}$$

wenn wir mit k_0 und K_0 die Konstanten für die *un*substituierte Benzoesäure bzw. deren Ester bezeichnen. (Der betr. Punkt im Diagramm Abb. 16.8 ist mit dem H-Atom als „Substituent" gekennzeichnet.) Mit der Definition

$$\log\{K\} - \log\{K_0\} = \log\frac{K}{K_0} \equiv \sigma \tag{16.27}$$

kann man für (16.26) auch schreiben:

$$\log \frac{k}{k_0} = \rho \cdot \sigma \quad (\textbf{\textit{Hammett-Gleichung}}) \tag{16.28}$$

worin ρ *und* σ *reine Zahlen sind.*

Anstelle der Hydrolyse der Carbonsäureethylestergruppe betrachten wir jetzt die Reaktion irgendeiner ***anderen reagierenden Gruppe*** R, z.B. die Dissoziation der NH_3^+-Gruppe:

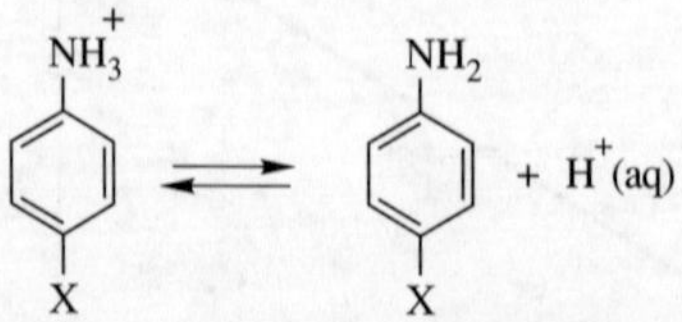

(16.29)

Trägt man anstelle der Geschwindigkeitskonstante k jetzt die ***Gleichgewichtskonstante*** $K(\mathsf{R})$ für die chemische Reaktion dieser Gruppe R in doppeltlogarithmischem Maßstab gegen die Dissoziationskonstante K substituierter Benzoesäuren auf, so findet man *wiederum* eine Gerade, in der jedoch die ***Steigung*** ρ ***einen anderen Wert*** hat als in Gl. (16.25). Analog (16.28) kann man daher auch für das Verhältnis *dieser Gleichgewichts*konstanten von substituierter zu unsubstituierter Form eine *„**Hammett-Gleichung**"* formulieren:

$$\boxed{\log \frac{K(\mathsf{R})}{K_0(\mathsf{R})} = \rho(\mathsf{R}) \cdot \sigma(\mathrm{X})} \tag{16.30}$$

Der dem lateinischen Buchstaben R entsprechende griechische Buchstabe ρ wurde gewählt, um daran zu erinnern, daß die Steigung ρ eine Eigenschaft der reagierenden Gruppe R ist. Analog soll der dem S entsprechende griechische Buchstabe σ daran erinnern, daß die Abszissendifferenz $\log\{K\} - \log\{K_0\} \equiv \sigma$ (mit K = Dissoziationskonstante der Carboxylgruppe) eine Eigenschaft des ***Substituenten*** **X** ist, sofern man den Ort der Substitution (*meta* oder *para*) in diesem Zusammenhang mit zum Namen des Substituenten hinzurechnet (vgl. Abb. 16.8).

Die völlige Analogie der beiden Hammett-Gleichungen (16.28) und (16.30) beruht darauf, daß die *Geschwindigkeits*konstante k einer Reaktion im allgemeinen einer *Gleichgewichts*konstante K^* für die Bildung eines ***aktivierten Zwischenzustandes*** proportional ist. Der Proportionalitätsfaktor kürzt sich in (16.28) heraus, so daß man (16.28) auf die Form von (16.30) zurückführen kann.

Um die Hammett-Gleichung zu verstehen, wollen wir versuchen, sie aus plausiblen Modellannahmen und einfachen Erfahrungen herzuleiten. Eine solche *„**Herleitung**"* kann natürlich nicht den Anspruch einer zwingenden Theorie erheben, aber das dabei gewonnene *„**Verständnis**"* erlaubt eine übersichtliche Einordnung des empirischen Materials und regt zu systematischen neuen Versuchen an.

Um ein Proton von einer negativen Ladung abzutrennen, muß man eine elektrostatische Arbeit aufwenden, die der Ladung proportional ist. Es scheint daher vernünftig, auch für die Gibbs-Standardreaktionsenergie bei der Abtrennung eines Protons aus einer substituierten Benzoesäure eine lineare Abhängigkeit von der örtlichen Ladungsmenge q an der Carboxylgruppe anzunehmen:

$$\Delta G^{o}(\mathsf{C}) = -c \cdot q + \text{const} \tag{16.31}$$

Dabei steht der Buchstabe C für die *dissoziierende* Carboxylgruppe. Der Proportionalitätsfaktor c bezieht sich speziell auf *diesen* Reaktionstyp. Das Minuszeichen rührt daher, daß die zuzuführende Abtrennarbeit positiv ist, wenn die Ladung q negativ ist. Wird die örtliche Ladung q durch Einführung eines Substituenten X um $\triangle q(\mathrm{X})$ verändert, so ändert sich $\Delta G^{o}(\mathsf{C})$ um:

$$\triangle\Delta G^{o}(\mathsf{C}) = -c \cdot \triangle q(\mathrm{X}) \tag{16.32}$$

Handelt es sich anstelle der dissoziierenden Carboxylgruppe C um eine andere reagierende Gruppe R, so ist analog:

$$\Delta G^{o}(\mathsf{R}) = -r \cdot q + \text{const}' \tag{16.33}$$

und

$$\triangle\Delta G^{o}(\mathsf{R}) = -r \cdot \triangle q(\mathrm{X}) \tag{16.34}$$

Führt man für das Verhältnis der beiden Proportionalitätsfaktoren r und c das Symbol ρ ein:

$$r/c \equiv \rho \tag{16.35}$$

so wird aus (16.34) für die durch den Substituenten bewirkte Änderung:

$$\triangle\Delta G^{o}(\mathsf{R}) = -c \cdot \triangle q(\mathrm{X}) \cdot \rho \tag{16.36}$$

Darin ist ρ der *Faktor*, um den das $\Delta G^{o}(\mathsf{R})$ einer reagierenden Gruppe R auf eine bestimmte Ladungsveränderung $\triangle q(\mathrm{X})$ *empfindlicher* reagiert als das $\Delta G^{o}(\mathsf{C})$ der Carboxylgruppendissoziation. Bildet man aus der Gleichung

$$\log\{K(\mathsf{R})\} = \frac{-\Delta G^{o}(\mathsf{R})}{2,3\ RT} \tag{16.37}$$

die Differenz zwischen „mit" und „ohne" Substituent, so folgt mit (16.36):

$$\begin{aligned} \log\frac{K(\mathsf{R})}{K_0(\mathsf{R})} &= \log\{K(\mathsf{R})\} - \log\{K_0(\mathsf{R})\} \equiv \triangle\log\{K(\mathsf{R})\} \\ &= -\frac{\triangle\Delta G^{o}(\mathsf{R})}{2,3\ RT} = \frac{c\triangle q(\mathrm{X})}{2,3\ RT} \cdot \rho \end{aligned} \tag{16.38}$$

Wenn man darin den vom Substituenten X abhängigen Faktor

$$\frac{c\triangle q(\mathrm{X})}{2,3\,RT} \equiv \sigma(\mathrm{X}) \tag{16.39}$$

mit der Hammettschen Größe σ identifiziert, geht (16.38) in die Hammett-Gleichung (16.30) über.

Aus diesem Gedankengang geht hervor, daß der empirische Faktor ρ nur von der reagierenden Gruppe R (d.h. von der Art dieser Reaktion) abhängt. ***ρ ist ein Maß dafür, wie stark ΔG°*** (R) ***auf eine Veränderung der Ladungsverteilung im Molekül anspricht***; ρ ist unabhängig davon, durch *welchen* Substituenten X eine solche Ladungsumverteilung bewirkt wird. Dagegen ist σ nur ein ***Maß für die Fähigkeit eines bestimmten Substituenten*** X, ***die Ladungsdichte an einem bestimmten anderen Punkt des Moleküls zu verändern.*** σ ist annähernd unabhängig davon, was für eine reagierende Gruppe R an diesem Punkt sich befindet. Dagegen hängt σ entscheidend davon ab, ob X in *meta-* oder in *para*-Stellung zu R steht. (Für Substituenten in *ortho*-Stellung ist die Hammett-Gleichung nicht anwendbar, da hier sterische Faktoren einen zusätzlichen Einfluß auf das Gleichgewicht haben.)

Wenn man für einzelne Kombinationen von Substituenten X und reaktiven Gruppen R die σ- und ρ-Werte bestimmt hat, kann man für beliebige andere Kombinationen von X und R die Gleichgewichtskonstanten K (R) und die Geschwindigkeitskonstanten k(R) nach den Hammett-Gleichungen voraussagen. Die σ-Werte der Substituenten sind unabhängig davon, ob von Gleichgewichtskonstanten oder von Geschwindigkeitskonstanten die Rede ist (nicht aber die ρ-Werte). In Tabelle 16.7 sind einige σ-Werte wiedergegeben.

Tabelle 16.7. Hammettsche Konstanten σ für verschiedene Substituenten X

X	σ	X	σ	X	σ
m-NH_2	−0,161	*m*-F	+0,337	*m*-$COCH_3$	+0,306
p-NH_2	−0,660	*p*-F	+0,062	*p*-$COCH_3$	+0,516
m-OH	+0,104	*m*-Cl	+0,373	*m*-NO_2	+0,710
p-OH	−0,357	*p*-Cl	+0,227	*p*-NO_2	+0,778

Entsprechend der Hammettschen Definition (16.27) bedeutet ein positiver σ-Wert eine Erhöhung der Dissoziationskonstante, also eine Erleichterung der H^+-Abtrennung, was nach Gl. (16.39) auf eine Verminderung der Elektronendichte an der reagierenden Gruppe R zurückzuführen ist ($\triangle q > 0$ bedeutet eine *Verminderung* der *negativen* Ladung). Substituenten mit $\sigma > 0$ wirken also elektronenziehend. ***Ein negativer σ-Wert bedeutet*** das Umgekehrte, also ***elektronenschiebende Wirkung***.

Da ein Substituent in *m*-Stellung nur induktive Wirkungen ausüben kann, in *p*-Stellung zusätzlich aber auch mesomere Wirkungen, so kann man an den σ-Werten der Tabelle 16.7 sehr schön die verschiedenen elektronenziehenden und elektronenschiebenden Effekte der Substituenten anhand ihrer Stellung im Molekül diskutieren: Wie man aus der Tabelle sieht, wirkt die NH_2-Gruppe in jedem Fall elektronenschiebend; dieser induktive Effekt wird aber in *para*-Stellung durch den Mesomerieeffekt wesentlich verstärkt. Die OH-Gruppe wirkt in *m*-Stellung elektronenziehend; dieser induktive Effekt wird aber in *p*-Stellung infolge der mesomeren Elektronen*abgabe* überkompensiert. Ähnlich ist es beim Fluor: Der induktive Elektronenzug dieses am stärksten elektronegativen Elements wird in *p*-Stellung durch den +M-Effekt des Fluor-Atoms nach Gl. (16.23) nahezu auf null kompensiert. Beim Chlor-Atom ist der +M-Effekt (wegen der schlechteren Überlappung der p-Orbitale mit dem π-Elektronensystem des Benzolkerns) schwächer ausgeprägt (vgl. §16.5). Daher wird der induktive Elektronenzug (-I-Effekt) auch in *p*-Stellung noch durch einen positiven σ-Wert sichtbar, der natürlich kleiner ist als in *m*-Stellung. Für die $COCH_3$-Gruppe und die NO_2-Gruppe gehen die elektronenziehenden Wirkungen des induktiven und des mesomeren Effekts in die *gleiche* Richtung: Daher ist σ für die *p*-Substituenten stärker positiv als für die *m*-Substituenten, obgleich die rein induktive Wirkung in *p*-Stellung wegen der größeren Entfernung kleiner sein muß.

17 Phasengleichgewichte

17.1 Die Clausius-Clapeyronsche Gleichung

Eine reine Flüssigkeit wird im Gleichgewicht mit ihrem darüber befindlichen reinen Dampf erwärmt und die jeweils zusammengehörenden Gleichgewichtswerte von p und T gemessen (Abb. 17.1). Wir suchen für diese Bedingungen eine Formel für die gegenseitige Abhängigkeit von p und T.

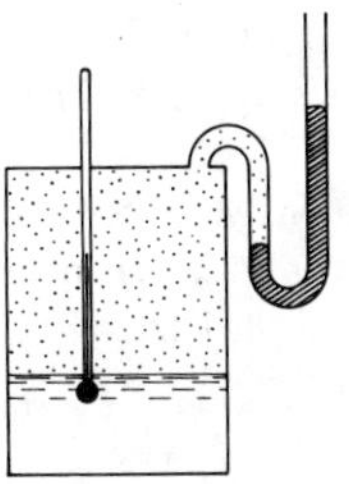

Abb. 17.1. Schema zur Messung des Dampfdruckes einer Flüssigkeit in Abhängigkeit von der Temperatur.

Im Gleichgewicht zwischen Flüssigkeit und Dampf ist die Triebkraft für den Phasenübergang gleich null:

$$\Delta G[\mathrm{i(fl)} \rightarrow \mathrm{i(g)}] = 0 \tag{17.1}$$

Diese Bedingung muß bei Erwärmung im Gleichgewicht immer erhalten bleiben, d.h., bei Änderung von p und T muß auch die *Änderung* $\mathrm{d}\Delta G$ gleich null sein. Für diese Änderung gilt die Formel (14.10):

$$\mathrm{d}\Delta G = \Delta V \mathrm{d}p - \Delta S \mathrm{d}T = 0 \tag{17.2}$$

Somit ist bei dauerndem Gleichgewicht (Index $_=$):

$$\left(\frac{\mathrm{d}p}{\mathrm{d}T}\right)_= = \frac{\Delta S}{\Delta V} \tag{17.3}$$

Im Gleichgewicht ist aber wegen $\Delta G = \Delta H - T\Delta S = 0$:

$$\Delta S = \frac{\Delta H}{T_=} \tag{17.4}$$

worin ΔH die Phasenumwandlungswärme ist (z.B. die Verdampfungswärme). Somit wird aus (17.3):

$$\boxed{\left(\frac{\mathrm{d}p}{\mathrm{d}T}\right)_= = \frac{\Delta H}{T_= \cdot \Delta V}} \qquad \textbf{(\textit{Clausius-Clapeyronsche Gleichung})} \tag{17.5}$$

Da die Gleichungen (17.2) und (17.4) nicht nur für das ***Verdampfungsgleichgewicht***, sondern für beliebige Phasengleichgewichte gültig sind, so beschreibt die Clausius-Clapeyronsche Differentialgleichung (17.5) in gleicher Weise auch das ***Schmelzdruckgleichgewicht*** zwischen fester und flüssiger Phase.

Bei der Herleitung von (17.5) bleibt völlig offen, welche der beiden Größen p, T wir als *unabhängige* und welche wir als *abhängige* Variable betrachten wollen. Geben wir z.B. die Temperatur vor, so ist der zugehörige Gleichgewichtsdruck der ***Dampfdruck*** (bzw. der ***Schmelzdruck***). Die Clausius-Clapeyronsche Gleichung liefert dann also die *Tangentensteigung* $\mathrm{d}p_=/\mathrm{d}T$ *der Dampfdruckkurve* (bzw. Schmelzdruckkurve) $p_=(T)$. Gibt man dagegen den Druck p vor, so kann man durch Lösen der Differentialgleichung (17.5) und Auflösen nach T die zu p gehörende ***Siedetemperatur*** (bzw. Schmelztemperatur) $T_=(p)$ berechnen (siehe unten).

Wenn es sich um ein Verdampfungsgleichgewicht oder ein *Sublimationsgleichgewicht* (vgl. S. 77) handelt, dann kann man meistens das Molvolumen V_{kond} der flüssigen oder festen Phase neben dem Molvolumen V_{g} der Gasphase vernachlässigen und für letztere das ideale Gasgesetz (3.12) ansetzen:

$$\Delta V = V_{\mathrm{g}} - V_{\mathrm{kond}} \approx V_{\mathrm{g}} = \frac{RT}{p^{\mathrm{D}}} \tag{17.6}$$

Einsetzen in (17.5) ergibt als ***Spezialfall der Clausius-Clapeyronschen Gleichung***:

$$\frac{1}{p^{\mathrm{D}}} \cdot \frac{\mathrm{d}p^{\mathrm{D}}}{\mathrm{d}T} = \boxed{\frac{\mathrm{d}\ln p^{\mathrm{D}}}{\mathrm{d}T} = \frac{\Delta H_{\mathrm{fl}\to\mathrm{g}}}{RT^2}} \tag{17.7}$$

Diese Gleichung stellt zugleich auch einen ***Spezialfall der van't Hoffschen Gleichung*** (14.24) dar: In der Gleichgewichtskonstante K von (14.24) sind nämlich die Konzentrationen der kondensierten reinen Stoffe nicht mit enthalten (vgl. §§11.8.2 bis 11.8.5). Für den Sonderfall der Verdampfung eines reinen Stoffes wird daher $K = p^{\mathrm{D}}$. Zwischen ΔH und ΔH° besteht in idealen Systemen kein Unterschied, wenn man das Eigenvolumen der kondensierten Phase vernachlässigt. Somit wird für diesen Spezialfall die van't Hoffsche Gleichung mit der Clausius-Clapeyronschen Gleichung identisch.

Wenn man (17.7) als Sonderfall der van't Hoffschen Gleichung auffaßt, sieht man, daß deren Gültigkeit nicht auf Einstoffsysteme beschränkt ist. p^{D} braucht daher nicht der Gesamtdruck zu sein, sondern kann z.B. auch der Wasserdampfpartialdruck in der Luft sein.

Durch Trennung der Variablen wird aus (17.7):

$$\mathrm{d}\ln p^{\mathrm{D}} = \frac{\Delta H_{\mathrm{fl}\to\mathrm{g}}}{R} \cdot \frac{\mathrm{d}T}{T^2} \tag{17.8}$$

Die Temperatur, bei der der Dampfdruck $p^D = p^o (\equiv 1 \text{ atm})$ wird, ist die (normale) ***Siedetemperatur*** T_S („*Siedepunkt*"). Wenn wir die Temperaturabhängigkeit von ΔH vernachlässigen, ergibt die Integration von (17.8) zwischen den Grenzen p^o, T_S und p^D, T:

$$\ln \frac{p^D}{p^o} \equiv \ln \{p^D\} = -\frac{\Delta H_{fl \to g}}{R} \cdot \left(\frac{1}{T} - \frac{1}{T_S}\right) \quad (17.9)$$

Nach Gl. (17.9) kann der Dampfdruck p^D einer Flüssigkeit aus deren Siedepunkt T_S und Verdampfungsenthalpie $\Delta H_{fl \to g}$ für eine beliebige Temperatur T näherungsweise berechnet werden. Will man umgekehrt die Temperatur T berechnen, bei der ein vorgegebener Dampfdruck p^D erreicht wird, so muß man Gl. (17.9) nach T auflösen:

$$T = \frac{1}{\dfrac{1}{T_S} - \dfrac{R \cdot \ln\{p^D\}}{\Delta H_{fl \to g}}} \quad (17.10)$$

In dieser Gleichung ist T_S der Siedepunkt, d.h. die Siedetemperatur unter Standarddruck p^o. Setzt man p^D gleich dem Außendruck p, so wird T die ***Siedetemperatur unter dem (von*** p^o ***abweichenden) Außendruck***, da ja beim Sieden der Dampfdruck gleich dem Außendruck wird. Wir wollen diese Siedetemperatur mit $T_=(p)$ bezeichnen:

$$T_=(p) = \frac{1}{\dfrac{1}{T_S} - \dfrac{R \cdot \ln\{p\}}{\Delta H_{fl \to g}}} \quad (17.10a)$$

Bei einer Destillation im Vakuum ist p durch den Druck der Vakuumpumpe vorgegeben; dieser ist z.B. bei einer Wasserstrahlpumpe gleich dem Wasserdampfdruck bei der Temperatur des Leitungswassers, also etwa 1700 Pa (13 Torr) bei 15 °C. Die Siedetemperatur ist dann $T_=(p) < T_S$. Umgekehrt erreicht man z.B. in einem Dampfkochtopf durch erhöhten äußeren Druck Siedetemperaturen $T_=(p) > T_S$.

Für eine graphische Darstellung bringen wir Gl. (17.9) auf die Form

$$\ln\{p^D\} = \frac{\Delta H_{fl \to g}}{R T_S} - \frac{\Delta H_{fl \to g}}{R} \cdot \frac{1}{T} \quad (17.11)$$

Trägt man Meßwerte von $\ln \{p^D\}$ gegen $1/T$ in ein Diagramm ein, so erhält man nach Gl. (17.11) eine Gerade mit der Steigung $-\Delta H_{fl \to g}/R$ und dem Ordinatenabschnitt:

$$\Delta H_{fl \to g}/RT_s = \Delta S^o_{fl \to g}/R \quad (17.12)$$

Gl. (17.12) ergibt sich aus der Definition $Q_{rev}/T \equiv \Delta S$, da die Verdampfung am Siedepunkt (d.h. bei $p^D = p^o$) einem reversiblen Vorgang entspricht, vgl. Gl. (12.39).

Der Dampfdruck p^D ist die Gleichgewichtskonstante K für die „Reaktion" i(fl) $\to$ i(g). Daher ist diese Art der graphischen Darstellung identisch mit der Abb. 14.2 in §14.3. Die Kurve ist nur näherungsweise als Gerade anzusprechen, da bei der Herleitung von (17.11) die Temperaturabhängigkeit von $\Delta H_{fl \to g}$ vernachlässigt wurde. Diese Vernachlässigung bedeutet nach dem Kirchhoffschen Gesetz (8.25), daß man $\partial \Delta H / \partial T = \Sigma \nu_i C_{pi} \approx 0$ setzt. Dann wäre $\Delta H^o(T_o) \approx \Delta H^o(T_S)$

und $\Delta H^o(T_S)/T_S = \Delta S^o(T_S) \approx \Delta S^o(T_o)$, da mit $\Sigma \nu_i C_{pi} \approx 0$ auch ΔS^o nach Gl. (13.10) unabhängig von T wäre.

Die Näherung $\Sigma \nu_i C_{pi} \approx 0$ liegt auch der 1. Ulichschen Näherung

$$\Delta G^o(T) \approx \Delta H^o(T_o) - T\Delta S^o(T_o) \tag{13.13}$$

zugrunde. Mit Hilfe der Gln. (13.13) und (17.12) kann man die Gl. (17.11) auch ohne Integration aus der Gl. (11.38) $\ln\{K\} = -\Delta G^o/RT$ herleiten [vgl. Gl. (14.27)].

Wenn man die gemessenen Geraden von $\ln\{p^D\}$ gegen $1/T$ nach Gl. (17.11) bis auf $1/T = 0$ extrapoliert, so findet man interessanterweise für viele verschiedene Flüssigkeiten ungefähr den gleichen Ordinatenabschnitt $\Delta S^o_{fl\to g}/R \approx 10,5$ (Abb. 17.2). Das entspricht der sogenannten ***„Troutonschen Regel“*** (auch „Pictet-Troutonsche Regel“): Diese besagt, daß die ***Verdampfungsentropie am Siedepunkt für viele Stoffe ungefähr den gleichen Wert*** hat:

$$\Delta S^o_{fl\to g} = \frac{\Delta H_{fl\to g}}{T_S} \approx 87 \frac{\mathrm{J}}{\mathrm{mol\,K}} \tag{17.13}$$

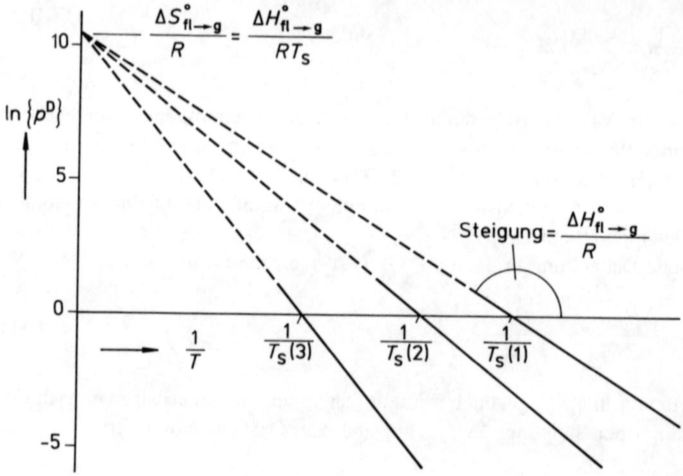

Abb. 17.2. Schematische Darstellung der Troutonschen Regel: Die Standard-Verdampfungsentropie verschiedener Stoffe 1, 2, 3 ist ungefähr gleich groß und beträgt etwa 10,5 $R \approx 87$ J/mol K.

Zum Beleg der Troutonschen Regel sind in Tabelle 17.1 für eine Auswahl von Stoffen die Verdampfungsenthalpien und Verdampfungsentropien am jeweiligen Siedepunkt unter Standarddruck nach steigenden Siedepunkten geordnet angegeben.

Tabelle 17.1. Siedepunkte, Verdampfungsenthalpien und Verdampfungsentropien unter Standarddruck

	$\frac{T_S}{K}$	$\frac{\Delta H^o_{fl\to g}}{kJ/mol}$	$\frac{\Delta S^o_{fl\to g}}{J/(mol\,K)}$
H_2	20,4	0,91	44,6
N_2	77,3	5,65	73,1
C_2H_6	184,1	15,1	82,0
HCl	188,1	16,3	86,7
H_2S	212,8	18,7	87,9
Cl_2	239,5	20,4	85,2
NH_3	239,7	23,35	97,4
HF	293	7,5	25,6
CS_2	319,3	27,2	85,6
n-C_6H_{14}	341,9	30,1	88,0
CCl_4	348,4	30,4	87,2
C_2H_5OH	351,4	38,6	109,8
C_6H_6	353,3	30,8	87,2
H_2O	373,15	40,6	108,8
CH_3COOH	391	24,35	62,3
Hg	630,5	59,0	93,6
Na	1156	97,9	84,7

Für viele Stoffe ist die Troutonsche Regel Gl. (17.13) einigermaßen gut erfüllt. Man kann das so interpretieren, daß die Zunahme in der Zahl der molekularen Anordnungsmöglichkeiten beim Übergang aus der Flüssigkeit in die Gasphase bei diesen Stoffen ungefähr dem gleichen Faktor entspricht.

Charakteristische Abweichungen ergeben sich jedoch für Stoffe, die durch Ausbildung von ***Wasserstoffbrücken*** einen ***höheren Ordnungsgrad*** besitzen. Wenn das nur für die flüssige Phase der Fall ist, so ist die Zunahme der Unordnung beim Verdampfungsvorgang $\Delta S_{fl\to g}$ entsprechend größer. Daher wird der Troutonsche Regelwert von 87 J/(mol K) bei NH_3, C_2H_5OH und H_2O wesentlich überschritten (vgl. Tab. 17.1). In der Verdampfungsenthalpie sind dann zusätzliche Energieanteile zum Lösen der Wasserstoffbrücken enthalten, ohne daß der Siedepunkt im gleichen Maße erhöht wird. Wenn andererseits auch *in der Gasphase* noch *Aggregate* aus mehreren Molekülen vorliegen, dann müßte man bei der Berechnung von $\Delta S_{fl\to g}$ aus den Meßdaten *eigentlich* die *erhöhte* Molmasse dieser Aggregate zugrundelegen, so daß der aus der *einfachen* Molmasse berechnete Wert von $\Delta S_{fl\to g}$ kleiner als der Troutonsche Regelwert ausfällt[1]. Das ist z.B. bei CH_3COOH und bei HF der

1 Hierbei ist vorausgesetzt, daß $\Delta H^o_{fl\to g}$ aus der kalorimetrisch bestimmten Verdampfungswärme für eine abgewogene Masse des Stoffes bestimmt und daraus $\Delta S^o_{fl\to g}$ nach Gl. (17.13) berechnet wird. Wenn man dagegen $\Delta H^o_{fl\to g}$ nach Abb. 17.2 aus der Steigung der gemessenen Kurve ln $\{p^D\}(1/T)$ bestimmt, dann sollten sich für HF und für CH_3COOH keine Unterschreitungen des Troutonschen Regelwertes ergeben, weil der Gasdruck nur von der Zahl der Gasteilchen pro Volumen und nicht von deren Größe abhängt.

Fall (vgl. Tab. 17.1). Gesättigter Fluorwasserstoffdampf enthält am Siedepunkt Aggregate aus durchschnittlich mehr als 3 Molekülen.

Eine weitere, systematische Abweichung von der Troutonschen Regel besteht darin, daß $\Delta S^{\text{o}}_{\text{fl}\to\text{g}}$ bei Stoffen mit sehr tiefen Siedepunkten merklich kleiner ist (z.B. bei H_2 und N_2). Das beruht darauf, daß mit abnehmender Temperatur nach Gl. (2.3) das *Gasvolumen* und damit nach Gl. (12.34) auch die molare Entropie in der Gasphase immer kleiner wird.[2]

Der Troutonsche Regelwert von 87 J/(mol K) beträgt ungefähr das Zehnfache der Gaskonstante R. Somit ist die Verdampfungsenthalpie ungefähr das Zehnfache der thermischen Energie am Siedepunkt:

$$\Delta H_{\text{fl}\to\text{g}} \approx 10{,}5\;RT_{\text{S}}. \tag{17.13 a}$$

Eine ähnliche Regelmäßigkeit (allerdings mit noch größeren relativen Abweichungen vom Regelwert) gilt auch für den **Schmelzpunkt**: Die Schmelzentropie $\Delta S^{\text{o}}_{\text{f}\to\text{fl}}$ einatomiger Stoffe liegt zwischen 0,8 R und 1,7 R. Die Schmelz*enthalpie* ist also ungefähr so groß wie die thermische Energie RT_{E} eines Schwingungsfreiheitsgrades am Schmelzpunkt (***„Richardssche Regel“***).[3]

Frage: Warum kann ein Stoff bereits *sieden*, wenn seine mittlere thermische Energie eines Schwingungsfreiheitsgrades erst 1/10 der Verdampfungsenthalpie beträgt, während zum *Schmelzen* eines Stoffes die mittlere thermische Energie eines Schwingungsfreiheitsgrades fast ebenso groß wie die zur Überwindung der Gitterkräfte notwendige Schmelzenthalpie sein muß?

Antwort: Wenn die mittlere thermische Energie RT nur 1/10 der Verdampfungsenthalpie beträgt, dann besitzt nur ein winziger Bruchteil der Moleküle die zum Verdampfen nötige Energie. Dieser winzige Bruchteil reicht aber aus, um dynamisches Gleichgewicht zwischen Verdampfung und Kondensation herzustellen, weil die Konzentration in der Flüssigkeit um viele Zehnerpotenzen größer ist als im Gasraum. – Der Konzentrationsunterschied zwischen Flüssigkeit und Festkörper ist dagegen sehr gering. – Da die Konzentration im Gasraum stark vom Gasdruck abhängt, so ist der Siedepunkt durch Veränderung des Druckes leicht verschiebbar (im Gegensatz zum Schmelzpunkt).

Übungsaufgaben a) Aus der Troutonschen Regel leite man eine Formel zur Abschätzung der Siedetemperatur $T_=$ in Abhängigkeit vom vorgegebenen Außendruck p bei Kenntnis der normalen Siedetemperatur T_{S} unter Standarddruck her! Bei welcher Temperatur etwa siedet p-Dibrombenzol ($T_{\text{S}} \triangleq 219\,^\circ\text{C}$) unter Wasserstrahlpumpenvakuum ($p \approx 1700$ Pa)?

b) Die Geschwindigkeit chemischer Reaktionen nimmt mit steigender Temperatur zu. Darauf beruht es, daß in einem Dampfdruckkochtopf die Speisen schneller garen als beim Kochen unter Atmosphärendruck. Welche Temperatur erreicht die Speisemischung, wenn das Ventil des Topfes sich erst bei einem *Über*druck von 1 p^{o} öffnet? (Man setze den Innendruck näherungsweise gleich dem Dampfdruck von reinem Wasser, dessen Verdampfungswärme man unter Vernachlässigung von deren Abhängigkeit von T und p aus der Tabelle der Bildungsenthalpien Seite 335 errechnet.)

2 Man kann diese systematische Abweichung im Prinzip dadurch ausschalten, daß man anstelle der Verdampfungsentropien bei konstantem Gasdruck p^{o} die Verdampfungsentropien bei einem *konstanten Molvolumen der Gasphase* miteinander vergleicht (***„Hildebrandsche Regel“***).

3 Für mehratomige Stoffe ist $\Delta S^{\text{o}}_{\text{f}\to\text{fl}}$ größer als für einatomige, weil im kristallisierten Zustand jedes Atom seinen festen Platz hat, während im flüssigen Zustand für weitere Atome innerhalb eines Moleküls zusätzliche räumliche Anordnungsmöglichkeiten hinzukommen.

Lösungen a) Durch Auflösen von Gl. (17.13) nach $\Delta H_{\text{fl}\to\text{g}}$ und Einsetzen in (17.10a) erhält man für die druckabhängige Siedetemperatur:

$$T_{=} \approx T_{\text{S}} / \left[1 - \frac{R \ln\{p\}}{87\ \text{J/(mol K)}} \right]$$

Mit den angegebenen Zahlenwerten wird daraus $T_{=} = 354\ \text{K} \triangleq 81\ ^\circ\text{C}$.

b) Mit $p^{\text{D}}_{\text{H}_2\text{O}} = p = 2p^{\circ}$ und $T_{\text{S}} \approx T_{\text{S}}(\text{H}_2\text{O, rein}) = 373$ K und
$\Delta H \approx \Delta H^{\circ}_{298\ \text{K}}\ [\text{H}_2\text{O(fl)} \to \text{H}_2\text{O(g)}] = (+285,84 - 241,83 = 44,01)$ kJ/mol
wird aus Gl. (17.10a): $T_{=} \approx 392\ \text{K} \triangleq 119\ ^\circ\text{C}$.

17.2 Phasendiagramme von Einstoffsystemen

Nach der Clausius-Clapeyronschen Gleichung (17.7) ist die Dampfdruckkurve $p^{\text{D}}(T)$ eines Stoffes um so steiler, je größer seine Phasenumwandlungswärme $\Delta H_{\text{kond}\to\text{g}}$ ist. Nun ist die Sublimationswärme $\Delta H_{\text{f}\to\text{g}}$ eines Stoffes immer größer als seine Verdampfungswärme $\Delta H_{\text{fl}\to\text{g}}$. Nach dem Heßschen Satz gilt nämlich Gl. (8.22):[4]

$$\Delta H_{\text{f}\to\text{g}} = \Delta H_{\text{f}\to\text{fl}} + \Delta H_{\text{fl}\to\text{g}}$$

Die Dampfdruckkurve eines Stoffes ist darum für den festen Zustand steiler als für den flüssigen Zustand.

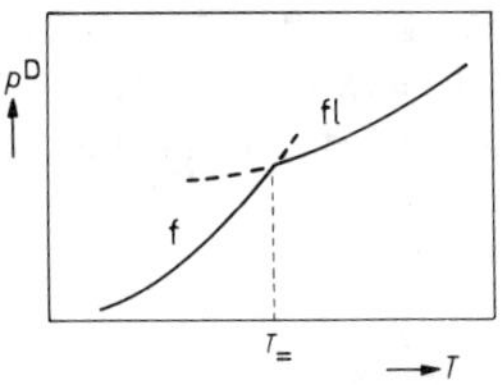

Abb. 17.3. Dampfdruck der festen und der flüssigen Phase eines Stoffes in Abhängigkeit von der Temperatur.

Wenn man die beiden Dampfdruckkurven über ihren gemeinsamen Schnittpunkt hinaus extrapoliert (Abb. 17.3), so würde bei tieferen Temperaturen die flüssige Phase einen höheren Dampfdruck haben als die feste Phase; bei höheren Temperaturen ist es umgekehrt. Solange sich aber zwei kondensierte Phasen eines Stoffes von verschiedenem Dampfdruck in einem geschlossenen Raum nebeneinander befinden, herrscht in dem Raum vorübergehend ein Partialdruck, der *zwischen* beiden Dampfdrucken liegt. Von der Phase mit dem höheren Dampfdruck wird darum bei vorgegebener Temperatur laufend Stoff verdampfen und zu

4 In dieser Gleichung beziehen sich alle drei Phasenumwandlungswärmen genaugenommen auf jeweils die gleiche Temperatur. Näherungsweise kann man aber die Temperaturabhängigkeit der ΔH-Werte vernachlässigen, indem man z.B. $\Delta H_{\text{f}\to\text{fl}}$ am Schmelzpunkt und $\Delta H_{\text{fl}\to\text{g}}$ am Siedepunkt mißt.

der anderen Phase kondensieren, *bis die Phase mit dem höheren Dampfdruck ganz verschwunden ist.* (Erst dann kann sich das Gleichgewicht einstellen, indem der Partialdruck auf den kleineren Dampfdruck absinkt.) ***Von zwei Phasen*** eines Stoffes mit verschiedenem Dampfdruck ist also immer die mit dem ***kleineren Dampfdruck*** die ***stabilere***. Dies geht auch aus Gl. (11.16) hervor, wonach zum kleineren Dampfdruck jeweils das kleinere chemische Potential $\overline{G}_i$ gehört. Für eine Umwandlung von Phase I in Phase II ist nämlich

$$\Delta G = \overline{G}_{i(II)} - \overline{G}_{i(I)} < 0, \text{ (d.h., der Prozeß läuft spontan), falls } p_{i(I)} > p_{i(II)}.$$

Im ***Schnittpunkt der Dampfdruckkurven*** haben beide Phasen den gleichen Dampfdruck und das gleiche chemische Potential, sie sind hier also miteinander im ***Gleichgewicht***. Die zugehörige Gleichgewichtstemperatur $T_=$ ist die Schmelztemperatur. Die Schmelztemperatur unter einem Außendruck p° wird als „***Schmelzpunkt***" oder „***Erstarrungspunkt***" T_E bezeichnet[5].

Bei der Schmelztemperatur $T_=$ können feste und flüssige Phase indifferent nebeneinander vorliegen. Über beiden kann sich noch eine Gasphase befinden. Enthält die Gasphase *kein Fremdgas*, so ist der Dampfdruck p^D gleich dem Gesamtdruck p. Die *Schmelztemperatur unter dem eigenen Dampfdruck* bezeichnet man als „***Tripeltemperatur***" T_{Tr}, da hier *drei* Phasen des reinen Stoffes koexistieren können. Wenn man dieses Einstoffsystem bei der Tripeltemperatur und bei konstantem Druck $p = p_f^D(T_{Tr}) = p_{fl}^D(T_{Tr})$ komprimiert, so verschwindet die Gasphase vollständig. Der Stempel des Kompressionszylinders drückt dann direkt auf das Gemisch von fester und flüssiger Phase. Erhöht man den Druck auf $p > p^D$, so würde bei konstanter Temperatur $T = T_{Tr}$ i.a. auch die flüssige Phase verschwinden (d.h. sich verfestigen). Will man jedoch bei dieser Druckerhöhung feste und flüssige Phase nebeneinander im Gleichgewicht halten, so muß man die Temperatur dabei ein wenig verändern. Die Schmelztemperatur $T_=$ wird also durch Erhöhung von p ein wenig verschoben. Diese Verschiebung wird auch wieder durch die Clausius-Clapeyronsche Gleichung (17.5) beschrieben. Ist die Volumenänderung $\Delta V_{f\to fl} > 0$, so ist nach (17.5) mit $\Delta H_{f\to fl} > 0$ auch die Steigung $(dp/dT)_=$ dieser „***Schmelzdruckkurve***" > 0. Und zwar ist diese *Steigung* nach (17.5) *erheblich größer als die Steigung der beiden Dampfdruckkurven*, weil $\Delta V_{f\to fl}$ um etwa vier Zehnerpotenzen kleiner als $\Delta V_{kond\to g}$ ist. ($\Delta H_{f\to fl}$ ist nur etwa um eine Zehnerpotenz kleiner als $\Delta H_{kond\to g}$.)

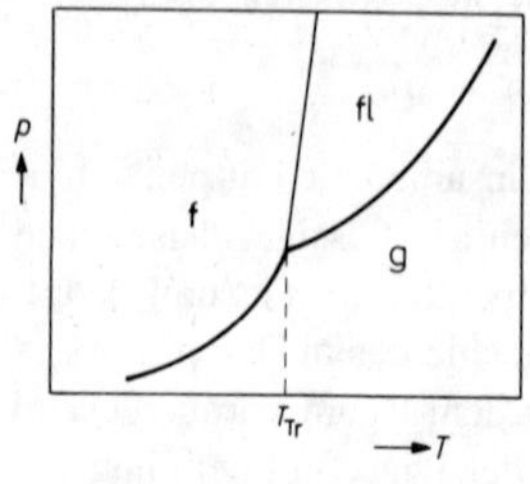

Abb. 17.4. Zustandsgebiete der festen, flüssigen und gasförmigen Phase eines Stoffes im Druck-Temperatur-Diagramm.

5 Die ***Unterkühlung*** einer Schmelze unter T_E ist leicht realisierbar, die ***Überhitzung*** eines festen Körpers über T_E hinaus dagegen nicht. Wohl aber läßt sich ein fester Stoff (z.B. rhombischer Schwefel) über eine *Umwandlungstemperatur* hinaus überhitzen, bei der er sich eigentlich in eine andere feste ***Modifikation*** (in monoklinen Schwefel) umwandeln müßte.

Die Schmelzdruckkurve beginnt also im Tripelpunkt und steigt sehr steil an. Durch die drei vom Tripelpunkt T_{Tr} ausgehenden Kurven wird die Fläche im p-T-Diagramm in *drei Felder* unterteilt, die für den reinen Stoff ohne Fremdgase den *Zuständen fest, flüssig und gasförmig* entsprechen (Abb. 17.4). Ist der Zustand des Einstoffsystems z.B. durch einen Punkt (p, T) unterhalb von einer der Dampfdruckkurven gegeben, so liegt nur die Gasphase vor. Beim *Überschreiten einer Kurve* tritt jeweils eine *Phasenumwandlung* auf. Befindet man sich ein wenig über der Tripeltemperatur T_{Tr} im gasförmigen Gebiet, so führt eine *isotherme Druckerhöhung* (Kompression parallel zur p-Achse in Abb. 17.4) zunächst zur *Verflüssigung* und dann zur *Verfestigung* (Überschreiten der Grenzkurven g/fl und fl/f). Durch Erhöhung des äußeren Druckes kann also die isotherme „Reaktion" i(fl) → i(f) erzwungen werden. Das entspricht dem *Prinzip vom kleinsten Zwang*: Das Schmelzgleichgewicht wird bei Druckerhöhung in derjenigen Richtung verschoben, in der das System Volumenarbeit aufnimmt. Da $V_{i(fl)} > V_{i(f)}$, ist für obige Reaktion die aufgenommene Volumenarbeit pro Formelumsatz $W/\xi = -p \cdot \Delta V = -p \cdot (V_{i(f)} - V_{i(fl)}) > 0$.

Wasser nimmt unter den Stoffen eine Sonderstellung ein: Die ***Anomalie des Wassers*** besteht darin, daß Eis eine geringere Dichte hat als flüssiges Wasser. (Daß Eis auf Wasser schwimmt, weiß jeder.) Daher ist in diesem Fall $\Delta V_{f \to fl} = V_{H_2O(fl)} - V_{H_2O(f)} < 0$. Da die Schmelzwärme $\Delta H_{f \to fl}$ auch für Wasser > 0 ist, so folgt aus der Clausius-Clapeyronschen Gleichung (17.5) für H_2O eine *negative Steigung der Schmelzdruckkurve* (Abb. 17.5).

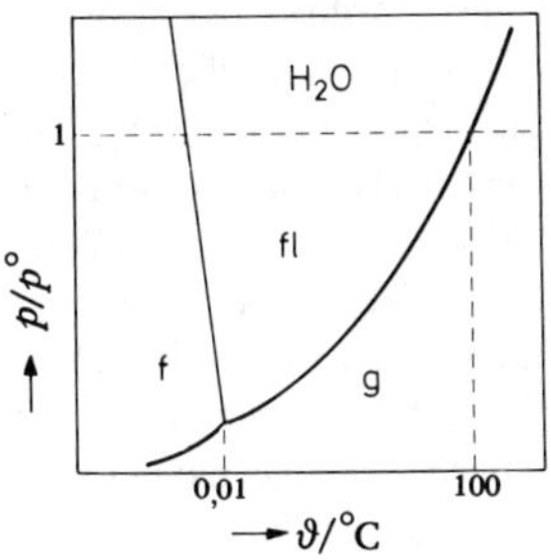

Abb. 17.5. Schematisches Zustandsdiagramm von H_2O.

Befindet man sich im Zustandsgebiet des festen H_2O ein wenig *unter* der Tripeltemperatur, so führt eine *isotherme Druckerhöhung* (d.h. in Abb. 17.5 senkrecht nach oben) zum Überschreiten der Grenzkurve f/fl und damit zum *Schmelzen des Eises*. Entsprechend dem Le Chatelierschen Prinzip wird hierbei Volumenarbeit aufgenommen, da das Volumen beim Schmelzen des Eises abnimmt. Dieser Vorgang ist die Grundlage von jedem Wintersport: Unter der scharfen Kante eines Schlittschuhs ist der Druck (= Gewicht pro Fläche) wegen der kleinen Fläche so groß, daß das Eis dort schmilzt und der Schlittschuhläufer auf einer flüssigen Schicht gleitet. Auch unter den Kufen von Schlitten und Skiern stehen die herausragenden Spitzen und Kanten der Eiskriställchen unter so hohem Druck, daß sie abschmelzen. Es entsteht eine völlig glatte Oberfläche, auf der hydrophobe (gewachste) Skier kaum Reibung finden. – Das Wandern von Gletschern beruht ebenfalls auf einer Verflüssigung des Eises unter dem hohen Druck der Gletschermasse.

Im SI-Einheitensystem dient der Tripelpunkt des Wassers mit der Festlegung $T_{Tr} \equiv 273{,}16$ K zur ***Definition der Einheit „Kelvin"***. Die Celsiustemperatur ist entsprechend

Gl. (2.2) definiert als $\vartheta/\,^\circ\mathrm{C} \equiv T/K - 273,15$. Somit liegt der Tripelpunkt des Wassers bei $\vartheta_{\mathrm{Tr}} = +0{,}01\,^\circ\mathrm{C}$ (vgl. Abb. 17.5).

Übungsaufgabe: Man berechne den Schmelzpunkt von reinem H_2O unter Standarddruck aus dem Tripelpunkt und der Steigung der Schmelzdruckkurve!
Gegeben sind die Schmelzenthalpie $\Delta H[\mathrm{H_2O(f)} \rightarrow \mathrm{H_2O(fl)}] = 6,008$ kJ/mol und die Dichten $\rho_{\mathrm{H_2O(f)}} = 0,917$ g/cm^3; $\rho_{\mathrm{H_2O(fl)}} = 1,00$ g/cm^3.
Der Dampfdruck am Tripelpunkt beträgt $p^{\mathrm{D}}_{\mathrm{H_2O}}(T_{\mathrm{Tr}}) = 611$ Pa.

Lösung: Ersetzt man in Gl. (17.5) den Differentialquotienten näherungsweise durch einen Differenzenquotienten mit $\triangle p = p^{\mathrm{o}} - p^{\mathrm{D}}_{\mathrm{H_2O}}(T_{\mathrm{Tr}})$, so folgt $\triangle T_= = -0,0075$ K, somit $T_{\mathrm{E}} = T_{\mathrm{Tr}} + \triangle T_= = 273,1525$ K und $\vartheta_{\mathrm{E}} = +0,0025\,^\circ\mathrm{C}$.

Dieser Wert gilt für *luftfreies* Wasser. An der freien Atmosphäre ist jedoch das Wasser mit Luft gesättigt, was zu einer zusätzlichen Gefrierpunktserniedrigung (vgl. den folgenden Abschnitt) von 0,0024 °C führt. Die ursprüngliche Definition der Celsius-Skala, wonach *luftgesättigtes* Wasser bei 0 °C erstarrt, ist daher mit den neuen SI-Definitionen praktisch im Einklang.

Die ***Anomalie des Wassers*** läßt sich aufgrund der **Kristallstruktur von Eis** verstehen: Im Eiskristallgitter ist jedes Sauerstoffatom tetraedisch von vier anderen Sauerstoffatomen umgeben, ähnlich wie Kohlenstoff im Diamantgitter[6]. Auf jeder Verbindungslinie zwischen zwei Sauerstoffatomen (nicht genau in der Mitte) befindet sich ein Wasserstoffatom. Auf diese Weise entsteht eine Packung von relativ geringer Dichte [jedes Molekül hat nur vier nächste Nachbarn; in einer dichtesten Kugelpackung (Apfelsinenkiste) wird dagegen z.B. jede Kugel von 12 Nachbarkugeln berührt]. Wenn beim H_2O die Zahl der nächsten Nachbarmoleküle *größer* als vier wird, so kann nicht mehr zu jedem Nachbarn eine H-Brückenbindung ausgebildet werden, weil nach der Formel H_2O auf ein O-Atom nur 2 H-Atome, also maximal 4 halbe Brücken-H-Atome entfallen (wenn wir das H-Atom einer Brücke je zur Hälfte dem einen und dem anderen O-Atom der Brücke zuordnen). Daher ergibt sich für jedes O-Atom die Beteiligung an maximal 4 H-Brücken in nahezu regelmäßiger tetraedischer Anordnung. Erhöht man die Packungsdichte und damit die Zahl der nächsten Nachbarn eines Moleküls, dann wird die energetisch günstige tetraedrische Anordnung gestört, und einige H-Brückenbindungen werden gelöst. Darum ist die etwas *dichtere Packung des flüssigen Wassers energiereicher als die des Eises*. – Eine entsprechende Anomalie wie beim Wasser ist auch bei einigen anderen Stoffen beobachtet worden, bei denen ein Teilchen im Kristallgitter ebenfalls von jeweils nur 4 gleichen nächsten Nachbarn umgeben ist, nämlich bei den Elementen Silicium, Germanium, Antimon, Wismut und Gallium.

Die Volumenabnahme des Wassers bei Energiezufuhr setzt sich über den Schmelzpunkt hinaus noch bis 4 °C fort, weil beim Schmelzen bei 0 °C zunächst nur ein kleiner Teil der H-Brückenbindungen aufgelöst worden ist. Oberhalb von 4 °C wird die Volumenabnahme infolge Auflösung von H-Brücken überkompensiert durch die überlagerte normale

6 Daß das kubische Diamantgitter eine höhere Symmetrie besitzt als das hexagonale Eisgitter, beruht darauf, daß die Valenzen benachbarter C-Atome im Diamant immer gestaffelt stehen (vgl. Abb. 16.4, §16.2), die Tetraederecken benachbarter O-Atome im Eis dagegen teilweise ekliptisch, ähnlich wie die Valenzen bei der Wannenform des Cyclohexans (Abb. 16.6, §16.3). Für die hier diskutierte Anomalie des Wassers sind aber diese Unterschiede belanglos, da ähnliche Anomalien auch bei Stoffen mit Diamantstruktur vorkommen.

Ausdehnung infolge zunehmender Wärmebewegung. Daß aber noch bis zum Siedepunkt des Wassers ein großer Teil der zugeführten Wärmeenergie zum Auflösen von H-Brücken verwendet wird, erkennt man an der relativ großen Molwärme von flüssigem Wasser bei Temperaturen, bei denen die Oszillationen des H_2O-Moleküls noch nicht angeregt sind (vgl. Abb. 7.1 in §7.3).

17.3 Siedepunktserhöhung und Gefrierpunktserniedrigung durch Zusatz von gelöstem Stoff

Die *Erstarrungstemperatur* T_E einer verdünnten *Lösung*[7] liegt immer *niedriger als die des reinen Lösungsmittels*. Andererseits ist die *Siedetemperatur* T_S der Lösung im Vergleich zum reinem Lösungsmittel *erhöht*, sofern der gelöste Stoff zum Dampfdruck der Lösung praktisch nichts beiträgt. Die entsprechenden Formeln erhält man durch Kombination der Clausius-Claypeyronschen Gleichung mit dem 1. Raoultschen Gesetz, wie im folgenden gezeigt wird.

Als Ursache für Siedepunkterhöhung und Gefrierpunktserniedrigung ist die *Dampfdruckerniedrigung des Lösungsmittels* 1 durch einen gelösten Stoff 2 zu betrachten. Diese wird durch das 1. Raoultsche Gesetz (§11.6) beschrieben. Die Zusammenhänge werden aus Abb. 17.6 ersichtlich:

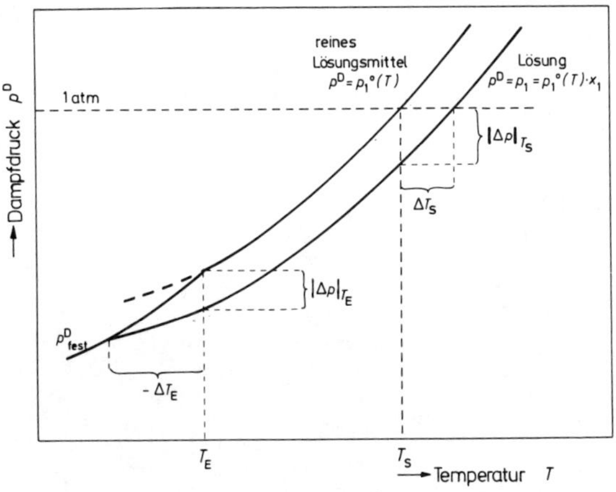

Abb. 17.6. Verschiebung der Dampfdruckkurve des Lösungsmittels durch einen gelösten Stoff als Ursache von Siedepunktserhöhung $\triangle T_S$ und Gefrierpunktserniedrigung $-\triangle T_E$.

7 Mit T_E ist hier die Temperatur gemeint, bei der die Lösung *von definierter Konzentration* mit kristallisiertem Lösungsmittel im Gleichgewicht ist. Da die Konzentration während des Auskristallisierens von reinem Lösungsmittel zunimmt, erstarrt nicht die ganze Lösung bei der gleichen Temperatur.

Die Dampfdruckkurve der Lösung ist gegenüber der Dampfdruckkurve des reinen Lösungsmittels um $|\triangle p|$ nach unten verschoben. Diese Verschiebung hat einerseits zur Folge, daß die Linie $p^{\mathrm{D}} = p^{\circ} \equiv 1$ atm (Bedingung für das Sieden) erst bei einer um $\triangle T_{\mathrm{S}}$ *erhöhten* Temperatur erreicht wird (*Siedepunktserhöhung*). Andererseits hat die Verschiebung zur Folge, daß die steilere Dampfdruckkurve des festen, reinen Lösungsmittels erst bei einer um $-\triangle T_{\mathrm{E}}$ *tieferen* Temperatur geschnitten wird (*Gefrierpunktserniedrigung*). Für die Dampfdruckerniedrigung $-\triangle p \equiv p_1^{\circ} - p_1$ ergibt sich aus dem 1. Raoultschen Gesetz (11.50):

$$|\triangle p| = p^{\mathrm{D}} \cdot x_2 \tag{17.14}$$

Aus Abb. 17.6 entnimmt man, daß für die Siedepunktserhöhung $\triangle T_{\mathrm{S}}$ näherungsweise gilt:

$$|\triangle p| \approx \frac{\mathrm{d}p^{\mathrm{D}}}{\mathrm{d}T} \cdot \triangle T_{\mathrm{S}} \tag{17.15}$$

Darin ist $\mathrm{d}p^{\mathrm{D}}/\mathrm{d}T$ nach der Clausius-Clapeyronschen Gleichung (17.7) gegeben als:

$$\frac{\mathrm{d}p^{\mathrm{D}}}{\mathrm{d}T} = p^{\mathrm{D}} \cdot \frac{\Delta H_{\mathrm{fl}\to\mathrm{g}}}{RT_{\mathrm{S}}^2} \tag{17.16}$$

Einsetzen von (17.14) und (17.16) in (17.15) und Auflösen nach $\triangle T_{\mathrm{S}}$ ergibt für die ***Siedepunktserhöhung***:

$$\triangle T_{\mathrm{S}} = x_2 \cdot \frac{RT_{\mathrm{S}}^2}{\Delta H_{\mathrm{fl}\to\mathrm{g}}} \tag{17.17}$$

Weiter entnimmt man aus Abb. 17.6, daß für die *Gefrierpunktserniedrigung* $-\triangle T_{\mathrm{E}}$ näherungsweise gilt:

$$|\triangle p| \approx \left(\frac{\mathrm{d}p_{\mathrm{fest}}^{\mathrm{D}}}{\mathrm{d}T} - \frac{\mathrm{d}p_{\mathrm{flüssig}}^{\mathrm{D}}}{\mathrm{d}T} \right) \cdot |\triangle T_{\mathrm{E}}| \tag{17.18}$$

Darin ist analog (17.16)

$$\frac{\mathrm{d}p_{\mathrm{fest}}^{\mathrm{D}}}{\mathrm{d}T} = p^{\mathrm{D}} \cdot \frac{\Delta H_{\mathrm{f}\to\mathrm{g}}}{RT_{\mathrm{E}}^2} \tag{17.19}$$

und

$$\frac{\mathrm{d}p_{\mathrm{flüssig}}^{\mathrm{D}}}{\mathrm{d}T} = p^{\mathrm{D}} \cdot \frac{\Delta H_{\mathrm{fl}\to\mathrm{g}}}{RT_{\mathrm{E}}^2} \tag{17.20}$$

Wegen (8.22) ist aber

$$\Delta H_{\mathrm{f}\to\mathrm{g}} - \Delta H_{\mathrm{fl}\to\mathrm{g}} = \Delta H_{\mathrm{f}\to\mathrm{fl}} \tag{17.21}$$

Durch Einsetzen von (17.14) und (17.19) bis (17.21) in (17.18) wird analog (17.17):

$$|\triangle T_E| = x_2 \cdot \frac{RT_E^2}{\Delta H_{f \to fl}} \quad \textbf{\textit{(zweites Raoultsches Gesetz)}} \qquad (17.22)$$

Wegen der verwendeten Näherungen ist die *Gültigkeit* von (17.17) und (17.22) *auf sehr verdünnte Lösungen beschränkt* ($x_2 \ll 1$).

Die Formeln (17.17) und (17.22) dienen zur **Molmassebestimmung**: Aus Meßwerten von $\triangle T_S$ bzw. $\triangle T_E$ erhält man zunächst den Molenbruch x_2 und damit die Stoffmenge n_2 einer gelösten Substanz. Zusammen mit deren Masse m_2 ergibt sich daraus die unbekannte Molmasse als

$$M_2 = m_2/n_2 \qquad (17.23)$$

Dabei ist aber zu beachten, daß n_2 für dissoziierte Stoffe entsprechend größer erscheint (*Nachweis für Dissoziation*).

Aufgrund der Gefrierpunktserniedrigung kann man **Eis** durch **Verreiben mit Kochsalz** zum Schmelzen bringen. Die dabei verbrauchte Schmelzwärme geht auf Kosten der Wärmebewegung der Moleküle, so daß die Mischung sich bis auf etwa –20 °C abkühlen kann (Erzeugung tiefer Temperaturen, ***Kältemischung***).

Die Bestimmung des **Schmelzpunktes einer unbekannten Verbindung** ist ein wichtiges Hilfsmittel zu deren ***Identifizierung***. Dabei ist zu beachten, daß der Schmelzpunkt durch Verunreinigungen in jedem Fall erniedrigt wird. Man kann das zur Prüfung der Frage ausnutzen, ob ein unbekannter Stoff mit einem bekannten Stoff identisch ist, indem man beide miteinander verreibt und feststellt, ob der ***Schmelzpunkt der Mischung*** mit dem der beiden Stoffe übereinstimmt oder ob er tiefer liegt.

17.4 Änderung der Löslichkeit mit der Temperatur

Beim Auflösen eines Salzes in Wasser müssen die Ionen des Kristallgitters voneinander getrennt werden; dazu ist eine Energiezufuhr erforderlich (*Gitterenergie*). Andererseits üben die Ionen auf die Wasserdipole starke Anziehungskräfte aus und umgeben sich daher mit einer Hydrathülle, wobei eine Energie frei wird (*Hydratationsenergie*). Ist die Hydratationsenergie größer als die Gitterenergie, dann ist der gesamte *Lösungsvorgang exotherm*. Nach dem Le Chatelierschen Prinzip verschiebt sich dann das Gleichgewicht mit steigender Temperatur zum Ungelösten, d.h., die *Löslichkeit* (= Sättigungskonzentration) *nimmt mit steigender Temperatur ab*. Das ist z.B. für wasserfreies Natriumsulfat der Fall. Die entsprechende, nach rechts hin abfallende Löslichkeitskurve ist in Abb. 17.7 dargestellt.

Nun kann Natriumsulfat aber auch in Form eines Hydrats mit 10 H_2O existieren. In dieser Form besitzen die Ionen bereits im Kristallgitter ihre Hydrathülle, so daß die entsprechende Hydratationswärme beim Auflösen nicht mehr in Erscheinung tritt: Der Lösungsvorgang von $Na_2SO_4 \cdot 10\ H_2O$ ist daher *endotherm*, die *Löslichkeit nimmt mit steigender Temperatur zu*. In diesem Fall steigt die entsprechende Löslichkeitskurve also nach rechts hin an (vgl. Abb. 17.7).

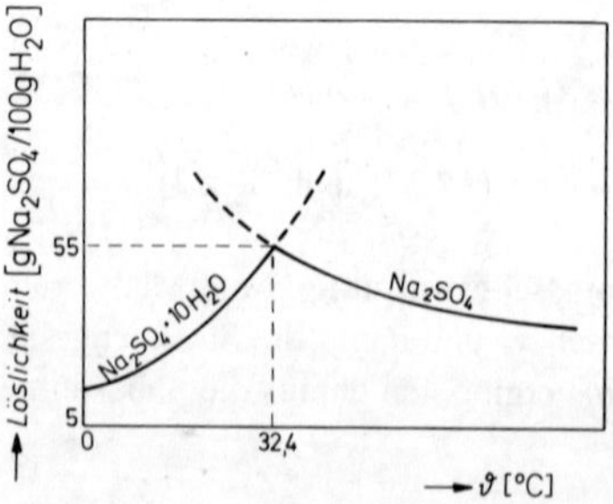

Abb. 17.7. Löslichkeit von Natriumsulfat in Wasser in Abhängigkeit von der Temperatur.

Im Schnittpunkt der beiden Kurven bei 32,4 °C sind beide festen Phasen mit der gesättigten Lösung im Gleichgewicht. Bei anderen Temperaturen würden die beiden festen Phasen verschiedene Löslichkeiten besitzen. In diesem Fall ist ***nur die Phase mit der jeweils kleineren Löslichkeit neben der wäßrigen Lösung stabil.***[8] Daher hat die Sättigungskonzentration bei 32,4 °C ein spitzes Maximum.

Da das Auflösen eines Salzes in einer gesättigten Lösung ein Gleichgewichtsvorgang ist, so ist der Quotient aus Lösungsenthalpie und Temperatur gleich der mit diesem Vorgang verbundenen **Entropieänderung**. Wenn man von $Na_2SO_4 \cdot 10\,H_2O$ ausgeht, dann nimmt zusammen mit der Enthalpie also auch die Entropie beim Auflösen des Salzes zu. Deutung: Das *Salz* besitzt einen *höheren Ordnungsgrad als die Lösung*. – Wenn man dagegen von *wasserfreiem* Na_2SO_4 ausgeht, dann nimmt beim Auflösen die Entropie ab (d.h. die Ordnung zu). Deutung: Die ***Ordnungszunahme beim Aufbau der Hydrathüllen übertrifft die Ordnungsabnahme beim Abbau des Kristallgitters***. Mit abnehmender Wärmebewegung wird die Ordnung der Hydrathüllen relativ immer weniger gestört, so daß die Ionen den Kräften der Wassermoleküle folgen können, die sie aus dem Kristall in die Lösung hineinziehen (d.h. Zunahme der Löslichkeit mit *abnehmender* Temperatur).

Mathematisch wird die Abhängigkeit der Löslichkeit von der Temperatur durch die van't Hoffsche Gleichung (14.24) bzw. (14.26) beschrieben:

$$\frac{\mathrm{d}\ln K}{\mathrm{d}T} = \frac{\Delta H^\circ}{RT^2} \quad \text{oder auch} \quad \frac{\mathrm{d}\ln K}{\mathrm{d}(1/T)} = \frac{-\Delta H^\circ}{R}$$

Dabei beziehen sich ΔH° und K auf den Lösungsvorgang, z.B. für das wasserfreie Salz:

$$Na_2SO_4(f) \rightarrow 2\,Na^+(aq) + SO_4^{2-}(aq) \qquad (17.24)$$

8 Man begründe diese Aussage analog wie im Zusammenhang mit dem Dampfdruck in Abb. 17.3, §17.2. Ähnlich wie den Dampfdruck kann man also auch die Löslichkeit als Stabilitätskriterium zum Vergleich zweier Phasen heranziehen. – Erhitzt man das feste Hydrat, so zersetzt es sich nach Abb. 17.7 bei 32,4 °C in eine gesättigte wäßrige Lösung und überschüssiges wasserfreies festes Natriumsulfat. Hierbei wird – ähnlich wie bei einem Schmelzvorgang – bei konstanter Temperatur von 32,4 °C eine beträchtliche Wärmemenge aufgenommen, die teils zur Dehydratation des überschüssigen festen Natriumsulfats und teils zur Überwindung der Gitterenergie des in die Lösung gehenden Natriumsulfats verwendet wird. Man kann diesen Vorgang im Sommer zur ***Speicherung von Sonnenenergie*** verwenden, die dann im Winter unter 32,4 °C wieder abgegeben und zur Heizung von Wohnräumen verwendet werden kann.

$$\text{also} \quad K = (a^2_{Na^+} \cdot a_{SO_4^{2-}})_S \tag{17.25}$$

Da die exakte Messung individueller Ionenaktivitäten auf prinzipielle Schwierigkeiten stößt, so führt man statt dessen eine *mittlere* Ionenaktivität $a_\pm$ ein. Diese ist durch das experimentell bestimmbare geometrische Mittel der Ionenaktivitäten des elektroneutralen Elektrolyten definiert, z.B. für Na_2SO_4 als:

$$a_\pm \equiv (a^2_{Na^+} \cdot a_{SO_4^{2-}})^{1/3} \tag{17.26}$$

Analog definiert man auch eine mittlere Ionenkonzentration als:

$$c_\pm \equiv (c^2_{Na^+} \cdot c_{SO_4^{2-}})^{1/3}$$

Die Gesamtkonzentration c an gelöstem Na_2SO_4 ist bei stöchiometrischer Zusammensetzung praktisch gleich der Konzentration an SO_4^{2-}-Ionen:
$c = c_{SO_4^{2-}} = \frac{1}{2} c_{Na^+}$. Damit wird $c_\pm = [(2c)^2 \cdot c]^{1/3} = 4^{1/3} \cdot c$.

Bei Sättigung mit Bodenkörper (Index S) erhält man aus den Gln. (17.25) und (17.26): $a_{\pm S} (\equiv c_{\pm S} \cdot f_{\pm S} = 4^{1/3} \cdot c_S \cdot f_{\pm S}) = K^{1/3}$, also $\ln \{a_{\pm S}\} (= \frac{1}{3} \ln 4 + \ln \{c_S\} + \ln f_{\pm S}) = \frac{1}{3} \ln \{K\}$ und im Hinblick auf die van't Hoffsche Gleichung (14.24)

$$\frac{\mathrm{d} \ln a_{\pm S}}{\mathrm{d}T} \left(= \frac{\mathrm{d} \ln c_S}{\mathrm{d}T} + \frac{\mathrm{d} \ln f_{\pm S}}{\mathrm{d}T} \right) = \frac{1}{3} \frac{\Delta H^\circ}{RT^2} \tag{17.27}$$

Diese Gleichung ist der Clausius-Clapeyronschen Gleichung (17.7) analog. ***Der Faktor 1/3 rührt***, wie man sieht, ***daher, daß ein Molekül*** Na_2SO_4 ***beim Auflösen in drei Teilchen zerfällt.***

Eine gesättigte Na_2SO_4-Lösung ist bereits zu konzentriert, als daß man die Temperaturabhängigkeit des Aktivitätskoeffizienten in Gl. (17.27) ohne weiteres vernachlässigen dürfte. Auch ist die Lösungsenthalpie für die Auflösung in einer gesättigten Lösung (die sogenannte „***letzte Lösungswärme***") verschieden von der idealen Lösungsenthalpie ΔH° („***erste Lösungswärme***"), die man aus den Bildungsenthalpien der Tabelle Seite 335 erhalten kann. Eine genauere Analyse[9] zeigt jedoch, daß man das Glied $\mathrm{d} \ln f_{\pm S}/\mathrm{d}T$ in Gl. (17.27) praktisch weglassen darf, wenn man gleichzeitig ΔH° in (17.27) durch die letzte Lösungswärme ΔH_1 ersetzt:

$$\boxed{\frac{\mathrm{d} \ln c_S}{\mathrm{d}T} = \frac{1}{3} \frac{\Delta H_1}{RT^2}} \tag{17.28}$$

Wenn ein Salzmolekül beim Auflösen in nur zwei Teilchen zerfällt, tritt an die Stelle von 1/3 der Faktor 1/2.

9 Vgl. z.B. K. Denbigh: „Prinzipien des chemischen Gleichgewichts", Dr. Dietrich Steinkopff Verlag, Darmstadt 1959

18 Elektrochemische Gleichgewichte

18.1 Thermodynamische Eigenschaften gelöster Ionen

Wir haben galvanische Ketten bisher als wichtigstes Hilfsmittel zur direkten Messung der Triebkraft einer chemischen Reaktion kennengelernt (vgl. Abschnitte 10.1, 11.5, 11.8.8 und 14.2). In Abschnitt 14.2 wurde gezeigt, wie aus der EMK einer galvanischen Kette die Reaktionsenthalpie, die Reaktionsentropie, die Gibbs-Standardreaktionsenergie und die Gleichgewichtskonstante der stromliefernden Reaktion berechnet werden können.

Umgekehrt kann man natürlich auch aus den thermodynamischen Tabellenwerten die EMK einer galvanischen Kette vorausberechnen. Wir betrachten als Beispiel die Reaktion (11.87)

$$H_2(g) + Cl_2(g) \rightarrow 2\ H^+(aq) + 2\ Cl^-(aq)$$

Die EMK der in Abb. 11.12 Seite 140 dargestellten Kette ist durch Gl. (11.89) gegeben:

$$\Delta G = \Delta G^{\circ} + RT \ln \left\{ \frac{c_{H^+}^2 \cdot c_{Cl^-}^2}{p_{H_2} \cdot p_{Cl_2}} \right\} = -2FE$$

Wenn die Partialdrucke und Konzentrationen (Aktivitäten) der beteiligten Gase und Ionen alle ihre jeweiligen Standardwerte annehmen, wird aus (11.89):

$$-2FE = -2FE^{\circ} = \Delta G^{\circ} = \Delta H^{\circ} - T\Delta S^{\circ} \tag{18.1}$$

Darin können nun ΔH° und ΔS° für $T = 298$ K auf die übliche Weise aus den Zahlenwerten der Tabelle Seite 335 berechnet werden:

$$\Delta H^{\circ} = \Sigma \nu_i H_i^B = 2 H_{H^+}^B + 2 H_{Cl^-}^B - H_{H_2}^B - H_{Cl_2}^B \tag{18.2}$$

$$\Delta S^{\circ} = \Sigma \nu_i S_i^{\circ} = 2 S_{H^+}^{\circ} + 2 S_{Cl^-}^{\circ} - S_{H_2}^{\circ} - S_{Cl_2}^{\circ} \tag{18.3}$$

Die Bildungsenthalpien H_i^B der Elemente H_2 und Cl_2 haben nach Definition den Wert null. Die Bildungsenthalpie und die Normalentropie für das ideal gelöste hydratisierte Proton werden ebenfalls durch Definition gleich null gesetzt (vgl. §15.1.3):

$$H_{H^+(aq)}^B \equiv 0 \tag{18.4}$$

$$S_{H^+(aq)}^{\circ} \equiv 0 \tag{18.5}$$

Wir wollen jetzt fragen: „Was *bedeuten* diese Definitionen? Inwiefern sind sie mit den *bisherigen* thermodynamischen Definitionen *vereinbar*?“

Es ist leicht einzusehen, daß die Bildungsenthalpie eines Ions nach den bisherigen Definitionen überhaupt noch nicht festgelegt war: Die Bildungsenthalpie ist ja definiert als die Reaktionsenthalpie für die Bildung eines Stoffes aus den Elementen. Man muß also eine Reaktionsgleichung formulieren, in der außer dem betreffenden Stoff *nur noch Elemente* auftreten. Wenn dieser Stoff aber ein *Ion* sein soll, dann kann man keine derartige Reaktionsgleichung angeben, da die *bisher* definierten chemischen *Elemente* ja *alle elektrisch neutral* sind und da auf beiden Seiten einer Reaktionsgleichung gleiche Ladungen stehen müssen. Es ist daher *logisch zulässig, diese Lücke durch eine neue Definition auszufüllen*, nämlich durch Gl. (18.4). Wenn man das *hydratisierte gelöste Proton formal wie ein neues „Element“* behandelt, dann kann man für jedes beliebige andere hydratisierte gelöste Ion A^{z+} eine ***„Bildungsreaktion“*** formulieren, die die Bedingung erfüllt, daß in ihr außer dem betreffenden Ion nur noch „Elemente“ auftreten:

$$A + z\,H^+ \rightarrow A^{z+} + \frac{z}{2}\,H_2 \tag{18.6}$$

Diese Gleichung ist formal *auch auf Anionen anwendbar*: In diesem Fall ist die Ladungszahl z negativ. So wird z.B. aus (18.6) mit $A \equiv Cl = \frac{1}{2}\,Cl_2$ und $z = -1$, indem man die negativen Glieder jeweils auf die andere Seite der Reaktionsgleichung bringt:

$$\frac{1}{2}\,Cl_2 + \frac{1}{2}\,H_2 \rightarrow Cl^- + H^+$$

Wenn man $H^+(aq)$ in diesem Sinn formal als ein neues „Element“ betrachtet, dann folgt daraus noch nicht die Definitionsgleichung (18.5), denn die *Standardentropie eines Elements* bei 25 °C ist ja normalerweise *keineswegs gleich null*. Vielmehr ergibt sich für S^o_{298} aus dem dritten Hauptsatz und der Definition der Entropie nach Gl. (12.54) auch für Elemente ein positiver Wert. Diese Berechnungsvorschrift ist aber für Ionen nicht anwendbar, da der 3. Hauptsatz nur über elektrisch neutrale, reine kristallisierte Stoffe ohne Fehlordnung etwas aussagt. Man kann nur die partielle molare Entropie z.B. von gelösten H^+- und F^--Ionen *gemeinsam* berechnen, vgl. Gl. (15.12) in §15.1.3. Eine Aufteilung dieser partiellen molaren Entropie auf die einzelnen Ionenarten ist nur möglich, wenn man S^o_i für *eine* Ionenart kennt oder als bekannt definiert, z.B. für die H^+-Ionen. Experimentell ist die Entropiezunahme der Lösung pro zugeführter Menge von H^+ für sich allein nicht zugänglich, da sich die Lösung hierbei aufladen würde.[1] Daher legt man der Aufteilung die Gl. (18.5) zugrunde. Mit dieser Definition soll nicht etwa behauptet werden, daß F^- stärker als H^+ hydratisiert sei, also eine stärkere Ordnungskraft auf die Wassermoleküle ausüben würde. Anders als

1 *Theoretisch* kann man im Prinzip die Überführungsentropie eines Protons aus der Gasphase in den hydratisierten gelösten Zustand näherungsweise berechnen. Wenn man auf die Standardkonzentration 1 M umrechnet mit der hypothetischen Annahme, daß die H^+ sich gegenseitig nicht abstoßen würden, und hierzu die theoretische Normalentropie der H^+ im hypothetischen idealen Gaszustand unter Standarddruck entsprechend der Sackur-Tetrode-Gleichung (12.58) addiert, erhält man die „wahre“ Normalentropie des gelösten, hydratisierten H^+, die im Gegensatz zu Gl. (18.5) etwa -8 J/(mol K) beträgt.

der dritte Hauptsatz gilt die Definition $S^{o}_{H^{+}(aq)} \equiv 0$ *für jede beliebige Temperatur* und *sagt nichts über den Ordnungszustand der Materie aus.*

Nachdem die Standardentropie des hydratisierten Protons definiert ist, läßt sich die Standardentropie jeder beliebigen anderen Ionenart eindeutig berechnen. So kann man z.B. die Reaktionsentropie ΔS^{o} für die Reaktion (11.87) aus der Temperaturabhängigkeit der EMK nach den Gln. (14.12) und (14.13) bestimmen und daraus $S^{o}_{Cl^{-}(aq)}$ durch Auflösen von Gl. (18.3) berechnen. Analog kann man auch die Standardentropie von Kationen, z.B. von Zn^{2+}-Ionen, berechnen, indem man zunächst mit Hilfe einer galvanischen Kette die Standardreaktionsentropie

$$\Delta S^{o}\,(2H^{+} + Zn \rightarrow Zn^{2+} + H_2) = S^{o}_{Zn^{2+}(aq)} + S^{o}_{H_2} - 2\,S^{o}_{H^{+}(aq)} - S^{o}_{Zn} \tag{18.7}$$

bestimmt und dann Gl. (18.7) nach $S^{o}_{Zn^{2+}(aq)}$ auflöst. Auf diese Weise sind die in der Tabelle Seite 334 angegebenen Bildungsenthalpien und Normalentropien gelöster Ionen zustandegekommen, die wir zur Berechnung beliebiger anderer Ionengleichgewichte benutzen können.

Zusätzlich zu der Bildungsenthalpie H^{B}_{i} und der Normalentropie S^{o}_{i} hatten wir durch Gl. (13.3) noch die Gibbs-Bildungsenergie G^{B}_{i} des Stoffes i eingeführt: Dieses ist die Gibbs-Standardreaktionsenergie für die Reaktion der Bildung des Stoffes i aus den Elementen. Für Elemente ist G^{B}_{i} nach dieser Definition bei jeder Temperatur gleich null. Da wir das gelöste hydratisierte Proton formal als ein Element betrachten, gilt konsequenterweise auch die Definition:

$$G^{B}_{H^{+}(aq)} \equiv 0 \tag{18.8}$$

Für beliebige andere Ionen A^{z+} ist G^{B}_{i} durch das ΔG^{o} der „Bildungsreaktion" (18.6) definiert:

$$G^{B}_{A^{z+}(aq)} \equiv \Delta G^{o}\,(A + zH^{+} \rightarrow A^{z+} + \frac{z}{2}H_2) \tag{18.9}$$

18.2 Molekulare Deutung der elektromotorischen Kraft

18.2.1 Physikalische Grundlagen

Bisher wurden galvanische Ketten nur makroskopisch betrachtet. Wir wollen jetzt die molekularen Vorgänge untersuchen, die zur Ausbildung der elektromotorischen Kraft (EMK) in einer galvanischen Kette führen.

Eine wichtige Grundlage dafür ist das (in der makroskopischen Elektrostatik empirisch gefundene) ***Coulombsche Gesetz***. Dieses beschreibt die Kraft $\boldsymbol{F}$, die zwei punktförmige elektrische Ladungen q_1 und q_2 im Abstande r im Vakuum aufeinander ausüben:[2]

$$\boldsymbol{F} = \frac{1}{4\pi\epsilon_o} \cdot \frac{q_1 q_2}{r^2} \tag{18.10}$$

mit der elektrischen Feldkonstante $\epsilon_o = 8,854185 \cdot 10^{-12}\ \mathrm{C^2/(N\ m^2)}$
$= 8,854185 \cdot 10^{-12}\ \mathrm{C/(V\ m)}$

Dabei ist die SI-Einheit der ***elektrischen Ladung***, das Coulomb [C], durch die Einheit der elektrischen Stromstärke $1\ \mathrm{A} \equiv 1\ \mathrm{C/s}$ definiert. (Die Basiseinheit Ampere [A] ist definiert als die Stärke des Stromes, der auf einen gleich starken, parallelen Strom in 1 Meter Abstand im Vakuum eine magnetische Anziehungskraft von $2 \cdot 10^{-7}$ N pro Meter Länge der beiden geradlinigen, unendlich langen, parallelen Leiter ausüben würde.)

Im **Elektrostatischen Maßsystem** wird der Proportionalitätsfaktor $1/(4\ \pi\epsilon_o)$ im Coulombschen Gesetz (18.10) durch Definition gleich 1 gesetzt (d.h. einfach weggelassen). Obgleich das Elektrostatische Maßsystem für den geschäftlichen Verkehr keine gesetzliche Gültigkeit besitzt, wird diese einfache Schreibweise des Coulombschen Gesetzes in theoretischen Lehrbüchern der Quantenchemie heute noch allgemein verwendet, so daß der Student sich zusätzlich zum Internationalen Einheitensystem (SI) auch mit dem Elektrostatischen Maßsystem vertraut machen muß. Im Elektrostatischen Maßsystem ist die Kraft zwischen zwei gleich großen Ladungen der Größe q nach dem Coulombschen Gesetz gegeben durch

$$\boldsymbol{F} = q^2/r^2, \tag{18.11}$$

und daraus ergibt sich die Ladung q als eine (allein aus den Basisgrößen „Länge", „Zeit" und „Masse" abgeleitete) Größe mit der Dimension $[q] = [\boldsymbol{F}^{1/2} r]$ und der Einheit

$$1\ \mathrm{dyn}^{1/2}\mathrm{cm} \equiv 1\ \mathrm{g}^{1/2}\ \mathrm{cm}^{3/2}\ \mathrm{s}^{-1} \equiv 1\ \mathrm{esE} \tag{18.12}$$

Diese ***elektrostatische Ladungseinheit*** [esE] ist gleich derjenigen (punktförmigen) Ladung, die auf eine gleich große Ladung im Abstand von 1 cm im Vakuum eine Kraft von 1 dyn ($= 10^{-5}$ N) ausübt.

Übungsaufgabe: Man berechne aus Gl. (18.10) den Umrechnungsfaktor zwischen der SI-Einheit der elektrischen Ladung [C] und der elektrostatischen Ladungseinheit [esE]!

---

2 Es ist üblich, für *vektorielle* (d.h. räumlich gerichtete) Größen wie die Kraft oder die Feldstärke Fettdruck zu verwenden. In diesem Buch soll allerdings mit $\boldsymbol{F}$ nur die (mit einem Vorzeichen behaftete) *Größe* des Kraftvektors gemeint sein. Trotzdem verwenden wir auch hier das fette $\boldsymbol{F}$, um Verwechselungen mit der Faraday-Konstante F zu vermeiden. Übrigens liefert Gl. (18.10) auch das ***Vorzeichen*** von $\boldsymbol{F}$: Legen wir den Nullpunkt des Koordinatensystems in q_1 und die positive x-Richtung durch q_2, so ist die auf q_2 wirkende Kraft $\boldsymbol{F} > 0$ (d.h., $\boldsymbol{F}$ wirkt in positiver x-Richtung), wenn q_1 und q_2 gleiches Vorzeichen haben (Abstoßung). Das Vorzeichen würde verlorengehen, wenn man die skalare Bedeutung von $\boldsymbol{F}$ durch Einschließen in senkrechte Striche zum Ausdruck bringen würde, wie das sonst in der Physik üblich ist, um den *Betrag eines Vektors* zu bezeichnen.

Lösung: Man erhält die Größe der elektrostatischen Einheitsladung in der Einheit C, indem man in Gl. (18.10) die zur Definition der esE gewählten Werte einsetzt: $q_1 = q_2 = 1$ esE, $r = 1$ cm $= 10^{-2}$ m und $\boldsymbol{F} = 1$ dyn $= 10^{-5}$ N. Auflösen nach 1 esE ergibt zunächst 1 esE $= (4\pi\epsilon_o \cdot 10^{-5}\ \mathrm{N})^{1/2} \cdot 10^{-2}$ m, und mit dem Wert von ϵ_o:
1 C = 2,997925 · 10⁹ esE ≈ 3 · 10⁹ esE. (Die genaue Ziffernfolge stimmt mit der der Lichtgeschwindigkeit, $\boldsymbol{c} = 2{,}997925 \cdot 10^8$ m/s, überein.)

Die ***elektrische Potentialdifferenz*** $\triangle\varphi \equiv \varphi_{\mathrm{II}} - \varphi_{\mathrm{I}}$ zwischen zwei Punkten I und II im Raum ist als die Arbeit dW pro Ladung dq definiert, die man gegen Coulombsche Kräfte aufwenden muß, um eine Ladung von I nach II zu bringen:[3]

$$\triangle\varphi \equiv \frac{\mathrm{d}W}{\mathrm{d}q} \tag{18.13}$$

Befinden sich die beiden Punkte I und II in zwei Äquipotentialflächen innerhalb eines homogenen elektrischen Leiters (z.B. eines Metalls oder einer Elektrolytlösung), dann fließt von Fläche I nach Fläche II ein elektrischer Strom $\boldsymbol{I}$ (≡ Ladung pro Zeit), der normalerweise der ***Spannung*** $U \equiv \varphi_I - \varphi_{II} \equiv -\triangle\varphi$ proportional ist (***Ohmsches Gesetz***):

$$I = -\triangle\varphi/R = U/R \tag{18.14}$$

Der Proportionalitätsfaktor R wird als „***Widerstand***" bezeichnet.

18.2.2 Der Potentialverlauf in einer galvanischen Kette

Im stromlosen Zustand ($I = 0$) muß innerhalb einer leitenden Phase nach Gl. (18.14) $\triangle\varphi = 0$, also φ von Ort zu Ort konstant sein. (Wenn φ nicht konstant wäre, dann würden einseitig gerichtete Kräfte auf die beweglichen Ladungsträger des Leiters wirken und diese in Bewegung setzen, also einen Strom $I \neq 0$ erzeugen.) *An der Grenze zwischen zwei Phasen* tritt dagegen *auch im stromlosen Zustand eine elektrische Potentialdifferenz* $\triangle\varphi$ auf. Die in einer galvanischen Kette im stromlosen Zustand als Spannung zwischen den Kettenenden meßbare **EMK *ist gleich der Summe der Potentialsprünge*** $\triangle\varphi$ ***an den einzelnen Phasengrenzen***. Als Beispiel ist in Abb. 18.1 schematisch das elektrische Potential φ in Abhängigkeit vom Ort in der in Abb. 11.12 Seite 140 dargestellten Kette im stromlosen Zustand gezeigt.

---

3 Die Einheit der elektrischen Potentialdifferenz (***Spannungseinheit***) ergibt sich aus (18.13) im elektrostatischen Maßsystem als

$$1\ \frac{\mathrm{erg}}{\mathrm{esE}} \equiv \frac{1\ \mathrm{dyn\ cm}}{1\ \mathrm{g}^{1/2}\mathrm{cm}^{3/2}\mathrm{s}^{-1}} = 1\ \mathrm{g}^{1/2}\mathrm{cm}^{1/2}\mathrm{s}^{-1}$$

und im Internationalen Einheitensystem (SI) als

$$1\ \mathrm{V\ (Volt)} \equiv 1\frac{\mathrm{J}}{\mathrm{C}}\left(\approx \frac{10^7\mathrm{erg}}{3\cdot 10^9\mathrm{esE}} = \frac{1}{300}\mathrm{g}^{1/2}\mathrm{cm}^{1/2}\mathrm{s}^{-1}\right)$$

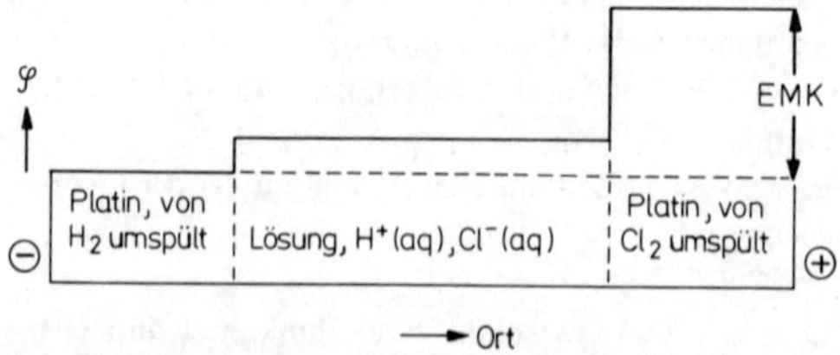

Abb. 18.1. Schematischer Verlauf des elektrischen Potentials in einer galvanischen Kette ohne Stromfluß.

Man erkennt, wie die EMK, die als Potentialdifferenz $\varphi_{\text{rechts}} - \varphi_{\text{links}}$ im stromlosen Zustand definiert ist, sich additiv aus den beiden Potentialstufen $\triangle\varphi$ an den Phasengrenzen Platin/Lösung und Lösung/Platin zusammensetzt.

Wie kommen die Potentialstufen an den Phasengrenzen zustande? Wir wollen einmal annehmen, es wäre im ersten Moment des Eintauchens noch keine elektrische Potentialstufe zwischen Platin und Lösung vorhanden: Sowohl das Platin wie die Lösung sei in jedem kleinsten Volumenelement elektrisch neutral, so daß man für die Übertragung einer negativen Probeladung aus dem Platin in die Lösung nach dem Coulombschen Gesetz zunächst keinerlei Arbeit errechnen würde ($\triangle\varphi = 0$).

Nun wird aber die Arbeit beim Austausch von Ladungsträgern nicht *allein* durch das Coulombsche Gesetz bestimmt: Die Übertragung von Elektronen aus dem Platin auf die umgebenden, elektrisch neutralen gelösten Chlormoleküle ist nämlich mit einer Abnahme der Energie verbunden.[4] Daher gibt das von Chlor umspülte Platinnetz negative Ladung in Form von hydratisierten Cl^--Ionen an die Lösung ab. Auf dem Platin bleiben entsprechende positiv geladene Elektronenlöcher $\oplus$ zurück (vgl. Abb. 18.2):

$$Cl_2(g) \rightleftharpoons 2\,Cl^-(aq) + 2\oplus(Pt) \qquad (18.15)$$

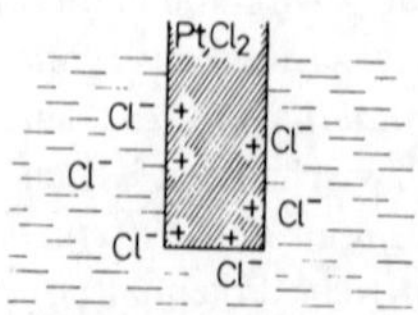

Abb. 18.2. Aufbau einer elektrischen Doppelschicht an einer von Chlor umspülten Platinelektrode.

Die entstandenen positiven Überschußladungen im Platin und negativen Überschußladungen in der Lösung dringen aber nicht beliebig tief ins Innere der jeweiligen Phase ein, sondern sie bleiben nahe der Phasengrenze miteinander in Wechselwirkung. So entsteht

4 Die molekularen Ursachen für diese Energieabnahme (Elektronenaffinität usw.), bei der das Coulombsche Gesetz für die *inner*molekularen, *chemischen* Wechselwirkungen zwischen Atomkernen und Elektronen natürlich auch wieder eine Rolle spielt, sollen an dieser Stelle nicht diskutiert werden. Näheres in der Quantenchemie. – Der Übertritt von Elektronen vom Platin auf das Chlor ist außerdem mit einer Änderung der *Entropie* verbunden, die von den Konzentrationen an Cl^--Ionen und an Cl_2-Molekülen in der Lösung abhängt. Bei Abwesenheit einer elektrischen Potentialstufe ($\triangle\varphi = 0$) besteht also für die Elektronen eine Triebkraft zum Übertritt aus dem Platin in die mit Chlor gesättigte Lösung, die als ***chemische Potentialdifferenz der Elektronen*** aufzufassen ist.

an der Phasengrenze – ähnlich wie auf den Platten eines geladenen Kondensators – eine Doppelschicht von positiven und negativen Ladungen (Abb. 18.2).

Diese *Trennung von positiver und negativer Ladung* hat nun aber den allmählichen *Aufbau einer Potentialdifferenz* $\triangle\varphi$ zwischen Platin und Lösung zur Folge, gegen die bei weiterer Ladungstrennung nach dem Coulombschen Gesetz eine zunehmend größere elektrostatische Arbeit geleistet werden muß. Im ***Gleichgewicht*** ist der sich einstellende elektrische Potentialsprung $\triangle\varphi$ gerade so groß, daß die von den übertretenden Elektronen aufzubringende elektrostatische Arbeit $-F \cdot \triangle\varphi$ gleich der chemischen Potentialdifferenz $-\Delta G_{\text{chem}}$ der Elektronen ist. Die beim Übertritt von Elektronen über die Phasengrenze insgesamt abzugebende Arbeit ist dann gleich null.

Dieses Gleichgewicht ist ein ***dynamisches***: Wenn im ersten Moment noch $\triangle\varphi = 0$ ist, dann werden pro Zeiteinheit viel mehr negative Ladungen in Form von Cl^--Ionen in Lösung gehen, als sich umgekehrt auf dem Platin abscheiden. Der Aufbau des Potentialsprungs an der Phasengrenze bremst aber die Hinreaktion und beschleunigt die Rückreaktion von (18.15), bis schließlich bei Erreichen des Gleichgewichtspotentialsprungs die Teilstromdichten der Hinreaktion und der Rückreaktion entgegengesetzt gleich werden. Der Aufbau eines Potentialsprunges ist also untrennbar mit der Einstellung eines dynamischen Gleichgewichts verbunden.

Analog entsteht auch an der linken Elektrode von Abb. 18.1 ein Potentialsprung, indem dort das Platin sich infolge der Ladungstrennung

$$H_2(g) \rightleftharpoons 2\ e^-(Pt) + 2\ H^+(aq) \tag{18.16}$$

negativ gegenüber der Lösung auflädt.

Die Addition der Teilreaktionen (18.15) und (18.16) ergibt die stromliefernde Gesamtreaktion (11.87)

$$H_2(g) + Cl_2(g) \rightarrow 2\ H^+(aq) + 2\ Cl^-(aq),$$

und die Addition der Potentialsprünge ergibt die entsprechende EMK (vgl. Abb. 18.1).

Der Potentialverlauf in der galvanischen Kette Abb. 18.1 ist insofern besonders einfach, als hier nur *zwei* Potentialsprünge zur EMK beitragen. In den meisten Ketten treten mehr als zwei Potentialsprünge auf. Als Beispiel zeigt Abb. 18.3 den Aufbau einer galvanischen Kette, in der bei positivem Stromfluß folgende Reaktion abläuft:

$$H_2(g) + Cu^{2+}(aq) \rightarrow 2\ H^+(aq) + Cu(f) \tag{18.17}$$

Um diese Reaktion reversibel zu führen, braucht man für jede der beiden Elektroden eine eigene Elektrolytlösung. Wenn nämlich die Cu^{2+}-Ionen direkt mit der Wasserstoffelektrode in Berührung kommen würden, dann könnte dort die Reaktion (18.17) irreversibel ablaufen, ohne daß hierzu die Elektronen durch den Draht fließen müßten. Man würde daher keine EMK messen. Darum muß man die beiden Elektrolytlösungen voneinander trennen.

Läßt man zwei verschiedene Elektrolytlösungen in einer Fritte aneinandergrenzen, dann entsteht normalerweise in der Grenzschicht auch wieder ein Potentialsprung, das sogenannte „***Diffusionspotential***“. An der Grenze zwischen einer verdünnten, beliebigen Elek-

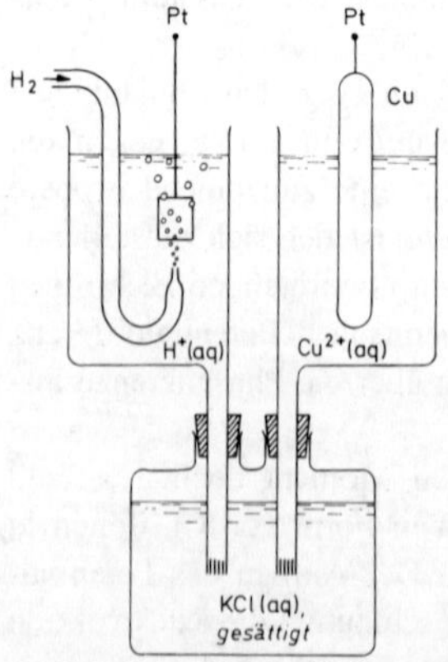

Abb. 18.3. Aufbau einer galvanischen Kette mit zwei verschiedenen Elektrodenlösungen und einer verbindenden KCl-Lösung zur Unterdrückung des Diffusionspotentials.

trolytlösung und einer konzentrierten KCl-Lösung ist jedoch das Diffusionspotential praktisch gleich null.[5] Darum sind die beiden Elektrodenlösungen in Abb. 18.3 über eine gesättigte KCl-Lösung miteinander verbunden. Der elektrische Potentialverlauf der in Abb. 18.3 gezeigten Kette ist in Abb. 18.4 schematisch dargestellt.

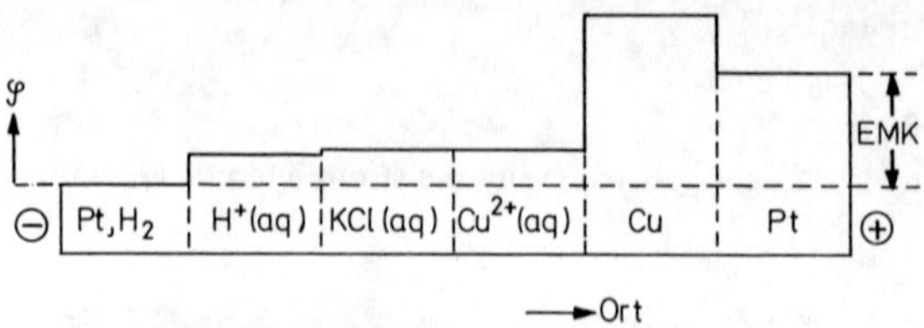

Abb. 18.4. Schematischer Verlauf des elektrischen Potentials in der galvanischen Kette von Abb. 18.3 ohne Stromfluß.

Man sieht in der Abbildung, daß auch an der Phasengrenze zwischen den beiden Metallen Kupfer und Platin ein Potentialsprung auftritt. Dieser beruht darauf, daß die Elektronen nicht nur Ladungsträger, sondern zugleich auch eine besondere Art von Materie sind und

5 Das ***Diffusionspotential*** beruht darauf, daß beim Ineinanderdiffundieren verschiedener Elektrolytlösungen die positiven und negativen Ionen i.a. zunächst nicht gleich schnell diffundieren, so daß eine Ladungstrennung und damit ein Potentialsprung entsteht. (Der Potentialsprung bremst die schnelleren und beschleunigt die langsameren Ionen, so daß dann positive und negative Ionen gleich schnell diffundieren und keine weitere Ladungstrennung mehr erfolgt.) K^+-Ionen und Cl^--Ionen diffundieren aber bereits ohne einen Potentialsprung ungefähr gleich schnell. Zwischen der Säurelösung und der KCl-Lösung in den Abbn. 18.3 und 18.4 würde infolge der schnelleren Diffusion der H^+-Ionen im Vergleich zu den zugehörigen A^--Ionen normalerweise eine von links nach rechts ansteigende Potentialstufe $\triangle\varphi$ entstehen. Wegen der hohen elektrischen Leitfähigkeit der *gesättigten* KCl-Lösung im Vergleich zu der der *verdünnten* Säurelösung bricht aber dieses $\triangle\varphi$ nahezu vollständig zusammen.

als solche auch ein *chemisches* Potential besitzen. Als Gleichgewichtsbedingung für den Übertritt eines Stoffes über eine Phasengrenze hatten wir die Bedingung kennengelernt, daß die gewinnbare Nutzarbeit $-\Delta G$ für den Stoffübertritt gleich null sein muß und somit die chemischen Potentiale $\overline{G}_\mathrm{i}$ des Stoffes zu beiden Seiten der Phasengrenze gleich groß sein müssen. Wenn aber der Stoff i aus elektrisch geladenen Teilchen besteht (z.B. Elektronen oder Protonen), dann setzt sich die gewinnbare Nutzarbeit aus einem elektrischen Anteil (gegeben durch das Produkt aus Potentialsprung $\Delta\varphi$ und Ladung der Teilchen) und einem chemischen Anteil (bedingt durch unterschiedliche Konzentrationen und unterschiedliche molekulare Wechselwirkungskräfte in den beiden Phasen) zusammen. Man spricht in diesem Fall vom ***„elektrochemischen Potential"*** $\overline{G}_\mathrm{i}$, das im Gleichgewicht auf beiden Seiten der Phasengrenze gleich groß sein muß (vgl. den nächsten Abschnitt). Da der chemische Anteil μ_{e^-} des elektrochemischen Potentials der Elektronen im Platin niedriger liegt als im Kupfer (stärkere Wechselwirkungskräfte), so treten im Gleichgewicht einige Elektronen aus dem Kupfer zum Platin über und verursachen dabei einen negativen elektrischen Potentialsprung (Abb. 18.4). Die negative Aufladung des Platins gegenüber dem Kupfer bedingt eine Abstoßung der Elektronen, d.h., der elektrische Anteil des elektrochemischen Potentials der Elektronen im Platin wird erhöht, so daß $\overline{G}_{\mathrm{e}^-}$ in beiden Metallen gleich groß wird.

Der Potentialsprung zwischen den Metallen ist in der EMK mit enthalten. Darum gehört zur vollständigen Angabe einer galvanischen Kette, daß an beiden Kettenenden das gleiche Metall steht (hier Pt).

18.2.3 Die Glaselektrode

Ein besonders durchsichtiges und zugleich technisch wichtiges Beispiel für die Entstehung eines Potentialsprungs an einer Phasengrenze haben wir in der sogenannten ***„Glaselektrode"*** vor uns. Das Wesentliche an einer Glaselektrode ist eine dünne Wand aus Glas, die für H^+-Ionen durchlässig, für alle anderen Ionen aber undurchlässig ist.[6] Es handelt sich also um eine *für Ionen semipermeable Membran.* Diese Membran trennt zwei wäßrige Säurelösungen I und II voneinander (Abb. 18.5).

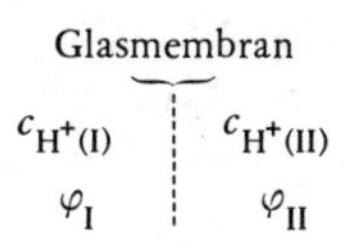

Abb. 18.5. Ein Konzentrationsunterschied zwischen zwei Säurelösungen I und II zu beiden Seiten einer H^+-permeablen Glasmembran verursacht eine elektrische Potentialdifferenz $\varphi_{II} - \varphi_I$: Wenn $c_{H^+(I)} > c_{H^+(II)}$, wandern einige H^+ von der linken auf die rechte Seite der Membran. Die A^--Ionen bleiben zurück. Dadurch wird $\varphi_{(I)} < \varphi_{(II)}$.

6 Eine dünne Glaswand, deren beide Oberflächenschichten nach Quellung in Wasser an beweglichen Ladungsträgern praktisch nur noch H^+-Ionen enthalten, verhält sich bei stromlosen Spannungsmessungen wie ein reiner Protonenleiter, auch wenn in Wirklichkeit ein individuelles Proton nicht die ganze Glaswand durchquert: Es genügt nämlich, wenn die eine Seite der Wand ein Proton aufnimmt und die andere eins abgibt, sofern durch Verschiebung der Ionen in der mittleren Wandschicht für einen Ausgleich der elektrischen Ladungen gesorgt wird.

Wenn einige H^+-Ionen durch die Membran hindurch von der höheren Konzentration c_I zur niedrigeren Konzentration c_{II} diffundieren, wird II gegen I positiv aufgeladen, da die negativen Gegenionen nicht mitwandern können. Die hierdurch entstehende elektrische Potentialdifferenz $\varphi_{II} - \varphi_I$ wirkt der weiteren Wanderung von H^+ entgegen, so daß die Konzentrationsunterschiede sich nicht ausgleichen können. Näheres im Anhang S.318 f. (Boltzmannscher e-Satz).

Die insgesamt gewinnbare Nutzarbeit $-\Delta G$ für den Übertritt von H^+-Ionen aus Phase I in Phase II setzt sich aus einem *chemischen* und einem *elektrischen* Anteil zusammen:

$$-\Delta G[H^+(I) \rightarrow H^+(II)] = -\Delta G_{chem} - \Delta G_{el} \tag{18.18}$$

Der chemische Anteil ist [analog wie bei einer Zuckerlösung, vgl. Gleichung (11.63)] durch die osmotische Expansionsarbeit der H^+-Ionen gegeben:

$$-\Delta G_{chem} = RT \ln \frac{c_{H^+(I)}}{c_{H^+(II)}} \tag{18.19}$$

Der elektrische Anteil ist durch das Produkt aus der Potentialdifferenz und der transportierten Ladung pro Stoffmenge gegeben:

$$-\Delta G_{el} = z_i F \cdot (\varphi_I - \varphi_{II}) \tag{18.20}$$

Im Gleichgewicht muß die gewinnbare Nutzarbeit gleich null sein:

$$-\Delta G = RT \ln \frac{c_{H^+(I)}}{c_{H^+(II)}} + z_i F \cdot (\varphi_I - \varphi_{II})_= = 0 \tag{18.21}$$

Somit ergibt sich für den Potentialsprung an der Glasmembran:

$$\boxed{\Delta\varphi_= \equiv (\varphi_{II} - \varphi_I)_= = \frac{RT}{z_i F} \ln \frac{c_{H^+(I)}}{c_{H^+(II)}}} \tag{18.22}$$

worin die Ladungszahl z_i für H^+-Ionen gleich $+1$ ist.

Kombiniert man eine Glasmembran mit zwei gleichen Elektroden zu einer galvanischen Kette, so ist deren EMK allein durch den Potentialsprung an der Glasmembran gegeben. Indem man diesen mißt, kann man nach (18.22) aus einer bekannten H^+-Ionenkonzentrationen $c_{H^+(I)}$ die H^+-Ionenkonzentration $c_{H^+(II)}$ einer unbekannten Säurelösung bestimmen. Als Elektroden sind z.B. zwei Ag/AgCl-Elektroden (vgl. Abb. 14.1) oder analog zwei Hg/Hg_2Cl_2-Elektroden geeignet. Hg_2Cl_2 (Kalomel) ist, ebenso wie AgCl, schwerlöslich. Die Kette würde dann aus folgenden Phasen bestehen:

			Glasmembran				
Pt	Hg(fl)	KCl(aq)	H^+(I)	H^+(II)	KCl(aq)	Hg(fl)	Pt
	Hg_2Cl_2(f)	gesättigt	c_I bekannt	c_{II} unbek.	gesättigt	Hg_2Cl_2(f)	

In Abb. 18.6 ist eine als „***Glaselektrode***" bezeichnete käufliche Ausführung der oben angegebenen galvanischen Kette dargestellt. Eine solche *Einstab-Meßkette* ist das *gebräuchlichste Instrument zur genauen Messung unbekannter* pH-*Werte.*

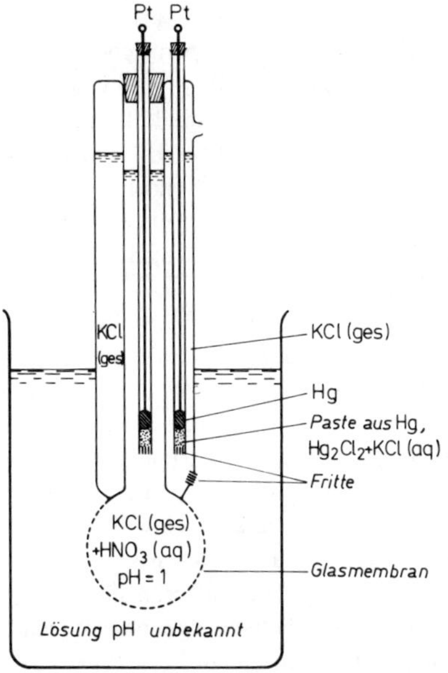

Abb. 18.6. „Glaselektrode", galvanische Kette zur Messung unbekannter pH-Werte. Die Glasmembran ist hier als dünne Kugelschale ausgebildet. Im Inneren der Kugel befindet sich die Säurelösung I von bekanntem pH-Wert, die zugleich mit KCl gesättigt ist und mit der linken Kalomel-Elektrode der oben angegebenen Kette in Kontakt steht. Die Glasmembrankugel mit dem Zuleitungsrohr wird in die Lösung II von unbekanntem pH-Wert eingetaucht. Die rechte Kalomel-Elektrode der oben angegebenen Kette taucht in den Zwischenraum des doppelwandigen Zuleitungsrohres, der mit KCl-Lösung gefüllt und über eine Fritte mit der Lösung II verbunden ist.

Gl. (18.22) ist auch auf beliebige andere durchtrittsfähige Ionenarten i übertragbar, deren Konzentrationsverhältnisse zwischen 2 Phasen sich z.B. an einer biologischen Membran ins Gleichgewicht setzen („Donnan-Gleichgewicht"). Dabei müssen sich die Konzentrationsverhältnisse an der Membran so einstellen, daß die Gleichung für das „***Donnan-Potential***"

$$\triangle\varphi_= = \frac{RT}{z_i F} \ln \frac{c_{i(I)}}{c_{i(II)}} \tag{18.22a}$$

gleichzeitig für jede durchtrittsfähige Ionenart i erfüllt ist. (Darin hat die Ladungszahl z_i für Anionen negative Werte.) Außerdem müssen sich auf jeder Seite der Membran die Konzentrationen an positiven und negativen Ladungen gegenseitig kompensieren (***Elektroneutralitätsbedingung***): $\sum z_i c_i = 0$. (Diese Summe ist auch über die *nicht* durchtrittsfähigen i zu erstrecken.) Die Anwendung der Elektroneutralitätsbedingung muß für den aufmerksamen Leser zunächst überraschend erscheinen, da ja das Membranpotential $\triangle\varphi_=$ gerade durch positive bzw. negative *Überschußladungen* zu beiden Seiten der Membran hervorgerufen wird. Der Widerspruch löst sich dadurch, daß die Elementarladung so groß ist, daß z.B. eine chemisch nicht nachweisbar kleine überschüssige Stoffmenge an H^+ auf der einen und an Cl^- auf der anderen Seite der Membran bereits zur Erzeugung einer großen Potentialdifferenz $\triangle\varphi$ ausreicht.

Analog Gl. (11.14) kann man die elektrochemische Potentialdifferenz in Gl. (18.21) auch in ***elektrochemische Einzelpotentiale des Ions i*** in den beiden Phasen zerlegen:

$$\overline{G}_i = G^o_{i(aq)} + RT \ln\{c_i\} + z_i F\varphi = \mu_i + z_i F\varphi \tag{18.23}$$

wobei wir für den chemischen Anteil des elektrochemischen Potentials $\overline{G}_i$ jetzt das Symbol μ_i verwenden. Bei Abweichungen des Außendrucks p vom Standarddruck p^o ist in (18.23) noch das Zusatzglied $(p-p^o)\cdot\overline{V}_i$ zu addieren, vgl. Fußnote 22 in §11.7 und Fußnote 18 in §11.6. In nichtidealen Lösungen tritt zu c_i noch der Faktor f_i (Aktivitätskoeffizient) hinzu.

Der im Gleichgewicht zwischen zwei elektrisch leitenden Phasen sich einstellende Potentialsprung $\triangle\varphi_=$ ist durch die Bedingung festgelegt, daß die elektrochemische Potentialdifferenz für jede übertrittsfähige Ladungsträgerart i gleich null werden muß, indem die elektrische Arbeit $z_i F\triangle\varphi_=$ entgegengesetzt gleich der chemischen Potentialdifferenz $\triangle\mu_i$ wird, also z.B. für Elektronen (mit $z_i = -1$): $\triangle\mu_{e^-} = F\cdot\triangle\varphi_=$ oder für H^+-Ionen (mit $z_i = 1$): $\triangle\mu_{H^+} = -F\cdot\triangle\varphi_=$. Die Glasmembran bietet hierfür ein besonders einfaches Anwendungsbeispiel, weil $\triangle\mu_{H^+} = \Delta G_{chem}$ durch Gl. (18.19) theoretisch berechenbar ist und $\triangle\varphi_=$ in der Glaselektrodenmeßkette direkt meßbar ist. Somit kann man die daraus abgeleitete Gl. (18.22) experimentell nachprüfen und bestätigen.

An einer Phasengrenze zwischen zwei *beliebigen* Leitern ist dagegen im allgemeinen weder $\triangle\mu_i$ theoretisch berechenbar noch $\triangle\varphi$ direkt genau meßbar.[7]. Die chemische Potentialdifferenz $\triangle\mu_{e^-}$ der Elektronen zwischen zwei Metallen ist z.B. nicht einfach durch unterschiedliche Konzentrationen bedingt (wie bei idealen H^+-Lösungen an der Glasmembran), sondern vor allem durch unterschiedliche potentielle Energie und unterschiedliche kinetische Nullpunktsenergie (Fermi-Energie). Zur Messung einer elektrischen Potentialdifferenz $\triangle\varphi$ ist die übliche Methode durch Anlegen eines Voltmeters prinzipiell nur dann anwendbar, wenn die beiden Punkte verschiedenen Potentials in der gleichen Phase liegen (z.B. beide im Platin oder beide im gleichen Elektrolyten). Die Potentialsprünge zwischen dieser Phase und den beiden Polen des Voltmeters sind dann nämlich entgegengesetzt gleich und heben sich heraus. Dagegen ist der Potentialsprung zwischen einem Metall und einer Elektrolytlösung wie auch zwischen zwei verschiedenen Metallen nicht durch Anlegen eines Voltmeters direkt meßbar, weil hierbei an den Polen des Voltmeters neue, unbekannte Potentialsprünge eingeführt werden, die in der abgelesenen Spannung mit enthalten sind. Aufgrund indirekter Messungen (vgl. Lehrbücher der Elektrochemie unter den Stichworten „Lippmann-Potential" oder „Nulladungspotential") glaubt man aber, daß der Potentialsprung

7 $\triangle\varphi$ darf nicht verwechselt werden mit dem sogenannten „Kontaktpotential" $\triangle\psi$ zwischen zwei in Kontakt befindlichen Leitern, das aus der Differenz der photochemisch meßbaren Elektronenaustrittsarbeiten berechnet oder mit einer schwingenden Kondensatorplatte (Kelvin-Schwinger) direkt gemessen werden kann. Die Differenz zwischen dem nicht meßbaren elektrischen Potential φ im Inneren einer leitenden Phase („Galvani-Potential", „Inneres Potential") und dem meßbaren „Äußeren Potential" ψ („Volta-Potential") ist das „Oberflächenpotential" $\chi\equiv\varphi-\psi$. Dieses entsteht selbst bei Abwesenheit fremder, adsorbierter Dipolmoleküle allein dadurch, daß die Leitungselektronen im Metall aufgrund ihrer hohen kinetischen Energie beim Aufprall auf die Grenze des Kationengitters über diese Grenze hinausfliegen, bevor sie durch elektrostatische Kräfte zur Umkehr gezwungen werden. – Addiert man zu der elektrostatischen Energie $-e\varphi$ eines Elektrons sein *molekulares* chemisches Potential $\mu_e/N_L \equiv \mu^*_{e^-}$, so erhält man sein molekulares *elektro*chemisches Potential, das dem sogenannten ***„Fermi-Niveau"*** E_F entspricht: $-e\varphi+\mu^*_{e^-} = \overline{G}_{e^-}/N_L \equiv E_F$. Die meßbare ***Elektronenaustrittsarbeit*** $-e\phi$ befördert das Elektron vom Fermi-Niveau im Inneren des Leiters bis 10^{-4} cm über die Oberfläche, wo es die potentielle Energie $-e\psi$ besitzt:
$-e\phi = -e\psi - E_F = -e\psi-(-e\varphi+\mu^*_{e^-}) = e\cdot(\varphi-\psi)+\mu^*_{e^-} \equiv e\chi+\mu^*_{e^-}$
Das Oberflächenpotential χ ist also *nicht* gleich dem meßbaren negativen Austrittspotential $-\phi$. Es ist ebensowenig meßbar wie φ und μ_{e^-}.

φ(Pt) – φ(Elektrolyt) an einer stromlosen Normalwasserstoffelektrode (vgl. §18.3) in der Gegend von –0,2 V liegt. Der entsprechende Potentialsprung an einer Normalchlorelektrode müßte dann ungefähr +1,16 V betragen, vgl. Abbn. 18.1 und 18.7.

18.3 Das praktische Einzelpotential

Um die EMK einer beliebig zusammengestellten galvanischen Kette berechnen zu können, wäre es schön, wenn man die Potentialsprünge aller denkbaren Phasengrenzen einzeln messen und tabellieren könnte. Wie im vorigen Abschnitt ausgeführt wurde, ist das aber nicht möglich. Man kann jedoch eine Kette in zwei sogenannte „Einzelelektroden" zerlegen und diesen Einzelelektroden sogenannte „Einzelpotentiale" zuordnen, aus denen man die EMK einer beliebigen Elektrodenkombination vorausberechnen kann.

Als „***Einzelelektrode***" oder „***Halbelement***" bezeichnen wir eine Kombination aus Platin (sowie evtl. einem zusätzlichen Metall oder Gas) und einer Ionenlösung, wenn sich an der Phasengrenze zwischen Metall und Elektrolyt auf reversible Weise elektrische Umladungen zwischen zwei verschiedenen Ladungszuständen eines Stoffes abspielen[8]. In Abb. 18.7 stehen fünf derartige Einzelelektroden über eine gesättigte KCl-Lösung miteinander in elektrischem Kontakt.

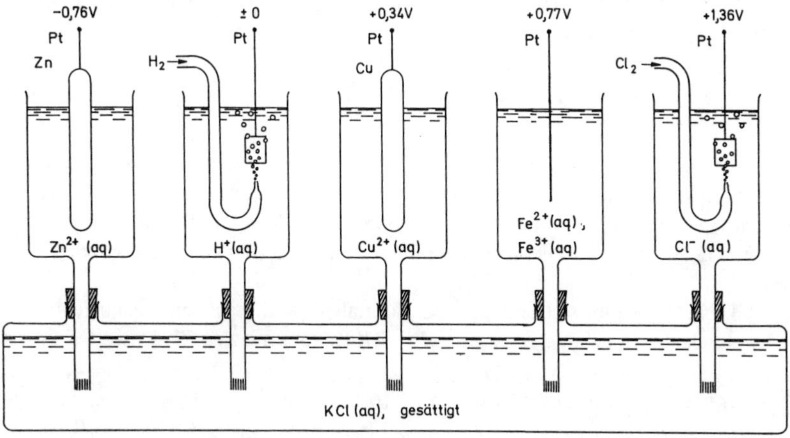

Abb. 18.7. Aufstellung der ***Spannungsreihe***. Die Potentialdifferenz der jeweiligen Einzelelektrode gegenüber der Wasserstoffstandardelektrode ist das ***praktische Einzelpotential*** (bzw. unter Normalbedingungen das ***Normalpotential***) der entsprechenden Elektrodenreaktion.

8 Einer der beiden Ladungszustände ist meistens der elementare Zustand („Oxidationsstufe" null), jedoch sind auch Umladungen zwischen zwei *Ionen* verschiedener „*Oxidationsstufen*" möglich (z.B. zwischen Fe^{2+} und Fe^{3+}). Zum Begriff der Oxidation vgl. den folgenden Abschnitt.

Wenn die Konzentration (genauer: die Aktivität) der Ionen gleich 1 M und der Partialdruck beteiligter Gase gleich p° ist, bezeichnet man die betreffende Einzelelektrode als *„**Standardelektrode**"* oder – speziell bei 25 °C – als *„**Normalelektrode**"*. Die (stromlos gemessene) elektrische Potentialdifferenz zwischen dem Platinkontakt einer Einzelelektrode und dem der Wasserstoffstandardelektrode in Abb. 18.7 bezeichnet man als *„**praktisches Einzelpotential**"* ϵ der Elektrode:

$$\epsilon \equiv (\varphi_{\text{Elektrode}} - \varphi_{\text{H}_2\text{-Standard}})_{I=0} \tag{18.24}$$

Bei dieser Definition ist vorausgesetzt, daß die beiden Elektrodenlösungen durch Zwischenschaltung einer konzentrierten KCl-Lösung oder dgl. auf gleiches elektrisches Potential φ gebracht worden sind (Unterdrückung des Diffusionspotentials).

Für eine Standardelektrode wird das Einzelpotential gleich dem „Standardpotential" ϵ°. Für die Wasserstoffelektrode ergibt sich nach dieser Definition das Standardpotential 0, da eine Wasserstoffelektrode gegenüber sich selbst natürlich keine Spannung besitzt. Mit dieser Definition ist nichts über die Potentialsprünge $\Delta\varphi$ zwischen Elektrodenmetall und Elektrolytlösung ausgesagt. Ein Standardpotential bei 25 °C bezeichnet man als *„**Normalpotential**"*. Die in Abb. 18.7 über den einzelnen Elektroden angegebenen Zahlenwerte bezeichnen die betreffenden Normalpotentiale.

Die EMK einer beliebigen Kette ist als die stromlos gemessene Potentialdifferenz $\varphi_{\text{rechts}} - \varphi_{\text{links}}$ der beiden Elektroden definiert (zur Vorzeichendefinition vgl. S. 203):

$$E \equiv (\varphi_{\text{rechts}} - \varphi_{\text{links}})_{I=0} \tag{18.25}$$

Setzt man darin für beide Potentiale die nach $\varphi_{\text{Elektrode}}$ aufgelöste Gl. (18.24) ein, so hebt sich $\varphi_{\text{H}_2\text{-Standard}}$ heraus, und man erhält:

$$\boxed{E = \epsilon_{\text{rechts}} - \epsilon_{\text{links}}} \tag{18.26}$$

Diese Gleichung ist – ebenso wie Gl. (18.24) – an die Voraussetzung gebunden, daß die beiden Elektrodenlösungen (z.B. durch Zwischenschaltung einer konzentrierten KCl-Lösung) auf gleiches elektrisches Potential gebracht worden sind. Andernfalls muß man zur Berechnung der EMK in Gl. (18.26) noch die Potentialdifferenz $\Delta\varphi$ der beiden Elektrodenlösungen addieren.

Aus Gl. (18.26) ergibt sich z.B. für die Normal-EMK der aus einer Zinkelektrode und einer Kupferelektrode gebildeten Kette („*Daniell*-Kette") mit den Zahlenwerten von Abb. 18.7:

$$E^{\circ} = +0,34\ \text{V} - (-0,76\ \text{V}) = +1,10\ \text{V}$$

Nach Gl. (18.24) ist das Standardpotential eines Metalls A gegenüber einer Lösung seiner Ionen A^{z+} gleich der Standard-EMK einer Kette, in der links eine Wasserstoffelektrode und rechts die Elektrode A/A^{z+} steht. Bei positivem Stromfluß läuft in dieser Kette folgende Reaktion ab:
$\frac{z}{2}\ \text{H}_2 + \text{A}^{z+} \rightarrow z\ \text{H}^+ + \text{A}$. Wegen $\Delta G = -\nu_e F E$ ist also mit $\nu_e = z$:

$$\epsilon^{\circ}_{\text{A/A}^{z+}} = E^{\circ} = -\frac{1}{zF} \cdot \Delta G^{\circ}\left(\frac{z}{2}\text{H}_2 + \text{A}^{z+} \rightarrow z\text{H}^+ + \text{A}\right)$$

Da die angegebene Reaktion gerade die Umkehrung der Bildungsreaktion von $A^{z+}(aq)$ darstellt, wird mit Gl. (18.9):

$$\epsilon^{o}_{A/A^{z+}} = \frac{G^{B}_{A^{z+}(aq)}}{zF} \tag{18.27}$$

Diese Gleichung ermöglicht die Berechnung von Standardpotentialen aus thermodynamischen Tabellenwerten und umgekehrt. Sie bleibt übrigens auch dann gültig, wenn die Ladungszahl z negativ ist, d.h., wenn A z.B. ein Halogenatom ist. (In diesem Fall läuft bei positivem Stromfluß die Bildungsreaktion *selbst* ab, nicht deren Umkehrung, und die Zahl transportierter Ladungen ist $\nu_e = |z|$.) Nach (18.27) ist die Definition $\epsilon^{o}_{H_2/H^+} \equiv 0$ gleichbedeutend mit der Definition (18.8): $G^{B}_{H^+(aq)} \equiv 0$.

Übungsaufgabe: Man berechne aus den Bildungsenthalpien und Normalentropien der Tabelle Seite 334 die Normalpotentiale von Al/Al^{3+} und von F_2/F^- und vergleiche sie mit den in der Spannungsreihe Seite 336 angegebenen Werten!

18.4 Die elektrochemische Spannungsreihe

Das Wort *„Oxidation"* bezeichnete ursprünglich nur die Umsetzung eines Stoffes mit Sauerstoff (Verbrennung). Bei dieser Reaktion werden durch den stark elektronegativen Sauerstoff i.a. Elektronen von dem Stoff weggezogen. Heute spricht man ganz allgemein von ***„Oxidation"*** eines Stoffes, wenn dem Stoff ***Elektronen entzogen*** werden. Die ***Zufuhr von Elektronen*** bezeichnet man dagegen als ***„Reduktion"*** des betr. Stoffes. („Reduktion" bedeutete ursprünglich „Zurückführung" der Verbrennungsprodukte in die Ausgangsstoffe.)

Die *Oxidation* eines Stoffes kann entweder durch eine Elektrode oder durch direkte Berührung mit einem anderen, stärker elektronenziehenden Stoff (***„Oxidationsmittel"***) erfolgen, *der seinerseits dabei reduziert wird.* Während dieser Reaktion existiert von jedem der beiden Stoffe eine reduzierte und eine oxidierte Form. Man bezeichnet die *Kombination aus* ***red****uzierter und* ***ox****idierter Form eines Stoffes* als ***„Redoxsystem"*** und das Einzelpotential der entsprechenden Elektrode als ***„Redoxpotential"***.

Die Normalpotentiale der in Abb. 18.7 gezeigten Elektroden sind zusammen mit zahlreichen weiteren Normalpotentialen in der Tabelle Seite 336 der Größe nach geordnet aufgeführt. Eine solche Tabelle bezeichnet man als ***elektrochemische Spannungsreihe***. Schaltet man zwei solche Normalelektroden nach Art der Abb. 18.7 zu einer galvanischen Kette gegeneinander, so werden die Elektronen im Draht aufgrund ihrer negativen Ladung zu derjenigen Elektrode hingezogen, die das stärker positive Normalpotential hat. Das Redoxsystem dieser Elektrode wirkt also stärker ***oxidierend*** (elektronenziehend) als das der anderen Elektrode. Die *stärksten Oxidationsmittel* stehen demnach *ganz oben in der Spannungsreihe* (positive Normalpotentiale), während die *weiter unten* stehenden Systeme (negative Normalpotentiale) zunehmend als *Reduktionsmittel* wirken.

Mit der durch die EMK nachgewiesenen Triebkraft würde die stromliefernde Reaktion einer galvanischen Kette auch spontan ablaufen, wenn man die Redoxsysteme der beiden Einzelelektroden direkt miteinander in Berührung bringen würde (es sei denn, die Reaktion ist irgendwie gehemmt). Da man jede Elektrode mit jeder anderen kombinieren kann, kann man im Prinzip aus 40 angegebenen Normalpotentialen die Richtung von $(40 \cdot 39)/2 = 780$ Reaktionen voraussagen!

Wir wollen zunächst diejenigen Elektrodenreaktionen aus der Tabelle Seite 336 betrachten, bei denen ein **Metall** mit der Lösung seiner Ionen im Gleichgewicht steht. Negative ϵ°-Werte bedeuten hier, daß bei Kombination mit einer Wasserstoffelektrode die Elektronen vom Metall wegfließen würden unter Bildung der positiven Metallionen, während an der Wasserstoffelektrode die H^+-Ionen der Säure zu H_2 entladen würden. Diese Metalle würden sich daher auch in direkter Reaktion in Säure auflösen. Positive ϵ°-Werte bedeuten andererseits, daß die betr. Metallionen ein sehr starkes Bestreben haben, unter Elektronenaufnahme in den metallischen Zustand überzugehen, d.h., diese Metalle sind sehr stabil. Sie lösen sich nicht unter H_2-Entwicklung in Säuren. Man bezeichnet sie als ***Edelmetalle***.

Um Edelmetalle als einfache hydratisierte Ionen aufzulösen, ist ein stärkeres Oxidationsmittel als H^+-Ionen erforderlich, z.B. NO_3^--Ionen in stark saurer Lösung. Deren Oxidationspotential ϵ° steht in der Spannungsreihe über dem von Cu/Cu^{2+} und Ag/Ag^+, so daß sich Kupfer und Silber in konzentrierter Salpetersäure auflösen.

Die **Alkalimetalle** (Li, Na) sind so unedel, daß sie sich sogar bei der sehr kleinen H^+-Ionenkonzentration von reinem Wasser noch unter H_2-Entwicklung auflösen. Trotzdem kann man sie durch Elektrolyse einer wäßrigen Lösung als Metall *in flüssigem Quecksilber gelöst* abscheiden: An Hg ist nämlich die H_2-Entwicklung besonders stark gehemmt, so daß man hier zur H_2-Bildung eine zusätzliche elektrische Spannung aufwenden müßte, die sogenannte ***„Überspannung“***. An *Platin* ist dagegen zur H_2-Entwicklung *keine nennenswerte Überspannung* erforderlich. Das beruht darauf, daß sich Wasserstoff in atomarer Form im Platin ein wenig löst, so daß für jedes reduzierte H-Atom sofort ein Partner für die H_2-Bildung vorhanden ist. Die H_2-Überspannung ist auch ein Grund dafür, daß einige andere Metalle wie Zn und Cd sich in verdünnten Säuren nur ziemlich langsam auflösen.

Ein weiterer Grund für die Stabilität einiger unedler Metalle gegenüber wäßrigen Lösungen ist die Bildung einer dichten, schützenden, schwerlöslichen Oxidschicht (***Passivität***). Während die schützende Oxidschicht bei manchen Metallen (Cr, Ni) auch gegenüber Säuren einigermaßen stabil ist, wird sie z.B. bei Al sowohl von Säuren wie von Laugen aufgelöst (*„**amphoteres**“ Verhalten von Aluminiumhydroxid*), so daß sich Al in NaOH unter H_2-Entwicklung auflöst.

Betrachten wir jetzt die Elektrodenreaktionen der Tabelle S. 336, bei denen die **Halogene** mit den Lösungen ihrer Anionen im Gleichgewicht stehen! Hier bedeutet ein positives Normalpotential (starke Oxidationskraft), daß das betreffende Halogen ein starkes Bestreben hat, unter Elektronenaufnahme in den negativen Ionenzustand überzugehen. Obgleich das Cl-Atom eine etwas größere Elektronenaffinität als das F-Atom besitzt, ist *Fluor bei weitem das stärkste Oxidationsmittel*. Das beruht hauptsächlich darauf, daß das F^--Ion infolge seiner Kleinheit stärker als das Cl^--Ion hydratisiert ist. (Außerdem ist die Dissoziationsenergie von Cl_2 größer als von F_2, vgl. die Bildungsenthalpien von Cl(g) und F(g) Seite 335). Fluor ist sogar in der Lage, Wasser zu Sauerstoff zu oxidieren. Daß andere Oxidationsmittel wie MnO_4^-, die aufgrund ihrer Stellung in der Spannungsreihe ebenfalls zu einer Oxidation des

Wassers in der Lage sein sollten, dieses nicht tun, beruht auf der Überspannung des Sauerstoffs.

Einige Elemente können in mehr als zwei verschiedenen Oxidationsstufen auftreten: Eisen z.B. im metallischen Zustand Fe sowie als Fe^{2+} und Fe^{3+}. Da jeder Oxidationszustand mit jedem anderen desselben Elements zu einem Redoxsystem kombiniert werden kann, gibt es z.B. *für Eisen drei verschiedene Normalpotentiale*:

$$\overset{\circ}{\epsilon}_{Fe/Fe^{2+}}, \quad \overset{\circ}{\epsilon}_{Fe/Fe^{3+}} \quad \text{und} \quad \overset{\circ}{\epsilon}_{Fe^{2+},Fe^{3+}}$$

Besteht zwischen diesen drei Größen eine Beziehung?

Zur Beantwortung dieser Frage müssen wir auf die Definition der Normalpotentiale zurückgehen: Das Normalpotential $\overset{\circ}{\epsilon}_{Fe/Fe^{3+}}$ ist als die Standard-EMK einer Kette bei 25 °C definiert, in der links eine Wasserstoffelektrode und rechts eine Fe/Fe^{3+}-Elektrode steht (vgl. z.B. Abb. 18.3). In einer solchen Kette wird bei positivem Stromfluß[9] Fe^{3+} zu Fe reduziert und dafür H_2 zu H^+-Ionen oxidiert:

$$\overset{\circ}{\epsilon}_{Fe/Fe^{3+}} \equiv \overset{\circ}{E}\,(Fe^{3+} + \frac{3}{2}H_2 \rightarrow Fe + 3H^+) \tag{18.28}$$

Wegen Gl. (11.90)

$$\overset{\circ}{E} \cdot \nu_e F = -\Delta \overset{\circ}{G}$$

wird aus (18.28) mit $\nu_e = 3$:

$$\overset{\circ}{\epsilon}_{Fe/Fe^{3+}} \cdot 3F = -\Delta \overset{\circ}{G}\,(Fe^{3+} + \frac{3}{2}H_2 \rightarrow Fe + 3H^+) \tag{18.29}$$

und völlig analog

$$\overset{\circ}{\epsilon}_{Fe/Fe^{2+}} \cdot 2F = -\Delta \overset{\circ}{G}\,(Fe^{2+} + H_2 \rightarrow Fe + 2H^+) \tag{18.30}$$

$$\overset{\circ}{\epsilon}_{Fe^{2+},Fe^{3+}} \cdot F = -\Delta \overset{\circ}{G}\,(Fe^{3+} + \frac{1}{2}H_2 \rightarrow Fe^{2+} + H^+) \tag{18.31}$$

Die Addition der beiden in (18.31) und (18.30) enthaltenen Reaktionen ergibt die Reaktion in (18.29). Folglich muß die Addition der $\Delta \overset{\circ}{G}$-Werte aus (18.31) und (18.30) auch den $\Delta \overset{\circ}{G}$-Wert aus (18.29) ergeben, da ja die Änderung der Gibbs-Energie G unabhängig vom „Weg" sein muß (vgl. die analoge Behandlung der Enthalpie H im Heßschen Satz, §8.5). Somit folgt aus (18.29) bis (18.31) die sogenannte ***Luthersche Gleichung***

$$3\overset{\circ}{\epsilon}_{Fe/Fe^{3+}} = 2\overset{\circ}{\epsilon}_{Fe/Fe^{2+}} + \overset{\circ}{\epsilon}_{Fe^{2+},Fe^{3+}} \tag{18.32}$$

9 Zur Definition des Vorzeichens der EMK und der Stromstärke vgl. §14.2. Falls die EMK der Kette negativ ist, so erzwingt man einen positiven Stromfluß mit Hilfe einer äußeren Spannungsquelle.

Frage: Ist eine Elektrode aus Fe und Fe^{3+} überhaupt realisierbar? Müßte nicht aus Fe^{3+} und Fe eine *Komproportionierung* zu Fe^{2+} erfolgen?

Zur **Beantwortung** der Frage, ob die Komproportionierungsreaktion

$$2\,Fe^{3+} + Fe \rightleftharpoons 3\,Fe^{2+}$$

unter Normalbedingungen nach rechts oder nach links hin ablaufen würde, stellt man sich im Gedankenexperiment eine galvanische Kette aus den entsprechenden Normalelektroden zusammen, in der bei Stromfluß von links nach rechts die obige Reaktion stattfinden müßte:

$$\begin{array}{ccc} -0,409\ \mathrm{V} & & -0,036\ \mathrm{V} \\ \mathrm{Fe}|\mathrm{Fe}^{2+} & \| & \mathrm{Fe}^{3+}|\mathrm{Fe} \end{array}$$

Da die Elektronen immer vom negativeren zum positiveren Einzelpotential fließen (hier also im Draht vom linken zum rechten Pol), so würde in dieser Kette links Fe zu Fe^{2+} oxidiert und rechts Fe^{3+} zu Fe reduziert. Insgesamt würde also die obige Reaktion von links nach rechts ablaufen. Auf diese Weise kann man ***aus den Normalpotentialen unmittelbar ablesen***, *daß* Fe^{3+}*-Ionen in 1-molarer Lösung neben metallischem Eisen nicht stabil sein können.*

Im Prinzip wird sich natürlich auch bei dieser Reaktion ein *Gleichgewicht* einstellen, bei dem *alle drei Oxidationsstufen des Eisens vertreten* sind, die Frage ist nur, in welchen Konzentrationen. Zur Beantwortung dieser Frage wird die im folgenden Abschnitt behandelte Nernstsche Gleichung benötigt. Im Anschluß daran wird die vorliegende Frage nochmals aufgegriffen.

Übungsaufgaben

a) Man entscheide aufgrund der Normalpotentiale von Cu/Cu^{2+} und Cu/Cu^{+}, ob die Reaktion zwischen den drei Oxidationsstufen des Kupfers unter Normalbedingungen in Richtung der Komproportionierung oder der Disproportionierung verlaufen würde. Welche Oxidationsstufen sind unter Normalbedingungen nebeneinander stabil?

b) Wie groß ist das Normalpotential des Redoxsystems Cu^{+}, Cu^{2+}?

c) Was kann man aufgrund der drei Normalpotentiale über die Oxidationskraft von Cu^{+} im Vergleich zu der von Cu^{2+} und über die Reduktionskraft von Cu^{+} im Vergleich zu der von Cu qualitativ aussagen?

Ergebnisse:

a) Disproportionierung! Unter Normalbedingungen sind nur Cu und Cu^{2+} nebeneinander stabil.

b) $\epsilon^{o}_{Cu^{+},Cu^{2+}} = +0,158$ V.

c) Da nach der Spannungsreihe S. 336 $\varepsilon^{o}_{Cu/Cu^{+}} > \varepsilon^{o}_{Cu/Cu^{2+}}$, so ist offenbar die Oxidationskraft von Cu^{+} größer also die von Cu^{2+}. Da andererseits $\varepsilon^{o}_{Cu^{+},Cu^{2+}} < \varepsilon^{o}_{Cu/Cu^{2+}}$, so ist die Reduktionskraft von Cu^{+} größer als die von Cu. Die mittlere Oxidationsstufe (Cu^{+}) wirkt also merkwürdigerweise stärker oxidierend als die höhere (Cu^{2+}) und zugleich stärker reduzierend als die tiefere (Cu). Das sieht zunächst wie ein Widerspruch aus, ist aber nur Ausdruck der Tatsache, daß die mittlere Oxidationsstufe besonders energiereich ist und daher im Gleichgewicht weitgehend verschwindet, sei es durch Oxidation, durch Reduktion oder durch Disproportionierung. Bei den drei Oxidationsstufen des Eisens ist es übrigens gerade umgekehrt, vgl. die Spannungsreihe.

18.5 Die Nernstsche Gleichung

Wie hängt das praktische Einzelpotential ϵ einer Elektrode von den Konzentrationen der beteiligten Stoffe ab?

Um diese Frage zu beantworten, müssen wir wieder von der Definition ausgehen: Das praktische Einzelpotential ist als die EMK einer Kette definiert, in der links eine Wasserstoffstandardelektrode und rechts die betreffende Elektrode steht (vgl. Abb. 18.3 §18.2). Die Berechnung der EMK einer gegebenen Kette in Abhängigkeit von den Konzentrationen haben wir aber nach dem Gleichungsschema

$$-\nu_e FE = \Delta G = \Delta G^{\circ} + RT \ln \Pi\{a_i^{\nu_i}\}$$

schon oft geübt. Man formuliert dazu die bei positivem Stromfluß ablaufende Reaktion und berechnet daraus mit den experimentell vorgegebenen Konzentrationen das stöchiometrische Produkt $\Pi\{a_i^{\nu_i}\}$.

Als Beispiel betrachten wir die Chlor-Elektrode. Wenn man sie gegen eine Wasserstoffelektrode schaltet, lautet die bei positivem Stromfluß ablaufende Reaktion (11.87)

$$H_2(g) + Cl_2(g) \rightleftharpoons 2\ H^+(aq) + 2\ Cl^-(aq)$$

und die entsprechende Gleichung für die EMK (11.89)

$$-2FE = \Delta G = \Delta G^{\circ} + RT \ln \left\{ \frac{c^2_{H^+} \cdot c^2_{Cl^-}}{p_{H_2} \cdot p_{Cl_2}} \right\},$$

also

$$E = E^{\circ} - \frac{RT}{2F} \ln \left\{ \frac{c^2_{H^+} \cdot c^2_{Cl^-}}{p_{H_2} \cdot p_{Cl_2}} \right\}$$

oder

$$E = E^{\circ} + \frac{RT}{2F} \ln \left\{ \frac{p_{H_2} \cdot p_{Cl_2}}{c^2_{H^+} \cdot c^2_{Cl^-}} \right\},$$

wobei für c_{H^+} und c_{Cl^-} genau genommen die *Aktivitäten* einzusetzen sind.

Wenn die H_2-Elektrode eine Standardelektrode ist, wird $p_{H_2} = p^{\circ}$ und $c_{H^+} = 1$ M, und die obige EMK wird dann nach Definition gleich dem Einzelpotential der Chlorelektrode:

$$\epsilon_{Pt/Cl_2,Cl^-} = \overset{\circ}{\epsilon}_{Pt/Cl_2,Cl^-} + \frac{RT}{2F} \ln \left\{ \frac{p_{Cl_2}}{c^2_{Cl^-}} \right\} \qquad (18.33)$$

Diese Gleichung enthält von der Gesamtreaktion (11.87) nur noch diejenigen Variablen, die in der Teilreaktion an der rechten Elektrode auftreten:

$$Cl_2(g) + 2\ e^- \rightleftharpoons 2\ Cl^-(aq) \qquad (18.34)$$

An einer Elektroden-Teilreaktion sind neben den Elektronen immer die oxidierte und die reduzierte Form eines Redoxsystems beteiligt: Die oxidierte Form des Redoxsystems Cl_2/Cl^- ist Cl_2; deren Aktivität (Partialdruck) erscheint in Gl. (18.33) *über* dem Bruchstrich. Die reduzierte Form ist 2 Cl^-; deren Konzentrationsprodukt steht in Gl. (18.33) *unter* dem Bruchstrich. Die Zahl der umgesetzten Elektronen (hier $\nu_e = 2$) tritt als Faktor vor die Faraday-Konstante.

Wir betrachten anstelle von Gl. (18.34) jetzt eine beliebige Elektrodenreaktion:

$$\text{ox} + \nu_e\,\text{e}^- \rightleftharpoons \text{red} \tag{18.35}$$

Daraus erhalten wir analog Gl. (18.33) für das Einzelpotential:

$$\boxed{\epsilon_{\text{redox}} = \overset{\circ}{\epsilon}_{\text{redox}} + \frac{RT}{\nu_e F} \ln \left\{ \frac{a_{\text{ox}}}{a_{\text{red}}} \right\}} \quad \textbf{\textit{(Nernstsche Gleichung)}} \tag{18.36}$$

Darin bedeutet a_{ox} das *Produkt* der Partialdrucke bzw. Konzentrationen (Aktivitäten) der oxidierten Form und a_{red} das entsprechende Produkt der reduzierten Form des Redoxsystems. Für $T = 298{,}15$ K ($\triangleq$ 25 °C) erhält die Nernstsche Gleichung mit den Zahlenwerten der Naturkonstanten folgende Form:

$$\epsilon_{\text{redox}} = \overset{\circ}{\epsilon}_{\text{redox}} + \frac{0{,}05915\ \text{V}}{\nu_e} \log \left\{ \frac{a_{\text{ox}}}{a_{\text{red}}} \right\} \tag{18.37}$$

Für eine Wasserstoffelektrode wird aus Gl. (18.35) mit ox $\equiv$ 2 H^+(aq) und red $\equiv$ H_2(g):

$$2\text{H}^+(\text{aq}) + 2\text{e}^- \rightleftharpoons \text{H}_2(\text{g}) \tag{18.38}$$

Daraus ergibt sich für das Einzelpotential einer Wasserstoffelektrode mit $\overset{\circ}{\epsilon}_{\text{H}_2/\text{H}^+} \equiv 0$ nach der Nernstschen Gleichung (18.36):

$$\epsilon_{\text{H}_2/\text{H}^+} = \frac{RT}{2F} \ln \left\{ \frac{c^2_{\text{H}^+}}{p_{\text{H}_2}} \right\} \tag{18.39}$$

Man kann die Elektrodenreaktion auch mit nur *einem* Elektron formulieren:

$$\text{H}^+(\text{aq}) + \text{e}^- \rightleftharpoons \frac{1}{2}\text{H}_2(\text{g})$$

Daraus ergibt sich:

$$\epsilon_{\text{H}_2/\text{H}^+} = \frac{RT}{F} \ln \left\{ \frac{c_{\text{H}^+}}{p^{1/2}_{\text{H}_2}} \right\}$$

was mit Gl. (18.39) mathematisch gleichbedeutend ist. Im Gegensatz zu der Größe ΔG hängt das Einzelpotential also nicht davon ab, mit wievielen Elektronen man die Redoxreaktion formuliert.

Für eine Zinkelektrode wird aus Gl. (18.35):

$$Zn^{2+}(aq) + 2e^- \rightleftharpoons Zn(f) \tag{18.40}$$

Da Zink ein reiner Stoff mit dem Molenbruch $x = 1$ ist, wird in diesem Fall aus Gl. (18.36) mit $a_{red} = 1$:

$$\epsilon_{Zn/Zn^{2+}} = \overset{o}{\epsilon}_{Zn/Zn^{2+}} + \frac{RT}{2F} \ln \{c_{Zn^{2+}}\} \tag{18.41}$$

Analoge Gleichungen gelten für die Einzelpotentiale aller reinen Metalle, die in eine Lösung ihrer Ionen tauchen.

Bisher haben wir in diesem Abschnitt nur Redoxsysteme betrachtet, bei denen sich die oxidierte und die reduzierte Form in verschiedenen Phasen befanden (z.B. in der Gasphase und der Lösung oder im Metall und der Lösung). Das einfachste Beispiel für einen Redoxvorgang an einem Platinblech, bei dem sich „ox" und „red" *beide* in der Lösung befinden (man bezeichnet ϵ dann als „Redoxpotential der Lösung"), ist die Teilreaktion

$$Fe^{3+}(aq) + e^- \rightleftharpoons Fe^{2+}(aq). \tag{18.42}$$

In diesem Fall lautet die Nernstsche Gleichung (18.36):

$$\epsilon_{Fe^{2+},Fe^{3+}} = \overset{o}{\epsilon}_{Fe^{2+},Fe^{3+}} + \frac{RT}{F} \ln \left\{ \frac{c_{Fe^{3+}}}{c_{Fe^{2+}}} \right\} \tag{18.43}$$

Für $c_{Fe^{3+}} = c_{Fe^{2+}}$ wird nach (18.43) das Einzelpotential gleich dem Standardpotential. Es ist hierbei also nicht nötig, daß alle Konzentrationen (Aktivitäten) einzeln den Standardwert 1 M annehmen, um das betr. Standardpotential zu realisieren.

Etwas komplizierter wird die Elektrodenreaktion, wenn das elektronenaufnehmende Zentralion mit Liganden umgeben ist, deren Anzahl durch den Redoxvorgang verändert wird, z.B.

$$MnO_4^- + 8\,H^+ + 5\,e^- \rightleftharpoons Mn^{2+} + 4\,H_2O \tag{18.44}$$

Daraus ergibt sich für die Nernstsche Gleichung (18.36):

$$\epsilon = \overset{o}{\epsilon}_{Mn^{2+},MnO_4^-,H^+} + \frac{RT}{5F} \ln \left\{ \frac{c_{MnO_4^-} \cdot c_{H^+}^8}{c_{Mn^{2+}} \cdot x_{H_2O}^4} \right\} \tag{18.45}$$

(Der Molenbruch x_{H_2O} ist in verdünnter Lösung ≈ 1). Da die Konzentration der H^+-Ionen mit der achten Potenz eingeht, hängt das Redoxpotential dieser Einzelelektrode wesentlich stärker vom pH-Wert der Lösung als von der Konzentration an MnO_4^- ab.

18.6 Praktische Folgerungen aus Spannungsreihe und Nernst-Gleichung

In Abschnitt 18.4 wurde gezeigt, wie man auf Grund der Spannungsreihe viele Redoxreaktionen in Lösung qualitativ voraussagen kann. Wir wollen die Spannungsreihe S. 336 jetzt mit weiterem Leben erfüllen, indem wir die Nernstsche Gleichung mit zu Hilfe nehmen und so auch zu quantitativen Aussagen gelangen.

Zunächst läßt sich jetzt die am Ende von Abschnitt 18.4 gestellte Frage beantworten, in welchen Konzentrationen Fe^{2+}-Ionen und Fe^{3+}-Ionen im Gleichgewicht neben metallischem Eisen existieren können. Die Antwort lautet: Das System kann **im Gleichgewicht nur *ein* Redoxpotential** besitzen, das gleichzeitig durch jedes der drei Einzelpotentiale nach der Nernstschen Gleichung (18.37) beschrieben werden kann:

$$\begin{aligned}\epsilon &= \overset{\circ}{\epsilon}_{Fe/Fe^{3+}} + \frac{59\ \text{mV}}{3} \cdot \log\{c_{Fe^{3+}}\} \\ &= \overset{\circ}{\epsilon}_{Fe/Fe^{2+}} + \frac{59\ \text{mV}}{2} \cdot \log\{c_{Fe^{2+}}\} \\ &= \overset{\circ}{\epsilon}_{Fe^{2+},Fe^{3+}} + 59\text{mV} \cdot \log\frac{c_{Fe^{3+}}}{c_{Fe^{2+}}}\end{aligned} \tag{18.46}$$

Diese drei Gleichungen lassen sich so kombinieren, daß die drei Variablen, ϵ, $c_{Fe^{2+}}$ und $c_{Fe^{3+}}$ herausfallen und nur die bereits abgeleitete Luthersche Gleichung (18.32) übrigbleibt. Geben wir aber z.B. $\{c_{Fe^{2+}}\} = 1$ im Gleichgewicht mit metallischem Eisen vor, also

$$\epsilon = \overset{\circ}{\epsilon}_{Fe/Fe^{2+}} = \overset{\circ}{\epsilon}_{Fe/Fe^{3+}} + \frac{59\ \text{mV}}{3} \cdot \log\{c_{Fe^{3+}}\},$$

so folgt

$$\log\{c_{Fe^{3+}}\} = \frac{3}{59\ \text{mV}} \cdot (\overset{\circ}{\epsilon}_{Fe/Fe^{2+}} - \overset{\circ}{\epsilon}_{Fe/Fe^{3+}})$$

und mit den Zahlenwerten der Spannungsreihe: $c_{Fe^{3+}} \approx 10^{-19}$ M. Dieser Wert ist extrem klein. Im Gleichgewicht mit metallischem Eisen können sich also nur Fe^{2+}-Ionen, aber praktisch keine Fe^{3+}-Ionen in einer Lösung befinden. Das tabellierte Normalpotential Fe/Fe^{3+} ist insofern eine reine Rechengröße, die aber für Rechnungen mit extrem kleinen Fe^{3+}-Konzentrationen [z.B. im Löslichkeitsprodukt von $Fe(OH)_3$] trotzdem nützlich sein kann.

Qualitativ kann man sagen, daß **Edelmetalle** sich **nicht** unter **Wasserstoffentwicklung** in Säuren lösen können. Genauer: Die im Gleichgewicht erzielbare Edelmetallionenkonzentration ist extrem klein. Mit Hilfe der Nernstschen Gleichung kann man auch genau sagen, *wie* klein: Das mit dieser Konzentration erreichte Einzelpotential des Edelmetalls muß nämlich mit dem Oxidationspotential der Protonen bei Entwicklung von Wasserstoff übereinstimmen. Letzteres ist durch das Einzelpotential der entsprechenden Wasserstoffelektrode nach Gl. (18.39) gegeben:

$$\epsilon_{H_2/H^+} = \frac{RT}{2F} \ln \left\{ \frac{a^2_{H^+}}{p_{H_2}} \right\}, \quad \text{worin näherungsweise} \quad a_{H^+} \approx c_{H^+} \quad \text{ist.}$$

Setzen wir $a_{H^+} = 5$ M (was einer ziemlich konzentrierten Säurelösung entspricht), so ergibt sich mit $p_{H_2} = p^{\circ}$ und $T = 298$ K: $\epsilon_{H_2/H^+} = 0,041$ V. Wie groß wäre z.B. die Aktivität (≈ Konzentration) an Kupfer(I)-Ionen, die durch Angriff dieses Säurepotentials an metallischem Kupfer erzeugt werden kann? Zur Beantwortung dieser Frage formuliert man die Nernstsche Gleichung für das Redoxpotential Cu/Cu^+ und setzt dieses gleich dem oben berechneten Oxidationspotential der Säure:

$$\epsilon^{\circ}_{Cu/Cu^+} + \frac{RT}{F} \ln \{a_{Cu^+}\} = \epsilon_{H_2/H^+} \tag{18.47}$$

Durch Auflösen nach a_{Cu^+} erhält man daraus mit $\epsilon^{\circ}_{Cu/Cu^+} = 0,522$ V aus der Spannungsreihe: $a_{Cu^+} = 7,4 \cdot 10^{-9}$ M. Dieser Wert ist tatsächlich vernachlässigbar klein.

Um ein Edelmetall aufzulösen, muß man entweder anstelle der Protonen ein stärkeres Oxidationsmittel verwenden, dessen Einzelpotential *über* dem des Metalls liegt, oder man muß durch **Komplexbildung** dafür sorgen, daß die Aktivität an freien (hydratisierten) Edelmetallionen *unter* den oben (aus dem Oxidationspotential der Säure) berechneten Gleichgewichtswert abgesenkt wird, wodurch zugleich das Einzelpotential des Metalls unter das Oxidationspotential der Säure abgesenkt wird. Durch Komplexbildung mit I^--Ionen ist es z.B. möglich, die Aktivität an freien Cu^+-Ionen unter 7,4 · 10^{-9} M abzusenken und gleichzeitig das Kupfer als komplexes CuI_2^--Ion in Lösung zu halten. Das kommt in dem entsprechenden Normalpotential zum Ausdruck, das in der Spannungsreihe S. 336 ebenfalls mit angegeben ist:

$$\epsilon^{\circ}(CuI_2^- + e^- \rightleftharpoons Cu + 2\,I^-) = 0,00 \text{ V}$$

Dieser Wert liegt bereits unter dem oben berechneten Oxidationspotential der konzentrierten Säurelösung von 0,041 V. Wählt man $a_{I^-} = 5$ M und $a_{CuI_2^-} = 1$ M, so wird das Einzelpotential der Elektrodenreaktion sogar < 0, so daß *Kupfer sich in konzentrierter Iodwasserstofflösung unter Wasserstoffentwicklung auflöst, obwohl es ein Edelmetall ist.*

Man kann die tabellierten Normalpotentiale auch benutzen, um die **Komplexbildungskonstante** K des CuI_2^--Komplexes zu berechnen.

Dieses K ist definiert als das Verhältnis der Gleichgewichtsaktivitäten der drei Stoffe CuI_2^-, Cu^+ und I^-. Der entscheidende Schlüssel für deren Berechnung besteht wieder in der Überlegung, daß es im Gleichgewicht aller Stoffe in dem System nur *ein* Redoxpotential geben kann, und die Konzentrationen müssen sich so einstellen, daß *jedes* anwesende Redoxsystem nach der Nernstschen Gleichung den gleichen Wert für ϵ liefert. Man braucht daher nur das Redoxpotential der einen Elektrodenreaktion nach der Nernstschen Gleichung mit dem der anderen Elektrodenreaktion gleichzusetzen, um die gewünschte mathematische Verknüpfung zwischen den drei Aktivitäten herzustellen:

$$\epsilon = \epsilon^{\circ}_{Cu/Cu^+} + \frac{RT}{F} \ln \{a_{Cu^+}\} = \epsilon^{\circ}_{Cu/CuI_2^-} + \frac{RT}{F} \ln \left\{ \frac{a_{CuI_2^-}}{a^2_{I^-}} \right\} \tag{18.48}$$

Damit ergibt sich für die Komplexbildungskonstante der Reaktion $Cu^+ + 2\,I^- \rightleftharpoons CuI_2^-$:

$$\ln\{K\} \equiv \ln\left\{\frac{a_{CuI_2^-}}{a_{Cu^+}\cdot a_{I^-}^2}\right\}_= = (\overset{o}{\epsilon}_{Cu/Cu^+} - \overset{o}{\epsilon}_{Cu/CuI_2^-})\cdot\frac{F}{RT} \tag{18.49}$$

und daraus für 25 °C mit den Zahlenwerten von S. 336:

$$K = 6,67\cdot 10^8\ M^{-2}.$$

Es wurde schon in §18.4 darauf hingewiesen, daß ***Silber*** sich nicht in Salzsäure, wohl aber ***in konzentrierter Salpetersäure*** löst, weil das Normalpotential

$\overset{o}{\epsilon}\,[NO_3^- + 4H^+ + 3e^- \rightleftharpoons NO(g) + 2H_2O] = +0,96\ V$

größer als das Normalpotential $\overset{o}{\epsilon}_{Ag/Ag^+} = +0,8\ V$ ist. Dabei entwickelt sich nicht H_2, sondern NO, das an der Luft zu braunen NO_2-Dämpfen oxidiert wird:

$NO + \frac{1}{2}O_2 \rightarrow NO_2$.

Das Normalpotential von Gold, $\overset{o}{\epsilon}_{Au/Au^{3+}} = +1,42$ V, ist größer als das obige Oxidationspotential der Salpetersäure, so daß ***Gold*** von HNO_3 praktisch ***nicht angegriffen*** wird.

Übungsaufgabe:

Man berechne die erreichbare Konzentration (Aktivität) an hydratisierten Au^{3+}-Ionen im Gleichgewicht mit metallischem Gold in einer HNO_3-Lösung der Aktivität $a_{H^+} = a_{NO_3^-} = 5$ M (mit $x_{H_2O} \approx 1$), indem man das Redoxpotential von Au/Au^{3+} gleich dem Oxidationspotential der Salpetersäure mit $p_{NO} = p^o$ setzt!

Ergebnis:

$a_{Au^{3+}} = 1,5\cdot 10^{-20}$ M. Eine so geringe Konzentration ist analytisch nicht mehr nachweisbar.

In einer *Mischung aus konzentrierter Salpetersäure und konzentrierter Salzsäure* („***Königswasser***") *löst Gold* sich jedoch auf, obgleich nach der Nernstschen Gleichung die erreichbare Gleichgewichtskonzentration an Au^{3+}-Ionen hier nicht größer als in reiner Salpetersäure ist. Worauf beruht das?

Die Auflösung erfolgt in diesem Fall nicht in Form von freien (hydratisierten) Au^{3+}-Ionen, sondern in Form von $AuCl_4^-$-Komplexionen. Dieses kommt in dem *verminderten Normalpotential des Komplexes* zum Ausdruck (vgl. S. 336):

$\overset{o}{\epsilon}\,(AuCl_4^- + 3e^- \rightleftharpoons Au + 4Cl^-) = 0,994\ V$

Übungsaufgabe:

Man berechne aus den Daten der Spannungsreihe S. 336 (nach dem Vorbild der obigen Rechnung am CuI_2^--Komplex) die Komplexbildungskonstante der Reaktion $Au^{3+} + 4\,Cl^- \rightleftharpoons AuCl_4^-$.

Daraus berechne man weiter die Aktivität an Au^{3+}-Ionen im Gleichgewicht mit $a_{AuCl_4^-} = 1$ M und $a_{Cl^-} = 5$ M! Man vergleiche den erhaltenen Wert mit dem oben berechneten im Gleichgewicht mit metallischem Gold und Salpetersäure der Aktivität $a_{H^+} = a_{NO_3^-} = 5$ M. Was folgt aus diesem Vergleich, wenn man Gold mit einer Königswasserlösung der Aktivität $a_{H^+} = a_{Cl^-} = a_{NO_3^-} = 5$ M in Berührung bringt? Wie groß ist die Triebkraft $-\Delta G$ für den weiteren Lösungsvorgang, wenn die Aktivität an $AuCl_4^-$-Ionen bereits den Wert von 1 M erreicht hat?

Ergebnis:

Aus einer der Gl.(18.49) analogen Gleichung ergibt sich für den Goldkomplex: $K = 4{,}0 \cdot 10^{21}\ \mathrm{M}^{-4}$.

Im Gleichgewicht mit $a_{\mathrm{AuCl}_4^-} = 1$ M und $a_{\mathrm{Cl}^-} = 5$ M ergibt sich daraus für die Aktivität an freien Au^{3+}-Ionen: $a_{\mathrm{Au}^{3+}} = 4{,}0 \cdot 10^{-25}$ M. Dieser Wert ist noch viel kleiner als der in der vorigen Übungsaufgabe berechnete Wert beim Oxidationspotential der 5-molaren Salpetersäure ($a_{\mathrm{Au}^{3+}} = 1{,}5 \cdot 10^{-20}$ M). Wenn man Gold mit Königswasser der angegebenen Aktivitäten in Berührung bringt, so werden daher die Au^{3+}-Ionen durch Komplexbildung mit Cl^--Ionen laufend dem Oxidationsgleichgewicht entzogen, so daß die Auflösung des Goldes weiter fortschreitet. Die Triebkraft $-\Delta G$ für diesen Prozeß ergibt sich nach Gl. (11.63) aus dem Verhältnis der beiden Gleichgewichtsaktivitäten:

$$-\Delta G = RT \ln \frac{a_{\mathrm{Au}^{3+}}[\text{Gleichgewicht mit Au und HNO}_3\,(5\text{M})]}{a_{\mathrm{Au}^{3+}}[\text{Gleichgewicht mit AuCl}_4^-(1\text{M}) \text{ und } \mathrm{Cl}^-(5\text{M})]} \tag{18.50}$$

Einsetzen der beiden oben berechneten Aktivitäten ergibt für die Triebkraft bei 25 °C: $-\Delta G = 26$ kJ/mol.

Zu dem gleichen Ergebnis gelangt man auch, wenn man aus den angegebenen Aktivitäten nach der Nernstschen Gleichung (18.36) die beiden Einzelpotentiale $\epsilon_{\mathrm{NO}_3^-,\mathrm{H}^+,\mathrm{NO}}$ und $\epsilon_{\mathrm{Au/AuCl}_4^-,\mathrm{Cl}^-}$ berechnet und daraus die Triebkraft nach der Gleichung

$$-\Delta G[\mathrm{Au} + 4\mathrm{Cl}^- + \mathrm{NO}_3^- + 4\mathrm{H}^+ \rightarrow \mathrm{AuCl}_4^- + \mathrm{NO(g)} + 2\mathrm{H_2O}]$$

$$= 3FE = 3F \cdot (\epsilon_{\mathrm{NO}_3^-,\mathrm{H}^+,\mathrm{NO}} - \epsilon_{\mathrm{Au/AuCl}_4^-,\mathrm{Cl}^-}) \tag{18.51}$$

gewinnt [vgl. die Gln. (11.40) und (18.26)]. In einer aus den beiden Einzelelektroden zusammengesetzten Kette würde bei Stromdurchgang im Prinzip reversibel die in eckigen Klammern angegebene Gesamtreaktion ablaufen.

Wenn die Konzentration an freien Ionen eines Metalls durch *Komplexbildung* um viele Zehnerpotenzen vermindert wird, dann hat das nach der Nernstschen Gleichung eine erhebliche Verminderung des betreffenden Einzelpotentials zur Folge. Dieses wurde an den Beispielen des CuI_2^-- und des AuCl_4^--Komplexes gezeigt. Die veränderten, auf die Konzentrationen an Komplexionen bezogenen Normalpotentiale sind in der Spannungsreihe S. 336 mit aufgeführt.

Nun kann eine definierte Konzentrationsverminderung um viele Zehnerpotenzen ebenso durch **Bildung eines schwerlöslichen Salzes** erreicht werden, wenn die entsprechenden Gegenionen in definierter Konzentration im Überschuß verhanden sind. Ein Beispiel ist die $\mathrm{Ag/AgCl/Cl^-}$-Elektrode, deren Normalpotential in der Spannungsreihe S. 336 ebenfalls mit aufgeführt ist. Die Elektrodenreaktion hierzu lautet:

$$\mathrm{AgCl} + \mathrm{e}^- \rightleftharpoons \mathrm{Ag} + \mathrm{Cl}^- \tag{18.52}$$

In dieser Gleichung treten die Ag^+-Ionen gar nicht auf, obwohl gerade sie (durch Aufnahme von Elektronen) für den eigentlichen Redoxvorgang verantwortlich sind[10]. Statt dessen treten als Reaktionsteilnehmer mit variabler Konzentration allein die Cl^--Ionen auf ($AgCl$ ist ein reiner, fester Stoff mit $x_{AgCl} = 1$), so daß die Nernstsche Gleichung für diese Elektrodenreaktion lautet[11] :

$$\epsilon = \epsilon_{Ag/AgCl/Cl^-} + \frac{RT}{F} \ln\{\frac{1}{a_{Cl^-}}\} = \overset{o}{\epsilon}_{Ag/AgCl/Cl^-} - \frac{RT}{F} \ln\{a_{Cl^-}\} \qquad (18.53)$$

Natürlich muß das Redoxpotential des Systems zugleich auch mit der sehr kleinen Gleichgewichtskonzentration an Ag^+-Ionen entsprechend der Elektrodenreaktion

$$Ag^+ + e^- \rightleftharpoons Ag \qquad (18.54)$$

formulierbar sein, so daß man durch Gleichsetzung beider Nernst-Gleichungen eine mathematische Verknüpfung zwischen den Aktivitäten von Ag^+-Ionen und Cl^--Ionen im Gleichgewicht mit festem AgCl erhält [vgl. die analoge Berechnung der Komplexbildungskonstante in Gl. (18.48)]:

$$\epsilon = \overset{o}{\epsilon}_{Ag/Ag^+} + \frac{RT}{F} \ln\{a_{Ag^+}\} = \overset{o}{\epsilon}_{Ag/AgCl/Cl^-} - \frac{RT}{F} \ln\{a_{Cl^-}\}$$

oder

$$\ln\{a_{Ag^+} \cdot a_{Cl^-}\}_S = \frac{F}{RT} \cdot (\overset{o}{\epsilon}_{Ag/AgCl/Cl^-} - \overset{o}{\epsilon}_{Ag/Ag^+}), \qquad (18.55)$$

wobei der Index S („Sättigung") auf das Gleichgewicht mit festem AgCl hinweisen soll. $(a_{Ag^+} \cdot a_{Cl^-})_S$ ist das *„Sättigungsaktivitätenprodukt"* bzw. (bei Vernachlässigung des Unterschiedes zwischen Aktivitäten und Konzentrationen) das ***Löslichkeitsprodukt***. Durch Einsetzen der Normalpotentiale aus der Spannungsreihe S. 336 ergibt sich für 25 °C:

$$(a_{Ag^+} \cdot a_{Cl^-})_S = 1,74 \cdot 10^{-10} M^2$$

Die Differenz der Einzelpotentiale in Gl. (18.55) entspricht der EMK einer galvanischen Kette in der Art von Abb. 14.1 in §14.2, aus der dort bereits das Löslichkeitsprodukt von AgCl berechnet wurde.

---

10 Die Ag^+-Ionen treten in der Elektrodenreaktion (18.52) nicht in Erscheinung, weil die eigentliche Redoxreaktion (18.54) im Gleichgewicht unmittelbar mit der Auflösungsreaktion $AgCl \rightleftharpoons Ag^+ + Cl^-$ gekoppelt ist. Die sich abscheidenden Ag^+-Ionen werden also durch gleichzeitige Auflösung von AgCl ersetzt. Man bezeichnet eine solche Elektrode, bei der die Konzentration der elektromotorisch wirksamen Ionen über das Löslichkeitsprodukt eines schwerlöslichen Salzes durch die Konzentration der Gegenionen festgelegt ist, als ***„Elektrode zweiter Art"***.

11 Beim Vergleich von Gl. (18.52) mit Gl. (18.35) ist Cl^- mit „red" zu identifizieren, so daß die Aktivität der Cl^--Ionen im Logarithmus von (18.36) *unter* dem Bruchstrich steht. Man kann sie aber auch *über* den Bruchstrich schreiben, wenn man dafür das *Vorzeichen vor dem Logarithmus umkehrt*.

In den vorangehenden Beispielen wurde immer die *Konzentration* eines elektromotorisch wirksamen Metallions durch Komplexbildung oder Bildung eines schwerlöslichen Salzes *vermindert*, wodurch zugleich entsprechend der Nernstschen Gleichung (18.36) das *Redoxpotential vermindert* wurde, z.B. für Au/Au^{3+} unter Normalbedingungen von +1,42 V durch $AuCl_4^-$-Komplexbildung auf +0,994 V (vgl. Spannungsreihe S. 336) und für Ag/Ag^+ von +0,7996 V durch AgCl-Bildung auf +0,2223 V. Ähnlich wird auch durch Bildung von schwerlöslichem Bleisulfat $PbSO_4$ das Redoxpotential einer Pb/Pb^{2+}-Elektrode unter Normalbedingungen von –0,126 V auf –0,356 V vermindert (vgl. S. 336).

Nun ist es aber auch möglich, daß die Konzentrationsverminderung eines Ions eine *Erhöhung* des Redoxpotentials bewirkt. Dieses ist nach der Nernstschen Gleichung nämlich *dann* zu erwarten, wenn das betr. Ion zur *reduzierten* Form des Redoxsystems gehört, so daß seine Konzentration im Logarithmus von Gl. (18.36) *unter* dem Bruchstrich steht. Ein Beispiel hierfür ist die PbO_2/Pb^{2+}-Elektrode, bei der das 4-wertige Blei im festen Bleidioxid PbO_2 die oxidierte und das Pb^{2+}-Ion die reduzierte Form darstellt:

$$PbO_2 + 4H^+ + 2e^- \rightleftharpoons Pb^{2+} + 2H_2O \tag{18.56}$$

Das Normalpotential dieser Reaktion liegt bei +1,455 V. Wird die Konzentration an freien Pb^{2+}-Ionen durch einen Überschuß an SO_4^{2-}-Ionen entsprechend dem geringen Löslichkeitsprodukt von $PbSO_4$ vermindert, so steigt das Redoxpotential in diesem Fall an. Das Normalpotential der Reaktion

$$PbO_2 + SO_4^{2-} + 4H^+ + 2e^- \rightleftharpoons PbSO_4 + 2H_2O \tag{18.57}$$

liegt daher bei +1,685 V (vgl. S. 336).

Da demnach die Redoxpotentiale von Pb/Pb^{2+} und von PbO_2/Pb^{2+} durch Verminderung der Pb^{2+}-Konzentration in entgegengesetzten Richtungen verschoben werden, so wird die EMK einer aus diesen beiden Elektroden aufgebauten Kette durch einen Überschuß an SO_4^{2-}-Ionen erhöht. Die galvanische Kette

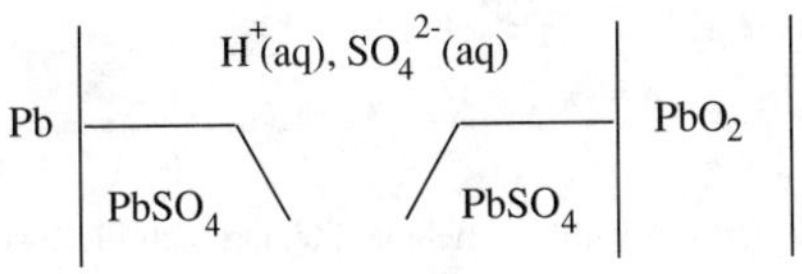

(18.58)

dient als „***Akkumulator***“ zur annähernd reversiblen chemischen Speicherung von elektrischer Energie.[12]

12 Die wäßrige Lösung darf an der rechten Elektrode nicht mit dem metallischen Blei in Berührung kommen, da die Reaktion dort sonst irreversibel (ohne elektrische Arbeitsleistung) ablaufen würde. Beim Aufladen überzieht sich die rechte Elektrode mit einer dichten, elektronenleitenden Schutzschicht von PbO_2.

Übungsaufgabe:

Man berechne das Löslichkeitsprodukt von $PbSO_4$

a) aus den beiden Normalpotentialen
ϵ^o ($Pb^{2+} + 2\,e^- \rightleftharpoons Pb$) und
ϵ^o ($PbSO_4 + 2\,e^- \rightleftharpoons Pb + SO_4^{2-}$),

b) aus den beiden Normalpotentialen
ϵ^o ($PbO_2 + 4\,H^+ + 2\,e^- \rightleftharpoons Pb^{2+} + 2\,H_2O$) und
ϵ^o ($PbO_2 + SO_4^{2-} + 4\,H^+ + 2\,e^- \rightleftharpoons PbSO_4 + 2\,H_2O$),

c) aus den Bildungsenthalpien und Normalentropien!

d) Man formuliere die stromliefernde Reaktion des Bleiakkumulators durch Addition der beiden Elektrodenreaktionen, wobei die Teilreaktion mit dem niedrigeren Redoxpotential (linke Elektrode) so gerichtet anzusetzen ist, daß dort Elektronen gebildet werden. Man erkläre anhand dieser Reaktion, warum die Spannung bei der Entladung nachläßt. Um wieviel hat die Spannung abgenommen, wenn die Konzentration an H_2SO_4 auf die Hälfte gesunken ist? (Die Änderung des Molenbruchs an H_2O sowie Aktivitätskoeffizienten sollen vernachlässigt werden!)

Ergebnisse:

Analog Gl. (18.55) ergibt sich für das Sättigungsaktivitätenprodukt von Bleisulfat aus den Werten der Spannungsreihe nach a) und nach b): $(a_{Pb^{2+}} \cdot a_{SO_4^{2-}})_S = 1,67 \cdot 10^{-8}\ M^2$, während sich nach c) durch Anwendung von Gl. (13.2) auf die Fällungsreaktion $Pb^{2+} + SO_4^{2-} \rightarrow PbSO_4$ mit den Werten der Tabelle S. 335 ergibt: $1/K = (a_{Pb^{2+}} \cdot a_{SO_4^{2-}})_S = 1,55 \cdot 10^{-8}\ M^2$. Diese Berechnung ist weniger genau als die nach a) und b). Die Differenz liegt innerhalb der Fehlergrenze.

d) Reaktion im Bleiakkumulator:

links:	$Pb + SO_4^{2-}$	$\rightleftharpoons$	$PbSO_4 + 2\,e^-$
rechts:	$PbO_2 + SO_4^{2-} + 4\,H^+ + 2\,e^-$	$\rightleftharpoons$	$PbSO_4 + 2\,H_2O$

$$\text{Summe:}\quad Pb + PbO_2 + 2\,SO_4^{2-} + 4\,H^+ \rightleftharpoons 2\,PbSO_4 + 2\,H_2O \tag{18.59}$$

Bei der Reaktion werden zwei dissoziierte Moleküle Schwefelsäure verbraucht. Hierdurch steigt das Einzelpotential der linken Elektrode an, und das der rechten nimmt ab, so daß $E = \epsilon_{rechts} - \epsilon_{links}$ vermindert wird:

$$\begin{aligned} E = E^o + \frac{RT}{2F} \ln\{a^2_{SO_4^{2-}} \cdot a^4_{H^+}/a^2_{H_2O}\} &= E^o + \frac{RT}{F} \ln\{a_{SO_4^{2-}} \cdot a^2_{H^+}/a_{H_2O}\} \\ \approx E^o + 59\text{mV} \cdot \log\{c_{SO_4^{2-}} \cdot c^2_{H^+}\} \end{aligned} \tag{18.60}$$

Wenn darin sowohl $c_{SO_4^{2-}}$ als auch c_{H^+} auf die Hälfte abnehmen, ändert sich die EMK um $\triangle E = 59\ \text{mV} \cdot 3 \cdot \log 0,5 = -53\ \text{mV}$.

Um die **Richtung einer chemischen Reaktion** zwischen zwei Redoxsystemen vorauszusagen, ist die Anwendung der Spannungsreihe zusammen mit der Nernstschen Gleichung oft bequemer als die Anwendung von Bildungsenthalpien und Normalentropien. Als Beispiel betrachten wir eine mögliche Reaktion zwischen dem Mn^{2+}-MnO_4^--System und dem Cl^--Cl_2-System. Da das Mangansystem das höhere Normalpotential hat, fließen die Elektronen unter Normalbedingungen zu diesem hin, d.h., die Reaktion läuft in der Richtung, daß MnO_4^- durch Aufnahme von Elektronen zu Mn^{2+} reduziert wird, während Cl^- zu Cl_2 oxidiert wird[13].

Da bei der Teilreaktion des Mangansystems H^+-Ionen beteiligt sind, hängt dessen Oxidationspotential vom pH-Wert ab (im Gegensatz zum Chlorsystem). Bei sonst gleichen Konzentrationen muß es daher einen pH-Wert geben, bei dem beide Oxidationspotentiale gleich sind. Bei weiterer Verschiebung zum Alkalischen ist eine Oxidation von Cl^- durch MnO_4^- nicht mehr zu erwarten.

Übungsaufgabe: Man formuliere die Reaktionsgleichung für die Oxidation von Chlorid durch Permanganat, indem man zu der Elektrodenreaktion des Mn^{2+}-MnO_4^--Systems aus der Spannungsreihe S. 336 die umgekehrte und auf gleiche Elektronenumsetzung erweiterte Elektrodenreaktion des Cl^--Cl_2-Systems addiert! In welchem pH-Bereich ist diese Reaktion unter Entwicklung von gasförmigem Chlor bei 25 °C und Ionenkonzentrationen von $c_{MnO_4^-} = c_{Mn^{2+}} = c_{Cl^-} = 0,1$ M thermodynamisch möglich? Wie groß muß man den pH-Wert bei diesen Konzentrationen mindestens wählen, damit der Partialdruck an gelöstem Chlor im Gleichgewicht kleiner als $10^{-4}p^o$ bleibt?

Lösung:

$$MnO_4^- + 8\,H^+ + 5\,e^- \rightleftharpoons Mn^{2+} + 4\,H_2O$$
$$5\,Cl^- \rightleftharpoons \tfrac{5}{2}\,Cl_2 + 5\,e^-$$

Summe:
$$MnO_4^- + 5\,Cl^- + 8\,H^+ \rightleftharpoons Mn^{2+} + \tfrac{5}{2}\,Cl_2 + 4\,H_2O \qquad (18.61)$$

Diese Reaktion ist möglich, wenn das Einzelpotential des Mangansystems größer als das des Chlorsystems ist. Durch Gleichsetzen der beiden nach der Nernstschen Gleichung gegebenen Einzelpotentiale und Auflösen nach $-\log\{c_{H^+}\} = \text{pH}$ erhält man für den entsprechenden Gleichgewichts-pH-Wert:

$$\text{pH}_= = \frac{5}{8 \cdot 0,059\text{V}} \cdot (\overset{o}{\epsilon}_{Mn^{2+},MnO_4^-} - \overset{o}{\epsilon}_{Cl^-,Cl_2}) + \frac{1}{8}\log\left\{\frac{c_{MnO_4^-} \cdot c_{Cl^-}^5}{c_{Mn^{2+}} \cdot p_{Cl_2}^{5/2}}\right\} \qquad (18.62)$$

Damit sich aus der Lösung heraus gasförmiges Chlor entwickeln kann, muß $p_{Cl_2} > p^o$ werden. Mit dieser Bedingung ergibt sich aus Gl. (18.62) zusammen mit den übrigen Zahlenwerten: pH $<$ 0,78. Wenn andererseits $p_{Cl_2} < 10^{-4}p^o$ sein soll, muß nach Gl. (18.62) pH $>$ 2,03 sein.

18.7 Anwendungen in der Analytischen Chemie

Ein anderes interessantes pH-abhängiges Redoxgleichgewicht besteht zwischen Chinon (Q) und Hydrochinon (QH_2):

13 Zwar ist diese Reaktion normalerweise so langsam, daß sie nicht ins Gewicht fällt. Sie kann aber beschleunigt werden, z.B. durch Anwesenheit von Fe^{2+}-Ionen, die bei ihrer Oxidation durch Permanganat ein kurzlebiges Zwischenprodukt bilden, das Cl^--Ionen schnell oxidiert. (Man bezeichnet diesen Mechanismus als *„**induzierte Reaktion**"* und Fe^{2+} als *„Induktor"*. Fe^{2+} ist *kein Katalysator*, weil es bei der Reaktion verbraucht, d.h. zu Fe^{3+} oxidiert wird.) Dieser Mechanismus kann bei der Titration von Fe^{2+} mit MnO_4^- zu Störungen durch Cl^--Ionen führen, wenn die H^+-Konzentration zu hoch ist (vgl. die obige Übungsaufgabe).

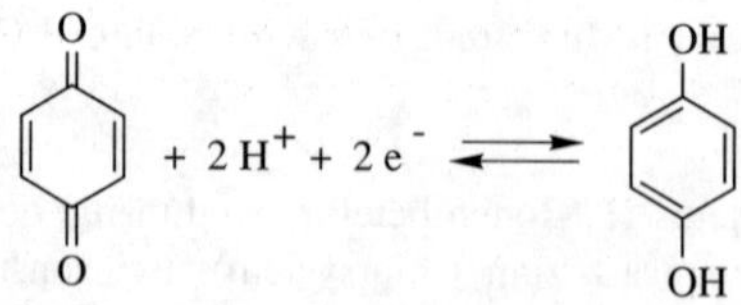

$$Q + 2\,H^+ + 2\,e^- \rightleftharpoons QH_2 \tag{18.63}$$

In diesem Fall lautet die Nernstsche Gleichung:

$$\epsilon_{QH_2,Q,H^+} = \epsilon^{\circ}_{QH_2,Q,H^+} + \frac{RT}{2F} \ln \left\{ \frac{c_Q \cdot c^2_{H^+}}{c_{QH_2}} \right\} \tag{18.64}$$

Nun kann ein Molekül Hydrochinon mit einem Molekül Chinon sandwichartig[14] zu einem tiefdunkel gefärbten Elektronen-Donator-Akzeptor-Komplex (*Charge-Transfer-Komplex*) zusammentreten. Diese Anlagerungsverbindung wird als *„Chinhydron"* bezeichnet. Löst man kristallisiertes Chinhydron in Wasser, so dissoziiert es dabei wieder weitgehend in die beiden Einzelmoleküle, deren Konzentrationen dann exakt gleich groß sind. Mit $c_Q = c_{QH_2}$ wird aus Gl. (18.64):

$$\epsilon_{\text{Chinhydron}} = \epsilon^{\circ} + \frac{RT}{2F} \ln\{c^2_{H^+}\} = \epsilon^{\circ} + \frac{RT}{F} \ln\{c_{H^+}\} \tag{18.65}$$

und speziell bei 25 °C entsprechend Gl. (18.37) mit $\log\{c_{H^+}\} \equiv -\,\text{pH}$:

$$\epsilon_{\text{Chinhydron}} = \epsilon^{\circ} - 59\text{mV} \cdot \text{pH} \tag{18.66}$$

Darin ist $\epsilon^{\circ} = 0{,}6995$ V (bei 25 °C).

Man kann diese Beziehung ausnutzen, um den pH-Wert einer Lösung zu bestimmen: Man fügt der Lösung etwas Chinhydron zu, taucht einen Platindraht hinein und mißt dessen Potentialdifferenz gegenüber einer Elektrode von bekanntem Einzelpotential, die über eine konzentrierte KCl-Lösung mit der zu messenden Lösung verbunden ist. Man verwendet also z.B. die folgende Kette:[15]

Pt	Hg(fl) / Hg_2Cl_2(f)	KCl(aq) gesättigt	H^+(aq), c_{H^+} unbekannt, Chinhydron	Pt

Kalomel-Elektrode

Diese Kette ist (ebenso wie die Glaselektrode) zur genauen Bestimmung einer Säuremenge durch Aufnahme einer „**Titrationskurve**" verwendbar: Man fügt der unbekannten Säurelösung aus einer Bürette Natronlauge zu und registriert laufend die EMK in

14 sandwich (engl.) = zusammengeklappte, belegte Weißbrotschnitte.

15 Das praktische Einzelpotential der hier verwendeten ***Kalomel-Elektrode*** beträgt 0,2415 V bei 25 °C. Voraussetzung für diese Messung ist, daß in der unbekannten Lösung keine oxidierenden oder reduzierenden Substanzen vorhanden sind, die mit dem Chinhydronsystem reagieren können.

Abhängigkeit von der zugesetzten Menge an Natronlauge: Dabei ändert sich der pH-Wert [und damit nach Gl. (18.66) die EMK] zunächst nur wenig. Wenn aber die Menge an NaOH gleich der ursprünglich vorhandenen Säuremenge wird (*Äquivalenzpunkt*), dann bewirkt ein Tropfen Natronlauge einen Sprung des pH-Wertes um mehrere Einheiten, also einen Sprung der EMK um mehrere Vielfache von 59 mV (vgl. Abb. 11.11. in §11.8.1). Anhand einer Titrationskurve läßt sich die verbrauchte Menge an Titerlösung besonders genau bestimmen.

Die Nernstsche Gleichung ist in der Analytischen Chemie auch zur Konzentrationsbestimmung vieler anderer Stoffe von größter Bedeutung. Voraussetzung für die Anwendbarkeit ist nur, daß der betreffende Stoff (bzw. die Ionenart) an einem Redoxgleichgewicht beteiligt werden kann, das dann mit einer Elektrode gemessen wird.

Auch die Bestimmung des Löslichkeitsprodukts von AgCl (in §14.2) kann als eine Bestimmung der sehr kleinen Ionenkonzentrationen von Ag^+-Ionen neben der bekannten KCl-Konzentration über AgCl-Bodenkörper aufgefaßt werden. Wir haben dort in der Kette Abb. 14.1 also im Grunde genommen *zwei* Ag/Ag^+*-Elektroden mit verschiedener* Ag^+*-Konzentration* zu einer Kette gegeneinandergeschaltet. In der EMK dieser ***„Konzentrationskette“*** subtrahiert das Standardpotential sich weg, und es ergibt sich aus den Gln. (18.26) und (18.36):

$$E = \epsilon_{\text{rechts}} - \epsilon_{\text{links}} = \frac{RT}{F} \ln \frac{c_{Ag^+(\text{rechts})}}{c_{Ag^+(\text{links})}} \tag{18.67}$$

Da c_{Ag^+} auf der einen Seite der Kette bekannt ist, kann man durch Messung der EMK die Konzentration c_{Ag^+} auf der anderen Seite genau bestimmen und daraus wiederum beliebige Gleichgewichtskonstanten errechnen, an denen Ag^+-Ionen beteiligt sind (*Löslichkeitsprodukte* und *Komplexbildungskonstanten*). Außerdem kann man durch Zugabe von $AgNO_3$-Lösung aus einer Bürette zu einer Ag-Elektrode in einer Cl^--Ionenlösung eine *„Fällungstitrationskurve“* aufnehmen, um so etwa die unbekannte Menge an Cl^--Ionen zu bestimmen. Zur Bestimmung einer unbekannten Cl^--Ionenkonzentration bzw. -aktivität genügt aber auch eine einzige Einzelpotentialmessung an einer Silberchlorid-Elektrode nach Gl. (18.53).

Schließlich sei noch darauf hingewiesen, daß man bei der Titration eines reduzierten Stoffes (z.B. Fe^{2+}-Ionen) mit einer oxidierenden Maßlösung (z.B. von Ce^{4+}-Ionen) durch Messung des Einzelpotentials an einem eintauchenden Platindraht auch eine *„Redoxtitrationskurve“* aufnehmen kann (siehe unten).

Der Verlauf der EMK in Abhängigkeit von der zugesetzten Menge an Maßlösung ist für *alle Titrationskurven* (Neutralisations-, Fällungs-, Komplexbildungs- oder Redoxtitration) *ähnlich* und erlaubt nicht nur die genaue Endpunktsanzeige der Titration (Äquivalenzpunkt), sondern i.a. auch eine genaue Gleichgewichtsbestimmung an dem Punkt der Kurve, wo die Hälfte der äquivalenten Menge an Maßlösung zugegeben worden ist (z.B. Bestimmung des pK-Wertes in §11.8.1, Abb. 11.11).

Die Abb. 18.8 zeigt den Verlauf des Einzelpotentials (d.h. der Potentialdifferenz eines eintauchenden Platindrahtes gegenüber einer Wasserstoffnormalelektrode) bei der **Titration** von Fe^{2+} mit Ce^{4+}, wobei sich folgende Reaktion abspielt:

$$Fe^{2+} + Ce^{4+} \rightarrow Fe^{3+} + Ce^{3+} \tag{18.68}$$

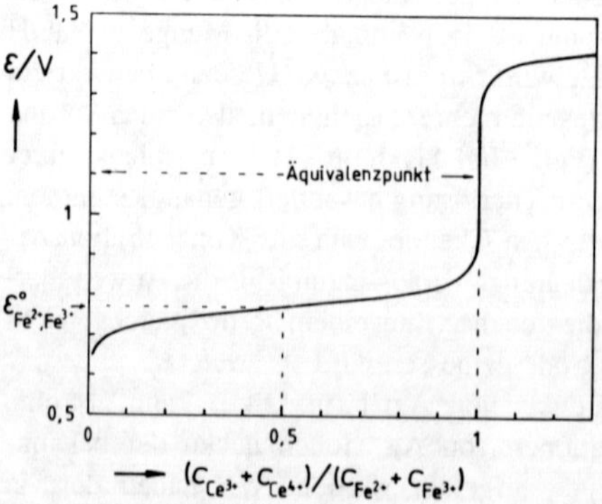

Abb. 18.8. Verlauf des Redoxpotentials bei der Titration von Fe^{2+} mit Ce^{4+} bei 25 °C.

Man beachte die Ähnlichkeit dieser Kurve mit der Neutralisationskurve in Abb. 11.11. Bei der Redoxtitration stellt sich an dem Platindraht sowohl für das Redoxsystem (Fe^{2+}, Fe^{3+}) als auch für das Redoxsystem (Ce^{3+}, Ce^{4+}) je ein dynamischen Gleichgewicht ein, so daß das Einzelpotential der Elektrode, d.h. das ***„Redoxpotential der Lösung"***, *gleichzeitig* durch jedes der beiden Redoxsysteme nach der Nernstschen Gleichung beschreibbar ist:

$$\epsilon = \overset{o}{\epsilon}_{Fe^{2+},Fe^{3+}} + \frac{RT}{F}\ln\frac{c_{Fe^{3+}}}{c_{Fe^{2+}}} = \overset{o}{\epsilon}_{Ce^{3+},Ce^{4+}} + \frac{RT}{F}\ln\frac{c_{Ce^{4+}}}{c_{Ce^{3+}}} \tag{18.69}$$

Für die Gleichgewichtskonstante der Reaktion (18.68) erhält man durch Auflösen von Gl. (18.69):

$$\ln K \equiv \ln\frac{c_{Fe^{3+}}\cdot c_{Ce^{3+}}}{c_{Fe^{2+}}\cdot c_{Ce^{4+}}} = \frac{F}{RT}\cdot(\overset{o}{\epsilon}_{Ce^{3+},Ce^{4+}} - \overset{o}{\epsilon}_{Fe^{2+},Fe^{3+}}) \tag{18.70}$$

und durch Einsetzen der beiden Standardpotentiale aus der Tabelle S. 336: $K = 2{,}4\cdot 10^{11}$ bei 25 °C. Aus diesem Zahlenwert ergibt sich, daß das Gleichgewicht der Reaktion (18.68) ganz rechts liegt, d.h., daß von der jeweils im Unterschuß vorhandenen Ausgangskomponente praktisch nichts übrigbleibt. Somit ist links vom Äquivalenzpunkt $c_{Ce^{4+}} \approx 0$ und rechts vom Äquivalenzpunkt $c_{Fe^{2+}} \approx 0$. Da Fe^{3+} und Ce^{3+} nach Gl. (18.68) immer in gleichen Mengen gebildet werden, so ist außerdem:

$$c_{Ce^{3+}} = c_{Fe^{3+}} \tag{18.71}$$

Mit diesen Vereinfachungen kann man das Redoxpotential nach Gl. (18.69) sowohl links wie rechts vom Äquivalenzpunkt für jede Abszisse der Titrationskurve Abb. 18.8 berechnen. *Am Punkt halber Äquivalenz* [d.h. bei $(c_{Ce^{3+}} + c_{Ce^{4+}})/(c_{Fe^{2+}} + c_{Fe^{3+}}) = 0,5$] ist $c_{Fe^{3+}}/(c_{Fe^{2+}} + c_{Fe^{3+}}) = 0,5$, also $c_{Fe^{3+}} = c_{Fe^{2+}}$ und somit das Redoxpotential der Lösung gleich dem Normalpotential des Systems (Fe^{2+}, Fe^{3+}), 0,77 V. Bei Zugabe der doppelten Menge Oxidationsmittel, d.h. an der Stelle $(c_{Ce^{3+}} + c_{Ce^{4+}})/(c_{Fe^{2+}} + c_{Fe^{3+}}) = 2$, ist entsprechend $c_{Ce^{3+}} = c_{Ce^{4+}}$ und somit das Redoxpotential der Lösung gleich dem Normalpotential des Systems (Ce^{3+}, Ce^{4+}), 1,443 V (vgl. S. 336).

Am *Äquivalenzpunkt* ist $c_{Ce^{3+}} + c_{Ce^{4+}} = c_{Fe^{2+}} + c_{Fe^{3+}}$ und somit wegen Gl. (18.71) auch

$$c_{Ce^{4+}} = c_{Fe^{2+}} \tag{18.72}$$

Durch Einsetzen von (18.71) und (18.72) in (18.69) erhält man für das Redoxpotential der Lösung am Äquivalenzpunkt:

$$\epsilon_{\text{Äq}} = \overset{\text{o}}{\epsilon}_{Fe^{2+},Fe^{3+}} + \frac{RT}{F} \ln \frac{c_{Fe^{3+}}}{c_{Fe^{2+}}} =$$

$$\epsilon_{\text{Äq}} = \overset{\text{o}}{\epsilon}_{Ce^{3+},Ce^{4+}} + \frac{RT}{F} \ln \frac{c_{Fe^{2+}}}{c_{Fe^{3+}}}$$

Durch Addition dieser beiden Gleichungen folgt

$$2\epsilon_{\text{Äq}} = \overset{\text{o}}{\epsilon}_{Fe^{2+},Fe^{3+}} + \overset{\text{o}}{\epsilon}_{Ce^{3+},Ce^{4+}} \quad \text{und somit}$$

$$\epsilon_{\text{Äq}} = (\overset{\text{o}}{\epsilon}_{Fe^{2+},Fe^{3+}} + \overset{\text{o}}{\epsilon}_{Ce^{3+},Ce^{4+}})/2 \tag{18.73}$$

Das „Umschlagspotential“ ist hiernach gleich dem arithmetischen Mittel aus den beiden Normalredoxpotentialen.

Anhang

Der Boltzmannsche e-Satz

(Herleitung aus dem 2. Hauptsatz)

A.1 Problemstellung

Der Boltzmannsche e-Satz gibt an, in welchem Zahlenverhältnis sich die Teilchen eines Stoffes im thermodynamischen Gleichgewicht auf zwei verschiedene Energiezustände verteilen.

Dieses Zahlenverhältnis in einem definierten Volumen ist gleich dem Konzentrationsverhältnis und (für Gase) auch gleich dem Partialdruckverhältnis der Teilchen in den beiden Energiezuständen. Zugleich ist dieses Zahlenverhältnis gleich dem Verhältnis der beiden Wahrscheinlichkeiten, daß sich *ein bestimmtes* Teilchen in einem bestimmten Zeitpunkt in dem einen oder dem anderen Energiezustand befindet. Entsprechend der Definition des Wahrscheinlichkeitsbegriffs[1] ist dieses Wahrscheinlichkeitsverhältnis gleich dem Zahlenverhältnis der Fälle, in denen das Teilchen im einen oder im anderen Energiezustand beobachtet wird, wenn man die Zahl der Beobachtungen gegen unendlich gehen läßt.

Die Formel für dieses Zahlenverhältnis, der Boltzmannsche e-Satz, wird in der Statistischen Thermodynamik durch statistische Überlegungen aus selbstverständlichen Voraussetzungen rein theoretisch abgeleitet. Hier wollen wir dagegen mit sehr viel kleinerem mathematischem Aufwand den Boltzmannschen e-Satz aus dem 2. Hauptsatz ableiten, d.h. aus dem Erfahrungssatz von der Unmöglichkeit eines Perpetuum mobile zweiter Art.

Nach dem 2. Hauptsatz muß die Gibbs-Energie G eines isothermen, isobaren, nutzarbeitsfreien Systems im thermodynamischen Gleichgewicht ihr Minimum erreichen (vgl. Abb. 10.5 S. 105). Wenn das Gleichgewicht nämlich *nicht* im Minimum von G läge, könnte man ein Perpetuum mobile zweiter Art bauen, indem man das System unter Abgabe von Nutzarbeit in einem reversiblen Ersatzprozeß aus dem Gleichgewicht in das Minimum von G überführte und es dann spontan (d.h. nutzarbeitsfrei) in den Gleichgewichtszustand zurückkehren ließe. Das System hätte also bei diesem isothermen Kreisprozeß Nutzarbeit abgegeben.

---

1 Die (mathematische) Wahrscheinlichkeit für das Eintreten von einem zufälligen Ereignis A unter bestimmten Versuchsbedingungen ist definiert als $w(\mathrm{A}) \equiv \lim_{N\to\infty} (N_\mathrm{A}/N)$. Darin ist N_A die Zahl der Versuche, in denen das Ereignis A eintritt, und N ist die Gesamtzahl aller Versuche.

Darum muß die isotherme, reversible Nutzarbeit pro molarem Formelumsatz bei der Überführungsreaktion von Teilchen i aus einem Energiezustand I in einen Energiezustand II im Gleichgewicht gleich null werden:

$$\Delta G[i(I) \rightarrow i(II)] = 0 \quad \text{im Gleichgewicht} \tag{A.1}$$

Aus dieser speziellen Formulierung des 2. Hauptsatzes wollen wir den Boltzmannschen e-Satz zunächst für zwei anschauliche Spezialfälle ableiten, bei denen der Energieunterschied zwischen den beiden Zuständen I und II allein durch räumliche Verschiebung der Teilchen in einem elektrischen Feld bzw. in einem Schwerefeld verursacht wird[2].

A.2 Gleichgewichtsverteilung von Ionen im elektrischen Feld

Zwei ideal verdünnte Säurelösungen verschiedener Konzentration seien durch eine Glasmembran getrennt, von der wir die idealisierte Annahme machen wollen, daß sie für Protonen durchlässig und für alle anderen Teilchen undurchlässig sei. Die „Reaktion" soll in einem Transport von Protonen aus der Phase I durch die Glasmembran hindurch in die Phase II bestehen:

$$\underbrace{H^+(I) \rightleftarrows H^+(II)}_{\text{Glasmembran}} \tag{A.2}$$

Wie bereits in §18.2.3 beschrieben, setzt sich die reversible Nutzarbeit dieser „Reaktion" aus einem „chemischen" und einem elektrischen Anteil zusammen:

$$\Delta G = \Delta G_{\text{chem}} + \Delta G_{\text{el}} = RT \ln \frac{c_{H^+(II)}}{c_{H^+(I)}} + F \cdot (\varphi_{II} - \varphi_{I}) \tag{A.3}$$

Darin ist $\varphi_{II} - \varphi_{I} \equiv \Delta\varphi$ die elektrische Potentialdifferenz zwischen den Phasen I und II. Da die elektrische Elementarladung relativ groß ist, genügt der Transport einer chemisch nicht nachweisbaren Menge an H^+ durch die Membran, um dieses „Membranpotential" $\Delta\varphi$ zu erzeugen und so das elektrochemische Gleichgewicht einzustellen, ohne daß hierbei die vorgegebenen Konzentrationen meßbar verändert werden.
Dann erhält man aus Gl. (A.3) mit $\Delta G = 0$ (A.1):

$$RT \ln \frac{c_{H^+(II)}}{c_{H^+(I)}} = -F\Delta\varphi = -W_{\text{el}} \tag{A.4}$$

2 Um anzudeuten, daß in ΔG auch ein Beitrag eines äußeren Kraftfeldes enthalten sein soll, hatten wir ΔG (ebenso wie $\overline{G_i}$) früher durch einen Stern gekennzeichnet. Den Stern wollen wir in dieser Auflage weglassen, d.h. ΔG soll jetzt die *gesamte* reversible Nutzarbeit pro molarem Formelumsatz sein. Diese ist auch als Differenz der *elektro*chemischen Potentiale $\overline{G_i}$ zwischen I und II aufzufassen.

Delogarithmieren ergibt:

$$c_{H^+(II)} = c_{H^+(I)} \cdot e^{-W_{el}/RT} \tag{A.5}$$

Anstelle der *molaren* elektrischen Überführungsarbeit W_{el} wollen wir die *molekulare* elektrische potentielle Energiedifferenz $\triangle\epsilon$ des Protons zwischen den Phasen I und II einführen:

$$\triangle\epsilon \equiv \epsilon_{II} - \epsilon_{I} = W_{el}/N_L \tag{A.6}$$

Dann wird aus Gl. (A.5) mit der Boltzmann-Konstante $k \equiv R/N_L$, indem wir den Stoffindex H^+ jetzt weglassen:

$$c_{II} = c_{I} \cdot e^{-\triangle\epsilon/kT}$$
(Boltzmannscher e-Satz) (A.7)

A.3 Gleichgewichtsverteilung von Teilchen im Schwerefeld

Wir betrachten als Beispiel die Verteilung von CO_2-Molekülen in Luft im Schwerefeld der Erde. Von Temperaturgradienten und Strömungen sei hier abgesehen. Wir stellen uns also vor, die Luft wäre in einem hohen Standzylinder von konstanter Temperatur eingeschlossen. Die „Reaktion" besteht in der Überführung von CO_2 vom Boden des Gefäßes ($h = 0$) bis in die Höhe h. Die Reaktionsarbeit ΔG setzt sich zusammen aus dem „chemischen" Anteil ΔG_{chem} und der molaren Hubarbeit:

$$\Delta G = \Delta G_{chem} + W_{Hub} \tag{A.8}$$

Der chemische Anteil (die Differenz der chemischen Potentiale) ist gleich der molaren Arbeit bei der isothermen, reversiblen Expansion eines idealen Gases vom Anfangs- auf den Endpartialdruck:

$$-\Delta G_{chem} = RT \ln \frac{p_{CO_2}(h=0)}{p_{CO_2}(h)} \tag{A.9}$$

Die molare Hubarbeit ist das Produkt aus Molgewicht und Höhe:

$$W_{Hub} = M_{CO_2} \cdot g \cdot h \tag{A.10}$$

Im Gleichgewicht ($\Delta G = 0$) wird aus den Gln. (A.8) bis (A.10):

$$RT \ln \frac{p_{CO_2}(h=0)}{p_{CO_2}(h)} = M_{CO_2} g h \tag{A.11}$$

Diese Gleichung kann man als *„Gleichgewicht zwischen der thermischen Molekularbewegung und den Kräften"* interpretieren, ebenso die Gl. (A.4).

Indem wir anstelle von CO_2 ein beliebiges Molekül i einsetzen, erhalten wir durch Delogarithmieren von Gl. (A.11) die

barometrische Höhenformel

$$p_{ih} = p_{i\,0} \cdot e^{-M_i g h / RT} = p_{i\,0} \cdot e^{-m_i g h / kT} \tag{A.12}$$

worin $m_i = M_i/N_L$ die Molekülmasse ist. Die Formel sagt uns, wie der Partialdruck eines Gases i mit steigender Höhe abnimmt.

Führt man für die potentielle Energiedifferenz eines Moleküls gegenüber dem Wert bei $h = 0$ wieder das Symbol $\triangle\epsilon = m_i g h$ ein und rechnet die Partialdrucke nach dem idealen Gasgesetz $p_i = c_i RT$ auf die Konzentrationen c_i um, so erhält man aus Gl. (A.12) wieder den Boltzmannschen e-Satz in der Form

$$c_{ih} = c_{i\,0} \cdot e^{-\triangle\epsilon/kT} \tag{A.13}$$

Diese Formel ist nicht nur auf Teilchen von molekularen Dimensionen, sondern auch auf mikroskopisch sichtbare Staubteilchen anwendbar, die z.B. in einer Flüssigkeit von etwas kleinerer Dichte ρ ein **Sedimentationsgleichgewicht** ausbilden. In diesem Fall muß man zur Berechnung der potentiellen Energiedifferenz anstelle des Gewichts $m_i g$ die Differenz „Gewicht minus Auftrieb" einsetzen, also

$$\triangle\epsilon = (m_i - \rho V_i) \cdot g \cdot h = (1 - \rho/\rho_i) \cdot m_i g h \tag{A.14}$$

wenn V_i das Volumen eines Teilchens und ρ_i seine Dichte ist. Indem er die Konzentrationen c_h und c_0 von mikroskopisch sichtbaren Staubteilchen im Sedimentationsgleichgewicht durch Auszählen bestimmte, konnte J. Perrin im Jahre 1910 aus den Gln. (A.13) und (A.14) die Boltzmann-Konstante k und damit die Loschmidt-Konstante $N_L = R/k$ bestimmen.

Auch das Sedimentationsgleichgewicht von Eiweißmolekülen in einer **Ultrazentrifuge** kann nach Gl. (A.13) beschrieben werden. Wenn man das Konzentrationsverhältnis in zwei verschiedenen Abständen r_1 und r_2 von der Drehachse durch Absorptionsmessungen im UV-Licht bestimmt, kann man damit aus Gl. (A.13) die potentielle Energiedifferenz $\triangle\epsilon$ zwischen r_1 und r_2 berechnen. Andererseits kann man $\triangle\epsilon$ auch formal durch Integration der Zentrifugalkraft $mr\omega^2$ (abzüglich Auftrieb) über dr analog der Gl. (A.14) berechnen, worin aber noch die Molekülmasse m_i als unbekannter Faktor enthalten ist. Dieser läßt sich bestimmen durch Vergleich mit der obigen Berechnung von $\triangle\epsilon$ nach (A.13).

A.4 Herleitung aus der Boltzmannschen Entropiedifferenzformel

Wenn ein plastischer Körper der Masse m von einer Höhe h herabfällt, verwandelt sich seine potentielle Energie mgh in Wärme, die von der Umgebung der Temperatur T aufgenommen wird. Der physikalisch-chemische Zustand des Körpers ändert sich hierbei nicht.

(Eine plastische Verformung ist in diesem Sinne keine „Zustandsänderung“.) Die Entropiezunahme des Gesamtsystems ist daher allein durch die Entropiezunahme der Umgebung gegeben:

$$\triangle S_{\text{Gesamt}} = \triangle S_{\text{Umgebung}} = \frac{Q_{\text{Umgebung}}}{T} = \frac{mgh}{T} \tag{A.15}$$

Für den umgekehrten Vorgang, das spontane Emporsteigen einer Masse m um die Höhe h unter Umwandlung der Wärme aus der Umgebung in potentielle Energie des Körpers, würde dieselbe Formel mit umgekehrtem Vorzeichen gelten:

$$\triangle S_{\mathrm{I}\to\mathrm{II}} = -\frac{mgh}{T} = -\frac{\triangle\epsilon}{T} \tag{A.16}$$

Hierbei haben wir den Zustand des Systems, in dem der Körper sich am Boden befindet, mit I und den anderen Zustand, in dem die potentielle Energie des Körpers um $\triangle\epsilon = mgh$ zugenommen hat, mit II bezeichnet. $\triangle S_{\mathrm{I}\to\mathrm{II}}$ wäre nach Gl. (A.16) negativ.

Ein solcher Vorgang, bei dem die Gesamtentropie abnimmt, würde der Erfahrung des zweiten Hauptsatzes widersprechen. Nach der statistischen Deutung der Entropie wäre dieser Vorgang aber nicht prinzipiell unmöglich, sondern nur extrem unwahrscheinlich. Eine Zunahme der Entropie bedeutet immer den Übergang des Gesamtsystems in einen wahrscheinlicheren Zustand. Der Zusammenhang zwischen Änderung der Entropie und Änderung der Wahrscheinlichkeit wird quantitativ durch die *Boltzmannsche Entropiedifferenzformel (12.46)* beschrieben (vgl. §12.6.1):[3]

$$S_{\mathrm{II}} - S_{\mathrm{I}} \equiv \triangle S_{\mathrm{I}\to\mathrm{II}} = k \ln \frac{w_{\mathrm{II}}}{w_{\mathrm{I}}} \tag{A.17}$$

Durch Delogarithmieren erhält man zusammen mit Gl. (A.16)

$$\frac{w_{\mathrm{II}}}{w_{\mathrm{I}}} = e^{\triangle S_{\mathrm{I}\to\mathrm{II}}/k} = \mathrm{e}^{-\triangle\epsilon/kT} \tag{A.18}$$

Für makroskopische Werte von $\triangle\epsilon$ ergibt sich aus Gl. (A.18) selbst für die höchsten erreichbaren Temperaturen ein so kleiner Wert für $w_{\mathrm{II}}/w_{\mathrm{I}}$, daß ein spontaner Übergang des Systems von I nach II innerhalb realisierbarer Wartezeiten völlig ausgeschlossen ist.

---

3 Wenn die Zustandsänderung des Gesamtsystems im Anheben des Körpers auf die Höhe h bestehen soll, sind die Wahrscheinlichkeiten von Anfangszustand und Endzustand allerdings nur dann definiert, wenn man für beide eine bestimmte Meßfehlerbreite dh vorschreibt. Grundsätzlich ist nämlich die Aufenthaltswahrscheinlichkeit eines beweglichen Teilchens an einem Punkt im Raum proportional dem willkürlich wählbaren Volumen in der Umgebung dieses Punktes. Wählt man dieses Volumen immer gleich groß, kürzt es sich im Quotienten $w_{\mathrm{II}}/w_{\mathrm{I}}$ heraus, so daß dieser eindeutig definiert ist. Eindeutig definiert ist auch die Aufenthaltswahrscheinlichkeits*dichte* (= Aufenthaltswahrscheinlichkeit pro Volumen). Bei Anwendung von Gl. (A.17) auf das vorliegende Problem ist $w_{\mathrm{II}}/w_{\mathrm{I}}$ als Verhältnis der Aufenthaltswahrscheinlichkeitsdichten in den beiden Höhen aufzufassen.

Als **Übungsaufgabe** berechne man das Wahrscheinlichkeitsverhältnis für den Fall, daß ein kaum sichtbares Staubteilchen der Masse 1 μg sich bei einer Temperatur von 1500 °C allein durch thermische Energieschwankung spontan um 1 mm über den Boden erhebt.

Ergebnis: $w_{II}/w_I = 10^{-174\,000\,000}$.
Demnach würde auf $10^{174\,000\,000}$ Experimente, bei denen das Teilchen in der Umgebung der Höhe $h = 0$ liegt, im Mittel nur 1 Experiment entfallen, bei dem das Teilchen in der Umgebung der Höhe $h = 1$ mm angetroffen wird. Es wäre aber selbst bei schnellster Meßfolge in Jahrmillionen nicht möglich, ein Experiment $10^{174\,000\,000}$ mal zu wiederholen. (Seit dem Urknall sind nur etwa $3 \cdot 10^{17}$ Sekunden vergangen. Die Zahl 17 verschwindet in der Ungenauigkeit der Zahl 174 000 000.)

Daher kann die Entropie in einem abgeschlossenen System niemals um makroskopisch verwertbare Beträge abnehmen. Somit haben wir die makroskopische Aussage des 2. Hauptsatzes aus der Boltzmannschen Entropiedifferenzformel abgeleitet.

Eine spontane Entropieabnahme um nur wenige Vielfache von k ist dagegen nach dem 2. Hauptsatz nicht verboten, weil ein solcher Vorgang nicht zum Bau eines makroskopischen Perpetuum mobile verwendet werden könnte. Daher können *mikroskopische* Staubteilchen und Moleküle sehr wohl auf Kosten thermischer Energie gegen die Schwerkraft emporsteigen (vgl. J.Perrin in §A.3). Wie man nach Gl. (A.18) leicht sieht, ist das nicht unwahrscheinlich.

Befinden sich im Volumen sehr viele gleiche Teilchen, so ist deren Konzentration in einer bestimmten Höhe der Aufenthaltswahrscheinlichkeitsdichte des Einzelteilchens proportional, und der Proportionalitätsfaktor kürzt sich im Quotienten heraus. Somit führt uns Gl. (A.18) wieder zum Boltzmannschen e-Satz:

$$\boxed{c_{II}/c_I = w_{II}/w_I = e^{-\Delta\epsilon/kT}} \tag{A.19}$$

A.5 Gleichgewichtsverteilung von Molekülen auf Energiezustände

Als einfachsten Sonderfall einer „chemischen Reaktion“ *ohne* räumlichen Transport betrachten wir den Übergang eines Moleküls M aus einem Energiezustand (ϵ_0) in einen anderen Energiezustand (ϵ_1):

$$M(\epsilon_0) \rightleftarrows M(\epsilon_1) \tag{A.20}$$

Ein Beispiel wäre etwa der Übergang eines Cl_2-Moleküls aus dem Grundzustand in den ersten Anregungszustand der Oszillation.

Für die Reaktionsarbeit in Abhängigkeit von den Konzentrationen gilt nach Gl. (11.66) in §11.8:

$$\Delta G = \Delta G^\circ + RT \ln\{\Pi a_i^{\nu_i}\} \tag{A.21}$$

Diese Gleichung sieht zunächst anders aus als die analogen Ansätze (A.3) und (A.8). Sie bedeutet aber im Grunde das gleiche. Für die einfache „Reaktion“ (A.20) wird nämlich in idealen Gasen (wie auch in idealen Lösungen):

$$\{\Pi a_i^{\nu_i}\} = \frac{p_{M(\epsilon_1)}}{p_{M(\epsilon_0)}} = \frac{c_{M(\epsilon_1)}}{c_{M(\epsilon_0)}} \equiv \frac{c_1}{c_0} \tag{A.22}$$

Außerdem gilt allgemein:

$$\Delta G^{\circ} = \Delta H^{\circ} - T\Delta S^{\circ} \tag{A.23}$$

Darin bedeutet ΔS° speziell für die „Reaktion" (A.20) diejenige Entropieänderung, die mit der hypothetischen Umwandlung von 1 mol $M(\epsilon_0)$-Teilchen unter Standarddruck in 1 mol $M(\epsilon_1)$-Teilchen unter Standarddruck verbunden wäre. Hierfür muß aber gelten:

$$\Delta S^{\circ} = S^{\circ}_{M(\epsilon_1)} - S^{\circ}_{M(\epsilon_0)} = 0 \tag{A.24}$$

Berechnet man nämlich die Standardentropien von Ausgangs- und Endzustand nach der Boltzmannschen Entropieformel (12.50)

$$S = k \ln W, \tag{A.25}$$

so muß sich für beide der gleiche Wert S° ergeben, wenn man annimmt, daß die Energiezustände ϵ_0 und ϵ_1 eines Moleküls nicht in unterschiedlich viele Unterzustände aufzugliedern sind.[4]

Für das Glied ΔH° in Gl. (A.23) kann man ΔU einsetzen [vgl. Gl. (8.15)], weil in Reaktion (A.20) die Teilchenzahl konstant bleibt und somit $\Delta V_p = 0$ ist und weil U in idealen Gasen nicht von p abhängt:

$$\Delta H^{\circ} = \Delta U^{\circ} + p^{\circ}\Delta V^{\circ} = \Delta U \tag{A.26}$$

Somit bleibt von ΔG° in Gl. (A.23) nur übrig:

$$\Delta G^{\circ} = \Delta U = N_L \cdot (\epsilon_1 - \epsilon_0) \tag{A. 27}$$

Einsetzen der Gln. (27) und (22) in (21) ergibt:

$$\Delta G = N_L \cdot (\epsilon_1 - \epsilon_0) + RT \ln\frac{c_1}{c_0} \tag{A.28}$$

Im Gleichgewicht ($\Delta G = 0$) wird daraus:

$$N_L \cdot (\epsilon_1 - \epsilon_0) = -RT \ln\left(\frac{c_1}{c_0}\right)_= \quad (= -RT \ln\{K\}) \tag{A.29}$$

4 Diese „Unterzustände" wären z.B. für einen gegebenen Oszillationszustand eines Cl_2-Moleküls die verschiedenen Energiezustände der Translation und Rotation, deren Entropiebeiträge nach den Gln. (12.59) und (12.60) bei gegebenen Werten von p und T durch Molmasse und Trägheitsmoment festgelegt sind. Beim Übergang eines Cl_2-Moleküls aus dem Grundzustand in den 1. Anregungszustand der Oszillation ändert sich aber weder die Molmasse M, noch (bei idealisierter Betrachtung) das Trägheitsmoment J. Somit bleibt S_{trans} und S_{rot} für $p_{i(I)} = p_{i(II)}$ beim Übergang I $\rightarrow$ II praktisch unverändert. Darum ist $\Delta S^{\circ} = 0$.

Diese Gleichung entspricht völlig den Gln. (A.11) und (A.4). Alle drei Gleichungen beruhen auf dem ***Gleichgewicht zwischen*** dem ***energetischen*** und dem entgegengesetzt wirkenden ***entropischen Beitrag*** zur Triebkraft, d.h. auf dem ***Gleichgewicht zwischen den wirksamen Kräften und der thermischen Molekularbewegung***. Die thermische Molekularbewegung wird repräsentiert durch den Faktor T in dem entropischen Beitrag $T \cdot \Delta S = T \cdot R \ln (c_1/c_0)$. Sie ermöglicht eine Arbeitsleistung gegen die wirksamen Kräfte und damit eine Anhebung des Moleküls aus dem Energiezustand ϵ_0 in den Energiezustand ϵ_1. Im dynamischen Gleichgewicht kompensieren sich der energetische und der entropische Beitrag zur Triebkraft $-\Delta G$ zu null.

Mit $R/N_L = k$ erhält man aus Gl. (A.29) durch Delogarithmieren wieder den **Boltzmannschen e-Satz**, der hiernach nur einen besonders einfachen Sonderfall der bekannten Gleichung $\{K\} = e^{-\Delta G^o/RT}$ darstellt:

$$(c_1/c_0)_= = e^{-(\epsilon_1 - \epsilon_0)/kT} \tag{A.30}$$

In Gl. (A.30) haben wir die stillschweigende Voraussetzung des eingestellten Gleichgewichts zwischen c_1 und c_0 durch das Gleichheitszeichen im Index besonders zum Ausdruck gebracht.

A.6 Anwendung auf harmonische Oszillatoren

Für einen harmonischen Oszillator ist nach Gl. (7.10) in §7.3:

$$\epsilon_1 - \epsilon_0 = h\nu \tag{A.31}$$

Darin ist ν die Eigenfrequenz des Oszillators und h die Plancksche Konstante. Durch Aufnahme weiterer Energiequanten kann der Oszillator in noch höhere Energieniveaus gelangen. Die Energiedifferenz eines höheren Niveaus gegenüber dem Grundniveau ist für einen harmonischen Oszillator ein ganzzahliges Vielfaches von $h\nu$:

$$\epsilon_i - \epsilon_0 = i \cdot h\nu \quad (i = 0, 1, 2, 3, \ldots) \tag{A.32}$$

Bezeichnen wir die Zahl der Oszillatoren im i-ten Energiezustand mit N_i, so ist das Zahlenverhältnis N_i/N_0 in einem bestimmten Volumen gleich dem Konzentrationsverhältnis c_i/c_0. Damit erhält man im Gleichgewicht aus den Gln. (A.30) und (A.32):

$$N_i = N_0 \cdot e^{-ih\nu/kT} \tag{A.33}$$

Die Gesamtzahl N aller Oszillatoren können wir als Summe der Oszillatorenzahlen N_i in den einzelnen Energieniveaus darstellen: $N = N_0 + N_1 + N_2 + \cdots \equiv \sum_{i=0}^{\infty} N_i$ und durch Einsetzen von Gl. (A.33)

$$N = N_0 \cdot \sum_{i=0}^{\infty} e^{-ih\nu/kT} \tag{A.34}$$

Wenn wir diese Gleichung nach N_0 auflösen und den erhaltenen Ausdruck in Gl. (A.33) einsetzen, erhalten wir als **weitere Formulierung des Boltzmannschen e-Satzes**:

$$N_{\mathrm{i}} = N \cdot \frac{\mathrm{e}^{-\mathrm{i}h\nu/kT}}{\sum_{\mathrm{i}=0}^{\infty} \mathrm{e}^{-\mathrm{i}h\nu/kT}} \tag{A.35}$$

Die Gesamtenergie U_{os} aller Oszillatoren erhalten wir, wenn wir jede Besetzungszahl N_{i} mit der Energie ϵ_{i} des betr. Niveaus multiplizieren und über alle i summieren:

$$U_{\mathrm{os}} = \sum_{\mathrm{i}=0}^{\infty} N_{\mathrm{i}}\epsilon_{\mathrm{i}} \tag{A.36}$$

Darin können wir ϵ_{i} durch Gl. (A.32) ausdrücken:

$$U_{\mathrm{os}} = \sum_{\mathrm{i}=0}^{\infty} N_{\mathrm{i}} \cdot (\epsilon_0 + \mathrm{i}h\nu) = \epsilon_0 \cdot \sum_{\mathrm{i}=0}^{\infty} N_{\mathrm{i}} + h\nu \cdot \sum_{\mathrm{i}=0}^{\infty} \mathrm{i}\, N_{\mathrm{i}} =$$

$$U_{\mathrm{os}} = \epsilon_0 \cdot N + h\nu \cdot \sum_{\mathrm{i}=0}^{\infty} \mathrm{i}\, N_{\mathrm{i}} \tag{A.37}$$

Einsetzen des Boltzmannschen e-Satzes (A.35) ergibt:

$$U_{\mathrm{os}} = N\epsilon_0 + Nh\nu \cdot \frac{\sum_{\mathrm{i}=0}^{\infty} \mathrm{i} \cdot \mathrm{e}^{-\mathrm{i}h\nu/kT}}{\sum_{\mathrm{i}=0}^{\infty} \mathrm{e}^{-\mathrm{i}h\nu/kT}} \tag{A.38}$$

oder mit der Abkürzung

$$h\nu/kT \equiv a \tag{A.39}$$

$$U_{\mathrm{os}} = N\epsilon_0 + Nh\nu \cdot \frac{\sum_{\mathrm{i}=0}^{\infty} \mathrm{i} \cdot e^{-\mathrm{i}a}}{\sum_{\mathrm{i}=0}^{\infty} \mathrm{e}^{-\mathrm{i}a}} \tag{A.40}$$

Zur weiteren Umformung multiplizieren wir die Summe im Zähler des Quotienten in Gl. (A. 40) mit dem Faktor $(\mathrm{e}^a - 1)$:

$$\begin{aligned}
(\mathrm{e}^a - 1) \cdot \sum_{\mathrm{i}=0}^{\infty} \mathrm{i} \cdot e^{-\mathrm{i}a} &\equiv (\mathrm{e}^a - 1) \cdot (\mathrm{e}^{-a} + 2\mathrm{e}^{-2a} + 3\mathrm{e}^{-3a} + 4\mathrm{e}^{-4a} + \cdots) \\
&= \mathrm{e}^0 + 2\mathrm{e}^{-a} + 3\mathrm{e}^{-2a} + 4\mathrm{e}^{-3a} + \cdots \\
&\qquad - \mathrm{e}^{-a} - 2\mathrm{e}^{-2a} - 3\mathrm{e}^{-3a} - \cdots \\
&= 1 \quad + \mathrm{e}^{-a} \quad + \mathrm{e}^{-2a} \quad + \mathrm{e}^{-3a} + \cdots \equiv \sum_{\mathrm{i}=0}^{\infty} \mathrm{e}^{-\mathrm{i}a}
\end{aligned}$$

Das berechnete Produkt ist also gerade gleich dem Nenner des Quotienten in Gl. (A.40). Setzen wir es für diesen ein, so kürzt sich der Zähler heraus, und es bleibt nach Wiedereinsetzen der Gl. (A.39) nur übrig:

$$U_{\mathrm{os}} = N\epsilon_0 + Nh\nu \cdot \frac{1}{\mathrm{e}^{h\nu/kT} - 1} \tag{A.41}$$

Planck-Einstein-Formel

Dividiert man diese Formel durch die Stoffmenge $n = N/N_{\mathrm{L}}$ und differenziert nach der Temperatur, erhält man den Beitrag eines Oszillationsfreiheitsgrades der Eigenfrequenz ν zu der Molwärme eines Gases:

$$\begin{aligned} C_{\mathrm{os}} &= \frac{1}{n} \cdot \frac{\mathrm{d}U_{\mathrm{os}}}{\mathrm{d}T} = N_{\mathrm{L}} h\nu \frac{\mathrm{d}}{\mathrm{d}T}\left[(\mathrm{e}^{h\nu/kT} - 1)^{-1}\right] \\ &= N_{\mathrm{L}} h\nu \cdot \frac{-1}{(\mathrm{e}^{h\nu/kT} - 1)^2} \cdot \mathrm{e}^{h\nu/kT} \cdot \frac{h\nu}{k} \cdot (-T^{-2}) \end{aligned}$$

Mit $N_{\mathrm{L}} = R/k$ wird daraus:

$$C_{\mathrm{os}} = R \cdot \left(\frac{h\nu}{kT}\right)^2 \cdot \frac{\mathrm{e}^{h\nu/kT}}{(\mathrm{e}^{h\nu/kT} - 1)^2} \tag{A.42}$$

Die Eigenfrequenz ν in dieser Formel kann aus spektroskopischen Messungen ermittelt werden. Addiert man zu den Beiträgen der Oszillation die (temperaturunabhängigen) Beiträge der Translation und Rotation, erhält man die Molwärme $C_{V\mathrm{m}}$ eines Gases. Der berechnete Verlauf in Abhängigkeit von der Temperatur stimmt mit dem gemessenen Verlauf in Abb. 7.1 gut überein, wodurch die der Theorie zugrundeliegenden Modellvorstellungen bestätigt werden.

A.7 Das Maxwellsche Geschwindigkeitsverteilungsgesetz

(Herleitung aus der Konzentrationsverteilung im Schwerefeld)

Das Maxwellsche Geschwindigkeitsverteilungsgesetz beschreibt die Häufigkeit der verschiedenen Geschwindigkeiten von Gasmolekülen bei ihrer ungeordneten thermischen Bewegung. Bei der Herleitung dieses Gesetzes aus dem Boltzmannschen e-Satz wird meistens die Vorstellung zugrundegelegt, daß es aufgrund des Welle-Teilchen-Dualismus diskrete Energieniveaus für die kinetische Energie der geradlinigen Translationsbewegung gibt. Diese Vorstellung ist aber nur dann richtig, wenn es Behälterwände gibt, zwischen denen die Teilchen periodisch hin- und herfliegen und dabei stehende Materiewellen ausbilden. In der freien Atmosphäre kann ein dahinfliegendes Gasmolekül dagegen kontinuierlich jeden beliebigen Wert der kinetischen Energie annehmen. Die kinetische Energie der Translationsbewegung ist dann also *nicht* „gequantelt“. Aus diesem Grunde ist es befriedigender, wenn wir das Maxwellsche Geschwindigkeitsverteilungsgesetz *ohne* die Vorstellungen der Quantentheorie allein aus dem klassischen Teilchenmodell ableiten.

Bei dieser Ableitung gehen wir von der Konzentrationsverteilung der Gasmoleküle im Schwerefeld der Erde aus, wo die potentielle Energie ebenfalls „ungequantelt“ ist.

Die potentielle Energie eines Teilchens wandelt sich bei der Beschleunigung im Schwerefeld in kinetische Energie um, die nach dem Aufprall am Boden des Gefäßes beim Aufsteigen des Teilchens wieder in potentielle Energie zurückverwandelt wird.

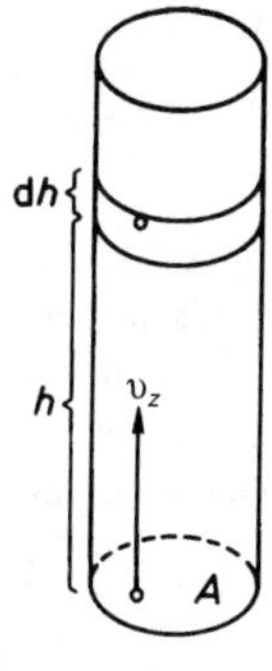

Abb. A.1. Periodische Bewegung eines Gasatoms im Schwerefeld der Erde

Wir betrachten ein Gas in einem senkrecht stehenden, zylindrischen Gefäß vom Querschnitt A. Wenn ein Teilchen am Boden des Gefäßes eine senkrecht nach oben gerichtete Geschwindigkeitskomponente v_z besitzt, so erreicht es einen Augenblick später eine Höhe h, in der seine kinetische Energie in z-Richtung aufgebraucht ist und $v_z = 0$ wird[5]. Dabei gilt [vgl. Gl. (5.2)]:

$$mgh = \frac{mv_z^2}{2} \tag{A.43}$$

Ist die Geschwindigkeit eines Teilchens am Boden um die Spanne $\mathrm{d}v_z$ größer als v_z, so erreicht das Teilchen die entsprechend größere Höhe $h + \mathrm{d}h$ (vgl. Abb. A.1). Den Zusammenhang zwischen $\mathrm{d}h$ und $\mathrm{d}v_z$ erhält man, indem man Gl. (A.43) nach h auflöst und nach v_z differenziert:

$$h = \frac{v_z^2}{2g} \tag{A.44}$$

$$\frac{\mathrm{d}h}{\mathrm{d}v_z} = \frac{v_z}{g} \tag{A.45}$$

5 Hierbei spielt es kein Rolle, ob das Teilchen auch noch Geschwindigkeitskomponenten v_x und v_y besitzt und dementsprechend zwischendurch auf die Zylinderwand aufprallt. – Auch im Fall von Zusammenstößen der Teilchen untereinander bleibt der nachfolgende Gedankengang im Prinzip anwendbar. Wenn nämlich das eine Teilchen auf dem Wege zwischen $h = 0$ und h seinen am Boden erhaltenen Impuls auf andere Teilchen überträgt, wird an seiner Stelle im Mittel ein anderes Teilchen die Höhe h erreichen, da Impuls und kinetische Energie bei diesen Stößen insgesamt erhalten bleiben.

Das Ziel unserer Überlegungen ist eine Formel für den Bruchteil $\frac{\mathrm{d}N(v_z, \mathrm{d}v_z)}{N}$ derjenigen Teilchen, deren Geschwindigkeitskomponente in z-Richtung in dem Intervall zwischen v_z und $v_z + \mathrm{d}v_z$ liegt.[6] Um dieses Ziel zu erreichen, fragen wir zunächst nach der Teilchenzahldichte derjenigen Teilchen, deren Geschwindigkeit bei $h = 0$ in dem Intervall zwischen v_z und $v_z + \mathrm{d}v_z$ liegt. Diese differentielle Teilchenzahldichte nennen wir $\mathrm{d}c_0^*(v_z, \mathrm{d}v_z)$. Multiplizieren wir sie mit der Geschwindigkeit v_z und mit der Bodenfläche A, so erhalten wir die Zahl pro Zeit $\mathrm{d}\dot{N}_{h=0}(v_z, \mathrm{d}v_z)$ dieser speziellen Teilchen, die bei $h = 0$ von der Bodenfläche nach oben starten[7]:

$$\begin{aligned} \mathrm{d}\dot{N}_{h=0}(v_z, \mathrm{d}v_z) &= \mathrm{d}c_0^*(v_z, \mathrm{d}v_z) \cdot v_z \cdot A \\ [\text{Zahl/s}] &= [\text{Zahl/m}^3] \cdot [\text{m/s}] \cdot [\text{m}^2] \end{aligned} \tag{A.46}$$

Diese Zahl der pro Zeit am Boden startenden Teilchen der Geschwindigkeitsklasse $(v_z, \mathrm{d}v_z)$ muß aber mit der Zahl derjenigen Teilchen pro Zeit übereinstimmen, die in dem Höhenintervall zwischen h und $h + \mathrm{d}h$ den Geschwindigkeitswert $v_z = \pm\, 0$ durchlaufen, denn alle Teilchen der Geschwindigkeitsklasse v_z, $\mathrm{d}v_z$, die in einer bestimmten Zeitspanne bei $h = 0$ starten, müssen während einer gleich langen Zeitspanne in dem Höhenintervall zwischen h und $h + \mathrm{d}h$ wieder umkehren:

$$\mathrm{d}\dot{N}_{h=0}(v_z, \mathrm{d}v_z) = \mathrm{d}\dot{N}_{v_z=\pm 0}(h, \mathrm{d}h) \tag{A.47}$$

Die Zahl pro Zeit der in der Schicht $(h, \mathrm{d}h)$ umkehrenden Teilchen muß proportional der Gesamtzahl der Teilchen in dieser Schicht sein.[8] Diese Gesamtzahl erhält man, wenn man das Schichtvolumen $A \cdot \mathrm{d}h$ mit der Teilchenzahldichte c_h^* multipliziert. Somit ist

$$\mathrm{d}\dot{N}_{v_z=\pm 0}(h, \mathrm{d}h) = \text{const} \cdot A \cdot \mathrm{d}h \cdot c_h^* \tag{A.48}$$

Setzt man darin nach dem Boltzmannschen e-Satz Gl. (A.13)

$$c_h^* = c_0^* \cdot \mathrm{e}^{-mgh/kT} \tag{A.49}$$

und drückt mgh in Gl. (A.49) nach (A.43) durch v_z und $\mathrm{d}h$ in Gl. (A.48) nach (A.45) durch das Differential $\mathrm{d}v_z$ aus, so erhält man durch Einsetzen der Gln. (A.46) und (A.48) [mit (A.49), (A.43) und (A.45)] in Gl. (A.47):

$$\mathrm{d}c_0^*(v_z, \mathrm{d}v_z) \cdot v_z \cdot A = \text{const} \cdot A \cdot \frac{v_z}{g} \mathrm{d}v_z \cdot c_0^* \cdot \mathrm{e}^{-mv_z^2/2kT}$$

---

6 Natürlich ist dieser Bruchteil proportional der Breite $\mathrm{d}v_z$ des Geschwindigkeitsintervalls. Würden wir $\mathrm{d}v_z = 0$ wählen, wäre auch die Zahl $\mathrm{d}N(v_z) = 0$. Wir würden also nie ein Teilchen finden, das völlig exakt eine vorgeschriebene Geschwindigkeit v_z besitzt.

7 Die Berechnung einer Teilchenflußdichte [Zahl/m²s] als Produkt aus einer „molekularen Konzentration“ oder Teilchenzahldichte c^* und einer Teilchengeschwindigkeit v begegnet uns in der Physikalischen Chemie immer wieder, z.B. bei der Berechnung der Stromdichte in Elektrolytlösungen, bei der mittleren freien Weglänge und der Viskosität in Gasen sowie in der Kinetik (Stoßtheorie). In Gl. (A.46) ist die Teilchenflußdichte mit dem Querschnitt A multipliziert und ergibt einen Teilchenfluß [Zahl/s].

8 Der Proportionalitätsfaktor ist in Gl. (A.48) mit const bezeichnet. Er hängt ab von der Erdbeschleunigung g, der Temperatur T und der Teilchenmasse m. Vgl. Gl. (A.56) sowie (A.50) und (A.51).

oder

$$\frac{\mathrm{d}c_0^*(v_z, \mathrm{d}v_z)}{c_0^*} = \frac{\text{const}}{g} \cdot \mathrm{e}^{-mv_z^2/2kT} \mathrm{d}v_z \tag{A.50}$$

In diesem Ausdruck kommt die Höhe h nicht mehr vor. Für ein gegebenes Geschwindigkeitsintervall $(v_z, \mathrm{d}v_z)$ ist also das Verhältnis der Teilchenzahldichte $\mathrm{d}c^*(v_z, \mathrm{d}v_z)/c^*$ bei $h = 0$ dasselbe wie in jeder anderen Höhe h und entspricht zugleich dem betreffenden Teilchenzahlverhältnis $\mathrm{d}N/N$ im gesamten Gasbehälter bei der Temperatur T:

$$\frac{\mathrm{d}N(v_z, \mathrm{d}v_z)}{N} = \frac{\mathrm{d}c_0^*(v_z, \mathrm{d}v_z)}{c_0^*} = \text{const'} \cdot \mathrm{e}^{-mv_z^2/2kT} \mathrm{d}v_z \tag{A.51}$$

Hierbei wurde der Faktor const/g in Gl. (A.50) zu einer neuen Konstante const' zusammengefaßt.

Damit haben wir das oben genannte Ziel im wesentlichen erreicht, nur die Größe const' in (A.51) muß noch bestimmt werden. Man gewinnt sie durch folgende Überlegung: Die Geschwindigkeitskomponente v_z liegt für alle Teilchen zwischen $-\infty$ und $+\infty$. Wenn man über alle differentiellen Teilchenzahlen $\mathrm{d}N(v_z, \mathrm{d}v_z)$ von $v_z = -\infty$ bis $v_z = +\infty$ summiert bzw. integriert, erhält man also die Gesamtzahl N aller Teilchen. Oder wenn man über alle differentiellen Teilchenzahlbruchteile $\mathrm{d}N(v_z, \mathrm{d}v_z)/N$ integriert, erhält man den Wert 1.[9] Somit wird aus Gl. (A.51):

$$\int\limits_{v_z=-\infty}^{+\infty} \frac{\mathrm{d}N(v_z, \mathrm{d}v_z)}{N} = \text{const'} \cdot \int\limits_{v_z=-\infty}^{+\infty} \mathrm{e}^{-mv_z^2/2kT} \mathrm{d}v_z = 1 \tag{A.52}$$

Das bestimmte Integral in dieser Gleichung läßt sich berechnen. Für eine beliebige Variable x findet man in mathematischen Tabellen die Formel:

$$\int\limits_{x=-\infty}^{+\infty} \mathrm{e}^{-x^2} \mathrm{d}x = \sqrt{\pi} \tag{A.53}$$

Setzt man in Gl. (52)

$$mv_z^2/2kT \equiv x^2, \tag{A.54}$$

so wird

$$v_z = \sqrt{\frac{2kT}{m}} \cdot x \quad \text{und} \quad \mathrm{d}v_z = \sqrt{\frac{2kT}{m}} \cdot \mathrm{d}x \tag{A.55}$$

9 Man beachte, daß mit N hier die konstante Gesamtzahl aller Teilchen gemeint ist und nicht etwa eine von v_z abhängige Variable. Darum wäre es hier ganz unsinnig, für $\mathrm{d}N/N$ etwa d ln N einzuführen, wie wir z.B. in der Clausius-Clapeyronschen Gleichung (17.7) $\mathrm{d}p/p = \mathrm{d} \ln p$ gesetzt hatten.

Durch Einsetzen der Gln. (A.55), (A.54) und (A.53) in (A.52) erhält man dann:

$$\text{const'} = \frac{1}{\sqrt{\pi} \cdot \sqrt{2kT/m}} = \sqrt{\frac{m}{2\pi kT}} \tag{A.56}$$

Damit wird aus Gl. (A.51):

$$\boxed{\frac{\mathrm{d}N(v_z)}{N} = \sqrt{\frac{m}{2\pi kT}} \cdot \mathrm{e}^{-mv_z^2/2kT}\,\mathrm{d}v_z} \tag{A.57}$$

Dieses ist das ***Maxwellsche Geschwindigkeitsverteilungsgesetz*** für *eine* Geschwindigkeitskomponente (***eindimensional***).

Der Bruchteil $\mathrm{d}N(v_z)/N$ in Gl. (57) läßt sich nicht zahlenmäßig fassen, weil er eine *differentielle* (d.h. beliebig kleine, also willkürliche) Größe ist. Er ist proportional dem ebenfalls differentiellen (willkürlich wählbaren) Geschwindigkeitsintervall $\mathrm{d}v_z$. Der Differential*quotient* $(1/N) \cdot \mathrm{d}N(v_z)/\mathrm{d}v_z$ ist dagegen eindeutig definiert. Wir wollen ihn als „***relative Häufigkeit***" der Geschwindigkeit v_z bezeichnen. Er hat die Dimension einer reziproken Geschwindigkeit und ist in Abb. A.2 in Abhängigkeit von v_z für Sauerstoff bei 0 °C graphisch dargestellt.

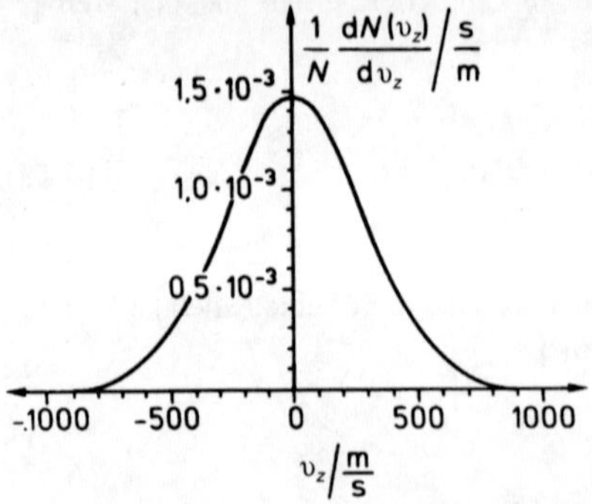

Abb. A.2. Relative Häufigkeit einer Geschwindigkeitskomponente in Abhängigkeit von ihrer Größe für O_2-Moleküle bei $T = 273,15$ K (eindimensionale Maxwellverteilung).

Es handelt sich hier um eine symmetrische Gaußsche Glockenkurve[10] mit einem Maximum bei $v_z = 0$. Der Geschwindigkeitswert $v_z = 0$ kommt also sozusagen am häufigsten vor, auch wenn er niemals *exakt* realisiert ist. Seine relative Häufigkeit beträgt nach Gl. (A.57) mit $v_z = 0$ und $\mathrm{e}^0 = 1$ (vgl. Abb. A.2):

$$\frac{1}{N}\frac{\mathrm{d}N(v_z = 0)}{\mathrm{d}v_z} = \sqrt{\frac{m}{2\pi kT}} = 1,5 \cdot 10^{-3}\mathrm{m}^{-1}\mathrm{s}.$$

Das bedeutet, daß 0,15 % der O_2-Moleküle in einem Geschwindigkeitsintervall $\mathrm{d}v_z =$ 1 m/s in der Umgebung von $v_z = 0$ liegen, also z.B. Geschwindigkeitswerte zwischen –0,5 m/s $< v_z < +0,5$ m/s besitzen.

10 Die Kurve $y = \mathrm{e}^{-x^2}$ spielt in der von Carl Friedrich Gauß entwickelten Fehlerrechnung eine besondere Rolle.

Der Bruchteil $\mathrm{d}N(v_z)/N$ kann auch aufgefaßt werden als die mathematische ***Wahrscheinlichkeit***, daß *ein* herausgegriffenes Teilchen zufällig im Geschwindigkeitsintervall $(v_z, \mathrm{d}v_z)$ liegt. Der Bruchteil derjenigen Teilchen, deren v_x-Komponente im Intervall $(v_x, \mathrm{d}v_x)$ und deren v_y-Komponente gleichzeitig im Intervall $(v_y, \mathrm{d}v_y)$ und deren v_z-Komponente gleichzeitig im Intervall $(v_z, \mathrm{d}v_z)$ liegt, ist entsprechend als Wahrscheinlichkeit für das gleichzeitige Eintreten dreier voneinander unabhängiger Ereignisse durch das Produkt der drei Einzelwahrscheinlichkeiten gegeben:

$$\frac{\mathrm{d}N(v_x, v_y, v_z)}{N} = \frac{\mathrm{d}N(v_x)}{N} \cdot \frac{\mathrm{d}N(v_y)}{N} \cdot \frac{\mathrm{d}N(v_z)}{N} \tag{A.58}$$

Durch Einsetzen der Gl. (A.57) und der beiden entsprechenden Gleichungen für die x- und die y-Richtung wird aus (A.58)

$$\frac{\mathrm{d}N(v_x, v_y, v_z)}{N} = \left(\frac{m}{2\pi kT}\right)^{3/2} \mathrm{e}^{-mv^2/2kT} \mathrm{d}v_x \mathrm{d}v_y \mathrm{d}v_z \quad , \tag{A.59}$$

wobei wir nach der Gleichung (4.11)

$$v^2 = v_x^2 + v_y^2 + v_z^2 \tag{A.60}$$

den Betrag v der Gesamtgeschwindigkeit eingeführt haben.

Die Spitzen der Geschwindigkeitsvektoren der von Gl. (A.59) betroffenen Teilchen liegen im dreidimensionalen Geschwindigkeitsraum in einem „Volumenelement“ von der Größe $\mathrm{d}v_x \cdot \mathrm{d}v_y \cdot \mathrm{d}v_z$ (vgl. Abb. A.3). Wie man aus Abb. A.3 unmittelbar erkennt, umfaßt dieses Volumenelement aber nur einen kleinen Teil derjenigen Teilchen, deren Geschwindigkeitsbetrag etwa gleich v ist. Will man alle Teilchen erfassen, deren Geschwindigkeitsbetrag zwischen v und $v + \mathrm{d}v$ liegt, so muß man in Gl. (A.59) anstelle des Volumens $\mathrm{d}v_x\, \mathrm{d}v_y\, \mathrm{d}v_z$ das Volumen einer Kugelschale vom Radius v und der Dicke $\mathrm{d}v$ einführen. Dieses Volumen ist gleich dem Produkt aus der Kugeloberfläche $4\, \pi v^2$ mal der Dicke $\mathrm{d}v$ der Kugelschale.

Damit erhält man anstelle von Gl. (A.59) für den Bruchteil der Teilchen im Geschwindigkeitsintervall $(v, \mathrm{d}v)$:

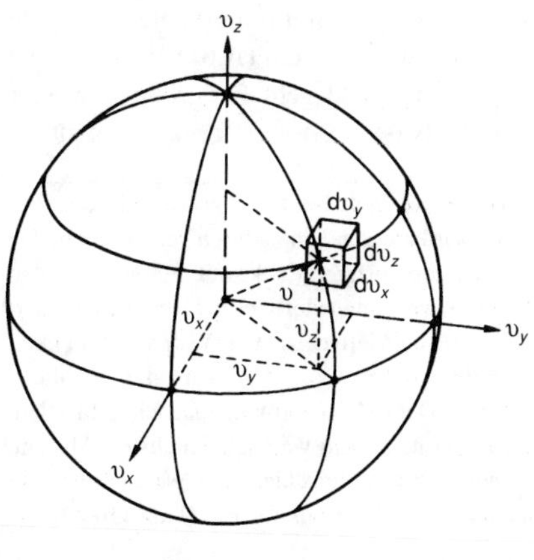

Abb. A.3. Dreidimensionale Darstellung eines Geschwindigkeitsvektors $\vec{v}$ mit dem Betrag v und den drei Komponenten v_x, v_y und v_z.

$$\frac{dN(v)}{N} = \left(\frac{m}{2\pi kT}\right)^{3/2} e^{-mv^2/2kT} 4\pi v^2 dv \tag{A.61}$$

oder auch

$$\frac{dN(v)}{N} = \sqrt{\frac{2}{\pi}} \left(\frac{m}{kT}\right)^{3/2} e^{-mv^2/2kT} v^2 dv \tag{A.62}$$

Dieses ist das ***Maxwellsche Geschwindigkeitsverteilungsgesetz*** für den ***Betrag der dreidimensionalen Geschwindigkeit*** der Gasmoleküle.

In Abb. A.4 ist der nach Gl. (A.62) berechnete Teilchenbruchteil pro Geschwindigkeitsintervall $dN(v)/Ndv$ als Funktion von v für Sauerstoff bei 273,15 K dargestellt. Da der Geschwindigkeitsbetrag v keine negativen Werte annehmen kann, so erfaßt man alle N Teilchen, wenn man v von 0 bis ∞ variieren läßt. Das Integral über den Ausdruck in Gl. (A.62) von $v = 0$ bis ∞ (das ist die Fläche unter der Kurve in Abb. A.4) hat daher immer den Wert 1. Bei Erhöhung der Temperatur verschiebt sich das Maximum der Kurve nach rechts und wird niedriger. Die Fläche bleibt konstant.

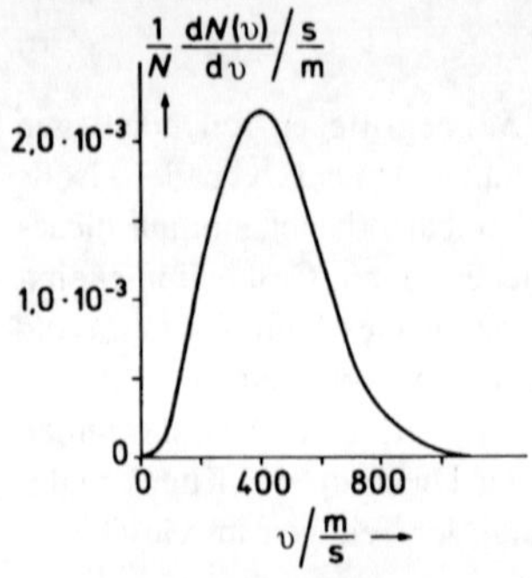

Abb. A.4. Relative Häufigkeit des Geschwindigkeitsbetrages in Abhängigkeit von seiner Größe für O_2-Moleküle bei 0 °C (dreidimensionale Maxwell-Verteilung).

Im Gegensatz zur eindimensionalen Maxwellverteilung in Abb. A.2 beginnt die Kurve der dreidimensionalen Maxwellverteilung in Abb. A.4 bei $v = 0$ mit horizontaler Tangente mit der Ordinate 0. Das beruht mathematisch auf dem Faktor v^2 in Gl. (A.61).[11] Die Kurve durchläuft dann ein Maximum bei mittleren Werten von v und geht für große v wieder gegen 0, da die e-Funktion dann stärker gegen 0 geht, als der Faktor v^2 gegen ∞ geht.

11 Daß der Geschwindigkeitswert $v = 0$ die relative Häufigkeit null besitzt, obwohl jede der drei eindimensionalen Maxwellkurven hier ihr Maximum hat, wird anschaulich dadurch verständlich, daß der Geschwindigkeitsbetrag $v = 0$ in Abb. A.3 nur durch den einzigen Punkt mit den Koordinaten $v_x = v_y = v_z = 0$ realisierbar ist, während ein von null verschiedener Geschwindigkeitswert v durch jeden Punkt auf der Kugeloberfläche vom Radius v realisierbar ist. Die Wahrscheinlichkeit für *mittlere* Geschwindigkeitsbeträge ist daher viel größer als für $v = 0$, obwohl die räumliche Punktdichte in der Umgebung von $v = 0$ am größten ist. – Dem gleichen mathematischen Problem begegnen wir übrigens in der Quantenchemie bei der Frage nach dem wahrscheinlichsten Abstand eines Elektrons vom Kern im H-Atom: Dieser hat einen von null verschiedenen Wert (Bohrscher Radius), obgleich die Aufenthaltswahrscheinlichkeitsdichte des Elektrons für $r = 0$ am größten ist.

Naturkonstanten und Umrechnungsfaktoren

Diese Zusammenstellung soll nicht nur Zahlenwerte mitteilen, sondern zugleich an Definitionen und Zusammenhänge erinnern, nach denen man sich einzelne Zahlenwerte aus anderen errechnen kann, die man auswendig weiß.

Loschmidt-Konstante $N_L = 6,022 \cdot 10^{23}/\text{mol}$

Gaskonstante $R = 8,314\ \text{J/(mol K)} = 1,987\ \text{cal/(mol K)} = 82,05\ \frac{\text{cm}^3\text{atm}}{\text{mol K}}$

Boltzmann-Konstante $k = R/N_L = 1,3806 \cdot 10^{-23}\ \text{J/K}$

Eispunkt $T_0 = 273,15\ \text{K} \triangleq 0\,^\circ\text{C}$ (Temperatur des Gleichgewichts zwischen Eis und luftgesättigtem Wasser bei Standarddruck)

Elektrische Ladung des Protons $e = +1,6021 \cdot 10^{-19}\ \text{C} = 4,803 \cdot 10^{-10}\ \text{esE}$

Faraday-Konstante $F = N_L \cdot e = 96485\ \text{C/mol}$

Elektrische Feldkonstante $\epsilon_0 = 8,85418 \cdot 10^{-12}\ \text{C}^2/(\text{J m})$

Lichtgeschwindigkeit im Vakuum $\boldsymbol{c} = 2,997925 \cdot 10^8\ \text{m/s} \approx 3 \cdot 10^8\ \text{m/s}$

Planck-Konstante $h = 6,626 \cdot 10^{-34}\ \text{J s}$

Masse des ruhenden Elektrons $m_e = 9,109 \cdot 10^{-31}\ \text{kg}$

Masse des ruhenden Protons $m_p = 1,6726 \cdot 10^{-27}\ \text{kg}$

Erdbeschleunigung $g = 9,806\ \text{m/s}^2$ (örtliche Abweichungen von 0,03 m/s^2)

$\ln x = 2,3026 \log x$ $\quad$ $2,3026\ RT/F = 59,15\ \text{mV}$ bei 25 °C

Kräfte: Kraft = Masse · Beschleunigung

SI-Einheit: 1 N (Newton) $\equiv$ 1 kg · 1 m/s^2

Frühere Einheit: 1 dyn $\equiv$ 1 g · 1 $\text{cm/s}^2 = 10^{-5}$ N

1 kp (Kilopond) = Gewicht von 1 kg = 1 kg · 9,806 $\text{m/s}^2 = 9,806$ N

Druck $\equiv$ Kraft pro Fläche

SI-Einheit: 1 Pa (Pascal) $\equiv$ 1 N/m^2 = 1 kg $\text{m}^{-1}\ \text{s}^{-2} = 10^{-5}$ bar

Standarddruck p° = 101325 Pa = 1 atm = 760 Torr = 760 mmHg =
= 10,1325 N/cm^2 = 1,033 kp/cm^2 = 10,33 mWS
= mittlerer Luftdruck in Meereshöhe

Elektrische Ladungen: 6,242 · 10^{18} Elektronenladungen = −1 C

SI-Einheit: 1 C (Coulomb) $\equiv$ 1 A s $\approx 3 \cdot 10^9$ esE (vgl. S. 287)

Frühere Einheit: 1 esE (**e**lektro**s**tatische **E**inheit) $\equiv$ 1 $\text{dyn}^{1/2}$ cm = 1 $\text{g}^{1/2}\ \text{cm}^{3/2}\ \text{s}^{-1}$

Stromstärke = Ladung pro Zeit;

SI-Einheit (eine der 7 Basiseinheiten): 1 A = 1 C/s

Dipolmoment = Ladung · Abstand;

Molekulare Einheit: 1 D $\equiv 10^{-18}$ esE cm = 3,3356 · 10^{-30} Cm;

4,803 D = 1 eÅ (Elektron-Ångström)

Energien: Arbeit $\equiv$ Kraft · Weg

SI-Einheit: 1 J (Joule) $\equiv$ 1 N · 1 m = 1 kg $\text{m}^2\ \text{s}^{-2}$

Frühere Einheit: 1 erg $\equiv$ 1 dyn · 1 cm = 1 g $\text{cm}^2\ \text{s}^{-2} = 10^{-7}$ J

Hubarbeit = Gewicht · Höhe; 1 kp m = 9,806 N m = 9,806 J

Spannung = Energie pro Ladung; 1 V = 1 J/C = 1/300 $\text{g}^{1/2}\ \text{cm}^{1/2}\ \text{s}^{-1}$

Leistung = Energie pro Zeit; 1 W = 1 J/s = 1 V C/s = 1 V A

Energie = Ladung · Spannung; atomphysikalische Einheit:

1 eV (Elektronvolt) = 1,6021 · 10^{-19} C · 1 V = 1.6021 · 10^{-19} J

Volumenarbeit: 1 cm^3 atm = 10,1325 N cm = 0,101325 J

Wärme: 1 cal = 4,184 J = 0,427 kp m = 41,3 cm^3 atm

1 J = 10^7 erg = 9,869 cm^3 atm = 0,239 cal = 1 m^3 Pa

Bildungsenthalpien und Normalentropien

Die *Bildungsenthalpie* H_i^B ist die Reaktionsenthalpie für die Bildung des Stoffes i aus den stabilen Elementen bei 25 °C unter *Standardbedingungen* (d.h. im reinen oder ideal verdünnten Zustand bei Standarddruck $p^o \equiv 101325$ Pa bzw. Standardkonzentration $c^o \equiv 1$ M). Die *Normalentropie* S_i^o (298 K) ist die molare Entropie des Stoffes i bei 25 °C unter Standardbedingungen. Die Werte für Ionen bezeichnen partielle molare Größen elektroneutraler, dissoziierter Stoffe in wäßriger Lösung und beruhen auf den zusätzlichen Definitionen $H^B_{H^+(aq)} \equiv 0$ und $S^o_{H^+(aq)} \equiv 0$.

Anordnung der Stoffe in alphabetischer Reihenfolge der Elementsymbole. Anordnung der Kohlenstoffverbindungen nach dem *Hill-System*, d.h. in alphabetischer Reihenfolge der Summenformeln, wobei ein mit einem Zahlenindex versehenes Symbol wie ein im Alphabet zusätzlich eingeschobener Buchstabe betrachtet wird. In einer *Summenformel* werden immer zuerst die C-Atome, dann die H-Atome und dann in alphabetischer Reihenfolge die übrigen Elemente aufgeführt.

Weitere Zahlenwerte z.B. bei D.R. Lide (Editor): „Handbook of Chemistry and Physics", CRC Press 1990, sowie (für organische Stoffe) bei D'Ans-Lax: „Taschenbuch für Chemiker und Physiker", Bd. 2, Springer-Verlag, Heidelberg 1983.

Stoff i	H_i^B kJ/mol	S_i^o (298K) J/(mol K)
Ag(f)	0	42,69
Ag^+(aq)	105,90	73,93
AgCl	− 127,03	96,10
AgBr	− 99,5	107,1
AgI	− 62,4	114,2
Ag_2S(β)	− 29,3	150,2
Al	0	28,31
Al^{3+}(aq)	− 524,7	− 313,4
Al_2O_3	− 1675	50,94
Ba	0	64,85
Ba^{2+}(aq)	− 538,4	11
$BaSO_4$	− 1465	131,8
$\mathbf{Br_2}$(fl)	0	152,3
Br_2(g)	30,7	245,4
Br(g)	96,44	174,9
Br^-(aq)	− 120,9	80,7
C (Graphit)	0	5,694
C (Diamant)	1,896	2,378
C(g)	718,38	157,99
CCl_2O(g)	− 223	289
CHO_3^-(aq)	− 691,1	95
CH_2O(g)	− 116	219
CH_4(g)	− 74,8	186,2
CH_4O Methanol(fl)	− 238,6	126,8
Methanol(g)	− 201,2	237,7
CH_5N		
Methylamin(g)	− 28	242
CO(g)	− 110,52	197,91
CO_2(g)	− 393,51	213,64
CO_2^{2-}(aq)	− 676,3	− 53
C_2Ca(f)	− 62,8	70,3
C_2H_2(g)	226,7	200,8

Stoff i	H_i^B kJ/mol	S_i^o (298K) J/(mol K)
C_2H_3N		
Methylcyanid(g)	87,7	243
C_2H_4(g)	52,30	219,5
C_2H_4O		
Acetaldehyd(g)	− 166,35	265,7
C_2H_6(g)	− 84,68	229,5
C_2H_6O		
Ethanol(fl)	− 278	161
Ethanol(g)	− 235	282
Dimethylether(g)	− 185	267
C_3H_6O Aceton(fl)	− 248	200
Aceton(g)	− 216	295
C_3H_8(g)	− 103,85	269,9
C_3H_9N		
Trimethylamin(g)	− 46,0	289
$C_4H_4O_4$		
Fumarsäure(f)	− 811	166
Maleinsäure(f)	− 788	159
C_4H_6		
Ethylacethylen(g)	166,1	290,8
1,2-Butadien(g)	165,5	293,0
1,3-Butadien(g)	111,9	278,7
C_4H_8		
1-Buten(g)	1,17	307,4
cis-2-Buten(g)	− 5,70	300,8
trans-2-Buten(g)	− 10,06	296,5
C_4H_{10}		
n-Butan(g)	− 124,73	310,0
Isobutan(g)	− 131,60	294,6
C_5H_{12} *n*-Pentan(g)	− 146,4	348,4
C_6H_6 Benzol(fl)	49,03	172,8
Benzol(g)	82,93	269,2

Stoff i	H_i^B / kJ/mol	S_i^o (298K) / J/(mol K)
C_6H_{12}		
Cyclohexan(g)	– 123,1	298,2
1-Hexen(g)	– 41,7	386,0
C_6H_{14}		
n-Hexan(fl)	– 199,2	285,8
n-Hexan(g)	– 167,2	386,8
Ca	0	41,62
Ca^{2+}(aq)	– 543,0	– 55
CaO	– 635,5	39,7
$CaCO_3$ (Calcit)	– 1206,9	92,9
$Ca(OH)_2$	– 986,2	83,4
Cl_2(g)	0	223,0
Cl(g)	121,1	165,09
Cl^-(aq)	– 167,4	55,1
HCl(g)	– 92,31	186,7
Cu	0	33,30
Cu^{2+}(aq)	64,4	– 98,7
Cu^+(aq)	52	– 26
CuI	– 68,2	96,6
F_2(g)	0	202,7
F(g)	79,09	158,6
F^-(aq)	– 329,1	– 9,6
HF(g)	– 268,5	173,7
Fe	0	27,15
Fe^{2+}(aq)	– 88	– 113
Fe^{3+}(aq)	– 48	– 293
FeS	– 96,2	60,31
H_2	0	130,6
H(g)	217,94	114,6
H^+(aq)	0	0
H_2O(fl)	– 285,84	69,94
H_2O(g)	– 241,83	188,72
Hg(fl)	0	76,09
Hg(g)	60,8	174,9
HgO (rot)	– 90,83	70,13
Hg_2^{2+}(aq)	169	74
Hg_2Cl_2	– 264,8	195,7
I_2(f)	0	116,14
I_2(g)	62,24	260,6
I(g)	106,6	180,7
I^-(aq)	– 55,9	109,4
HI(g)	25,94	206,3
K	0	64,35
K(g)	90,04	160,2
K^+(aq)	– 251,2	102,5
Mg	0	32,55
Mg^{2+}(aq)	– 462,0	– 118
MgO	– 601,2	26,8
Mn	0	31,76
Mn^{2+}(aq)	– 219	– 83
MnO	– 384,8	59,71
Mn_3O_4	– 1386	149,5
MnO_2	– 519,7	53,1
MnO_4^-(aq)	– 518	190
N_2	0	191,5
N(g)	470,6	153,1
N_2O(g)	81,55	220,0
NO	90,37	210,6
NO_2	33,32	239,8
N_2O_4	9,368	304,3
NO_3^-(aq)	– 206,6	146
NH_3(g)	– 46,19	192,5
NH_4^+(aq)	– 132,8	112,8
HNO_3(fl)	– 173,0	156,1
Na	0	51,42
Na(g)	108,7	153,62
Na^+(aq)	– 239,7	60
Na_2SO_4	– 1384,5	149,5
$Na_2SO_4 \cdot 10\ H_2O$	– 4324,1	592,9
O_2(g)	0	205,0
O(g)	247,52	160,9
OH^-(aq)	– 203,0	– 10,54
Pb	0	64,91
Pb^{2+}(aq)	1,6	21,4
PbO (rot)	– 219,2	65,3
PbO_2	– 276,6	76,44
$PbCl_2$	– 359,1	136,4
PbI_2	– 175,1	176,9
PbS	– 94,28	91,2
$PbSO_4$	– 918,1	147,2
S (rhombisch)	0	31,8
S (monoklin)	0,29	32,6
S^{2-}(aq)	42	22
SO_2	– 296,9	248,1
SO_3(g)	– 395,2	256,0
H_2SO_4(fl)	– 811,7	156,9
HSO_4^-(aq)	– 885,75	126,9
SO_4^{2-}(aq)	– 907,5	17,2
H_2S(g)	– 20,15	205,6
Sn (weiß)	0	51,5
Sn (grau)	– 2,19	44,1
Sn^{2+}(aq)	– 10	– 20,5
Zn	0	41,59
Zn^{2+}(aq)	– 152,4	– 106,5

Elektrochemische Spannungsreihe

Elektrodenreaktion	**Normalpotential** ε^0/V
$F_2(g) + 2\,e^- \rightleftharpoons 2\,F^-$	+ 2,85
$S_2O_8^{2-} + 2\,e^- \rightleftharpoons 2\,SO_4^{2-}$	+ 2,0
$PbO_2 + SO_4^{2-} + 4\,H^+ + 2\,e^- \rightleftharpoons PbSO_4 + 2\,H_2O$	+ 1,685
$MnO_4^- + 8\,H^+ + 5\,e^- \rightleftharpoons Mn^{2+} + 4\,H_2O$	+ 1,491
$PbO_2 + 4\,H^+ + 2\,e^- \rightleftharpoons Pb^{2+} + 2\,H_2O$	+ 1,455
$Ce^{4+} + e^- \rightleftharpoons Ce^{3+}$	+ 1,443
$Au^{3+} + 3\,e^- \rightleftharpoons Au$	+ 1,42
$Cl_2(g) + 2\,e^- \rightleftharpoons 2\,Cl^-$	+ 1,358
$O_2(g) + 4\,H^+ + 4\,e^- \rightleftharpoons 2\,H_2O$	+ 1,229
$HCrO_4^- + 7\,H^+ + 3\,e^- \rightleftharpoons Cr^{3+} + 4\,H_2O$	+ 1,195
$Br_2(fl) + 2\,e^- \rightleftharpoons 2\,Br^-$	+ 1,065
$AuCl_4^- + 3\,e^- \rightleftharpoons Au + 4\,Cl^-$	+ 0,994
$NO_3^- + 4\,H^+ + 3\,e^- \rightleftharpoons NO(g) + 2\,H_2O$	+ 0,96
$Ag^+ + e^- \rightleftharpoons Ag$	+ 0,7996
$Hg_2^{2+} + 2\,e^- \rightleftharpoons 2\,Hg(fl)$	+ 0,798
$Fe^{3+} + e^- \rightleftharpoons Fe^{2+}$	+ 0,770
$C_6H_4O_2(aq) + 2\,H^+ + 2\,e^- \rightleftharpoons C_6H_4(OH)_2(aq)$	+ 0,6995
$I_2(f) + 2\,e^- \rightleftharpoons 2\,I^-$	+ 0,535
$Cu^- + e^- \rightleftharpoons Cu$	+ 0,522
$O_2(g) + 2\,H_2O + 4\,e^- \rightleftharpoons 4\,OH^-$	+ 0,401
$Cu^{2+} + 2\,e^- \rightleftharpoons Cu$	+ 0,340
$AgCl + e^- \rightleftharpoons Ag + Cl^-$	+ 0,2223
$SO_4^{2-} + 4\,H^+ + 2\,e^- \rightleftharpoons H_2SO_3 + H_2O$	+ 0,20
$Sn^{4+} + 2\,e^- \rightleftharpoons Sn^{2+}$	+ 0,15
$S(f) + 2\,H^+ + 2\,e^- \rightleftharpoons H_2S(aq)$	+ 0,141
$CuI_2^- + e^- \rightleftharpoons Cu + 2\,I^-$	+ 0,00
$2\,H^+ + 2\,e^- \rightleftharpoons H_2(g)$	± 0
$Fe^{3+} + 3\,e^- \rightleftharpoons Fe$	– 0,036
$Pb^{2+} + 2\,e^- \rightleftharpoons Pb$	– 0,126
$Sn^{2+} + 2\,e^- \rightleftharpoons Sn$	– 0,136
$Ni^{2+} + 2\,e^- \rightleftharpoons Ni$	– 0,23
$PbSO_4 + 2\,e^- \rightleftharpoons Pb + SO_4^{2-}$	– 0,356
$Cd^{2+} + 2\,e^- \rightleftharpoons Cd$	– 0,4026
$Fe^{2+} + 2\,e^- \rightleftharpoons Fe$	– 0,409
$S(f) + 2\,e^- \rightleftharpoons S^{2-}$	– 0,508
$Zn^{2+} + 2\,e^- \rightleftharpoons Zn$	– 0,7628
$Al^{3+} + 3\,e^- \rightleftharpoons Al$	– 1,66
$Ce^{3+} + 3\,e^- \rightleftharpoons Ce$	– 2,335
$Na^+ + e^- \rightleftharpoons Na(Hg)$	– 2,711
$Li^+ + e^- \rightleftharpoons Li(Hg)$	– 3,045

Register

Fettgedruckte Seitenzahlen weisen auf die Definition eines Begriffs hin, Seitenzahlen mit hochgestellter Zahl auf eine Fußnote der betr. Seite.

Absolute Temperatur **11** f., 34
Absoluter Nullpunkt 11 f., 34
Abgeschlossenes System **44**, 48, 162
Acetylen, Darstellung 216 f.
Aceton, Darstellung 187, 250
Adiabatisch (Wand, System, Prozeß) **45** f., 48, 52 ff.
Adiabatische Abkühlung 53
Adiabatische Expansionsarbeit 52 ff.
Affinität (Triebkraft) **91**[1], 106 f.
Aggregatzustand 46[13], 131[23]
Akkumulator 309 f.
Aktivierter Zwischenzustand 262
Aktivität **127**, 131 f.
Aktivitätskoeffizient 127, 131, **132**
Ammoniak, Synthese 194-198
– Basenkonstante 209[10]
Ammoniumcarbamat, Zersetzungsgleichgewicht 137
Amphoteres Verhalten 298
Anharmonische Oszillatoren 60[4], 65
Anomalie des Wassers 275 f.
Äquivalenz von Wärme und Arbeit 41
Äquivalenzpunkt einer Titrationskurve 135 f., 313 f.
Arbeit **38**[3]
Asymmetrisches C-Atom 147[4]
Atmosphäre (Einheit) XIX, 21[5], 74
Atomare Bildungsenthalpie 81
Atomwärme 64[10]
Ausbeute 197 f.
Austrittsarbeit 294[7]
Avogadro, Satz von ~ 18 ff.
Avogadro-Konstante, Avogadrosche Zahl 19

Backpulver, Zersetzungsgleichgewicht 137
Baeyerspannung 244
Barometrische Höhenformel 320
Basenkonstante 209[10]
Benzinsynthese (Fischer-Tropsch) 188
Berthelotsches Prinzip 144
Bildungsenthalpie **74**, 182[5]
– von Ionen 283 f.
– Tabelle 334
Bildungsreaktion von Ionen 284
Bindungsenthalpie, Bindungsstärke 83 ff., 251[11]
– Tabelle 84
Binnendruck (Kohäsionsdruck) 24
Bodenstein, Zersetzung von Iodwasserstoff 5 Abb. 1
Boltzmann-Konstante **33**, 333
Boltzmannsche Entropiedifferenzformel 169 ff. Gl. (12.46)
Boltzmannsche Entropieformel 175
Boltzmannscher e-Satz 317 ff., 324
Boudouard-Gleichgewicht 188 ff.
– Diagramm 192
Boyle-Mariottesches Gesetz 20 f. Gl. (3.10), 35
de Broglie-Beziehung 88 Gl. (9.5)
Brownsche Molekularbewegung 3

Carbanion 255 f.
Carboniumion 255 f.
Carboxylgruppe, Acidität 257
Carnot-Formel 155 Gl. (12.26)
Carnot-Maschine, Carnot-Prozeß 151 ff.
Celsius-Temperatur **10**, 12[4]
Le Chateliersches Prinzip 212
Chelatkomplex, Chelateffekt 219 f.

Chemisches Gleichgewicht 1, 91 ff., 103, 105
Chemisches Potential **116** ff., 126 f., 130 f., XVI, XVIII
Chinhydronelektrode 312 f.
Clausius-Clapeyronsche Gleichung 268 f. Gl. (17.5)
Coulomb (Einheit) XX, 94, 333
Coulombsches Gesetz 286 f.
Cycloalkane: Ringspannung, Entropie 242 ff.
Cyclische Halbacetale, Ester, Anhydride und Ketone 246 ff.

Daltonsche Atomhypothese 17
Daltonsches Gesetz (Partialdrucke) 35
Dampfdruck 4, 110[3], 117, 138
– Berechnung 184 f., 269
– Temperaturabhängigkeit 268 ff.
– als Stabilitätskriterium 273 f.
Dampfdruckerniedrigung 126, 277 f.
Daniell-Element (galvan. Kette) 296
Debyesches Gesetz (Molwärme fester Körper) 65 Gl. (7.12)
Decarboxylierung 249, 250
Definition **8**, 10[1]
Delokalisierungsenergie (Resonanzenergie) 88 f.
Diamant, Bildung 233 f.
– Kristallgitter 233[17]
– Molwärme 64 f.
Dielektrizitätskonstante 255[14]
Diffusion, Triebkraft für 114, **118**, 128, **144**
Diffusionspotential 289, **290**[5]
Dipolmoment 251, 333
– Tabelle 253
Disproportionierung 190[10], 300
Dissoziationsenthalpien 85 f.
Dissoziationsgrad 133
Dissoziationskonstante 133 ff.

Donnan-Gleichgewicht, Donnan-Potential 293 Gl. (18.22 a)
Doppelbindungsregel 258[18]
Druck, molekulare Deutung 29 ff.
– Einfluß auf Gleichgewichte 210 f., 233 f.
Durchflußkalorimeter 71
Dulong-Petitsche Regel 64
Dynamisches Gleichgewicht 4 ff., 289

Edelmetalle 298
Eigenfrequenz eines Oszillators 63 Gl. (7.11)
– Einfluß auf Molwärme 61 ff., **326**
– Einfluß auf Entropie 177
Einzelelektrode 295
Einzelpotential, praktisches 296
Ekliptische Konformation 242, 244
Elastische Verformung 39
Elektrische Feldkonstante 286, 333
Elektrische Potentialdifferenz (Spannung) 287
Elektrochemisches Potential 291, **293** f., XVI
Elektrode zweiter Art 308[10]
Elektromotorische Kraft (EMK) 94
– Beziehung zur Triebkraft 107 Gl. (10.29)
–, molekulare Deutung 287 ff.
–, Vorzeichen 203
–, Temperaturabhängigkeit 202 ff.
Elektronegativität 251 f.
π-Elektronen, σ-Elektronen 87, 235 f.
Elektronenaffinität 251
Elektronenaustrittsarbeit 294[7]
Elektroneutralitätsbedingung 293
Elektrostatisches Maßsystem 286
– Ladungseinheit 286 f.
Elementarladung 94[7], 333
EMK s. „elektromotorische Kraft“
Endotherme Reaktion 72
Energetischer Beitrag zur Triebkraft 150 Gl. (12.10), 215 ff.

Energie, Freie 102 Gl. (10.15), 200 Gl. (14.4)
– Innere 39 Gl. (5.3), **46** Gl. (5.20)
– kinetische 38
– potentielle 39
– mechanischer Energiesatz 37
– Prinzip minimaler Energie 144 ff.
Energiequanten 62
Enole 257[16]
Enthalpie **67** Gl. (8.3)
Entropie 150, **160** ff. Gl. (12.32)
– molekulare Deutung 168 ff.
– Beiträge zur Translation, Rotation und Oszillation **177** f., 216 ff.
– von Ionen in Lösung 222 f., 283 ff.
Entropieänderung bei Expansion **160**, 168 f.
– bei Kristallisation 165
– bei Vermischung 173
– bei Wärmefluß 165
Entropischer Beitrag zur Triebkraft 150 Gl. (12.10), 215 ff.
Erdbeschleunigung, Erdfeldstärke 38[4], 333
Exotherme Reaktion 72
Expansionsarbeit 42, 49 ff.;
∼ adiabatisch 55,
∼ isobar 50
∼ isotherm 52 Gl. (6.9)
∼, elektrochemische Messung 119
Extensive Größe 116[5]

Faraday-Konstante 94, 333
Fällungstitration 313
Fällungswärme aus EMK-Messungen 203 f.
Federkonstante 63
Fermi-Niveau 294[7]
Freiheitsgrade der Translation, Rotation und Oszillation 57 f.
Freie Energie (Helmholtz-Energie) 102, **200**
Freie Enthalpie (Gibbs-Energie) 104, **199**
Fumarsäure (Einfluß der Konformation auf den pK-Wert) 236 ff.

Galvanische Ketten 93, 105, 287 ff.
Gasgesetz, ideales 21 Gl. (3.12)
Gaskonstante 21 f., **23**, 333
Gay-Lussac-v.Humboldtsches Gesetz 18
Gay-Lussacsches Gesetz, erstes 12
– zweites 50
Gefrierpunktserniedrigung 277 f.
Generatorgas **189**, 195
Geschlossenes System 44, 200[2]
Geschwindigkeit von Gasmolekülen 35 f.
Geschwindigkeitskonstante einer Reaktion **6**, 261 f.
Gestaffelte Konformation **242**, 244
Gibbs-Bildungsenergie 180 f.
– von Ionen 223, **285**
Gibbs-Energie (Freie Enthalpie) 104 ff., Gl. (10.25), **199** Gl. (14.3)
Gibbs-Helmholtz-Gleichung 202 Gl. (14.16), 202[4]
Gibbssche Fundamentalgleichungen 201 Gl. (14.7) bis Gl. (14.9)
Gibbs-Standardreaktionsenergie ΔG^o 121, 132
Gitterenergie 279
Glaselektrode 291 ff.
Gleichgewicht, chemisches 1
– Bedingungen für 91 f., 102 ff., 105, 163
– dynamisches 4 ff., 289
– indifferentes 51[2]
– zwischen System und Hilfssystem bei reversiblem Ersatzprozeß 51, 96
Gleichgewichtskonstante 7, 121 ff., 132 ff.
– Temperaturabhängigkeit 206
Gleichgewichtspartialdruck 186
Gleichverteilungssatz 34, **57**, 63[7]
Glucose, Mutarotation 146 f., 247
Grahamsches Gesetz 36 Gl. (4.24)

Grammäquivalent 19[3]
Grammatom 19[3], **64**[10]
Graphit, Kristallgitter 233[17]

Haber-Bosch-Verfahren 194
Halbelement 295
Hammett-Gleichung 262 ff.
Harmonischer Oszillator 59 f.
Hauptsatz, nullter ~ 10
– erster ~ 43 f., 47 f. Gl. (5.22)
– zweiter ~ 99 f., 103, 106, 157, 162 f., 164 Gl. (12.41), Herleitung aus Boltzmanns Entropiedifferenzformel 170, 322
– dritter ~ 175 ff. Gl. (12.52)
Hebelgesetz 51[4]
Helmholtz-Energie (Freie Energie) 102 Gl. (10.15), **200** Gl. (14.4)
Henderson-Hasselbalch-Gleichung 134 Gl. (11.75)
Heterogen (Gleichgewicht, Reaktion) 131[23], 136 ff.
Heßscher Satz 75 ff.
Hildebrandsche Regel 272[2]
Hill-System 334
Hirschhornsalz 137
van't Hoffsches Gesetz 129 Gl. (11.58)
van't Hoffsche Gleichung 206 Gl. (14.24)
Homogen (Gleichgewicht, Reaktion) 136
Hubarbeit 38
Hydratation 221
Hydratationsenergie 208[8], 221 ff., 255, 279 f.
Hydratationsentropie 221 ff., 255, 280
Hydrierungsenthalpie 89
Hydrolyse 134;
Hydrolysenkonstante 209[10]
Hypothese 13[6], 18
Hyperkritisches Gebiet 27

Ideales Gas 23,
– Gesetz 21 Gl. (3.12)
– Modell 23,
Ideale Lösung 126[15]
Indikatoren zur pH-Anzeige 136
Induktive Effekte (–I-Effekt, +I-Effekt) 251 ff.
Induzierte Reaktion 311[13]
Innere Energie, molekulare Definition 39 Gl. (5.3),
– makroskopische Definition 46 Gl. (5.20)
Innere Rotation, Einfluß auf Entropie 240 ff.
Innerer Druck 50[1]
Iod-Wasserstoff-Gleichgewicht 4 ff., 93 ff., 103, 224
Ionenprodukt des Wassers 134
Ionisierungsenergie 251
Irreversibilität, Charakteristikum 98 f., 167
Irreversible Prozesse 95 ff.
Isobare Erwärmung 49
Isotherme Expansionsarbeit 51
Isomerie 236[1]
– *cis-trans-* 236 ff.
– optische 147

Joule (Einheit) 333, XXI
Joulesche Versuche (Wärmeäquivalent) 41
Joule-Thomson-Effekt 50[1]

Kalkstein, Zersetzungsgleichgewicht 137 f., 186 f.
Kalomelelektrode 292, 312[15]
Kalorie 14
Kalorimetrische Bombe 69
Kältemischung 279
Katalysator 229
Kelvin(Einheit) 11 f., 12[4], **275**, XXI
Kinetik 1
Kinetische Steuerung 71
Kirchhoffsches Gesetz 78 f. Gl. (8.25)

Knallgasreaktion, Gleichgewichtskonstante 122 f., 138 f.
Kohlenmonoxid 187 ff.
Komplexbildung 218 ff.
Komplexbildungskonstante, Berechnung aus EMK-Messungen 305 ff.
Komproportionierung 300
Kondensierte Systeme 124
Konformationen 241
Konformationsänderung (Änderung der Molekülform bei konstanter Struktur) 239
Königswasser 306
Konjugierte Doppelbindungen 87
Kontaktpotential 294[7]
Konvertierung 193
Konzentration 23 Gl. (3.15);
–s-Einheit 130
–en, Einfluß auf Triebkraft 224
Konzentrationskette 313
Koordinationszahl, koordinative Bindung 218
Kovolumen 24, Beziehung zum Eigenvolumen 25 Gl. (3.21)
–, Beziehung zum kritischen Volumen 27 Gl. (3.22)
Kreisprozeß 47, 100 ff., 151 ff., 159
Kristallwachstum 137
Kritischer Punkt 25
Kritische Daten (p_k, T_k, V_{mk}) 27
Kumulierte Doppelbindungen 90

Ladung, elektrische 286
Latente Wärme **69**, 280[8]
Liganden 218 f.
Lindesches Verfahren 50[1]
Loschmidt-Konstante, Loschmidtsche Zahl 19
Löslichkeit (Sättigungskonzentration) 136 f., 279 ff.
– als Stabilitätskriterium 280
Löslichkeitsprodukt 136
– aus EMK-Messungen 203 f., 308, 313
Lösungswärme, erste (= ideale Lösungsenthalpie ΔH^o) 281
– letzte (ΔH_1) 281
Luthersche Gleichung 299 Gl. (18.32), 304

Makrozustand 171 ff.
Maleinsäure (Einfluß der Konformation auf den pK-Wert) 236 ff.
Markownikoff-Regel 256
Massenwirkungsgesetz 7, 121 f., 131 ff.
Massenwirkungskonstante, als Verhältnis der Geschwindigkeitskonstanten 7 Gl. (1.10)
– Berechnung aus thermodynamischen Daten oder aus EMK-Werten 180 Gl. (13.4)
Maxwellsches Geschwindigkeitsverteilungsgesetz 330, 332 Gl. (A.61)
Mayer, J. R., Bestimmung des mechanischen Wärmeäquivalents 42 f.
Mesomerie 88; Mesomerieeffekte (+M-Effekt, –M-Effekt) 256 ff.
Metastabile Stoffe 71, 190[11], 217[4]
meta-Stellung 259[20]
Methanol, Darstellung 188
Mikrozustände 171 ff.
Mischphase 112 ff.
Mischungsentropie 173
Mol **19**, 70
Molare Größen 70[3], 116[5]
Molarer Formelumsatz 69[1], 70[2]
Molenbruch 125[14], 191 f., 196 f.
Molmasse 22, Gl. (3.13);
– Bestimmung 22, 279
Molvolumen 20, Gl. (3.8)
Molwärme 43, Gl. (5.13)
– idealer Gase 57-64, 326
– von Festkörpern 64 f.
Mörtel 138
Mulliken (Elektronegativität) 251
Mutarotation 146 f., 247

Nernstsche Gleichung 302, Gl. (18.36)
Nernstscher Wärmesatz 174 Gl. (12.53)
Neutralisationsreaktion 133
Nichtäquivalenz von Wärme und Arbeit 99
Normalbedingungen 73 f., 334
Normalelektrode 296
Normalentropie 177, 182[5]
–Tabelle 334
– von Ionen 222 f., 283 f.
Normalpotential 295 f.
Normaltemperatur 73
Normalzustand 73 f.
Nullter Hauptsatz der Thermodynamik
10
Nutzarbeit 106, 109 ff.

Oberflächenpotential 294[7]
Ohmsches Gesetz 287 Gl. (18.14)
Optische Drehung, optische Isomeren 147
ortho-Stellung 259[20]
Osmose, osmotischer Druck 127 ff.
Ostwaldsches Verdünnungsgesetz 133 Gl. (11.73)
Ostwald-Verfahren 70 Gl. (8.10)
Oszillation 33[4], 58 ff., 62 ff., 324 ff.
Oxidation, Oxidationsmittel 297
Oxidationspotential s. Redoxpotential
Oxidationsstufe 295[8]

para-Stellung 259[20]
Partialdruck 4, 35, 118
Partielle molare Gibbs-Energie (chemisches Potential) 116 Gl. (11.13)
Partielle molare Größen 116[5]
Pascal (Einheit) 21[5], 333, XXII
Passivität 298
Pauling, Elektronegativität 251 f.
Pauli-Prinzip 88[8]
Perlon 250 Gl. (16.18)
Perpetuum mobile erster Art 44
– zweiter Art 100
pH-Wert 133 ff., ~-Messung 293
Phase 46[13]
Phasengleichgewichte 267 ff.
Phasengrenze, Potentialsprung 287 ff.
Phenole 257[16]
Pictet-Troutonsche Regel 270
Pitzer-Spannung 244
pK-Werk 134 f.
– Abhängigkeit von der Konformation 238 f.
– Einflüsse von Substituenten auf den pK-Wert (Tabellen) 252-255, 259, 264
Planck-Einstein-Formel 62[6], 326 Gl. (A.41)
Planck-Konstante 63, 333
Plastische Verformung **39**, 41, 96
Pohlsche Apparatur zur reversiblen Gasexpansion 51 Abb. 6.3, 96
Poissonsche Adiabatengleichung 55
Polymeren-Monomeren-Gleichgewicht 249
Potential, äußeres ~ 294[7];
– chemisches ~ 116 ff. Gl. (11.13), 127, 130 f.
– elektrisches ~ 117, 287;
– elektrochemisches ~ 291, 293 Gl. (18.23)
– inneres ~ 294[7]
Potentialsprung (elektrischer) an Phasengrenze
287 ff.
Potentiometrische Titration (Messung des Redoxpotentials in Abhängigkeit von der zugesetzten Menge an Maßlösung) 312 ff.
Praktisches Einzelpotential 296 Gl. (18.24)
Prinzip maximaler Unordnung 144 f., 147 ff.
Prinzip minimaler Energie 143 f., 145 f., 148 f.

Prinzip vom kleinsten Zwang 212 f.
Proportionen, Gesetze von den konstanten und von den multiplen ~ 17[1]
Proton, Hydratation 221 Abb. 15.1
Protonenassoziationskonstante 209
Pufferlösung 135

Quantelung der Oszillationsenergie 61 ff.
Quasistatische Expansion 53, 96 f.

Radikale 85 f.
Raoultsches Gesetz, erstes ~ 125 Gl. (11.49)
– zweites ~ 279 Gl. (17.22)
Reaktionsarbeit 106, 131, XVI
Reaktionsausmaß 93[5]
Reaktionsenthalpie 71 f.
– Bestimmung nach Gibbs-Helmholtz 202 Gl. (14.16)
– Bestimmung nach van't Hoff 207 Abb. 14.2
Reaktionsentropie, Abhängigkeit von der Änderung der Teilchenzahl 216 ff., 248
Reaktionsfortschritt $d\xi$ (= Änderung des Reaktionsstandes) 94, 109
Reaktionsgeschwindigkeit 5 f.
Reaktionsgeschwindigkeitskonstante 6
Reaktionslaufzahl (Reaktionsstand) 93[5], 107
Reaktionslenkung durch Wegfangen von Endprodukten 212, 226 ff., 249
Reaktionsrichtung, Voraussage aus Redoxpotentialen 298 f., 310 f.
Reaktionsstand (Reaktionslaufzahl) 6[10], 93, 107
Realisierungszahl 177 ff.
Redoxpotential 296, 302 f., 314
– Abhängigkeit vom pH-Wert 303, 310-312
Redoxsystem 297
Redoxtitrationskurve 314 Abb. 18.8
Reduktion, Reduktionsmittel 297
Reduzierte Masse 63[8]
Reibung, Reibungswärme 37, **39**, 41 f., 96, 143 f.
Resonanzenergie 88 f.
Reversible Expansion eines Gases 51 ff., 96
Reversibler Ersatzprozeß 96 ff.
Reversibler Umkehrprozeß 97
Richardssche Regel 272
Ringschlußreaktionen 242 ff.
Ringspannung 243 f.
Rotation 57 ff.,
– Beitrag zur Entropie **176**, 216 f., 240 ff.

Sackur-Tetrode-Gleichung 176 Gl. (12.58)
Salzsäure, Bildungsreaktion, Bestimmung der Gleichgewichtskonstante 140 f.
Sättigungskonzentration 136 f., 279 ff.
Säuren, schwache, Dissoziation 133
Schmelzdruck, Temperaturabhängigkeit 268, 274 f.
Schmelzpunkt (Erstarrungspunkt) T_E 68, 274
Schmelzwärme (Schmelzenthalpie) 68, 77
Schwarzscher Satz 48 Gl. (5.24)
Schwefelsäure als wasserentziehendes Mittel 228 f.
Semipermeable Membran 114 f., 127, 291
Siedepunkt T_S 110, 268 f.,
~, Abschätzung aus thermodynamischen Daten 185
Siedepunktserhöhung 277 f. Gl. (17.17)
Siedetemperatur, Abhängigkeit vom Druck 269 Gl. (17.10 a)
Silberchloridelektrode 307 f., 203 Abb. 14.1

Solvatation, Einfluß auf ΔH^o und ΔS^o 221, 255, 279 f.
Spannung, elektrische 287
Spannungsreihe, elektrochemische 295, 297
– Tabelle 336
Spezifische Wärme 15
Spontaner Prozeß 95[10], 106[25]
Standardbedingungen 74, 130 ff., 334
Standarddruck 21[5], 74, 333
Standardkonzentration 130
Standardpotential eines gasförmigen (117) bzw. kondensierten (125) oder gelösten Stoffes (130 f.)
Standardreaktionsenthalpie 205[5], 207, 74 Gl. (8.17), 182 Gl. (13.9)
Standardreaktionsentropie 176 Gl. (12.56), 183 Gl. (13.10)
Standardtriebkraft 121, 132 Gl. (11.70), 215
Standardzustand 74, 334, vgl. auch Standardpotential
Sterische Mesomeriehinderung 260
Stöchiometrische Summe 70, 73, 120
Stöchiometrisches Produkt 121
Stoffmenge (Substanzmenge) 17-21
Stoßfrequenz 6 f.
Stromstärke (Strom) 287
Struktur eines Moleküls 236[1]
Sublimationsenthalpie 77, 273, 278
Substituenteneinflüsse auf Elektronenverteilung 251 ff., 256 ff.
Sulfidfällung 139 f.
Summenformel einer organischen Verbindung 334

Tautomerie (reversible Umwandlung von Isomeren) 146
Temperatur 9
– absolute 11, 275
– molekulare Deutung 34
– Einfluß auf die Triebkraft 144 f., 148 ff., 230 ff.
Temperaturskala 10 ff.
Thermisches Gleichgewicht 10
Thermodynamik (Gegenstand, Bedeutung) 1 ff.
Thermodynamische Wahrscheinlichkeit 171 ff., **172**
Titrationskurve 135 f., 312 ff.
Trägheitsmoment, Einfluß auf Rotationswärme 59[3], 63
~, Einfluß auf Rotationsentropie 177 Gl. (12.60)
Translation 33[4]
~ Beitrag zur Entropie 177 Gl. (12.58), 216
Triebkraft einer Reaktion 1, 91 ff., 102, 105 f.
~ für den Phasenübergang eines Stoffes 117
Tripelpunkt, Tripeltemperatur 274 f.
Troutonsche Regel 270 ff. Gl. (17.13)

Über-Carnot-Maschine 156
Übergangszustand (aktivierter Zwischenzustand) 262
Überspannung 298
Ulichsche Näherung **183** ff. Gl. (13.13), 191, 270
Umwandlungstemperatur, Berechnung 184
Unordnung, Prinzip maximaler 144 f.

Valenzschwingung 58
Verbrennungsenthalpie 76
Verdampfung 109 ff., 145
Verdampfungsentropie 270 Gl. (17.13)
Verdampfungsgleichgewicht 268 ff.
Verdampfungswärme (Verdampfungsenthalpie) **69**, 77, 268
Veresterung 218, 228, 248
Vollständiges Differential 48
Volumenarbeit 42 f., 49-55

Vorzeichen einer EMK, Definition 203

van der **W**aalssche Gleichung 24 Gl. (3.20)
~ Konstanten, Berechnung aus kritischen Daten 27
Wahrscheinlichkeit 144 f., **168**[15], 168 ff.
– thermodynamische ~ 171 ff., **172**
Wärme 13 f., **48** Gl. (5.25)
– Molwärme 43, 57-65
– spezifische ~ 15
Wärmebewegung 2 ff.
Wärmeeinheit 14
Wärmekapazität 14
Wärmepumpe 152 f., 157
Wasser, Anomalie 275 f.
~, Zustandsdiagramm 275 Abb. 17.5
Wassergasgleichgewicht 188, 193, 195
Wasserstoffbrücken als Ursache für Abweichungen von Troutonscher Regel 271
Wasserstoffnormalelektrode 296
„Weg“ einer Zustandsänderung 47, 49 Abb. 6.1, 75 f.
Widerstand, elektrischer 287
Winkelgeschwindigkeit 58
Wirkungsgrad 152 ff. Gl. (12.13)

Zersetzungstemperatur 186 f.
Zustand 46
Zustandsänderung 47 Abb. 5.2, 75
Zustandsdiagramme 274 Abb. 17.4, 275 Abb. 17.5
Zustandsfunktion 46[14]
Zustandsgrößen 46
Zwang, Prinzip vom kleinsten ~ 212 f.
Zweiter Hauptsatz siehe unter „Hauptsatz“
Zwitter-Ion 253[13]